Bletzinger / Dieringer / Fisch / Philipp

**Aufgabensammlung zur Baustatik**

## Lehrbücher des Bauingenieurwesens

Bletzinger/Dieringer/Fisch/Philipp • *Aufgabensammlung zur Baustatik*

Dallmann • *Baustatik*

Band 1: *Berechnung statisch bestimmter Tragwerke*

Band 2: *Berechnung statisch unbestimmter Tragwerke*

Band 3: *Theorie II. Ordnung und computerorientierte Methoden der Stabtragwerke*

Engel/Al-Akel • *Einführung in den Erd-, Grund- und Dammbau*

Engel/Lauer • *Einführung in die Boden- und Felsmechanik*

Fouad/Zapke • *Bauwesen Taschenbuch*

Freimann • *Hydraulik für Bauingenieure*

Göttsche/Petersen • *Festigkeitslehre – klipp und klar für Studierende des Bauingenieurwesens*

Jochim/Lademann • *Planung von Bahnanlagen*

Krawietz/Heimke • *Physik im Bauwesen*

Malpricht • *Schalungsplanung*

Prüser • *Konstruieren im Stahlbetonbau*

Rjasanowa • *Mathematik für Bauingenieure*

Kai-Uwe Bletzinger
Falko Dieringer
Rupert Fisch
Benedikt Philipp

# Aufgabensammlung zur Baustatik

Übungsaufgaben zur Berechnung ebener Stabtragwerke

2., aktualisierte Auflage

HANSER

**Die Autoren:**

Prof. Dr.-Ing. Kai-Uwe Bletzinger, Technische Universität München

Prof. Dr.-Ing. Falko Dieringer, Hochschule für Technik Stuttgart und Ingenieurbüro Tragform Ingenieure, Stuttgart

Dr.-Ing. Rupert Fisch, Ingenieurbüro Tragraum Ingenieure PartmbB, Regensburg

Dr.-Ing. Benedikt Philipp, Ingenieurbüro BPR Dr. Schäpertöns Consult, München

MIX
Papier aus verantwortungsvollen Quellen
FSC® C016439



Bibliografische Information der Deutschen Nationalbibliothek:
Die Deutsche Nationalbibliothek verzeichnet diese Publikation in der Deutschen Nationalbibliografie; detaillierte bibliografische Daten sind im Internet über http://dnb.d-nb.de abrufbar.


Internet: www.hanser-fachbuch.de

Lektorat: Frank Katzenmayer
Herstellung: Frauke Schafft
Covergestaltung: Max Kostopoulos
Titelbild: Michael Putz, TRAGRAUM Ingenieure PartmbB/DAV Kletterzentrum Berlin by www.t-wall.org
Coverkonzept: Marc Müller-Bremer, www.rebranding.de, München
Satz: Eberl & Kœsel Studio GmbH, Krugzell
Druck und Bindung: Hubert & Co. GmbH & Co. KG BuchPartner, Göttingen
Printed in Germany

Print-ISBN 978-3-446-47278-5
E-Book-ISBN 978-3-446-47356-0

# Vorwort

Die Idee für dieses Übungsbuch ist in einem Teamgespräch zum Stand der Lehre am Lehrstuhl für Statik der Technischen Universität München im Jahr 2011entstanden. Die Autoren haben beschlossen, den Studierenden mehr Übungsmaterial zu den Handrechenverfahren der Statik an Stabtragwerken zur Verfügung zu stellen.

Friedrich Dürrenmatt schreibt in *Die Physiker:* „Was einmal gedacht wurde, kann nicht mehr zurückgenommen werden". So findet sich im Erlernen von Statik die Parallele darin, dass ein statisches System, welches bereits einmal durchdacht wurde, nicht wieder vergessen werden kann. Das mehrmalige Rechnen ein und derselben Aufgabe stellt somit nur einen geringen Mehrwert dar, da der zentrale Baustein, das Tragwerks- bzw. Systemverständnis, bereits beim ersten Mal durchdacht wurde.

So ist die Motivation gewachsen eine umfangreiche Aufgabensammlung aufzubauen, in der eine ausreichende Anzahl an Übungsaufgaben zur Verfügung gestellt wird.

Durch die verfügbaren Kontrollmöglichkeiten ist ein selbstständiges Erlernen der Statik möglich. Zum besseren Einstieg in die verwendete Notation sind jedem Kapitel eine thematische Einführung und Musteraufgaben vorangestellt. Die mitgelieferte Stabwerkssoftware Stiff bietet einzigartige Kontroll- und Ergänzungsmöglichkeiten zur Bearbeitung des Buches und rundet somit das Gesamtpaket „Aufgabensammlung zur Baustatik" ab.

Nach mehrjährigem erfolgreichem Einsatz dieser Aufgabensammlung innerhalb der Technischen Universität München wird dieser Aufgabenschatz in überarbeiteter Fassung als Gesamtwerk in diesem Buch dem kompletten Publikum an Studierenden und Schülern im deutschsprachigen Raum bereitgestellt.

Wir wünschen Ihnen damit viel Erfolg!

Zuletzt gilt unser Dank allen Studenten und Helfern, die, vom Erstellen, über das Gegenrechnen, hin zur Fehleridentifikation der Aufgaben und Musterlösungen, einen maßgeblichen Beitrag zum Gelingen des Gesamtwerks geleistet haben.

*Kai-Uwe Bletzinger*

*Falko Dieringer*

*Rupert Fisch*

*Benedikt Philipp*

## Vorwort zur zweiten Auflage

Auch im Zeitalter vollständig virtueller Welten bildet das Erlernen von theoretischen Hintergründen und deren sichere Anwendung nach wie vor das Fundament akademischer Ausbildung. Gleichzeitig stellen diese Fähigkeiten im Alltag der konstruktiven Ingenieure und Ingenieurinnen ein wichtiges und wertvolles Grundwerkzeug dar. Nur wer das Erlernte sicher anwenden kann, ist auch in der Lage, die täglichen Herausforderungen selbstverantwortlich zu meistern und Neues zu schaffen.

Die erste Auflage des Buchs erschien im Jahr 2015 und wird mittlerweile in einigen Hochschulen und Universitäten als Übungsbuch neben den klassischen Vorlesungsunterlagen empfohlen. Zum einen begleitend zu den Lehrveranstaltungen und zum anderen direkt für die Prüfungsvorbereitung.

Die vorliegende zweite Auflage wurde inhaltlich aktualisiert und erweitert. Einige Aufgaben wurden auf Grundlage wertvoller Rückmeldungen überarbeitet. Die begleitende Lehrsoftware Stiff wurde laufend erweitert und wesentlich fortentwickelt. Vollständig neu in dieser Auflage ist die kapitelweise inhaltliche Begleitung mit digitalen Inhalten und Videos.

Lassen Sie sich begeistern und erlernen Sie die statischen Grundfähigkeiten für Ihre persönliche Entwicklung und Ihre erfolgreiche Zukunft. Lassen Sie sich von einem Zitat von Seneca dabei begleiten: „Nicht, weil es schwer ist, tun wir es nicht; sondern weil wir es nicht tun, ist es schwer".

*Kai-Uwe Bletzinger*

*Falko Dieringer*

*Rupert Fisch*

*Benedikt Philipp*

# Inhalt

# Digitale Inhalte

Begleitend zu den theoretischen Informationen und den Aufgaben finden Sie ergänzende Inhalte online.

Die mitgelieferte **Stabwerkssoftware Stiff** bietet einzigartige Kontroll- und Ergänzungsmöglichkeiten zur Bearbeitung des Buches und wird laufend erweitert und fortentwickelt.

Die Software können Sie herunterladen unter:

Umfangreiche Tutorien zur Nutzung finden Sie unter:

Vollständig neu in dieser Auflage ist die kapitelweise inhaltliche Begleitung mit **Videos:**

# 1 Einleitung und Definitionen

## 1.1 Zur Benutzung des Buchs

Das vorliegende Arbeitsbuch stellt Ihnen eine Aufgabensammlung zu den zentralen Inhalten der im deutschsprachigen Raum stattfindenden Statik-Vorlesungen an Hochschulen und Universitäten bereit.

Jedes Kapitel behandelt einen abgeschlossenen Themeninhalt und beginnt mit einer Aufarbeitung der theoretischen Hintergründe. Dann wird ein Ablaufschema bzw. „Kochrezept" dargestellt und auf umfassende Beispielaufgaben angewendet, für die ausführliche Musterlösungen dargestellt werden. Idealerweise gehen wir davon aus, dass die Leserinnen und Leser des Buches sich intensiv mit diesen Musterlösungen auseinandersetzen, so dass sie Struktur und Ablauf dieser beispielhaften Lösungsgänge sinngemäß auf die folgenden Aufgaben übertragen und dann selbstständig bearbeiten können. Das wird anfänglich nicht einfach sein, ist aber eines der wichtigsten didaktischen Ziele dieses Buches, nämlich Fähigkeiten zur eigenständigen Problemlösung zu entwickeln und einzuüben. Denn genau darauf kommt es im Berufsalltag an, wenn man sich neuen Projekten stellen muss.

Im Rahmen der digitalen Inhalte werden die Themen nochmals aufgegriffen bzw. wiederholt und die zielsichere Anwendung vorgemacht. Dies erfolgt beispielhaft mit der zum Download verfügbaren Software Stiff.

In jedem Kapitel folgen nach den ausführlichen Musterbeispielen weitere 30 Aufgaben zum Selberüben. Sie sind nach Schwierigkeitsgrad klassifiziert, um bei der Orientierung zu helfen, welche Aufgaben Sie sich zutrauen oder um einzuschätzen, wie weit Sie mit dem eigenen Wissensstand und Lernfortschritt bereits gekommen sind. Am Ende jedes Kapitels finden Sie zu jeder Aufgabe Lösungswerte ausgewählter Größen (z. B. Schnittgrößen oder Verschiebungen) für die Kontrolle der eigenen Rechnung. Ein zusätzlicher und überaus wichtiger Lernerfolg wird erzielt, wenn Sie sich parallel zur Handrechnung eine eigene Musterlösung erstellen, indem Sie die Aufgabe mit einer geeigneten software modellieren und berechnen, wie z. B. mit unserer Software Stiff. Auch dazu braucht man die angegebenen Lösungswerte zur Kontrolle. Sie werden schnell merken, wie die alternativen Herangehensweisen Ihr eigenes Verständnis für Statik und Ihre Sicherheit bei der Handrechnung fördern. Wie Sie mithilfe geeigneter Software eine Musterlösung anfertigen können, dazu finden Sie in den digitalen Inhalten weitere Hilfestellungen.

Jede Aufgabe soll zum Verständnis des Themas beitragen, indem Sie sich über die eigentliche Aufgabenstellung hinaus damit beschäftigen. Es ist dabei sehr wichtig, dass Sie sich dafür Zeit nehmen und jeden Schritt sorgfältig durchführen. Es wird dabei vorkommen, dass Sie die angegebenen Lösungswerte nicht auf Anhieb ermitteln. Dies ist kein Grund zur Verzweiflung, sondern der Beginn des tatsächlichen, gründlichen Lernens, indem Sie Ihre Handrechnung Schritt für Schritt mithilfe der eigenen Musterlösung durchgehen. So können Sie die Fehler entdecken und beurteilen, ob es nur Flüchtigkeitsfehler sind oder tatsächliche Wissenslücken, um die Sie sich nochmal kümmern sollten. Mit einer gründlich bearbeiteten Aufgabe lernen Sie mehr, als wenn Sie viele nur oberflächlich behandeln. Durch diesen Prozess werden Sie am Ende stärker aus der Aufgabe herausgehen – mit dem Ziel einer virtuosen Beherrschung der Inhalte, einem besseren Gefühl für Tragwerke und einer guten Prüfungsnote.

Wir wünschen Ihnen viel Erfolg!

## 1.2 Definition der Auflagersymbole

Im Folgenden werden allgemein verwendete Auflagersymbole anhand einiger Beispiele und Tabellen eingeführt:

**Häufig verwendete Auflagersymbole:**

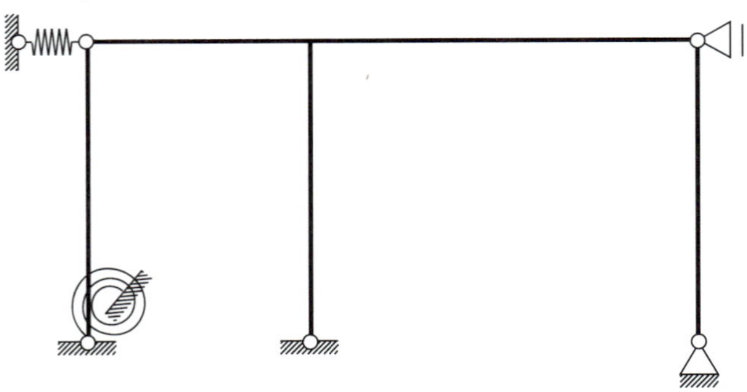

**Weitere verwendete Auflagersymbole:**

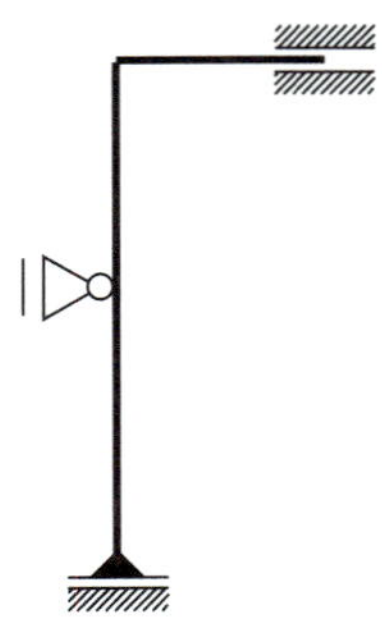

| Symbol | Beschreibung | Freie Verschiebungsgrößen | Auflagerreaktionen |
|---|---|---|---|
|  | Zweiwertiges Auflager: Beide Verschiebungen sind festgehalten, die Verdrehung ist frei. |  | 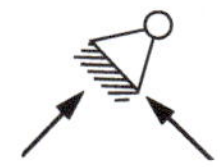 |
| 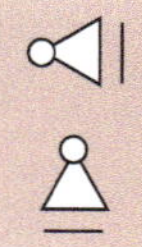 | Einwertiges/Verschiebliches Auflager: Eine Verschiebung ist festgehalten, die andere Verschiebung und die Verdrehung sind frei. | 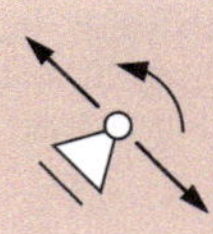 | 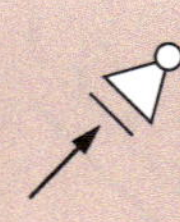 |
|  | Einspannung: Beide Verschiebungen und die Verdrehung sind festgehalten. |  | 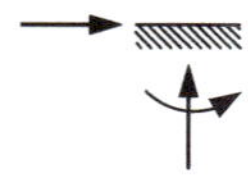 |
| 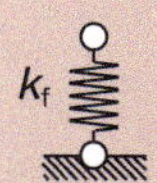  | Senkfeder (auch Dehnfeder oder Normalkraftfeder): Die Verschiebung in Richtung der Feder ist über das Federgesetz $F_f = k_f \cdot u_f$ mit der Durchsenkung $u_f$ gekoppelt. Analog zum Pendelstab leistet die Feder keinen Widerstand senkrecht zu ihrer Achse. | 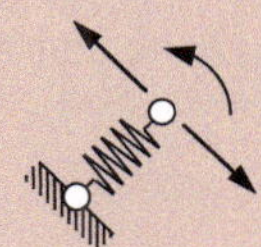 | 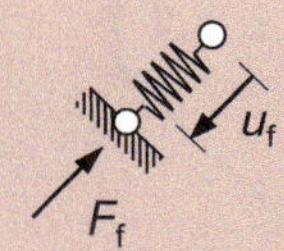  $F_f = k_f \cdot u_f$ |
| 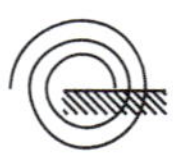 | Drehfeder (auch Rotationsfeder): Die Verdrehung der Feder ist über das Federgesetz $M_\varphi = k_\varphi \cdot \varphi$ mit der Verdrehung $\varphi$ gekoppelt. Die Verschiebungen werden durch die Drehfeder nicht festgehalten. | 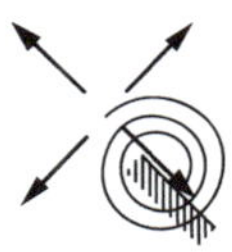 |   $M_\varphi = k_\varphi \cdot \varphi$ |
|  | Biegesteifes verschiebliches Lager: Verschiebung senkrecht zum Stab bzw. in Stablängsrichtung ist nicht festgehalten. | 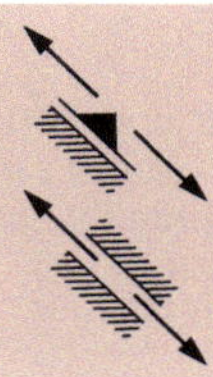 | 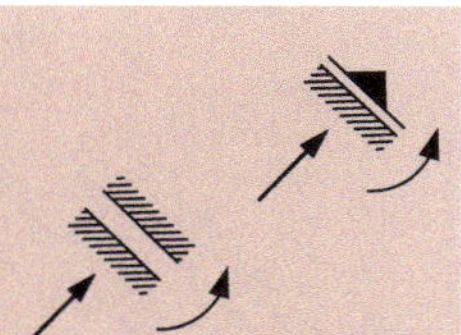 |

Einführung der allgemein verwendeten Lastsymbole:

| Symbol | Beschreibung |
|---|---|
| 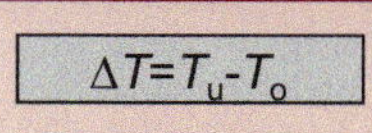  | Ungleichmäßige Temperaturverteilung über den Querschnitt: Im Allgemeinen wird die Differenz zwischen der Temperatur an der Querschnittsunterseite $T_u$ und der Querschnittsoberseite $T_o$ angegeben. |
| 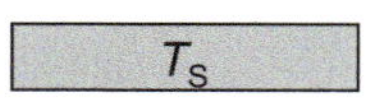  | Gleichmäßige Temperaturverteilung über den Querschnitt: Hierbei wird davon ausgegangen, dass die Temperatur an der Querschnittsunterseite $T_u$ und der Querschnittsoberseite $T_o$ gleich ist. |
| 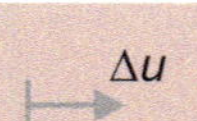  | Eingeprägte Einzelverschiebung: Die jeweils angegebene Verschiebung bezieht sich auf einen bestimmten Punkt im Tragwerk. Im Allgemeinen können auch eingeprägte Rotationen vorhanden sein. |

| Symbol | Beschreibung |
|---|---|
| 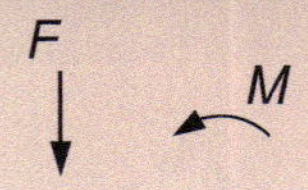 | Einzellast und Einzelmoment: Die jeweils angegebene Belastung bezieht sich auf einen bestimmten Punkt im Tragwerk. |
| 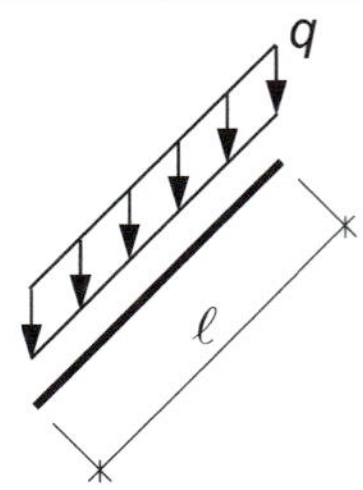 | Global orientierte Linienlast $q$: Die Linienlast ist global orientiert, hier in vertikaler Richtung nach unten. Diese Linienlast bezieht sich auf die gesamte Stablänge $\ell$. Dieser Typ von Linienlast kann zur Modellierung von Eigengewichtslasten verwendet werden. |
| 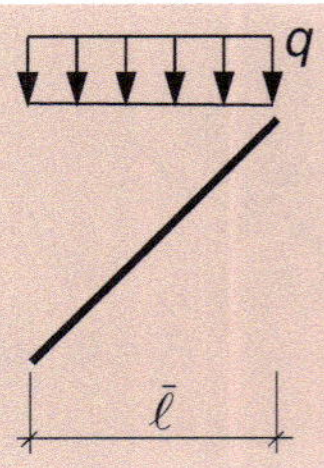 | Global orientierte Linienlast $q$: Die Linienlast ist global orientiert, hier in vertikaler Richtung nach unten. Diese Linienlast bezieht sich auf die projizierte Stablänge $\bar{\ell}$. Dieser Typ von Linienlast kann zur Modellierung von Schneelasten verwendet werden. |
| 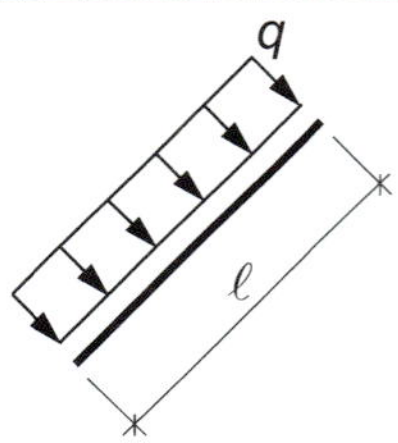 | Lokal orientierte Linienlast $q$: Die Linienlast ist lokal orientiert, hier senkrecht zur Stablängsachse. Die Linienlast bezieht sich auf die gesamte Stablänge $\ell$. Dieser Type von Linienlast kann zur Modellierung von Windlasten verwendet werden. |
| 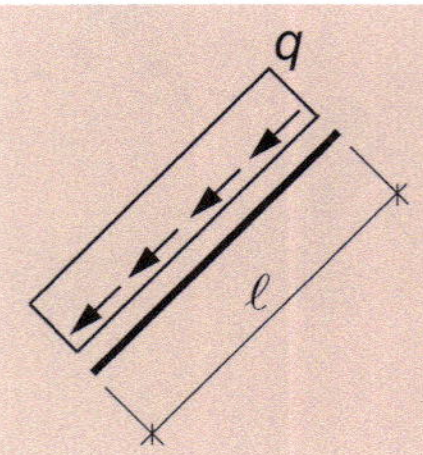 | Lokal orientierte Linienlast $q$: Die Linienlast ist lokal orientiert, hier parallel zur Stablängsachse. Die Linienlast bezieht sich auf die gesamte Stablänge $\ell$. |

Einführung von allgemein verwendeten Parametern und Formelzeichen:

$E$ Elastizitätsmodul

$G$ Schubmodul

$A$ Querschnittsfläche

$I$ Flächenmoment 2. Grades (Flächenträgheitsmoment)

$\alpha$ Temperaturausdehnungskoeffizient

$h$ Querschnittshöhe

$k$ Federsteifigkeit

## 1.3 Definition der Gelenkarten

Einführung von allgemein verwendeten Gelenktypen:

| Symbol | Beschreibung | Beispiel |
|---|---|---|
| 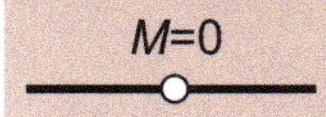 | Momentengelenk: Das Momente ist an diesem Punkt gleich Null $M = 0$. Normalkräfte und Querkräfte können übertragen werden. | 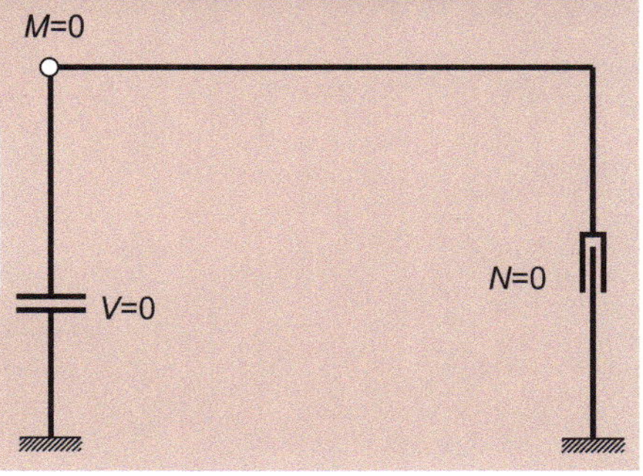 |
| 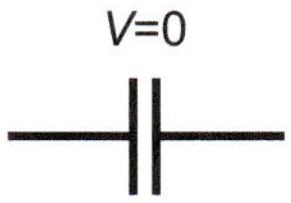 | Querkraftgelenk: Die Querkraft ist gleich an diesem Punkt Null $V = 0$. Normalkräfte und Momente können übertragen werden. | |
| 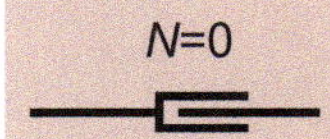 | Normalkraftgelenk: Die Normalkraft ist an diesem Punkt gleich Null $N = 0$. Querkräfte und Momente können übertragen werden. | |

## 1.4 Allgemeine Hinweise

In den folgenden Aufgaben wird die Balkentheorie nach Euler-Bernoulli verwendet. Hierbei gelten die bekannten Annahmen:

- Ebenbleiben des Querschnitts,
- Schubverzerrungen können vernachlässigt werden.

Hieraus ergeben sich die zwei wesentlichen Steifigkeiten zur Definition eines Querschnittes aus statischer Sicht:

- Axiale Steifigkeit $EA$ als Produkt aus Elastizitätsmodul $E$ und Querschnittsfläche $A$
- Biegesteifigkeit $EI$ als Produkt aus Elastizitätsmodul $E$ und Flächenmoment 2. Grades $I$ um die lokale y-Achse

Aus baustatischer Sicht kann oft für Querschnitte mit entsprechenden Steifigkeiten die Annahme getroffene werden, dass eine unendlich große Steifigkeit vorliegt ($EA$ und/oder $EI \rightarrow \infty$). Diese Annahme erleichtert im Allgemeinen die Handrechnung. Für die Modellierung eines Tragwerks mithilfe eines Computerprogramms muss für jede Steifigkeit eine endliche Größe angegeben werden. Bei der Definition der Steifigkeiten ist hierbei zu beachten, dass die unendliche Steifigkeit mittels einer ausreichend großen Zahl, d. h. mehrere Zehnerpotenzen größer als die größte vorkommende Steifigkeit, berücksichtigt wird. Hierbei sollten jedoch die Grenzen numerischer Berechenbarkeit unbedingt beachtet werden.

# 2 Tragwerksbeurteilung

Videos zu diesem Kapitel finden Sie unter

## 2.1 Grundlagen zur Tragwerksbeurteilung

Zur Beurteilung der Lagerung und des inneren Aufbaus eines Tragwerks ist der Grad der statischen Unbestimmtheit eine wichtige Aussage. Er ist u. a. auch ein Maß für die Redundanz des Tragwerks gegenüber Versagen. Bei Anwendung der Auf- und Abbaukriterien kann gleichzeitig auch die Brauchbarkeit eines Systems beurteilt werden. Abzählformeln vergleichen dagegen nur die Zahl der statisch unbekannten Größen und die verfügbaren Bestimmungsgleichungen. Eine in allen Fällen zweifelsfreie Bestimmung des Grades der statischen Unbestimmtheit ist damit nicht möglich. Von der Verwendung von Abzählformeln wird daher abgeraten.

Beim Vorgehen nach dem Abbaukriterium wird das Tragwerk kontrolliert durch gedachte Schnitte in ein brauchbares, statisch bestimmtes System überführt. Die Zahl der dabei freigeschnittenen inneren Größen entspricht dem Grad der statischen Unbestimmtheit.

Bei der Anwendung des Abbaukriteriums greift man auf die drei in Tabelle 2.1 dargestellten statisch bestimmten und brauchbaren Grundtragwerke zurück.

**Tabelle 2.1** Statisch bestimmte und brauchbare Grundtragwerke

| | Grundtragwerk | Erweitertes Grundtragwerk | Unbrauchbarer Sonderfall |
|---|---|---|---|
| Kragträger |  | 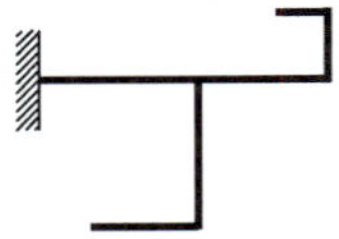 |  ungelagert |
| Balken mit 3 Lagerkräften |  | 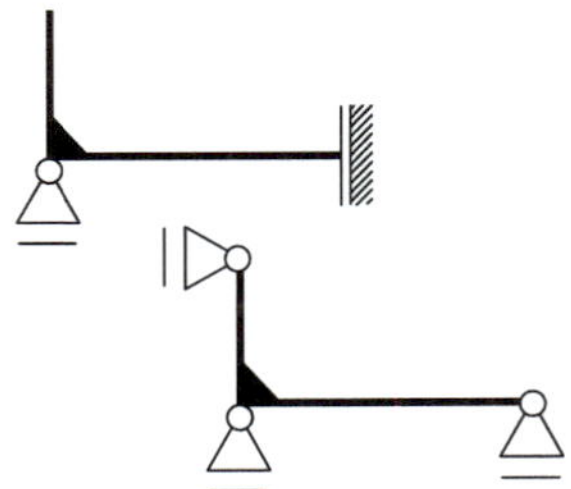 | 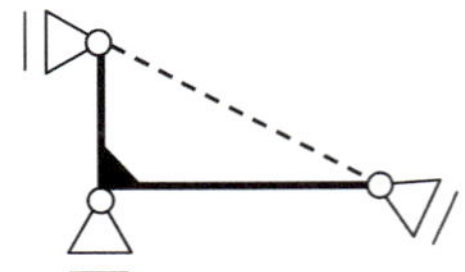 Wirkungslinien der Lagerkräfte treffen sich in einem Punkt |
| Dreigelenktragwerk (3-GTW) |  | 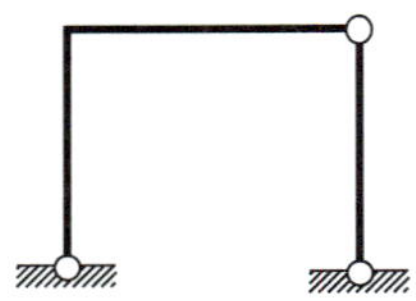 |  Gelenke liegen auf einer Linie |

Der Nachweis der Brauchbarkeit ist automatisch erbracht, wenn

- das Tragwerk in ein statisch bestimmtes System überführt werden kann, welches aus Kombinationen der Grundtragwerke besteht und
- die kinematischen Ausnahmefälle vermieden werden (vgl. auch Kapitel 4 - Polplan, Kinematik).

Für die Überführung in ein statisch bestimmtes System sind Teil- oder Vollschnitte erforderlich. Die Anzahl der ausgelösten Lager- bzw. Schnittkräfte, d. h. der statischen Unbekannten oder Überzähligen (vgl. Kapitel 7 - Kraftgrößenverfahren), bestimmt den Grad $n$ der statischen Unbestimmtheit.

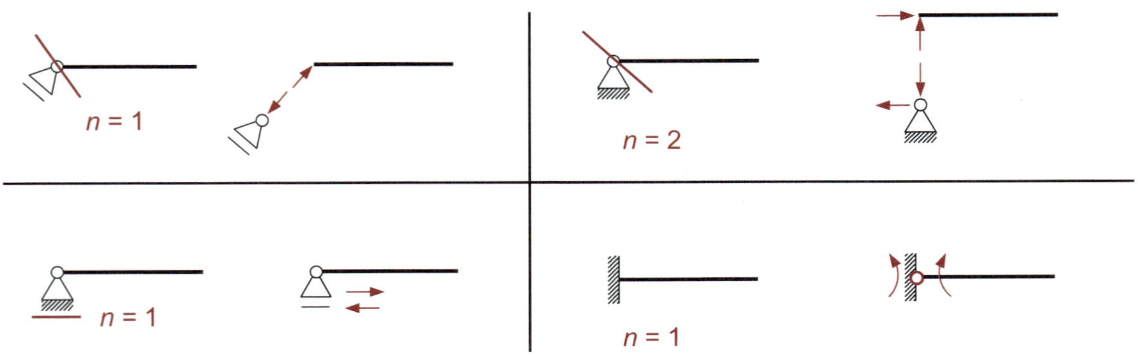


Auslösen von Lagerkräften

Verbindet ein zusätzlich eingeführtes Gelenk $m$ Stäbe, so werden $n = m - 1$ unbekannte Kraftgrößen ausgelöst.

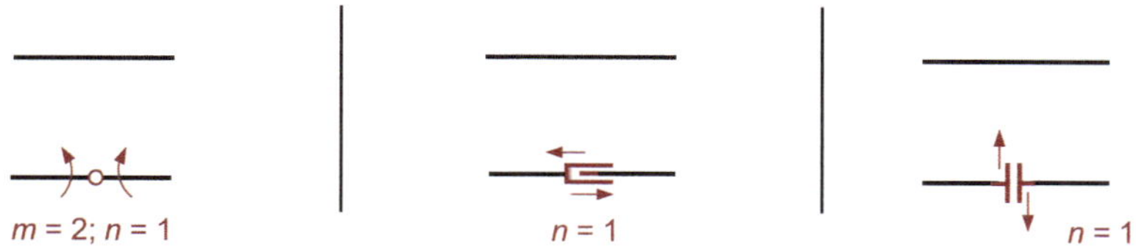

Um das Gleichgewicht zu erfüllen, muss die Summe der Momente am Gelenk 0 ergeben ($\sum M = 0$). Somit sind lediglich 2 Kraftgrößen unbekannt, da die dritte aus dem Gleichgewicht am Gelenk bestimmbar ist.

Auslösen von Schnittgrößen durch Einführen von Gelenken

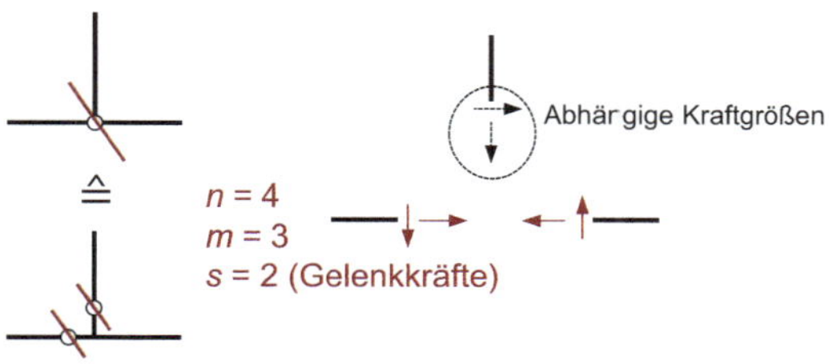


Entfernen von Gelenken

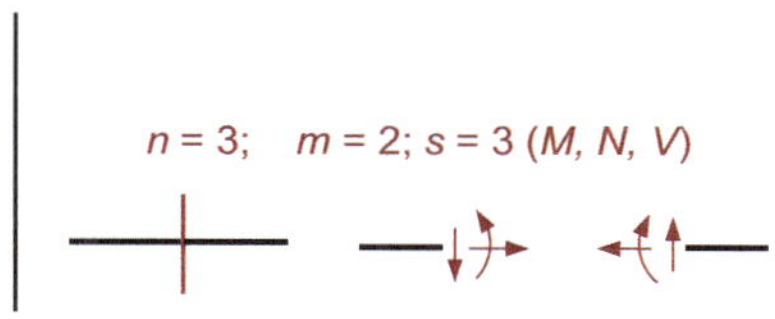


Vollschnitt eines Stabes

Entstehen am Vollschnitt $m$ Schnittufer, so werden $n = (m - 1) \cdot s$ unbekannte Kraftgrößen ausgelöst. Dabei ist $s$ die Zahl der ursprünglich übertragbaren Schnittgrößen.

## 2.2 Beispielaufgabe 1

Machen Sie das nachstehende Tragwerk auf drei unterschiedliche Arten statisch bestimmt.

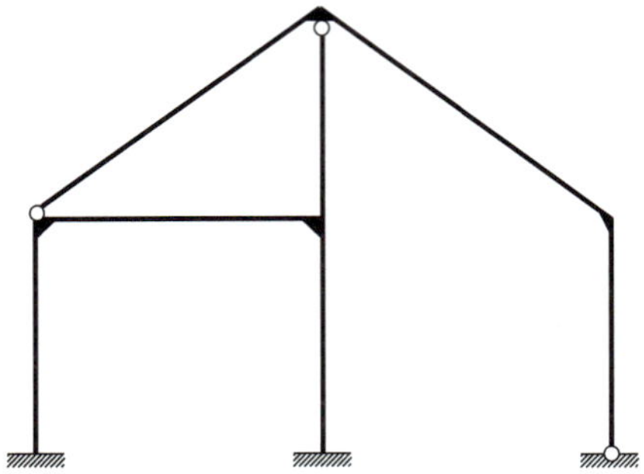

Das gegebene Tragwerk wird in statisch bestimmte Grundsysteme (Kragträger, Balken mit 3 Lagerkräften, 3-Gelenk-Tragwerk) zerlegt. Die Anzahl der dabei freigeschnittenen Schnittgrößen entspricht dem Grad der statischen Unbestimmtheit $n$.

Für das gegebene Tragwerk gilt: $n = 6$.

Im Folgenden werden mehrere Lösungsmöglichkeiten aufgezeigt, doch sind auch andere Lösungen möglich:

*Anmerkung: Die Zahlen geben die Anzahl der jeweils freigeschnittenen Schnittgrößen an.*

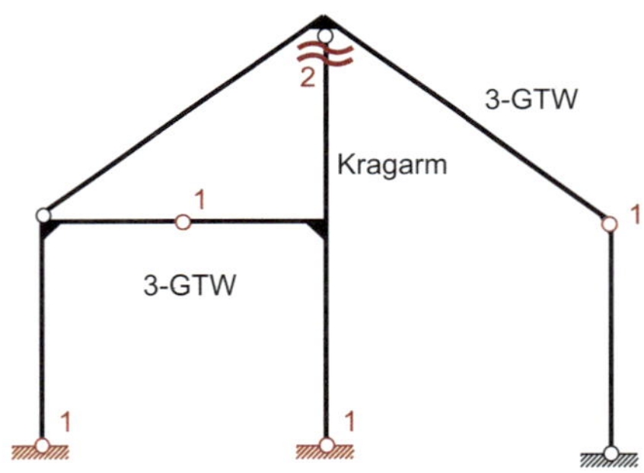


**Variante 1:**

Das Tragwerk besteht aus einem 3-Gelenk-Tragwerk (links), an das ein senkrechter Kragarm anschließt. An dieses System wird ein weiteres 3-Gelenk-Tragwerk angehängt. Da der Kragarm direkt am oberen Gelenk durchgeschnitten wird, werden hier nur 2 Schnittgrößen frei (im Gelenk gilt $M = 0$).

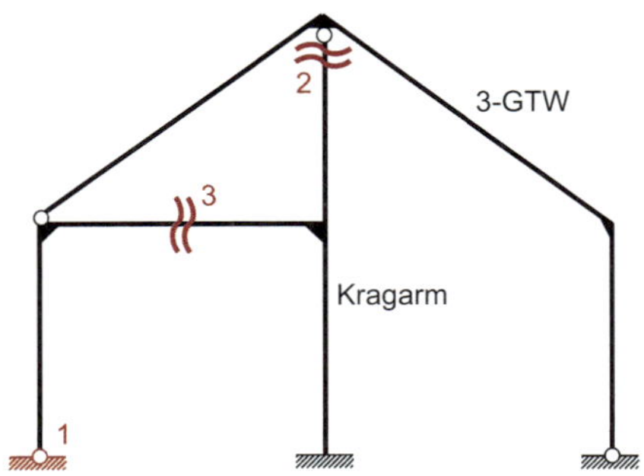


**Variante 2:**

Bei dieser Möglichkeit wird das Tragwerk in zwei separate Systeme (einem Kragarm und ein 3-Gelenk-Tragwerk) aufgeteilt. Beim Schnitt direkt am Gelenk werden 2 Schnittgrößen freigeschnitten (vgl. Variante 1).

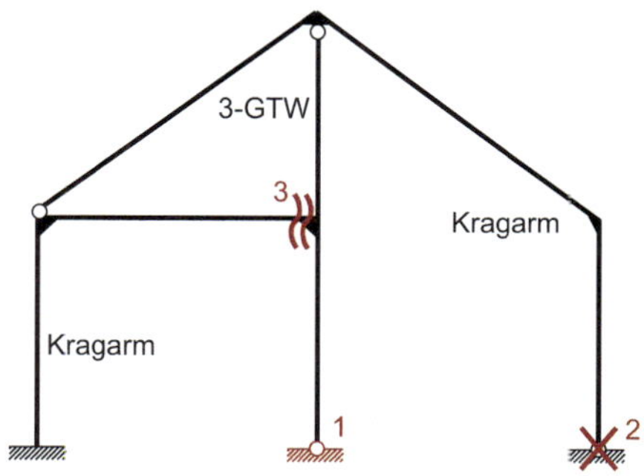


## Variante 3:

Dieses System wird aus einem Kragarm (links, mit biegesteifer Ecke) aufgebaut, an den ein 3-Gelenk-Tragwerk anschließt. An dieses wird ein weiterer Kragarm (rechts) angehängt.

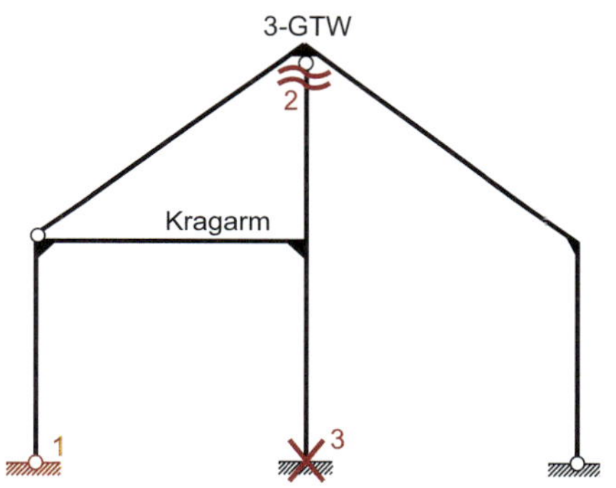


## Variante 4:

In diesem System bilden die äußeren Stäbe ein 3-Gelenk-Tragwerk. An dieses ist auf der linken Seite ein horizontaler Kragarm angeschlossen, an welches wiederum zwei senkrechte Stäbe als Kragarme angeschlossen sind.

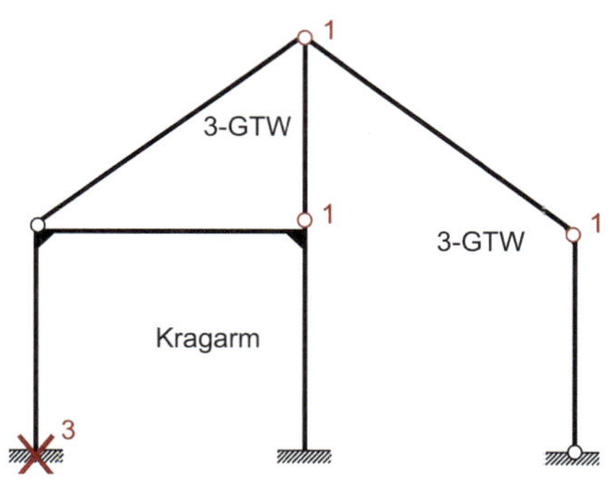


## Variante 5:

Hier besteht das Tragwerk aus einem Kragarm (mit zwei biegesteifen Ecken), an welchen zwei 3-Gelenk-Tragwerke angeschlossen werden.

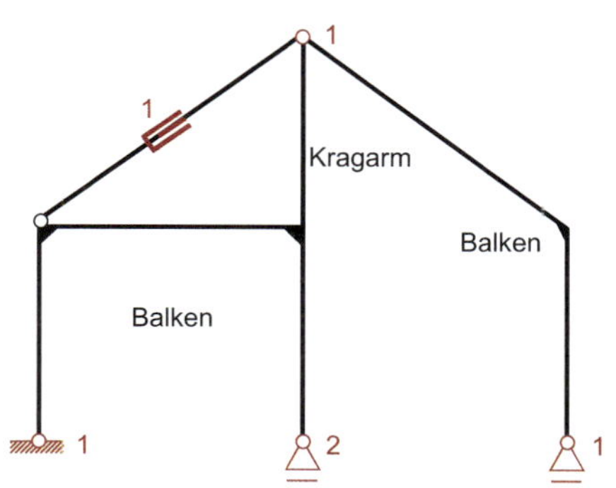


## Variante 6:

Das Tragwerk besteht aus einem Balken mit 3 Lagerkräften (links, mit 2 biegesteifen Ecken), an den ein Kragarm angeschlossen ist. An diesen wird ein weiterer Balken mit 3 Lagerkräften angeschlossen. Übrig ist jetzt nur noch der schräge Stab oben links, in den ein Normalkraftgelenk eingefügt wird, um das System statisch bestimmt zu machen (ohne das Normalkraftgelenk wäre dieser Stab ein Balken mit unverschieblichen Auflagern links und rechts, d. h. er wäre einfach statisch unbestimmt).

## 2.3 Beispielaufgabe 2

Es ist zu untersuchen, ob die Brauchbarkeit der 4 Systeme gegeben ist, wobei der Grad der statischen Unbestimmtheit $n$ zu ermitteln ist.

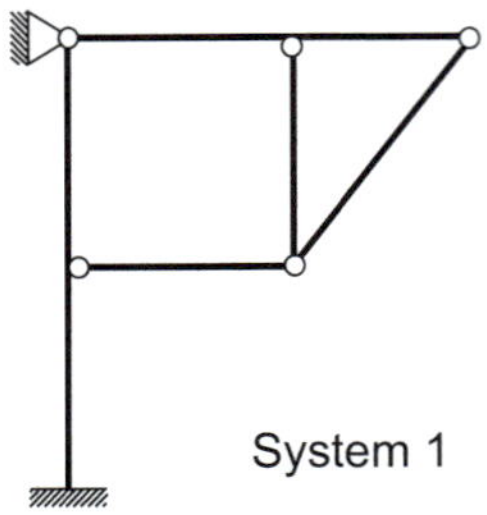

System 1

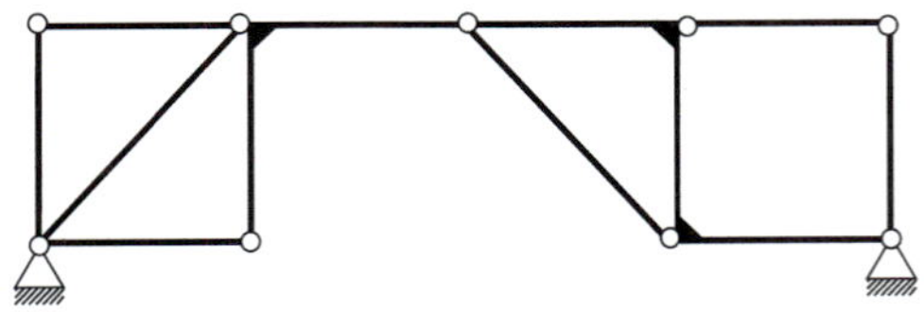

System 2

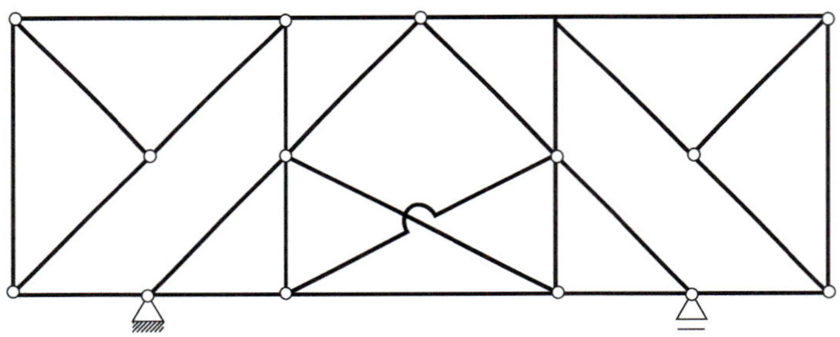

System 3

System 4

Die grundlegende Vorgehensweise besteht darin, die gegebenen Tragwerke in statisch bestimmte Grundsysteme (Kragträger, Balken mit 3 Lagerkräften, 3-Gelenk-Tragwerk) zu zerlegen. Um die Zerlegung zu vereinfachen, ist es sinnvoll, zuvor eventuell vorhandene (statisch bestimmte!) Scheiben zu markieren. Für die Definition einer Scheibe sei an dieser Stelle auf Kapitel 4 – Polplan, Kinematik verwiesen.

## 2.3.1 System 1

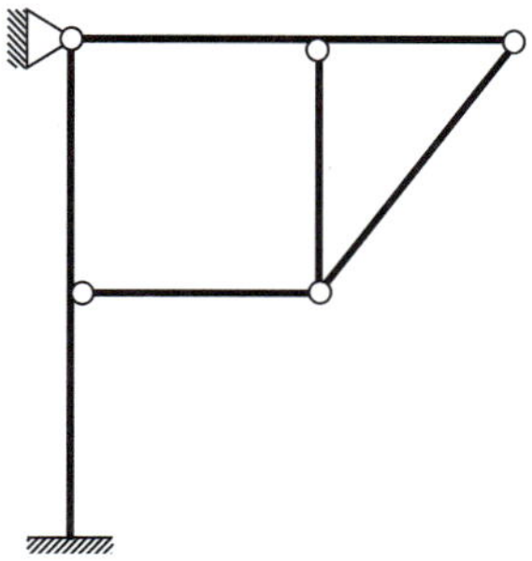

### Scheiben markieren

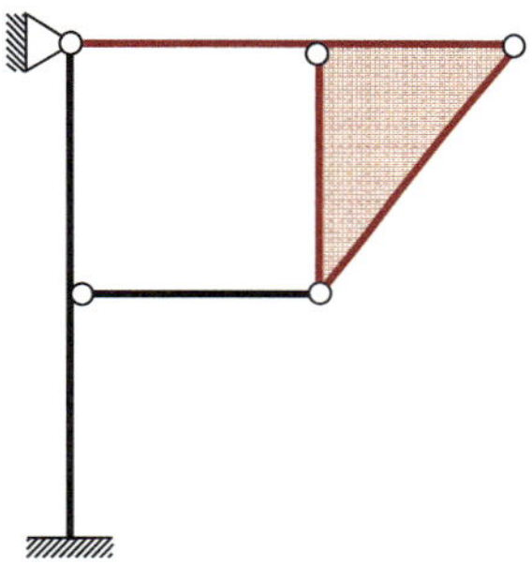

Das Tragwerk enthält eine statisch bestimmte Scheibe (3 Gelenke mit 3 Stäben verbunden).

### Tragwerk zerlegen

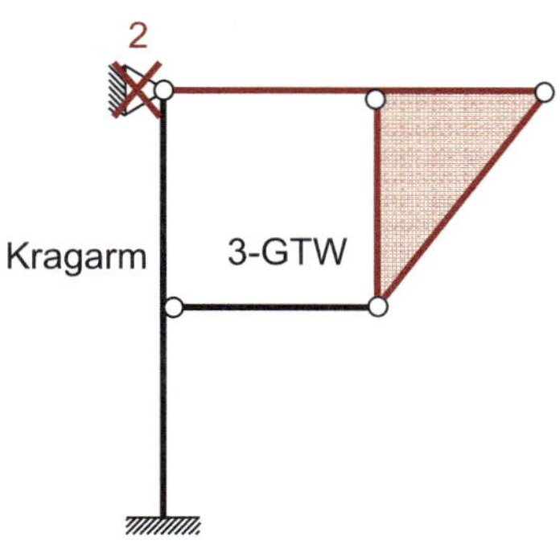


Das System besteht aus einem Kragarm, an den ein 3-Gelenk-Tragwerk, bestehend aus einem Stab und einer Scheibe, angehängt wird. Das System ist 2-fach statisch unbestimmt, $n = 2$, und somit brauchbar.

### 2.3.2 System 2

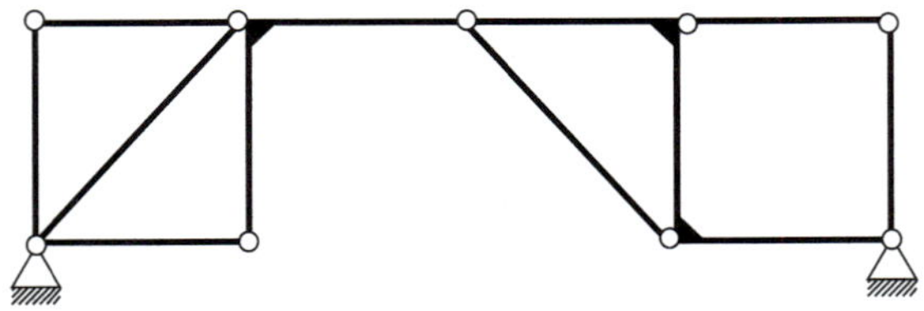

#### Scheiben markieren

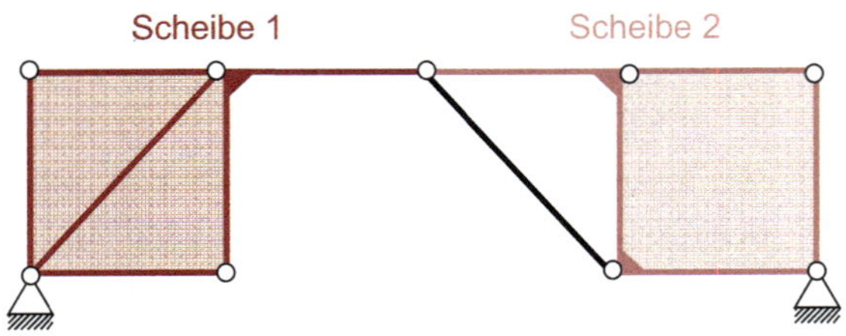


Die Scheibe 1 besteht aus einem statisch bestimmten Dreieck (3 Gelenke, 3 Stäbe), an das ein weiterer Knoten mit zwei Stäben statisch bestimmt und brauchbar (entspricht dem 3-Gelenk-Tragwerk) angeschlossen wird. Scheibe 2 besteht aus drei Gelenken und drei Stäben, wobei ein Stab zwei biegesteife Ecken besitzt.

#### Tragwerk zerlegen

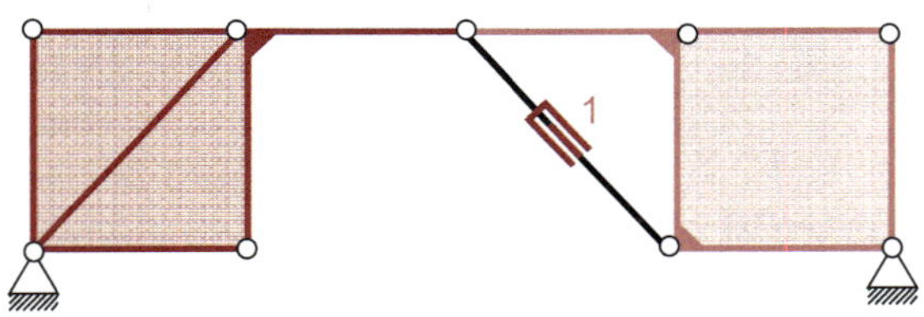


Die beiden Scheiben bilden zusammen ein 3-Gelenk-Tragwerk. In den verbleibenden Stab wird ein Normalkraftgelenk eingefügt, um das System in ein statisch bestimmtes Tragwerk zu überführen (vgl. Aufgabe 1, Variante 6).

$n = 1$, brauchbar

### 2.3.3 System 3

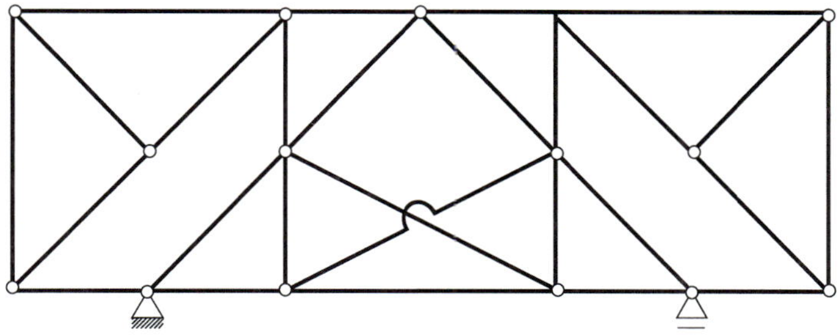

#### Scheiben markieren

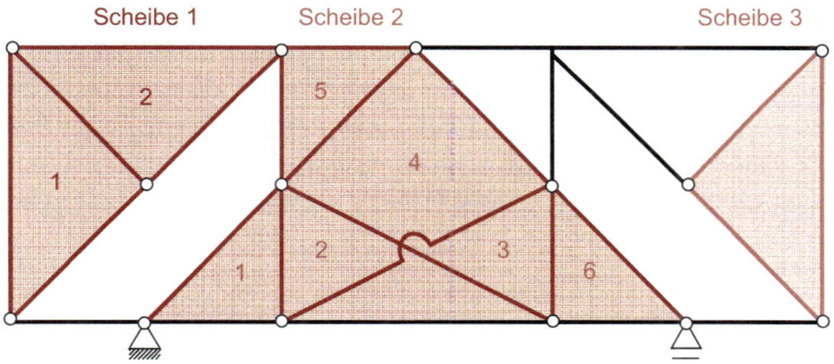


Bei den Scheiben 1 und 2 werden an ein innerlich statisch bestimmtes Ausgangsdreieck (3 Stäbe, 3 Gelenke) weitere Gelenke mit jeweils zwei Stäben angeschlossen.

#### Tragwerk zerlegen

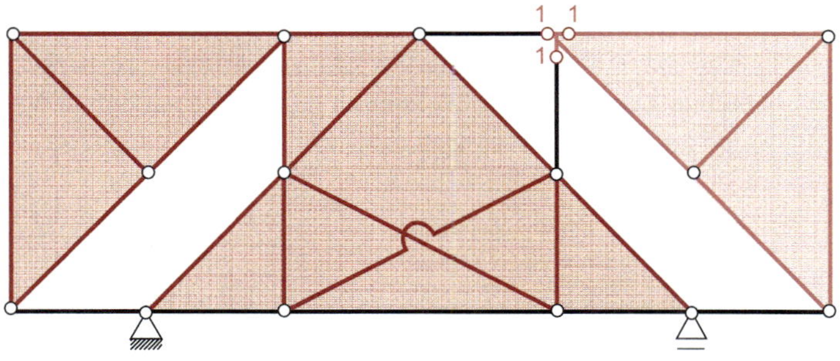


An die statisch bestimmt gelagerte Scheibe 2 wird Scheibe 1 mit einem Knoten und einem Stab angehängt. Durch die drei zusätzlich eingeführten Gelenke vergrößert sich die Scheibe 3 und ist mit drei Stäben (entspricht dem Balken mit 3 Lagerkräften, d. h. die beiden Scheiben sind statisch bestimmt und brauchbar miteinander verbunden) an Scheibe 2 angeschlossen.

$n = 3$, brauchbar

### 2.3.4 System 4

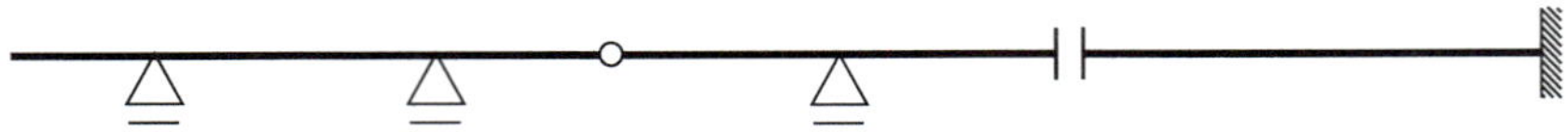

#### Scheiben markieren

Im System 4 sind keine Scheiben vorhanden.

#### Tragwerk zerlegen

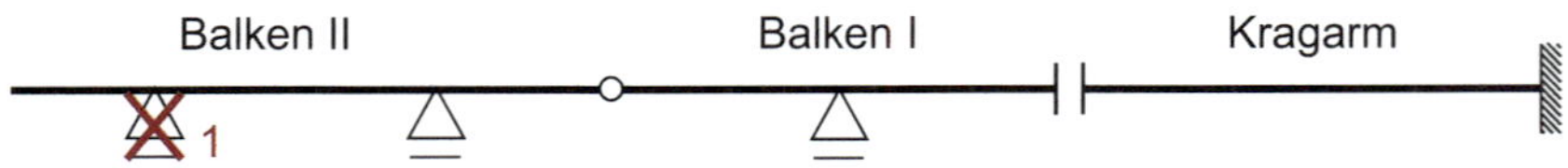


Das Tragwerk wird von rechts nach links zerlegt. An den Kragarm schließt mit einem Querkraftgelenk ein Balken (Balken I) an. Dieses Querkraftgelenk wirkt als verschiebliche Einspannung (zweiwertiges Auflager). Mit dem weiteren einwertigen Auflager ist der Balken I statisch bestimmt gelagert. Schließlich wird noch ein weiterer Balken (Balken II) mit 3 Lagerkräften angehängt (Spezialfall: „Schleppträger“). Somit kann das Lager links außen als überzählig ausgelöst werden.

$n = 1$, brauchbar

## 2.4 Beispielaufgabe 3

Entwickeln Sie zwei mögliche **statisch bestimmte** Tragwerke für die nachfolgend gegebenen Randbedingungen. Es sind dabei alle gegebenen Knoten und Auflager zu berücksichtigen, wobei keine zusätzlichen Knoten eingeführt werden dürfen. Neben den aufgezeigten Lösungsvorschlägen sind auch andere Lösungen möglich

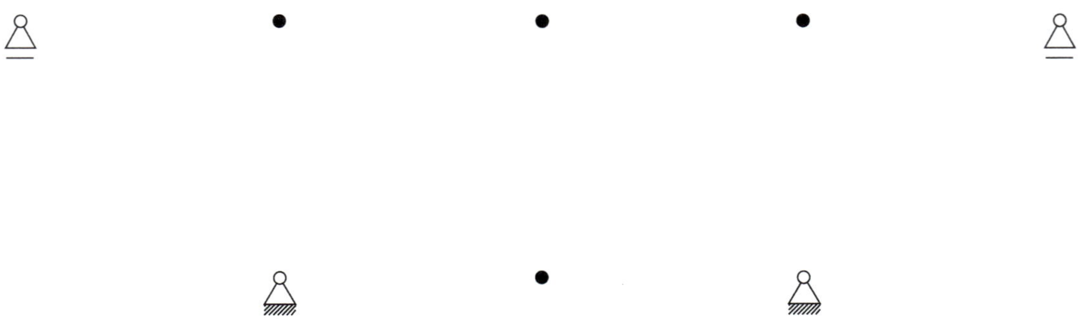

**Variante 1:**

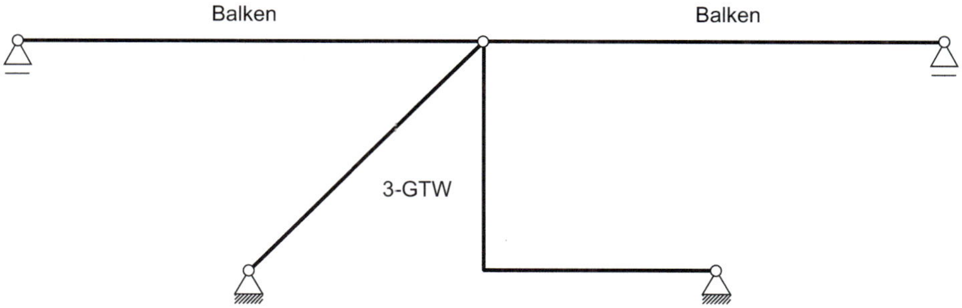


Das Tragwerk besteht aus einem 3-Gelenk-Tragwerk, an dessen oberes Gelenk zwei Balken mit jeweils 3 Lagerkräften angeschlossen werden.

**Variante 2:**

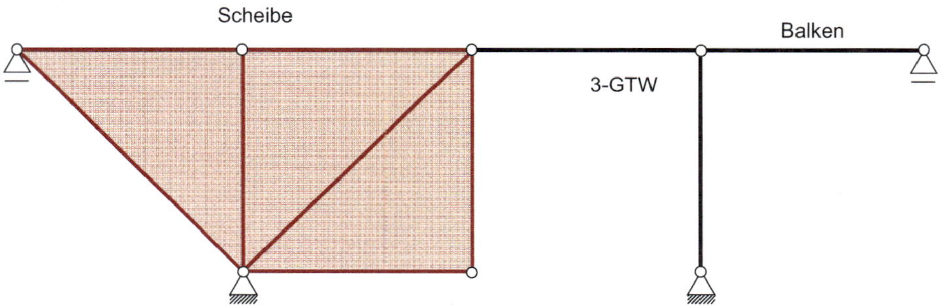


An eine statisch bestimmt gelagerte Scheibe wird ein 3-GTW angeschlossen, an dessen mittlerem Gelenk wiederum ein Balken mit 3 Lagerkräften anhängt ist.

**Variante 3:**

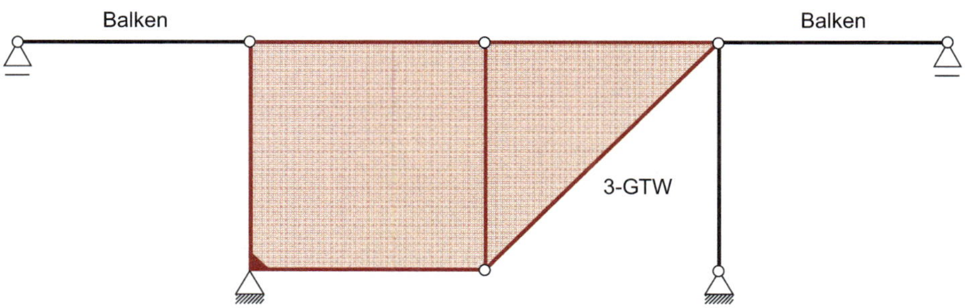


Die innerlich statisch bestimmte Scheibe bildet mit dem senkrechten Stab rechts ein 3-Gelenk-Tragwerk. An dieses werden zwei Balken mit je 3 Lagerkräften angeschlossen.

**Variante 4:**

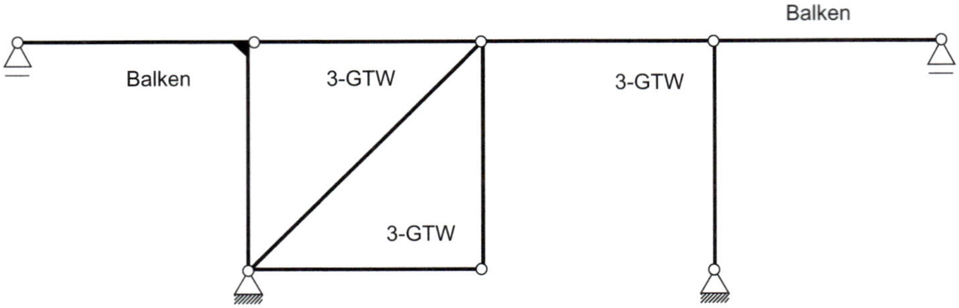


An den linken Balken mit 3 Lagerkräften (mit biegesteifer Ecke) werden drei 3-Gelenk-Tragwerke und zuletzt ein Balken mit 3 Lagerkräften angeschlossen.

*Anmerkung: Alternativ könnte der linke Balken zusammen mit den zwei daran anschließenden 3-Gelenk-Tragwerken auch als Scheibe beschrieben werden.*

**Variante 5:**

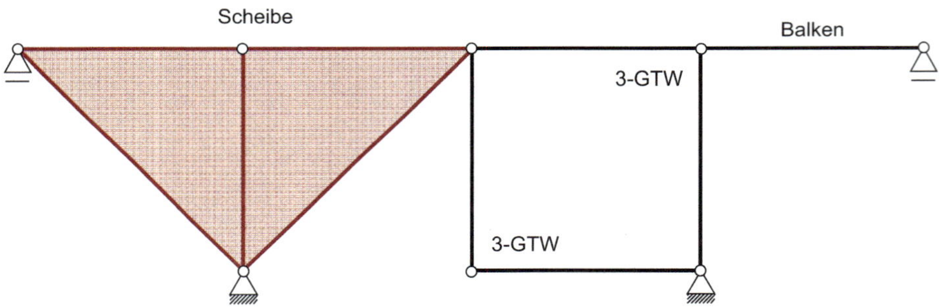


An eine statisch bestimmt gelagerte Scheibe werden zwei 3-Gelenk-Tragwerke angeschlossen und daran wiederum ein Balken mit 3 Lagerkräften.

## 2.5 Aufgaben

### Aufgabe 1

Schwierigkeitsgrad einfach

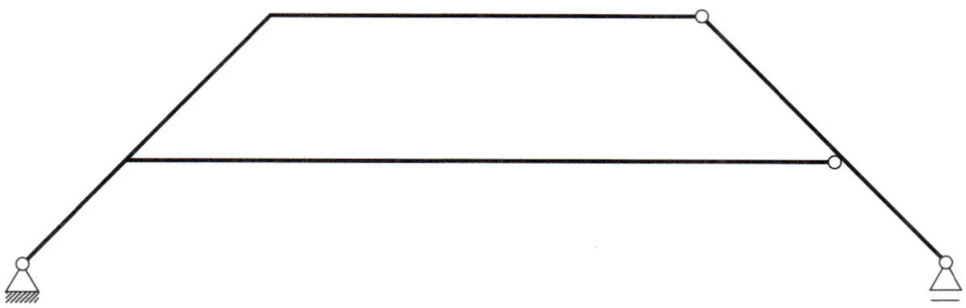

a) Markieren Sie, soweit möglich, bekannte Grundtragwerke im System.

b) Machen Sie das System statisch bestimmt und brauchbar, indem Sie Auflagerreaktionen, Zwischenreaktionen oder Stabkräfte freischneiden.

### Aufgabe 2

Schwierigkeitsgrad einfach

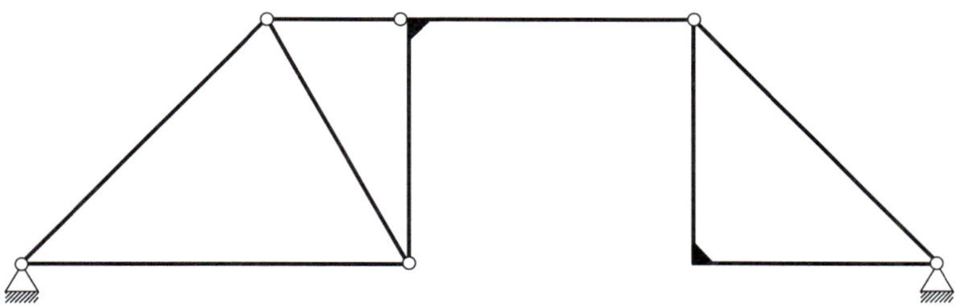

a) Überführen Sie das Tragwerk schrittweise in ein statisch bestimmtes und brauchbares System. Markieren Sie hierbei die notwendigen Schnitte und die Anzahl an freigeschnittenen, statischen Unbekannten.

b) Geben Sie den Grad der statischen Unbestimmtheit an.

### Aufgabe 3

Schwierigkeitsgrad einfach

a) Bestimmen Sie den Grad der statischen Unbestimmtheit des Systems.

### Aufgabe 4

Schwierigkeitsgrad einfach

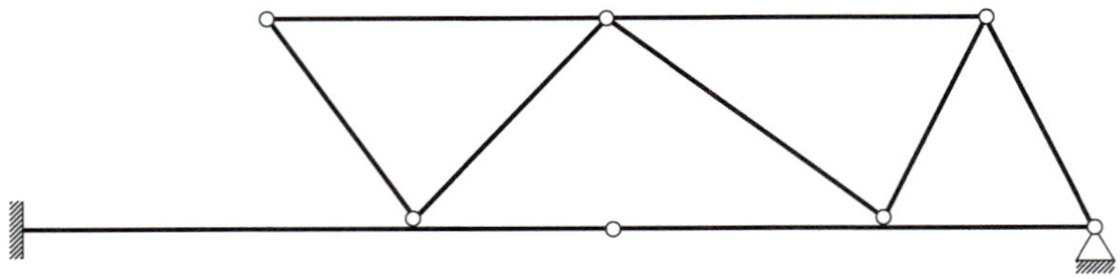

a) Markieren Sie, soweit möglich, bekannte Grundtragwerke.
b) Machen Sie das System statisch bestimmt und brauchbar, indem Sie Auflagerreaktionen, Zwischenreaktionen oder Stabkräfte freischneiden.

### Aufgabe 5

Schwierigkeitsgrad einfach

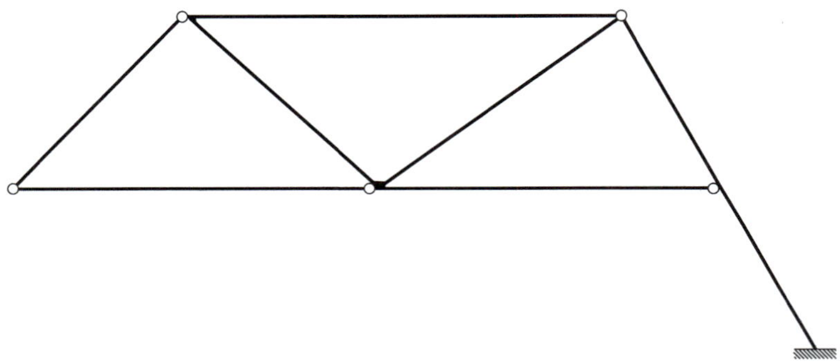

a) Machen Sie das System statisch bestimmt und brauchbar, indem Sie Auflagerreaktionen, Zwischenreaktionen oder Stabkräfte freischneiden
b) Geben Sie den Grad der statischen Unbestimmtheit des Systems an.

### Aufgabe 6

Schwierigkeitsgrad einfach

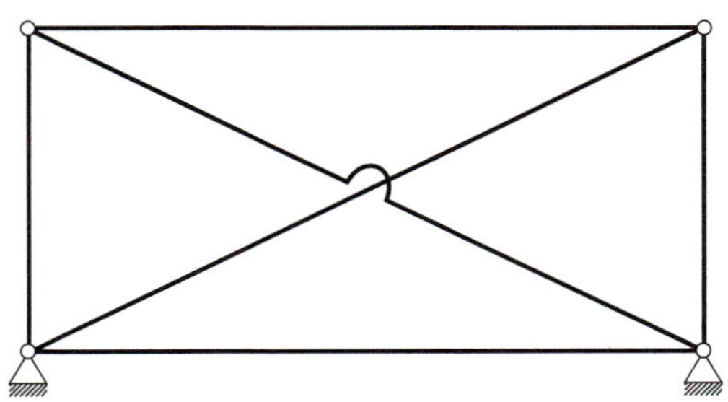

a) Markieren Sie, soweit möglich, bekannte Grundtragwerke.
b) Machen Sie das System statisch bestimmt und brauchbar, indem Sie Auflagerreaktionen, Zwischenreaktionen oder Stabkräfte freischneiden.

## Aufgabe 7

Schwierigkeitsgrad einfach

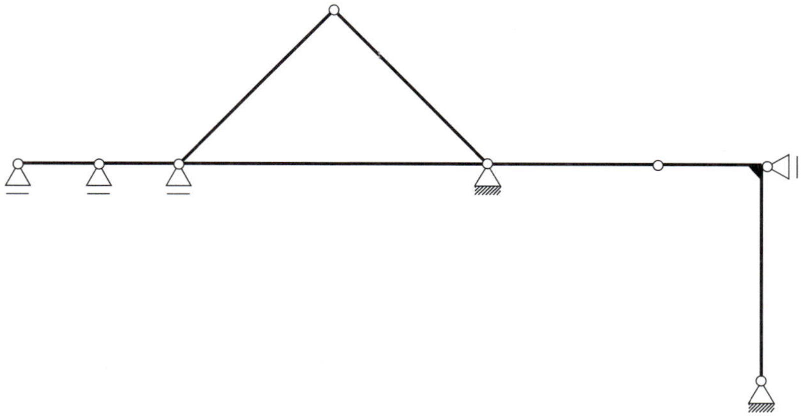

a) Überführen Sie das Tragwerk schrittweise in ein statisch bestimmtes und brauchbares System. Markieren Sie hierbei die notwendigen Schnitte und die Anzahl an freigeschnittenen, statischen Unbekannten.

b) Geben Sie den Grad der statischen Unbestimmtheit an.

## Aufgabe 8

Schwierigkeitsgrad einfach

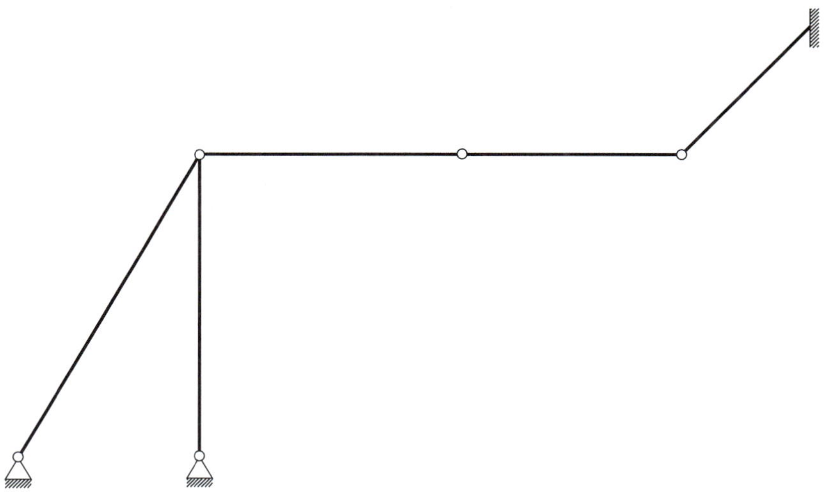

a) Bestimmen Sie den Grad der statischen Unbestimmtheit.

b) Ist das System brauchbar?

### Aufgabe 9

Schwierigkeitsgrad einfach

a) Gestalten Sie ein statisch bestimmtes System unter Verwendung aller Knoten und Auflager.

### Aufgabe 10

Schwierigkeitsgrad einfach

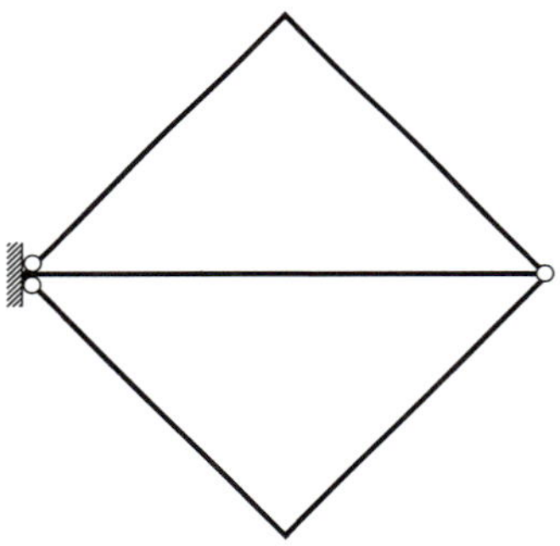

a) Überführen Sie das Tragwerk schrittweise in ein statisch bestimmtes und brauchbares System. Markieren Sie hierbei die notwendigen Schnitte und die Anzahl an freigeschnittenen, statischen Unbekannten.
b) Geben Sie den Grad der statischen Unbestimmtheit an.

### Aufgabe 11

Schwierigkeitsgrad mittel

a) Bestimmen Sie den Grad der statischen Unbestimmtheit des Systems.

### Aufgabe 12

Schwierigkeitsgrad
mittel

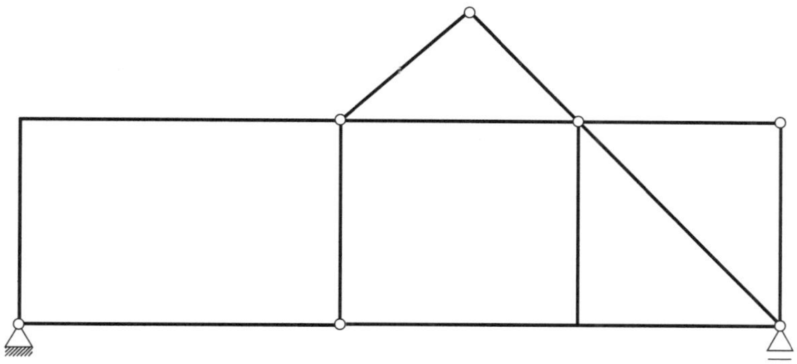

a) Markieren Sie, soweit möglich, bekannte Grundtragwerke im System
b) Machen Sie das System statisch bestimmt, indem Sie Auflagerreaktionen, Zwischenreaktionen oder Stabkräfte freischneiden. Achten Sie darauf, dass das System dabei brauchbar bleibt!

### Aufgabe 13

Schwierigkeitsgrad
mittel

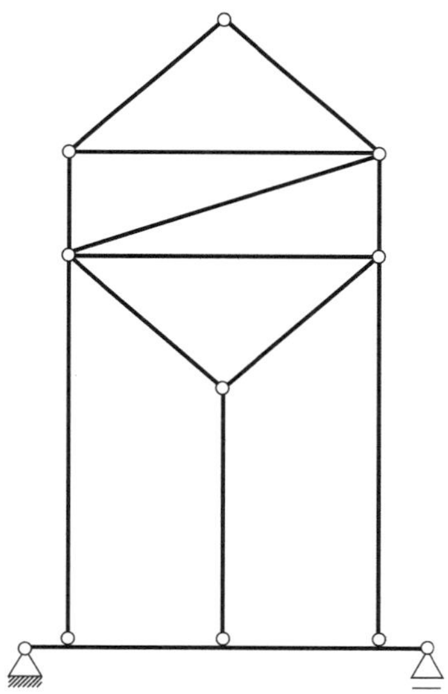

a) Bestimmen Sie den Grad der statischen Unbestimmtheit des angegebenen Systems.
b) Ist das System brauchbar? Begründen Sie Ihre Antwort.

## Aufgabe 14

Schwierigkeitsgrad mittel

a) Gestalten Sie ein zweifach statisch unbestimmtes System unter Verwendung aller Knoten und Auflager.

## Aufgabe 15

Schwierigkeitsgrad mittel

a) Bestimmen Sie den Grad der statischen Unbestimmtheit des Systems.

## Aufgabe 16

Schwierigkeitsgrad
mittel

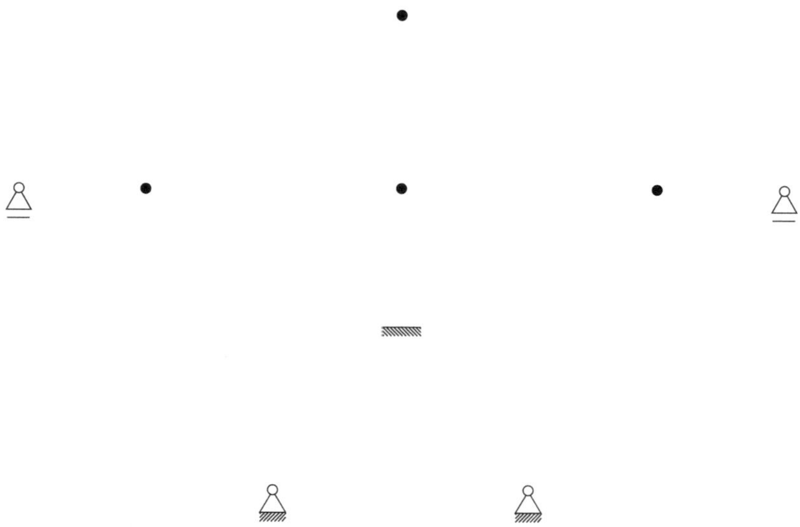

a) Gestalten Sie ein brauchbares und einfach statisch unbestimmtes System unter Verwendung aller Knoten und Auflager.

## Aufgabe 17

Schwierigkeitsgrad
mittel

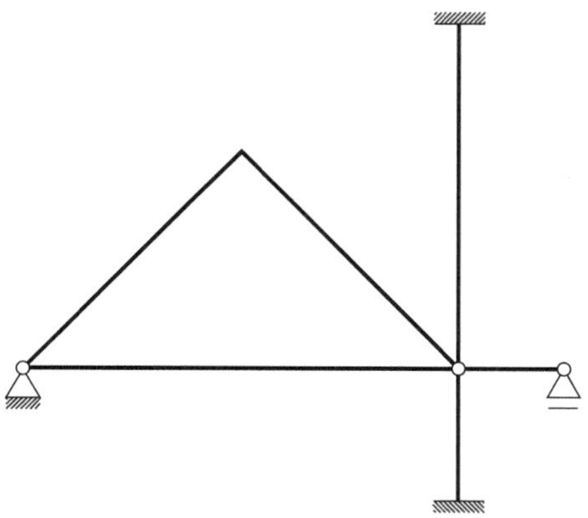

a) Überführen Sie das Tragwerk schrittweise in ein statisch bestimmtes und brauchbares System. Markieren Sie hierbei die notwendigen Schnitte und die Anzahl an freigeschnittenen, statischen Unbekannten.
b) Geben Sie den Grad der statischen Unbestimmtheit an.

## Aufgabe 18

Schwierigkeitsgrad
mittel

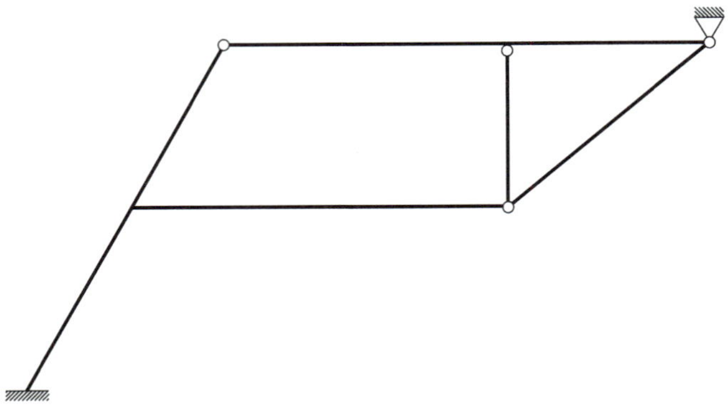

a) Markieren Sie, soweit möglich, bekannte Grundtragwerke.

b) Machen Sie das System statisch bestimmt und brauchbar, indem Sie Auflagerreaktionen, Zwischenreaktionen oder Stabkräfte freischneiden.

## Aufgabe 19

Schwierigkeitsgrad
mittel

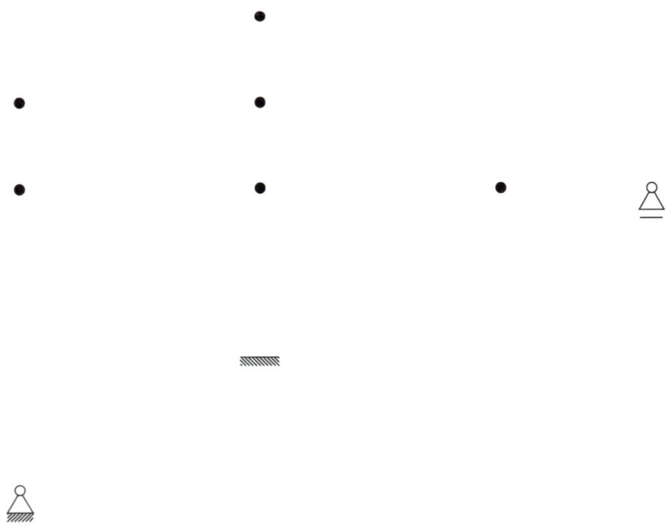

a) Gestalten Sie ein dreifach statisch unbestimmtes System unter Verwendung aller Knoten und Auflager.

## Aufgabe 20

Schwierigkeitsgrad mittel

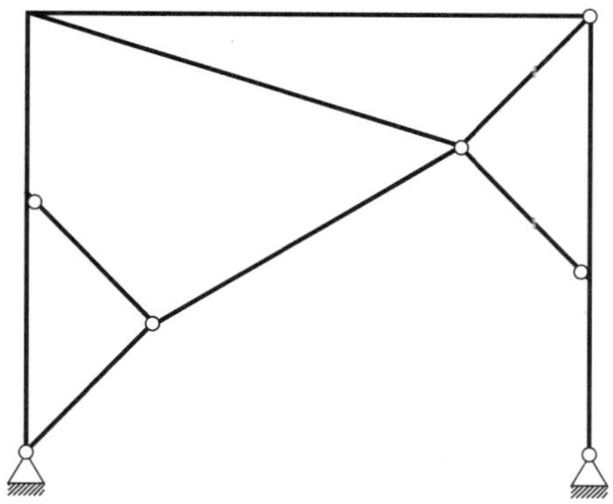

a) Machen Sie das System statisch bestimmt und brauchbar, indem Sie Auflagerreaktionen, Zwischenreaktionen oder Stabkräfte freischneiden.

b) Geben Sie den Grad der statischen Unbestimmtheit des Systems an.

## Aufgabe 21

Schwierigkeitsgrad schwer

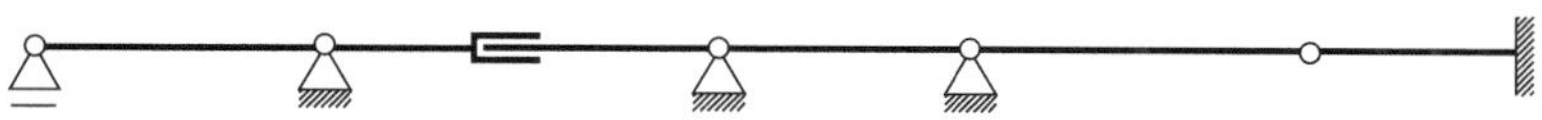

a) Überführen Sie das Tragwerk schrittweise in ein statisch bestimmtes und brauchbares System. Markieren Sie hierbei die notwendigen Schnitte und die Anzahl an freigeschnittenen, statischen Unbekannten.

b) Geben Sie den Grad der statischen Unbestimmtheit an.

## Aufgabe 22

Schwierigkeitsgrad
schwer

a) Überführen Sie das Tragwerk schrittweise in ein statisch bestimmtes und brauchbares System. Markieren Sie hierbei die notwendigen Schnitte und die Anzahl an freigeschnittenen statischen Unbekannten.
b) Geben Sie den Grad der statischen Unbestimmtheit an.

## Aufgabe 23

Schwierigkeitsgrad
schwer

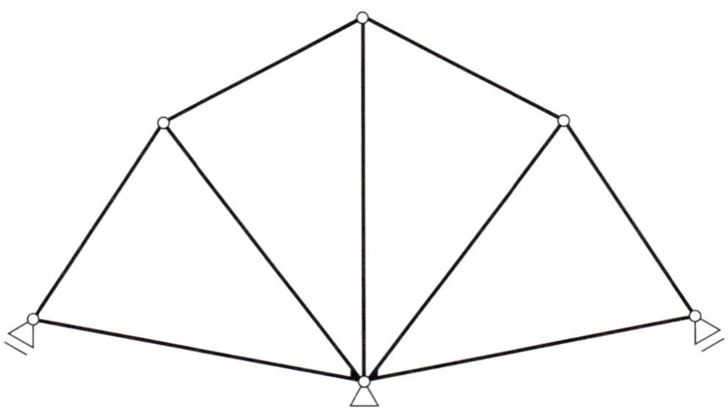

a) Bestimmen Sie den Grad der statischen Unbestimmtheit.
b) Ist das System brauchbar?

## Aufgabe 24

Schwierigkeitsgrad
schwer

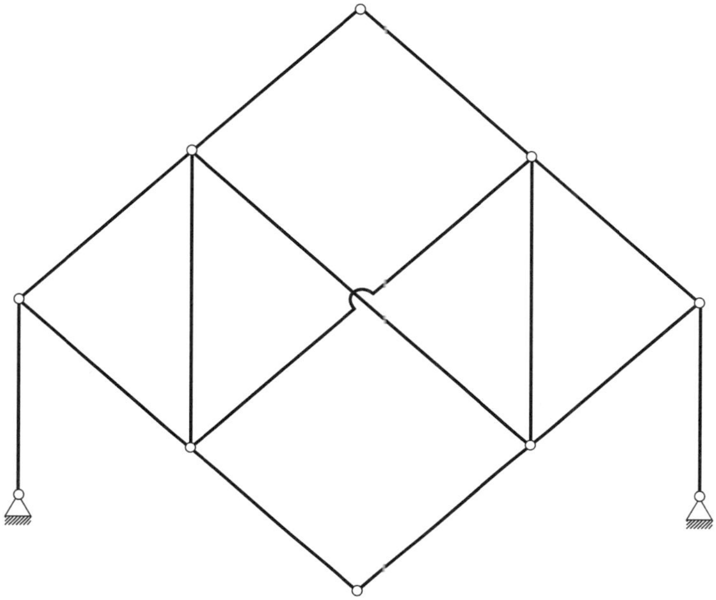

a) Bestimmen Sie den Grad der statischen Bestimmtheit des angegebenen Systems.
b) Ist das System brauchbar? Begründen Sie Ihre Antwort.

## Aufgabe 25

Schwierigkeitsgrad
schwer

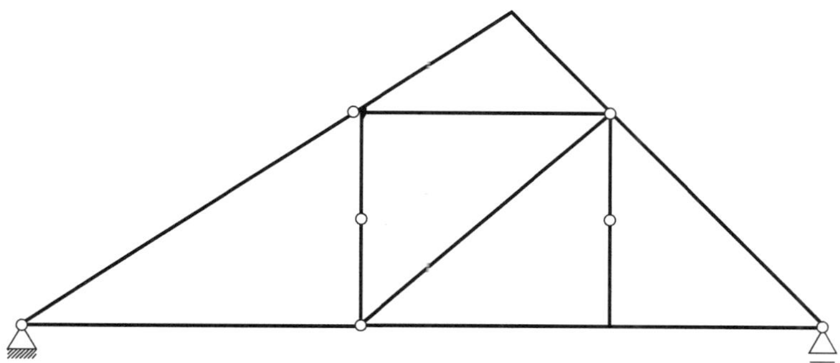

a) Überführen Sie das Tragwerk schrittweise in ein statisch bestimmtes und brauchbares System. Markieren Sie hierbei die notwendigen Schnitte und die Anzahl an freigeschnittenen, statischen Unbekannten.
b) Geben Sie den Grad der statischen Unbestimmtheit an.

## Aufgabe 26

Schwierigkeitsgrad
schwer

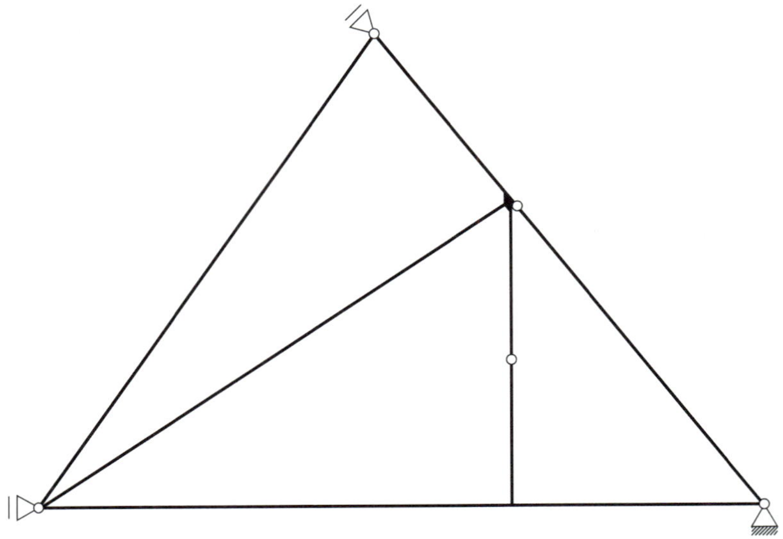

a) Geben Sie den Grad der statischen Unbestimmtheit an.

b) Ist das System brauchbar?

## Aufgabe 27

Schwierigkeitsgrad
schwer

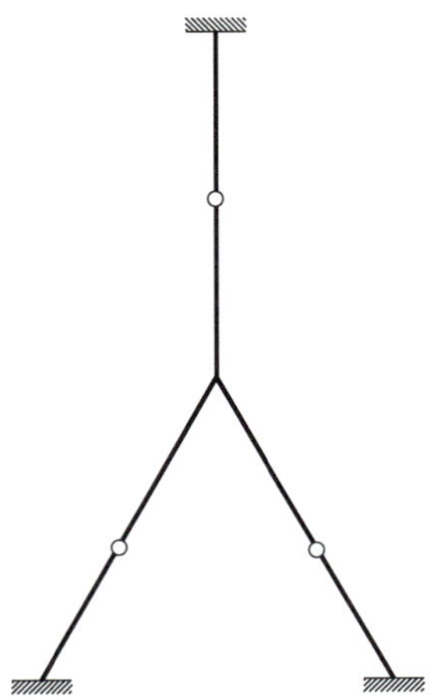

a) Machen Sie das System statisch bestimmt und brauchbar, indem Sie Auflagerreaktionen, Zwischenreaktionen oder Stabkräfte freischneiden

b) Geben Sie den Grad der statischen Unbestimmtheit des Systems an.

## Aufgabe 28

Schwierigkeitsgrad
schwer

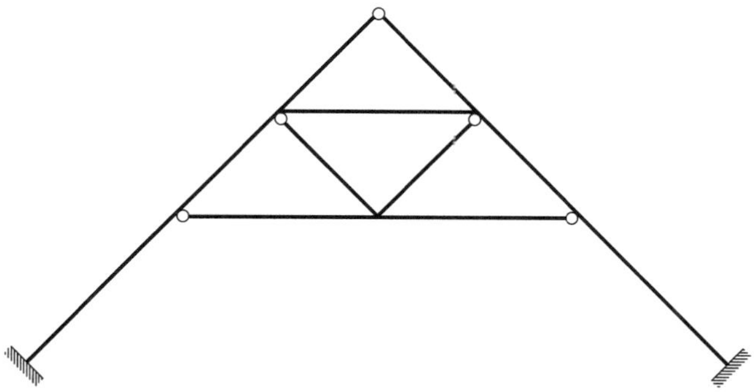

a) Machen Sie das System statisch bestimmt und brauchbar, indem Sie Auflagerreaktionen, Zwischenreaktionen oder Stabkräfte freischneiden
b) Geben Sie den Grad der statischen Unbestimmtheit des Systems an.

## Aufgabe 29

Schwierigkeitsgrad
schwer

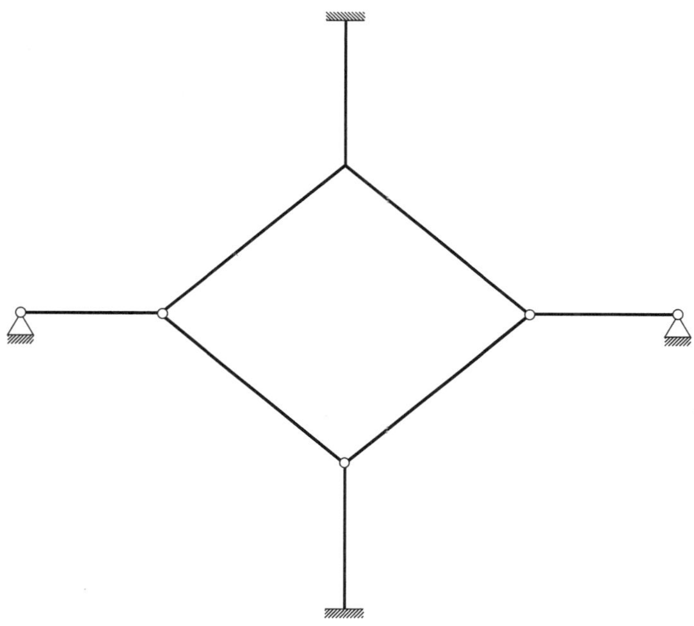

a) Machen Sie das System statisch bestimmt und brauchbar, indem Sie Auflagerreaktionen, Zwischenreaktionen oder Stabkräfte freischneiden
b) Geben Sie den Grad der statischen Unbestimmtheit des Systems an.

## Aufgabe 30

Schwierigkeitsgrad
schwer

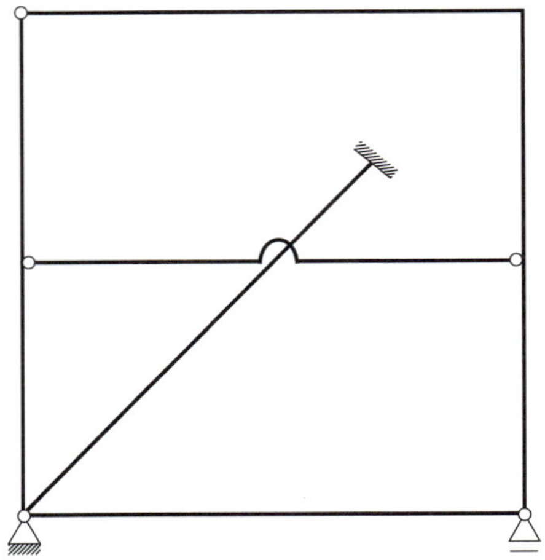

a) Überführen Sie das Tragwerk schrittweise in ein statisch bestimmtes und brauchbares System. Markieren Sie hierbei die notwendigen Schnitte und die Anzahl an freigeschnittenen, statischen Unbekannten.

b) Geben Sie den Grad der statischen Unbestimmtheit an.

# 2.6 Lösungen

| Aufgabe | a) | Ort | b) | Ort |
|---|---|---|---|---|
| 1 | – | | n = 1 | |
| 2 | – | | n = 1 | |
| 3 | n = 2 | | – | |
| 4 | | | n = 2 | |
| 5 | – | | n = 3 | |
| 6 | – | | n = 2 | |
| 7 | – | | n = 1 | |
| 8 | n = 0 | | – | |
| 9 | – | | – | |
| 10 | – | | n = 2 | |
| 11 | n = 1 | | – | |
| 12 | – | | n = 1 | |
| 13 | n = 0 | | – | |
| 14 | – | | – | |
| 15 | n = 3 | | – | |
| 16 | – | | – | |
| 17 | – | | n = 4 | |
| 18 | – | | n = 3 | |
| 19 | – | | – | |
| 20 | – | | n = 3 | |
| 21 | – | | n = 2 | |
| 22 | – | | n = 4 | |
| 23 | n = 2 | | – | |
| 24 | n = - 2 | | – | |
| 25 | n = 3 | | – | |
| 26 | n = 4 | | – | |
| 27 | – | | n = 3 | |
| 28 | – | | n = 10 | |
| 29 | – | | n = 4 | |
| 30 | – | | n = 3 | |

# 3 Schnittgrößen statisch bestimmter Systeme

Videos zu diesem Kapitel finden Sie unter

## 3.1 Grundlagen zur Berechnung von Schnittgrößen an statisch bestimmten Tragwerken

Die inneren Kräfte oder Schnittgrößen eines Tragwerks werden durch gedankliche Schnitte bestimmt. Für ebene Stabtragwerke sind dies die Normalkraft $N$ in Längsrichtung des Stabes, die Querkraft $V$ in Stabquerrichtung und das Biegemoment $M$, das um die Normale der Stabwerksebene dreht. Die Schnittgrößen sind so zu bestimmen, dass das Gleichgewicht der Kräfte und Momente erfüllt ist.

Die positive Ausrichtung der Schnittgrößen am positiven bzw. negativen Schnittufer eines geraden Stabes wird mit Bezug auf die lokalen Koordinaten x,y,z folgendermaßen festgelegt:

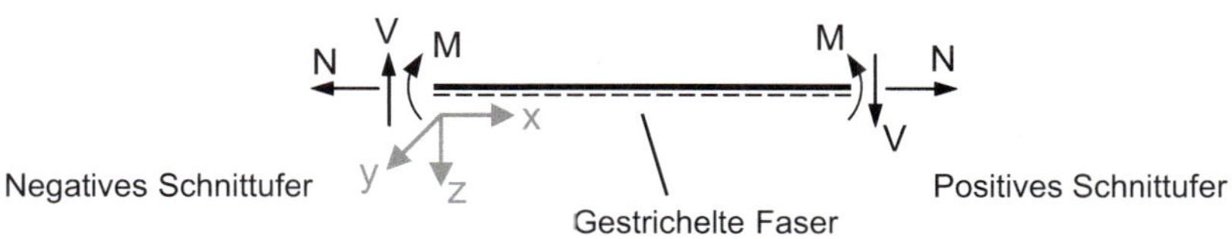


Entsprechend des Prinzips von „actio et reactio" sind positive Schnittgrößen am positiven Schnittufer in Richtung der lokalen Koordinaten und am negativen Schnittufer entgegen der lokalen Koordinaten ausgerichtet.

Dabei gilt, dass die lokale $x$-Achse entlang der Stabachse ausgerichtet ist und die lokale y-Achse aus der Ebene auf den Betrachter zeigt. Die Ausrichtung der lokalen $z$-Achse ergibt sich nach den Regeln eines Rechtssystems („rechte Handregel"). Anstelle des lokalen Koordinatensystems genügt alternativ die Angabe der sog. „gestrichelten Faser". Sie wird auf der positiven „$z$-Seite" angetragen. Zusammen mit der Konvention für die Definition der y-Achse (positiv auf den Betrachter hin), ergibt sich die Richtung der $x$-Achse nach den Regeln für ein Rechtssystem.

Gemäß den genannten Regeln sind Normalkräfte positiv, wenn sie Zugkräfte sind. Positive Momente erzeugen Zug auf der Seite der gestrichelten Faser.

Eine detaillierte Ausführung zum Schnittprinzip ist z. B. in [Dal20], [WE97], [Din12] und [Hir98] gegeben.

Der Schnittkraftverlauf zwischen zwei Knoten wird aus der Superposition der interpolierten Knotengrößen und dem Schnittkraftverlauf einer geeigneten Grundlösung bestimmt. Als Grundlösung wird in der Regel der statisch bestimmte Balken auf zwei Lagern verwendet. Grundlösungen für häufig vorkommende Lastfälle sowie Art und Lage der Extremwerte und Nullstellen sind tabelliert, siehe z. B. die $\omega$-Tafeln in Kapitel 14.2 (vgl. auch [WE97] und [Din12]). Die Verwendung der $\omega$-Tafeln wird auch in der 2. Beispielaufgabe gezeigt.

Zur Veranschaulichung sei ein Beispiel für konstante Linienlasten in Quer- und Längsrichtung mit dem typischen „Einhängen" der $q\ell^2/8$-Parabel beim endgültigen Biegemomentenverlauf gegeben:

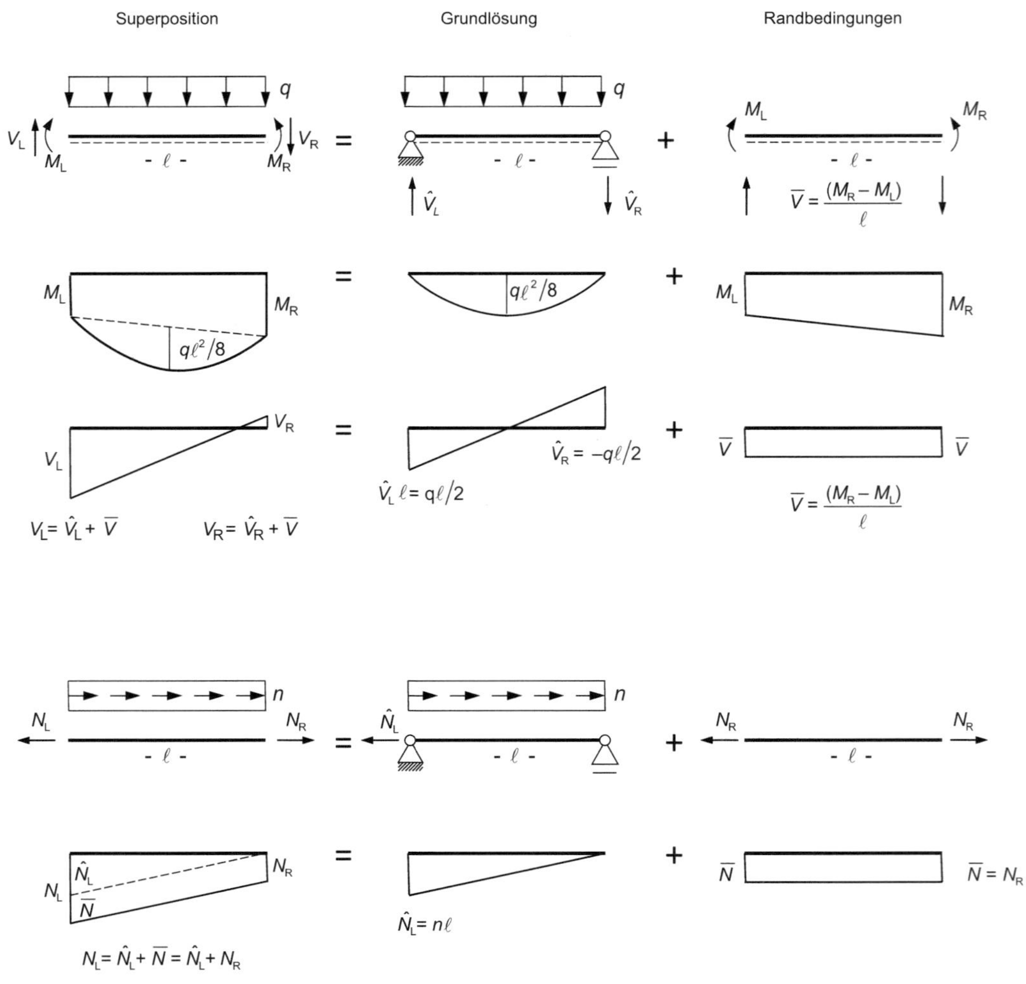

# 3.2 Beispielaufgabe 1

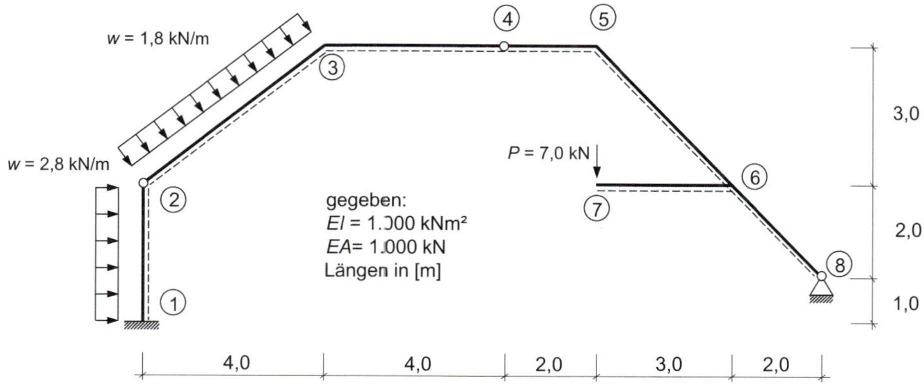


a) Bestimmen Sie die Auflager- und Zwischenreaktionen des Systems infolge der angegebenen Belastung.

b) Ermitteln Sie die Verläufe der Schnittgrößen *M, V* und *N* mit Angabe von Extremwerten, Knicken und Sprüngen (einschließlich deren Lage).

c) Schließen Sie das Gelenk in Knoten 4 und vergleichen Sie die Schnittgrößen mit denen aus Aufgabe b). An welchen Stellen verändern sich die Schnittgrößen nicht? *Hinweis: Verwenden Sie zur Bestimmung der Schnittgrößen in dieser Teilaufgabe Stiff.*

d) Welches Ergebnis erhalten Sie, wenn Sie am Knoten 1 die Einspannung in eine gelenkige Lagerung ändern? Wie erklären Sie sich das Ergebnis?

## 3.2.1 Auflager- und Zwischenreaktionen

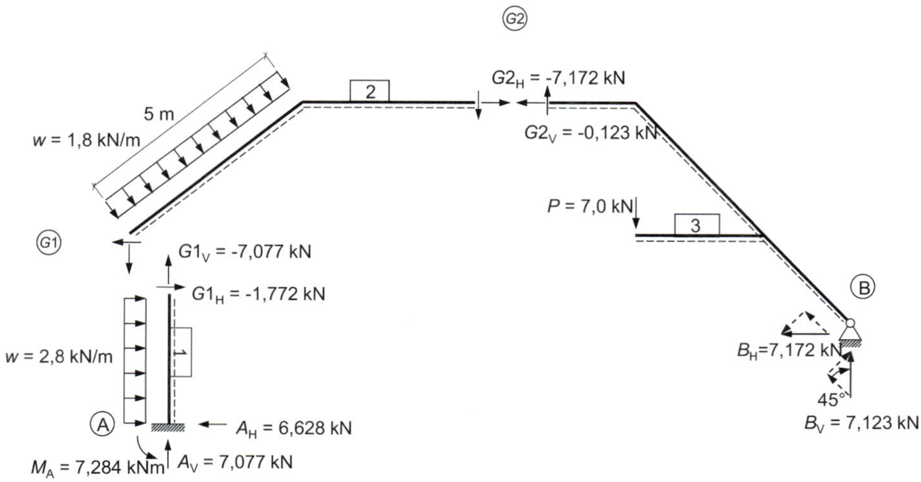

Die Berechnung der Auflager und Zwischenreaktionen an den Gelenken erfolgt durch Bildung der Kraft- und Momentengleichgewichte in den verschiedenen Schnitten:

$$\left.\begin{array}{ll}\sum M_{G2,\text{rechts}}: & B_V \cdot 7 - B_H \cdot 5 - 7 \cdot 2 = 0 \\ \sum M_{G1,\text{rechts}}: & B_V \cdot 15 - B_H \cdot 2 - 7{\cdot}10 - 1{,}8 \cdot 5 \cdot 5/2 = 0\end{array}\right\} \rightarrow B_H = 7{,}172\text{ kN};\ B_V = 7{,}123\text{ k}$$

$\sum H_3$: $G2_H = -B_H = -7{,}172$ kN

$\sum V_3$: $G2_V = 7{,}0 - B_V = 7{,}0 - 7{,}123 = -0{,}123$ kN

$\sum H_2$: $G1_H = G2_H + 3/5 \cdot 1{,}8{\cdot}5 = -7{,}172 + 5{,}4 = -1{,}772$ kN

$\sum V_2$: $G1_V = -G2_V - 4/5 \cdot 1{,}8{\cdot}5 = 0{,}123 - 7{,}2 = -7{,}077$ kN

$\sum H_1$: $A_H = G1_H + 2{,}8 \cdot 3 = -1{,}772 + 8{,}4 = 6{,}628$ kN

$\sum V_1$: $A_V = -G1_V = 7{,}077$ kN

$\sum M_A$: $M_A = G1_H{\cdot}3 + 2{,}8{\cdot}3{\cdot}1{,}5 = -1{,}772{\cdot}3 + 12{,}6 = 7{,}284$ kNm

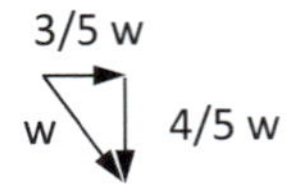


*Hinweis: Der Index 1, 2 oder 3 verweist auf das jeweilige Tragwerksteil, an welchem die Gleichgewichtsbedingung formuliert wird.*

### 3.2.2 Schnittgrößen: Moment

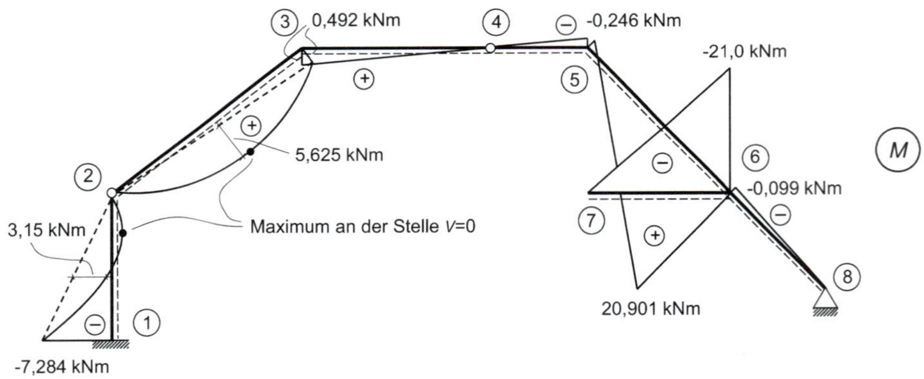


Berechnung:

Knoten 1: $M_1 = -M_A = -7{,}284$ kNm

Knoten 2: Momentengelenk am Knoten → $M = 0$

Der Balken zwischen den Knoten 1 und 2 ist durch eine konstante Streckenlast von $w = 2{,}8$ kN/m belastet.

→ Einhängen einer Parabel mit dem Stich: $\dfrac{q \cdot \ell^2}{8} = \dfrac{2{,}8 \cdot 3^2}{8} = 3{,}15$ kNm

Knoten 3: $M = -G2_V \cdot 4{,}0 = 0{,}123 \cdot 4{,}0 = 0{,}492$ kNm

Der Balken zwischen den Punkten 2 und 3 ist durch eine konstante Streckenlast von $w = 1{,}8$ kN/m belastet.

→ Einhängen einer Parabel mit dem Stich: $\dfrac{q \cdot \ell^2}{8} = \dfrac{1{,}8 \cdot 5^2}{8} = 5{,}625$ kNm

Knoten 4: Momentengelenk am Knoten → $M = 0$

Knoten 5: $M = G2_V \cdot 2{,}0 = -0{,}123 \cdot 2{,}0 = 0{,}246$ kNm

Knoten 6: $M_{oben} = G2_V \cdot 5{,}0 - G2_H \cdot 3{,}0 = -0{,}123 \cdot 5 + 7{,}172 \cdot 3 = 20{,}901$ kNm

$M_{links} = -7{,}0 \cdot 3{,}0 = -21{,}0$ kN

$M_{unten} = M_{oben} + M_{links} = 20{,}901 - 21{,}0 = 0{,}099$ kNm

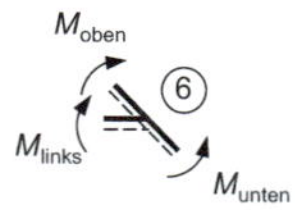


Knoten 7: freies Ende ohne Last → $M = 0$

Knoten 8: Momentengelenk am Auflagerknoten → $M = 0$

### 3.2.3 Schnittgrößen: Querkraft

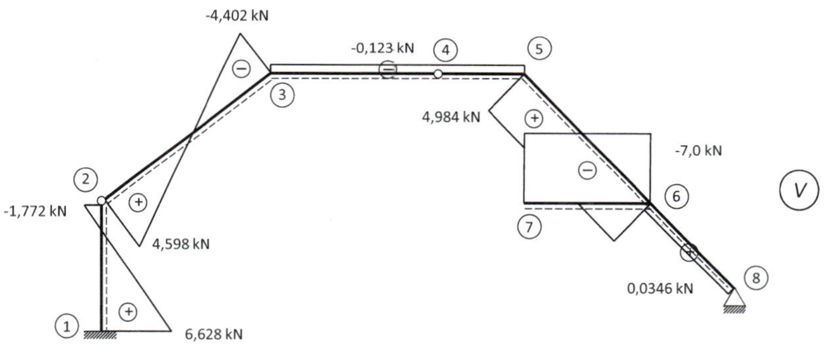


Berechnung:

Knoten 1: $V = A_H = 6{,}628$ kN

Knoten 2: unten: $V = G1_H = -1{,}772$ kN

Wegen der konstanten Streckenlast zwischen Knoten 1 und 2 ist der Querkraftverlauf linear. Er ergibt sich durch lineare Interpolation der beiden Knotenwerte.

oben: $V = 3/5 \cdot G1_H - 4/5 \cdot G1V = -3/5 \cdot 1{,}772 + 4/5 \cdot 7{,}077 = 4{,}598$ kN

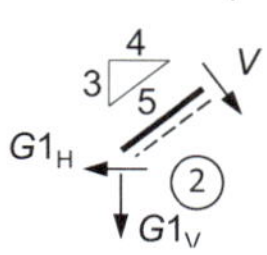


Knoten 3: links: $V = 4{,}598 - 1{,}8 \cdot 5 = -4{,}402$ kN

Analog zum Querkraftverlauf zwischen Knoten 1 und 2 ist auch hier wegen der konstanten Streckenlast der Querkraftverlauf durch lineare Interpolation der beiden Knotenwerte vom Knoten 2 und 3 bestimmt.

rechts: $V = G2_V = -0{,}123$ kN

Da zwischen Knoten 3 und 5 keine Belastung vorhanden ist, bleibt $V$ konstant.

Knoten 5: rechts: $V = G2_V/2 - G2_H/2 = -0{,}123/2 + 7{,}172/2 = 4{,}984$ kN

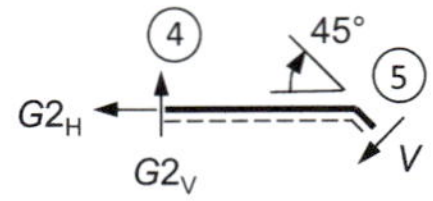


Knoten 8: $V = B_H/2 - B_V/2 = 7{,}172/2 - 7{,}123/2 = 0{,}0346$ kN

Knoten 7: $V = -P = -7{,}0$ kN

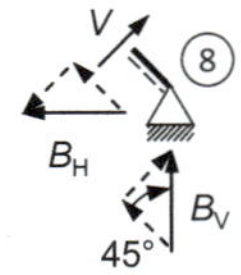


Da auf den Balken 5 - 6, 7 - 6 und 6 - 8 keine Streckenlast wirkt, ist der Querkraftverlauf jeweils abschnittsweise konstant.

### 3.2.4 Schnittgrößen: Normalkraft

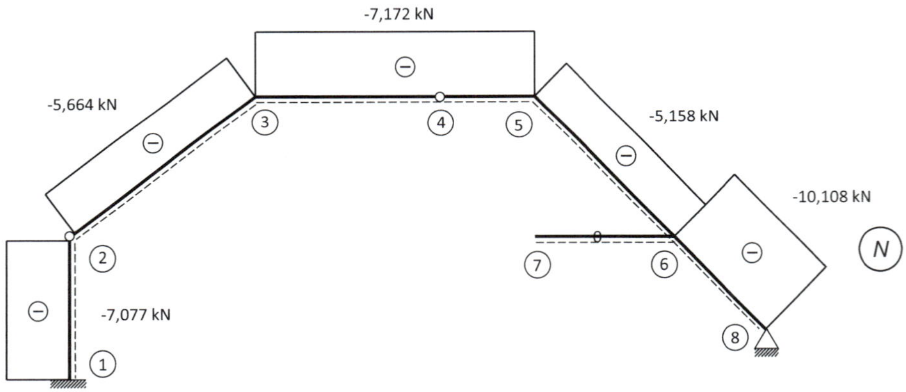


Berechnung:

Da kein Balken mit einer Längsstreckenlast belegt ist, ist der Normalkraftverlauf über alle Balken abschnittsweise konstant.

Balken 1 - 2: $N = -A_V = -7{,}077$ kN

Balken 2 - 3: $N = 4/5 \cdot G1_H + 3/5 \cdot G1_V = -4/5 \cdot 1{,}772 - 3/5 \cdot 7{,}077 = 5{,}664$ kN

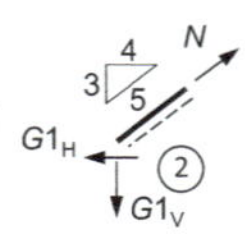


Balken 3 - 5: $N = G2_H = -7{,}172$ kN

Balken 5 - 6: $N = G2_V/2 + G2_H/2 = -0{,}123/2 - 7{,}172/2 = -5{,}158$ kN

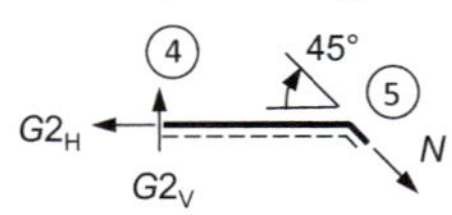


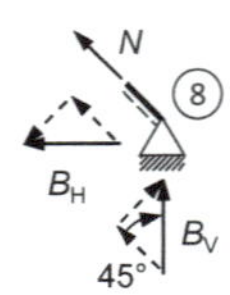


Balken 6-8: $N = -B_H/2 - B_V/2 = -7{,}172/2 - 7{,}123/2 = -10{,}108$ kN

*Hinweis:*

*In diesem Lösungsvorschlag wurden alle Schnittgrößen nacheinander berechnet. Häufig ist es jedoch von Vorteil, Schnittgrößen „parallel“ zu berechnen. So schafft die gleichzeitige Betrachtung von Normal- und Querkraft an schrägen Stäben und Knicken ein besseres Verständnis des Kraftflusses im System.*

*Beispiel am Knick bei Knoten 5:*

*Die Schnittgrößen rechts von Knoten 5 lassen sich jeweils mit einer Kräftesumme in ihrer Wirkungsrichtung aus den Schnittgrößen links berechnen.*

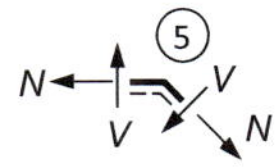


### 3.2.5 Entfernen des Momentengelenks am Knoten 4

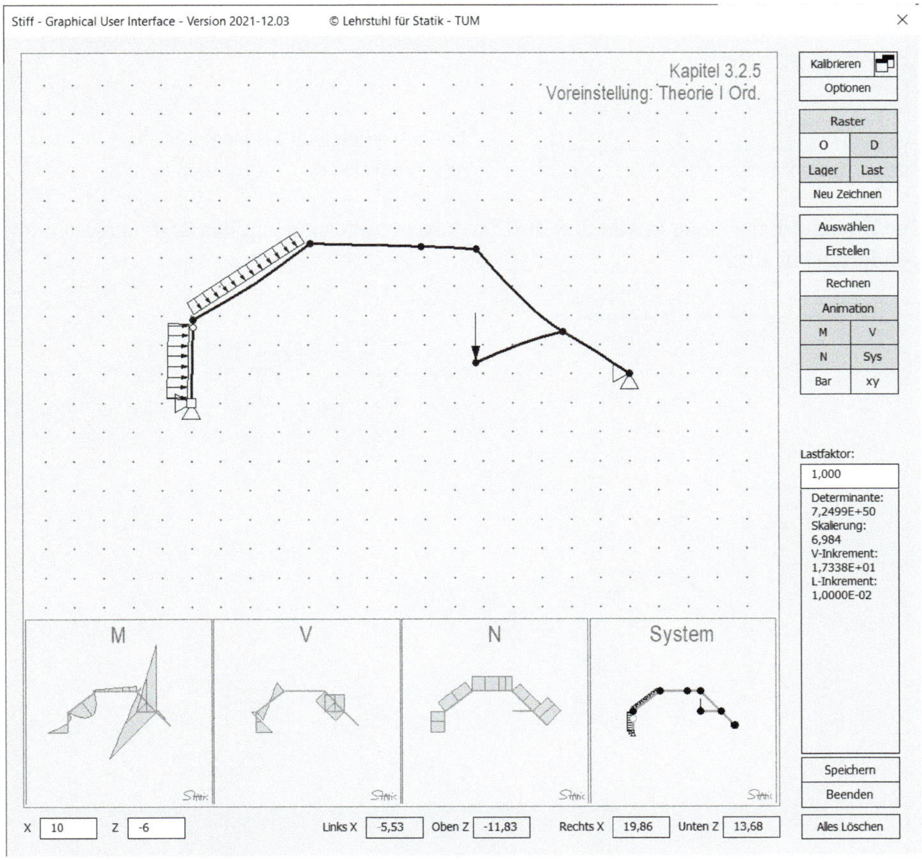


Ansicht des Stiff-Preprocessors nach Systemeingabe und Berechnung

Durch das Entfernen des Momentengelenks am Knoten 4 wird das System statisch unbestimmt. Der oberste Stab wird dadurch steifer. Die auffälligste Änderung in den Schnittgrößen ist, dass das Moment in Knoten 4 nun nicht mehr Null ist. Die Änderung hat allerdings keinen Einfluss auf die Schnittkräfte des Kragarms mit der Einzellast. Dieser ist weiterhin ein statisch bestimmtes Teilsystem.

### 3.2.6 Lösen der Einspannung am Knoten 1

Durch die Änderung der Einspannung hin zu einer gelenkigen Lagerung hat der Rahmen vier Momentengelenke. Durch die entstandene Gelenkkette wird das System kinematisch und versagt (vgl. Kapitel 2 – Tragwerksbeurteilung). Stiff gibt dazu folgende Fehlermeldung aus:

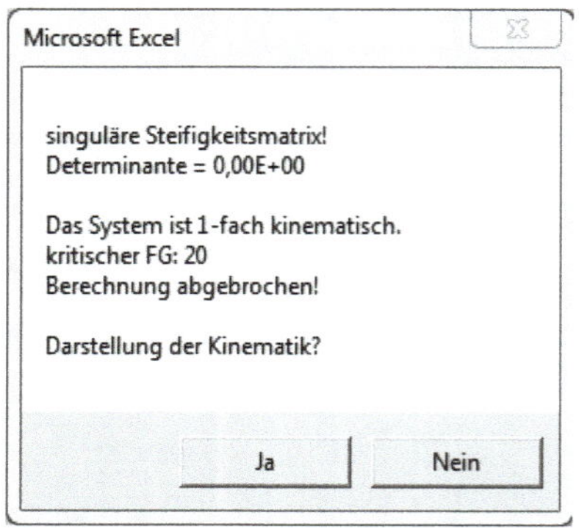


Stiff-Fehlermeldung bei kinematischer Verschieblichkeit

Die Kinematik der Gelenkkette und die Starrkörperverformungen des Systems sehen folgendermaßen aus:

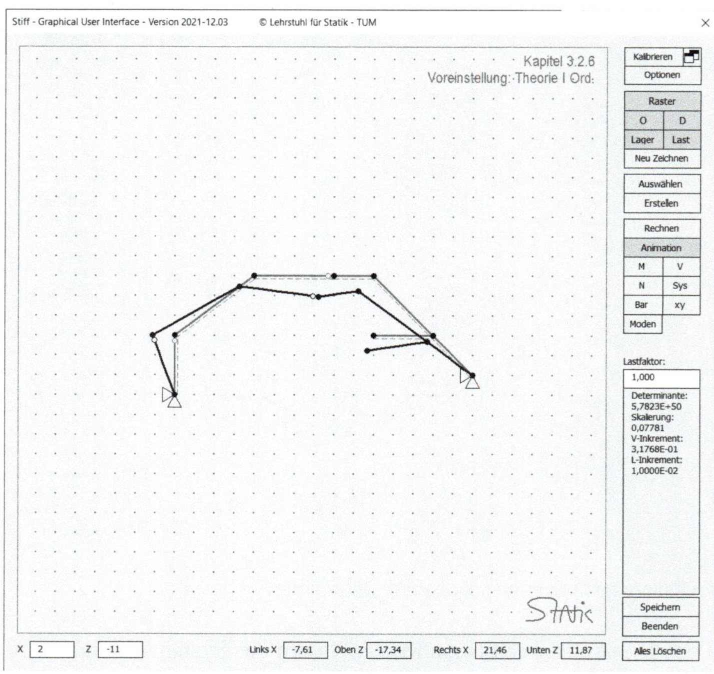


Kinematik der Gelenkkette und Starrkörperverformungen

Weitere Details zur Betrachtung von Starrkörperverformungen werden im Kapitel 4 – Polplan, Kinematik gegeben.

## 3.3 Beispielaufgabe 2

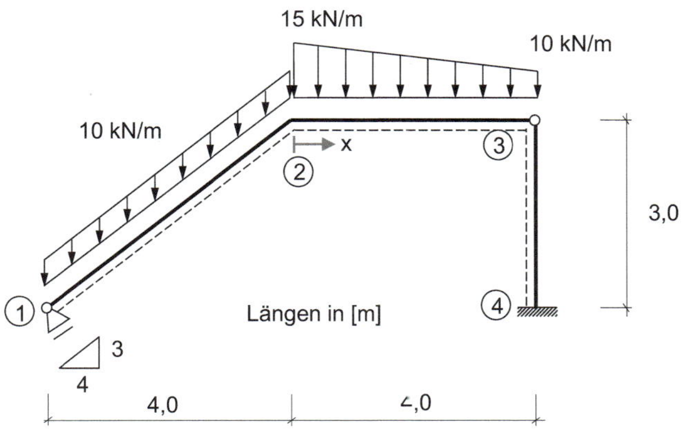


a) Ermitteln Sie die Verläufe der Schnittkräfte *M*, *V* und *N* des gegebenen Systems. Bestimmen Sie die Momentenwerte im Stab 2 - 3 an den Stellen x = 0; 1,0; 2,0; 3,0; 4,0 unter Verwendung der $\omega$-Tafeln (siehe Kapitel 14).

Die trapezförmige Linienlast wird für die Berechnung in einen konstanten (10 kN/m) und einen linearen Anteil (max. 5 kN/m) aufgespalten. Die Linienlast auf dem schrägen Stab wirkt auf die reale Länge des Stabs von 5 m!

### 3.3.1 Auflagerreaktionen

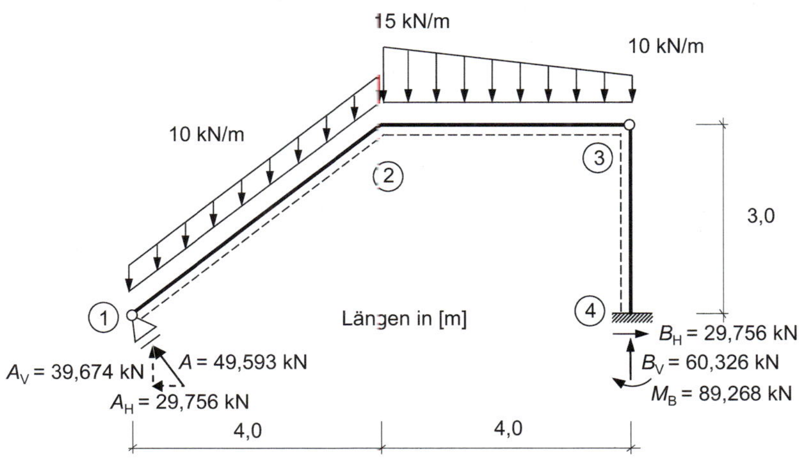

Berechnung:

Die Auflagerkraft $A$ lässt sich zur Berechnung in einen horizontalen und in einen vertikalen Anteil aufteilen:

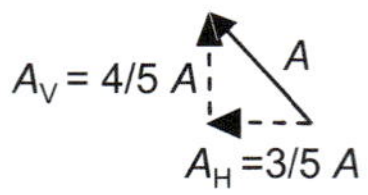


$\sum M_{3,\text{links}}$: $4/5\,A \cdot 8 + 3/5\,A \cdot 3 - 10 \cdot 5 \cdot 6 - 10 \cdot 4 \cdot 2 - 1/2 \cdot 5 \cdot 4 \cdot 2/3 \cdot 4 = 0$

$\rightarrow A = 49{,}593$ kN

Auflagerkraft $B_H$:

$\sum H_{\text{global}}$: $B_H = A_H = 3/5\,A = 3/5 \cdot 49{,}593 = 29{,}756$ kN

Auflagerkraft $B_V$:

$\sum V_{\text{global}}$: $B_V = 10 \cdot 5 + 10 \cdot 4 + 1/2 \cdot 5 \cdot 4 - A_V = 50 + 40 + 10 - 4/5 \cdot 49{,}593 = 60{,}326$ kN

Einspannmoment $M_B$:

$\sum M_{3,\text{rechts}}$: $M_B = B_H \cdot 3 = 29{,}756 \cdot 3 = 89{,}268$ kNm

### 3.3.2 Schnittgrößen: Moment

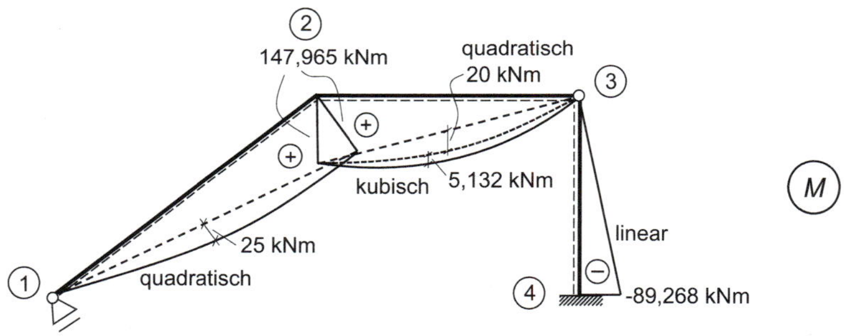


Berechnung:

Für die Berechnung der Schnittgrößen wird die auf den schrägen Stab wirkende Linienlast $p$ in einen Anteil senkrecht zum Stab $p_\perp$ und einen Anteil parallel zum Stab $p_\parallel$ aufgeteilt:

$p_\perp = 4/5\ \text{p} = 4/5 \cdot 10 = 8$ kN/m

$p_\parallel = 3/5\ \text{p} = 3/5 \cdot 10 = 6$ kN/m

Knoten 1: gelenkiges Lager $\rightarrow M_1 = 0$

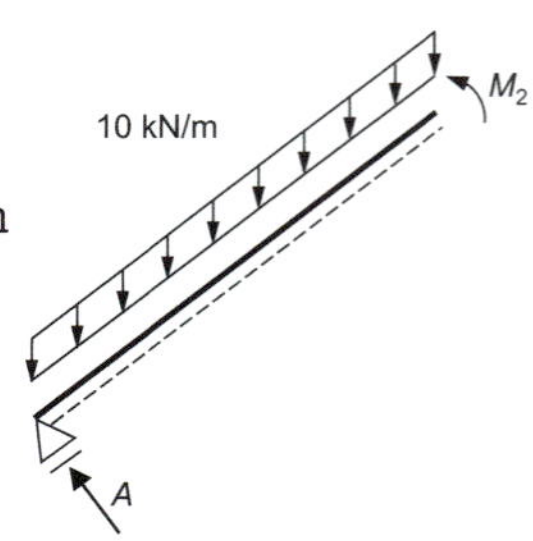


Knoten 2: $M_2 = A \cdot 5 - 10 \cdot 5 \cdot 2 = 49{,}593{\cdot}5 - 100 = 147{,}965$ kNm

senkrechte Linienlast $p_\perp = 8$ kN/m

$\rightarrow$ Einhängen einer Parabel mit dem Stich:

$$\frac{p_\perp \cdot \ell^2}{8} = \frac{8 \cdot 5^2}{8} = 25 \text{ kNm}$$

Knoten 3: Gelenk → $M_3 = 0$

konstante Linienlast $q^R$ = 10 kN/m zwischen Knoten 2 und 3

→ Einhängen einer Parabel mit dem Stich:

$$\frac{q^R \cdot \ell^2}{8} = \frac{10 \cdot 4^2}{8} = 20\ kNm$$

lineare Linienlast mit max. $q^D$ = 5 kN/m zwischen Knoten 2 und 3

→ Einhängen einer kubischen Funktion mit dem Stich:

$$\frac{q^D \cdot \ell^2}{9 \cdot \sqrt{3}} = \frac{5 \cdot 4^2}{9 \cdot \sqrt{3}} = 5{,}132\ kNm$$

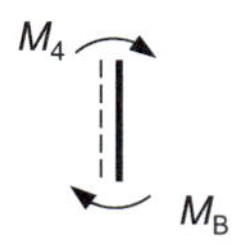


Knoten 4: $M_4 = -M_B = -89{,}268$ kNm

Da keine Streckenlast quer zur Stabachse zwischen den Knoten 3 und 4 angreift, ergibt sich der Momentenverlauf aus der Linearinterpolation der Knotenwerte.

Der Momentenverlauf im Stab 2 - 3 wird unter Verwendung der ω-Tafeln (vgl. Kapitel 14) bestimmt:

Um das Gesamtmoment zu erhalten, werden zur linearen Verbindung der Randmomente ($M_{Rand}$) die Grundlösungen für eine rechtecks- ($M_R$) und eine dreiecksförmige Belastung ($M_D$) addiert.

$M_R = q^R \cdot \ell^2/2 \cdot \omega_R$ mit $q^R$ = 10 kN/m

$M_D = q^D \cdot \ell^2/6 \cdot \omega'$ mit $q^D$ = 5 kN/m

| x | 0,0 | 1,0 | 2,0 | 3,0 | 4,0 |
|---|---|---|---|---|---|
| $M_{rand}$ | 147,97 | 110,98 | 73,99 | 36,99 | 0,0 |
| $\omega_R$ | 0,0 | 0,1875 | 0,25 | 0,1875 | 0,0 |
| $M_R$ | 0,0 | 15,0 | 20,0 | 15,0 | 0,0 |
| $\omega_D'$ | 0,0 | 0,3281 | 0,375 | 0,2344 | 0,0 |
| $M_D$ | 0,0 | 4,37 | 5,0 | 3,13 | 0,0 |
| $M_{ges}$ | 147,97 | 130,35 | 98,99 | 55,12 | 0,0 |

### 3.3.3 Schnittgrößen: Querkraft

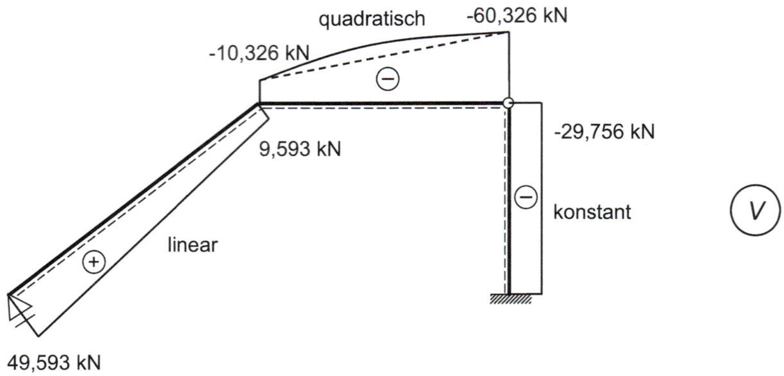


Berechnung:

Knoten 1: $V_1 = A = 49{,}593$ kN

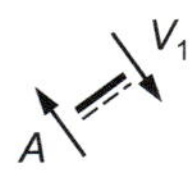


Knoten 2: $V_{2,\text{links}} = A - 5 \cdot p_{\perp} = 49{,}593 - 5 \cdot 8 = 9{,}593$ kN

Da der Balken zwischen Knoten 1 und 2 mit einer konstanten Streckenlast belastet ist, ist auch der Querkraftverlauf linear und stellt sich somit als Linearinterpolation der Querkräfte der Knoten 1 und 2 dar.

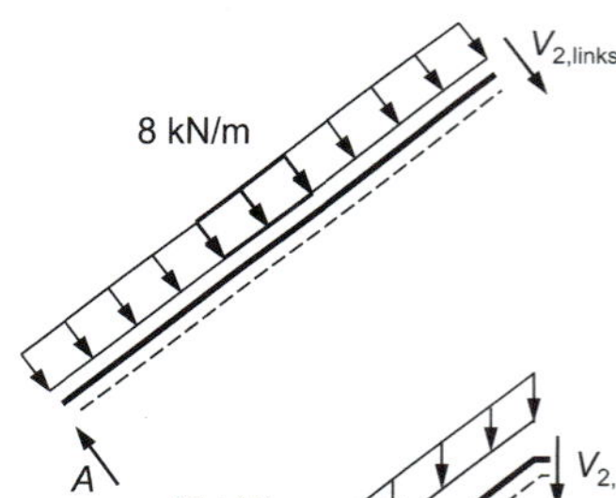


$V_{2,\text{rechts}} = A_V - 5 \cdot p = 39{,}674 - 5 \cdot 10 = -10{,}326\,\text{kN}$

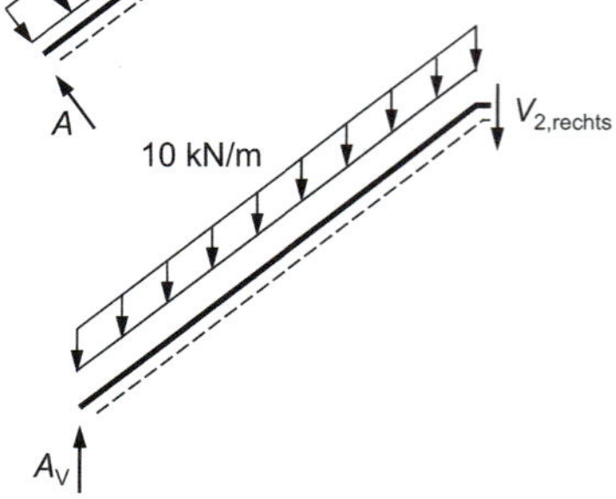


Knoten 3: $V_{3,\text{links}} = V_{2,\text{rechts}} - 10 \cdot 4 - ½ \cdot 5 \cdot 4 = -10{,}326 - 40 - 10 = -60{,}326$ kN

Aus der linearen Streckenlast ergibt sich ein quadratischer Querkraftverlauf für den Balken zwischen Knoten 2 und 3.

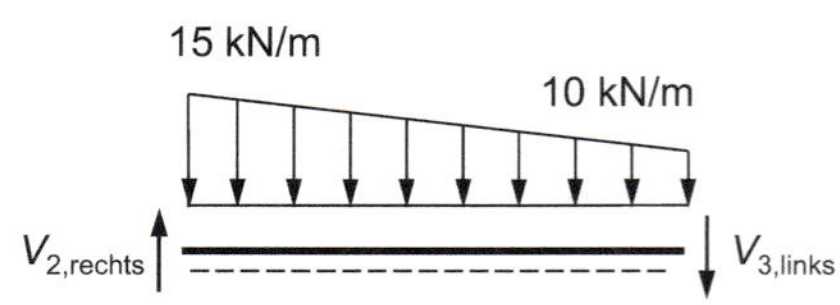


Punkt 4: $V_4 = -B_H = -29{,}756$ kN

Da der Balken zwischen Knoten 3 und 4 unbelastet ist, bleibt die Querkraft konstant.

### 3.3.4 Schnittgrößen: Normalkraft

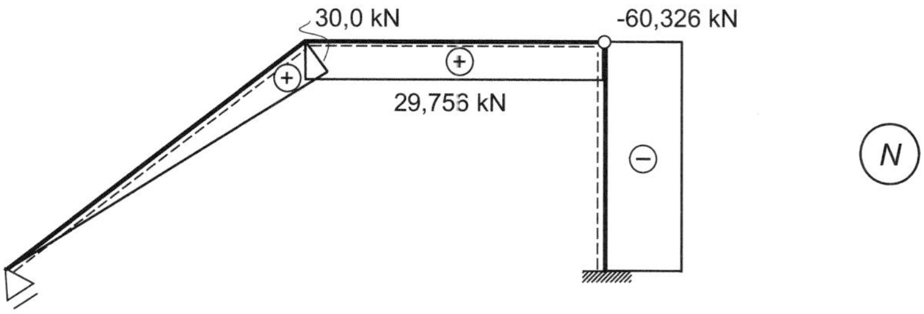


Berechnung:

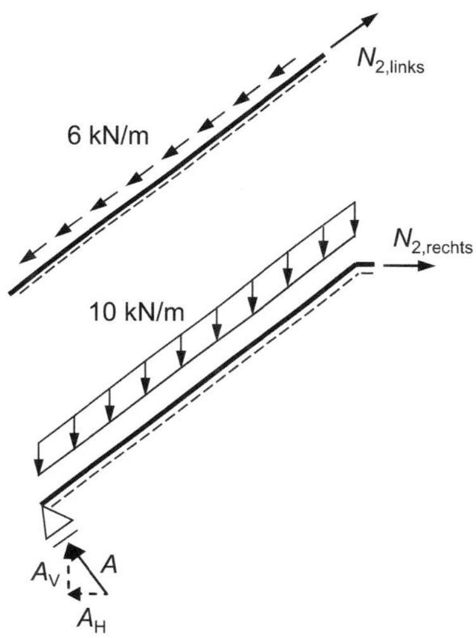


Knoten 1: $N = 0$ (längs verschiebliches Auflager)

Knoten 2: $N_{2,\text{links}} = 5 \cdot p_{\parallel} = 5 \cdot 6 = 30{,}0$ kN

Der Balken ist zwischen den Knoten 1 und 2 mit einer konstanten Längsbelastung belegt. Somit stellt sich der Normalkraftverlauf als Linearinterpolation der Normalkräfte der Knoten 1 und 2 dar.

$N_{2,\text{rechts}} = A_H = 29{,}756$ kN

Knoten 3: $N_{3,\text{links}} = N_{2,\text{rechts}} = 29{,}756$ kN

Die Normalkraft bleibt konstant, da der Balken zwischen den Knoten 2 und 3 keine Längsbelastung erfährt.

Knoten 4: $N_4 = -B_V = -60{,}326$ kN

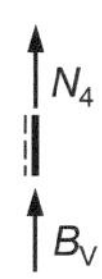


Da der Balken zwischen Knoten 3 und 4 unbelastet ist, bleibt auch hier der Normalkraftverlauf konstant.

$N_{3,\text{rechts}} = -60{,}326$ kN

#### Vergleich der Schnittgrößenverläufe mit Stiff

Bei der Modellierung des Systems ist insbesondere auf die lineare Linienlast am geraden Stab, die globale Ausrichtung der Linienlast am schrägen Stab und das gedrehte Auflager zu achten.

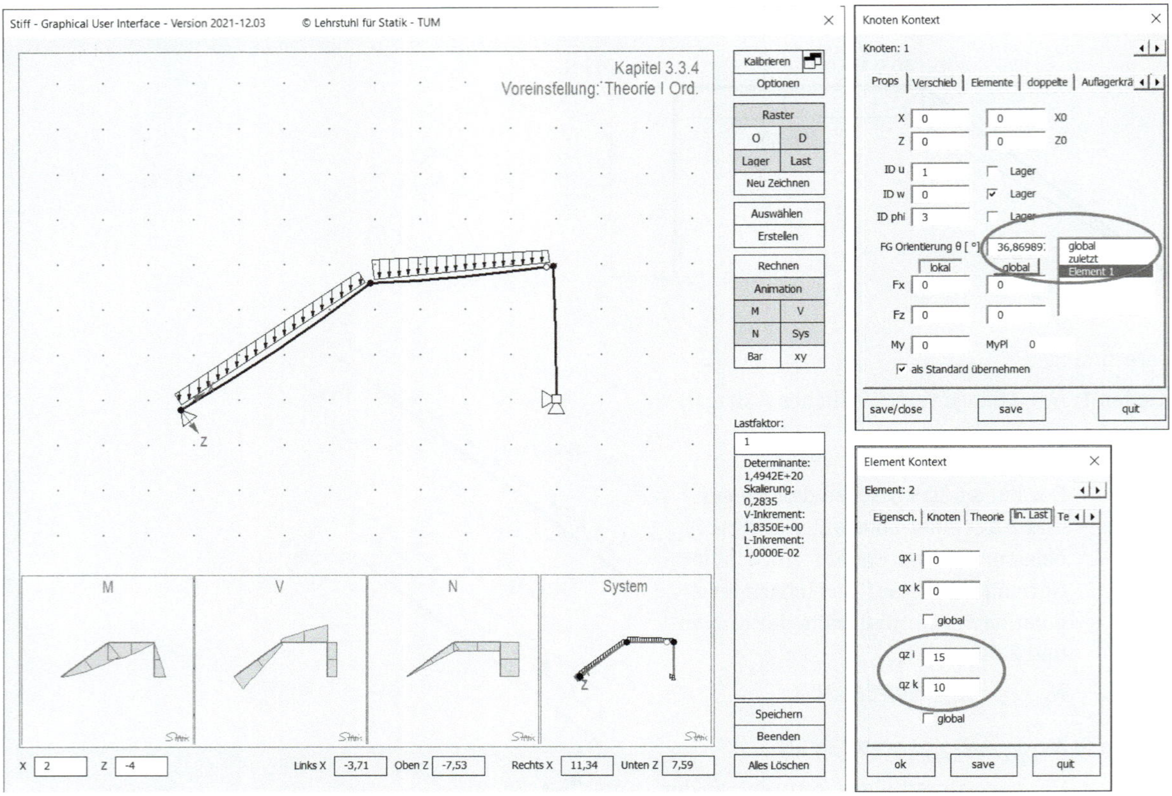


2. Beispielaufgabe in Stiff

Exemplarisch sollen die Momentenwerte im Stab 2 – 3 ausgelesen werden, dazu ein Auszug aus dem Blatt „Momente“:

| Element | 0 | 0,1 | 0,2 | 0,3 | 0,4 | 0,5 | 0,6 | 0,7 | 0,8 | 0,9 | 1 |
|---|---|---|---|---|---|---|---|---|---|---|---|
| 1 | 0,01641096 | 23,82719382 | 45,63797669 | 65,44875955 | 83,25954241 | 99,07032528 | 112,8811081 | 124,691891 | 134,5026739 | 142,3134567 | 148,1242396 |
| 2 | 148,1323886 | 142,7991497 | 135,1459109 | 125,252672 | 113,1994331 | 99,06619429 | 82,93295543 | 64,87971657 | 44,98647772 | 23,33323886 | 5,15143E-14 |
| 3 | 0 | -8,95981105 | -17,9196221 | -26,87943315 | -35,8392442 | -44,79905525 | -53,7588663 | -62,71867735 | -71,6784884 | -80,6382994 | -89,5981105 |

Momentenberechnung mit Stiff

Die geforderten Werte in den Viertelspunkten müssten interpoliert werden, da in Stiff nur die Werte in den Zehntelspunkten ausgegeben werden.

## 3.4 Aufgaben

### Aufgabe 1

Schwierigkeitsgrad einfach

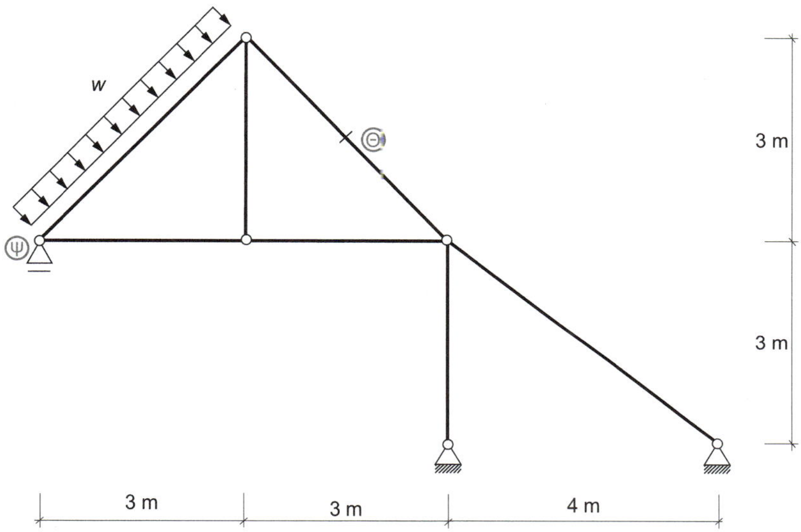


gegeben:
$w$ = 2 kN/m

a) Bestimmen Sie die Auflager- und Zwischenreaktionen des Systems.
b) Skizzieren Sie die Momenten-, Querkraft- und Normalkraftverläufe mit Angabe von charakteristischen Werten.

### Aufgabe 2

Schwierigkeitsgrad einfach

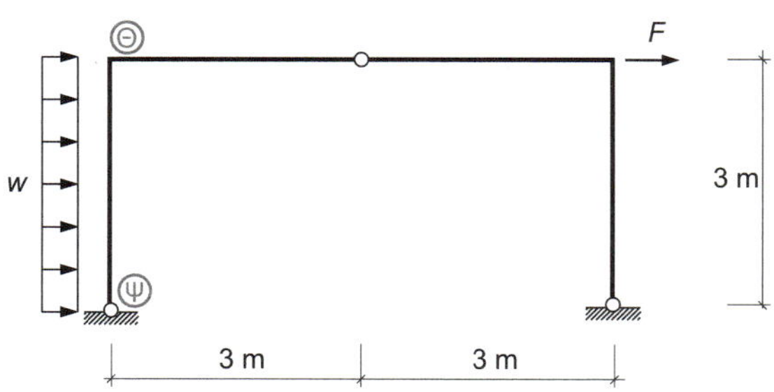


gegeben:
$F$ = 5 kN
$w$ = 1,5 kN/m

a) Bestimmen Sie die Auflager- und Zwischenreaktionen des Systems.
b) Skizzieren Sie die Momenten-, Querkraft- und Normalkraftverläufe mit Angabe von charakteristischen Werten.

## Aufgabe 3

Schwierigkeitsgrad einfach

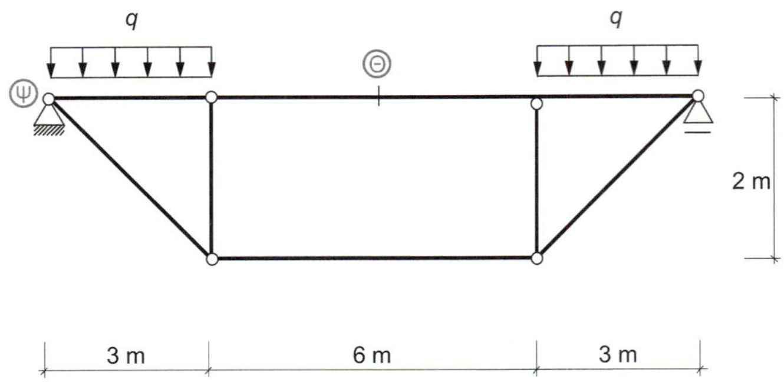


gegeben:
$q = 5$ kN/m

a) Bestimmen Sie die Auflager- und Zwischenreaktionen des Systems.
b) Skizzieren Sie die Momenten-, Querkraft- und Normalkraftverläufe mit Angabe von charakteristischen Werten.

## Aufgabe 4

Schwierigkeitsgrad einfach

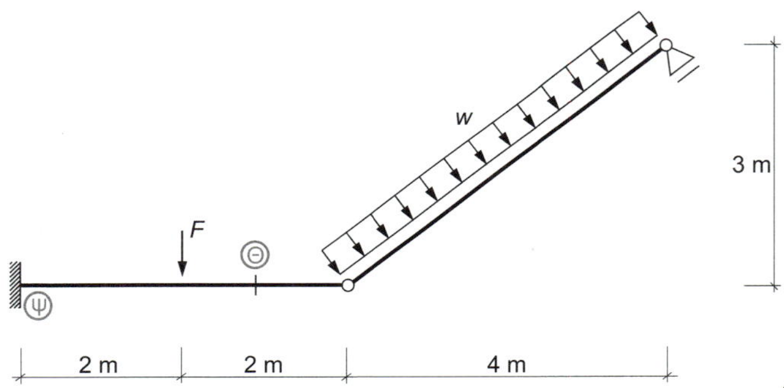


gegeben:
$F = 50$ kN
$w = 10$ kN/m

a) Bestimmen Sie die Auflager- und Zwischenreaktionen des Systems.
b) Skizzieren Sie die Momenten-, Querkraft- und Normalkraftverläufe mit Angabe von charakteristischen Werten.

## Aufgabe 5

Schwierigkeitsgrad einfach

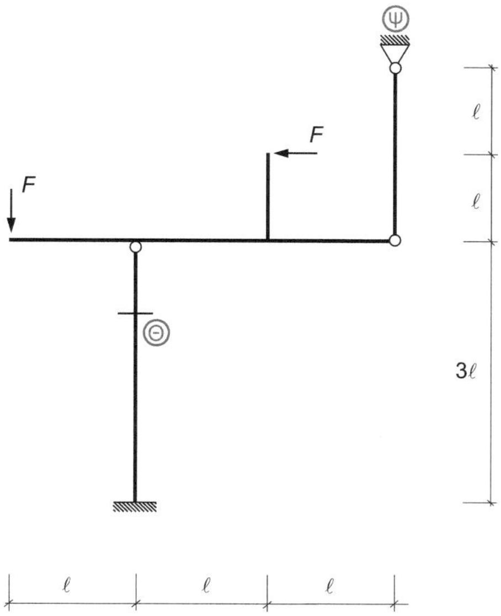


gegeben:
$F = 5$ kN
$\ell = 2$ m

a) Bestimmen Sie die Auflager- und Zwischenreaktionen des Systems abhängig von $F$ und $\ell$. Setzen Sie anschließend die gegebenen Werte ein.

b) Skizzieren Sie die Momenten-, Querkraft- und Normalkraftverläufe mit Angabe von charakteristischen Werten.

## Aufgabe 6

Schwierigkeitsgrad einfach

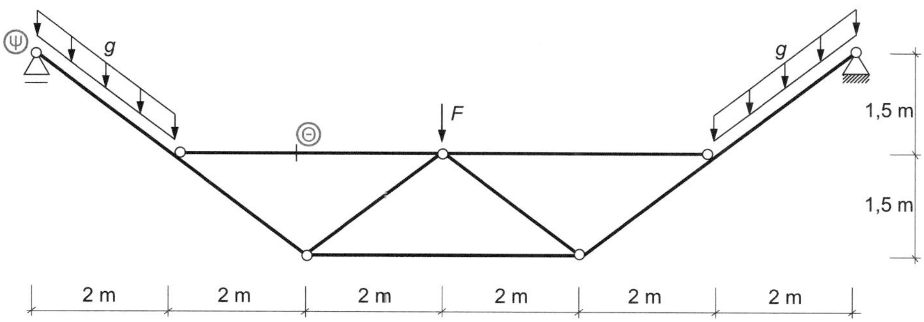


gegeben:
$F = 25$ kN
$g = 20$ kN/m

a) Bestimmen Sie die Auflager- und Zwischenreaktionen des Systems.

b) Skizzieren Sie die Momenten-, Querkraft- und Normalkraftverläufe mit Angabe von charakteristischen Werten.

## Aufgabe 7

Schwierigkeitsgrad einfach

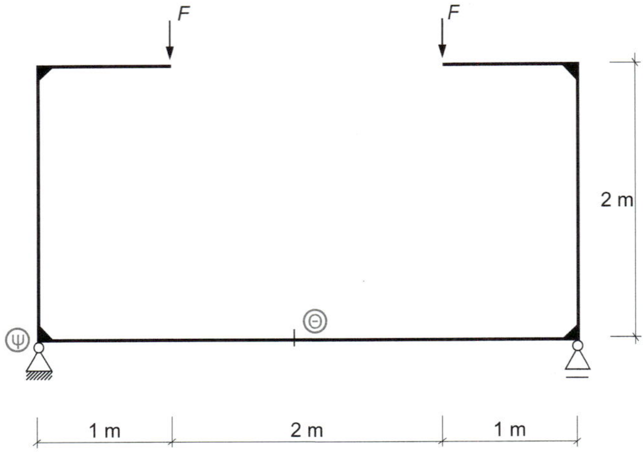


gegeben:
$F = 7$ kN

a) Bestimmen Sie die Auflager- und Zwischenreaktionen des Systems.

b) Skizzieren Sie die Momenten-, Querkraft- und Normalkraftverläufe mit Angabe von charakteristischen Werten.

## Aufgabe 8

Schwierigkeitsgrad einfach

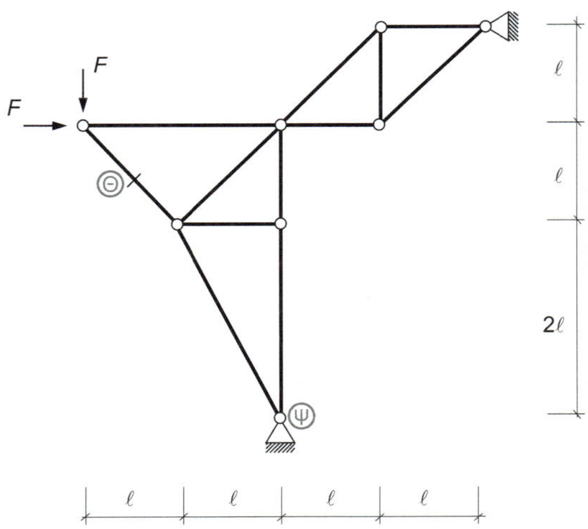


gegeben:
$F = 15$ kN
$\ell = 0{,}75$ m

a) Bestimmen Sie die Auflager- und Zwischenreaktionen des Systems.

b) Skizzieren Sie die Momenten-, Querkraft- und Normalkraftverläufe mit Angabe von charakteristischen Werten.

## Aufgabe 9

Schwierigkeitsgrad
einfach

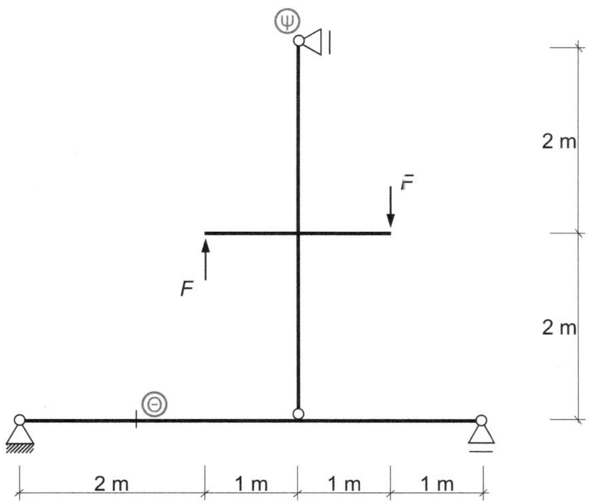


gegeben:
$F$ = 8 kN

a) Bestimmen Sie die Auflager- und Zwischenreaktionen des Systems.
b) Skizzieren Sie die Momenten-, Querkraft- und Normalkraftverläufe mit Angabe von charakteristischen Werten.

## Aufgabe 10

Schwierigkeitsgrad
mittel

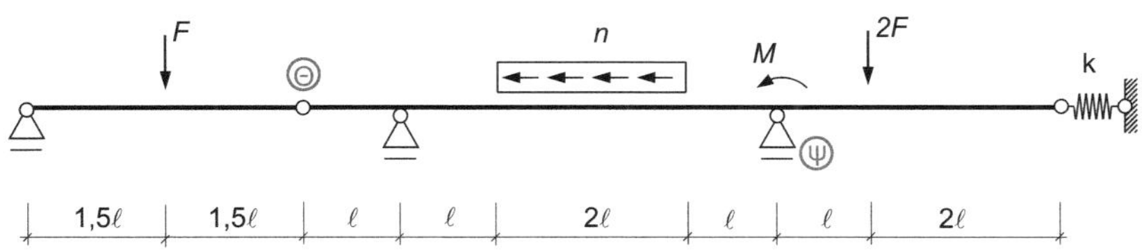


gegeben:
$F$ = 5 kN
$M$ = 10 kNm
$n$ = 3 kN/m
$\ell$ = 1 m
$k$ = 3 kN/cm

a) Bestimmen Sie die Auflager- und Zwischenreaktionen des Systems.
b) Skizzieren Sie die Momenten-, Querkraft- und Normalkraftverläufe mit Angabe von charakteristischen Werten.

## Aufgabe 11

Schwierigkeitsgrad mittel

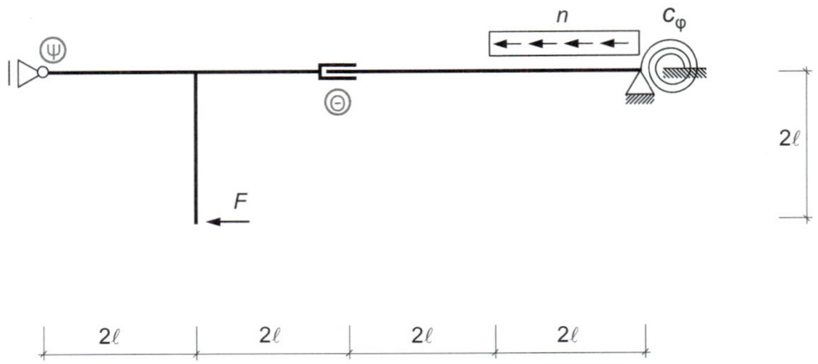


gegeben:
$F = 20$ kN
$n = 5$ kN/m
$\ell = 2$ m
$c_\varphi = 55$ kNm/rad

a) Bestimmen Sie die Auflager- und Zwischenreaktionen des Systems.

b) Skizzieren Sie die Momenten-, Querkraft- und Normalkraftverläufe mit Angabe von charakteristischen Werten.

## Aufgabe 12

Schwierigkeitsgrad mittel

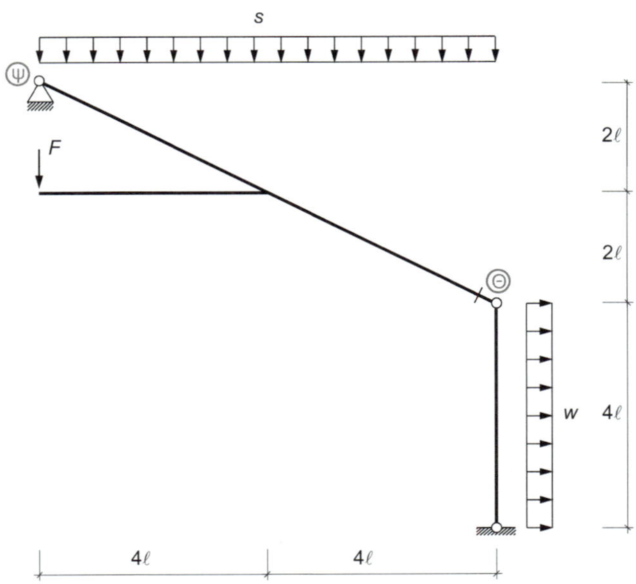


gegeben:
$F = 10$ kN
$s = 2$ kN/m
$w = 5$ kN/m
$\ell = 1$ m

a) Bestimmen Sie die Auflager- und Zwischenreaktionen des Systems.

b) Skizzieren Sie die Momenten-, Querkraft- und Normalkraftverläufe mit Angabe von charakteristischen Werten.

## Aufgabe 13

Schwierigkeitsgrad mittel

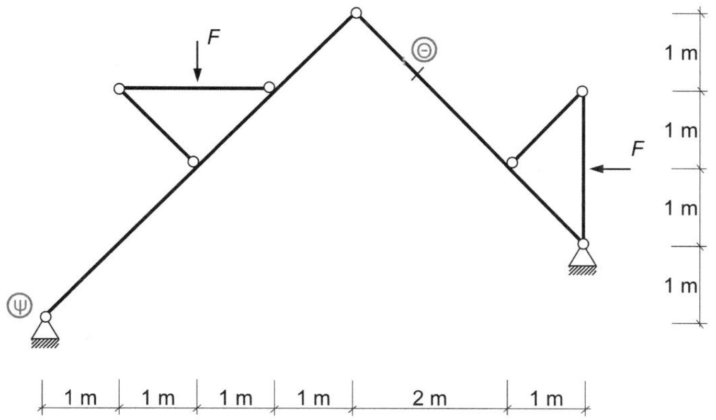


gegeben:
$F = 10$ kN

a) Bestimmen Sie die Auflager- und Zwischenreaktionen des Systems.
b) Skizzieren Sie die Momenten-, Querkraft- und Normalkraftverläufe mit Angabe von charakteristischen Werten.

## Aufgabe 14

Schwierigkeitsgrad mittel

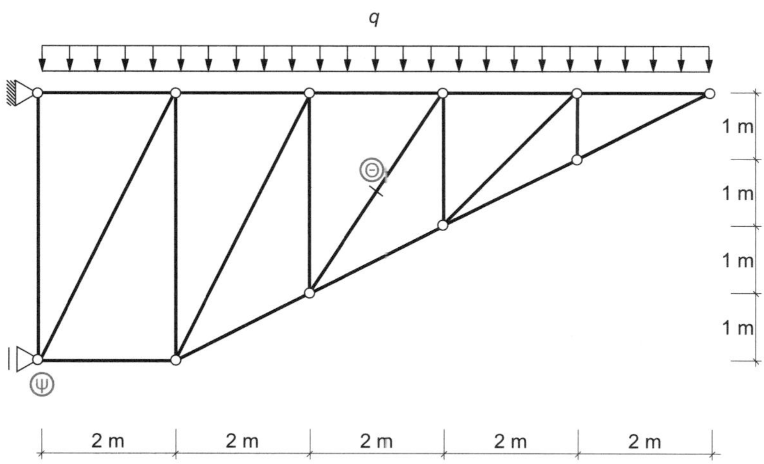


gegeben:
$q = 5$ kN/m

a) Bestimmen Sie die Auflager- und Zwischenreaktionen des Systems.
b) Skizzieren Sie die Momenten-, Querkraft- und Normalkraftverläufe mit Angabe von charakteristischen Werten.

## Aufgabe 15

Schwierigkeitsgrad mittel

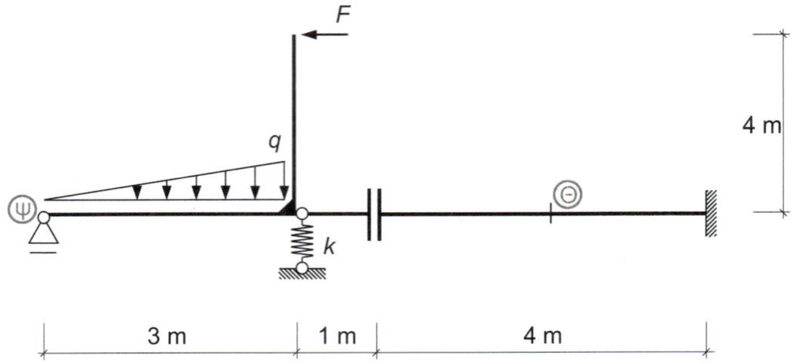


gegeben:
$q$ = 10 kN/m
$F$ = 20 kN
$k$ = 7 kN/cm

a) Bestimmen Sie die Auflager- und Zwischenreaktionen des Systems.
b) Skizzieren Sie die Momenten-, Querkraft- und Normalkraftverläufe mit Angabe von charakteristischen Werten.

## Aufgabe 16

Schwierigkeitsgrad mittel

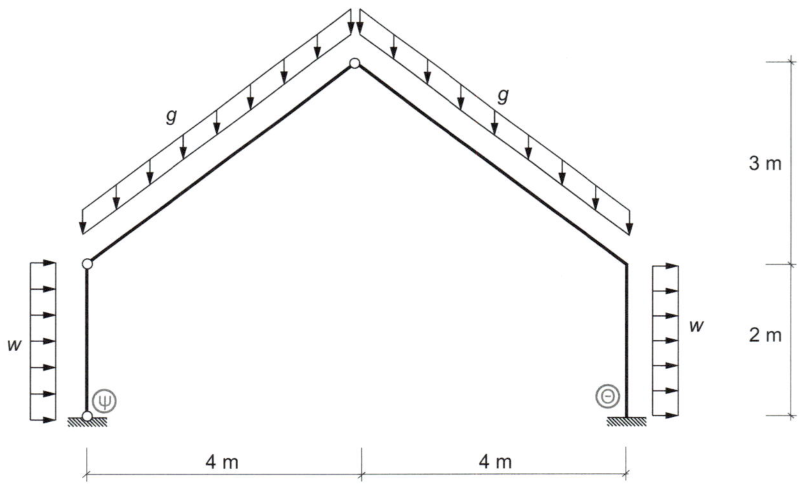


gegeben:
$g$ = 25 kN/m
$w$ = 5 kN/m

a) Bestimmen Sie die Auflager- und Zwischenreaktionen des Systems.
b) Skizzieren Sie die Momenten-, Querkraft- und Normalkraftverläufe mit Angabe von charakteristischen Werten.

## Aufgabe 17

Schwierigkeitsgrad mittel

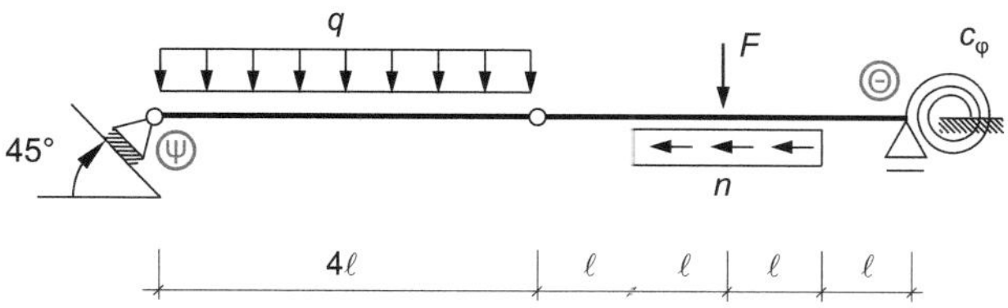


gegeben:
$q = 5$ kN/m
$n = 3$ kN/m
$F = 10$ kN
$\ell = 2$ m
$c_\varphi = 12$ kNm/rad

a) Bestimmen Sie, abhängig von den gegebenen Parametern, die Auflager- und Zwischenreaktionen des Systems. Setzen Sie anschließend die gegebenen Werte ein.
b) Skizzieren Sie die Momenten-, Querkraft- und Normalkraftverläufe mit Angabe von charakteristischen Werten.

## Aufgabe 18

Schwierigkeitsgrad mittel

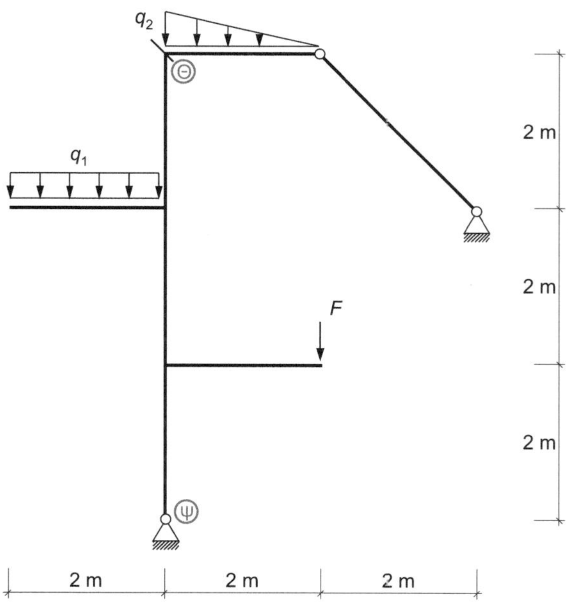


gegeben:
$F = 10$ kN
$q_1 = 2$ kN/m
$q_2 = 5$ kN/m

a) Bestimmen Sie die Auflager- und Zwischenreaktionen des Systems.
b) Skizzieren Sie die Momenten-, Querkraft- und Normalkraftverläufe mit Angabe von charakteristischen Werten.

## Aufgabe 19

Schwierigkeitsgrad mittel

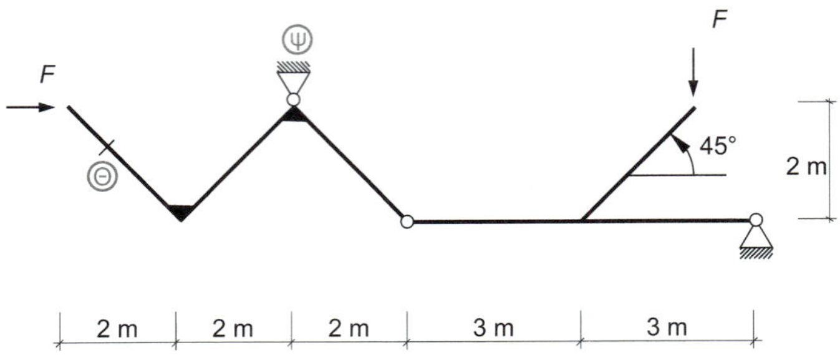


gegeben:
$F = 7$ kN

a) Bestimmen Sie die Auflager- und Zwischenreaktionen des Systems.
b) Skizzieren Sie die Momenten-, Querkraft- und Normalkraftverläufe mit Angabe von charakteristischen Werten.

## Aufgabe 20

Schwierigkeitsgrad mittel

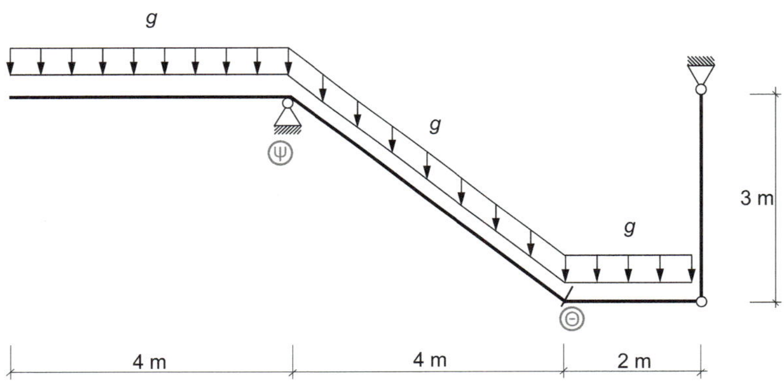


gegeben:
$g = 25$ kN/m

a) Bestimmen Sie die Auflager- und Zwischenreaktionen des Systems.
b) Skizzieren Sie die Momenten-, Querkraft- und Normalkraftverläufe mit Angabe von charakteristischen Werten.

## Aufgabe 21

Schwierigkeitsgrad schwer

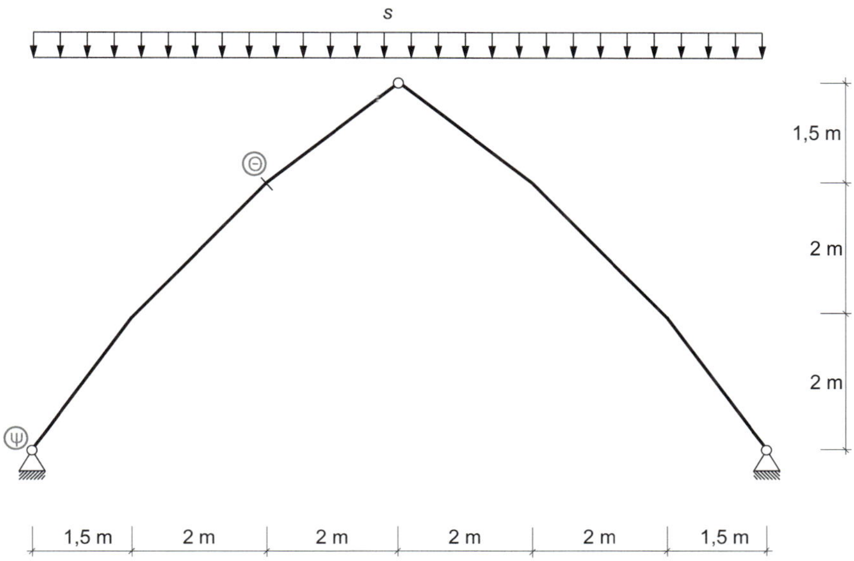


gegeben:
$s = 2$ kN/m

a) Bestimmen Sie die Auflager- und Zwischenreaktionen des Systems.
b) Skizzieren Sie die Momenten-, Querkraft- und Normalkraftverläufe mit Angabe von charakteristischen Werten.

## Aufgabe 22

Schwierigkeitsgrad schwer

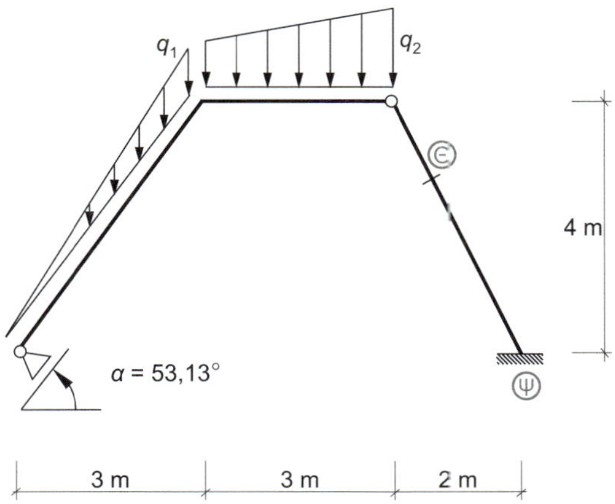


gegeben:
$q_1 = 3$ kN/m
$q_2 = 6$ kN/m

a) Bestimmen Sie die Auflager- und Zwischenreaktionen des Systems.
b) Skizzieren Sie die Momenten-, Querkraft- und Normalkraftverläufe mit Angabe von charakteristischen Werten.

## Aufgabe 23

Schwierigkeitsgrad
schwer

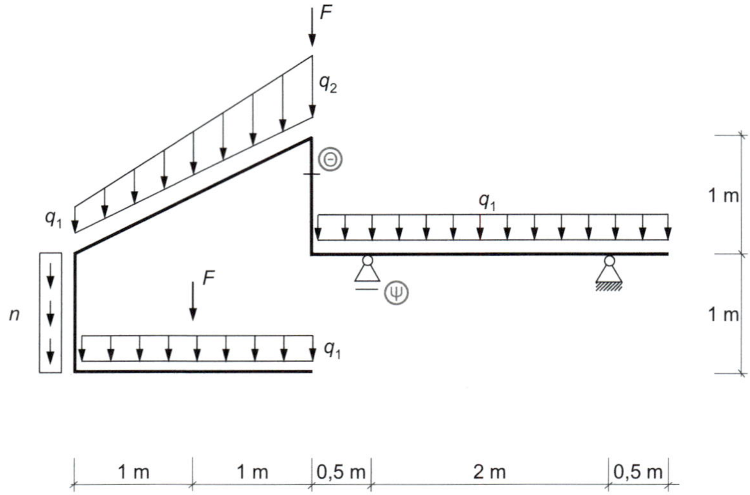


gegeben:
$F = 10$ kN
$q_1 = 5$ kN/m
$q_2 = 10$ kN/m
$n = 2$ kN/m

a) Bestimmen Sie die Auflager- und Zwischenreaktionen des Systems.

b) Skizzieren Sie die Momenten-, Querkraft- und Normalkraftverläufe mit Angabe von charakteristischen Werten.

## Aufgabe 24

Schwierigkeitsgrad
schwer

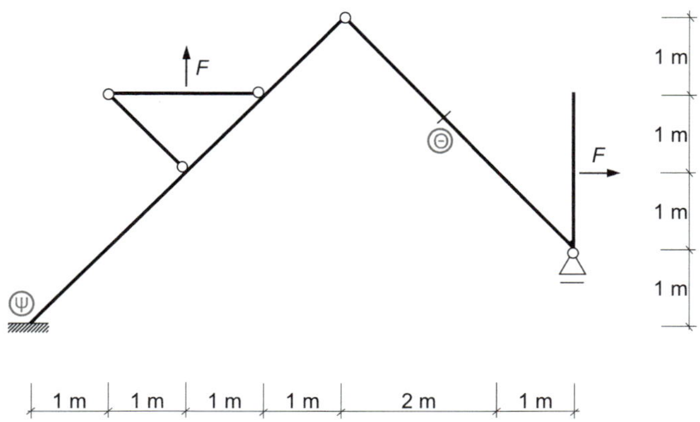


gegeben:
$F = 10$ kN

a) Bestimmen Sie die Auflager- und Zwischenreaktionen des Systems.

b) Skizzieren Sie die Momenten-, Querkraft- und Normalkraftverläufe mit Angabe von charakteristischen Werten.

## Aufgabe 25

Schwierigkeitsgrad schwer

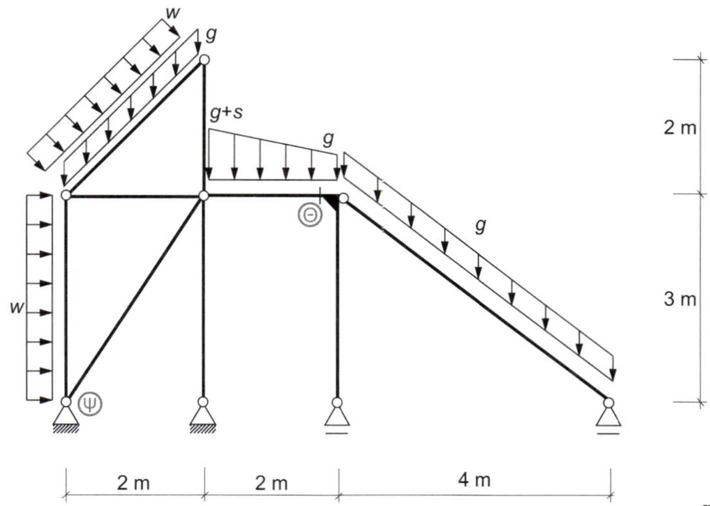


gegeben:
$s$ = 2 kN/m
$g$ = 5 kN/m
$w$ = 1,5 kN/m

a) Bestimmen Sie die Auflager- und Zwischenreaktionen des Systems.

b) Skizzieren Sie die Momenten-, Querkraft- und Normalkraftverläufe mit Angabe von charakteristischen Werten.

## Aufgabe 26

Schwierigkeitsgrad schwer

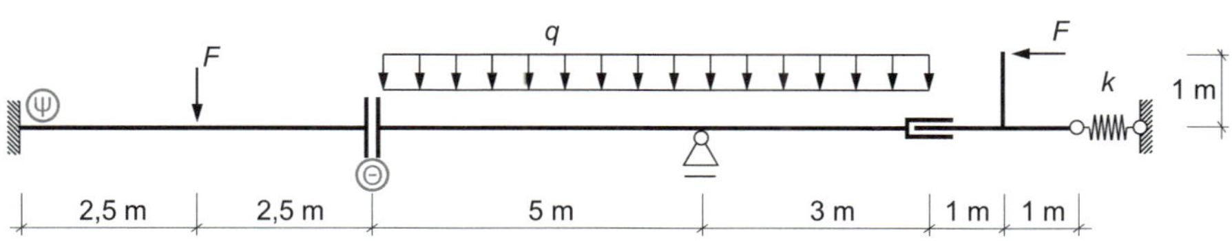


gegeben:
$F$ = 10 kN
$q$ = 5 kN/m
$k$ = 3 kN/cm

a) Bestimmen die Auflager- und Zwischenreaktionen des Systems.

b) Skizzieren Sie die Momenten-, Querkraft- und Normalkraftverläufe mit Angabe von charakteristischen Werten.

## Aufgabe 27

Schwierigkeitsgrad
schwer

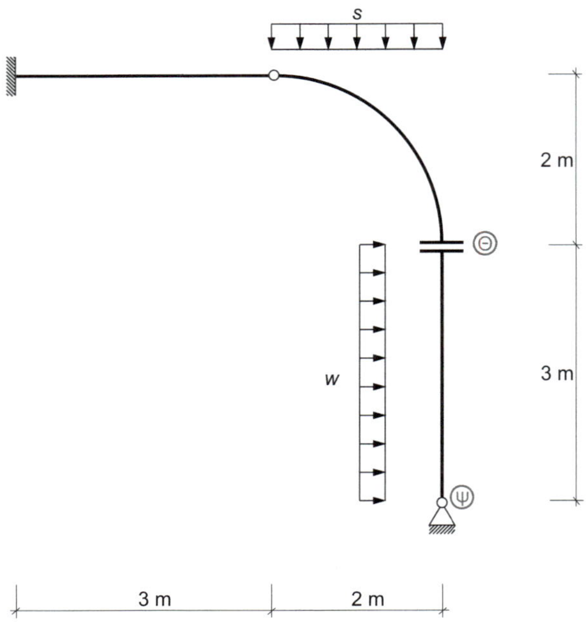


gegeben:
$s = 2$ kN/m
$w = 4$ kN/m

a) Bestimmen Sie die Auflager- und Zwischenreaktionen des Systems.

b) Skizzieren Sie die Momenten-, Querkraft- und Normalkraftverläufe mit Angabe von charakteristischen Werten.

## Aufgabe 28

Schwierigkeitsgrad
schwer

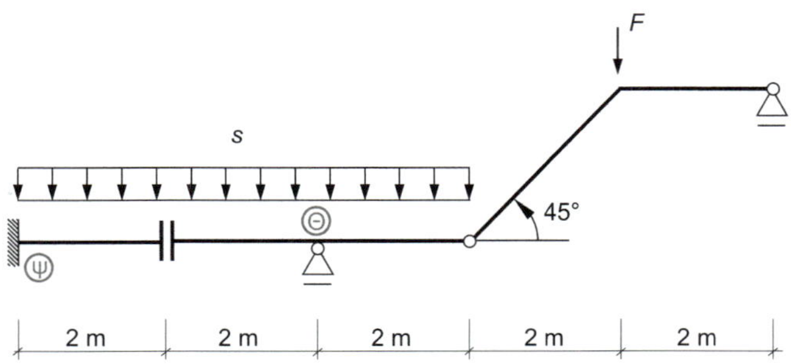


gegeben:
$s = 2$ kN/m
$F = 5$ kN

a) Bestimmen Sie die Auflager- und Zwischenreaktionen des Systems.

b) Skizzieren Sie die Momenten-, Querkraft- und Normalkraftverläufe mit Angabe von charakteristischen Werten.

## Aufgabe 29

Schwierigkeitsgrad schwer

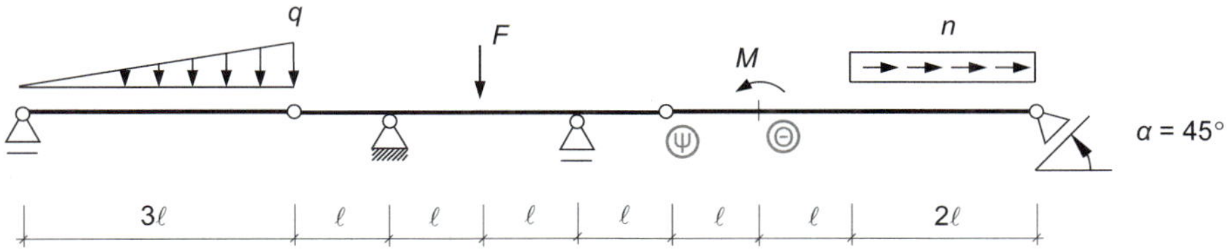


gegeben:
$F = 10$ kN
$M = 15$ kNm
$q = 6$ kN/m
$n = 5$ kN/m
$\ell = 2$ m

a) Bestimmen Sie die Auflager- und Zwischenreaktionen des Systems
b) Skizzieren Sie die Momenten-, Querkraft- und Normalkraftverläufe mit Angabe von charakteristischen Werten

## Aufgabe 30

Schwierigkeitsgrad schwer

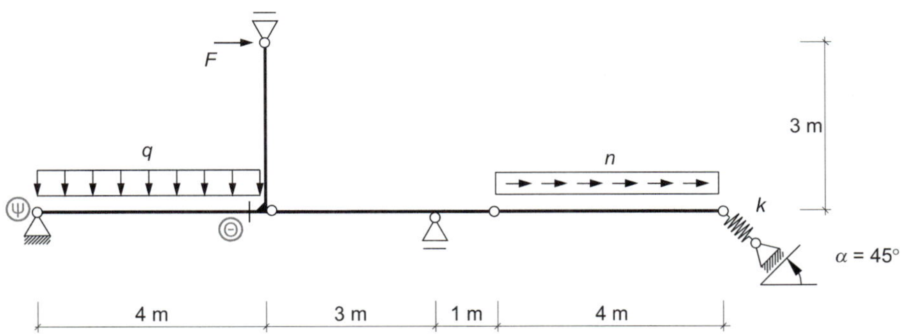


gegeben:
q = 10 kN/m
n = 5 kN/m
F = 15 kN
k = 6 kN/cm

a) Bestimmen Sie die Auflager- und Zwischenreaktionen des Systems.
b) Skizzieren Sie die Momenten-, Querkraft- und Normalkraftverläufe mit Angabe von charakteristischen Werten.

## 3.5 Lösungen

| Aufgabe | a) | Ort | b) | Ort |
|---|---|---|---|---|
| 1 | $A_V$ = 3,0 kN | ψ | $N$ = −4,24 kN | Θ |
| 2 | $A_V$ = −3,63 kN | ψ | $M$ = 10,88 kNm | Θ |
| 3 | $A_V$ = 15,0 kN | Ψ | $N$ = −11,25 kN | Θ |
| 4 | $M$ = 180,0 kNm | Ψ | $V$ = 20,0 kN | Θ |
| 5 | $B_V$ = −5,0 kN | Ψ | $N$ = −10,0 kN | Θ |
| 6 | $A_V$ = 62,5 kN | Ψ | $N$ = −66,67 kN | Θ |
| 7 | $A_V$ = 7,0 kN | Ψ | $N$ = 0,0 kN | Θ |
| 8 | $A_V$ = 17,5 kN | Ψ | $N$ = −21,21 kN | Θ |
| 9 | $A_H$ = −4,0 kN | Ψ | $N$ = −4,0 kN | Θ |
| 10 | $C_V$ = 9,38 kN | Ψ | $V$ = −2,5 kN | Θ |
| 11 | $A_H$ = 20,0 kN | Ψ | $M$ = 80,0 kNm | Θ |
| 12 | $A_V$ = 23,00 kN | Ψ | $V$ = −7,16 kN | Θ |
| 13 | $A_V$ = 9,17 kN | Ψ | $V$ = 2,36 kN | Θ |
| 14 | $A_H$ = 62,5 kN | Ψ | $N$ = −18,03 kN | Θ |
| 15 | $A_V$ = 31,67 kN | Ψ | $M$ = 0,0 kNm | Θ |
| 16 | $A_V$ = 66,25 kN | Ψ | $M$ = 450,0 kN | Θ |
| 17 | $A_V$ = 20,0 kN | Ψ | $M$ = −200,0 kN | Θ |
| 18 | $A_V$ = 16,58 kN | Ψ | $M$ = 1,50 kN | Θ |
| 19 | $A_V$ = 1,17 kN | Ψ | $N$ = −4,95 kN | Θ |
| 20 | $A_V$ = 225,0 kN | Ψ | $M$ = 50,0 kN | Θ |
| 21 | $A_V$ = 11,00 kN | Ψ | $N$ = −6,80 kN | Θ |
| 22 | $M$ = −56,12 kNm | Ψ | $N$ = −12,47 kN | Θ |
| 23 | $A_V$ = 87,92 kN | Ψ | $N$ = −48,77 kN | Θ |
| 24 | $A_V$ = −3,33 kN | Ψ | $N$ = 11,79 kN | Θ |
| 25 | $A_V$ = −0,80 kN | Ψ | $Q$ = −5,67 kN | Θ |
| 26 | $A_V$ = 10,0 kN | Ψ | $M$ = 50,0 kNm | Θ |
| 27 | $A_V$ = 11,0 kN | Ψ | $M$ = −18,0 kNm | Θ |
| 28 | $A_V$ = 4,0 kN | Ψ | $M$ = −9,0 kNm | Θ |
| 29 | $G_V$ = 1,88 kN | Ψ | $N$ = 21,88 kN | Θ |
| 30 | $A_V$ = 8,75 kN | ψ | $V$ = −31,25 kN | Θ |

# 4 Polplan, Kinematik

Videos zu diesem Kapitel finden Sie unter

## 4.1 Grundlagen zu Polplänen und Kinematik

Ein Polplan (z. T. auch als „Pollageplan“ bezeichnet) erlaubt die systematische Untersuchung der Starrkörperkinematiken eines Systems, also der Bewegungsmöglichkeiten ohne elastische Verformungen in Form von Dehnung oder Krümmung.

Polpläne bilden zudem auch die Grundlage für das Prinzip der virtuellen Verschiebungen (PvV, vgl. Kapitel 6), das u. A. auch zur Bestimmung von Steifigkeiten im Verschiebungsgrößenverfahren (vgl. Kapitel 10) verwendet wird. Auch bei der Bestimmung von Einflusslinien für Kraftgrößen (vgl. Kapitel 8), insbesondere bei statisch bestimmten Systemen, kommen Polpläne zur Anwendung.

### 4.1.1 Begriffe zu Polplänen

#### Scheibe

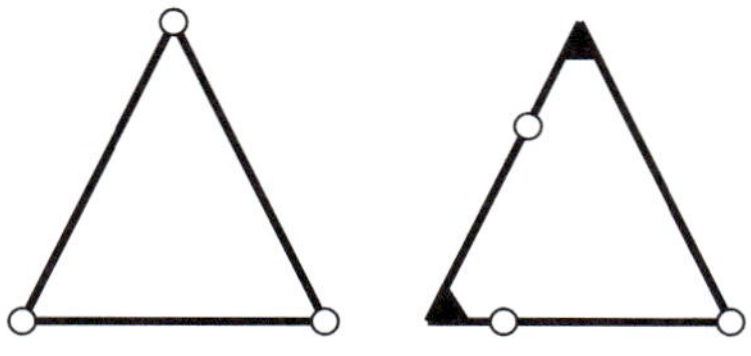

Eine Scheibe kann aus beliebig vielen Einzelstäben mit gelenkigen oder steifen Verbindungen bestehen. Die einzige Bedingung hierbei ist, dass die Stäbe untereinander keine Starrkörperkinematik aufweisen, also nur mit elastischen Verformungen zueinander bewegt werden können. Auch Einzelstäbe können also als Scheiben betrachtet werden. Scheiben können auch innerlich statisch unbestimmt sein.

Zur leichteren Erkennbarkeit werden Scheiben aus Einzelstäben oft flächig markiert, um so den Zusammenhang zu verdeutlichen.

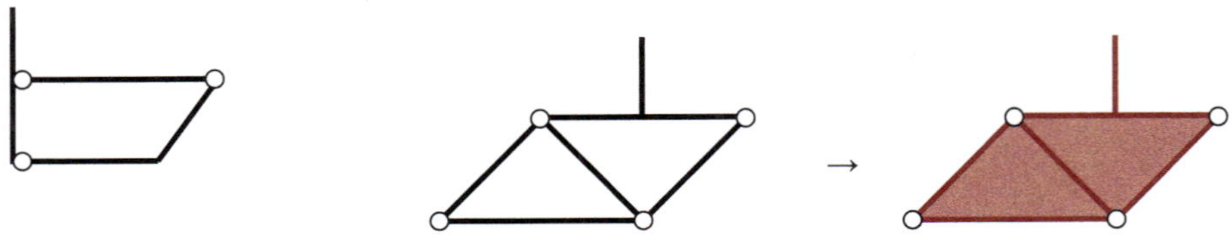

## Verschiebungsfigur

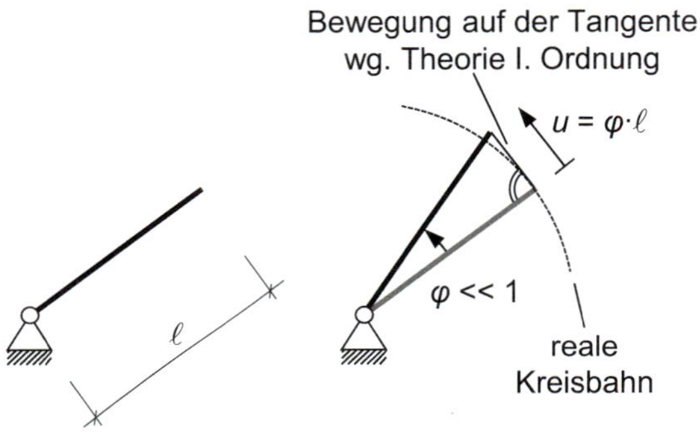


Die Verschiebungsfigur stellt die Starrkörperverformung eines kinematischen Tragwerks dar. Vorausgesetzt wird die Kleinwinkelnäherung, d. h. sin $\varphi \approx$ tan $\varphi \approx \varphi$ und cos $\varphi \approx 1$. Als Konsequenz bewegen sich Punkte bei einer Starrkörperrotation auf der Tangente der eigentlichen realen Kreisbahn, bezogen auf die Ausgangslage. Im Allgemeinen werden die Verdrehungen und Verschiebungen stark überhöht angetragen, um die Effekte der Kinematik deutlich zu machen.

## Hauptpol

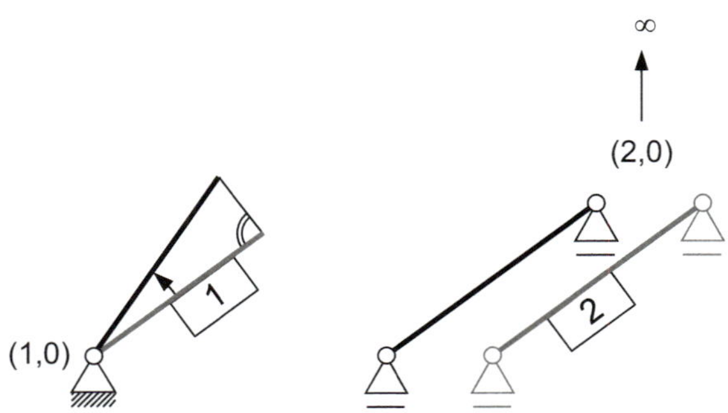


Der Hauptpol (auch „Absolutpol“ [Din12], [Dal20]) ist der Drehpol oder Drehpunkt einer Scheibe, d. h. der Punkt, um den die Scheibe im Falle einer Starrkörperbewegung rotiert. Beispielsweise stellen unverschiebliche Auflager einen Hauptpol für gelenkig angeschlossene Scheiben dar. Der Hauptpol einer Scheibe i wird mit „(i,0)“ bezeichnet. Jeder Punkt auf einer Scheibe dreht mit demselben Winkel um den Hauptpol. Mit dem Abstand zum Hauptpol und dem Drehwinkel lassen sich Richtung und Länge des Weges jedes Punktes einer Scheibe um diesen Pol bestimmen.

Liegt der Hauptpol einer Scheibe im Unendlichen, so führt die Scheibe eine rein translatorische Bewegung, senkrecht zur Richtung zum Hauptpol im Unendlichen, aus.

### Nebenpol

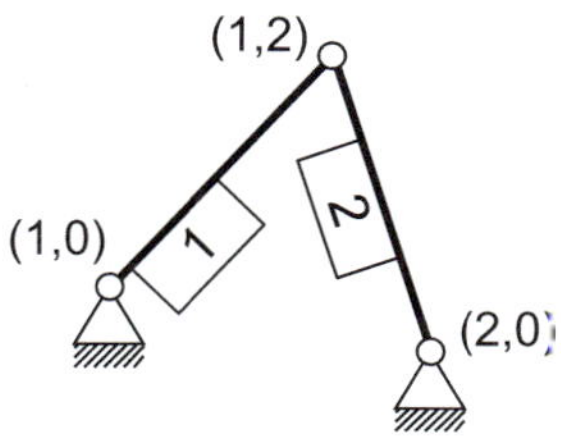


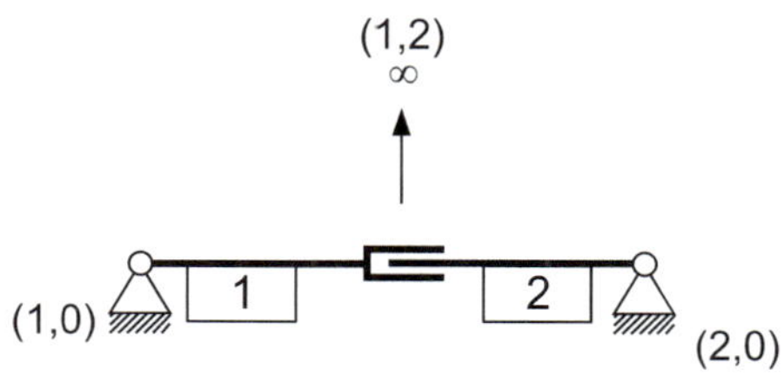


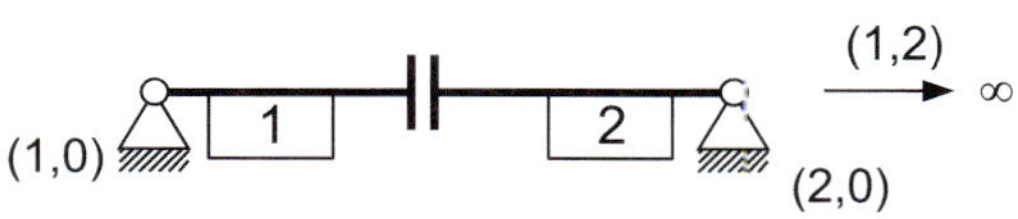


Nebenpole (auch „Relativpol“ [Din12], [Dal20], [WE97]) sind gemeinsame Punkte zweier Scheiben mit bestimmter Relativverschiebung. Der Nebenpol zweier Scheiben i und j wird mit „(i,j)“ bezeichnet. Wie der Hauptpol muss der Nebenpol nicht auf den betroffenen Scheiben liegen.

Für durch ein Gelenk verbundene Scheiben lässt sich die Lage des Nebenpols direkt bestimmen:

- Im Falle eines Momentengelenks ist der Gelenkpunkt der gemeinsame Nebenpol „(i,j)“.
- Im Falle eines Normal- oder Querkraftgelenks liegt der Nebenpol auf einer Gerade senkrecht zur zugelassenen Bewegungsmöglichkeit im Unendlichen.

Liegt der Nebenpol zweier Scheiben im Unendlichen, so verdrehen sich die beiden betroffenen Scheiben bei einer Bewegung des Systems um den gleichen Winkel. Dies trifft insbesondere – wie kinematisch gefordert – für Nebenpole bei Normal- und Querkraftgelenken zu.

**Polstrahl**

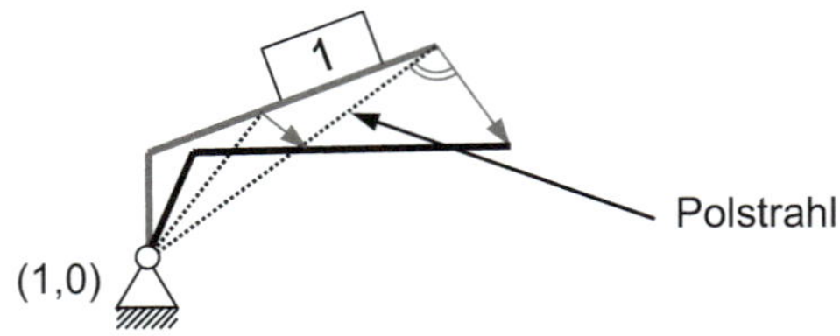


Ein Polstrahl ist die Verbindung zwischen einem Punkt auf einer Scheibe und dem zugehörigen Hauptpol. Ein Punkt kann sich nur senkrecht zu seinem zugeordneten Polstrahl verschieben.

### 4.1.2 Regeln zur Bestimmung der Haupt- und Nebenpole einer einzelnen Scheibe i

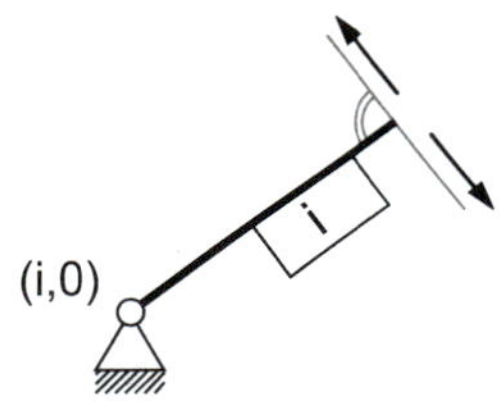


Ein unverschiebliches Auflager oder Teilsystem ist der Hauptpol der anschließenden Scheibe.

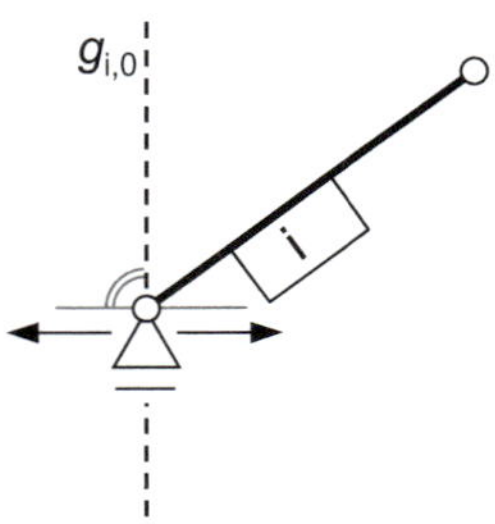


Ein Polstrahl einer Scheibe ist ein „geometrischer Ort“ für die Lage des zugehörigen Hauptpols, er wird mit „$g_{i,0}$“ bezeichnet, wobei „i“ die Nummer der betrachteten Scheibe ist und „0“ den Hauptpol kennzeichnet.

Da Polstrahlen immer senkrecht auf der möglichen Bewegungsrichtung stehen, geben verschiebliche Lager einen geometrischen Ort für die Lage des Hauptpols vor.

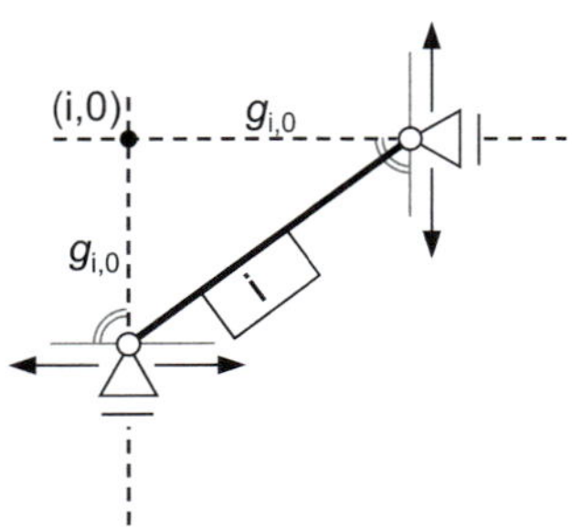


Der Schnittpunkt zweier Polstrahlen $g_{i,0}$ legt den Hauptpol fest.

Mit „$g_{ij}$" wird die Gerade bezeichnet, auf der der mit (i,j) bezeichnete Pol liegt. So gibt beispielsweise die Gerade $g_{1,0}$ einen geometrischen Ort für den Hauptpol (1,0) der Scheibe 1 an. Liegen zwei geometrische Orte $g_{i,j}$ für einen Pol vor, die nicht aufeinander liegen (also dieselbe Gerade darstellen), so liegt der gesuchte Pol (i,j) am Schnittpunkt dieser beiden Geraden.

Da sich Parallelen im Unendlichen schneiden, umfasst diese Definition auch Pole im Unendlichen.

Die Verbindungen von Haupt- und Nebenpolen legen über Kombinationsregeln geometrische Orte für andere Pole fest. So definiert die Verbindung eines Pols (i,j) mit einem Pol (i,k) einen geometrischen Ort für den Pol (j,k). Die gemeinsame Ziffer „i" wird sozusagen gestrichen und die beiden verbleibenden Bezeichnungen (j,k) kombiniert. Dabei ist zu beachten, dass

- die Bezeichnung eines Pols unabhängig von der Reihenfolge der Scheibennummern, (i,j) = (j,i) und $g_{i,j} = g_{j,i}$ ist,
- hierbei die „0" als Kenner für den Hauptpol genauso zu verwenden ist, wie eine Scheibennummer und „0" stets die unverschiebliche Erdscheibe bezeichnet und
- auch die Verbindung eines Pols (i,j) im Unendlichen mit einem anderen Pol (i,k) einen geometrischen Ort für den Pol (j,k) liefert. Der geometrische Ort $g_{j,k}$ ist dann parallel zur Richtung des Pols (i,j) im Unendlichen.

Aus den vorgestellten Regeln lassen sich die Polpläne konstruieren. Die folgenden Beispiele verdeutlichen die Anwendung der Regeln.

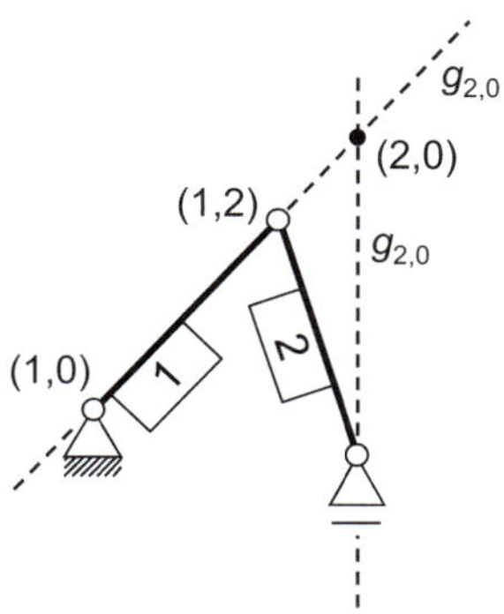


Als festes Auflager ist der Hauptpol (1,0) direkt abzulesen. Das Momentengelenk der Scheiben 1 und 2 ist der gemeinsame Nebenpol (1,2). Aus der Verbindung von (1,0) und (1,2) wird über Streichen der gemeinsamen „1" ein geometrischer Ort $g_{2,0}$ für den Hauptpol (2,0) konstruiert. Ein zweiter geometrischer Ort $g_{2,0}$ steht senkrecht auf der möglichen Bewegungsrichtung des verschieblichen Auflagers der Scheibe 2. Am Schnittpunkt der beiden geometrischen Orte liegt somit der gesuchte Hauptpol (2,0) der Scheibe 2.

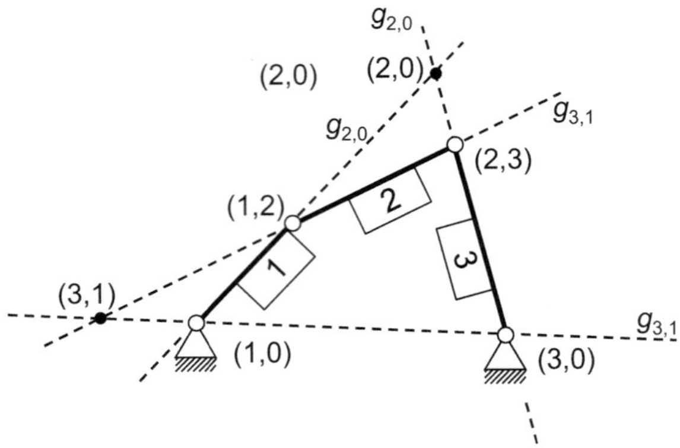


Die geometrischen Orte für weitere Pole werden aus den Verbindungen der bereits bekannten Haupt- und Nebenpole gebildet. Beispielsweise wird $g_{3,1}$ aus der Verbindung der Nebenpole (1,2) und (2,3) gefunden. Der gesuchte Pol findet sich an den Schnittpunkten der zugehörigen geometrischen Orte.

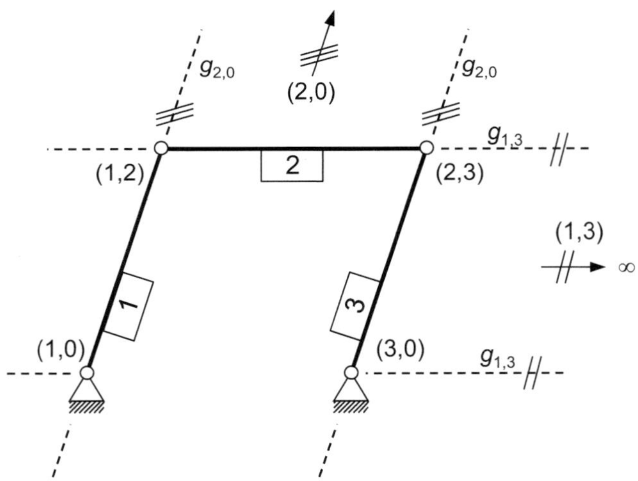


Sind die Richtungen geometrischer Orte $g_{i,j}$ parallel zueinander (aber nicht aufeinander), so liegt der Schnittpunkt und damit auch der gesuchte Pol (i,j) in der entsprechenden Richtung im Unendlichen. Für Verdrehungen ergeben sich folgende Konsequenzen:

- Ein Hauptpol (i,0) im Unendlichen bedeutet, dass sich die zugehörige Scheibe i bei einer Bewegung rein translatorisch, senkrecht zum Polstrahl, bewegt: $\varphi_i = 0$.
- Ein Nebenpol (i,j) im Unendlichen bedeutet, dass sich die beiden Scheiben i und j um denselben Winkel verdrehen: $\varphi_i = \varphi_j$.

Fallen zwei Pole (i,j) und (i,k) in einem Punkt zusammen, so liegt auch der gemeinsame Pol (j,k) in diesem Punkt. Beispiele:

- Fallen die Hauptpole (1,0) und (2,0) zweier Scheiben 1 und 2 in einem Punkt zusammen, so liegt auch der gemeinsame Nebenpol (1,2) in diesem Punkt.
- Fallen der Nebenpol (1,2) und der Hauptpol (1,0) zweier Scheiben 1 und 2 in einem Punkt zusammen, so liegt auch der Hauptpol (2,0) der Scheibe 2 in diesem Punkt.

### 4.1.3 Ermittlung der Verschiebungsfigur für kinematische Systeme

Wenn sich der gesamte Polplan widerspruchsfrei konstruieren lässt, so ist das Tragwerk kinematisch bzw. verschieblich und aus statischer Sicht unbrauchbar. Für diesen Fall kann man die Verschiebungsfigur (auch „Verschiebunsplan“ [Din12]) festlegen, die - ausgehend von einer ausgewählten Referenzgröße - die abhängigen Verschiebungen des Systems darstellt. Durch Abstand $\ell$ vom Hauptpol und Drehwinkel $\varphi$ ist die Verschiebung $u$ eines Punktes bestimmt. Mit der Kleinwinkelnäherung gilt für die Verschiebung $u$ senkrecht zum Polstrahl $u = \varphi \cdot \ell$.

Oft ist es hilfreich, die Verschiebung eines Punktes in horizontalen bzw. vertikalen Komponenten anzugeben. Dank der Kleinwinkelnäherung sind auch die Komponenten der Verschiebung $u$ über den jeweiligen Abstand zum Hauptpol bestimmt, beispielsweise die vertikale Komponente $u_v$ und die horizontale Komponente $u_h$.

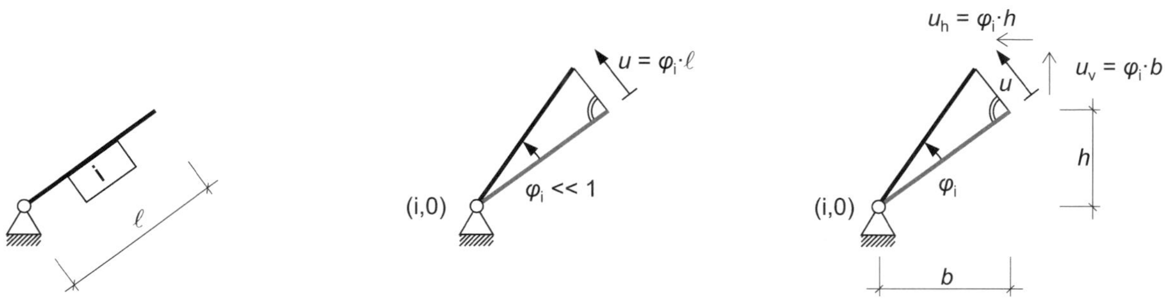

Bestimmung der Verschiebungen und Verdrehungen in einem kinematischen Tragwerk:

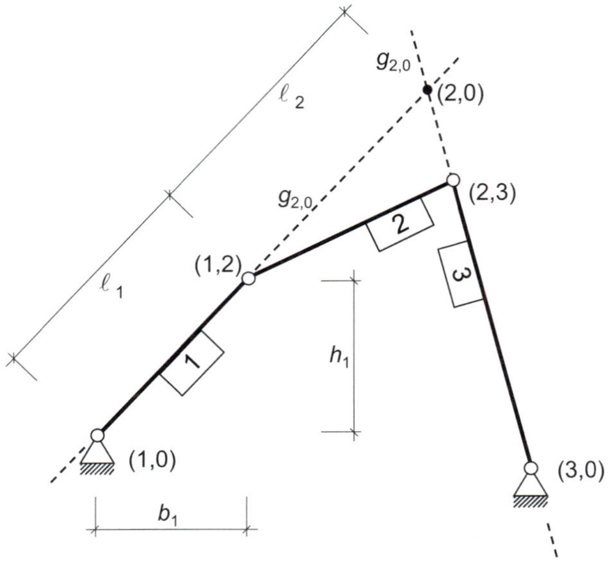


Lage der Pole

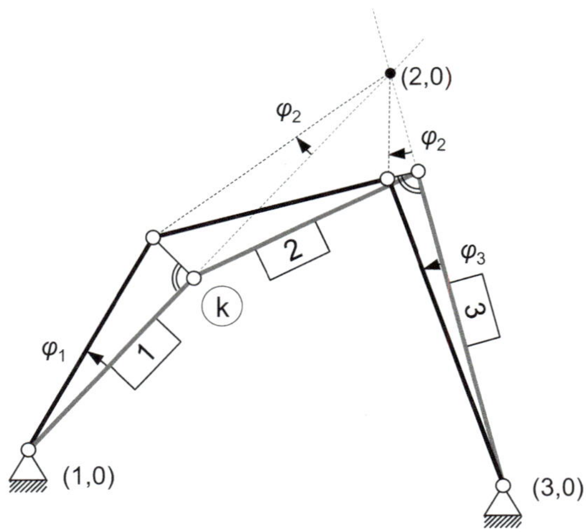


Verschiebungsfigur

Die Verschiebung $u_k$ am Knoten k lässt sich ausgehend von der Rotation des Stabes 1 oder ausgehend von der Rotation des Stabes 2 bestimmen. Es ergibt sich für das Verhältnis von $\varphi_1$ und $\varphi_2$:

$u_k = \varphi_1 \cdot \ell_1 = \varphi_2 \cdot \ell_2 \rightarrow \varphi_1 = \varphi_2 / \ell_2 \cdot \ell_1$

Die Komponenten können mit den zugehörigen Polabständen $h_1$ bzw. $b_1$ bestimmt werden:

$u_{k,h} = \varphi_1 \cdot h_1$

$u_{k,v} = \varphi_1 \cdot b_1$

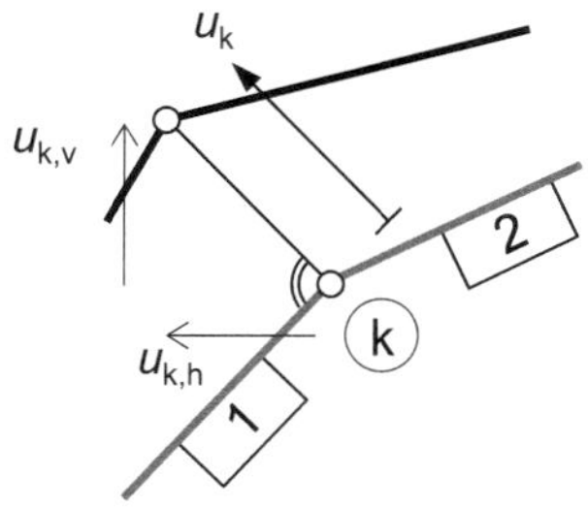


Detail am Knoten k

## 4.1.4 Widersprüche im Polplan

Treten im Polplan Widersprüche für Hauptpole auf, d. h. die geometrischen Orte für einen Hauptpol sind nicht vereinbar, lassen sich unverschiebliche Scheiben identifizieren. Somit eignen sich Polpläne, um die Brauchbarkeit von Systemen zu untersuchen (vgl. Kapitel 2 - Tragwerksbeurteilung). Stellen sich alle Scheiben eines Systems als unverschieblich heraus, ist das System insgesamt brauchbar.

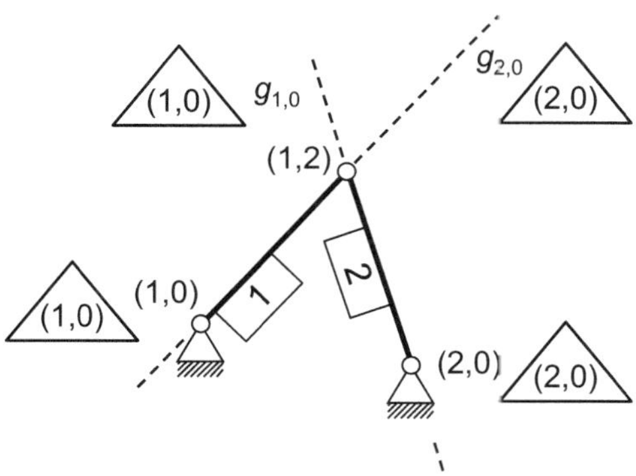


Als feste Auflager sind die beiden Hauptpole (1,0) und (2,0) direkt abzulesen. Das Momentengelenk der Scheiben 1 und 2 ist der gemeinsame Nebenpol (1,2). Aus der Verbindung von (1,0) und (1,2) wird über Streichen der gemeinsamen „1" ein geometrischer Ort $g_{2,0}$ für den Hauptpol (2,0) konstruiert. Da der bereits identifizierte Hauptpol (2,0) nicht auf $g_{2,0}$ liegt, ergibt sich ein Widerspruch. Daraus folgt, dass die Scheibe 2 unverschieblich sein muss. Dieselbe Argumentation kann umgekehrt für die Scheibe 1 geführt werden. Damit sind beide Scheiben und somit das gesamte System unverschieblich und brauchbar.

Die Widersprüche im System werden mit einem liegenden Dreieck markiert.

Bei Widersprüchen für einen Nebenpol verhalten sich die betroffenen Tragwerksteile wie eine zusammenhängende Scheibe, d. h. sie verdrehen sich mit demselben Winkel um einen gemeinsamen Hauptpol.

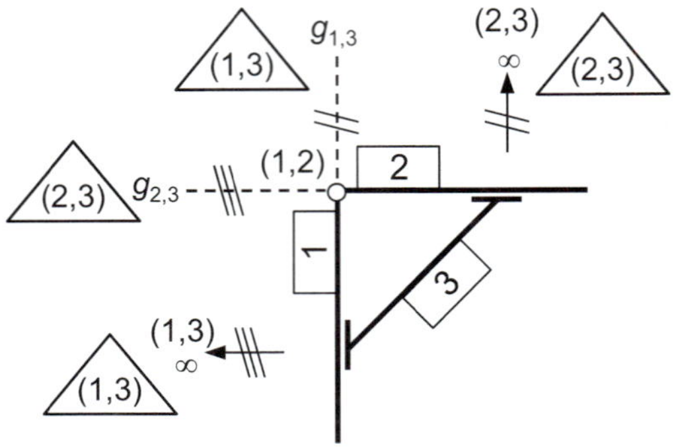


Die beiden Nebenpole (1,3) und (2,3) liegen im Unendlichen, da die Scheiben durch Querkraftgelenke verbunden sind. Der Polstrahl $g_{1,3}$ aus der Verbindung des Nebenpols (2,3) im Unendlichen und des Momentengelenks (1,2) ist ein Widerspruch zum Pol (1,3) im Unendlichen. Daraus folgt, dass sich die Scheiben 1 und 3 mit demselben Winkel um einen gemeinsamen Hauptpol verdrehen. Dieselbe Überlegung gilt für die Scheiben 2 und 3. Damit verdreht sich die gesamte Voute der Scheiben 1, 2 und 3 miteinander um einen gemeinsamen Hauptpol.

**Schritte zur Bestimmung des Polplans:**

1. Identifizieren von zusammenhängenden Scheiben.
2. Bestimmen der direkt ablesbaren Haupt- und Nebenpole.
3. Ermittlung der weiteren Haupt- und Nebenpole aus Kombinationen der bekannten Pole und Verschieblichkeiten des Systems.
4. Aufzeigen von unverschieblichen Systemteilen durch Widersprüche und/oder Ermittlung der kinematischen Abhängigkeiten bei kinematischen Systemteilen.

Für den Fall, dass ein System kinematisch ist und dabei eine kinematische Kette bildet, können eine bzw. mehrere Referenzverschiebungen oder -verdrehungen gewählt werden, ausgehend von denen alle anderen Verdrehungen und Verschiebungen des Systems bestimmt werden können. Bei einfach kinematischen Systemen ist die Bestimmung aller Verschiebungsgrößen des Systems abhängig von einem Referenzwert möglich. Dies ist insbesondere für die Anwendungen im Prinzip der virtuellen Verschiebungen (PvV, Kapitel 6) und im Verschiebungsgrößenverfahren (VV, Kapitel 10) von Interesse.

Allgemein können Systeme mehrere Kinematiken aufweisen, die unabhängig voneinander sind. In den Aufgaben dieses Kapitels werden nur einfach kinematische Systeme behandelt. In manchen Aufgabenstellungen wird hier eine Referenzverschiebung bzw. -verdrehung vorgegeben.

## 4.2 Beispielaufgabe 1

Überprüfen Sie die nachfolgenden drei Systeme auf Brauchbarkeit mithilfe des Polplans und zeichnen Sie im Falle eines kinematischen Systems die Verschiebungsfigur. Wählen Sie zum Zeichnen der Verschiebungsfigur eine geeignete „Referenzverdrehung". Die Berechnung der Knotenverschiebungen ist nicht erforderlich.

### 4.2.1 System 1

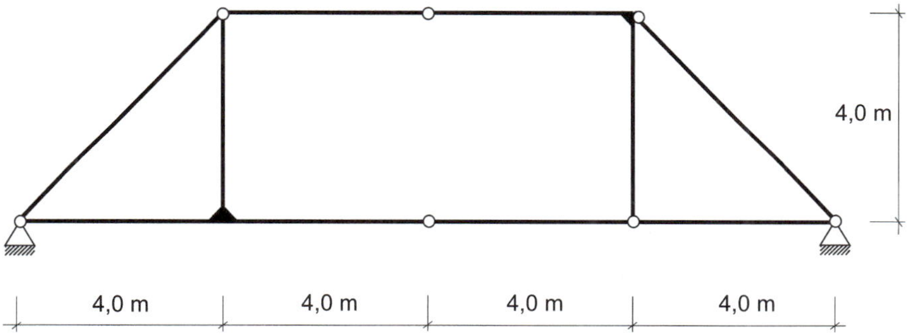


System 1

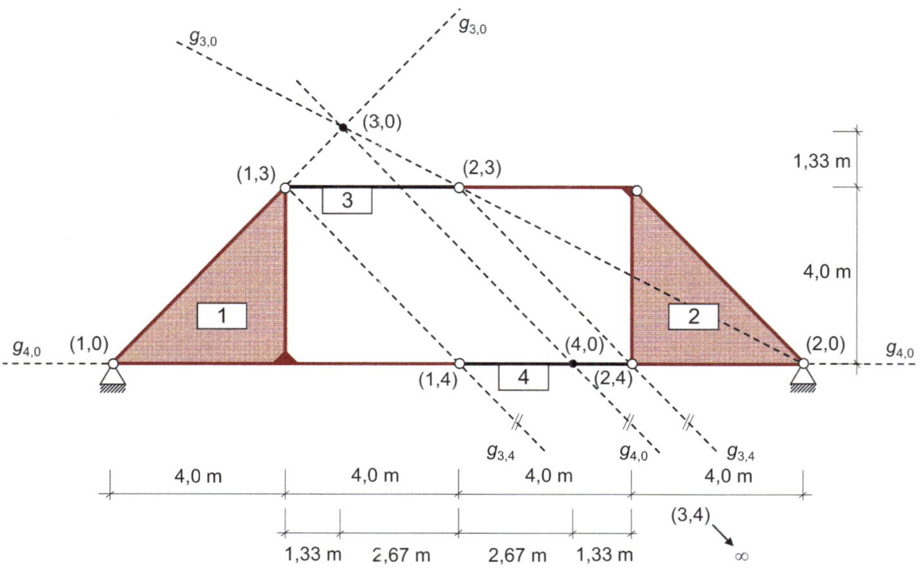


Polplan System 1

Zunächst werden die zusammenhängenden Scheiben 1 bis 4 identifiziert, wobei die Scheiben 3 und 4 jeweils aus nur einem Stab bestehen. Die Bestimmung des eingezeichneten Polplans für das System ist im Folgenden in Stichpunkten beschrieben:

- Die Hauptpole (1,0) und (2,0) sind durch feste Lager gegeben.
- Die Nebenpole (1,3), (2,3), (1,4) und (2,4) befinden sich jeweils in den Verbindungs-Momentengelenken zwischen den Scheiben.
- Die Verbindungsgeraden von (1,0) und (1,3) bzw. von (2,0) und (2,3) ergeben jeweils einen geometrischen Ort für (3,0) → (3,0) liegt im Schnittpunkt dieser beiden Geraden.
- Die Verbindungsgeraden von (1,0) und (1,4) bzw. von (2,0) und (2,4) sind identische Geraden und bilden somit nur einen geometrischen Ort für (4,0).
- Die Verbindungsgeraden von (1,3) und (1,4) bzw. von (2,3) und (2,4) sind parallel und ergeben jeweils einen geometrischen Ort für (3,4) → der Nebenpol (3,4) liegt im Unendlichen, parallel zu den bestimmten Geraden.
- Ein zweiter geometrischer Ort für (4,0) ist eine weitere parallele Gerade durch den Hauptpol (3,0), ausgehend vom Nebenpol (3,4) im Unendlichen.
- (4,0) ergibt sich als Schnittpunkt seiner beiden geometrischen Orte $g_{4,0}$.

Da sich der Polplan widerspruchsfrei bestimmen lässt, ist das System kinematisch und damit unbrauchbar.

Da sich die exakte Position des Hauptpols (3,0) nicht direkt aus obiger Konstruktion ablesen lässt, muss sie aus der Geometrie der bestimmenden Geraden ermittelt werden.

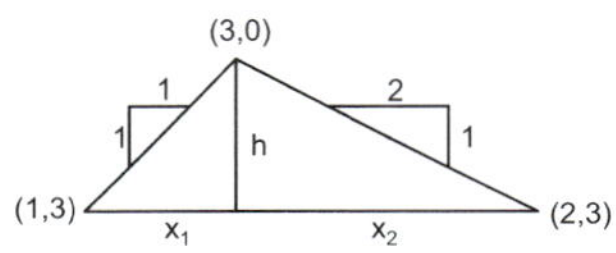


$$\left.\begin{aligned} \frac{1}{1} x_1 &= \frac{1}{2} x_2 \\ x_1 + x_2 &= 4 \end{aligned}\right\} \quad \begin{aligned} x_1 &= 1{,}33 \\ x_2 &= 2{,}67 \\ h &= 1{,}33 \end{aligned}$$

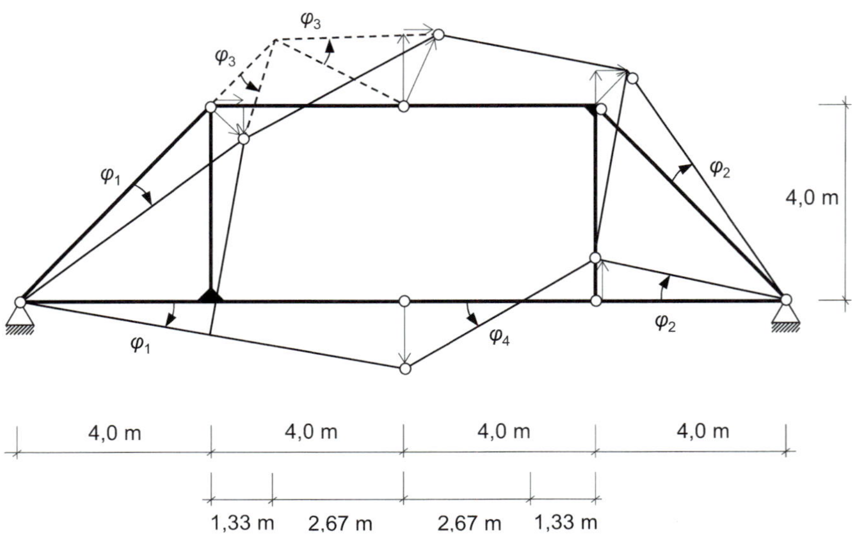


Verschiebungsfigur vom System 1 unter Verwendung der gewählten Referenzverdrehung $\varphi_1$

Berechnung aller Drehwinkel in Abhängigkeit von der Verdrehung $\varphi_1$:

$\varphi_1 \cdot 4 = \varphi_3 \cdot 1{,}33 \rightarrow \varphi_3 = 3 \cdot \varphi_1$

$\varphi_1 \cdot 8 = \varphi_4 \cdot 2{,}67 \rightarrow \varphi_4 = 3 \cdot \varphi_1$

$\varphi_4 \cdot 1{,}33 = \varphi_2 \cdot 4 \rightarrow \varphi_2 = \varphi_1$

Es ist zu beachten, dass die Wahl der Referenzverdrehung beliebig ist, die Abhängigkeiten (d. h. die Verhältnisse der Verdrehungen zueinander) hingegen sind eindeutig. Wegen der Kleinwinkelnäherung erscheinen die Verschiebungsfiguren verzerrt.

### 4.2.2 System 2

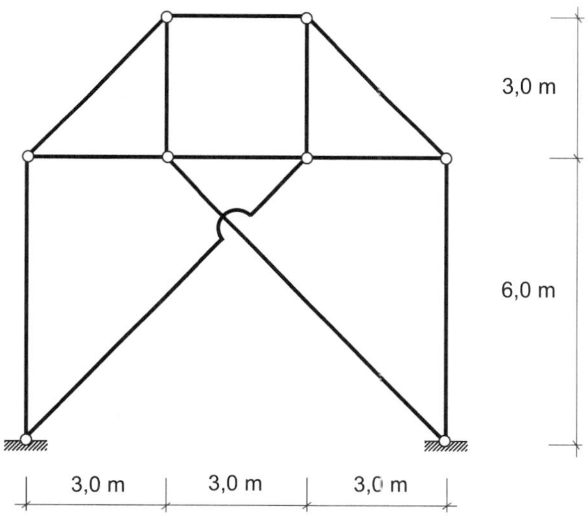


System 2

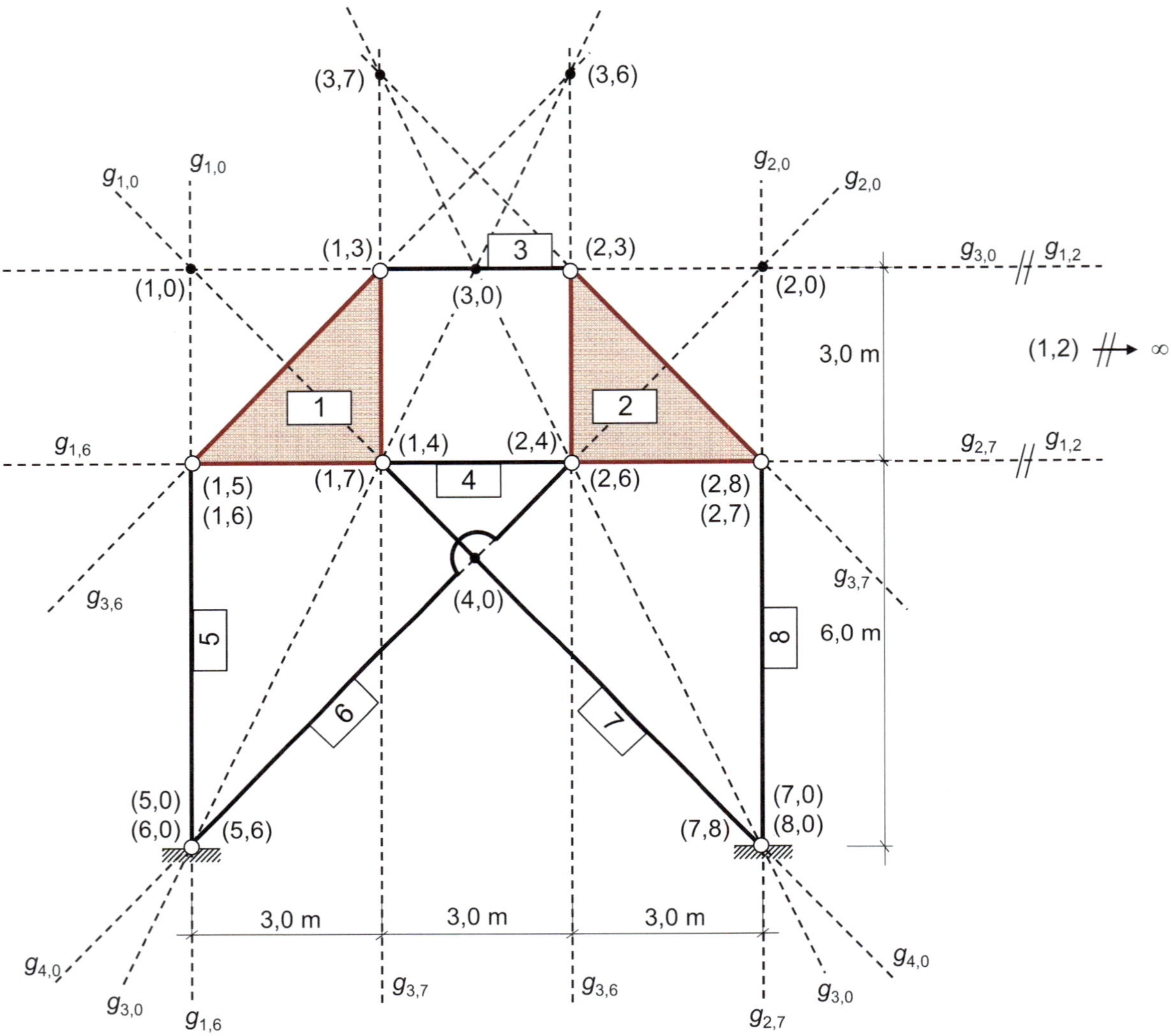


Polplan zu System 2

Nach der Identifikation der zusammenhängenden Scheiben 1 und 2 sowie der unabhängigen Stäbe im System ist der Polplan zu bestimmen:

- Die Hauptpole (5,0), (6,0), (7,0) und (8,0) sind durch feste Lager gegeben.
- Hauptpol (1,0) ergibt sich aus dem Schnittpunkt seiner beiden geometrischen Orte $g_{1,0}$: die Gerade $g_{1,0}$ durch (1,5) und (5,0) sowie die zweite Gerade $g_{1,0}$ durch (1,7) und (7,0).
- Hauptpol (2,0) bestimmt sich analog zu (1,0) aus den beiden Geraden $g_{2,0}$.
- Die Geraden durch (1,0) und (1,4) bzw. durch (2,0) und (2,4) sind jeweils geometrische Orte $g_{4,0}$ für (4,0) → der Schnittpunkt ist der Hauptpol (4,0).
- Nebenpol (1,2): da seine geometrischen Orte $g_{1,2}$ (Geraden durch (1,4) und (2,4) bzw. durch (1,3) und (2,3)) parallel sind, liegt der Nebenpol (1,2) horizontal im Unendlichen (rechts oder links sind hier geometrisch gleichbedeutend).

- Da (1,2) im Unendlichen liegt, und (2,6) und (1,7) auf der unteren Gerade $g_{1,2}$ liegen, ist diese Gerade auch ein geometrischer Ort für (1,6) und (2,7).
- Die Nebenpole (1,6) und (2,7) ergeben sich schließlich als Schnittpunkt der Geraden $g_{1,6}$ durch (1,0) und (6,0) bzw. $g_{2,7}$ durch (2,0) und (7,0).
- Abschließend lassen sich die Nebenpole (3,7) und (3,6) konstruieren. Mit diesen und den Hauptpolen (7,0) und (6,0) lässt sich der Hauptpol (3,0) bestimmen.

Da sich der Polplan widerspruchsfrei bestimmen lässt, ist das System kinematisch und damit unbrauchbar.

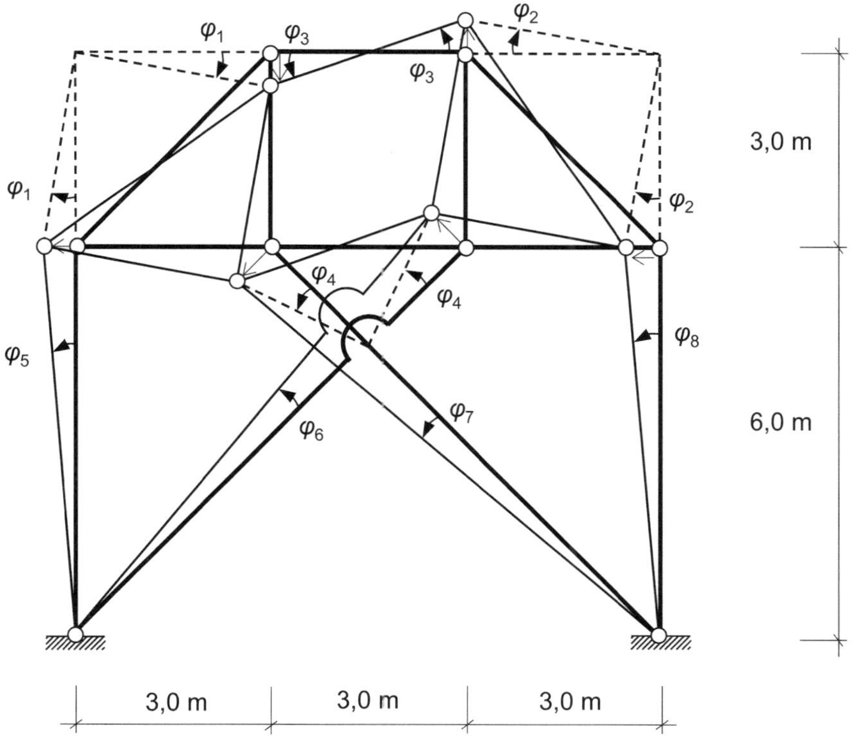


Verschiebungsfigur vom System 2 unter Verwendung der gewählten Referenzverdrehung $\varphi_5$

Bestimmung aller Drehwinkel in Abhängigkeit von $\varphi_5$:

$\varphi_1 \cdot 3 = \varphi_5 \cdot 6 \rightarrow \varphi_1 = 2 \cdot \varphi_5$

$\varphi_3 \cdot 1{,}5 = \varphi_1 \cdot 3 \rightarrow \varphi_3 = 4 \cdot \varphi_5$

$\varphi_2 \cdot 3 = \varphi_3 \cdot 1{,}5 \rightarrow \varphi_2 = 2 \cdot \varphi_5$

$\varphi_4 \cdot 1{,}5 = \varphi_1 \cdot 3 \rightarrow \varphi_4 = 4 \cdot \varphi_5$

$\varphi_6 \cdot 6 = \varphi_2 \cdot 3 \rightarrow \varphi_6 = \varphi_5$

$\varphi_7 \cdot 6 = \varphi_1 \cdot 3 \rightarrow \varphi_7 = \varphi_5$

$\varphi_8 \cdot 6 = \varphi_2 \cdot 3 \rightarrow \varphi_8 = \varphi_5$

Polplan mit Lage der Hauptpole in Stiff:

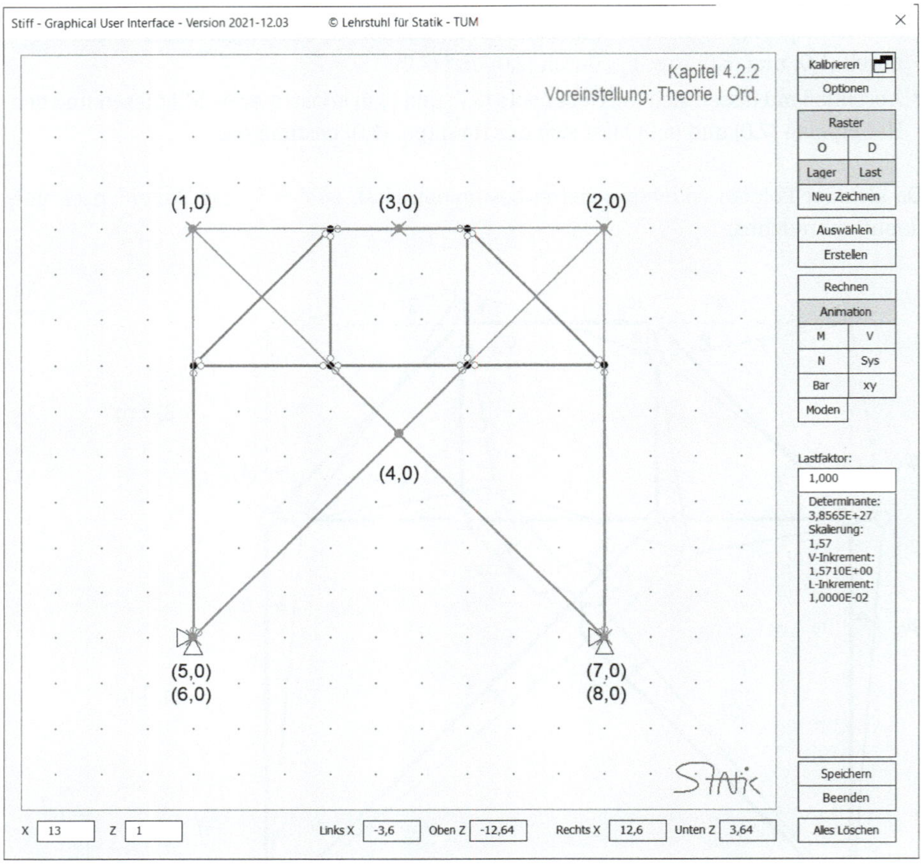


Polplan von System 2 mit Lage der Hauptpole in Stiff

Aus Gründen der Übersichtlichkeit ist in der Verschiebungsfigur der Polplan ausgeblendet.

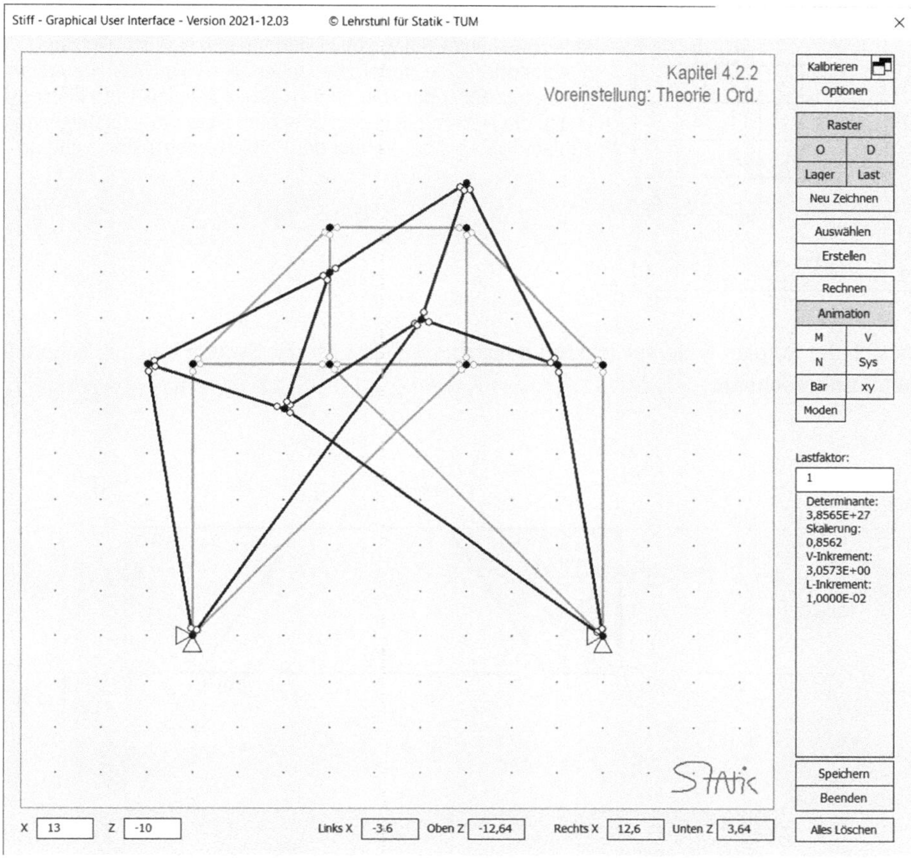


Verschiebungsfigur von System 2 mit Stiff

## 4.2.3 System 3

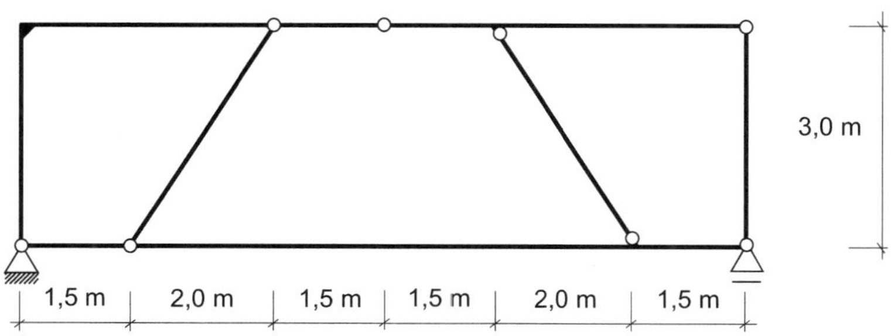


System 3

*Hinweis:*

*Für eine bessere Übersichtlichkeit kann es sinnvoll sein den Konstruktionsverlauf mit folgender Matrix darzustellen (gilt auch für System 2):*

| | 1 | 2 | 3 | 4 | 5 | 6 |
|---|---|---|---|---|---|---|
| 1 | 1 | 2 | 6 | 12 | | |
| 2 | | 3 | | 11 | 4 | 9 |
| 3 | | | 15 | 7 | | |
| 4 | | | | 13 | 10 | 8 |
| 5 | | | | | 5 | |
| 6 | | | | | | 14 |

Jeder bestimmte Pol wird hier durch einen eigenen Eintrag dokumentiert. Die Hauptpole stehen hierbei auf der Hauptdiagonalen (z. B. ist der Hauptpol (1,0) der Scheibe 1 am Eintrag (1,1)), die Nebenpole rechts daneben. Durch die aufsteigende Zahlenfolge wird der Verlauf der Polplankonstruktion sichtbar.

Da sich der Polplan widerspruchsfrei konstruieren lässt, ist das System kinematisch und damit unbrauchbar.

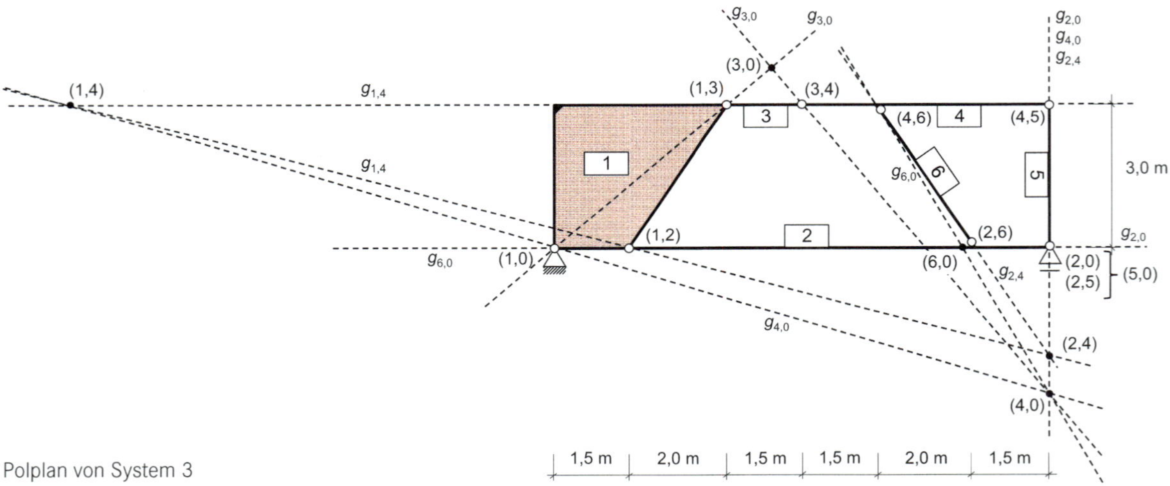


Polplan von System 3

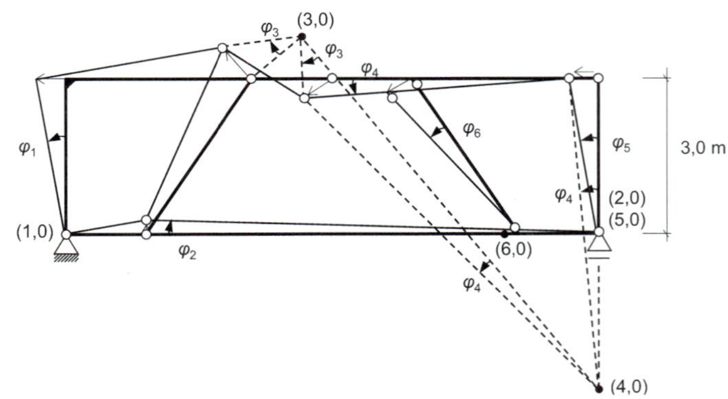


Verschiebungsfigur vom System 3

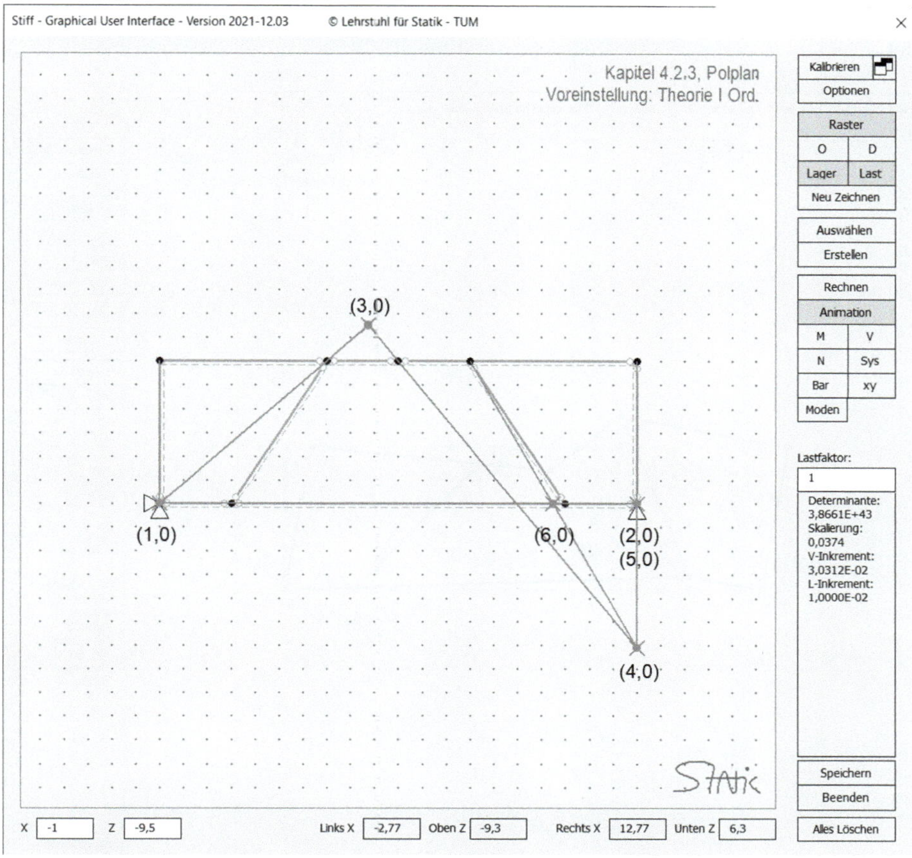


Polplan von System 3 mit Lage der Hauptpole in Stiff

Aus Gründen der Übersichtlichkeit ist in der Verschiebungsfigur der Polplan ausgeblendet.

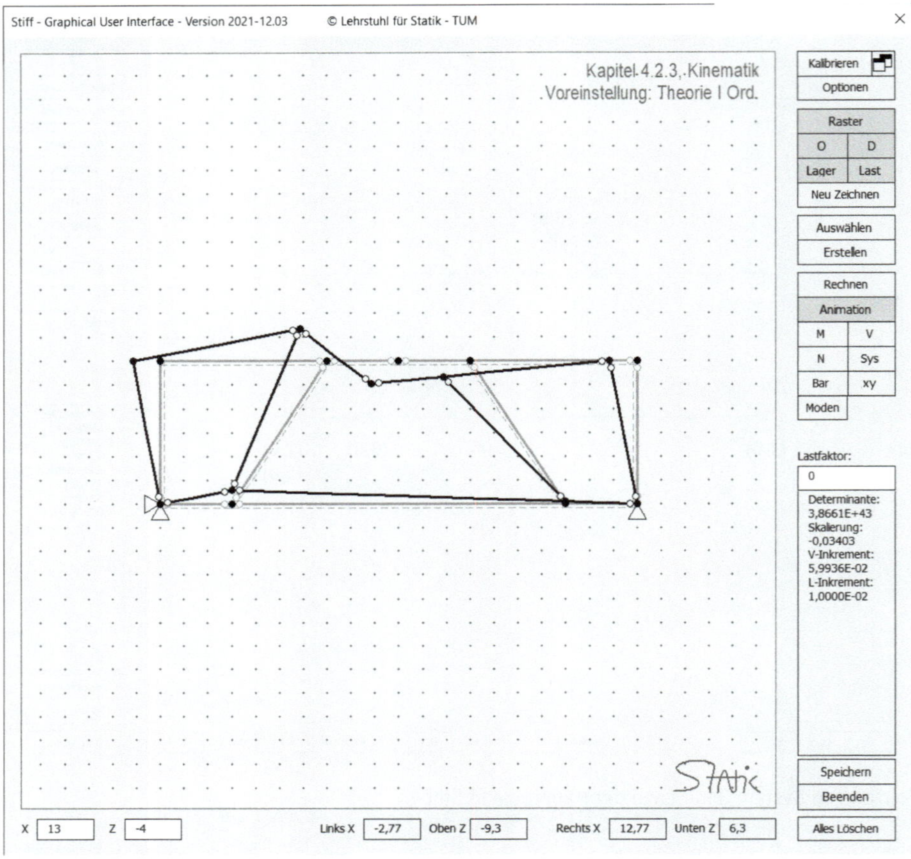


Verschiebungsfigur System 3 mit Stiff

## 4.3 Beispielaufgabe 2

Gegeben sind die folgenden Systeme 1 bis 3. Es sollen die Kinematik überprüft und – wenn möglich – die abhängigen Verschiebungen bestimmt werden.

a) Sind die folgenden Systeme 1 bis 3 jeweils verschieblich?

b) Wenn ja, bringen Sie jeweils am Stab 1 eine Verdrehung $\varphi_1$ an und bestimmen Sie die Stabverschiebungen/-verdrehungen der weiteren Stäbe abhängig von $\varphi_1$! Wenn nicht, markieren Sie den Widerspruch im Polplan!

### 4.3.1 System 1

System 1

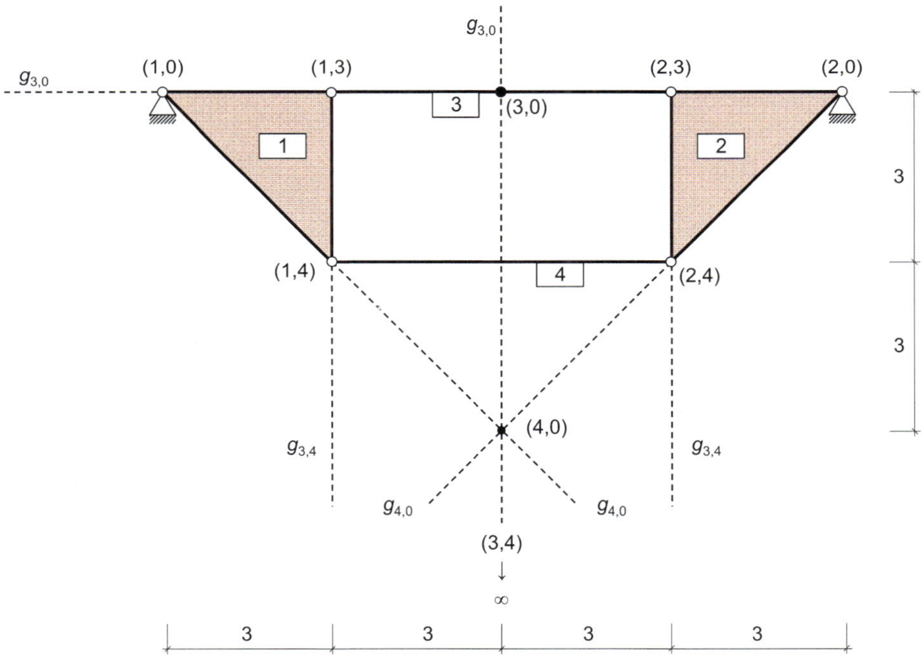


Polplan System 1

Zunächst werden die zusammenhängenden Scheiben 1 und 2 identifiziert, die Stäbe 3 und 4 bilden jeweils eine eigene Scheibe. Die Bestimmung des oben eingezeichneten Polplans für das System ist im Folgenden in Stichpunkten beschrieben:

- Hauptpol (1,0) und (2,0) in den festen Auflagern.
- Antragen der Nebenpole (1,3), (2,3), (1,4) und (2,4) an den Verbindungen der Scheiben.
- Die Verbindungsgeraden von (1,0) und (1,4) bzw. von (2,0) und (2,4) ergeben jeweils einen geometrischen Ort $g_{4,0}$. Der Hauptpol (4,0) liegt im Schnittpunkt dieser Geraden.

- Um Hauptpol (3,0) zu finden muss zuvor der Nebenpol (3,4) bestimmt werden. Die beiden geometrischen Ort $g_{3,4}$ sind die Verbindungsgeraden von (1,3) und (1,4) bzw. von (2,3) und (2,4). Da beide Geraden parallel sind, liegt der Nebenpol (3,4) im Unendlichen in Richtung der beiden Geraden, hier vertikal nach unten.
- Die Verbindungsgeraden von (3,4) und (4,0) und von (1,0) und (1,3) ergeben jeweils einen geometrischen Ort $g_{3,0}$, der Hauptpol (3,0) liegt am Schnittpunkt der beiden Geraden.

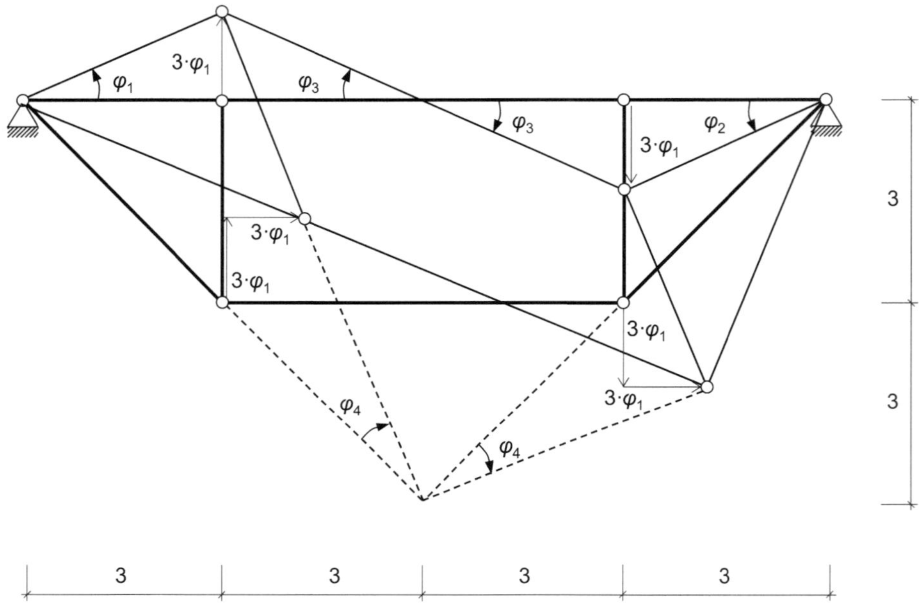


Verschiebungsfigur System 1

Bestimmung aller Drehwinkel (Stabendverschiebungen s. Skizze):

$\varphi_1 \cdot 3 = \varphi_3 \cdot 3 \quad \rightarrow \quad \varphi_3 = \varphi_1$

$\varphi_3 \cdot 3 = \varphi_2 \cdot 3 \quad \rightarrow \quad \varphi_2 = \varphi_3 = \varphi_1$

$\varphi_2 \cdot 3 = \varphi_4 \cdot 3 \quad \rightarrow \quad \varphi_4 = \varphi_2 = \varphi_1$

### 4.3.2 System 2

System 2

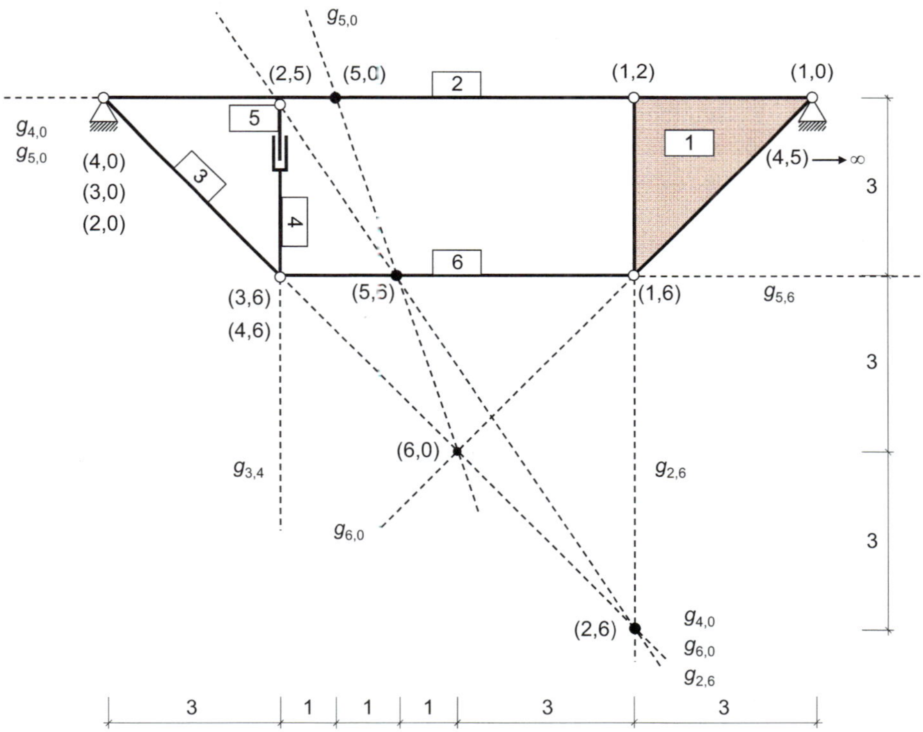


Polplan System 2

Hier ist nur die zusammenhängende Scheibe 1 zu identifizieren, die Stäbe 2 bis 6 bilden jeweils eine eigene Scheibe. Die Bestimmung des oben eingezeichneten Polplans für das System ist im Folgenden in Stichpunkten beschrieben:

- Die Hauptpole (1,0) , (2,0) und (3,0) befinden sich in den festen Auflagern.
- Die Nebenpole (1,6), (2,5), (3,6) und (4,6) werden in den Zwischengelenken angetragen.

- Die Verbindungsgeraden von (1,0) und (1,6) bzw. von (3,0) und (3,6) ergeben jeweils einen geometrischen Ort $g_{6,0}$. Der Hauptpol (6,0) liegt im Schnittpunkt dieser Geraden.
- Als Nebenpol eines Normalkraftgelenks liegt (4,5) im Unendlichen senkrecht zur Verschiebungsrichtung des Gelenks, hier also horizontal.
- Der geometrische Ort $g_{5,0}$ wird als Verbindungsgerade von (2,0) und (2,5) und der geometrische Ort $g_{4,0}$ als Verbindungsgerade von (6,0) und (4,6) angetragen.
- Da der geometrische Ort $g_{5,0}$ die vertikale Position von (5,0) festlegt und (4,5) im Unendlichen liegt, muss $g_{4,0}$ dieselbe Linie wie der horizontale geometrische Ort $g_{5,0}$ aus (2,0) und (2,5) sein.
- Der Hauptpol (4,0) liegt am Schnittpunkt der beiden geometrischen Orte $g_{4,0}$.
- Als Verbindungsgerade von (2,0) und (6,0) sowie von (1,2) und (1,6) werden zwei geometrische Orte $g_{2,6}$ konstruiert, an deren Schnittpunkt (2,6) liegt.
- Der erste geometrische Ort $g_{5,6}$ kann als Verbindungsgerade von (4,5) und (4,6) konstruiert werden, die zweite Gerade $g_{5,6}$ ist die Verbindung von (2,6) und (2,5). Am Schnittpunkt der beiden Orte $g_{5,6}$ liegt der gesuchte Nebenpol (5,6).
- Der zweite geometrische Ort $g_{5,0}$ liegt auf der Verbindungsgeraden von (5,6) und (6,0), womit (5,0) als Schnittpunkt der beiden Orte $g_{5,0}$ bestimmt werden kann.

Der Polplan und die Verschiebungsfigur können auch in Stiff kontrolliert werden, da Kinematiken angezeigt werden können. Bei 1-fach kinematischen Systemen wird auch der Polplan angezeigt. Folgende Abbildung zeigt die Verschiebungsfigur von System 2:

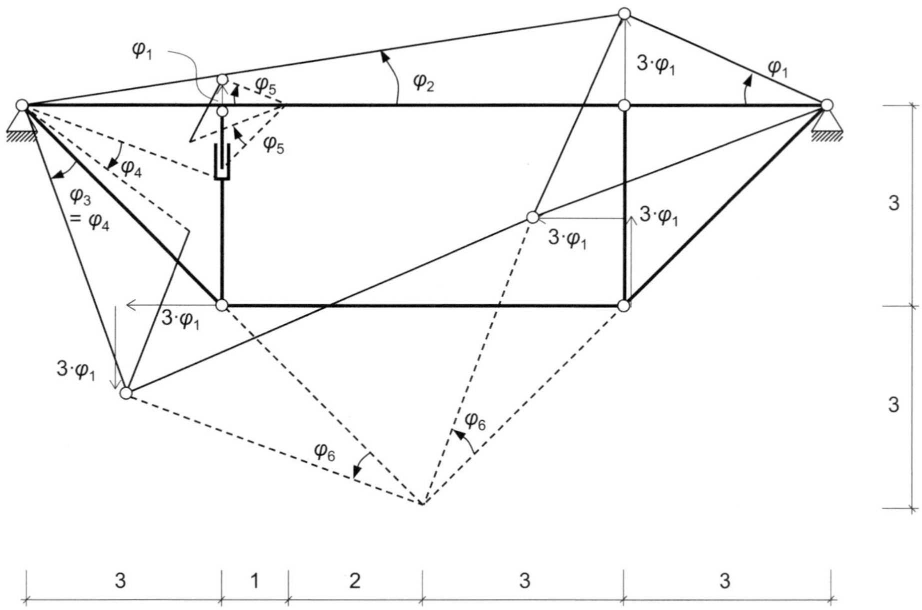


Verschiebungsfigur System 2

Bestimmung aller Drehwinkel (Stabendverschiebungen s. Skizze):

$\varphi_6 \cdot 3 = \varphi_1 \cdot 3 \quad \rightarrow \quad \varphi_6 = \varphi_1$

$\varphi_3 \cdot 3 = \varphi_6 \cdot 3 \quad \rightarrow \quad \varphi_3 = \varphi_6 = \varphi_1$

$\varphi_4 \cdot 3 = \varphi_3 \cdot 3 \quad \rightarrow \quad \varphi_4 = \varphi_3 = \varphi_1$

$\varphi_2 \cdot 9 = \varphi_1 \cdot 3 \quad \rightarrow \quad \varphi_2 = 1/3 \cdot \varphi_1$

$\varphi_5 \cdot 1 = \varphi_2 \cdot 3 \quad \rightarrow \quad \varphi_5 = 3 \cdot \varphi_2 = \varphi_1$

### 4.3.3 System 3

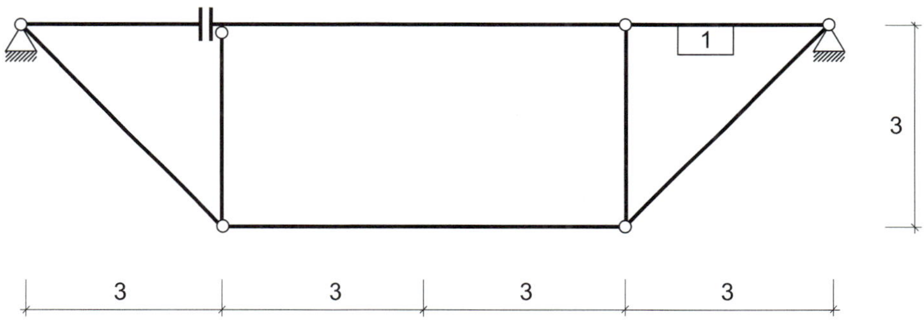


System 3

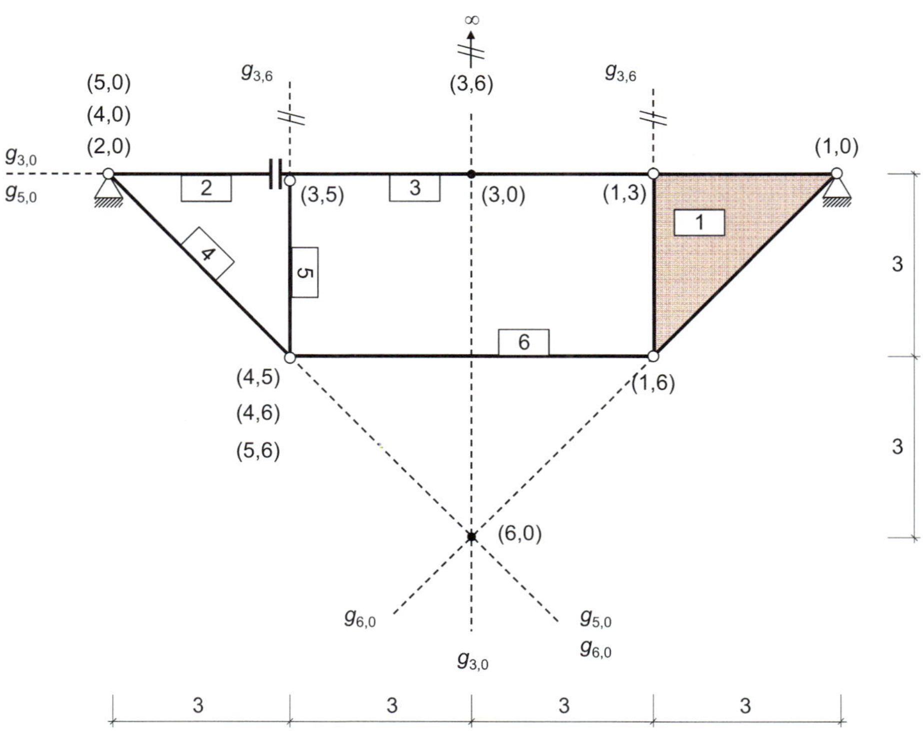


Polplan System 3

Hier ist wieder nur die zusammenhängende Scheibe 1 zu identifizieren, die Stäbe 2 bis 6 bilden jeweils eine eigene Scheibe. Die Bestimmung des oben eingezeichneten Polplans für das System ist im Folgenden in Stichpunkten beschrieben:

- Hauptpol (1,0), (2,0) und (4,0) befinden sich in den festen Auflagern.
- Als Nebenpol eines Querkraftgelenks liegt (2,3) im Unendlichen senkrecht zur Verschiebungsrichtung des Gelenks, hier also horizontal.
- Antragen der Nebenpole (1,3), (3,5), (4,5), (1,6), (4,6) und (5,6) an den Zwischengelenken.
- Die Verbindungsgeraden von (4,0) und (4,6) bzw. von (1,0) und (1,6) ergeben jeweils einen geometrischen Ort $g_{6,0}$. Der Hauptpol (6,0) liegt im Schnittpunkt dieser Geraden.
- Die Verbindungsgeraden von (5,6) und (3,5) bzw. von (1,3) und (1,6) ergeben jeweils einen geometrischen Ort $g_{3,6}$. Da die beiden Geraden $g_{3,6}$ parallel sind, liegt der Nebenpol (3,6) im Unendlichen, hier vertikal.
- Die beiden geometrischen Orte für den Hauptpol (3,0) sind die Verbindungsgeraden von (3,6) und (6,0) bzw. von (1,0) und (1,3). (3,0) liegt dann am Schnittpunkt der beiden Orte.
- Für den Hauptpol (5,0) können zwei geometrische Orte $g_{5,0}$ aus den Verbindungen von (5,6) und (6,0) bzw. von (3,0) und (3,5) gebildet werden. Am Schnittpunkt dieser beiden Geraden liegt (5,0).

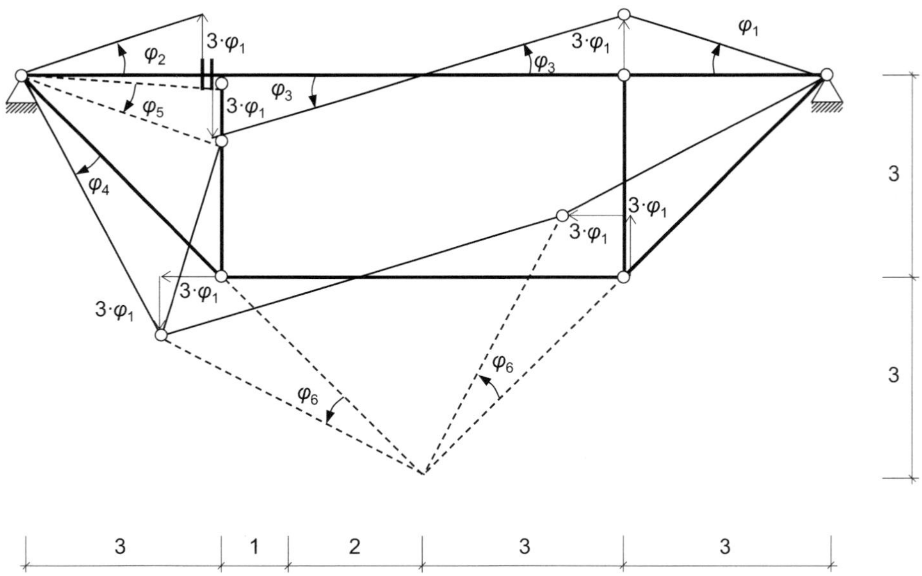


Verschiebungsfigur System 3

Bestimmung aller Drehwinkel (Stabendverschiebungen s. Skizze):

$\varphi_3 \cdot 3 = \varphi_1 \cdot 3 \quad \rightarrow \quad \varphi_3 = \varphi_1$

$\varphi_2 = \varphi_3 \quad \rightarrow \quad \varphi_2 = \varphi_1$ Begründung: Nebenpol im Unendlichen wegen Querkraftgelenk.

$\varphi_5 \cdot 3 = \varphi_3 \cdot 3 \quad \rightarrow \quad \varphi_5 = \varphi_3 = \varphi_1$

$\varphi_4 \cdot 3 = \varphi_5 \cdot 3 \quad \rightarrow \quad \varphi_4 = \varphi_5 = \varphi_1$

$\varphi_6 \cdot 3 = \varphi_1 \cdot 3 \quad \rightarrow \quad \varphi_6 = \varphi_1$

## 4.4 Beispielaufgabe 3

a) Zeichnen Sie die Verschiebungsfigur für folgendes System. Die vorgegebene Verschiebung ist eine horizontale Verschiebung (in x-Richtung) am Knoten 2 der Größe 1. Geben Sie die horizontalen und vertikalen Verschiebungsanteile aller nummerierten Knoten an.

b) Verschieben Sie das Auflager A entlang der gestrichelten Linie so, dass das System brauchbar wird. Beweisen Sie die Brauchbarkeit durch einen Widerspruch im neuen Polplan.

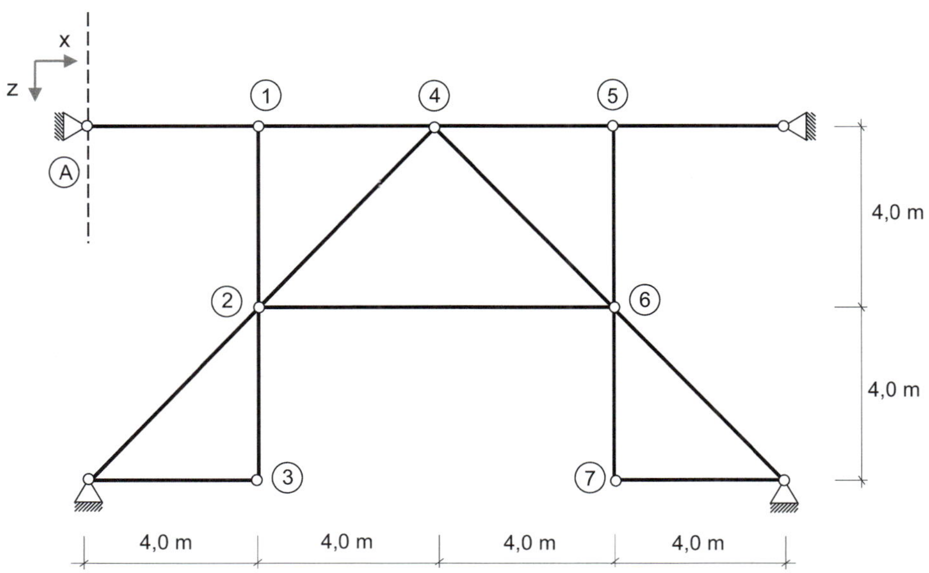


System

### 4.4.1 Verschiebungsfigur

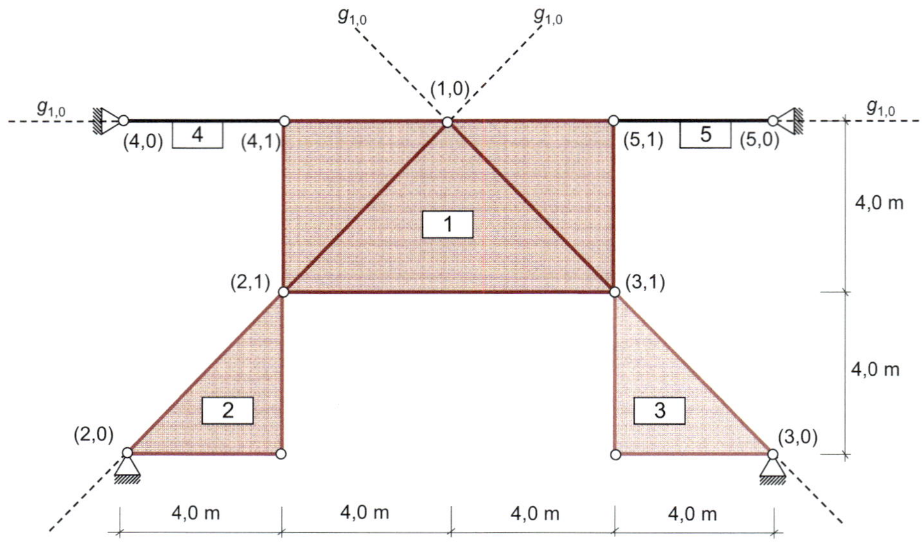


Polplan System

Es ist vorgegeben, dass $u_2 = 1$ ist.

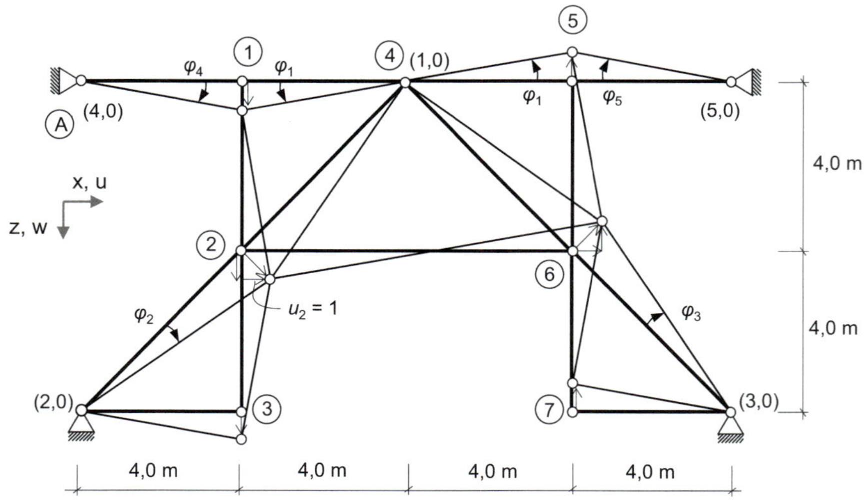


Verschiebungsfigur

Bestimmung der Verdrehungen:

$\varphi_1 = 1/4 = 0{,}25$

$\varphi_2 = 1/4 = 0{,}25 = \varphi_3 = \varphi_4 = \varphi_5$

**Tabelle 4.1** Berechnung der Knotenverschiebungen

| Knoten | 1 | 2 | 3 | 4 | 5 | 6 | 7 |
|---|---|---|---|---|---|---|---|
| *u* | 0 | 1 | 0 | 0 | 0 | 1 | 0 |
| *w* | 1 | 1 | 1 | 0 | −1 | −1 | −1 |

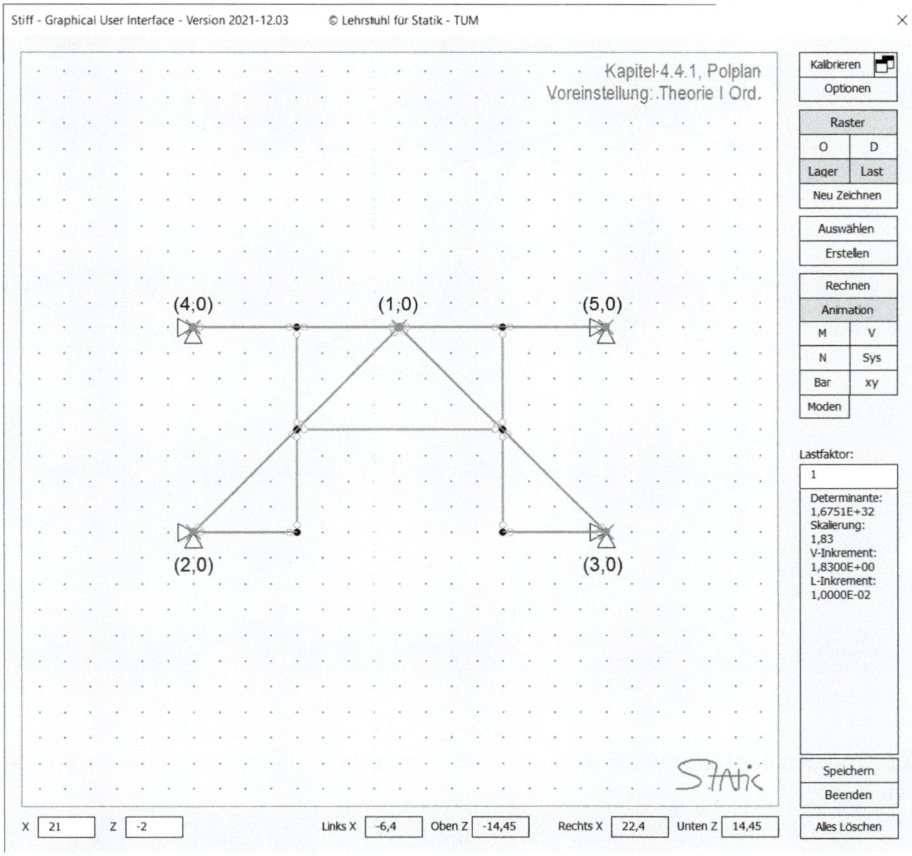


Polplan mit Lage der Hauptpole in Stiff

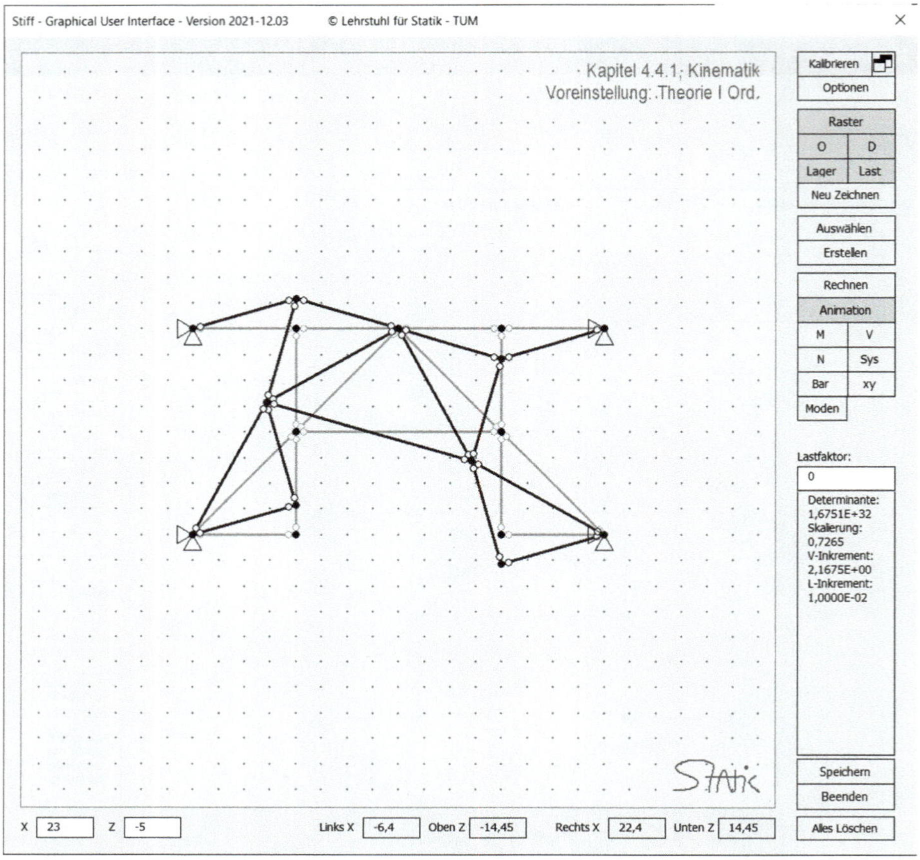


Verschiebungsfigur mit Stiff

Aus Gründen der Übersichtlichkeit ist in der Verschiebungsfigur der Polplan ausgeblendet.

### 4.4.2 Brauchbares System

Für jede Position des Auflagers auf der gestrichelten vertikalen Linie, die von der Ausgangsposition abweicht, ergibt sich ein Widerspruch im Polplan für den Hauptpol (1,0).

Durch diesen Widerspruch ist die Scheibe 1 unverschieblich und infolgedessen das System nicht kinematisch und somit brauchbar.

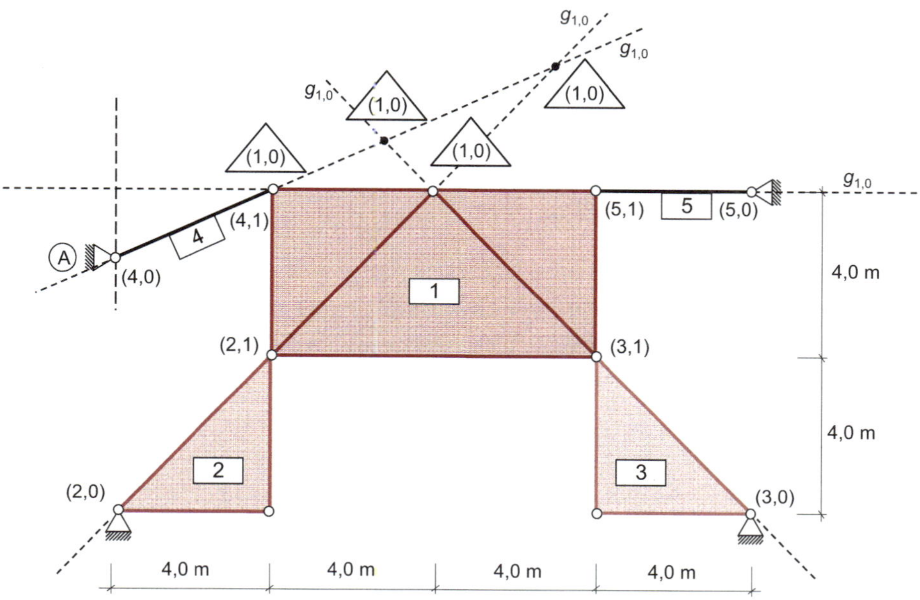

Brauchbares System (Widerspruch im Polplan)

## 4.5 Aufgaben

### Aufgabe 1

Schwierigkeitsgrad einfach

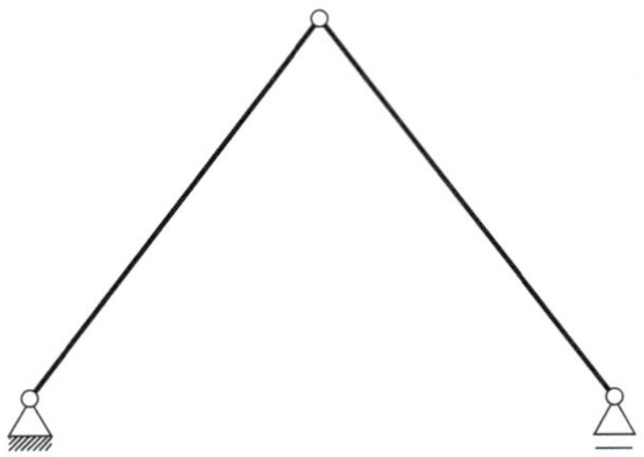

a) Nummerieren Sie die vorhandenen Stäbe/Scheiben.
b) Erstellen Sie einen Polplan und bezeichnen Sie alle Haupt- und Nebenpole.
c) Ist das System verschieblich? Wenn nicht, markieren Sie den Widerspruch im Polplan, ansonsten skizzieren Sie die Verschiebungsfigur!

### Aufgabe 2

Schwierigkeitsgrad einfach

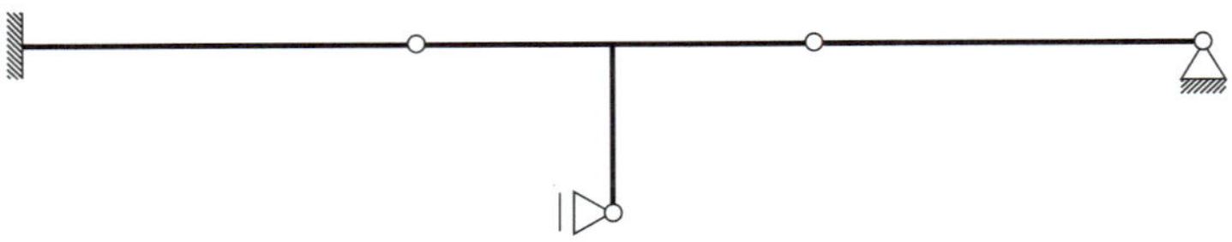

a) Nummerieren Sie die vorhandenen Stäbe/Scheiben.
b) Erstellen Sie einen Polplan und bezeichnen Sie alle Haupt- und Nebenpole.
c) Ist das System verschieblich? Wenn nicht, markieren Sie den Widerspruch im Polplan, ansonsten skizzieren Sie die Verschiebungsfigur!

### Aufgabe 3

Schwierigkeitsgrad einfach

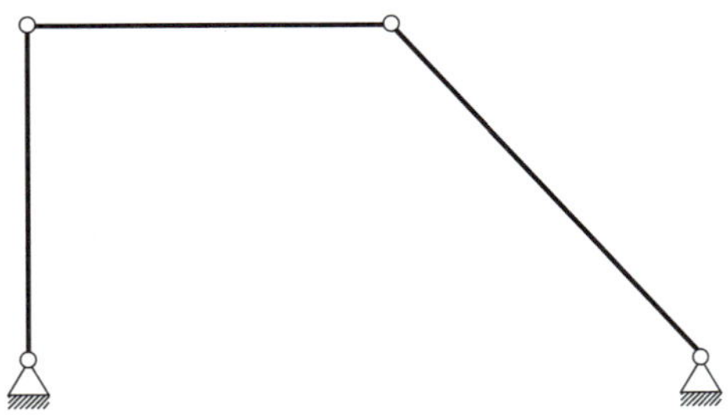

a) Nummerieren Sie die vorhandenen Stäbe/Scheiben.
b) Erstellen Sie einen Polplan und bezeichnen Sie alle Haupt- und Nebenpole.
c) Ist das System verschieblich? Wenn ja, skizzieren Sie die Verschiebungsfigur! Wenn nicht, markieren Sie den Widerspruch im Polplan!

### Aufgabe 4

Schwierigkeitsgrad einfach

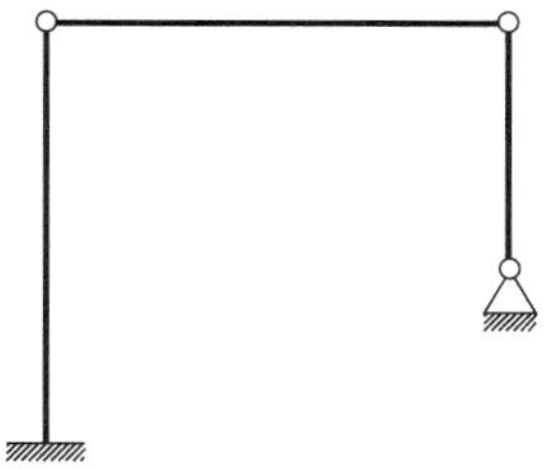

a) Nummerieren Sie die vorhandenen Stäbe/Scheiben.
b) Erstellen Sie einen Polplan und bezeichnen Sie alle Haupt- und Nebenpole.
c) Ist das System verschieblich? Wenn ja, skizzieren Sie die Verschiebungsfigur! Wenn nicht, markieren Sie den Widerspruch im Polplan!

### Aufgabe 5

Schwierigkeitsgrad einfach

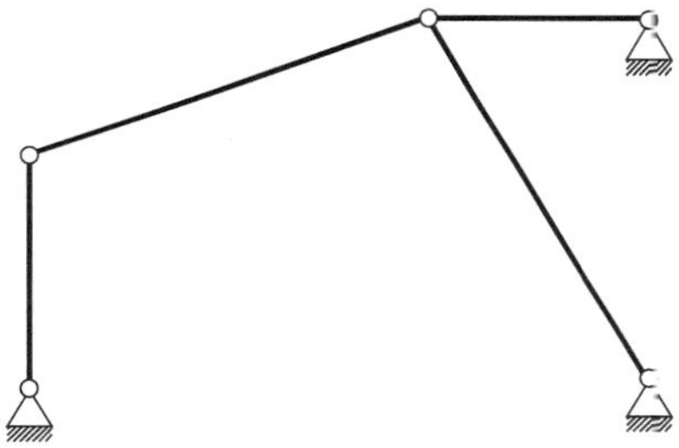

a) Nummerieren Sie die vorhandenen Stäbe/Scheiben.
b) Erstellen Sie einen Polplan und bezeichnen Sie alle Haupt- und Nebenpole.
c) Ist das System verschieblich? Wenn ja, skizzieren Sie die Verschiebungsfigur! Wenn nicht, markieren Sie den Widerspruch im Polplan!

### Aufgabe 6

Schwierigkeitsgrad einfach

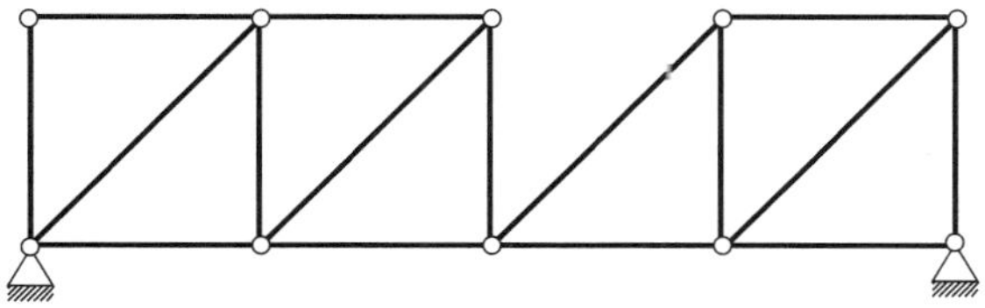

a) Nummerieren Sie die vorhandenen Stäbe/Scheiben.
b) Erstellen Sie einen Polplan und bezeichnen Sie alle Haupt- und Nebenpole.
c) Ist das System verschieblich? Wenn ja, skizzieren Sie die Verschiebungsfigur! Wenn nicht, markieren Sie den Widerspruch im Polplan!

## Aufgabe 7

Schwierigkeitsgrad einfach

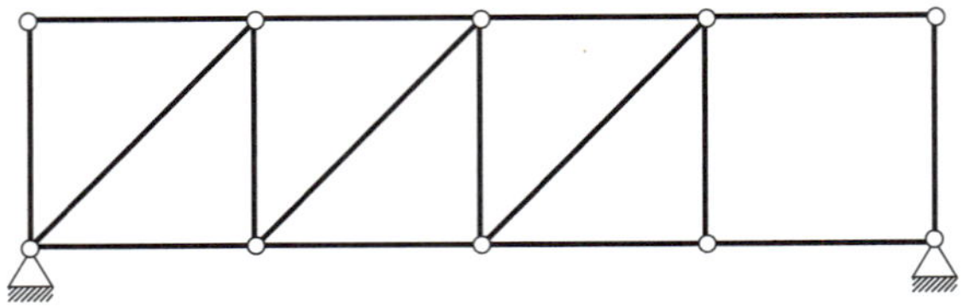

a) Nummerieren Sie die vorhandenen Stäbe/Scheiben.
b) Erstellen Sie einen Polplan und bezeichnen Sie alle Haupt- und Nebenpole.
c) Ist das System verschieblich? Wenn ja, skizzieren Sie die Verschiebungsfigur! Wenn nicht, markieren Sie den Widerspruch im Polplan!

## Aufgabe 8

Schwierigkeitsgrad einfach

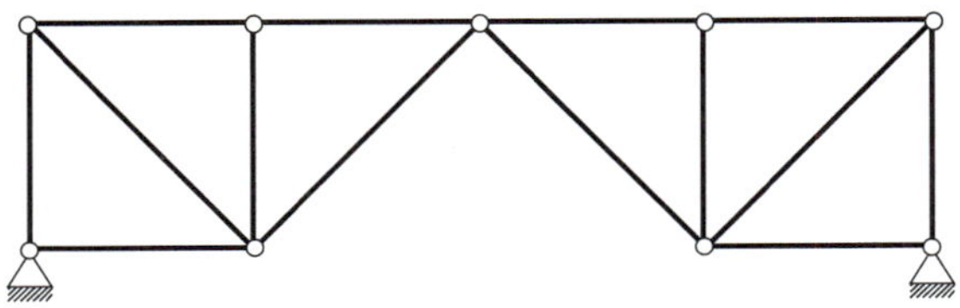

a) Nummerieren Sie die vorhandenen Stäbe/Scheiben
b) Erstellen Sie einen Polplan und bezeichnen Sie alle Haupt- und Nebenpole
c) Ist das System verschieblich? Wenn ja, skizzieren Sie die Verschiebungsfigur! Wenn nicht, markieren Sie den Widerspruch im Polplan!

## Aufgabe 9

Schwierigkeitsgrad einfach

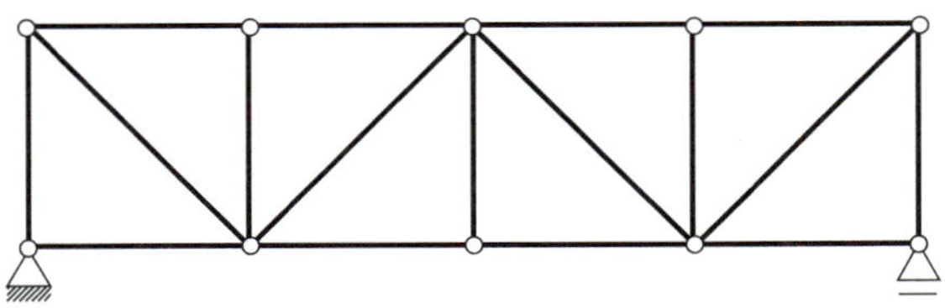

a) Nummerieren Sie die vorhandenen Stäbe/Scheiben.
b) Erstellen Sie einen Polplan und bezeichnen Sie alle Haupt- und Nebenpole.
c) Ist das System verschieblich? Wenn ja, skizzieren Sie die Verschiebungsfigur! Wenn nicht, markieren Sie den Widerspruch im Polplan!

## Aufgabe 10

Schwierigkeitsgrad einfach

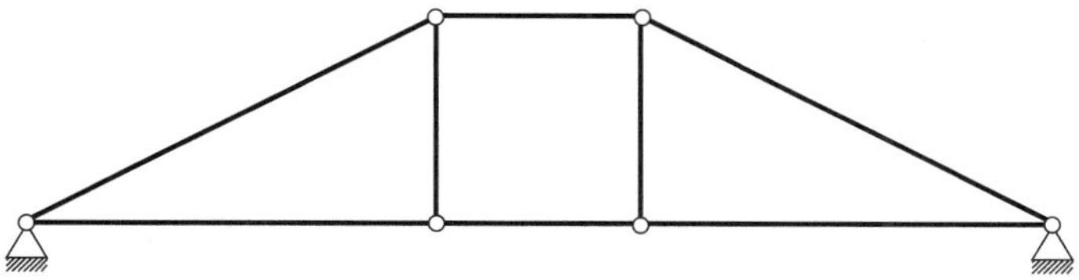

a) Nummerieren Sie die vorhandenen Stäbe/Scheiben.
b) Erstellen Sie einen Polplan und bezeichnen Sie alle Haupt- und Nebenpole.
c) Ist das System verschieblich? Wenn ja, skizzieren Sie die Verschiebungsfigur! Wenn nicht, markieren Sie den Widerspruch im Polplan!

## Aufgabe 11

Schwierigkeitsgrad mittel

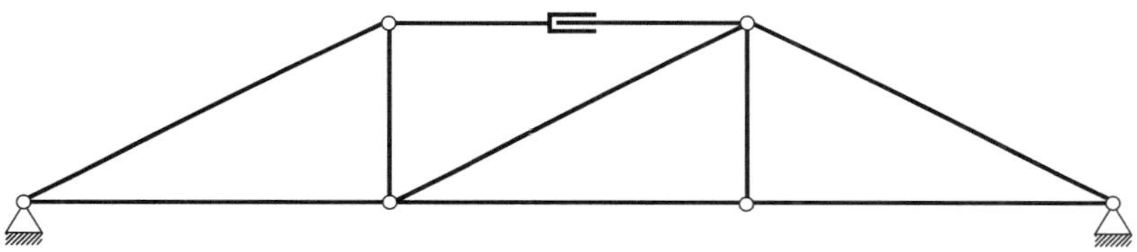

a) Nummerieren Sie die vorhandenen Stäbe/Scheiben.
b) Erstellen Sie einen Polplan und bezeichnen Sie alle Haupt- und Nebenpole.
c) Ist das System verschieblich? Wenn ja, skizzieren Sie die Verschiebungsfigur! Wenn nicht, markieren Sie den Widerspruch im Polplan!

## Aufgabe 12

Schwierigkeitsgrad mittel

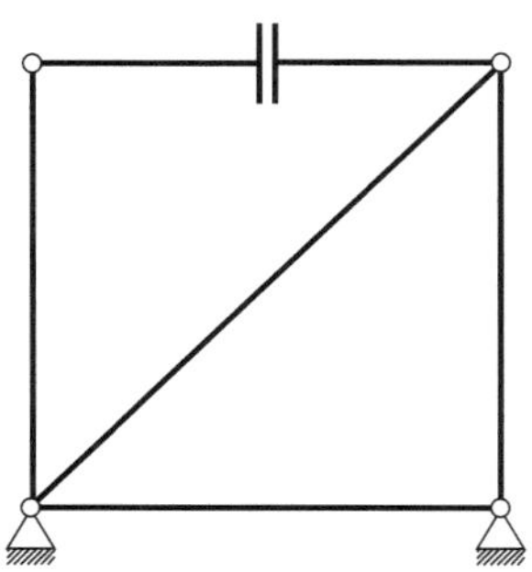

a) Nummerieren Sie die vorhandenen Stäbe/Scheiben.
b) Erstellen Sie einen Polplan und bezeichnen Sie alle Haupt- und Nebenpole.
c) Ist das System verschieblich? Wenn ja, skizzieren Sie die Verschiebungsfigur! Wenn nicht, markieren Sie den Widerspruch im Polplan!

## Aufgabe 13

Schwierigkeitsgrad mittel

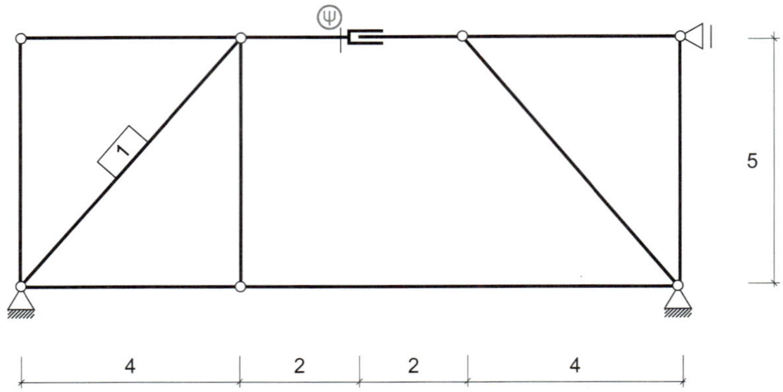


a) Nummerieren Sie die vorhandenen Stäbe/Scheiben.

b) Erstellen Sie einen Polplan und bezeichnen Sie alle Haupt- und Nebenpole.

c) Ist das System verschieblich? Wenn ja, bringen Sie am Stab 1 eine Verdrehung $\varphi$ an und bestimmen Sie die Stabverschiebungen/-verdrehungen der weiteren Stäbe! Wenn nicht, markieren Sie den Widerspruch im Polplan!

## Aufgabe 14

Schwierigkeitsgrad mittel

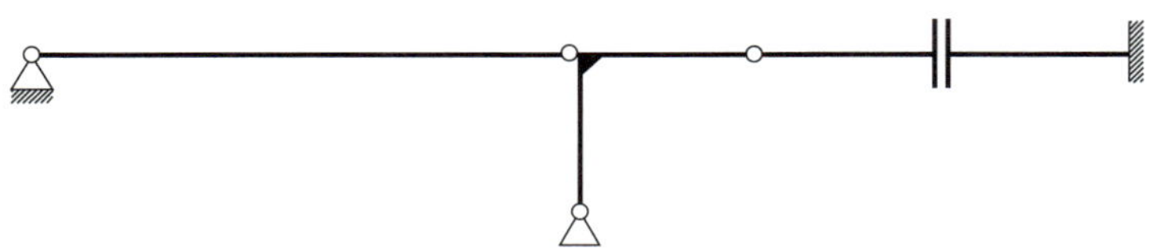

a) Nummerieren Sie die vorhandenen Stäbe/Scheiben.

b) Erstellen Sie einen Polplan und bezeichnen Sie alle Haupt- und Nebenpole.

c) Ist das System verschieblich? Wenn ja, skizzieren Sie die Verschiebungsfigur! Wenn nicht, markieren Sie den Widerspruch im Polplan!

## Aufgabe 15

Schwierigkeitsgrad mittel

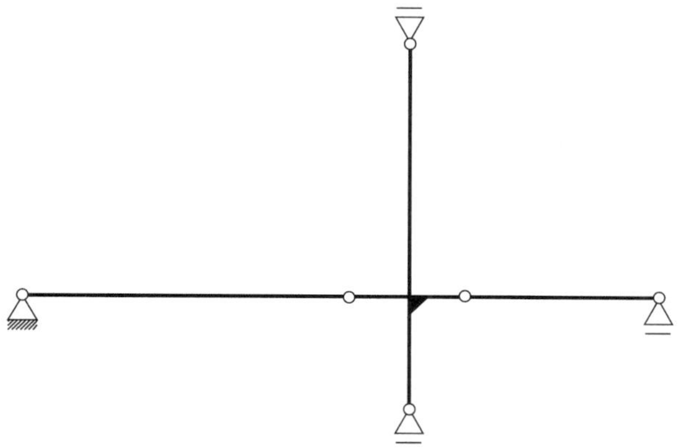

a) Nummerieren Sie die vorhandenen Stäbe/Scheiben.
b) Erstellen Sie einen Polplan und bezeichnen Sie alle Haupt- und Nebenpole.
c) Ist das System verschieblich? Wenn ja, skizzieren Sie die Verschiebungsfigur! Wenn nicht, markieren Sie den Widerspruch im Polplan!

## Aufgabe 16

Schwierigkeitsgrad mittel

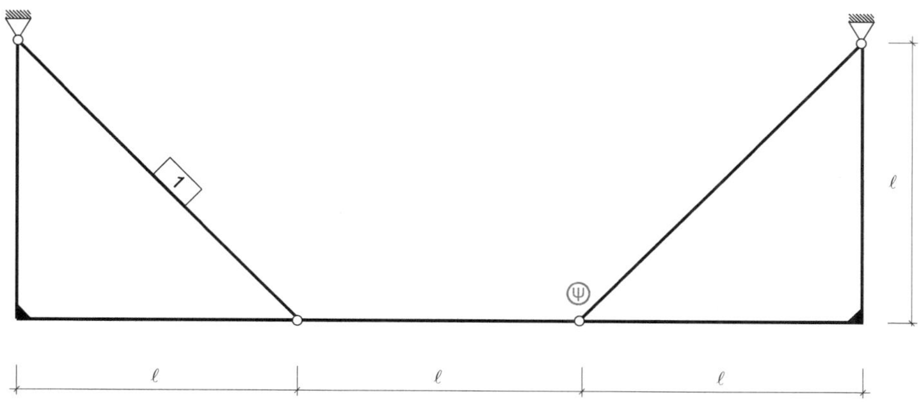


a) Nummerieren Sie die vorhandenen Stäbe/Scheiben.
b) Erstellen Sie einen Polplan und bezeichnen Sie alle Haupt- und Nebenpole.
c) Ist das System verschieblich? Wenn ja, bringen Sie am Stab 1 eine Verdrehung $\varphi$ an und bestimmen Sie die Stabverschiebungen/-verdrehungen der weiteren Stäbe! Wenn nicht, markieren Sie den Widerspruch im Polplan!

## Aufgabe 17

Schwierigkeitsgrad
mittel

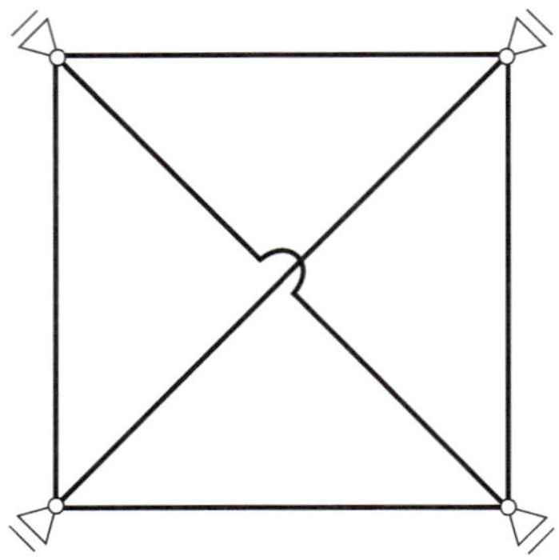

a) Nummerieren Sie die vorhandenen Stäbe/Scheiben.
b) Erstellen Sie einen Polplan und bezeichnen Sie alle Haupt- und Nebenpole.
c) Ist das System verschieblich? Wenn ja, skizzieren Sie die Verschiebungsfigur! Wenn nicht, markieren Sie den Widerspruch im Polplan!

## Aufgabe 18

Schwierigkeitsgrad
mittel

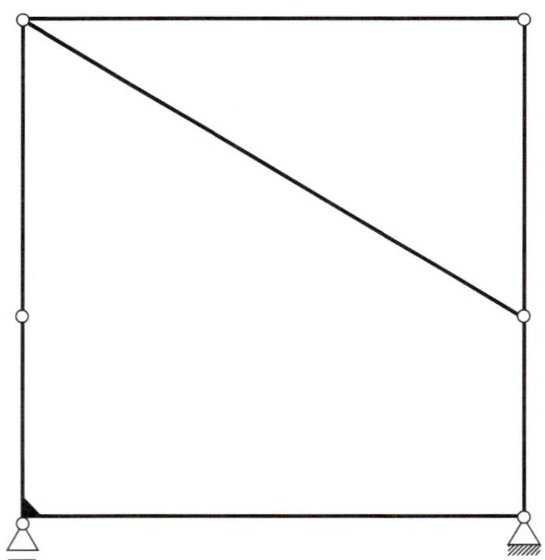

a) Nummerieren Sie die vorhandenen Stäbe/Scheiben.
b) Erstellen Sie einen Polplan und bezeichnen Sie alle Haupt- und Nebenpole.
c) Ist das System verschieblich? Wenn ja, skizzieren Sie die Verschiebungsfigur! Wenn nicht, markieren Sie den Widerspruch im Polplan!

### Aufgabe 19

Schwierigkeitsgrad
mittel

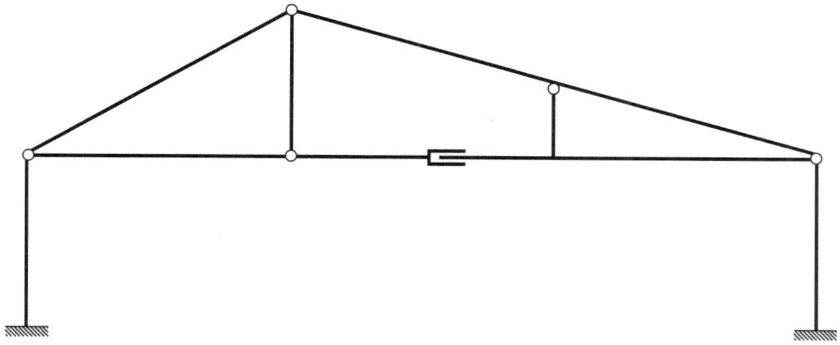

a) Nummerieren Sie die vorhandenen Stäbe/Scheiben.
b) Erstellen Sie einen Polplan und bezeichnen Sie alle Haupt- und Nebenpole.
c) Ist das System verschieblich? Wenn ja, skizzieren Sie die Verschiebungsfigur! Wenn nicht, markieren Sie den Widerspruch im Polplan!

### Aufgabe 20

Schwierigkeitsgrad
mittel

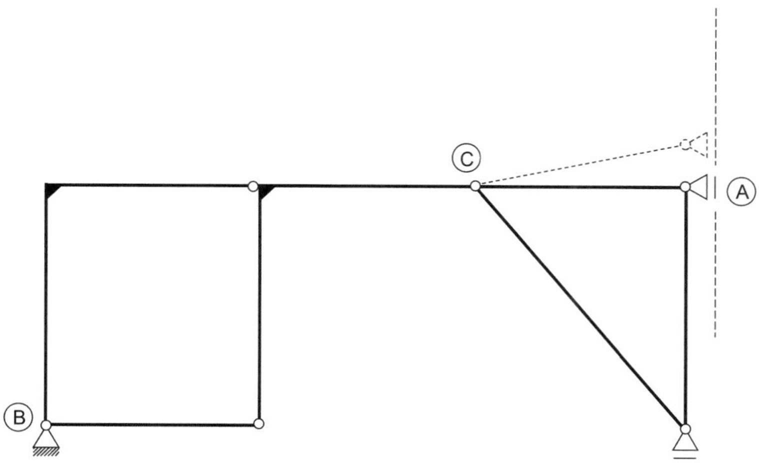


a) Nummerieren Sie die vorhandenen Stäbe/Scheiben.
b) Erstellen Sie einen Polplan und bezeichnen Sie alle Haupt- und Nebenpole.
c) Verändern Sie die Lage des Auflagers A entlang der gestrichelten Linie so, dass das System kinematisch wird!

## Aufgabe 21

Schwierigkeitsgrad
schwer

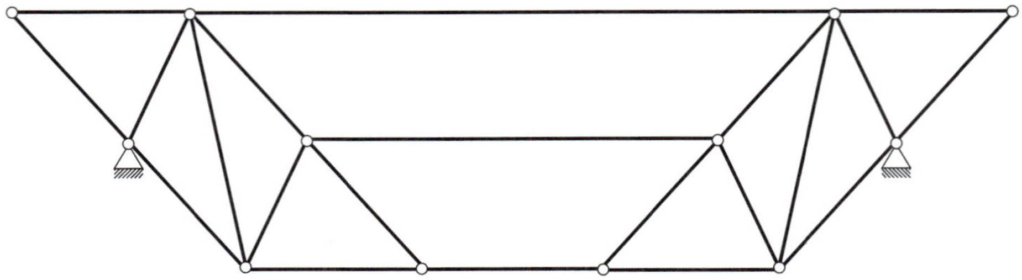

a) Ist das System verschieblich?

b) Geben Sie eine kurze Begründung.

## Aufgabe 22

Schwierigkeitsgrad
schwer

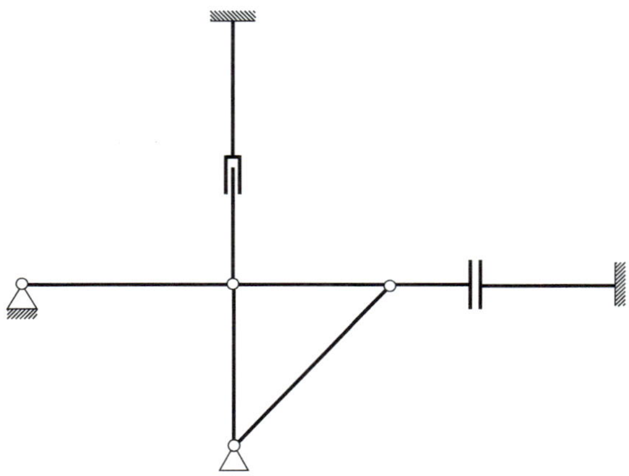

a) Ist das System verschieblich? Wenn ja, skizzieren Sie die Verschiebungsfigur! Wenn nicht, markieren Sie den Widerspruch im Polplan!

## Aufgabe 23

Schwierigkeitsgrad schwer

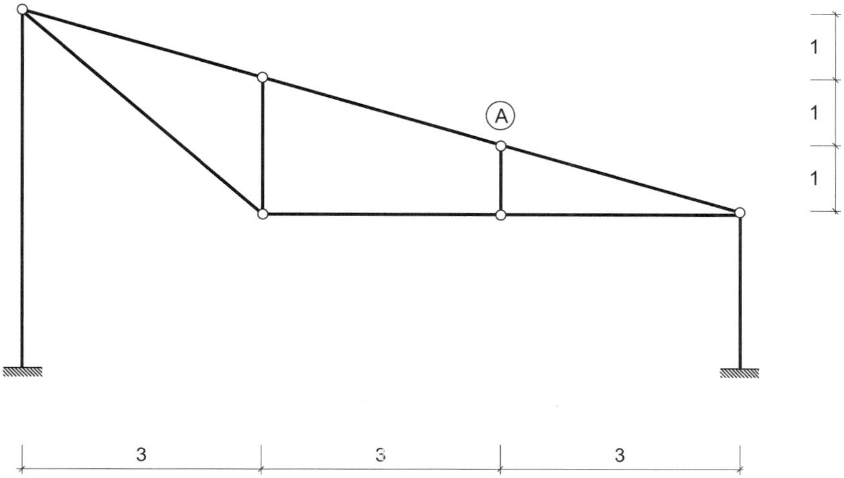


a) Zeigen Sie, warum das System kinematisch ist.

b) Bestimmen Sie die horizontale Verschiebung des Punktes A in Abhängigkeit einer vertikalen Verschiebung der Größe 1 desselben Punktes.

## Aufgabe 24

Schwierigkeitsgrad schwer

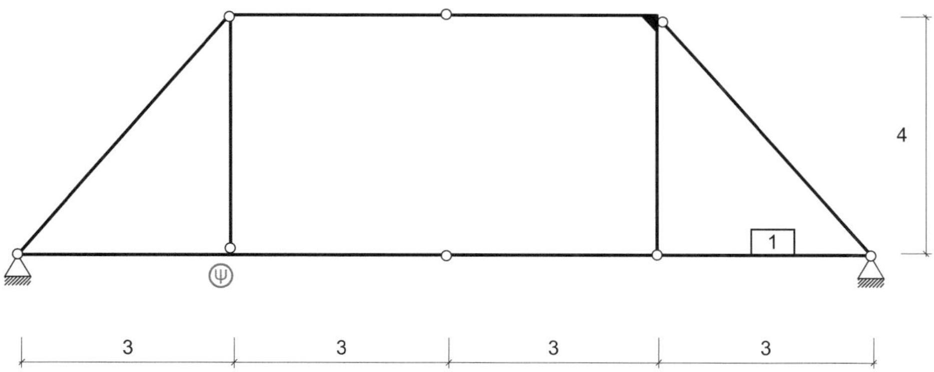


a) Ist das System verschieblich?

b) Wenn ja, bringen Sie am Stab 1 eine Verdrehung $\varphi$ an und bestimmen Sie die Stabverschiebungen/-verdrehungen der weiteren Stäbe! Wenn nicht, markieren Sie den Widerspruch im Polplan!

## Aufgabe 25

Schwierigkeitsgrad schwer

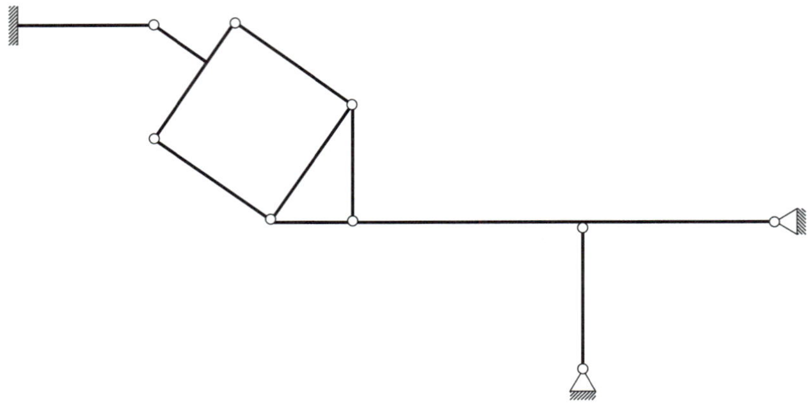

a) Ist das System verschieblich? Wenn ja, skizzieren Sie die Verschiebungsfigur! Wenn nicht, markieren Sie den Widerspruch im Polplan!

## Aufgabe 26

Schwierigkeitsgrad schwer

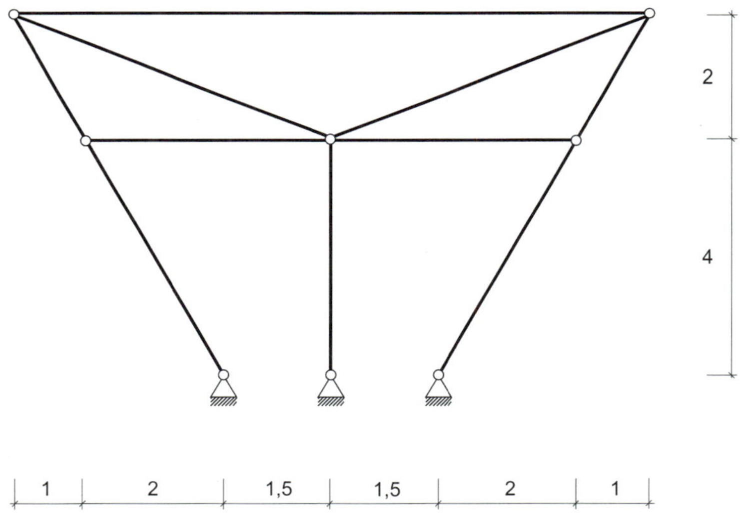


a) Begründen Sie kurz, warum das System kinematisch ist!

## Aufgabe 27

Schwierigkeitsgrad schwer

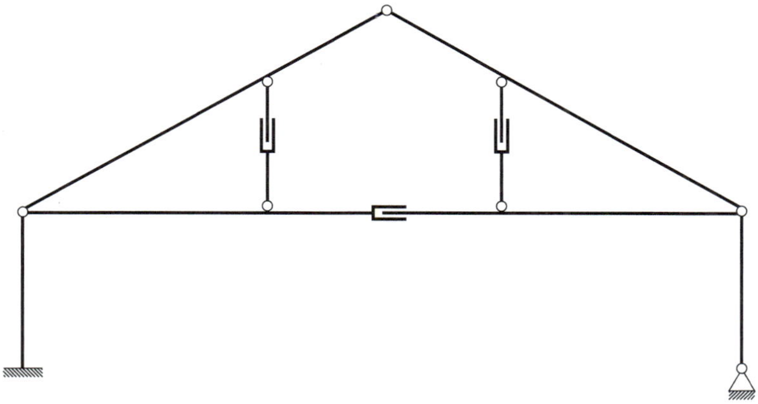

a) Ist das System verschieblich?

b) Wenn ja, skizzieren Sie die Verschiebungsfigur! Wenn nicht, markieren Sie den Widerspruch im Polplan!

## Aufgabe 28

Schwierigkeitsgrad schwer

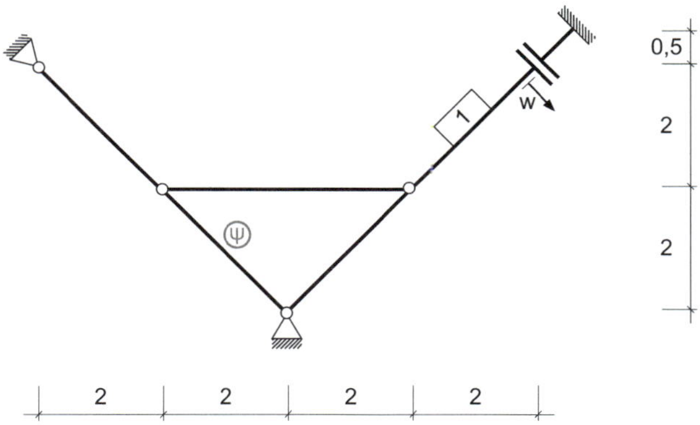


a) Ist das System verschieblich?

b) Wenn ja, bringen Sie am Stab 1 eine Verschiebung w an und bestimmen Sie die Stabverschiebungen/-verdrehungen der weiteren Stäbe! Wenn nicht, markieren Sie den Widerspruch im Polplan!

## Aufgabe 29

Schwierigkeitsgrad schwer

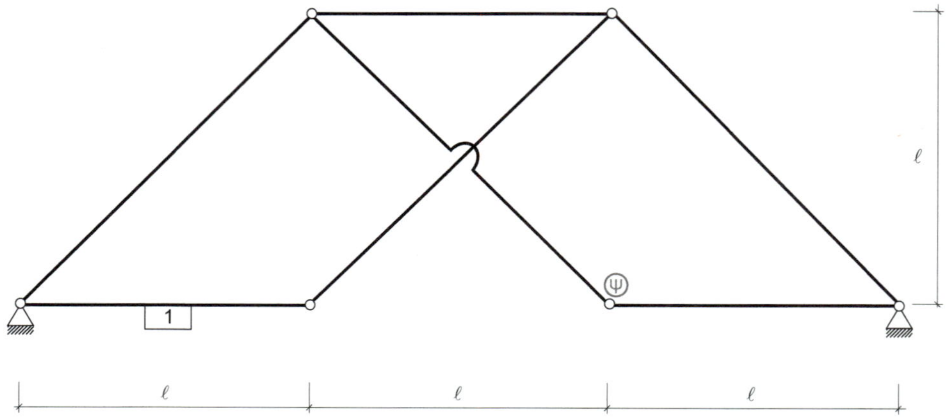


a) Ist das System verschieblich?

b) Wenn ja, bringen Sie am Stab 1 eine Verdrehung $\varphi$ an und bestimmen Sie die Stabverschiebungen/-verdrehungen der weiteren Stäbe! Wenn nicht, markieren Sie den Widerspruch im Polplan!

## Aufgabe 30

Schwierigkeitsgrad schwer

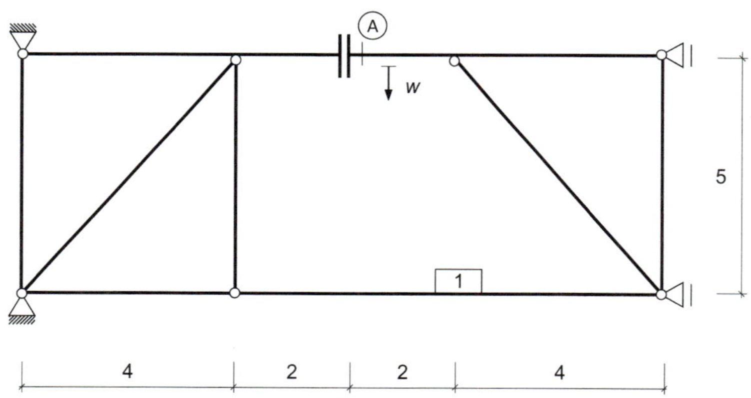


a) Ist das System verschieblich?

b) Wenn ja, ermitteln sie die Verdrehung $\varphi_1$ des Stabes 1 in Folge einer Verschiebung $w$ des Punktes A der Größe 1! Wenn nicht, markieren Sie den Widerspruch im Polplan!

## 4.6 Lösungen

| Aufgabe | | | Ort |
|---|---|---|---|
| 1 | System kinematisch | | |
| 2 | System brauchbar | | |
| 3 | System kinematisch | | |
| 4 | System brauchbar | | |
| 5 | System brauchbar | | |
| 6 | System kinematisch | | |
| 7 | System kinematisch | | |
| 8 | System brauchbar | | |
| 9 | System brauchbar | | |
| 10 | System kinematisch | | |
| 11 | System kinematisch | | |
| 12 | System kinematisch | lokale Kinematik der Stäbe am Querkraftgelenk | |
| 13 | System kinematisch | $u_h = 5\ \varphi$ | $\psi$ |
| 14 | System kinematisch | ganz linker Stab unverschieblich | |
| 15 | System kinematisch | | |
| 16 | System kinematisch | $u_v = \varphi\ell$ | |
| 17 | System kinematisch | globale Rotation des Systems um Schnittpunkt aller Wirkungslinien | |
| 18 | System kinematisch | | |
| 19 | System brauchbar | | |
| 20 | – | kinematisch, wenn B-C-A auf einer Gerade liegen | |
| 21 | System kinematisch | 3 parallele Stäbe als Verbindung der beiden Scheiben | |
| 22 | System kinematisch | | |
| 23 | – | $u_{h,A} = 1/3\ u_{v,A}$ | A |
| 24 | System kinematisch | $u_v = 3\ \varphi$ | $\psi$ |
| 25 | System brauchbar | | |
| 26 | System kinematisch | Wirkungslinien der drei unteren Stäbe schneiden sich in einem Punkt | |
| 27 | System kinematisch | | |
| 28 | System kinematisch | $\varphi = w / \sqrt{8}$ | $\psi$ |
| 29 | System kinematisch | $u_v = \varphi\ell$ | $\psi$ |
| 30 | System kinematisch | $\varphi_1 = w / 8$ | |

# 5 Prinzip der virtuellen Kräfte

Videos zu diesem Kapitel finden Sie unter

## 5.1 Grundlagen zum Prinzip der virtuellen Kräfte

Das Prinzip der virtuellen Kräfte (PvK) stellt eine Anwendung des Prinzips der virtuellen Arbeit dar. Es dient zur Bestimmung von realen Verformungsgrößen eines Systems, dessen Schnittgrößenverläufe bekannt sind (vgl. [Hir98], [WE97], [WK04], [Din12]). Ist ein System im Gleichgewicht, so ergeben die virtuellen Arbeiten der inneren und äußeren Kräfte in der Summe Null:

$$\delta W = \delta W_{\text{ext}} + \delta W_{\text{int}} = 0$$

Virtuelle Kraftgrößen – Schnittgrößen, Auflagerreaktionen, äußere Kräfte – verrichten zusammen mit realen Verformungsgrößen – Verschiebungen, Verdrehungen, Krümmungen, Dehnungen – virtuelle Arbeit.

$$\delta W = \delta W_{\text{ext}} + \delta W_{\text{int}} = \left\{ \int_{\ell} \delta q \cdot w \, dx + \sum_{\text{i}} \delta F_{\text{i}} \cdot d_{\text{i}} + \sum_{\text{j}} \delta M_{\text{j}} \cdot \varphi_{\text{j}} \right\} - \left\{ \int_{\ell} \delta N \cdot \varepsilon \, dx + \int \delta M \cdot \kappa \, dx \right\} = 0$$

Die innere virtuelle Arbeit ist grundsätzlich negativ, da innere virtuelle Kraftgrößen den realen Verschiebungsgrößen entgegenwirken. Die Arbeit der äußeren Kräfte ist dagegen grundsätzlich positiv. Die Arbeiten verteilter virtueller Kraftgrößen (virtuelle Linienlast $\delta q$, virtuelle Schnittgrößen $\delta N$, $\delta M$) sind entlang des Balkens zu integrieren. Hierfür können Integraltafeln verwendet werden (siehe Kapitel 14.1). Weitere Anteile der virtuellen inneren Arbeit ergeben sich aus der Arbeit der virtuellen Querkräfte auf den realen Schubverzerrungen. Für dünne Balken können diese Anteile aus Querkräften vernachlässigt werden. Hier und im Weiteren sollen dünne Balken behandelt werden.

Krümmungen und Dehnungen setzen sich im Rahmen dieses Kapitels aus Momenten- bzw. Normalkrafteinflüssen und Temperatureinfluss zusammen.

$$\kappa = \frac{M}{EI} + \alpha_T \cdot \frac{\Delta T}{h}$$

$$\varepsilon = \frac{N}{EA} + \alpha_T \cdot T$$

Zur Begriffs- und Symbolklärung der Formeln wird auf Kapitel 1 verwiesen.

Innere und äußere virtuelle Kraftgrößen können im Grunde beliebig gewählt werden, müssen aber am virtuellen System im Gleichgewicht sein. Für virtuelle Kraftgrößen gelten dieselben Gleichgewichtsbeziehungen wie für reale Kraftgrößen.

Virtuelle Lagerkräfte sind ebenfalls als äußere virtuelle Kräfte zu behandeln. Mithilfe von zusätzlichen Gelenken können innere (virtuelle) Kraftgrößen ausgelöst und in äußere (virtuelle) Kraftgrößen umgewandelt werden.

Soll eine spezielle Verschiebungsgröße an einem Punkt m des Systems bestimmt werden, so ist am Ort und in Richtung der zu bestimmenden Verschiebungsgröße eine entsprechende virtuelle äußere Kraftgröße anzubringen.

Die virtuelle äußere Kraftgröße wird in der Regel zu $\delta F_m = \overline{1}$ bzw. $\delta M_m = \overline{1}$ angenommen. Der Strich über der Kraftgröße symbolisiert, dass es sich um eine virtuelle Größe handelt.

Im Folgenden sind Beispiele für korrespondierende virtuelle Kraft- und reale Verschiebungsgrößen gegeben.

Reale Verformungsgröße | Virtuelle Kraftgröße

Reale Relativ-Verformung | Virtuelle Kraftgröße

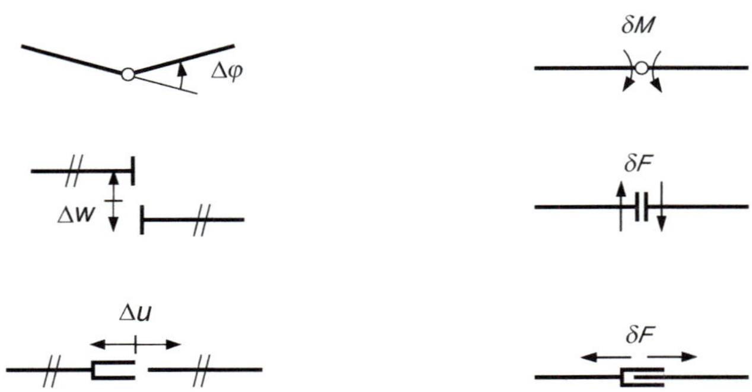

**Systematisches Vorgehen zur Bestimmung der Verschiebung *w* in Trägermitte:**

1. Statisches System unter Streckenlast. Gesucht: Durchsenkung $w$ in Feldmitte.

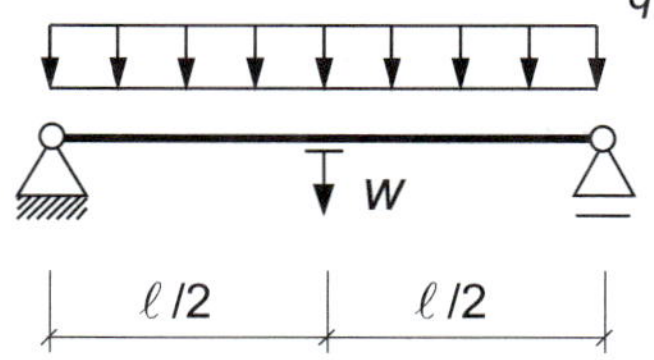


2. Aufbringen einer virtuellen Last am Ort und in Richtung der gesuchten Verformung. Das virtuelle System entspricht dem realen System.

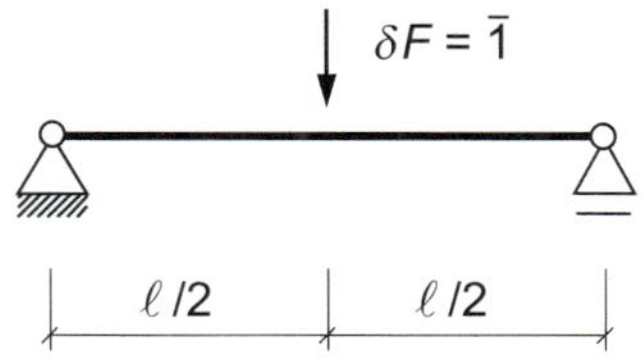


3. Berechnung des realen und des virtuellen Momentenverlaufs $M$ und $\delta M$.

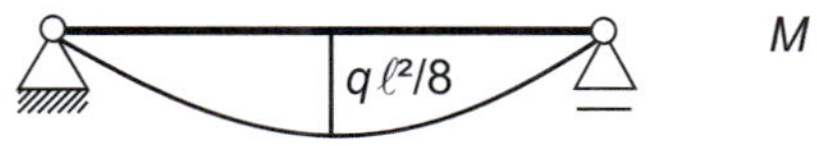


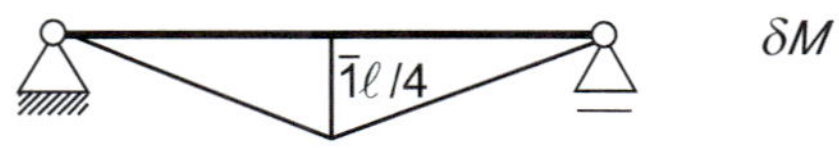


4. Anwendung des PvK und Lösen der Unbekannten

$$\delta W = \delta W_{\text{ext}} + \delta W_{\text{int}} = \left\{\delta F \cdot w\right\} - \left\{\int \delta M \cdot \frac{M}{EI}\,dx\right\} = 0$$

$$\rightarrow \bar{1} \cdot w = 2 \cdot \left( {}^{5}\!/_{12} \cdot \frac{\bar{1} \cdot \ell}{4} \cdot \frac{q\ell^2}{8EI} \cdot \frac{\ell}{2} \right)$$

$$\rightarrow w = \frac{5}{384} \frac{q\ell^4}{EI}$$

Die virtuellen Lagerkräfte verrichten keine Arbeit, da die zugeordneten Lagerverschiebungen null sind.

## 5.2 Beispielaufgabe

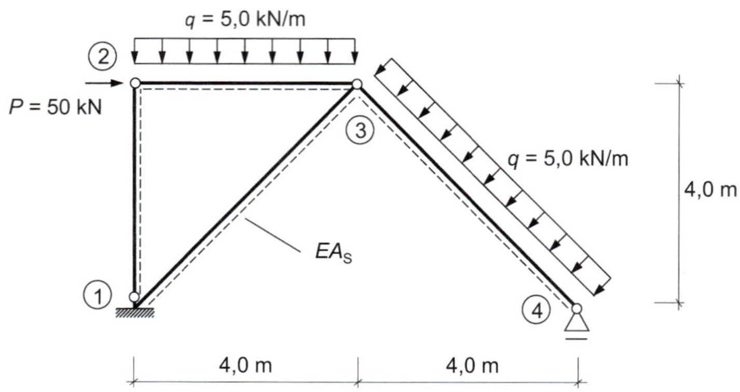


$EI = 32.000$ kNm²

$EA_S = 8.000$kN

sonst $EA \rightarrow \infty$

1. Berechnen Sie für die gegebene Belastung den Momenten- und Normalkraftverlauf.
2. Berechnen Sie mit dem Prinzip der virtuellen Kräfte (PvK) die Horizontalverschiebung sowie die Verdrehung am Knoten 2.
3. Wie groß muss $EA_S$ mindestens sein, wenn die Horizontalverschiebung am Knoten 2 maximal 4 cm betragen darf?

### 5.2.1 Schnittgrößen aus gegebener Belastung

Auflagerreaktionen

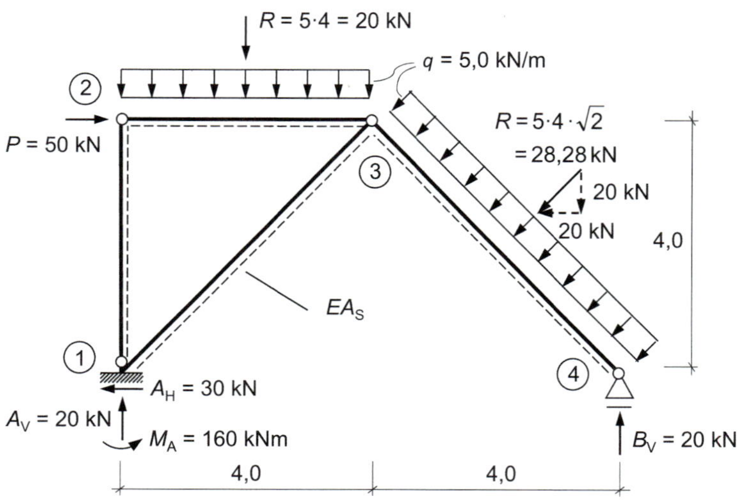


Berechnung:

$$\sum H_{\text{global}}:\ A_H = 50 - 20 = 30 \text{ kN}$$

$$\sum M_{3,\text{rechts}}:\ B_V = \frac{20 \cdot 2 + 20 \cdot 2}{4} = 20 \text{ kN}$$

$$\sum V_{\text{global}}:\ A_V = 20 + 20 - 20 = 20 \text{ kN}$$

$$\sum M_{1,\text{global}}:\ M_A = 50 \cdot 4 + 20 \cdot 2 + 20 \cdot 6 - 20 \cdot 2 - 20 \cdot 8 = 160 \text{ kNm}$$

Normalkraftverlauf

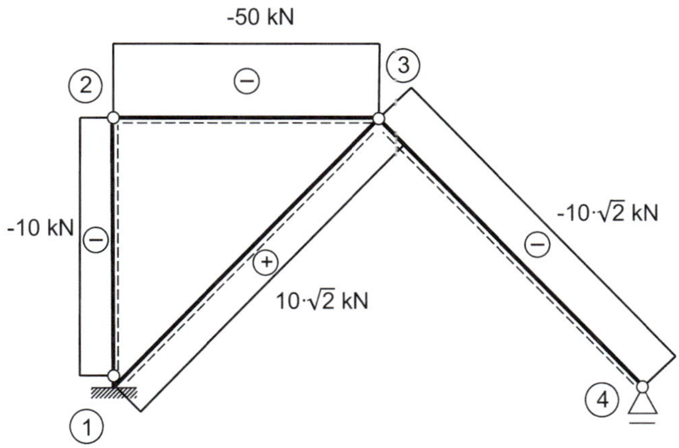


Stab 1-2:
$N = -20 \cdot 2/4 = -10$ kN

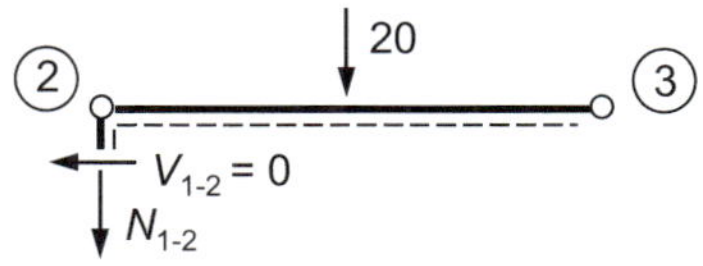


Stab 2-3:
$N = -P = -50$ kN

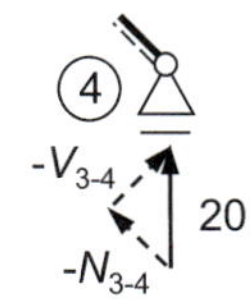


Stab 3-4:
$N = -20/\sqrt{2} = -10 \cdot \sqrt{2}$ kN

Stab 1-3:
$$N = \frac{30}{\sqrt{2}} - \frac{20}{\sqrt{2}} + \frac{10}{\sqrt{2}} = 10 \cdot \sqrt{2} \text{ kN}$$

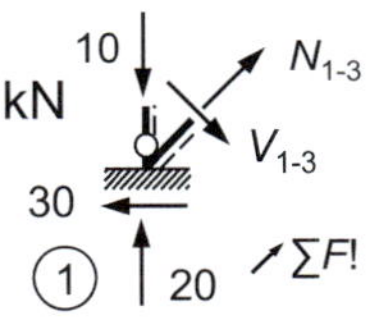


Momentenverlauf

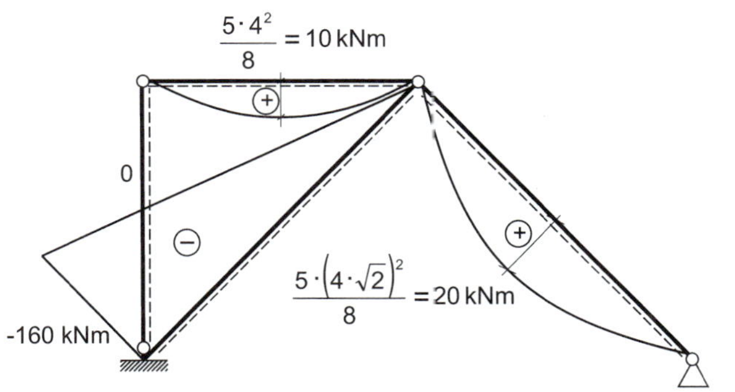


Das Auflagermoment $M_A$ geht komplett in den Stab 1 - 3, da der Stab 1 - 2 mit einem Momentengelenk am Auflager angeschlossen ist. Der Stab 1 - 3 ist unbelastet, somit nimmt das Moment linear bis zum Gelenk in Knoten 3 ab.

## 5.2.2 Verschiebungen am Knoten 2

### Horizontalverschiebung am Knoten 2

Folgend sind die Schnittgrößen unter der virtuellen Kraft $\delta F_2$ dargestellt.

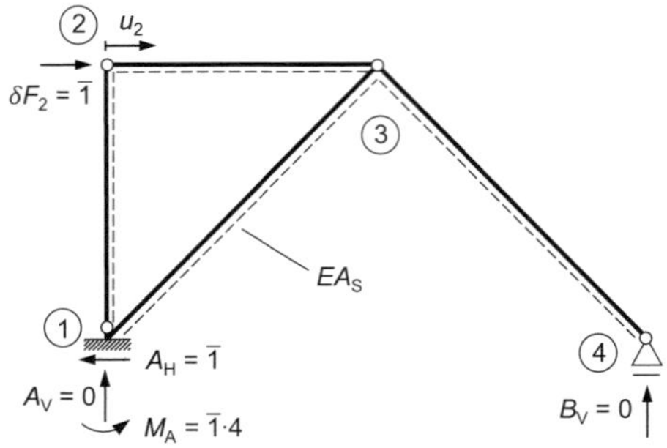


Berechnung:

$\sum H_{global}$: $A_H = \delta F_2 = \bar{1}$

$\sum M_{3,rechts}$: $B_V = 0$

$\sum V_{global}$: $A_V = 0$

$\sum M_{1,global}$: $M_A = \delta F_2 \cdot 4 = \bar{1}\cdot 4$

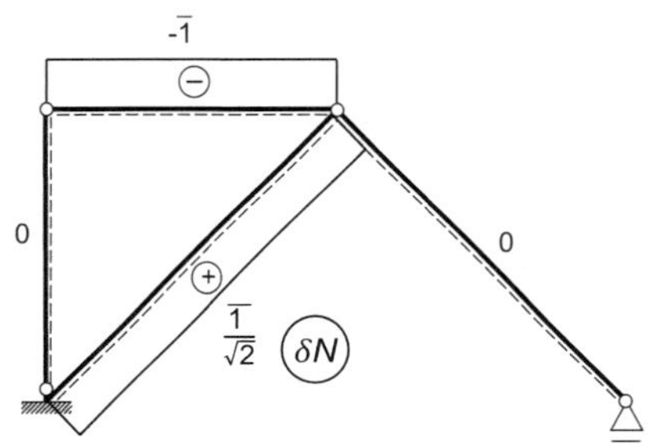


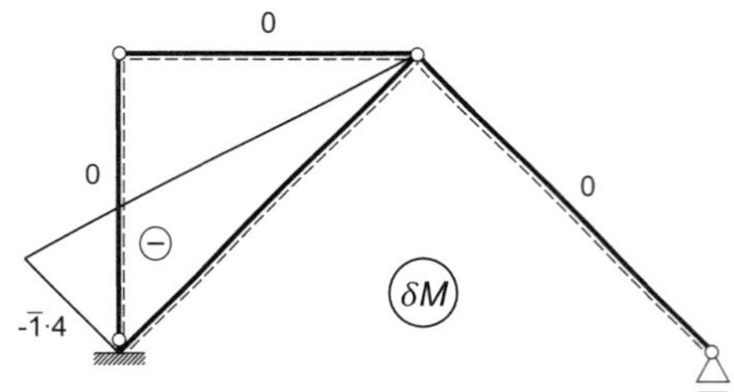


Virtuelle Arbeit:

Die virtuelle Normalkraft $\delta N$ verrichtet im Stab 1 - 3 auf der realen Dehnung $\varepsilon$ Arbeit, da dieser eine endliche Dehnsteifigkeit $EA_S$ besitzt. Für alle anderen Stäbe gilt aufgrund von $EA \to \infty$, dass die Dehnungen $\varepsilon = N/EA$ zu Null werden.

$$\delta W = \delta W_{ext} + \delta W_{int} = u_2 \cdot \delta F_2 + \int \frac{M}{EI} \cdot \delta M \cdot dx + \int \frac{N}{EA} \cdot \delta N \cdot dx = 0$$

$$u_2 = \frac{1}{\sqrt{2}} \cdot \frac{10 \cdot \sqrt{2}}{EA_S} \cdot 4{,}0 \cdot \sqrt{2} + \frac{1}{3} \cdot 4 \cdot \frac{160}{EI} \cdot 4{,}0 \cdot \sqrt{2} = 44{,}783 \cdot 10^{-3}\,\text{m}$$

### Verdrehung am Knoten 2

Da sich am Knoten 2 ein Gelenk befindet, sind die Endverdrehungen der beiden angeschlossenen Stäbe voneinander unabhängig und können somit separat bestimmt werden. Alternativ könnte die Relativverdrehung der beiden Stäbe an diesem Knoten auch gemeinsam bestimmt werden (hier nicht vorgeführt).

**Berechnung von $\varphi_{2u}$**

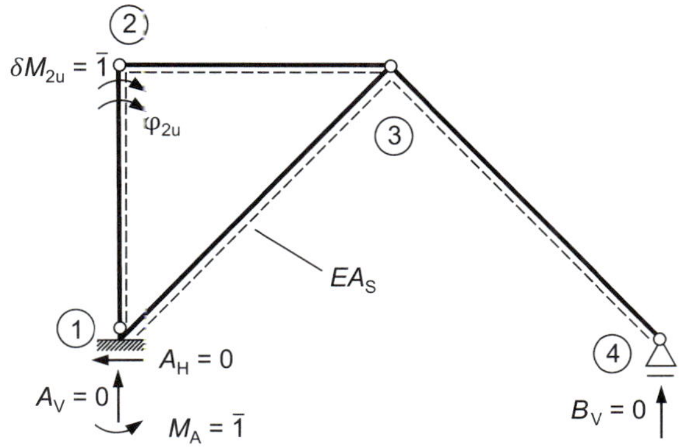


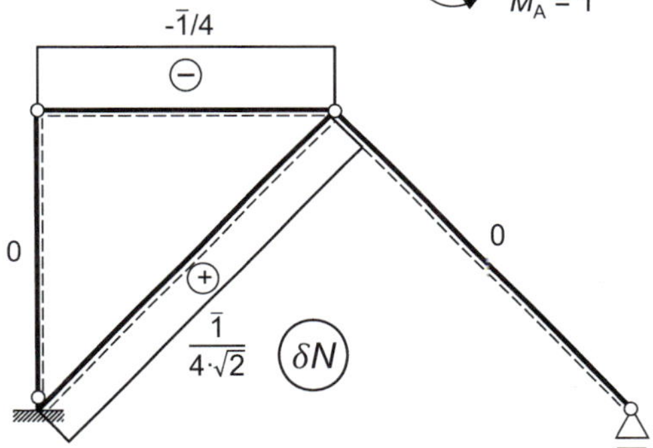


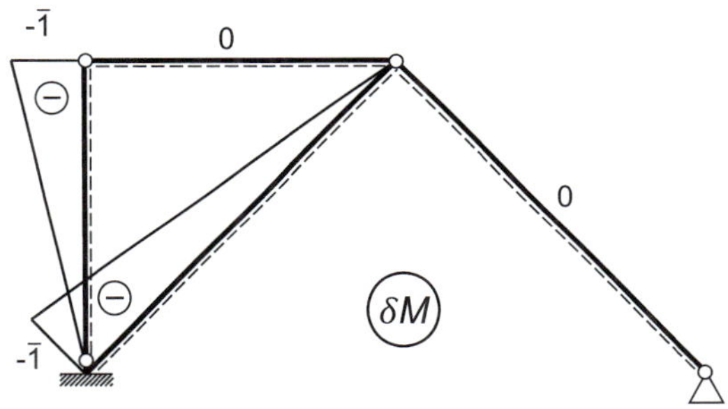


$\sum M_1: N_{2\text{-}3} = -\bar{1}/4$

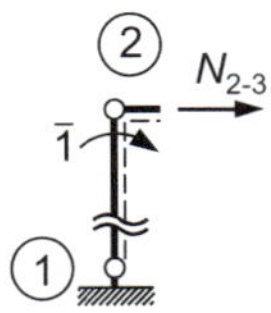


$\swarrow \sum F_3: N_{1\text{-}3} = \dfrac{\bar{1}}{4\cdot\sqrt{2}}$

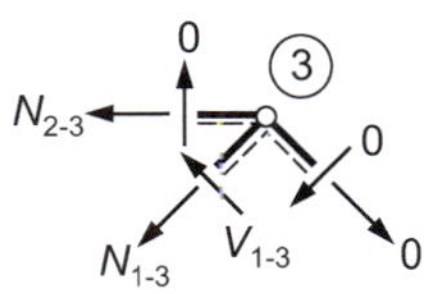


Stab 1-2 und Stab 1-3 werden jeweils an einem Ende mit einem Einzelmoment belastet ($\delta M_{2u}$ bzw. $M_A$). Da sie sonst unbelastet sind, nimmt das Moment jeweils bis zu den Gelenken linear ab. Die anderen Stäbe sind unbelastete Pendelstäbe → $M = 0$.

Virtuelle Arbeit:

$$\delta W = \delta W_{\text{ext}} + \delta W_{\text{int}} = \varphi_{2u} \cdot \delta M_{2u} + \int \frac{M}{EI} \cdot \delta M \cdot dx + \int \frac{N}{EA} \cdot \delta N \cdot dx = 0$$

$$\varphi_{2u} \cdot 1 = \frac{1}{4 \cdot \sqrt{2}} \cdot \frac{10 \cdot \sqrt{2}}{EA_S} \cdot 4{,}0 \cdot \sqrt{2} + \frac{1}{3} \cdot 1 \cdot \frac{160}{EI} \cdot 4{,}0 \cdot \sqrt{2} = 0{,}0112 \text{ [rad]}$$

**Berechnung von $\varphi_{2re}$**

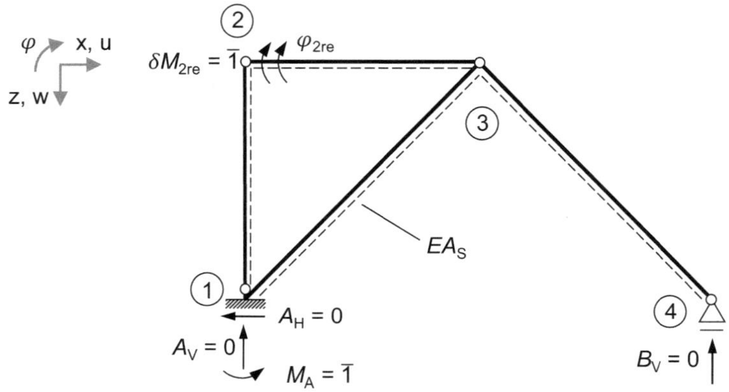


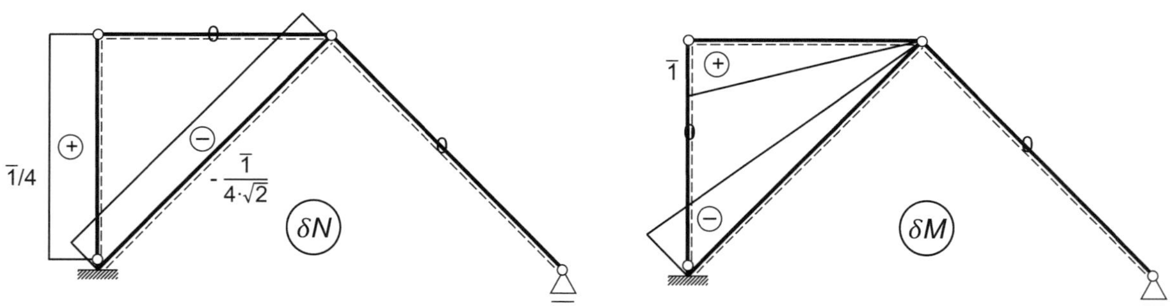


Der Momentenverlauf ergibt sich analog zu dem Verlauf aus $\delta M_{2u}$.

$\sum M_{3,\text{links}}$: $N_{1\text{-}2} = \bar{1}/4$

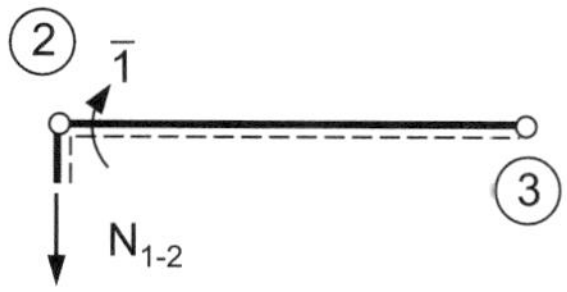


$\nearrow \sum F_1$: $N_{1\text{-}3} = -\dfrac{\bar{1}}{4 \cdot \sqrt{2}}$

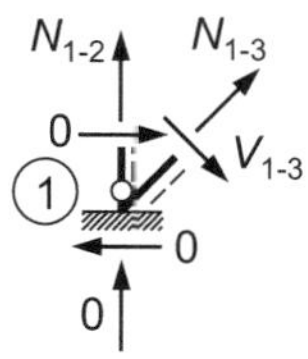


Virtuelle Arbeit:

$$\delta W = \delta W_e + \delta W_i = \varphi_{re} \cdot \delta M_{2re} + \int \frac{M}{EI} \cdot \delta M \cdot dx + \int \frac{N}{EA} \cdot \delta N \cdot dx = 0$$

$$\varphi_{2re} \cdot 1 = -\frac{1}{4 \cdot \sqrt{2}} \cdot \frac{10 \cdot \sqrt{2}}{EA_S} \cdot 4{,}0 \cdot \sqrt{2} + \frac{1}{3} \cdot 1 \cdot \frac{160}{EI} \cdot 4{,}0 \cdot \sqrt{2} + \frac{1}{3} \cdot 1 \cdot \frac{10}{EI} \cdot 4{,}0 = 8{,}077 \cdot 10^{-3} \text{ [rad]}$$

### 5.2.3 Horizontalverschiebung am Knoten 2 maximal 4,0 cm

Unter Verwendung der Berechnungen aus Teilaufgabe b)

$$\delta W = \delta W_{ext} + \delta W_{int} = u_2 \cdot \delta F_2 + \int \frac{M}{EI} \cdot \delta M \cdot dx + \int \frac{N}{EA} \cdot \delta N \cdot dx = 0$$

$$u_2 = \frac{1}{\sqrt{2}} \cdot \frac{10 \cdot \sqrt{2}}{EA_S} \cdot 4{,}0 \cdot \sqrt{2} + \frac{1}{3} \cdot 4 \cdot \frac{160}{32.000} \cdot 4{,}0 \cdot \sqrt{2} \leq 4cm$$

Formel umstellen und nach $EA_S$ auflösen:

$$\frac{1}{\sqrt{2}} \cdot \frac{10 \cdot \sqrt{2}}{EA_S} \cdot 4{,}0 \cdot \sqrt{2} \leq 0{,}04\, m - \frac{1}{3} \cdot 4 \cdot \frac{160}{32.000} \cdot 4{,}0 \cdot \sqrt{2}$$

$$EA_S \geq \frac{10 \cdot \sqrt{2} \cdot 4{,}0}{0{,}04\, m - \frac{1}{3} \cdot 4 \cdot \frac{160}{32.000} \cdot 4{,}0 \cdot \sqrt{2}} = 24728\, kN$$

Somit ergibt sich bei der Forderung nach einer maximalen horizontalen Verschiebung am Knoten 2 von $u_2$ = 4,0 cm ein $EA_S$ von mindestens 24 728 kN.

## 5.3 Aufgaben

### Aufgabe 1

Schwierigkeitsgrad einfach

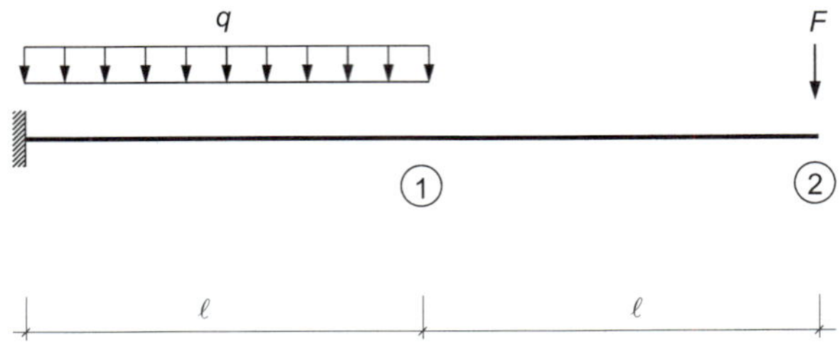


gegeben:
$q$ = 5 kN/m
$F$ = 30 kN
$\ell$ = 2 m
$EI$ = 30.000 kNm²

a) Berechnen Sie für die gegebene Belastung den Momentenverlauf.

b) Bestimmen Sie mithilfe des Prinzips der virtuellen Kräfte jeweils die vertikale Verschiebung und Verdrehung an den Knoten 1 und 2.

### Aufgabe 2

Schwierigkeitsgrad einfach

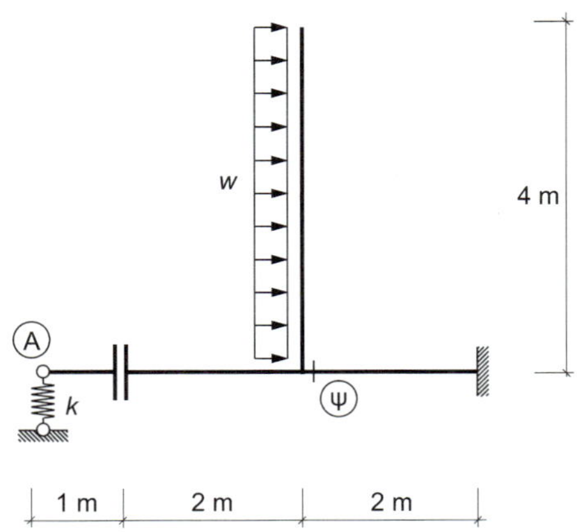


gegeben:
$w$ = 30 kN/m
$EI$ = 40.000 kNm²
$EA$ = 100.000 kN
$k$ = 7 kN/cm

a) Berechnen Sie für die gegebene Belastung den Momenten- und Normalkraftverlauf.

b) Bestimmen Sie mithilfe des Prinzips der virtuellen Kräfte die Verschiebung des Punkts A.

## Aufgabe 3

Schwierigkeitsgrad einfach

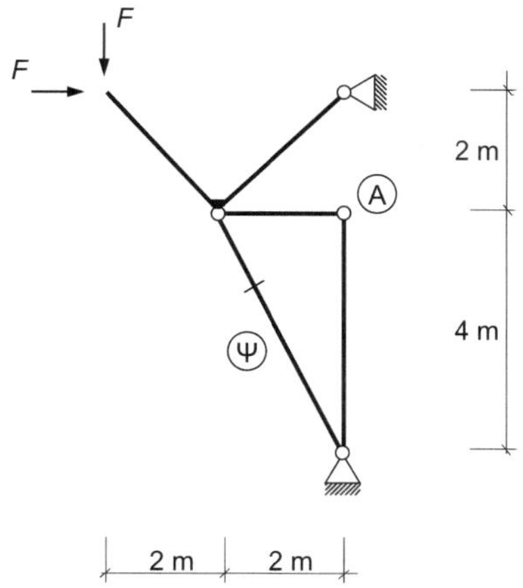


gegeben:
$F = 25$ kN
$EI = 10.000$ kNm²
$EA = 150.000$ kN

a) Berechnen Sie für die gegebene Belastung den Momenten- und Normalkraftverlauf.
b) Bestimmen Sie mithilfe des Prinzips der virtuellen Kräfte die horizontale Verschiebung am Knoten A.

## Aufgabe 4

Schwierigkeitsgrad einfach

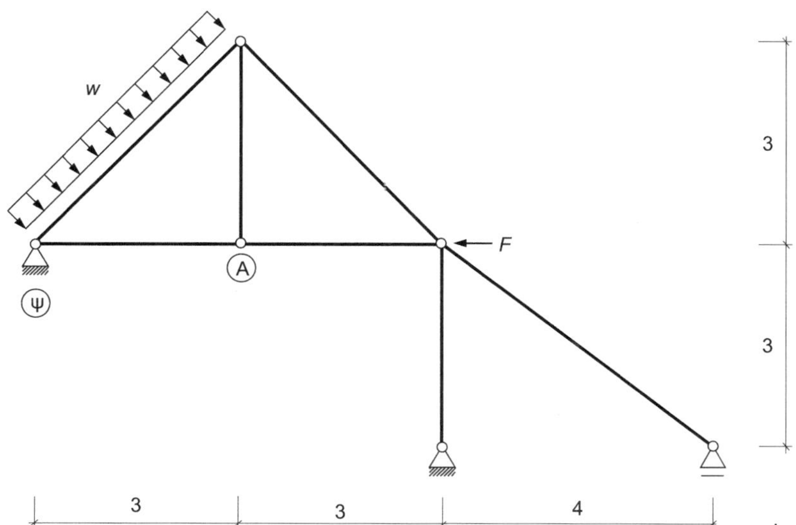


gegeben:
$w = 2$ kN/m
$F = 10$ kN
$EI = 20.000$ kNm²
$EA = 150.000$ kN

a) Berechnen Sie für die gegebene Belastung den Momenten- und Normalkraftverlauf.
b) Bestimmen Sie mithilfe des Prinzips der virtuellen Kräfte die horizontale und vertikale Verschiebung am Punkt A.

## Aufgabe 5

Schwierigkeitsgrad
einfach

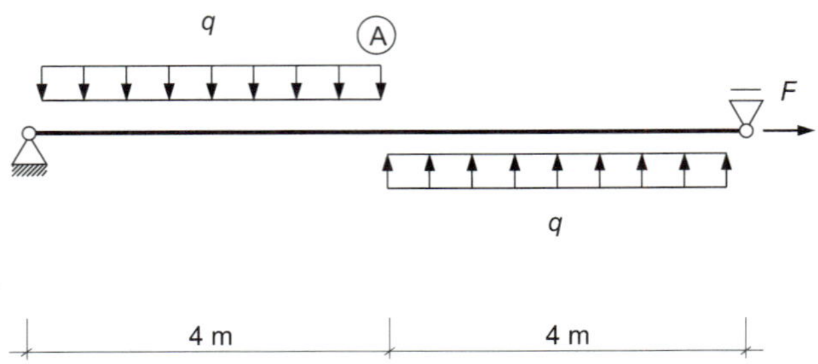


gegeben:
$F$ = 20 kN
$q$ = 5 kN/m
$EI$ = 20.000 kNm²
$EA$ = 150.000 kN

a) Berechnen Sie für die gegebene Belastung den Momenten-, Querkraft- und Normalkraftverlauf.

b) Bestimmen Sie mithilfe des Prinzips der virtuellen Kräfte alle Verschiebungen sowie die Verdrehung am Knoten A.

## Aufgabe 6

Schwierigkeitsgrad
einfach

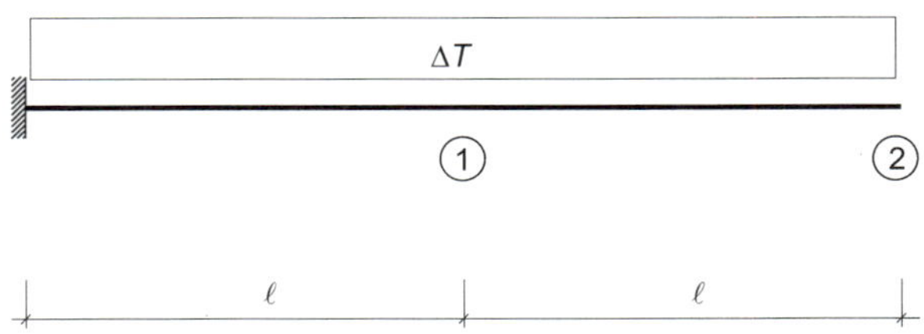


gegeben:
$\Delta T$ = 20 K
$\ell$ = 10 m
$EI$ = 40.000 kNm²
$EA$ = 100.000 kN
$\alpha_T = 4 \cdot 10^{-5}$ 1/K
$h$ = 0,5 m

a) Bestimmen Sie mithilfe des Prinzips der virtuellen Kräfte jeweils alle Verschiebungen und Verdrehungen an den Punkten 1 und 2.

## Aufgabe 7

Schwierigkeitsgrad
einfach

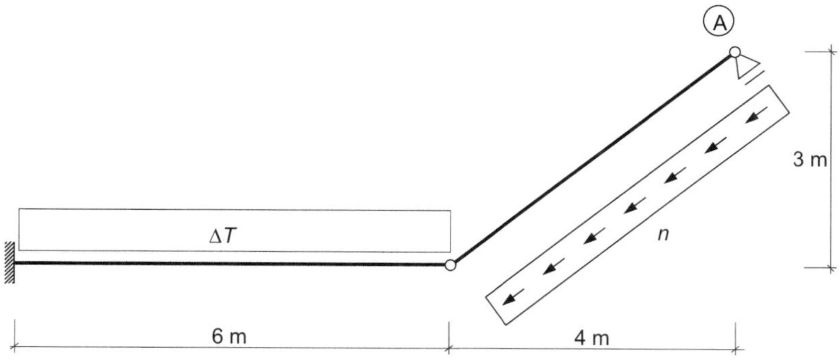


gegeben:
$n$ = 12 kN/m
$\Delta T = T_{unten} - T_{oben}$ = 20 K
$EI$ = 40.000 kNm²
$EA$ = 100.000 kN
$\alpha_T = 2 * 10^{-5}$ 1/K
$h$ = 0,5 m

a) Bestimmen Sie mithilfe des Prinzips der virtuellen Kräfte die absolute Verschiebung des Auflagers A für den Lastfall $\Delta T$.

b) Bestimmen Sie mithilfe des Prinzips der virtuellen Kräfte die totale Verschiebung des Auflagers A für den Lastfall $n$.

c) Wie groß darf der Temperaturunterschied sein, damit sich unter dem kombinierten Lastfall $\Delta T + n$ das Auflager A nicht verschiebt?

### Aufgabe 8

Schwierigkeitsgrad einfach

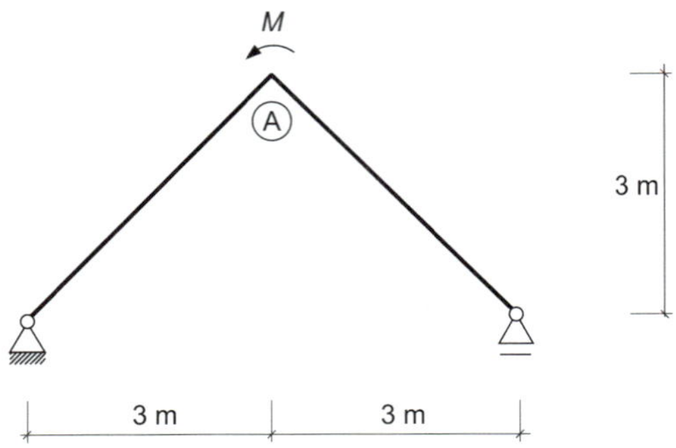


gegeben:
$M = 30$ kNm

a) Berechnen Sie für die gegebene Belastung den Momenten-, Querkraft- und Normalkraftverlauf.

b) Bestimmen Sie mithilfe des Prinzips der virtuellen Kräfte
   1. die Verdrehung und horizontale Verschiebung am Knoten A für $EA = 10\,000$ kN und $EI \to \infty$.
   2. die Verdrehung und horizontale Verschiebung am Knoten A für $EA \to \infty$ und $EI = 10\,000$ kNm$^2$.

### Aufgabe 9

Schwierigkeitsgrad einfach

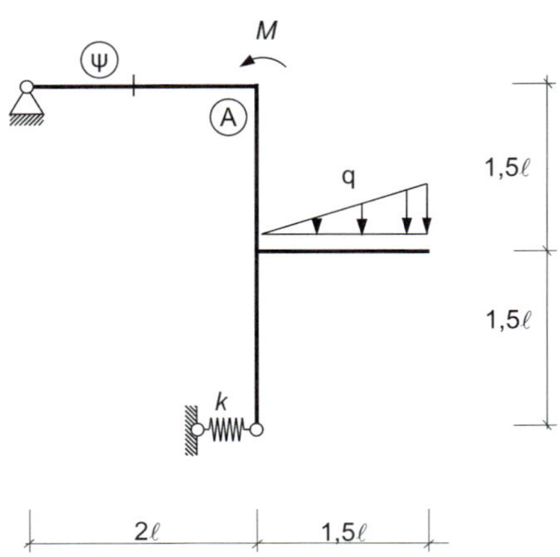


gegeben:
$M = 50$ kNm
$q = 20$ kN/m
$EI = 40.000$ kNm²
$EA = 100.000$ kN
$\ell = 3$ m
$k = 7$ kN/cm

a) Berechnen Sie für die gegebene Belastung den Momenten- und Normalkraftverlauf.

b) Bestimmen Sie mithilfe des Prinzips der virtuellen Kräfte die Dehnung der Feder und die Verdrehung des Knotens A.

## Aufgabe 10

Schwierigkeitsgrad
einfach

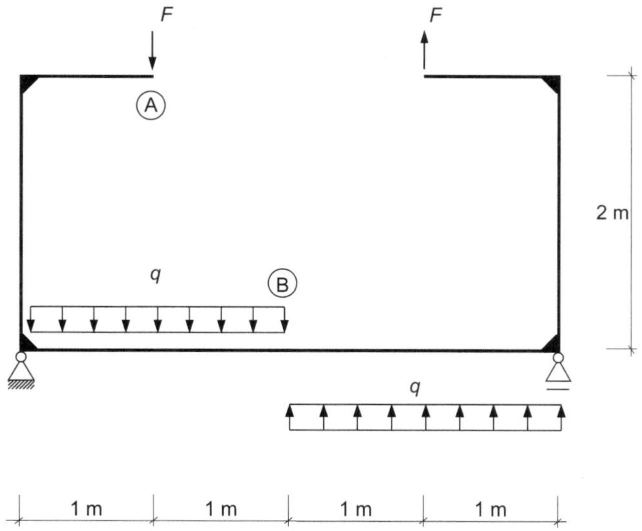


gegeben:
$F = 10$ kN
$q = 5$ kN/m
$EI = 20.000$ kNm²
$EA = 150.000$ kN

a) Berechnen Sie für die gegebene Belastung den Momenten-, Querkraft- und Normalkraftverlauf.

b) Bestimmen Sie mithilfe des Prinzips der virtuellen Kräfte die vertikale Verschiebung und Verdrehung am Knoten A sowie die vertikale Verschiebung am Knoten B.

## Aufgabe 11

Schwierigkeitsgrad
mittel

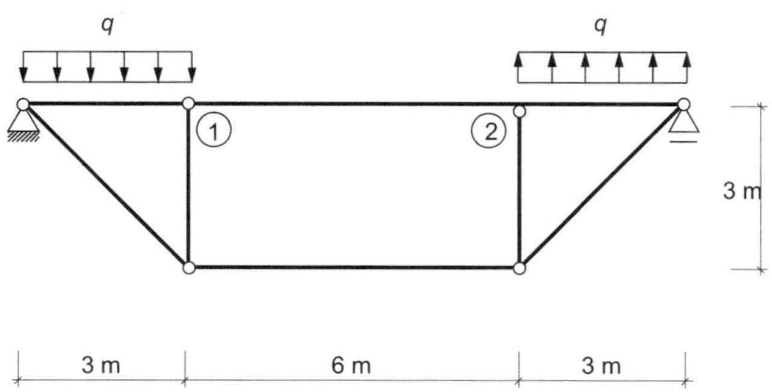


gegeben:
$q = 5$ kN/m
$EI = 25.000$ kNm²
$EA = 100.000$ kN

a) Berechnen Sie für die gegebene Belastung den Momenten- und Normalkraftverlauf.

b) Bestimmen Sie mithilfe des Prinzips der virtuellen Kräfte jeweils die vertikale Verschiebung an den Knoten 1 und 2.

## Aufgabe 12

Schwierigkeitsgrad mittel

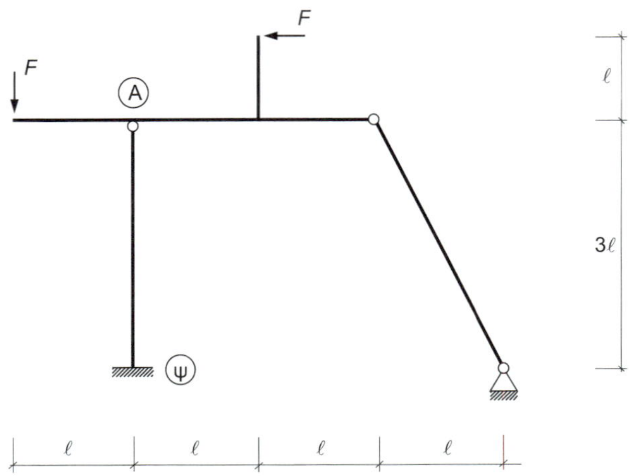


gegeben:
$F = 10$ kN
$EI = 25.000$ kNm²
$EA = 100.000$ kN
$\ell = 2$m

a) Berechnen Sie für die gegebene Belastung den Momenten- und Normalkraftverlauf.

b) Bestimmen Sie mithilfe des Prinzips der virtuellen Kräfte die horizontale und vertikale Verschiebung am Knoten A.

## Aufgabe 13

Schwierigkeitsgrad mittel

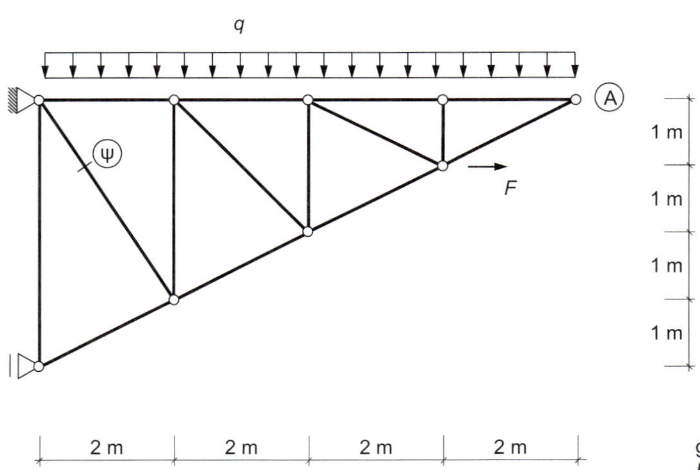


gegeben:
$F = 150$ kN
$q = 50$ kN/m
$EI = 10.000$ kNm²
$EA = 150.000$ kN

a) Berechnen Sie für die gegebene Belastung den Momenten- und Normalkraftverlauf.

b) Bestimmen Sie mithilfe des Prinzips der virtuellen Kräfte die horizontale und vertikale Verschiebung des Knotens A.

## Aufgabe 14

Schwierigkeitsgrad mittel

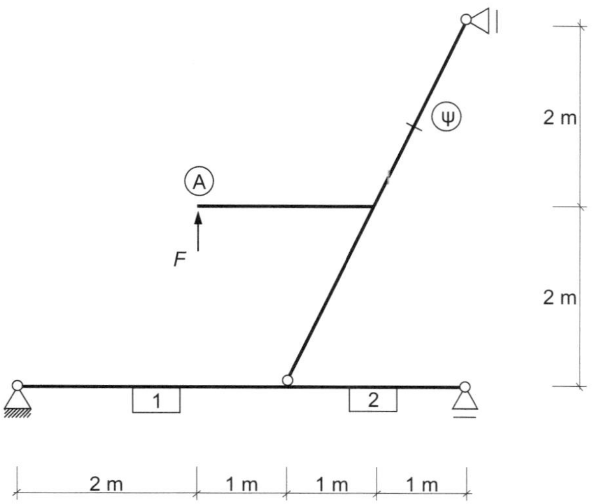


gegeben:
$F = 80$ kN
$EI = 25.000$ kNm²
$EA = 200.000$ kN

a) Berechnen Sie für die gegebene Belastung den Momenten- und Normalkraftverlauf.
b) Bestimmen Sie mithilfe des Prinzips der virtuellen Kräfte die vertikale Verschiebung und Verdrehung des Knotens A.
c) Bestimmen Sie mithilfe des Prinzips der virtuellen Kräfte die vertikale Verschiebung und Verdrehung des Knotens A für den Fall, dass für die Stäbe 1 + 2 gilt: $EA \to \infty$ und $EI \to \infty$.

## Aufgabe 15

Schwierigkeitsgrad mittel

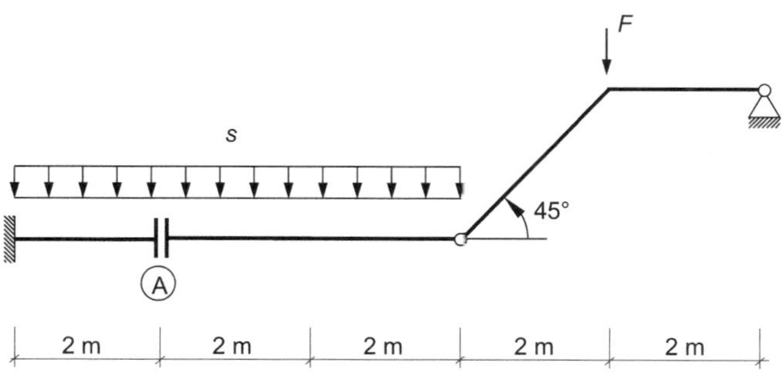


gegeben:
$F = 10$ kN
$s = 4$ kN/m
$EI = 20.000$ kNm²
$EA = 150.000$ kN

a) Berechnen Sie für die gegebene Belastung den Momenten- und Normalkraftverlauf.
b) Bestimmen Sie mithilfe des Prinzips der virtuellen Kräfte die vertikale Verschiebung rechts und links vom Gelenk A.

## Aufgabe 16

Schwierigkeitsgrad
mittel

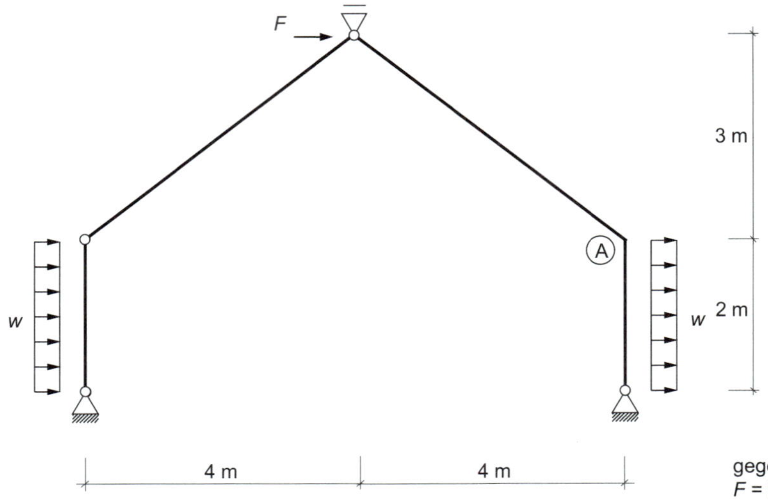


gegeben:
$F = 60$ kN
$w = 15$ kN/m
$EI = 25.000$ kNm²
$EA = 100.000$ kN

a) Berechnen Sie für die gegebene Belastung den Momenten- und Normalkraftverlauf.
b) Bestimmen Sie mithilfe des Prinzips der virtuellen Kräfte die horizontale Verschiebung des Knotens A.

## Aufgabe 17

Schwierigkeitsgrad
mittel

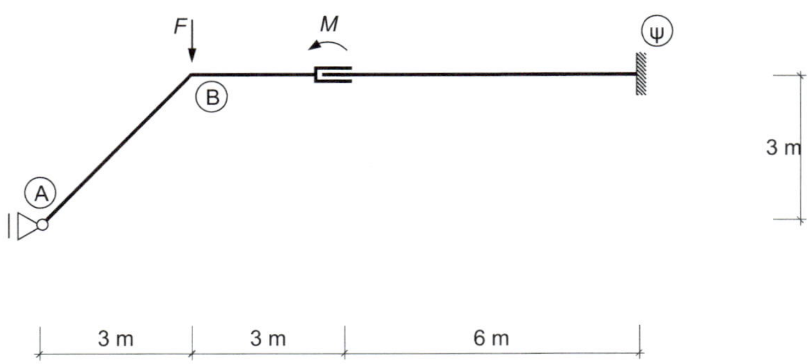


gegeben:
$F = 20$ kN
$M = 30$ kNm
$EI = 40.000$ kNm²
$EA = 400.000$ kN

a) Berechnen Sie für die gegebene Belastung den Momenten- und Normalkraftverlauf.
b) Bestimmen Sie mithilfe des Prinzips der virtuellen Kräfte die vertikale Verschiebung des Auflagers A und die Verdrehung des Knoten B.

## Aufgabe 18

Schwierigkeitsgrad mittel

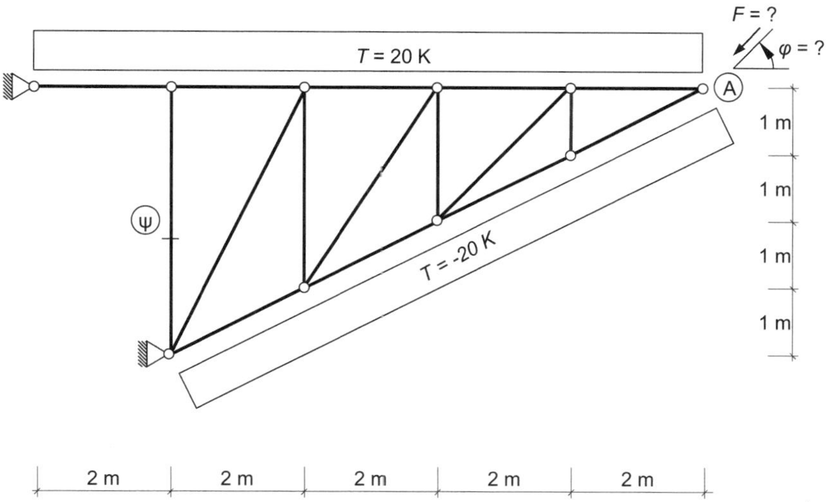


gegeben:
$EI$ = 40.000 kNm²
$EA$ = 100.000 kN
$\alpha_T = 5 \cdot 10^{-5}$ 1/K

a) Berechnen Sie für die gegebene Temperaturbelastung den Momenten- und Normalkraftverlauf des Systems und begründen Sie Ihre Ergebnisse.

b) Bestimmen Sie mithilfe des Prinzips der virtuellen Kräfte getrennt die vertikale und horizontale Verschiebung des Punktes A infolge der gegebenen Temperaturbelastung.

c) Bestimmen Sie die Einwirkungsrichtung $\varphi$ und die Größe der Einzellast $F$, unter der sich an Punkt A die gleichen Verschiebungen wie in Teilaufgabe b) einstellen.

## Aufgabe 19

Schwierigkeitsgrad mittel

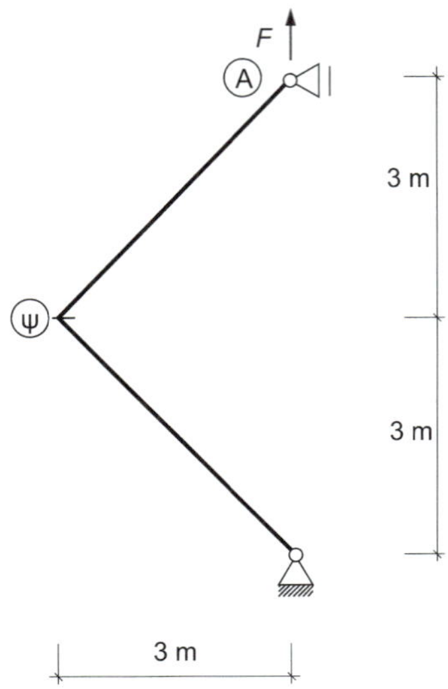


gegeben:
$F = 30\ \text{kN}$
$EI = 35.000\ \text{kNm}^2$
$EA = 150.000\ \text{kN}$

a) Berechnen Sie für die gegebene Belastung den Momenten- und Normalkraftverlauf.

b) Bestimmen Sie mithilfe des Prinzips der virtuellen Kräfte die Verschiebung des verschieblichen Auflagers.

## Aufgabe 20

Schwierigkeitsgrad mittel

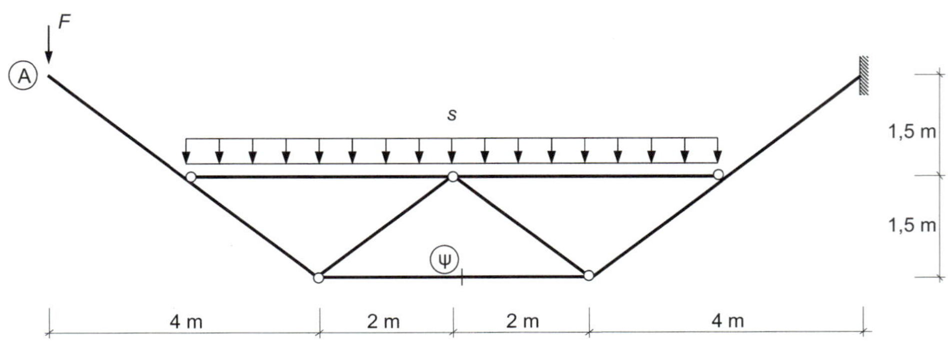


gegeben:
$F = 5\ \text{kN}$
$s = 1\ \text{kN/m}$
$EI = 35.000\ \text{kNm}^2$
$EA = 150.000\ \text{kN}$

a) Berechnen Sie für die gegebene Belastung den Momenten- und Normalkraftverlauf.

b) Bestimmen Sie mithilfe des Prinzips der virtuellen Kräfte die horizontale und vertikale Verschiebung des Punktes A.

## Aufgabe 21

Schwierigkeitsgrad
schwer

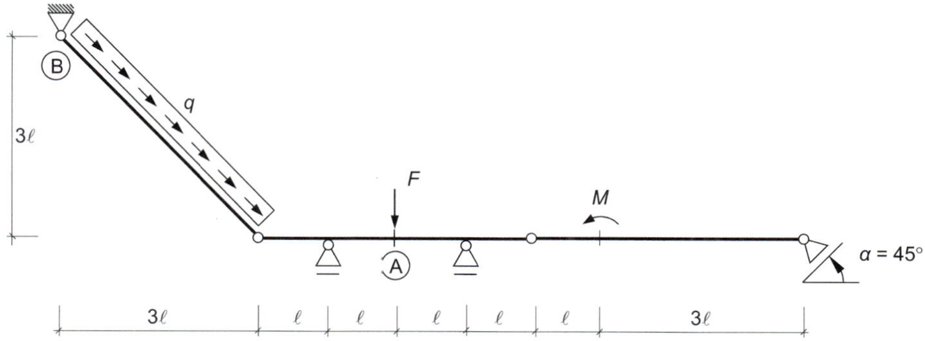


gegeben:
$F = 15$ kN
$M = 20$ kNm
$q = 10$ kN/m
$EI = 20.000$ kNm²
$EA = 150.000$ kN
$\ell = 2$m

a) Berechnen Sie für die gegebene Belastung den Momenten- und Normalkraftverlauf.

b) Bestimmen Sie mithilfe des Prinzips der virtuellen Kräfte die vertikale Verschiebung am Punkt A und die Verdrehung am Auflager B.

## Aufgabe 22

Schwierigkeitsgrad schwer

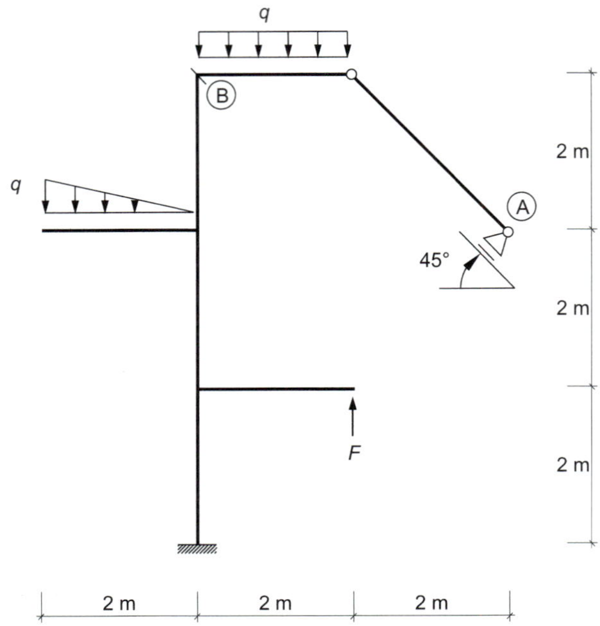


gegeben:
$F = 10$ kN
$q = 3$ kN/m
$EI = 25.000$ kNm²
$EA = 100.000$ kN

a) Berechnen Sie für die gegebene Belastung den Momenten- und Normalkraftverlauf.

b) Bestimmen Sie mithilfe des Prinzips der virtuellen Kräfte die horizontale und vertikale Verschiebung des Auflagers A und die Verdrehung am Knoten B.

## Aufgabe 23

Schwierigkeitsgrad schwer

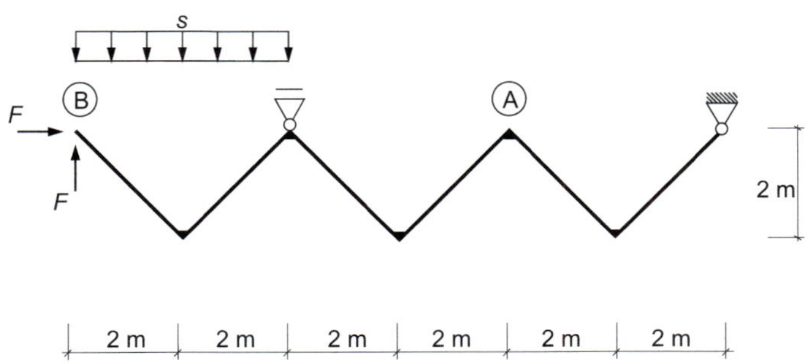


gegeben:
$F = 5$ kN
$s = 2{,}5$ kN/m
$EI = 10.000$ kNm²
$EA = 100.000$ kN

a) Berechnen Sie für die gegebene Belastung den Momenten- und Normalkraftverlauf.

b) Bestimmen Sie mithilfe des Prinzips der virtuellen Kräfte die Verdrehung der Knoten A und B.

## Aufgabe 24

Schwierigkeitsgrad
schwer

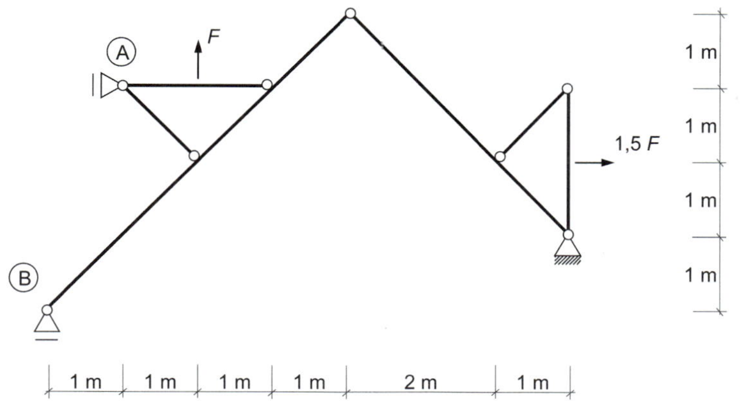


gegeben:
$F$ = 30 kN
$EI$ = 35.000 kNm²
$EA$ = 150.000 kN

a) Berechnen Sie für die gegebene Belastung den Momenten- und Normalkraftverlauf.
b) Bestimmen Sie mithilfe des Prinzips der virtuellen Kräfte die Verschiebungen der Auflager A und B.

## Aufgabe 25

Schwierigkeitsgrad
schwer

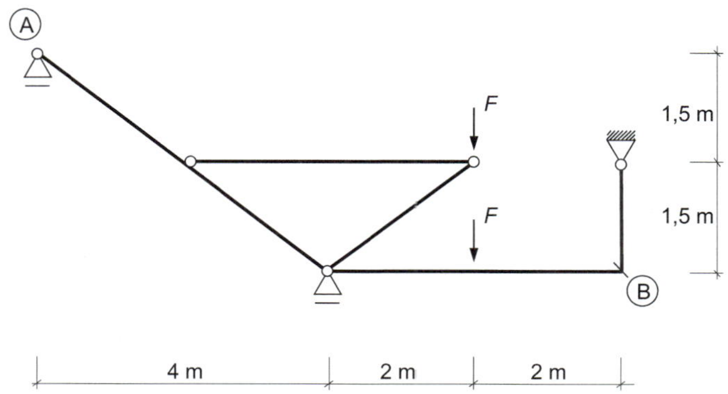


gegeben:
$F$ = 40 kN
$EI$ = 30.000 kNm²
$EA$ = 100.000 kN

a) Berechnen Sie für die gegebene Belastung den Momenten- und Normalkraftverlauf.
b) Bestimmen Sie mithilfe des Prinzips der virtuellen Kräfte die horizontale Verschiebung am Knoten A und die Verdrehung am Knoten B.

## Aufgabe 26

Schwierigkeitsgrad schwer

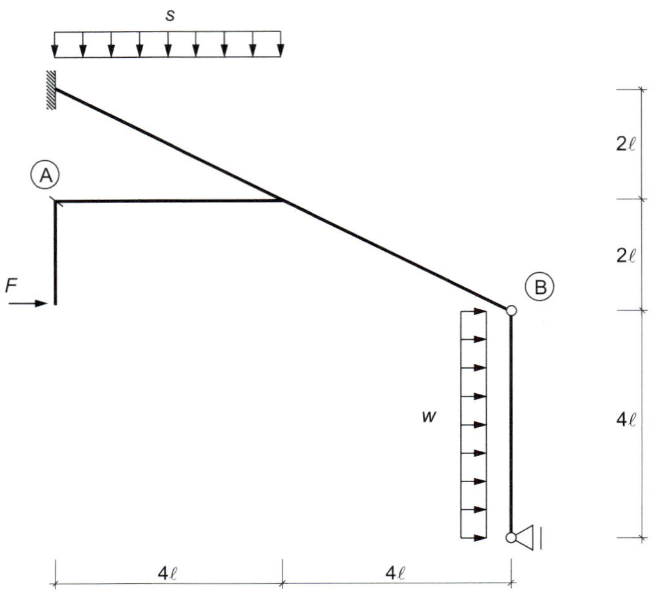


gegeben:
$F = 100$ kN
$w = 20$ kN/m
$s = 15$ kN/m
$\ell = 2$ m
$EI = 30.000$ kNm²
$EA = 150.000$ kN

a) Berechnen Sie für die gegebene Belastung den Momenten- und Normalkraftverlauf.
b) Bestimmen Sie mithilfe des Prinzips der virtuellen Kräfte die Verdrehung des Knotens A und die vertikale Verschiebung des Knotens B.

## Aufgabe 27

Schwierigkeitsgrad schwer

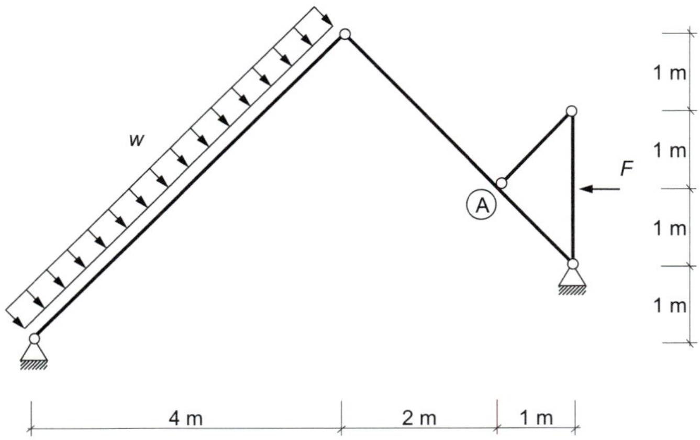


gegeben:
$F = 35$ kN
$w = 10$ kN/m
$EI = 30.000$ kNm²
$EA = 150.000$ kN

a) Berechnen Sie für die gegebene Belastung den Momenten- und Normalkraftverlauf.
b) Bestimmen Sie mithilfe des Prinzips der virtuellen Kräfte alle Verschiebungen des Punktes A.

## Aufgabe 28

Schwierigkeitsgrad
schwer

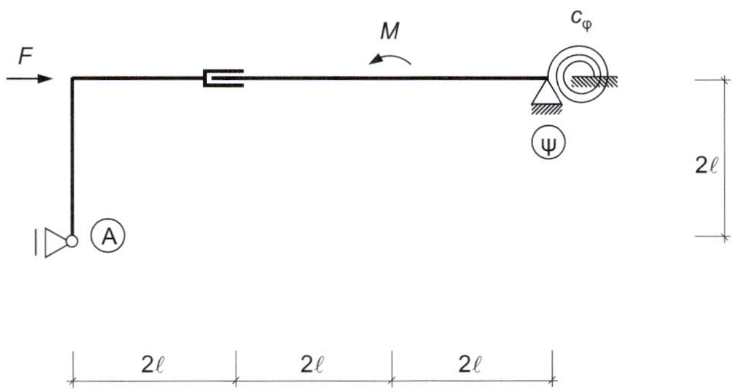


gegeben:
$F = 3$ kN
$M = 10$ kNm
$EI = 25.000$ kNm²
$EA = 200.000$ kN
$\ell = 2$ m
$c_\varphi = 55$ kNm/rad

a) Berechnen Sie für die gegebene Belastung den Momenten- und Normalkraftverlauf.

b) Bestimmen Sie mithilfe des Prinzips der virtuellen Kräfte die Verdrehung der Feder und die vertikale Verschiebung des Auflagers A.

## Aufgabe 29

Schwierigkeitsgrad
schwer

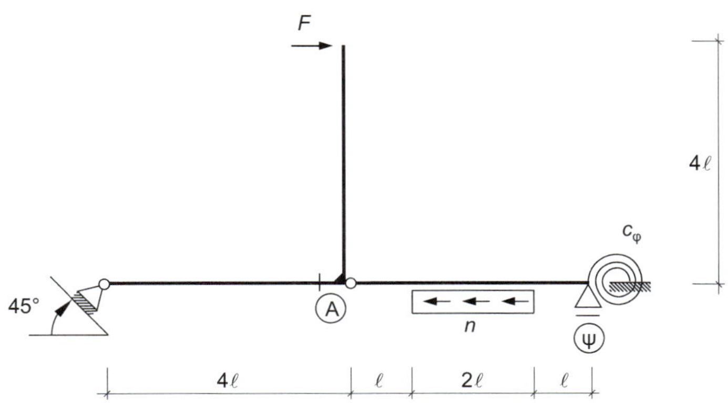


gegeben:
$F = 20$ kN
$n = 5$ kN/m
$EI = 25.000$ kNm²
$EA = 200.000$ kN
$\ell = 2$ m
$c_\varphi = 50$ kNm/rad

a) Berechnen Sie für die gegebene Belastung den Momenten-, Querkraft- und Normalkraftverlauf.

b) Bestimmen Sie mithilfe des Prinzips der virtuellen Kräfte die Verdrehung der Feder und die horizontale Verschiebung des Knotens A.

## Aufgabe 30

Schwierigkeitsgrad schwer

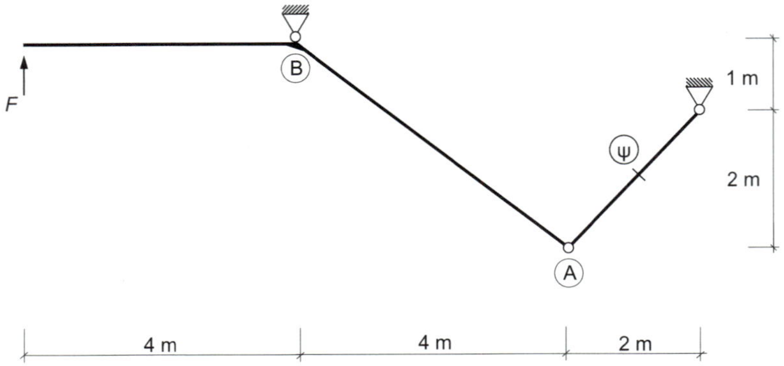


gegeben:
$F$ = 15 kN
$EI$ = 20.000 kNm²
$EA$ = 100.000 kN

a) Berechnen Sie für die gegebene Belastung den Momenten- und Normalkraftverlauf.

b) Bestimmen Sie mithilfe des Prinzips der virtuellen Kräfte die horizontale Verschiebung des Knotens A und die Verdrehung des Knotens B.

## 5.4 Lösungen

| Aufgabe | a) | Ort | b) | Ort |
|---|---|---|---|---|
| 1 | $M = -60$ kNm | 1 | $\varphi = -8{,}22$ mrad | 2 |
| 2 | $M = 240$ kNm | ψ | $u_{hor} = 2{,}4$ mm | A |
| 3 | $N = -37{,}27$ kN | ψ | $u_{hor} = 1{,}038$ mm | A |
| 4 | $A_V = 3$ kN | ψ | $u_{vert} = -0{,}025$mm | A |
| 5 | $V = -10$ kN | A | $\varphi = 0{,}667$ mrad | A |
| 6 | $u_{vert} = -320$ mm | 2 | $\varphi = 0{,}016$ rad | 1 |
| 7 | $u_{tot} = 8{,}64$ mm | A | $u_{tot} = -42{,}684$ mm | A |
| 8 | $V = 3{,}54$ kN | A | $\varphi_{b1} = 0{,}354$ mrad; $\varphi_{b2} = 2{,}121$mrad | A |
| 9 | $N = 39{,}44$ kN | ψ | $\varphi = -0{,}021$ rad | A |
| 10 | $V = -10$ kN | B | $u_{vert} = 1{,}717$ mm | A |
| 11 | $M = -22{,}5$ kN | 2 | $u_{vert} = 0{,}00554$ m | 1 |
| 12 | $M = -40$ kNm | ψ | $u_{hor} = -19{,}2$ mm | A |
| 13 | $N = 202{,}81$ kN | ψ | $u_{vert} = 59{,}3$ mm | A |
| 14 | $N = -8{,}94$ kN | ψ | $\varphi = -8{,}793$ mrad | A |
| 15 | $M = 32$ kNm | A | $u_{vert,rechts} = 36{,}89$ mm | A |
| 16 | $M = -180$ kNm | A | $u_{vert} = 36{,}824$ mm | A |
| 17 | $M = -210$ kNm | ψ | $u_{vert} = 222{,}75$ mm | A |
| 18 | $N = 0$ | ψ | $u_{hor} = 10{,}0$ mm | A |
| 19 | $M = 90$ kNm | ψ | $u_{vert} = -22{,}668$ mm | A |
| 20 | $N = -25{,}33$ kN | ψ | $u_{hor} = -12{,}79$ mm | A |
| 21 | $M = 15$ kNm | A | $\varphi = 0{,}668$ mrad | B |
| 22 | $M = -6$ kNm | B | $\varphi = 0{,}800$ mrad | B |
| 23 | $N = -5/\sqrt{2}$ kN | A | $\varphi = -7{,}542$ mrad | B |
| 24 | $B_V = -21$ kN | B | $u_{hor} = 3{,}219$ mrm | B |
| 25 | $M = 0$ | B | $u_{hor} = 3{,}97$ mm | A |
| 26 | $N_{links} = 71{,}55$ kN | B | $\varphi = 381$ mrad | A |
| 27 | $M = 23{,}33$ kNm | A | $u_{vert} = 0{,}9951$ mm | A |
| 28 | $M = 2$ kNm | ψ | $u_{vert} = -455$ mm | A |
| 29 | $V = -20$ kN | A | $\varphi = 3{,}2$ rad | ψ |
| 30 | $N = 12{,}12$ kN | ψ | $\varphi = -5{,}072$ mrad | B |

# 6 Prinzip der virtuellen Verschiebungen

Videos zu diesem Kapitel finden Sie unter

## 6.1 Grundlagen zum Prinzip der virtuellen Verschiebungen

Das Prinzip der virtuellen Verschiebungen (PvV) stellt eine Anwendung des Prinzips der virtuellen Arbeit dar. Es dient zur Bestimmung von realen Kraftgrößen eines Systems. Ist ein System im Gleichgewicht, so ergeben die virtuellen Arbeiten der inneren und äußeren Kräfte in der Summe Null.

$$\delta W = \delta W_{\text{ext}} + \delta W_{\text{int}} = 0$$

Virtuelle Verschiebungsgrößen verrichten zusammen mit realen Kraftgrößen virtuelle Arbeit. Hierbei umfasst der Begriff „Verschiebungsgrößen" allgemein Verschiebungen, Verdrehungen, Krümmungen und Dehnungen, der Begriff „Kraftgrößen" umfasst Schnittgrößen, Auflagerreaktionen sowie äußere Kräfte bzw. Momente.

$$\delta W = \delta W_{\text{ext}} + \delta W_{\text{int}} = \left\{ \int_{\ell} q \cdot \delta w \, dx + \sum_{\text{i}} F_{\text{i}} \cdot \delta d_{\text{i}} + \sum_{\text{j}} M_{\text{j}} \cdot \delta \varphi_{\text{j}} \right\} - \left\{ \int_{\ell} N \cdot \delta \varepsilon \, dx + \int_{\ell} M \cdot \delta \kappa \, dx \right\} = 0$$

Die virtuelle Arbeit der inneren (realen) Kräfte ist grundsätzlich negativ, da innere (reale) Kräfte den (virtuellen) Verschiebungsgrößen entgegenwirken. Die Arbeit der äußeren Kraftgrößen ist dagegen grundsätzlich positiv. Die Arbeiten verteilter virtueller Verschiebungsgrößen, wie virtuelle Dehnung $\delta\varepsilon$ und virtuelle Krümmung $\delta\kappa$, sind entlang des Balkens zu integrieren. Dafür können ggf. Integraltafeln verwendet werden (vgl. Kapitel 14).

*Anmerkung: Weitere Anteile der virtuellen inneren Arbeit ergeben sich aus der Arbeit der realen Querkräfte zusammen mit den virtuellen Schubverzerrungen. Für dünne Balken können diese Anteile vernachlässigt werden. Hier und im Weiteren sollen dünne Balken behandelt werden.*

Virtuelle Verschiebungs- und Verzerrungsgrößen können im Grunde beliebig gewählt werden, müssen aber kinematisch verträglich sein. Es gelten dieselben Regeln wie für reale Verschiebungs- und Verzerrungsgrößen, wie z. B. Beziehungen in Polplänen oder Differentialbeziehungen $\delta\kappa = \delta w''$. Besonders geeignet sind kinematische virtuelle Verschiebungsfiguren. Weil sie ausschließlich virtuelle Starrkörperverformungen aufweisen, sind die virtuellen Verzerrungsgrößen und die innere virtuelle Arbeit null.

An Auflagern können virtuelle Verschiebungen aufgebracht werden, um reale Lagerkräfte zu bestimmen. Mithilfe von zusätzlichen Gelenken können innere (reale) Kraftgrößen ausgelöst und in äußere (reale) Kraftgrößen umgewandelt werden. So können an jeder Stelle im Tragwerk Schnittgrößen bestimmt werden.

Soll eine spezielle Kraftgröße an einem Punkt m des Systems bestimmt werden, so ist am Ort und in Richtung der zu bestimmenden Kraftgröße eine entsprechende virtuelle Verschiebungsgröße anzubringen. Innere Kraftgrößen sind durch entsprechende Gelenke auszulösen.

Die virtuelle Verschiebungsgröße wird in der Regel zu $\delta u = \overline{1}$ bzw. $\delta\varphi = \overline{1}$ angenommen und entgegen der gesuchten Kraftgröße ausgerichtet. Der Strich über der Verschiebungsgröße symbolisiert, dass es sich um eine virtuelle Größe handelt.

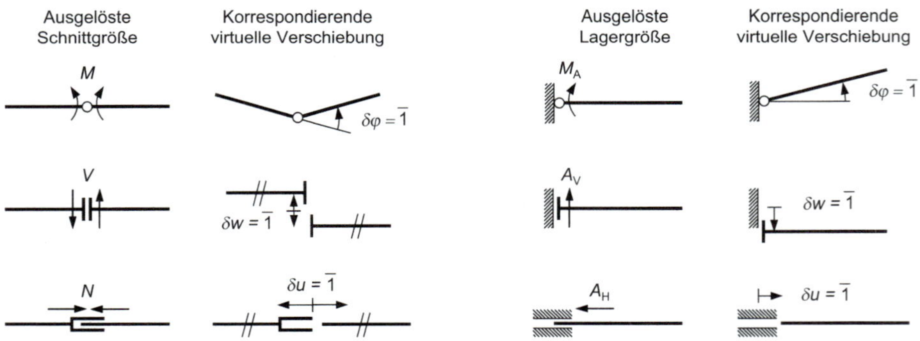

Beispiele für korrespondierende reale Kraftgrößen und virtuelle Verschiebungsgrößen

Handelt es sich bei dem System um ein statisch bestimmtes System, so führt das Freischneiden einer Kraftgröße zwingend zu einer kinematischen Kette, deren Verschiebungsfigur sich mit den Regeln der Polpläne und der Kinematik (vgl. Kapitel 4) ermitteln lässt. In der kinematischen Kette entstehen keine elastischen Verformungen, sodass die innere virtuelle Arbeit $\delta W_{\text{int}}$ verschwindet. Aus dem Ausdruck für die externe virtuelle Arbeit $\delta W_{\text{ext}}$ lässt sich wiederum die gesuchte Größe $S$ direkt ablesen. Wenn die virtuelle Verschiebung entgegen der gesuchten Schnittgröße $S$ aufgebracht wird, ergibt sich für $S$.

$$S \cdot \overline{1} = \int_{\mathrm{x}} q(x) \cdot \delta w(x)\, dx + \sum_{\mathrm{i}} F_i \cdot \delta d_i + \sum_{\mathrm{j}} M_{\mathrm{j}} \cdot \delta\varphi_{\mathrm{j}}$$

### Schritte zur Anwendung des Prinzips der virtuellen Verschiebungen:

1. Auslösen der gesuchten Kraftgröße und Antragen als äußere Kraft.
2. Aufbringen einer virtuellen Verschiebung/Verdrehung entgegen der gesuchten Kraftgröße.

3. Ermittlung der entstehenden virtuellen Verschiebungsfigur.
4. Anwendung des PvV und Auflösen nach der gesuchten Kraftgröße.

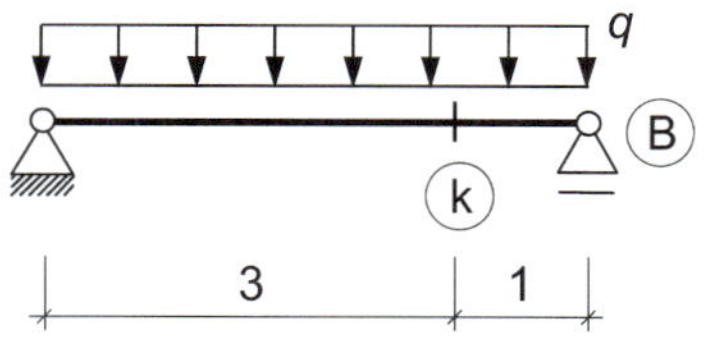


Am gegebenen Beispielsystem sollen das Moment im Punkt k sowie die vertikale Auflagerreaktion in B bestimmt werden. Da das System statisch bestimmt ist, entsteht durch das Auslösen einer Kraftgröße eine kinematische Kette.

**Moment $M_k$**

Das gesuchte Moment $M_k$ wird ausgelöst und als äußere Kraft angebracht. Das entstehende System ist kinematisch.

Die virtuelle Verdrehung $\Delta\varphi$ wird entgegen der gesuchten Kraftgröße $M_k$ angebracht.

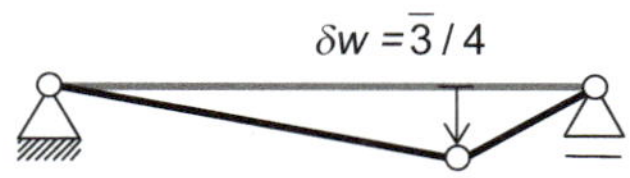


Die entstehenden Verschiebungen infolge der Kinematik können bestimmt werden, mit denen die virtuelle Arbeit berechnet wird.

$$\delta W = -M_k \cdot \overline{1} + \int q(x) \cdot \delta w(x)\, dx = 0$$

Daraus lässt sich das Moment $M_k$ bestimmen.

$$M_k = \int_{x=0}^{3} \frac{x}{3} \cdot \frac{3}{4} \cdot q\, dx + \int_{x=0}^{1} \frac{(1-x)}{1} \cdot \frac{3}{4} \cdot q\, dx =$$

$$= \frac{1}{2} \cdot 3 \cdot \frac{3}{4} \cdot q + \frac{1}{2} \cdot 1 \cdot \frac{3}{4} \cdot q = \frac{3}{8} \cdot 4 \cdot q = \frac{3}{2} \cdot q$$

**Auflagerreaktion $B_V$**

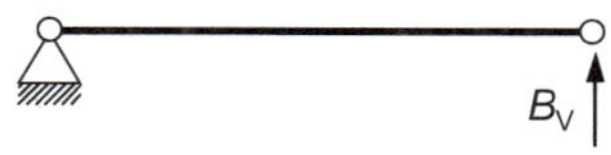


Die vertikale Auflagerreaktion $B_V$ wird ausgelöst und als äußere Kraft angebracht. Das entstehende System ist kinematisch.

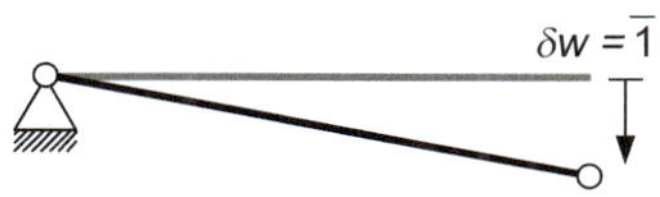


Die virtuelle Verschiebung $\Delta w$ wird entgegen der gesuchten Kraftgröße $B_V$ angebracht.

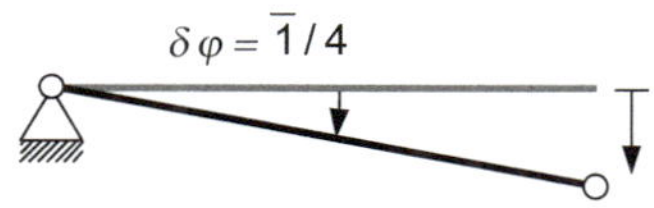


Die entstehenden Verschiebungen infolge der Kinematik werden bestimmt, mit denen die virtuelle Arbeit berechnet werden kann.

$$\delta W = -B_V \cdot \overline{1} + \int q(x) \cdot \delta w(x)\, dx = 0$$

Daraus lässt sich die Auflagerkraft $B_V$ bestimmen.

$$B_V = \int_{x=0}^{4} \frac{x}{4} \cdot 1 \cdot q\, dx = \frac{1}{2} \cdot 4 \cdot q = 2 \cdot q$$

*Anmerkung: Wie hier gezeigt, können bei der Auswertung der Integrale auch Integraltafeln (vgl. Kapitel 14) für Standardfälle vorteilhaft angewandt werden. Ein Anwendungsbeispiel für die Integraltafeln findet sich im Kapitel 5 – Prinzip der virtuellen Kräfte.*

## 6.2 Beispielaufgabe

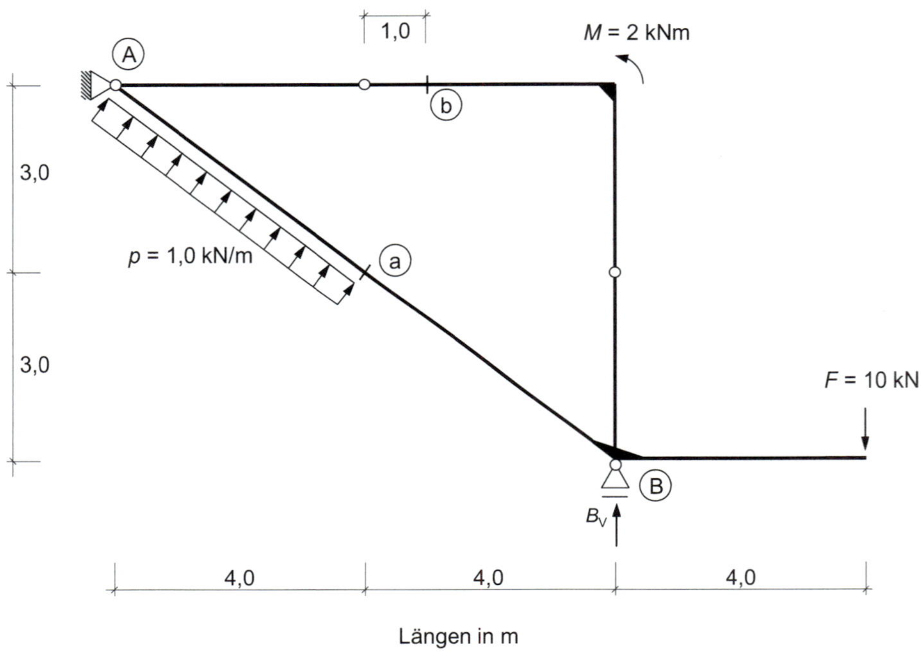


Bestimmen Sie mithilfe des Prinzips der virtuellen Verschiebungen (PvV) für das gegebene System folgende Kraftgrößen:

a) die vertikale Auflagerkraft $B_V$ am Lager B,
b) die Querkraft $V_a$ im Schnitt *a*,
c) das Moment $M_a$ im Schnitt *a* und
d) die Normalkraft $N_b$ im Schnitt *b*.

### 6.2.1 Vertikale Auflagerkraft $B_V$ am Lager B

Das gegebene System ist statisch bestimmt und brauchbar. Durch Freischneiden der vertikalen Auflagerkraft $B_V$ wird das System somit 1-fach kinematisch. Um das Gleichgewicht zu wahren, wird die freigeschnittene Auflagerreaktion $B_V$ als äußere Kraft angetragen.

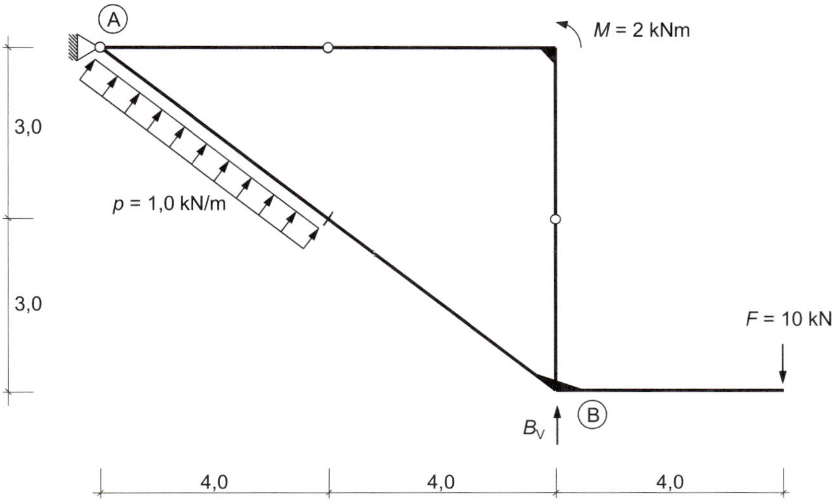


Um die Kinematik des Systems korrekt zu erfassen, empfiehlt sich die Erstellung eines Polplans.

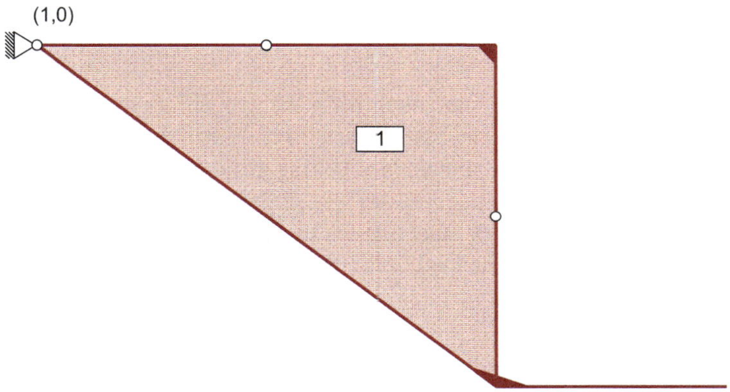


Da sich das gesamte System als zusammenhängende Scheibe 1 identifizieren lässt, stellt das unverschiebliche Auflager A zugleich den Hauptpol (1,0) dar.

## Zeichnen der Verschiebungsfigur

Die vertikale Verschiebung am Knoten B wird zu $\bar{1}$ gesetzt. Um die spätere Berechnung der Auflagerkraft $B_V$ zu vereinfachen, wird die Verschiebung entgegen der Wirkungsrichtung der Kraft angetragen. Da der Polplan bekannt ist, lässt sich die Verdrehung der Scheibe 1 bestimmen zu $\delta\varphi_1 = \bar{1}/8$.

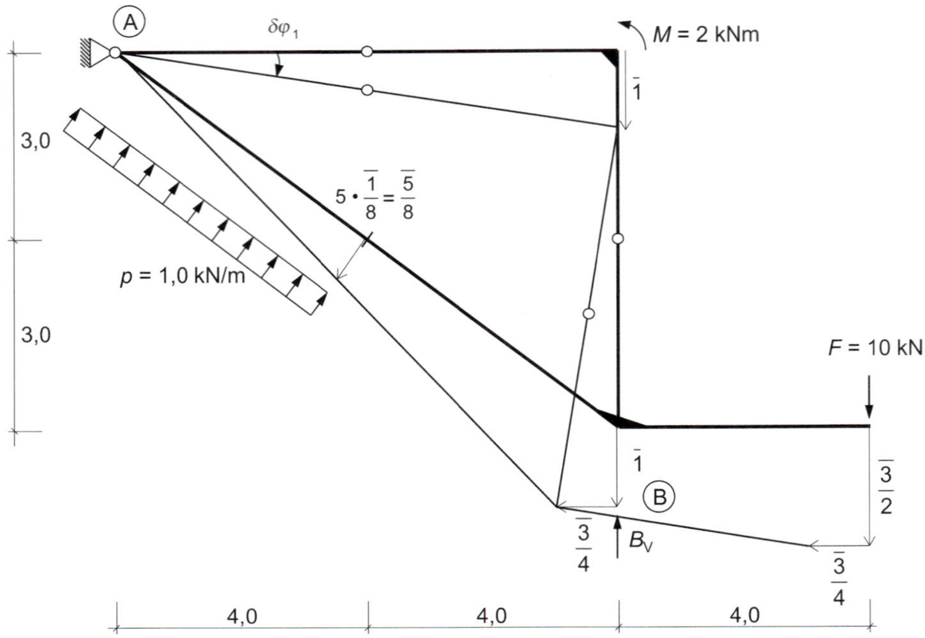


Verschiebungsfigur des Systems

Damit das System im Gleichgewicht ist, muss gelten $\delta W = \delta W_{ext} + \delta W_{int} = 0$, wobei die interne virtuelle Arbeit $\delta W_{int}$ aufgrund der Starrköperverschiebung Null beträgt. Die äußere virtuelle Arbeit, $\delta W_{ext}$, ist somit zum einen der Beitrag aus der freigeschnittenen gesuchten Auflagerkraft $B_V$, $\delta W_{ext,BV}$, zum anderen aus den äußeren Lasten auf das System, $\delta W_{ext,Last}$. Diese beiden Anteile werden aufsummiert zu $\delta W_{ext} = \delta W_{ext,BV} + \delta W_{ext,Last}$. Die einzelnen Arbeitsanteile lassen sich wie folgt bestimmen:

$$\delta W_{ext,BV} = -\bar{1} \cdot B_V$$

$$\delta W_{ext,Last} = \frac{\bar{3}}{2} \cdot F - \frac{\bar{1}}{8} \cdot M - \int\limits_{x=0}^{5} x \cdot \frac{\bar{1}}{8} \cdot p\,dx = \frac{\bar{3}}{2} \cdot 10 - \frac{\bar{1}}{8} \cdot 2 - \frac{\overline{25}}{16} \cdot 1{,}0$$

Wenn das System im Gleichgewicht ist, muss die virtuelle Arbeit Null ergeben.

$$\delta W = \delta W_{int} + \delta W_{ext} = 0 + \delta W_{ext,BV} + \delta W_{ext,Last} = 0$$

$$-\bar{1} \cdot B_V + \frac{\bar{3}}{2} \cdot 10 - \frac{\bar{1}}{8} \cdot 2 - \frac{\overline{25}}{16} \cdot 1{,}0 = 0 \quad \Rightarrow \quad B_V = 13{,}1875\ kN$$

### 6.2.2 Querkraft $V_a$ im Schnitt a

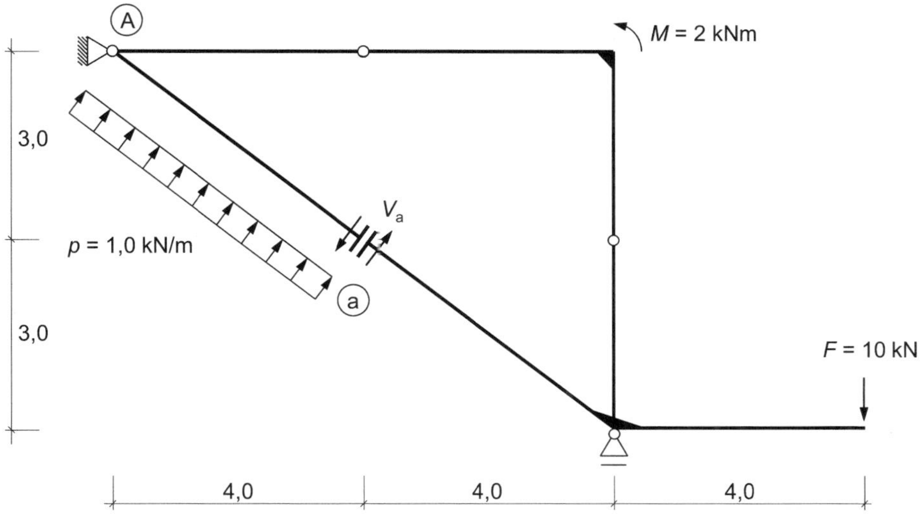


Freischneiden der Querkraft $V_a$ und Antragen als äußere Kraft

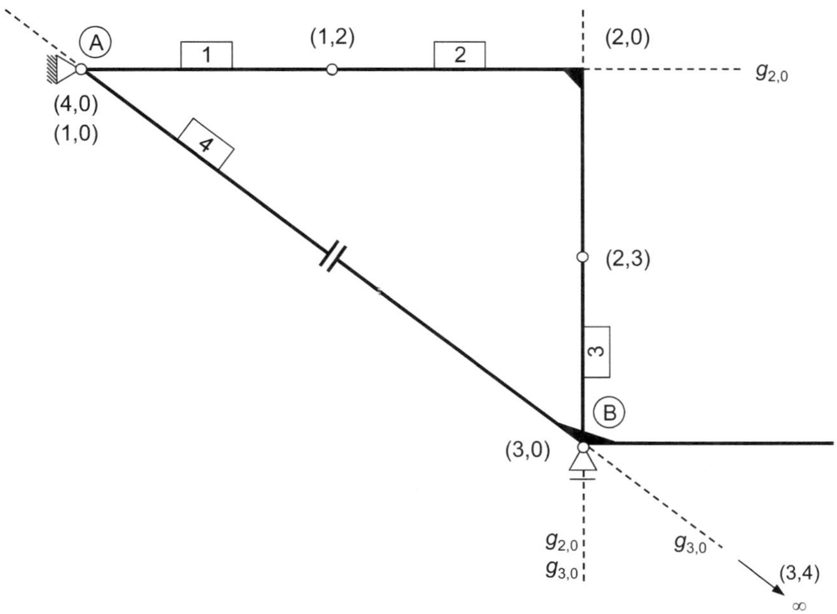


Ermitteln des Polplans

Nachfolgend das Vorgehen zur Ermittlung des Polplans:

- Antragen der Hauptpole (1,0) und (4,0) im Auflager A.
- Antragen der Nebenpole (1,2), (2,3) aufgrund der Momentengelenke und (3,4) im Unendlichen senkrecht zur Verschiebungsrichtung des Querkraftgelenks.
- Pol (3,0): Schnittpunkt der beiden geometrischen Orte $g_{3,0}$: Polstrahl $g_{3,0}$ senkrecht zum verschieblichen Auflager B und $g_{3,0}$ als Verbindung der Pole (3,4) und (4,0).
- Pol (2,0): Schnittpunkt der beiden geometrischen Orte $g_{2,0}$: Polstrahl $g_{2,0}$ als Verbindung von (1,0) und (1,2) und $g_{2,0}$ als Verbindung von (3,0) und (2,3).

## Zeichnen der Verschiebungsfigur

Die gegenseitige Verschiebung am Querkraftgelenk wird hierbei zu $\bar{1}$ gesetzt, entgegen der Wirkungsrichtung der freigeschnittenen Querkraft $V_a$. Da nur die gegenseitige Gesamtverschiebung bekannt ist, müssen mithilfe des Polplans die Verdrehungen der einzelnen Stäbe zur Bestimmung der Gesamtkinematik des Systems ermittelt werden:

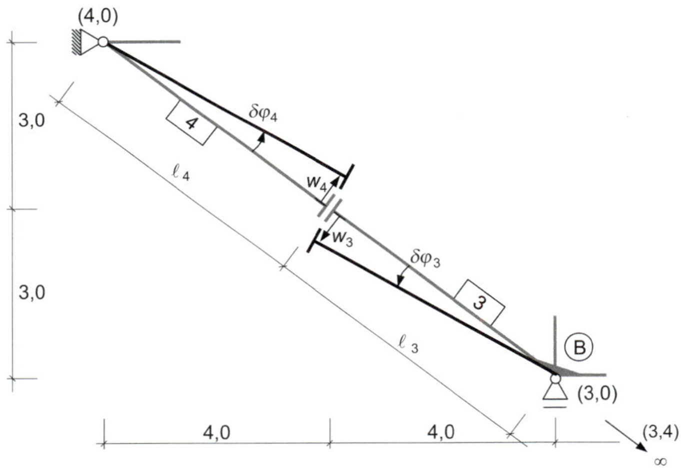


Die Einzelverschiebungen $w_3$ und $w_4$ müssen zusammen die gegenseitige Verschiebung $\bar{1}$ bewirken.

$$w_3 + w_4 = \bar{1} \quad \rightarrow \quad \delta\varphi_3 \cdot \ell_3 + \delta\varphi_4 \cdot \ell_4 = \bar{1}$$

Da die beiden Abstände $\ell_3$ und $\ell_4$ gleich sind, $\ell_3 = \ell_4 = 5{,}0$, und durch den gemeinsamen Nebenpol (3,4) im Unendlichen für die Verdrehungen gilt $\delta\varphi_3 = \delta\varphi_4$, können die Verdrehungen wie folgt ermittelt werden:

$$\delta\varphi_3 = \delta\varphi_4 = \frac{\bar{1}}{10}$$

Damit kann die quantitative Verschiebungsfigur gezeichnet werden, die restlichen Verdrehungen können mit den Regeln der Kinematik zu $\delta\varphi_1 = \delta\varphi_2 = \delta\varphi_3 = \bar{1}/10$ ermittelt werden.

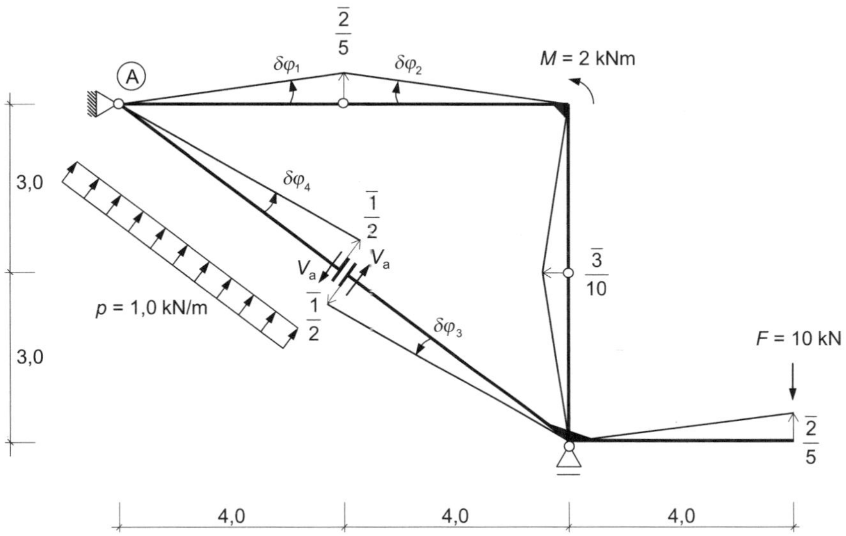


Wie in Teilaufgabe a) muss aufgrund der Starrkörperverformung die gesamte äußere virtuelle Arbeit $\delta W_{ext}$ auch hier Null ergeben. Die beiden Anteile aus der freigeschnittenen gesuchten Querkraft $V_a$, $\delta W_{ext,Va}$, und der äußeren Last, $\delta W_{ext,Last}$, ergeben sich wie folgt:

$$\delta W_{ext,Va} = -\left(w_3 + w_4\right) \cdot V_a = -\bar{1} \cdot V_a$$

$$\delta W_{ext,Last} = -\overline{\frac{2}{5}} \cdot F - \overline{\frac{1}{10}} \cdot M + \int_{x=0}^{5} \overline{\frac{1}{10}} \cdot x \cdot p\,dx = -\overline{\frac{2}{5}} \cdot 10 - \overline{\frac{1}{10}} \cdot 2 + \overline{\frac{5}{4}} \cdot 1{,}0$$

Um das Gleichgewicht einzuhalten, muss die virtuelle Arbeit Null ergeben.

$$\delta W = \delta W_{ext,Va} + \delta W_{ext,Last} = 0 \quad \Rightarrow \quad -\bar{1} \cdot V_a - \overline{\frac{2}{5}} \cdot 10 - \overline{\frac{1}{10}} \cdot 2 + \overline{\frac{5}{4}} \cdot 1{,}0 = 0 \quad \Rightarrow \quad V_a = -2{,}95\ kN$$

*Hinweis: Der Polplan und die Verschiebungsfigur können mithilfe der Konstruktion eines Querkraftgelenks beispielsweise in Stiff überprüft werden. Mehr zusr Konstruktion eines Querkraft- oder Normalkraftgelenks findet sich in der Anleitung zu Stiff.*

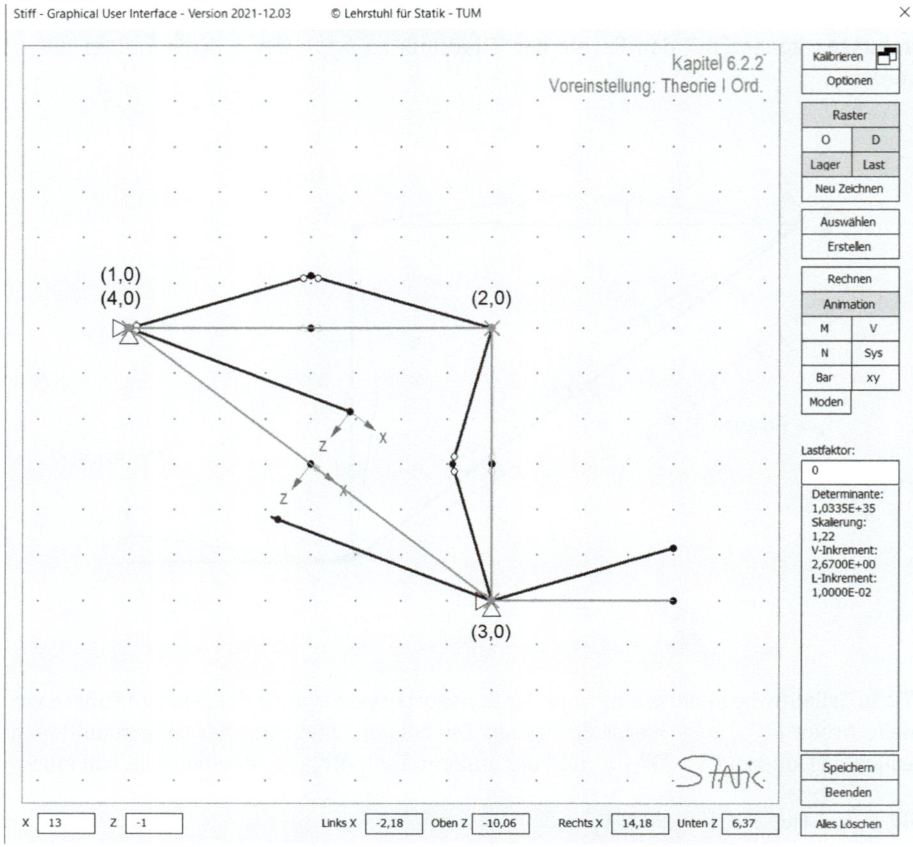
Stiff - Graphical User Interface - Version 2021-12.03
© Lehrstuhl für Statik - TUM
Kapitel 6.2.2
Voreinstellung: Theorie I Ord.
(1,0)
(4,0)
(2,0)
(3,0)
Kalibrieren
Optionen
Raster
O
D
Lager
Last
Neu Zeichnen
Auswählen
Erstellen
Rechnen
Animation
M
V
N
Sys
Bar
xy
Moden
Lastfaktor:
0
Determinante:
1,0335E+35
Skalierung:
1,22
V-Inkrement:
2,6700E+00
L-Inkrement:
1,0000E-02
Speichern
Beenden
Alles Löschen
X 13
Z -1
Links X -2,18
Oben Z -10,06
Rechts X 14,18
Unten Z 6,37

### 6.2.3 Moment $M_a$ im Schnitt a

Das Moment $M_a$ wird freigeschnitten und als äußeres Moment angetragen.

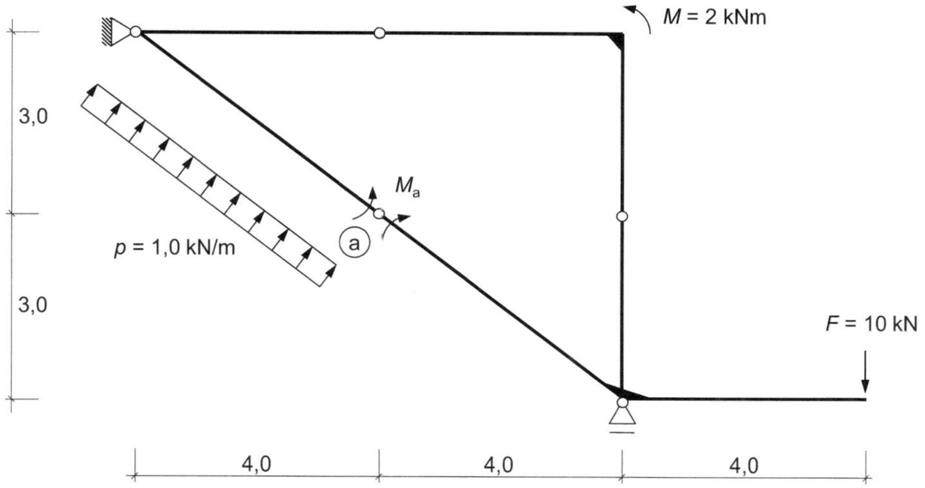


Freischneiden des Moments $M_a$ und Antragen als äußere Kraft.

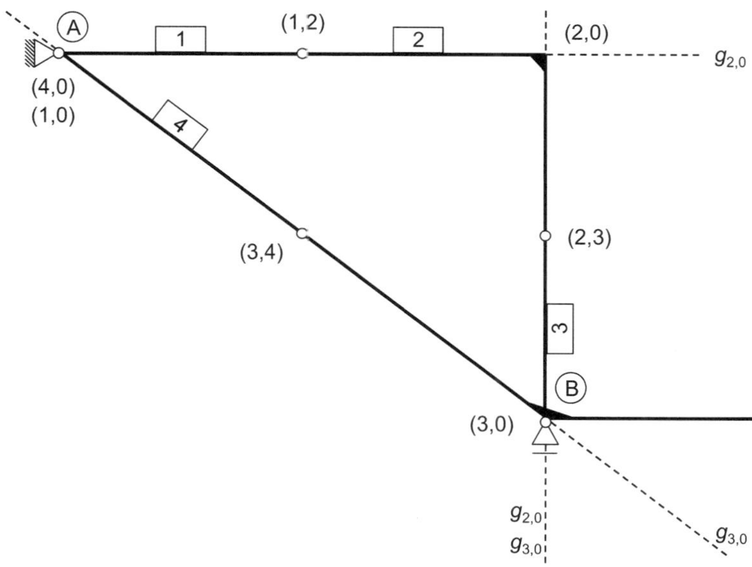


Polplan

Vorgehen zur Ermittelung des Polplans:

- Antragen der Pole (1,0) und (4,0) im festen Auflager A.
- Antragen der Nebenpole (1,2), (2,3) und (3,4) in den Momentengelenken.
- Bestimmung der geometrischen Orte $g_{3,0}$ aus der Verbindung von (4,0) und (3,4) sowie senkrecht zur Bewegungsrichtung des verschieblichen Auflagers in B.
- Hauptpol (3,0) am Schnittpunkt der ermittelten geometrischen Orte $g_{3,0}$.
- Geometrische Orte $g_{2,0}$ aus den Verbindungen von (1,0) und (1,2) sowie von (3,0) und (2,3).
- Hauptpol (2,0) am Schnittpunkt der beiden geometrischen Orte $g_{2,0}$.

## Zeichnen der Verschiebungsfigur

Die gegenseitige Verdrehung am Momentengelenk wird zu $\bar{1}$, entgegen der Wirkungsrichtung des freigeschnittenen Moments $M_a$, gesetzt.

Da nur die gegenseitige Gesamtverdrehung bekannt ist, müssen mithilfe des Polplans noch die Verdrehungen der einzelnen Stäbe zur Bestimmung der Kinematik des Systems ermittelt werden.

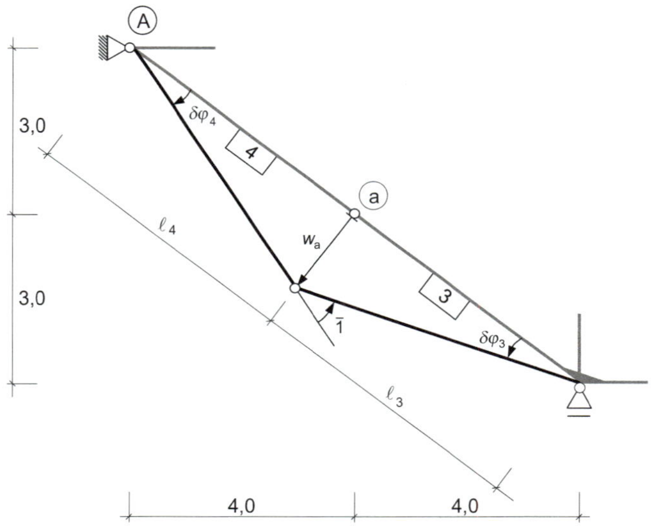


Die Einzelverdrehungen $\delta\varphi_3$ und $\delta\varphi_4$ müssen zusammen die gegenseitige Verdrehung $\bar{1}$ bewirken.

$$\delta\varphi_3 + \delta\varphi_4 = \bar{1}$$

Die beiden Verdrehungen $\delta\varphi_3$ und $\delta\varphi_4$ führen zur selben virtuellen Verschiebung $w_a$, daher sind sie über ihre jeweiligen Hebelarme verbunden.

$$\delta\varphi_3 \cdot \ell_3 = \delta\varphi_4 \cdot \ell_4$$

Aus diesen beiden Bedingungen und dem Wissen, dass $\ell_3 = \ell_4$ lassen sich $\delta\varphi_3$ und $\delta\varphi_4$ bestimmen.

$$\delta\varphi_3 = \delta\varphi_4 = \overline{\frac{1}{2}}$$

Die restlichen Verdrehungen können mit den Regeln der Kinematik zu $\delta\varphi_1 = \delta\varphi_2 = \delta\varphi_3 = \delta\varphi_4 = \bar{1}/2$ ermittelt werden und somit kann die quantitative Verschiebungsfigur gezeichnet werden.

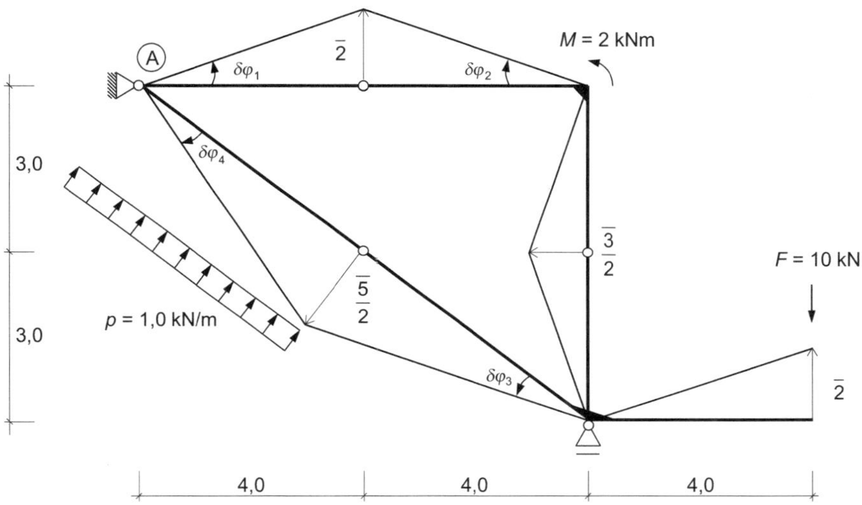


Wie in den vorhergehenden Teilaufgaben muss auch hier die äußere virtuelle Arbeit $\delta W_{\text{ext}}$ Null ergeben. Die beiden Anteile aus dem freigeschnittenen gesuchten Moment $M_a$, $\delta W_{\text{ext,Ma}}$, und der äußeren Last, $\delta W_{\text{ext,Last}}$, ergeben sich wie folgt:

$$\delta W_{\text{ext,Ma}} = -\left(\delta\varphi_3 + \delta\varphi_4\right) \cdot M_a = -\bar{1} \cdot M_a$$

$$\delta W_{\text{ext,Last}} = -\bar{2} \cdot F - \overline{\frac{1}{2}} \cdot M - \int_{x=0}^{5} \overline{\frac{1}{2}} \cdot x \cdot p\,dx = -\bar{2} \cdot 10 - \overline{\frac{1}{2}} \cdot 2 - \overline{\frac{25}{4}} \cdot 1{,}0$$

Um das Gleichgewicht einzuhalten, muss die gesamte virtuelle Arbeit Null ergeben, also gilt:

$$\delta W = \delta W_{\text{ext,Ma}} + \delta W_{\text{ext,Last}} = 0 \quad \Rightarrow \quad -\bar{1} \cdot M_a + -\bar{2} \cdot 10 - \overline{\frac{1}{2}} \cdot 2 - \overline{\frac{25}{4}} \cdot 1{,}0 = 0 \quad \Rightarrow \quad M_a = -27{,}25\ kNm$$

### 6.2.4 Normalkraft $N_b$ im Schnitt b

Die Normalkraft $N_b$ wird freigeschnitten und als äußere Kraft angetragen.

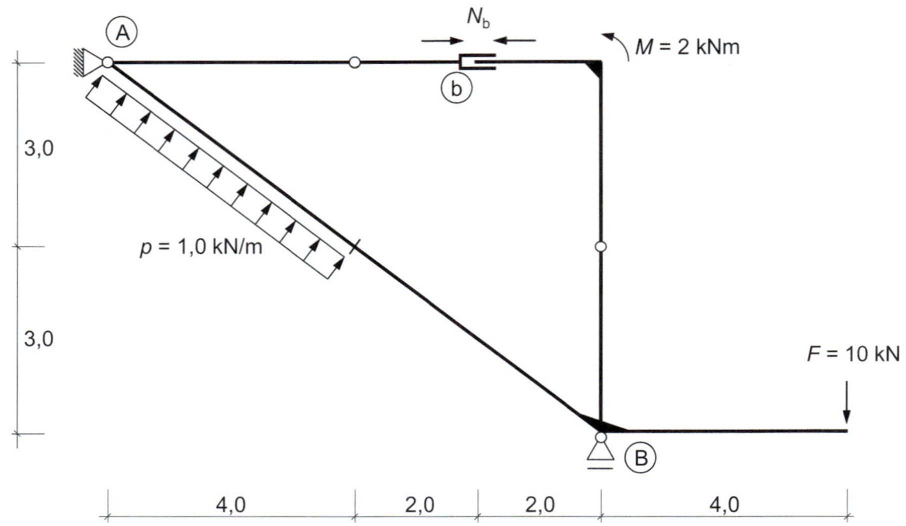


Freischneiden der Normalkraft $N_b$

Ermitteln des Polplans:

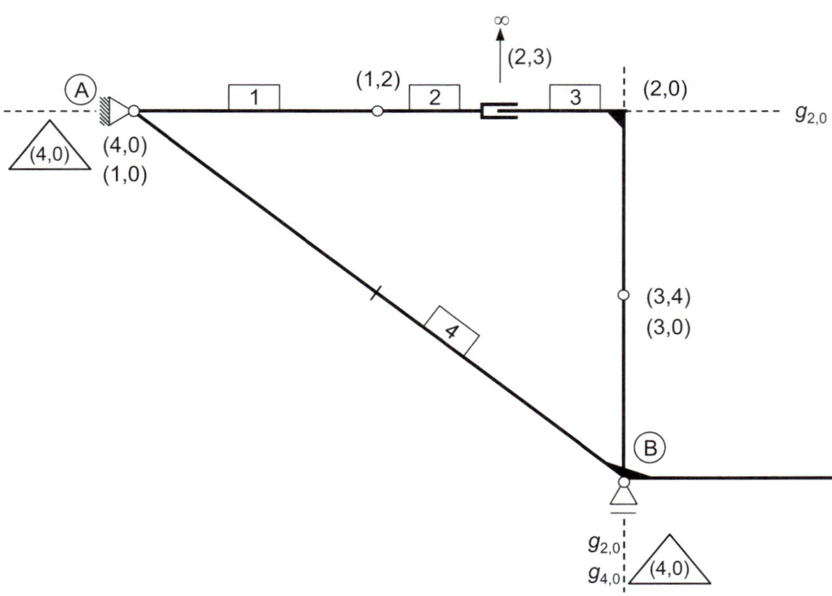


Polplan

Vorgehen zur Ermittlung des Polplans.

- Antragen der Hauptpole (1,0) und (4,0) im festen Auflager A.
- Antragen der Nebenpole (1,2) und (3,4) in den Momentengelenken und des Nebenpols (2,3) im Unendlichen senkrecht zur Verschiebungsrichtung des Normalkraftgelenks.
- Bestimmung des geometrischen Orts $g_{4,0}$ im verschieblichen Auflager in B. Widerspruch mit dem Hauptpol (4,0) im Auflager A. Die Scheibe 4 ist daher unverschieblich, der Nebenpol (3,4) wird dadurch zum Hauptpol (3,0).
- Geometrische Orte $g_{2,0}$ aus den Verbindungen von (1,0) und (1,2) sowie von (3,0) und (2,3).
- Hauptpol (2,0) am Schnittpunkt der beiden geometrischen Orte $g_{2,0}$.

## Zeichnen der Verschiebungsfigur

Die gegenseitige Verschiebung am Normalkraftgelenk wird zu $\bar{1}$ entgegen der Wirkungsrichtung der freigeschnittenen Normalkraft $N_b$ gesetzt. Da nur die gegenseitige Gesamtverschiebung bekannt ist, müssen mithilfe des Polplans noch die Verdrehungen der einzelnen Stäbe zur Bestimmung der Kinematik des Systems ermittelt werden.

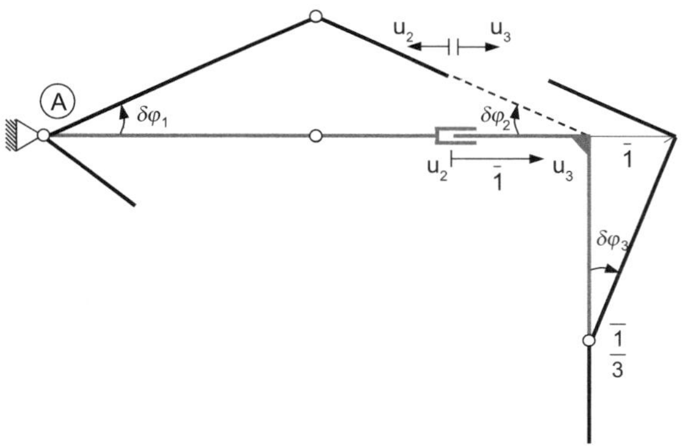


Die Einzelverschiebungen $u_2$ und $u_3$ in Richtung des Normalkraftgelenks müssen zusammen die gegenseitige Verschiebung $\bar{1}$ bewirken.

$$u_2 + u_3 = \bar{1}$$

Da durch die Lage des Hauptpols (2,0) die Verschiebungskomponente $u_2$ gleich Null ist gilt $u_3 = \bar{1}$ und infolge

$$\delta\varphi_3 = \frac{\bar{1}}{3}$$

Da die beiden Verdrehungen am Normalkraftgelenk gleich sein müssen, ergibt sich

$$\delta\varphi_2 = \delta\varphi_3 = \frac{\bar{1}}{3}$$

Die restlichen Verdrehungen können mit den Regeln der Kinematik zu $\delta\varphi_1 = \delta\varphi_2 = \delta\varphi_3 = \bar{1}/3$ ermittelt werden, womit die quantitative Verschiebungsfigur gezeichnet werden kann.

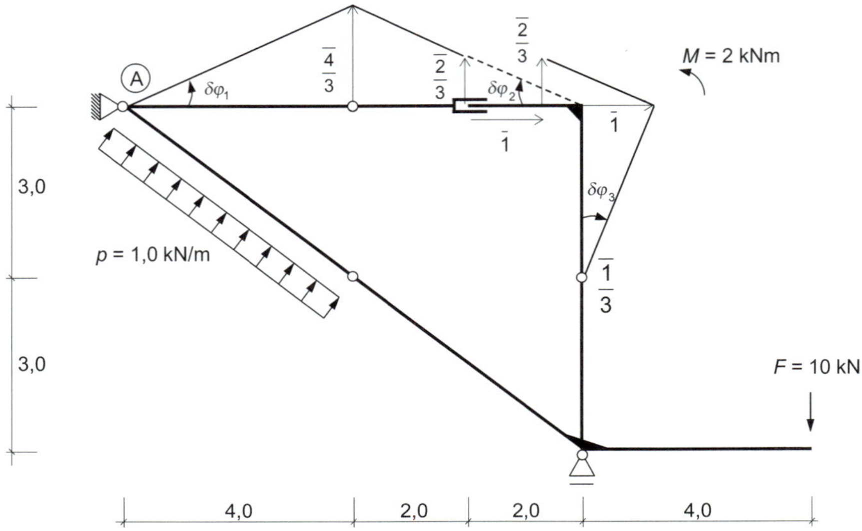


Wie in den vorhergehenden Teilaufgaben muss auch hier die äußere virtuelle Arbeit $\delta W_{\text{ext}}$ Null ergeben. Die beiden Anteile aus der freigeschnittenen gesuchten Normalkraft $N_b$, $\delta W_{\text{ext,Nb}}$, und der äußeren Last, $\delta W_{\text{ext,Last}}$, ergeben sich zu:

$$\delta W_{\text{ext,Nb}} = -u_3 \cdot N_b = -\bar{1} \cdot N_b$$

$$\delta W_{\text{ext,Last}} = -\frac{\bar{1}}{3} \cdot M = -\frac{\bar{1}}{3} \cdot 2$$

Um das Gleichgewicht einzuhalten, muss die gesamte virtuelle Arbeit Null ergeben, also gilt

$$\delta W = \delta W_{\text{ext,Nb}} + \delta W_{\text{ext,Last}} = 0 \quad \Rightarrow \quad -\bar{1} \cdot N_b - \frac{\bar{1}}{3} \cdot 2 = 0 \quad \Rightarrow \quad N_b = -0{,}667\ kN$$

# 6.3 Aufgaben

## Aufgabe 1

Schwierigkeitsgrad einfach

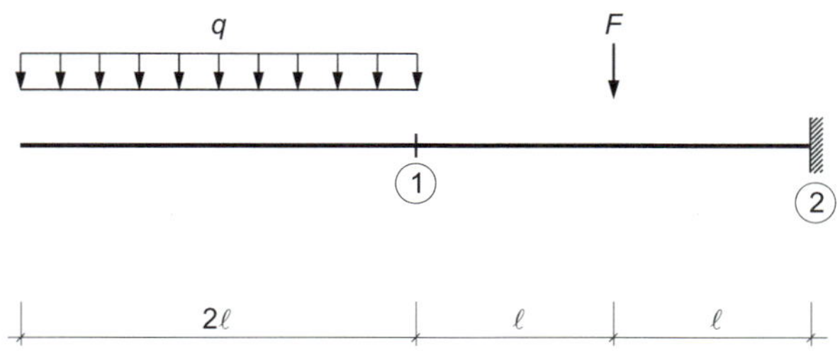


gegeben:
$q = 5$ kN/m
$F = 30$ kN
$\ell = 2$ m

a) Berechnen Sie mithilfe des Prinzips der virtuellen Verschiebungen die Querkraft und das Moment an den Knoten 1 und 2.

## Aufgabe 2

Schwierigkeitsgrad einfach

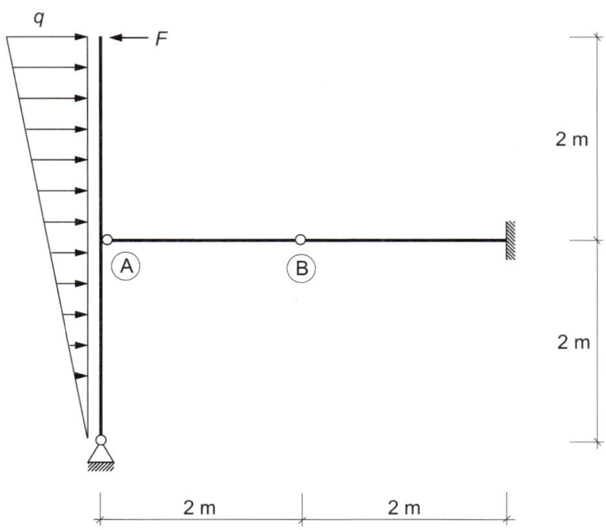


gegeben:
$F = 4$ kN
$q = 7$ kN/m

a) Berechnen Sie mithilfe des Prinzips der virtuellen Verschiebungen die Normalkraft im Stab A - B.

b) Bestimmen Sie mithilfe des Prinzips der virtuellen Verschiebungen das Moment am Knoten A im vertikalen Stab.

## Aufgabe 3

Schwierigkeitsgrad einfach

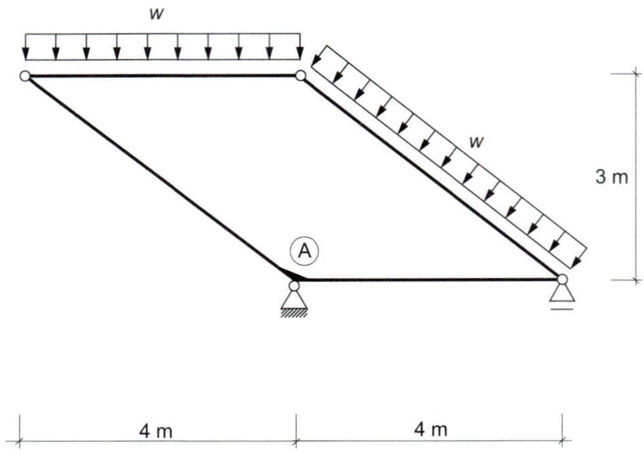


gegeben:
$w = 5$ kN/m

a) Berechnen Sie mithilfe des Prinzips der virtuellen Verschiebungen das Moment über dem Auflager A.

## Aufgabe 4

Schwierigkeitsgrad einfach

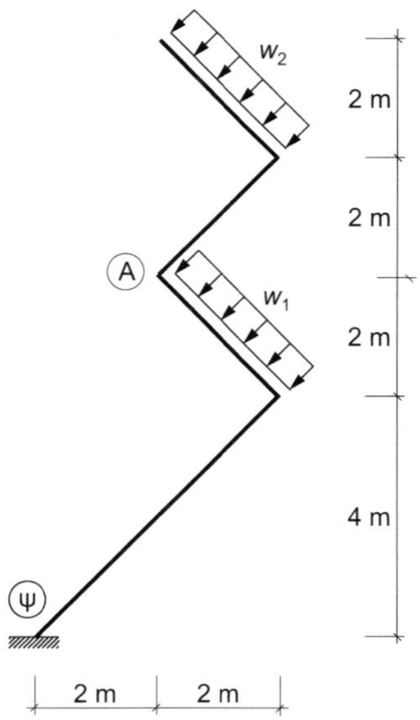


gegeben:
$w_1 = 3$ kN/m
$w_2 = 5$ kN/m

a) Berechnen Sie mithilfe des Prinzips der virtuellen Verschiebungen alle Auflagerreaktionen.
b) Berechnen Sie mithilfe des Prinzips der virtuellen Verschiebungen das Moment im Knoten A.

## Aufgabe 5

Schwierigkeitsgrad einfach

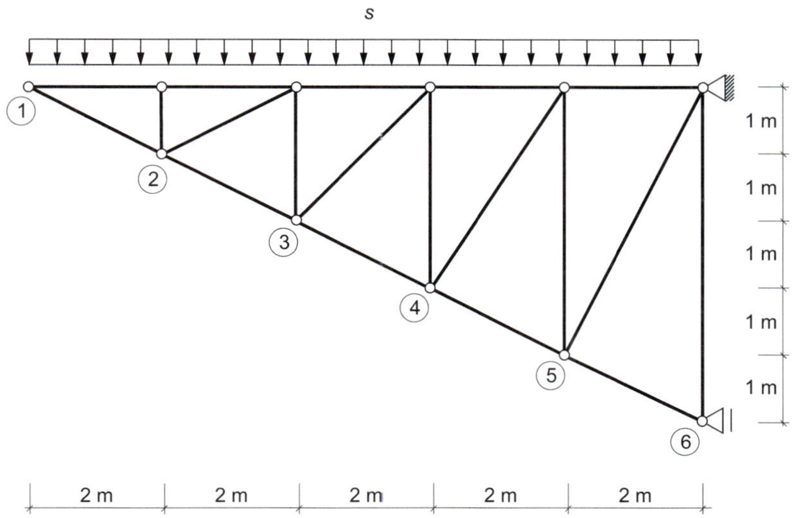


gegeben:
$s = 10$ kN/m

a) Berechnen Sie mithilfe des Prinzips der virtuellen Verschiebungen die Normalkraft in den Stäben 1 - 2, 2 - 3, 3 - 4, 4 - 5 und 5 - 6.

## Aufgabe 6

Schwierigkeitsgrad einfach

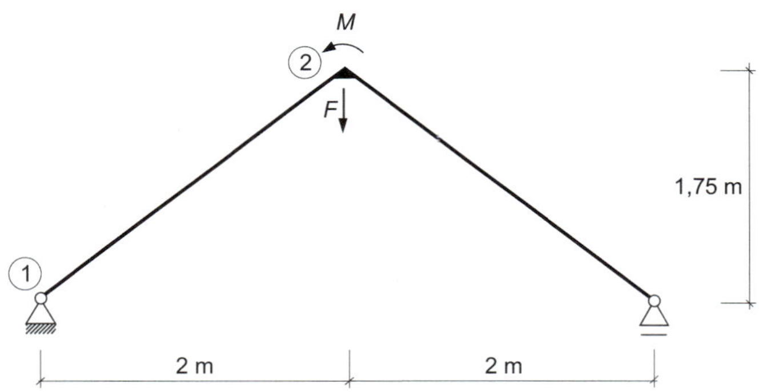


gegeben:
$F = 20$ kN
$M = 30$ kNm

a) Bestimmen Sie mithilfe des Prinzips der virtuellen Verschiebungen die vertikale Auflagerkraft im Knoten 1.

b) Berechnen Sie mithilfe des Prinzips der virtuellen Verschiebungen die Normalkraft im Stab 1 - 2.

## Aufgabe 7

Schwierigkeitsgrad
einfach

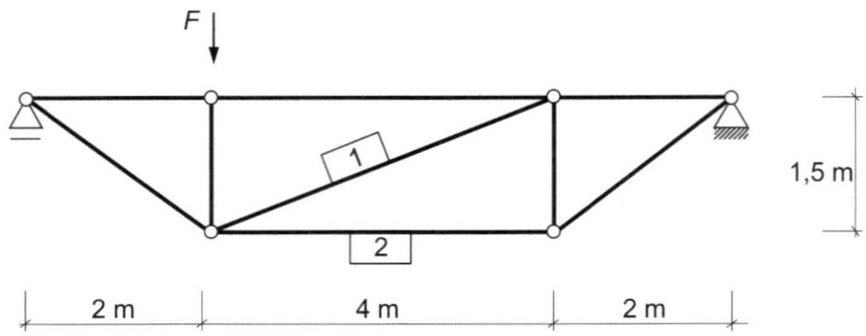


gegeben:
$F = 20$ kN

a) Berechnen Sie mithilfe des Prinzips der virtuellen Verschiebungen die Normalkraft in den Stäben 1 und 2.

## Aufgabe 8

Schwierigkeitsgrad
einfach

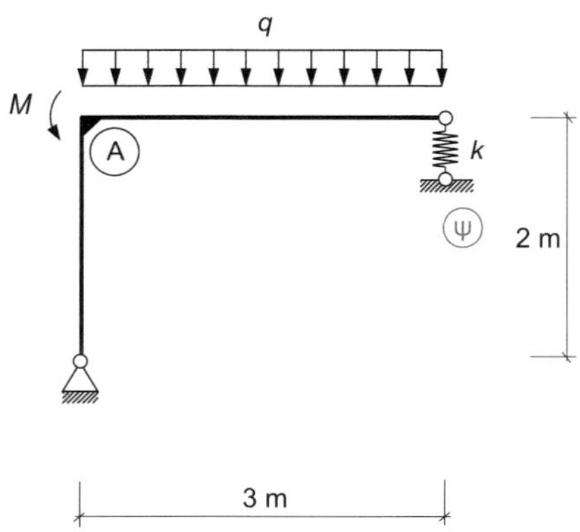


gegeben:
$M = 50$ kNm
$q = 12$ kN/m
$k = 10$ kN/m

a) Berechnen Sie mithilfe des Prinzips der virtuellen Verschiebungen das Moment im Punkt A.
b) Berechnen Sie mithilfe des Prinzips der virtuellen Verschiebungen die Federkraft.

## Aufgabe 9

Schwierigkeitsgrad einfach

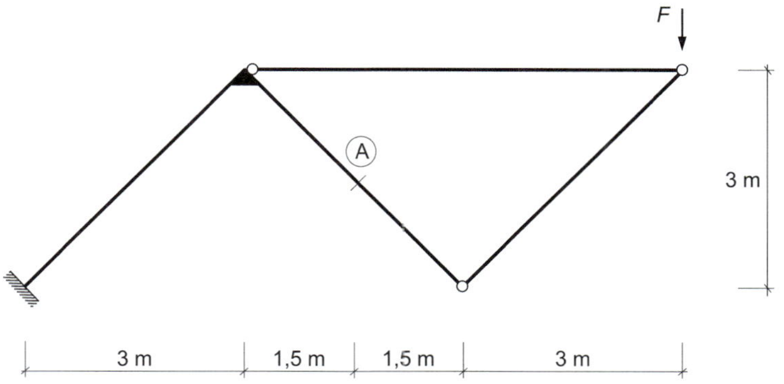


gegeben:
$F = 20$ kN

a) Berechnen Sie mithilfe des Prinzips der virtuellen Verschiebungen alle Schnittkräfte am Punkt A.

## Aufgabe 10

Schwierigkeitsgrad einfach

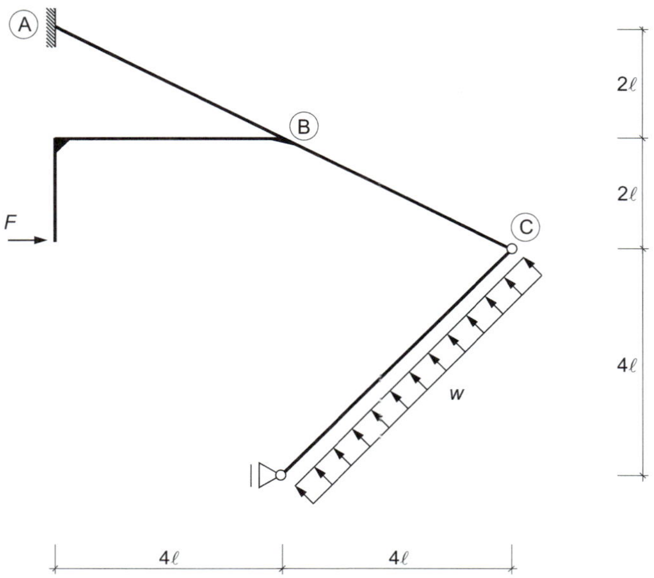


gegeben:
$F = 10$ kN
$w = 5$ kN/m
$\ell = 2$ m

a) Berechnen Sie mithilfe des Prinzips der virtuellen Verschiebungen das Moment an der Einspannung A.

b) Berechnen Sie mithilfe des Prinzips der virtuellen Verschiebungen die Normalkraft im Stab zwischen B und C.

## Aufgabe 11

Schwierigkeitsgrad mittel

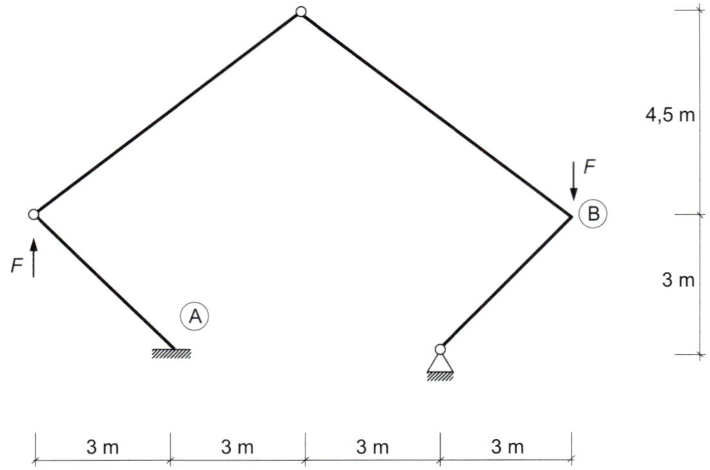


gegeben:
$F = 20$ kN

a) Berechnen Sie mithilfe des Prinzips der virtuellen Verschiebungen das Moment und die Querkraft im Stab an der Einspannung A.

b) Berechnen Sie mithilfe des Prinzips der virtuellen Verschiebungen das Moment im Knoten B.

## Aufgabe 12

Schwierigkeitsgrad mittel

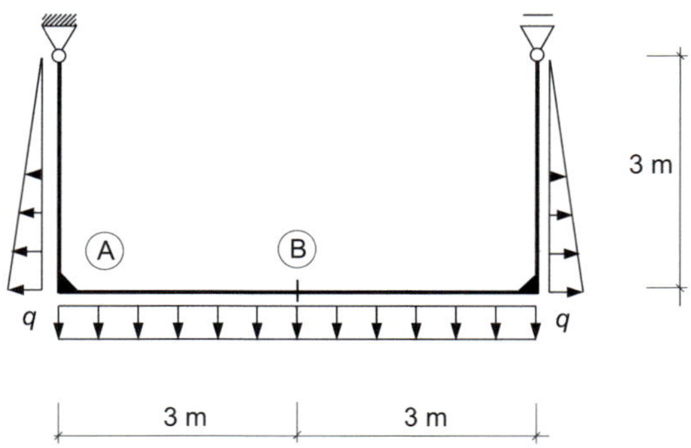


gegeben:
$q = 30$ kN/m

a) Berechnen Sie mithilfe des Prinzips der virtuellen Verschiebungen das Moment am Knoten A.

b) Berechnen Sie mithilfe des Prinzips der virtuellen Verschiebungen alle Schnittgrößen am Knoten B.

## Aufgabe 13

Schwierigkeitsgrad mittel

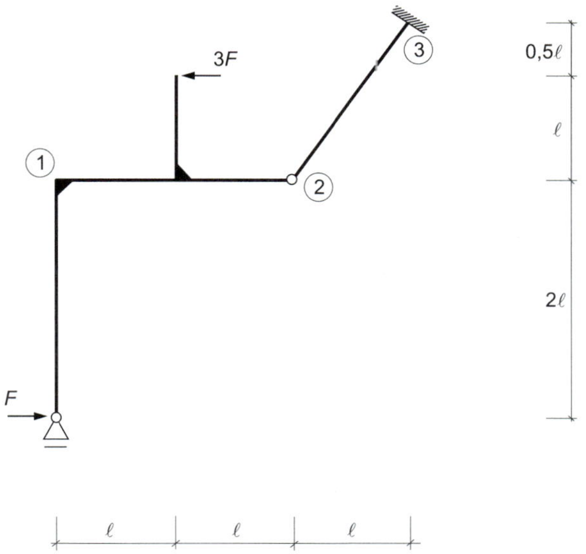


gegeben:
$F = 5$ kN
$\ell = 3$ m

a) Berechnen Sie mithilfe des Prinzips der virtuellen Verschiebungen das Moment am Knoten 1.

b) Bestimmen Sie mithilfe des Prinzips der virtuellen Verschiebungen die Normalkraft und die Querkraft im Stab 2 – 3.

## Aufgabe 14

Schwierigkeitsgrad mittel

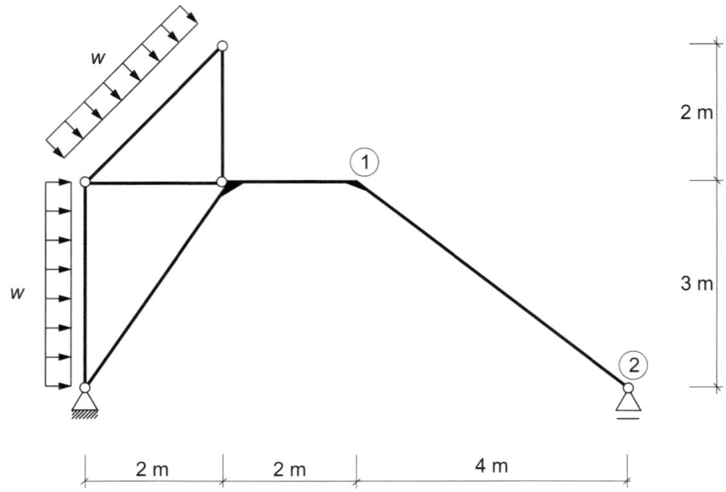


gegeben:
$w = 5$ kN/m

a) Berechnen Sie mithilfe des Prinzips der virtuellen Verschiebungen die Normalkraft im Stab 1 - 2.

b) Bestimmen Sie zusätzlich mittels des Prinzips der virtuellen Verschiebungen das Moment am Knoten 1.

## Aufgabe 15

Schwierigkeitsgrad mittel

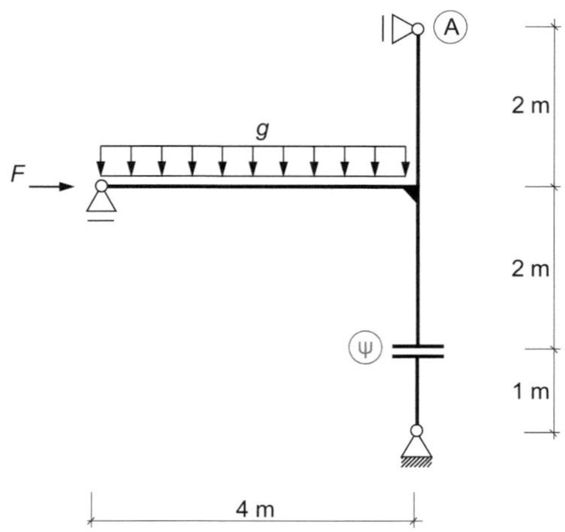


gegeben:
$F = 30$ kN
$g = 10$ kN/m

a) Berechnen Sie mithilfe des Prinzips der virtuellen Verschiebungen die Normalkraft und das Moment im Querkraftgelenk.

b) Bestimmen Sie mittels des Prinzips der virtuellen Verschiebungen die Auflagerkraft am Auflager A.

## Aufgabe 16

Schwierigkeitsgrad mittel

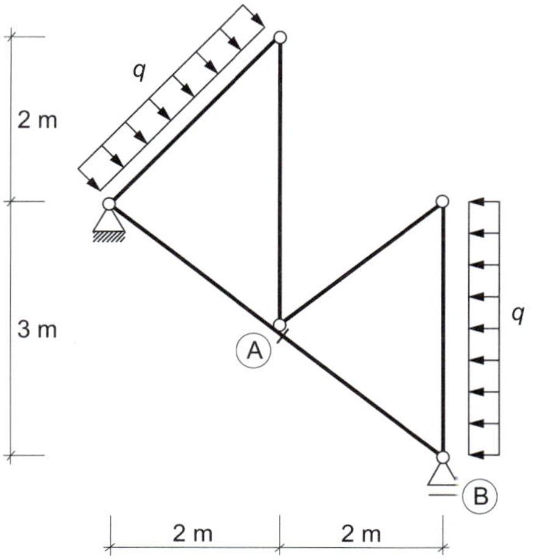


gegeben:
$q = 5$ kN/m

a) Berechnen Sie mithilfe des Prinzips der virtuellen Verschiebungen das Moment und die Normalkraft im Punkt A.

b) Bestimmen Sie mittels des Prinzips der virtuellen Verschiebungen die Auflagerkraft im Auflager B.

## Aufgabe 17

Schwierigkeitsgrad mittel

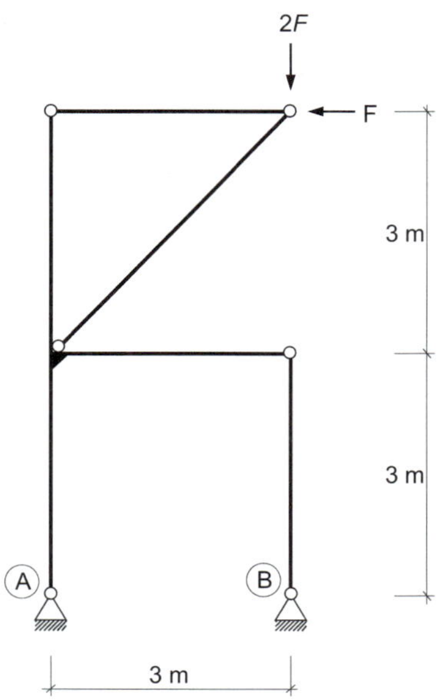


gegeben:
$F = 4$ kN

a) Berechnen Sie mithilfe des Prinzips der virtuellen Verschiebungen alle Auflagerreaktionen.

b) Begründen Sie Ihr Ergebnis für die horizontale Auflagerkraft im Auflager B.

## Aufgabe 18

Schwierigkeitsgrad
mittel

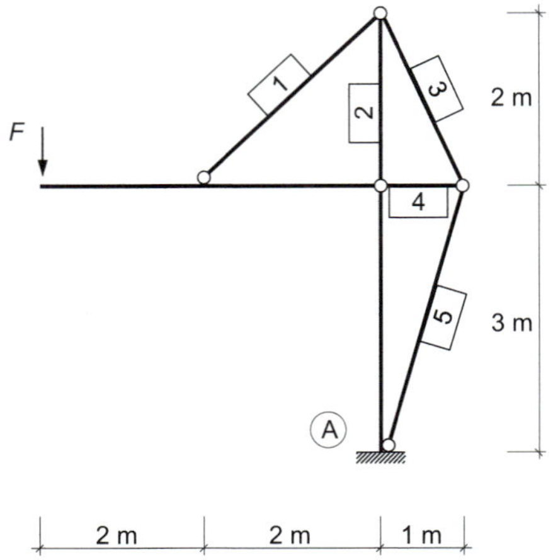


gegeben:
$F = 100$ kN

a) Berechnen Sie mithilfe des Prinzips der virtuellen Verschiebungen alle Normalkräfte in den Fachwerkstäben 1 bis 5.

b) Bestimmen Sie mittels des Prinzips der virtuellen Verschiebungen die Auflagerreaktionen des Systems im Auflager A.

## Aufgabe 19

Schwierigkeitsgrad
mittel

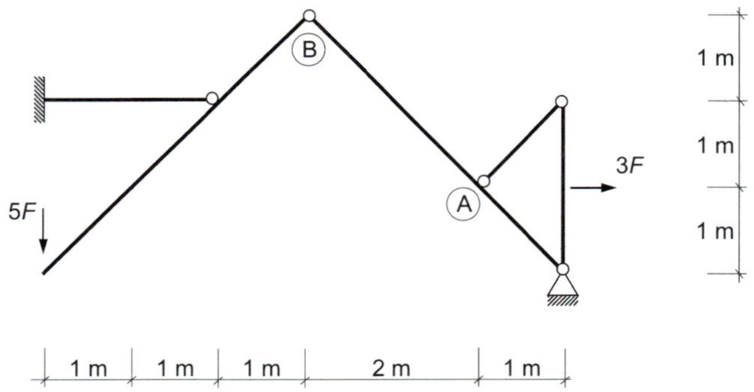


gegeben:
$F = 5$ kN

a) Berechnen Sie mithilfe des Prinzips der virtuellen Verschiebungen das Moment im Punkt A.

b) Bestimmen Sie mittels des Prinzips der virtuellen Verschiebungen die Normalkraft zwischen den Punkten A und B.

### Aufgabe 20

Schwierigkeitsgrad
mittel

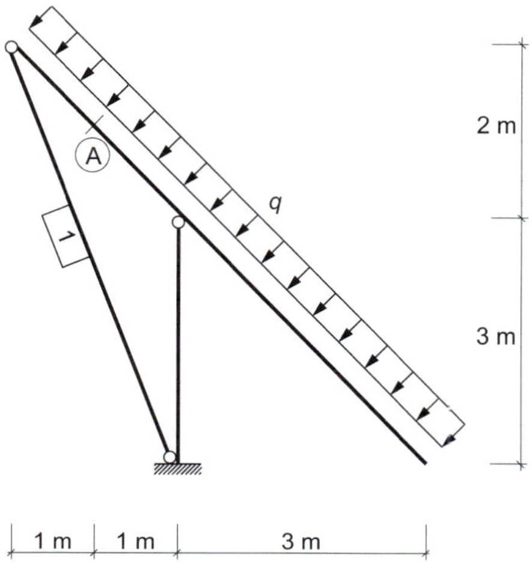


gegeben:
$q = 3\text{kN/m}$

a) Berechnen Sie mithilfe des Prinzips der virtuellen Verschiebungen das Moment am Punkt A.

b) Bestimmen Sie mittels des Prinzips der virtuellen Verschiebungen die Normalkraft im Stab 1.

### Aufgabe 21

Schwierigkeitsgrad
schwer

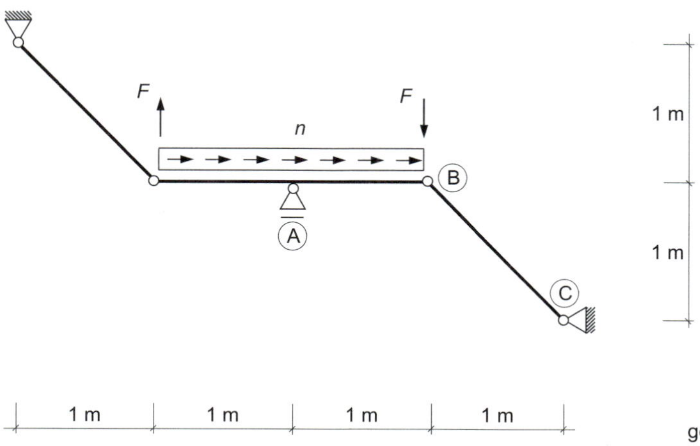


gegeben:
$F = 15\text{ kN}$
$n = 10\text{ kN/m}$

a) Berechnen Sie mithilfe des Prinzips der virtuellen Verschiebungen das Moment über dem Auflager A sowie die vertikale Auflagerreaktion am Auflager A.

b) Bestimmen Sie mittels des Prinzips der virtuellen Verschiebungen die Normalkraft im Stab B - C.

## Aufgabe 22

Schwierigkeitsgrad schwer

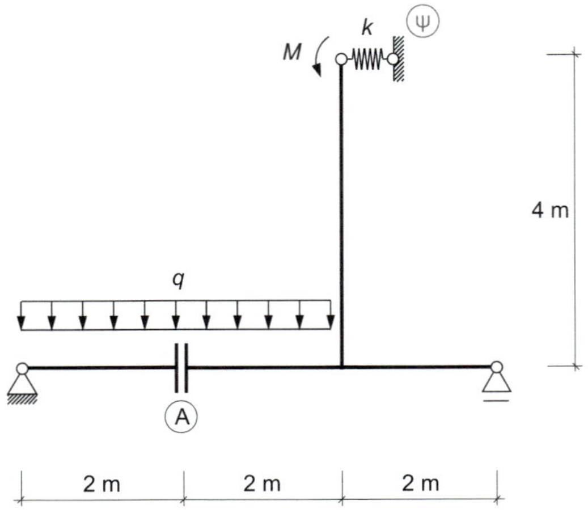


gegeben:
$M = 30$ kNm
$q = 4$ kN/m
$k = 1$ MN/m

a) Berechnen Sie mithilfe des Prinzips der virtuellen Verschiebungen die Normalkraft und das Moment am Gelenk A.
b) Bestimmen Sie mithilfe des Prinzips der virtuellen Verschiebungen die Federkraft.

## Aufgabe 23

Schwierigkeitsgrad schwer

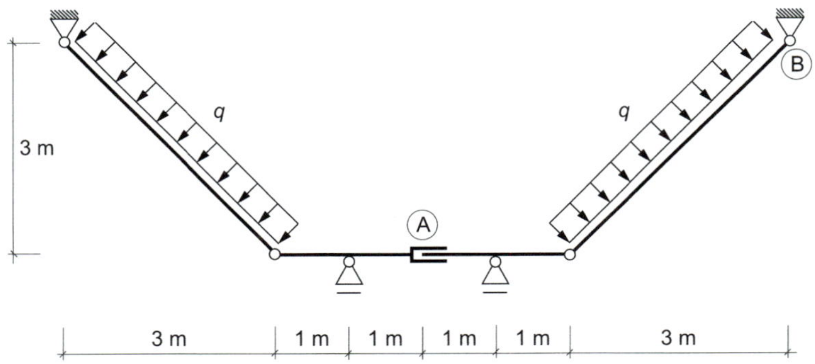


gegeben:
$q = 10$ kN/m

a) Berechnen Sie mithilfe des Prinzips der virtuellen Verschiebungen die Querkraft und das Moment am Gelenk A.
b) Bestimmen Sie mithilfe des Prinzips der virtuellen Verschiebungen die Reaktionen im Auflager B.

## Aufgabe 24

Schwierigkeitsgrad
schwer

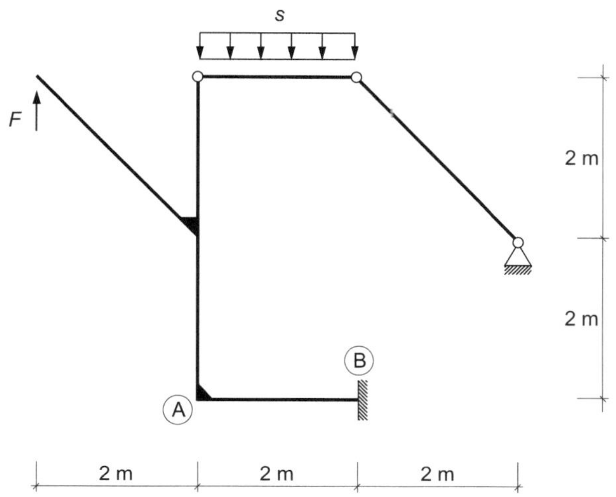


gegeben:
$F$ = 20 kN
$s$ = 5 kN/m

a) Berechnen Sie mithilfe des Prinzips der virtuellen Verschiebungen das Moment am Knoten A.

b) Bestimmen Sie mithilfe des Prinzips der virtuellen Verschiebungen die Auflagerreaktionen in der Einspannung B.

## Aufgabe 25

Schwierigkeitsgrad
schwer

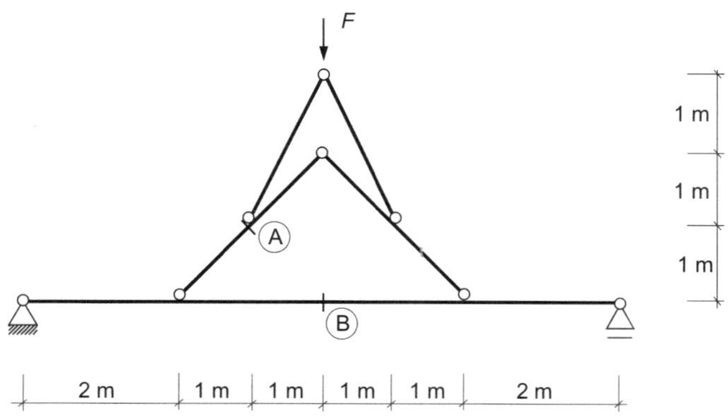


gegeben:
$F$ = 20 kN

a) Berechnen Sie mithilfe des Prinzips der virtuellen Verschiebungen das Moment im Knoten A.

b) Berechnen Sie mithilfe des Prinzips der virtuellen Verschiebungen die Normalkraft und das Moment am Punkt B.

## Aufgabe 26

Schwierigkeitsgrad
schwer

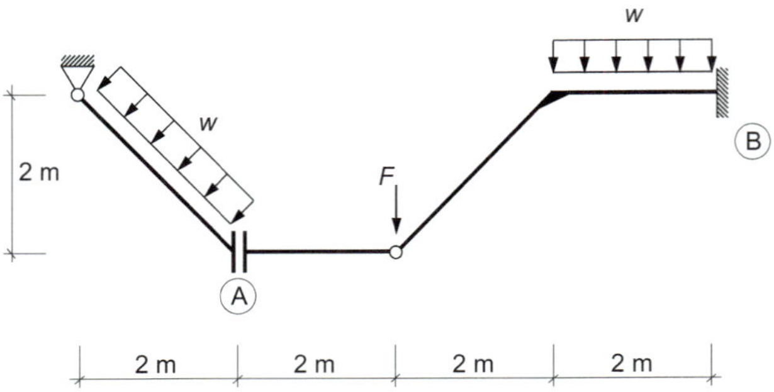


gegeben:
$F = 10$ kN
$w = 5$ kN/m

a) Berechnen Sie mithilfe des Prinzips der virtuellen Verschiebungen das Moment am Gelenk A.

b) Berechnen Sie mithilfe des Prinzips der virtuellen Verschiebungen die Auflagerreaktionen an der Einspannung B.

## Aufgabe 27

Schwierigkeitsgrad
schwer

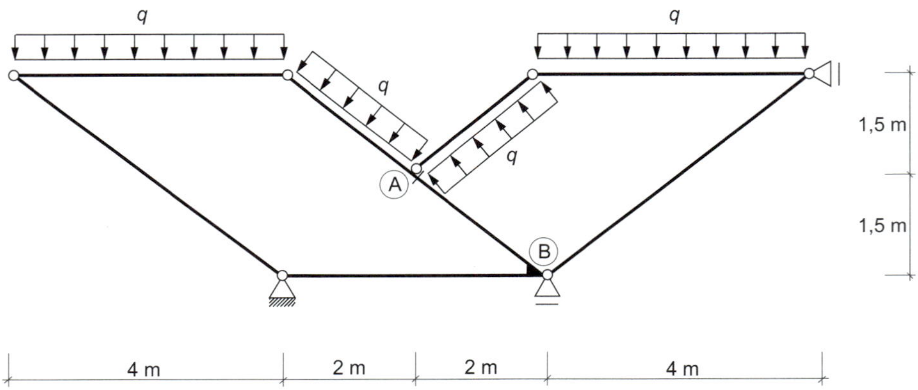


gegeben:
$q = 2$ kN/m

a) Berechnen Sie mithilfe des Prinzips der virtuellen Verschiebungen das Moment im durchlaufenden Stab am Knoten A und das Moment in der biegesteifen Ecke am Knoten B.

b) Bestimmen Sie mittels des Prinzips der virtuellen Verschiebungen die vertikale Auflagerreaktion am Auflager B.

## Aufgabe 28

Schwierigkeitsgrad schwer

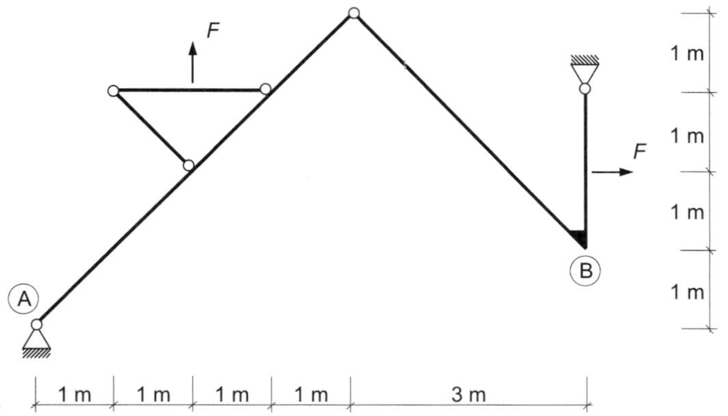


gegeben:
$F = 30$ kN

a) Berechnen Sie mithilfe des Prinzips der virtuellen Verschiebungen die Normalkraft im Stab am Auflager A.

b) Berechnen Sie mithilfe des Prinzips der virtuellen Verschiebungen das Moment im Knoten B.

## Aufgabe 29

Schwierigkeitsgrad
schwer

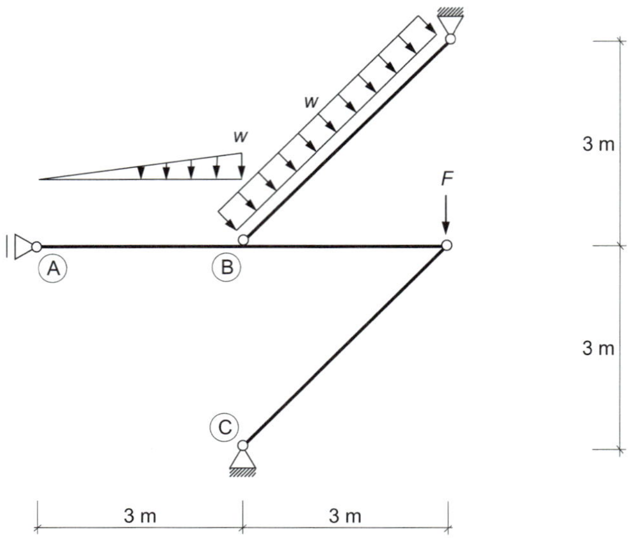


gegeben:
$F$ = 8 kN
$w$ = 2 kN/m

a) Berechnen Sie mithilfe des Prinzips der virtuellen Verschiebungen die Normalkraft im Stab A – B.

b) Bestimmen Sie mittels des Prinzips der virtuellen Verschiebungen die Auflagerkräfte im Auflager C.

c) Überprüfen Sie Ihre Ergebnisse aus Teilaufgabe b, indem Sie die Schnittkräfte im Pendelstab bestimmen.

## Aufgabe 30

Schwierigkeitsgrad schwer

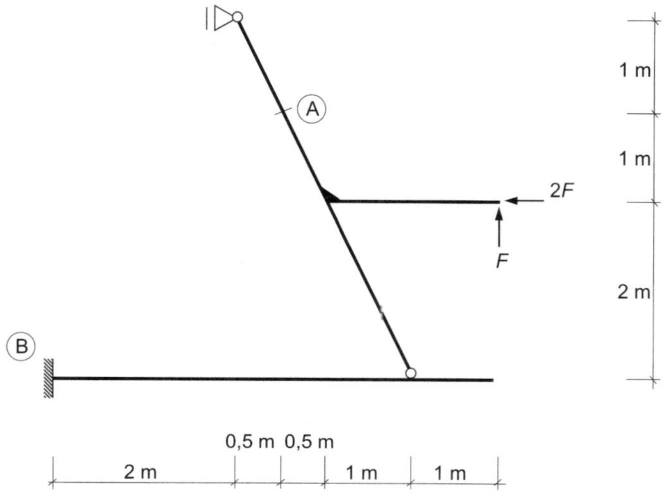


gegeben:
$F = 5$ kN

a) Berechnen Sie mithilfe des Prinzips der virtuellen Verschiebungen die Normalkraft und das Moment im Punkt A.

b) Bestimmen Sie mittels des Prinzips der virtuellen Verschiebungen die Auflagerreaktionen an der Einspannung B.

## 6.4 Lösungen

| Aufgabe | a) | Ort | b) | Ort |
|---|---|---|---|---|
| 1 | $M = -40$ kNm | 1 | | |
| 2 | $N = -10{,}67$ kN | A-B | $M = -3{,}67$ kNm | A |
| 3 | $M = -142{,}5$ kNm | A | | |
| 4 | $M = -72$ kNm | $\psi$ | $M = 20$ kNm | A |
| 5 | $N = -89{,}44$ kN | 4-5 | | |
| 6 | $A_V = 17{,}5$ kN | 1 | $N = -11{,}52$ kN | 1-2 |
| 7 | $N = 14{,}24$ kN | 1 | | |
| 8 | $M = -50$ kNm | A | $F_{Feder} = -1{,}33$ kN | $\psi$ |
| 9 | $V = 28{,}28$ kN | A | | |
| 10 | $M = -720$ kNm | A | $N = -17{,}89$ kN | B-C |
| 11 | $V = 21{,}75$ kN | A | $M = -55{,}38$ kNm | B |
| 12 | $M = -45$ kNm | A | $M = 90$ kNm | B |
| 13 | $M = -30$ kNm | 1 | $V = 15{,}25$ kN | 2-3 |
| 14 | $N = -5{,}44$ kN | 1-2 | $M = 36{,}25$ kNm | 1 |
| 15 | $N_{V\text{-}Gelenk} = -5$ kN | $\psi$ | $A_H = -30$ kN | A |
| 16 | $N = -15{,}75$ kN | A | $B_V = 10{,}63$ kN | B |
| 17 | $A_V = 8$ kN | A | Pendelstab über B | - |
| 18 | $N = 421{,}64$ kN | 5 | $M = -400$ kNm | A |
| 19 | $M = -10$ kNm | A | $N = 35{,}36$ kN | A-B |
| 20 | $M = -10{,}5$ kNm | A | $N = 13{,}46$ kN | 1 |
| 21 | $M = 10$ kNm | A | $N = -35{,}36$ kN | B-C |
| 22 | $M = 8$ kNm | A | $F_{Feder} = -11{,}5$ kN | $\psi$ |
| 23 | $M = -30$ kNm | A | $B_H = 30$ kN | B |
| 24 | $M = 20$ kNm | A | $M = 50$ kNm | B |
| 25 | $M = 2{,}5$ kNm | A | $N = 7{,}5$ kN | B |
| 26 | $M = 0$ kNm | A | $M = -30$ kNm | B |
| 27 | $M = -22{,}25$ kNm | A | $B_V = 2{,}25$ kN | B |
| 28 | $N = 15{,}91$ kN | A | $M = 22{,}5$ kNm | B |
| 29 | $N = 17$ kN | A-B | $C_V = 7$ kN | C |
| 30 | $N = -2{,}80$ kN | A | $M = -20$ kNm | B |

# 7 Kraftgrößenverfahren

Videos zu diesem Kapitel finden Sie unter

## 7.1 Grundlagen zum Kraftgrößenverfahren

Das Kraftgrößenverfahren (KV) wird zur Berechnung von statisch unbestimmten Tragwerken verwendet. Es beruht auf dem Prinzip der virtuellen Kräfte und ist besonders für die Handrechnung geeignet.

Die Grundidee des Kraftgrößenverfahrens ist, das statisch unbestimmte Tragwerk durch eine entsprechende Superposition von Lastfällen an einem geeigneten „statisch bestimmten Grundtragwerk" zu ersetzen. In der Regel können statisch bestimmte Tragwerke ohne Probleme berechnet werden (vgl. Kapitel 3).

Der Ablauf des Kraftgrößenverfahrens ist folgendermaßen:

Zunächst wird das statisch unbestimmte Tragwerk auf ein statisch bestimmtes Grundtragwerk durch Einführen geeigneter Schnitte oder Gelenke zurückgeführt (vgl. Kapitel 2). Dabei werden Kraftgrößen, wie z. B. Schnittgrößen oder Lagerkräfte, ausgelöst. Die Anzahl der freigeschnittenen Kraftgrößen entspricht dem Grad n der statischen Unbestimmtheit. Die ausgelösten Kraftgrößen werden als die sogenannten „statischen Unbekannten $X_i$" bezeichnet und mit dem Index i von 1 bis n durchnummeriert. Es gibt grundsätzlich viele verschiedene Möglichkeiten für statisch bestimmte Grundtragwerke. Die konkrete Wahl muss vom Anwender von Fall zu Fall entschieden werden. Wichtig ist aber, dass die statisch bestimmten Grundtragwerke in jedem Fall brauchbar und somit nicht kinematisch sein müssen. Andererseits ist die Rechnung unbrauchbar. Die Entwicklung brauchbarer Grundtragwerke stellt oft eine Herausforderung dar und bedarf gründlicher Übung.

Anschließend wird das statisch bestimmte Grundtragwerk für die vorgesehene Belastung berechnet. An den zusätzlichen Schnitten und Gelenken stellen sich Verformungen ein, die nicht mit den Verformungen des ursprünglichen, statisch unbestimmten Tragwerk verträglich sind. Hierbei stellen sich z. B. Knicke an zusätzlichen Momentengelenken, Relativverschiebungen an Querkraftgelenken, Verschiebungen anstelle von Lagern, etc. ein.

Dies beschreibt den sogenannten „Lastzustand". Der Lastzustand wird mit der Indexnummer i = 0 bezeichnet.

Im Weiteren wird jede einzelne statische Unbekannte als einzige äußere Last aufgebracht und jeweils als weiterer Lastfall am statisch bestimmten Grundtragwerk berechnet. Dies definiert die sogenannten „Einheitszustände". Die Last- und Einheitszustände werden zuletzt superponiert. Dabei muss beachtet werden, dass sich Einheitszustände gegenseitig beeinflussen. Die Werte für die statischen Unbekannten werden so eingestellt, dass die im Lastzustand unverträglichen Verformungen wieder kompensiert werden. Diese sind als Verträglichkeits- oder Kompatibilitätsbedingungen definiert. Die künstlich eingeführten Schnitte und Gelenke werden damit wieder geschlossen. Für die $n$ statischen Unbekannten wird hierzu ein System mit $n$ Gleichungen aufgestellt und gelöst. Die resultierende Systemmatrix wird Flexibilitätsmatrix genannt. Die Komponenten der Flexibilitätsmatrix sind spaltenweise die Verformungen an den künstlichen Schnitten und Gelenken des Grundtragwerks infolge der Einheitslasten $X_i = 1$.

Wesentliche Grundlage für die Erstellung und Auswertung der Kompatibilitätsbedingungen ist die Berechnung der inkompatiblen Verformungen in den Last- und Einheitszuständen. Dafür kann sehr vorteilhaft das Prinzip der virtuellen Kräfte (PvK) verwendet werden (vgl. Kapitel 5). Alternativ können Verformungen auch mit Tabellenwerken oder alternativen Methoden ermittelt werden.

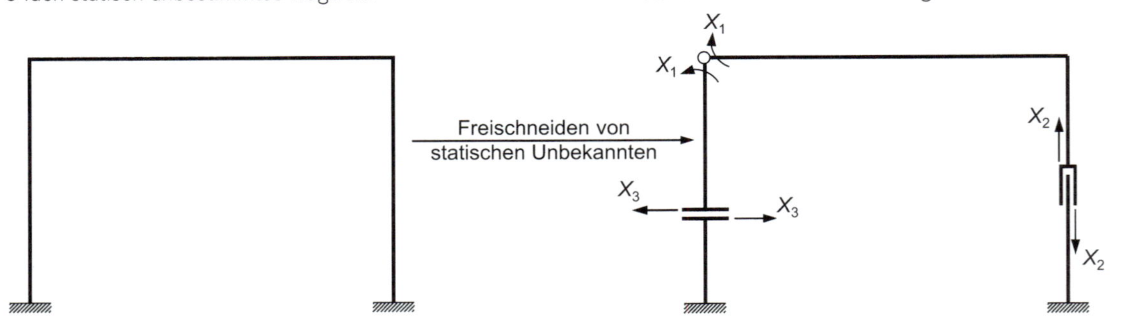


Beispiel für ein statisch bestimmtes Grundtragwerk eines 3-fach statisch unbestimmten Tragwerks

In Bild rechts unten ist die Darstellung der inkompatiblen Verformung (Knickwinkel $\Delta\varphi_0 = \varphi_{links,0} + \varphi_{rechts,0}$) am zusätzlich eingeführten Momentengelenk infolge der planmäßigen, horizontalen Last im Lastzustand i = 0 dargestellt.

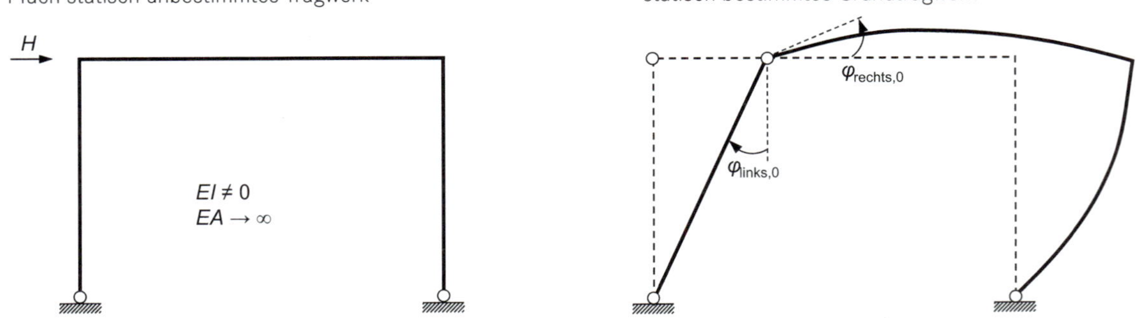


Beispiel für ein 1-fach statisch unbestimmtes Tragwerk

Darstellung der inkompatiblen Verformung (Knickwinkel $\Delta\varphi_1 = \varphi_{\text{links},1} + \varphi_{\text{rechts},1}$) am zusätzlich eingeführten Momentengelenk infolge der Einheitslast $X_1 = 1$:

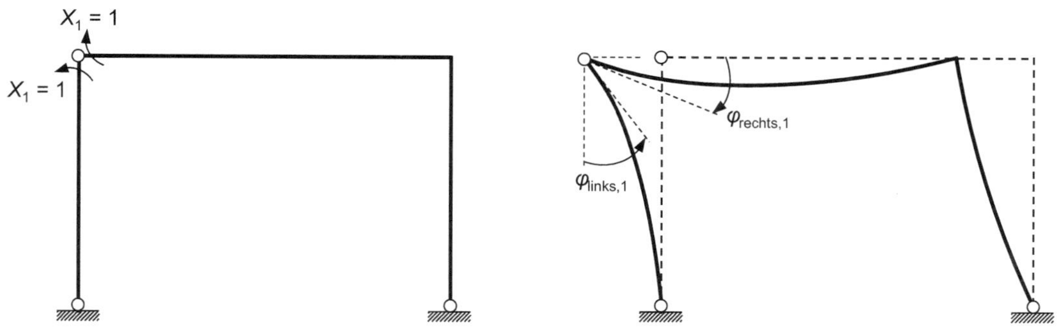


Beispiel für den Einheitszustand $X_1 = 1$

Um das ursprüngliche Tragwerk zu repräsentieren, muss die statische Unbekannte $X_1$ so eingestellt werden, dass der künstlich entstandene Knickwinkel geschlossen wird. Die Kompatibilitätsbedingung lautet demnach:

$$\Delta\varphi = \Delta\varphi_1 X_1 + \Delta\varphi_0 = 0$$

Die statische Unbekannte $X_1$ berechnet sich zu $X_1 = -\Delta\varphi_0/\Delta\varphi_1$. Dabei sind $\Delta\varphi_1$ die sogenannte Flexibilität $d_{11}$ und $\Delta\varphi_0$ die inkompatible Verformung $d_{10}$ im Lastzustand dieses einfach statisch unbestimmten Beispiels.

Für $n$-fach statisch unbestimmte Aufgaben führen die Kompatibilitätsbedingungen auf ein System von $n$ Gleichungen, das zur Bestimmung der statischen Unbekannten zu lösen ist:

$$\begin{bmatrix} d_{11} & \cdots & d_{1j} & \cdots & d_{1n} \\ \vdots & \ddots & \vdots & \iddots & \vdots \\ d_{i1} & \cdots & d_{ij} & \cdots & d_{in} \\ \vdots & \iddots & \vdots & \ddots & \vdots \\ d_{n1} & \cdots & d_{nj} & \cdots & d_{nn} \end{bmatrix} \begin{bmatrix} X_1 \\ \vdots \\ X_j \\ \vdots \\ X_n \end{bmatrix} + \begin{bmatrix} d_{10} \\ \vdots \\ d_{i0} \\ \vdots \\ d_{n0} \end{bmatrix} = 0$$

$$\mathbf{d} \qquad \mathbf{X} + \mathbf{d}_0 = 0$$

Dabei sind $\boldsymbol{d}$ die Flexibilitätsmatrix, $\boldsymbol{X}$ der Vektor der statischen Unbekannten und $\boldsymbol{d}_0$ der Vektor der inkompatiblen Verformungen im Lastzustand. Die Nebendiagonalglieder der Flexibilitätsmatrix geben die gegenseitige Beeinflussung der Einheitszustände wieder. Dabei bedeutet $d_{ij}$ die Verformung am Freiheitsgrad i im Einheitszustand j. Bei den Komponenten des Vektors $\boldsymbol{d}_0$ wird der Lastzustand mit dem Index j = 0 bezeichnet.

Die Rückrechnung der endgültigen Schnitt-, Auflager- und Verformungsgrößen ergibt sich aus der Superposition des Lastzustandes mit den um $X_i$ skalierten Einheitszuständen, z. B. für eine endgültige Schnittgröße $S$:

$$S = S_0 + \sum_{i=1}^{n} S_i X_i$$

Dabei sind $S$ die endgültige Schnittgröße und $S_0$ und $S_i$ die Werte der Schnittgröße im jeweiligen Last- bzw. Einheitszustand. Die Rückrechnung anderer Größen (z. B. Verschiebungsgrößen) erfolgt entsprechend.

### Die Schritte des Kraftgrößenverfahrens zusammengefasst:

1. Bestimmung des Grades $n$ der statischen Unbestimmtheit
2. Wahl eines statisch bestimmten Grundtragwerks, Freischneiden von statischen Unbekannten $X_i$
3. Ermittlung der Verformungen $d_{ij}$ an den Stellen der statischen Unbekannten in den Last- und Einheitszuständen
4. Aufstellen und Lösen der Kompatibilitätsbedingungen
5. Rückrechnung durch Superposition der Last- und Einheitszustände

Im Allgemeinen ist die Wahl der statischen Unbekannten beliebig. Es ist lediglich darauf zu achten, dass durch das Freischneiden von statischen Unbekannten kein unbrauchbares Grundtragwerk entsteht.

# 7.2 Beispielaufgabe 1

1)

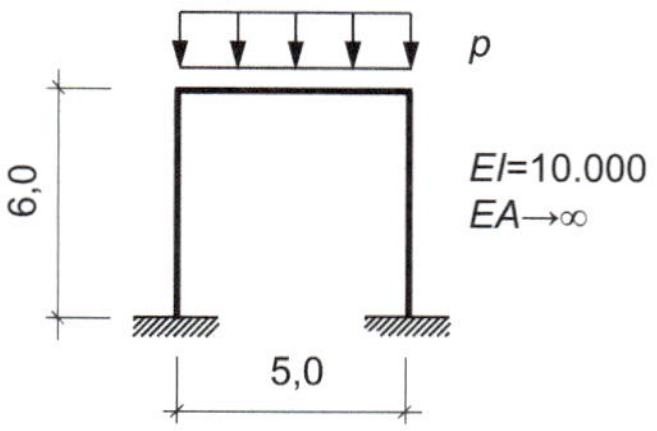


2)

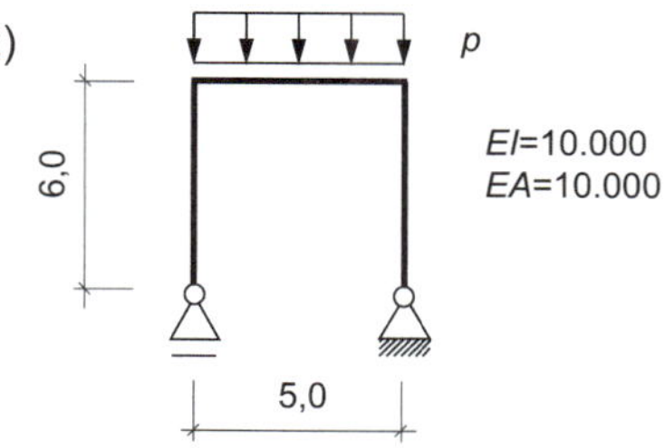


3)

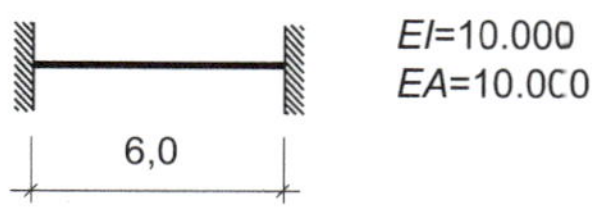


4)

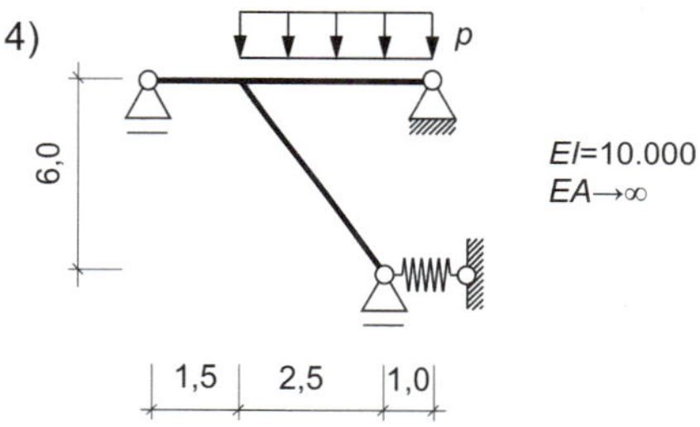


Lösen Sie für die vier Tragwerke folgende Aufgaben.

a) Bestimmen Sie jeweils den Grad der statischen Unbestimmtheit.

b) Geben Sie jeweils ein statisch bestimmtes Grundtragwerk an, welches für die Berechnung mit dem Kraftgrößenverfahren verwendet werden kann.

c) Geben Sie ferner für die Grundtragwerke aus Teilaufgabe b) jeweils den Lastzustand (LZ) und die Einheitszustände (EZ) an.

## 7.2.1 Tragwerk 1

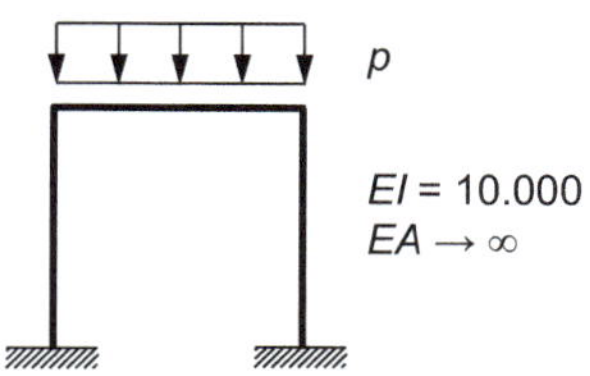


Tragwerk 1

Es wird der Grad der statischen Unbestimmtheit ermittelt und statisch bestimmtes Grundtragwerk erstellt.

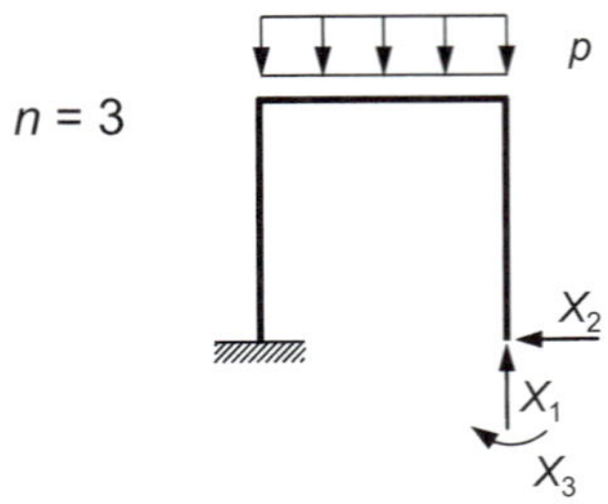


Grad der statischen Unbestimmtheit und statisch bestimmtes Grundtragwerk vom Tragwerk 1

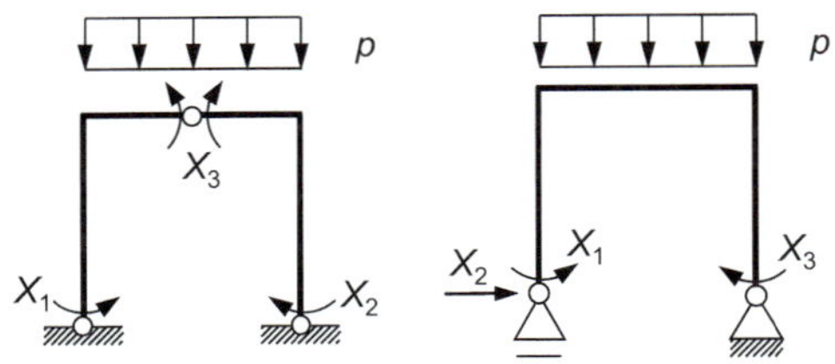


Alternative bestimmte Grundtragwerke vom Tragwerk 1

Weiter müssen für das gewählte Grundtragwerk die Last- und Einheitszustände ermittelt werden, wobei jeweils nur der Momentenverlauf zu bestimmen ist ($EA \to \infty$).

LZ:

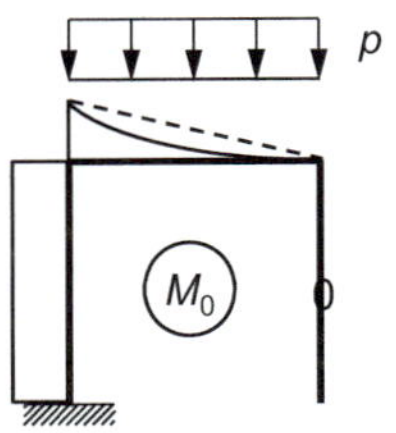


Momentenverlauf für den Lastzustand

EZ1:

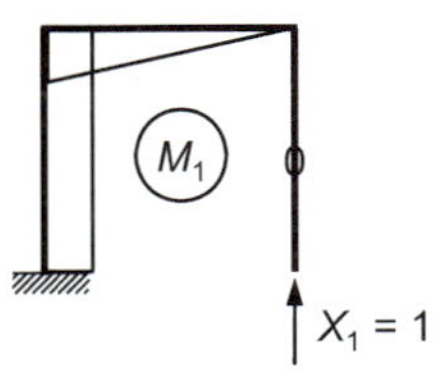


Momentenverlauf für den Einheitszustand 1

EZ2:

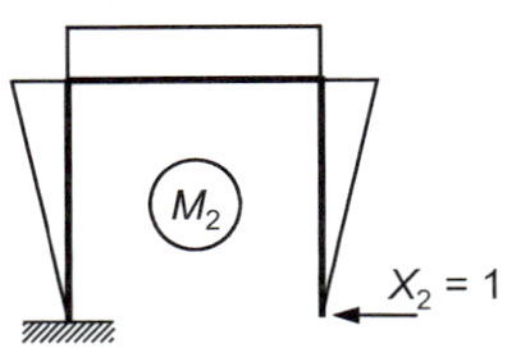


Momentenverlauf für den Einheitszustand 2

EZ3:

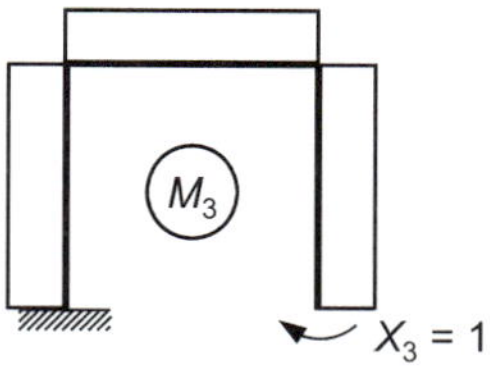


Momentenverlauf für den Einheitszustand 3

### 7.2.2 Tragwerk 2

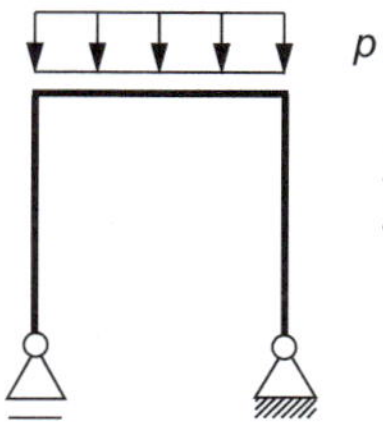


$EI = 10.000$
$EA = 10.000$

Tragwerk2

Das Tragwerk 2 ist statisch bestimmt, $n = 0$. Somit ist die Anwendung des KV nicht notwendig bzw. möglich.

### 7.2.3 Tragwerk 3

$EI = 10.000$
$EA = 10.000$

Tragwerk 3

Es wird der Grad der statischen Unbestimmtheit ermittelt und ein statisch bestimmtes Grundtragwerk erstellt.

$n = 3$

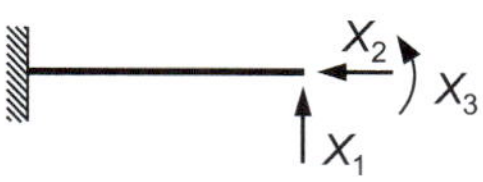


Grad der statischen Unbestimmtheit und statisch bestimmtes Grundtragwerk vom Tragwerk 3

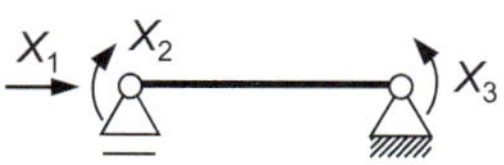


Alternative bestimmte Grundtragwerke vom Tragwerk

Weiter müssen für das gewählte Grundtragwerk die Last- und Einheitszustände ermittelt werden (hier nicht vorgeführt). Da keine Belastung gegeben ist, müssen nur die Schnittgrößenverläufe für die Einheitszustände ermittelt werden.

EZ1:

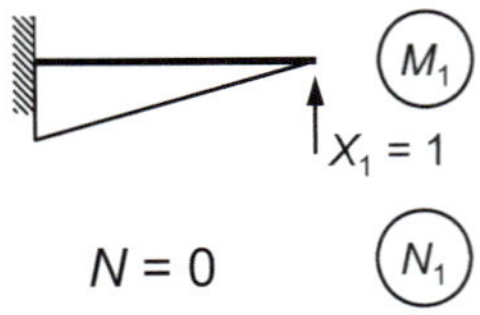


Schnittgrößenverläufe für den Einheitszustand 1

EZ2:

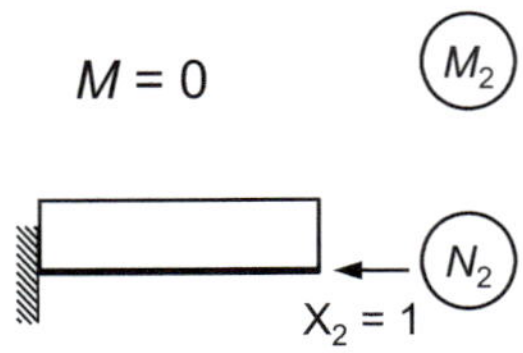


Schnittgrößenverläufe für den Einheitszustand 2

EZ3:

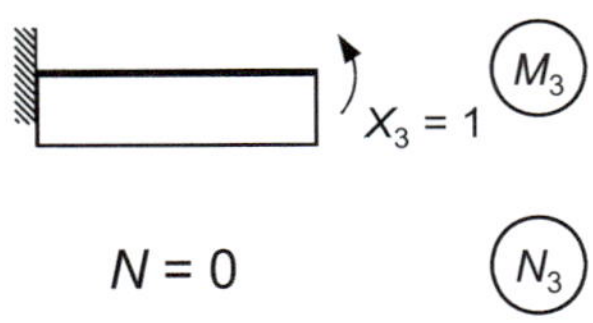


Schnittgrößenverläufe für den Einheitszustand 3

### 7.2.4 Tragwerk 4

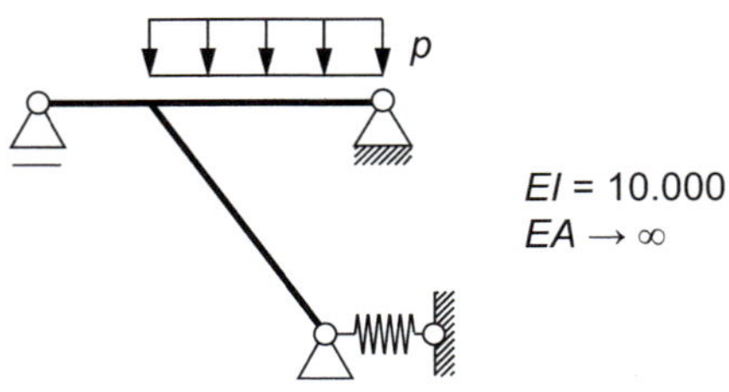


Tragwerk 4

Es wird der Grad der statischen Unbestimmtheit ermittelt und das statisch bestimmte Grundtragwerk erstellt.

$n = 2$

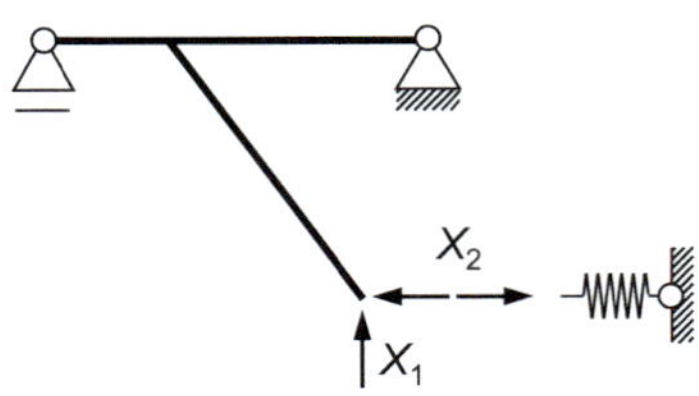


Grad der statischen Unbestimmtheit und statisch bestimmtes Grundtragwerk von Tragwerk 4

Die Normalkraftverläufe müssen wegen $EA \to \infty$ nicht bestimmt werden. Die Senkfeder beeinflusst lediglich den EZ2!

LZ:

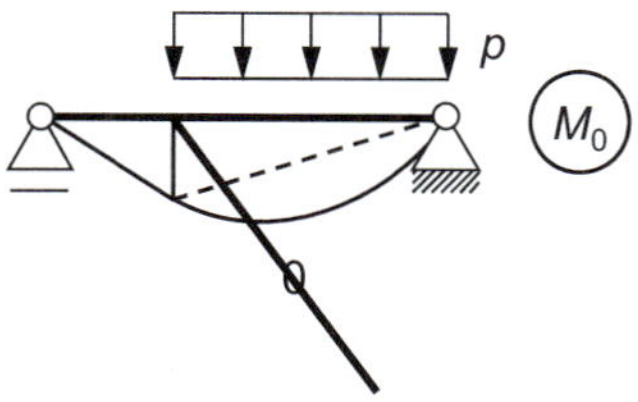


Momentenverlauf für den Lastzustand

EZ1:

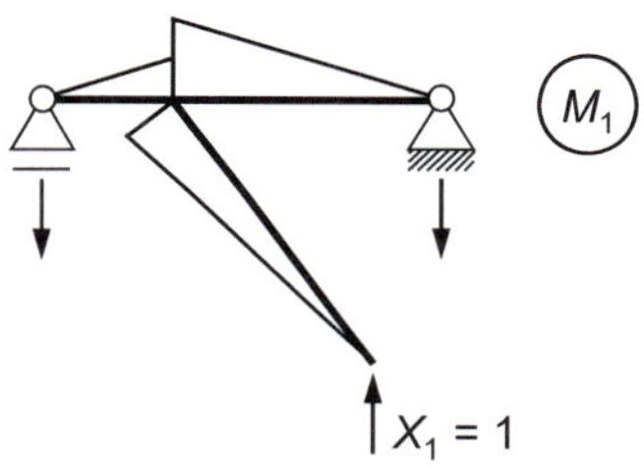


Momentenverlauf für den Einheitszustand 1

EZ2:

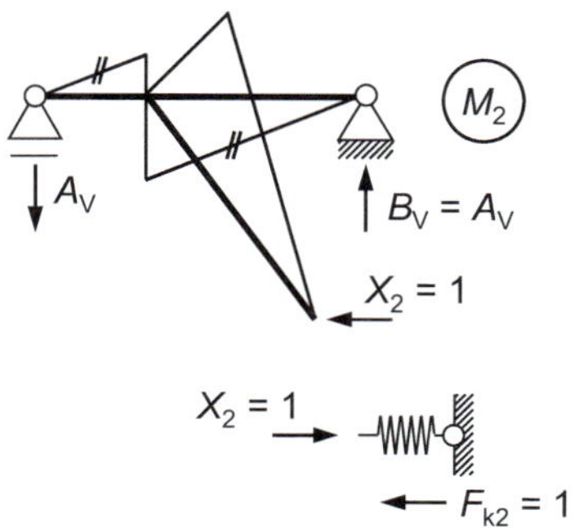


Momentenverlauf für den Einheitszustand 2

Die Normalkraft in der Feder („Federkraft") ist N = -1

# 7.3 Beispielaufgabe 2

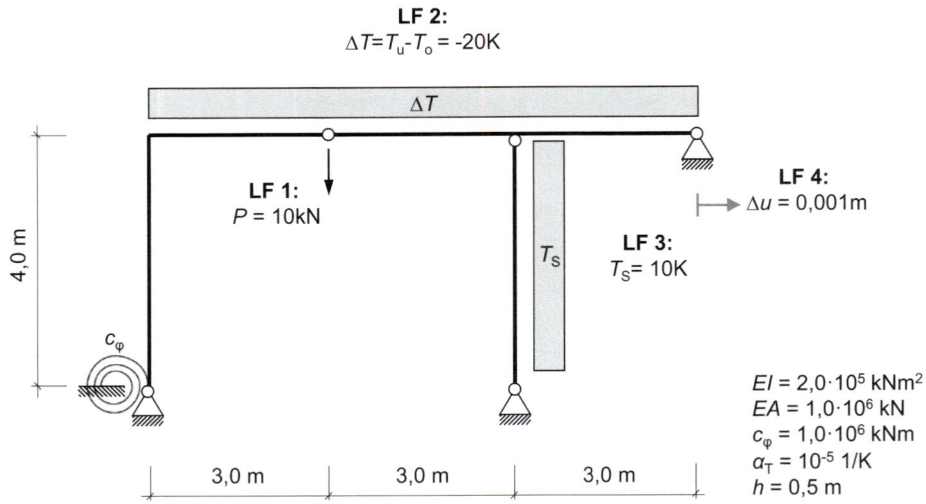


Bestimmen Sie für das oben angegebene Tragwerk mit dem Kraftgrößenverfahren den Momenten- und Normalkraftverlauf für die vier gegebenen Lastfälle:

- LF 1: Einzellast $P$
- LF 2: Temperaturdifferenz $\Delta T$
- LF 3: konstante Temperaturänderung $T_S$
- LF 4: Auflagerverschiebung $\Delta u$

*Hinweis: Für die Vergleichsrechnung der folgenden Aufgaben können Sie ein geeignetes Computerprogramm verwenden (→ Stiff).*

## 7.3.1 Lastfall 1: Einzellast P

Als erstes wird das statisch bestimmte Grundtragwerk ermittelt.

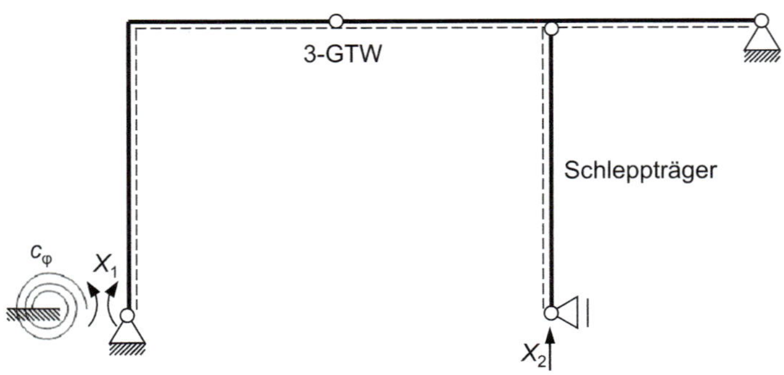


Statisch bestimmtes Grundtragwerk

In Beispielaufgabe 2 ist keine gestrichelte Faser angegeben. Daher kann diese selbst gewählt werden. Die Festlegung sollte direkt zu Beginn erfolgen, da die Vorzeichen der Schnittgrößenverläufe für die Überlagerung (Berechnung der Flexibilitäten) und die Superposition der Zustandsgrößen erforderlich sind.

Für den Lastzustand werden alle Auflagerkräfte berechnet und weiter der Momenten- sowie der Normalkraftverlauf ermittelt.

1. $\Sigma M_{G2,\text{unten}}$: $B_H = 0$
2. $\Sigma M_{G1,\text{rechts}}$: $C_V = 0$
3. $\Sigma V_{\text{global}}$: $A_V = P = 10$ kN
4. $\Sigma M_{G1,\text{links}}$: $A_H = A_V\ 3/4 = 7{,}5$ kN
5. $\Sigma H_{\text{global}}$: $C_H = A_H = 7{,}5$ kN

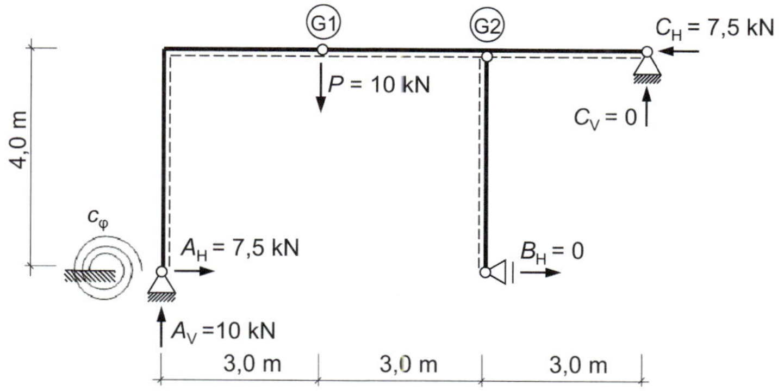


Auflagerkräfte für den Lastzustand

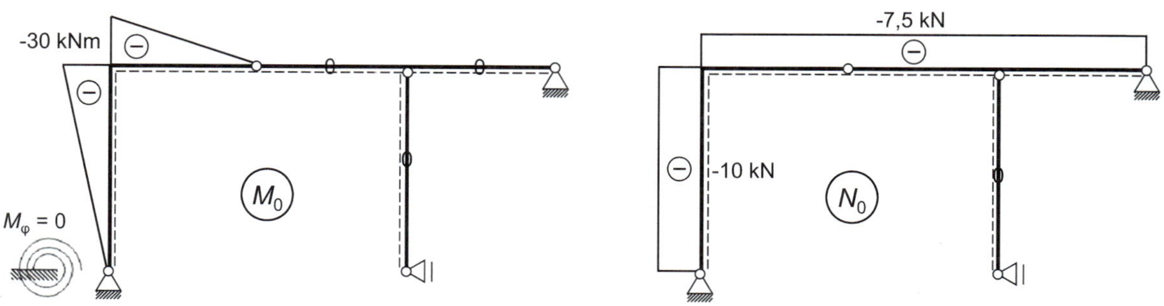


Momenten- und Normalkraftverlauf für den Lastzustand

Im Weiteren müssen die Einheitszustände 1 und 2 ermittelt werden, wofür auch die dazugehörigen Auflagerreaktionen zu berechnen sind. Berechnung der Auflagerkräfte für den Einheitszustand 1.

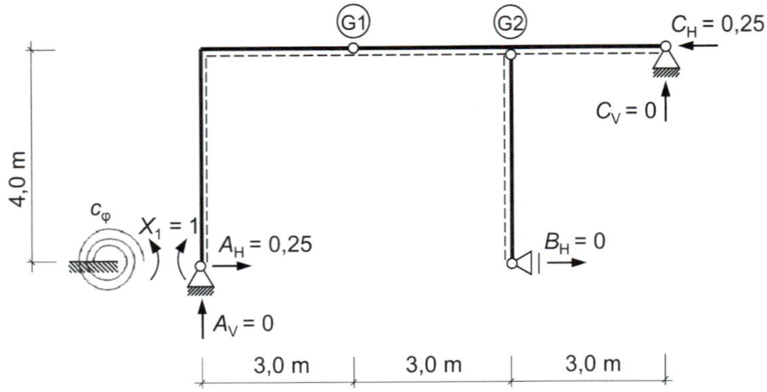


Auflagerkräfte für den Einheitszustand 1

1. $\Sigma M_{G2,unten}$: $B_H = 0$
2. $\Sigma M_{G1,rechts}$: $C_V = 0$
3. $\Sigma V_{global}$: $A_V = 0$
4. $\Sigma M_{G1,links}$: $A_H = X_1/4 = 0{,}25$
5. $\Sigma H_{global}$: $C_H = A_H = 0{,}25$

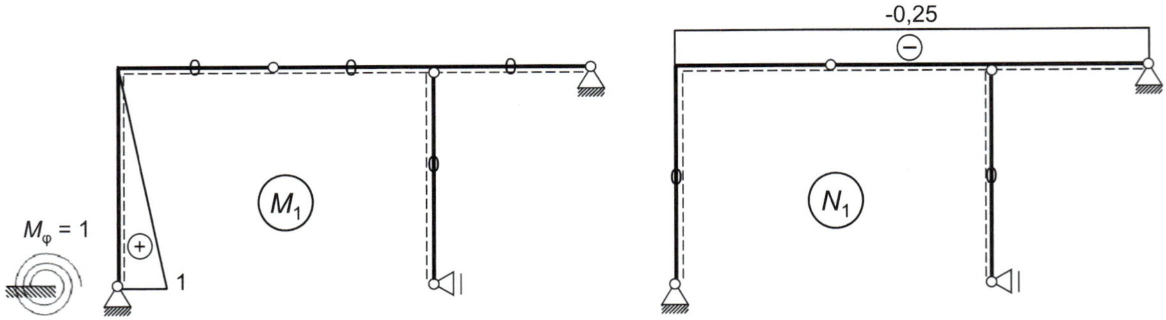


Momenten- und Normalkraftverlauf für den Einheitszustand 1

Für den Einheitszustand 2 erfolgt zuerst die Berechnung der Auflagerkräfte.

1. $\Sigma M_{G2,unten}$: $B_H = 0$
2. $\Sigma M_{G1,rechts}$: $C_V = X_2\ 3/6 = 0{,}5$
3. $\Sigma V_{global}$: $A_V = X_2 - C_V = 0{,}5$
4. $\Sigma M_{G1,links}$: $A_H = A_V\ 3/4 = 0{,}375$
5. $\Sigma H_{global}$: $C_H = A_H = 0{,}375$

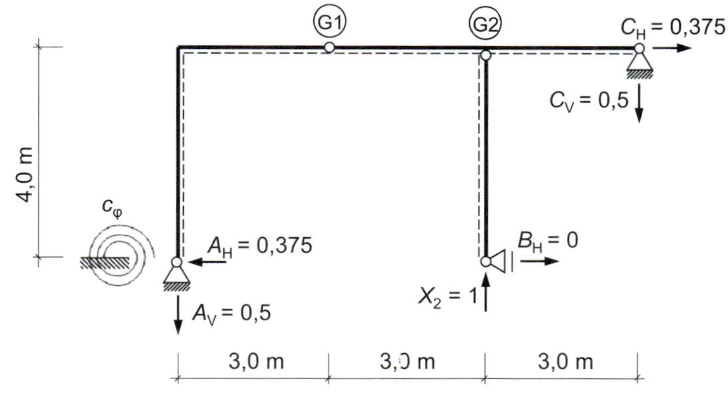


Auflagerkräfte für den Einheitszustand 2

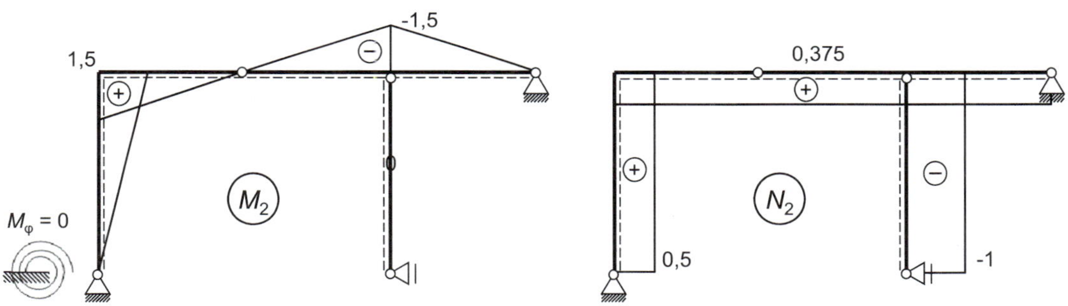


Momenten- und Normalkraftverlauf für den Einheitszustand 2

Der nächste Schritt ist die Berechnung der Flexibilitäten mit dem PvK.

$$d_{10} = \frac{1}{6} \cdot 1 \cdot (-30) \cdot \frac{4}{EI} + (-7{,}5) \cdot (-0{,}25) \cdot \frac{9}{EA} = -8{,}313 \cdot 10^{-5} \text{ rad}$$

$$d_{20} = \frac{1}{3} \cdot 1{,}5 \cdot (-30) \cdot \frac{4}{EI} + \frac{1}{3} \cdot 1{,}5 \cdot (-30) \cdot \frac{3}{EI} + (0{,}5) \cdot (-10) \cdot \frac{4}{EA} + (0{,}375) \cdot (-7{,}5) \cdot \frac{9}{EA} = -5{,}703 \cdot 10^{-4} \text{ m}$$

$$d_{11} = \frac{1}{3} \cdot 1 \cdot 1 \cdot \frac{4}{EI} + (-0{,}25)^2 \cdot \frac{9}{EA} + \frac{1 \cdot 1}{c_\phi} = 8{,}229 \cdot 10^{-6} \frac{\text{rad}}{\text{kNm}}$$

$$d_{12} = d_{21} = \frac{1}{6} \cdot 1 \cdot 1{,}5 \cdot \frac{4}{EI} + (-0{,}25) \cdot 0{,}375 \cdot \frac{9}{EA} = 4{,}156 \cdot 10^{-6} \left( d_{12} \frac{\text{rad}}{\text{kN}};\ d_{21} \frac{\text{m}}{\text{kNm}} \right)$$

$$d_{22} = \frac{1}{3} \cdot 1{,}5^2 \cdot \frac{4}{EI} + \frac{1}{3} \cdot 1{,}5^2 \cdot \frac{3}{EI} \cdot 3 + 0{,}5^2 \cdot \frac{4}{EA} + 0{,}375^2 \cdot \frac{9}{EA} + (-1)^2 \cdot \frac{4}{EA} = 5{,}502 \cdot 10^{-5} \frac{\text{m}}{\text{kN}}$$

Die Kompatibilitätsbedingungen (Bsp.: $d_{10} + d_{11} \cdot X_1 + \ldots + d_{1n} \cdot X_n = 0$) werden hier direkt in Matrixschreibweise angegeben. Hierbei ist das lineare Gleichungssystem umgeformt worden, sodass die inkompatiblen Verformungen $d_{10}$, $d_{20}$ usw. aus dem Lastzustand auf der rechten Seite der Gleichung negativ aufgeführt sind.

$$\begin{bmatrix} 8{,}229 \cdot 10^{-6} & 4{,}156 \cdot 10^{-6} \\ 4{,}156 \cdot 10^{-6} & 5{,}502 \cdot 10^{-5} \end{bmatrix} \cdot \begin{bmatrix} X_1 \\ X_2 \end{bmatrix} = \begin{bmatrix} 8{,}313 \cdot 10^{-5} \\ 5{,}703 \cdot 10^{-4} \end{bmatrix} \quad \Rightarrow \quad \begin{matrix} X_1 = 5{,}060\ [\mathrm{kNm}] \\ X_2 = 9{,}983\ [\mathrm{kN}] \end{matrix}$$

Final werden die Zustandsgrößen superponiert.

$$M = M_0 + X_1 \cdot M_1 + X_2 \cdot M_2$$

$$N = N_0 + X_1 \cdot N_1 + X_2 \cdot N_2$$

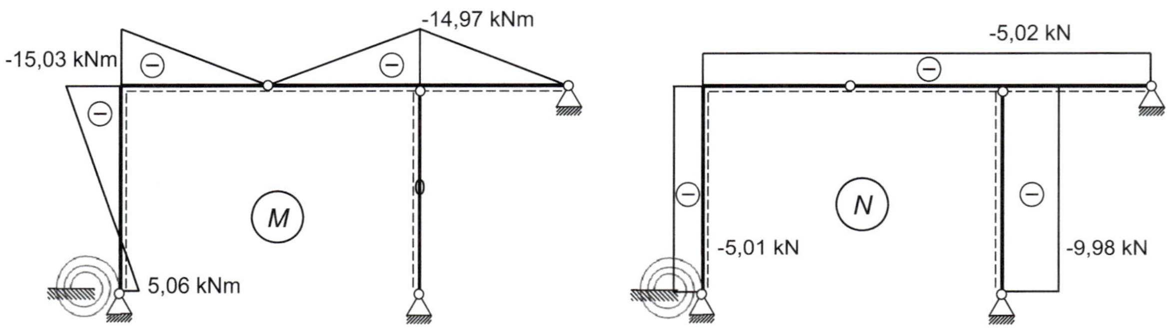


Belastung des Tragwerks nach der Superposition

### 7.3.2 Lastfall 2: Temperaturdifferenz $\Delta T$

Als erstes wird das statisch bestimmte Grundtragwerk ermittelt (vgl. Lastfall 1).

Durch die Temperaturdifferenz $\Delta T$ verkrümmt sich der waagrechte Stab. Jedoch ist das Grundtragwerk statisch bestimmt (Voraussetzung für das KV!), wodurch im Lastzustand keine Schnittgrößen entstehen.

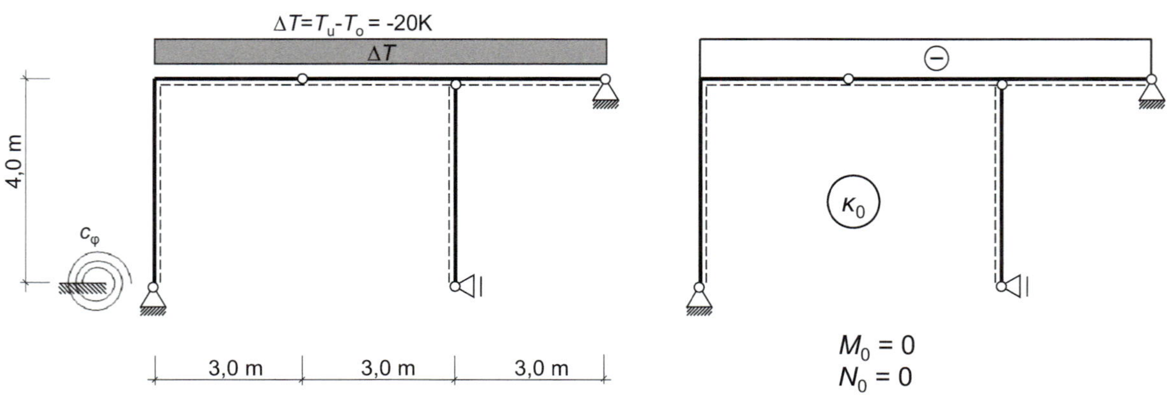


Lastzustand im Lastfall 2

Es ist darauf zu achten, dass die Krümmung an der richtigen Seite angetragen wird (Vorzeichen!): In diesem Beispiel ist die warme Seite auf der Staboberseite ($T_o > T_u$), d. h. die Staboberseite verlängert sich gegenüber der Stabunterseite. Die Krümmung wird somit über dem Stab angetragen und hat ein negatives Vorzeichen.

Die Einheitszustände sind vom Lastzustand unabhängig und somit dieselben wie beim Lastfall 1 (vgl. Seiten 184 und 185).

Der nächste Schritt besteht darin die Flexibilität zu bestimmen.

$$d_{10} = 0$$

$$d_{20} = \frac{1}{2} \cdot 1{,}5 \cdot \left(-4 \cdot 10^{-4}\right) \cdot 3 + \frac{1}{2} \cdot \left(-1{,}5\right) \cdot \left(-4 \cdot 10^{-4}\right) \cdot 3 \cdot 2 = 9{,}0 \cdot 10^{-4} \; \left[\mathrm{m}\right]$$

Für die Bestimmung der Flexibilitäten verrichtet das virtuelle Moment aus den Einheitszuständen auf der realen Verkrümmung des Temperaturlastfalls Arbeit.

$d_{11}$, $d_{12}$, $d_{21}$, $d_{22}$: vgl. Lastfall 1

Als nächstes werden die Kompatibilitätsbedingungen formuliert.

$$\begin{bmatrix} 8{,}229 \cdot 10^{-6} & 4{,}156 \cdot 10^{-6} \\ 4{,}156 \cdot 10^{-6} & 5{,}502 \cdot 10^{-5} \end{bmatrix} \cdot \begin{bmatrix} X_1 \\ X_2 \end{bmatrix} = \begin{bmatrix} 0 \\ -9{,}0 \cdot 10^{-4} \end{bmatrix} \quad \Rightarrow \quad \begin{aligned} X_1 &= 8{,}589 \; \left[\mathrm{kNm}\right] \\ X_2 &= -17{,}006 \; \left[\mathrm{kN}\right] \end{aligned}$$

Final werden wieder die Zustandsgrößen superponiert.

$$M = M_0 + X_1 \cdot M_1 + X_2 \cdot M_2 = X_1 \cdot M_1 + X_2 \cdot M_2$$

$$N = N_0 + X_1 \cdot N_1 + X_2 \cdot N_2 = X_1 \cdot N_1 + X_2 \cdot N_2$$

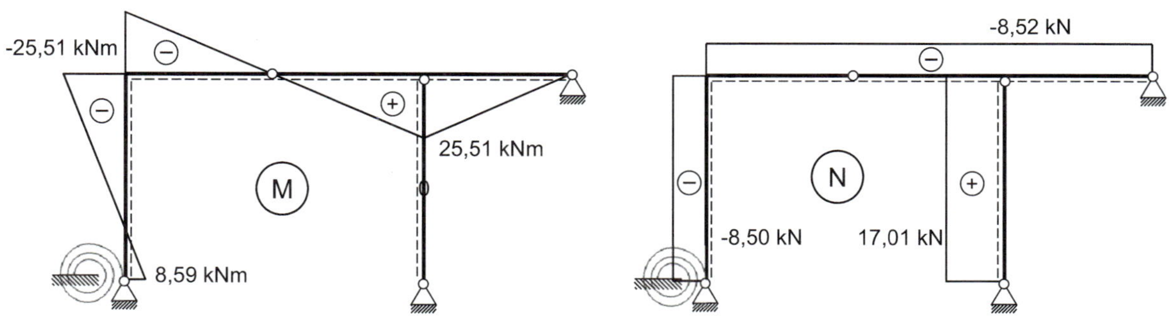


Belastung des Tragwerks nach der Superposition

### 7.3.3 Lastfall 3: konstante Temperaturänderung $T_S$

Als erstes wird das statisch bestimmte Grundtragwerk ermittelt (vgl. Lastfall 1).

Durch die Temperaturänderung $T_S$ dehnt sich der erwärmte Stab aus. Jedoch ist das Grundtragwerk statisch bestimmt (Voraussetzung für das KV!). Wodurch im Lastzustand keine Schnittgrößen entstehen (vgl. Lastfall 2).

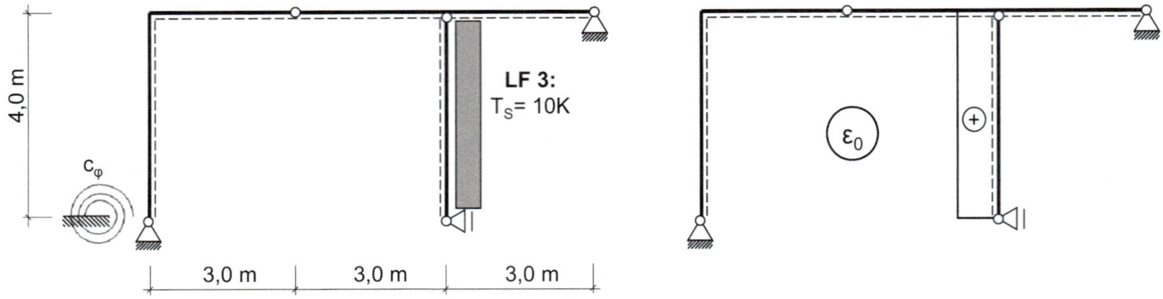


Lastzustand für Lastfall 3

Die Einheitszustände sind vom Lastzustand unabhängig und somit dieselben wie beim Lastfall 1 (vgl. Seiten 184 und 185).

Der nächste Schritt besteht darin die Flexibilität zu bestimmen.

$d_{10} = 0$

$$d_{20} = (-1)\cdot\left(10^{-4}\right)\cdot 4 = -4{,}0\cdot 10^{-4}\ [m]$$

In diesem Fall verrichtet die virtuelle Normalkraft aus den Einheitszuständen auf der realen Dehnung des Temperaturlastfalls Arbeit.

$d_{11}, d_{12}, d_{21}, d_{22}$: vgl. Lastfall 1

Als nächstes werden die Kompatibilitätsbedingungen formuliert.

$$\begin{bmatrix} 8{,}229\cdot 10^{-6} & 4{,}156\cdot 10^{-6} \\ 4{,}156\cdot 10^{-6} & 5{,}502\cdot 10^{-5} \end{bmatrix} \cdot \begin{bmatrix} X_1 \\ X_2 \end{bmatrix} = \begin{bmatrix} 0 \\ 4{,}0\cdot 10^{-4} \end{bmatrix} \quad \Rightarrow \quad \begin{matrix} X_1 = -3{,}817\ [kNm] \\ X_2 = 7{,}558\ [kN] \end{matrix}$$

Final werden wieder die Zustandsgrößen superponiert.

$$M = M_0 + X_1 \cdot M_1 + X_2 \cdot M_2 = X_1 \cdot M_1 + X_2 \cdot M_2$$

$$N = N_0 + X_1 \cdot N_1 + X_2 \cdot N_2 = X_1 \cdot N_1 + X_2 \cdot N_2$$

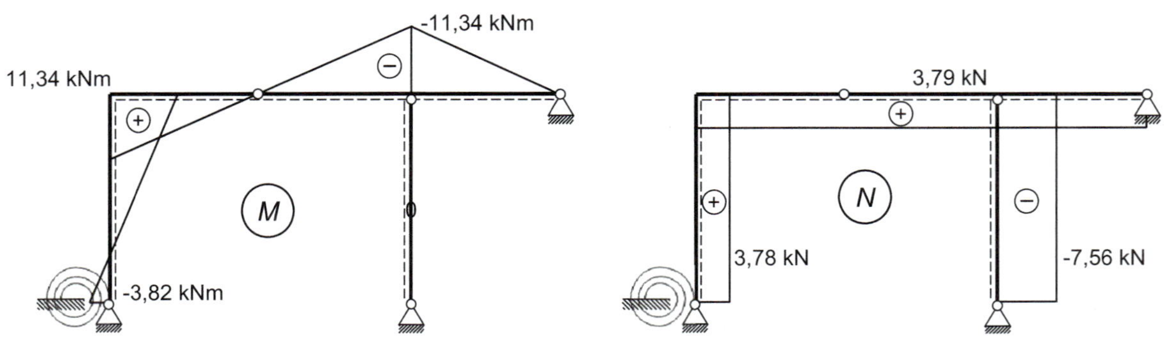


Belastung des Tragwerks nach der Superposition

### 7.3.4 Lastfall 4: Auflagerverschiebung $\Delta u$

Als Erstes wird das statisch bestimmte Grundtragwerk ermittelt (vgl. Lastfall 1).

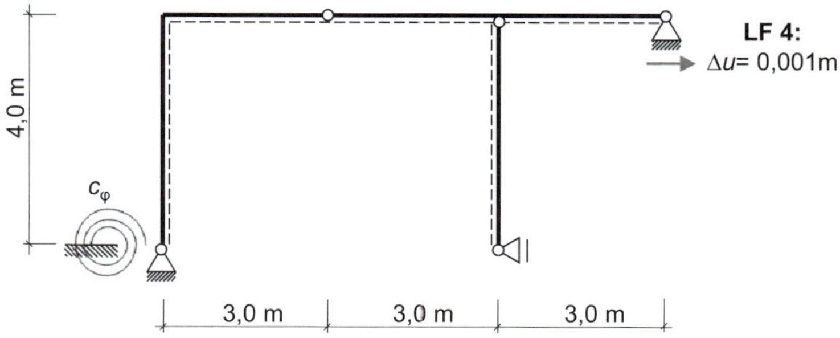


$M_0 = 0$
$N_0 = 0$

Lastzustand für Lastfall 4

Aufgrund der vorgeschriebenen Verformung $\Delta u$ des rechten Auflagers kann dieses Auflager als horizontal verschiebliches Auflager verstanden werden. Dadurch wird das statisch bestimmte Grundtragwerk kinematisch und die sich einstellenden Flexibilitäten $d_{10}$ und $d_{20}$ können mithilfe der sich ergebenden Verschiebungsfigur bestimmt werden. Hierbei treten im Lastzustand keinerlei Schnittgrößen auf.

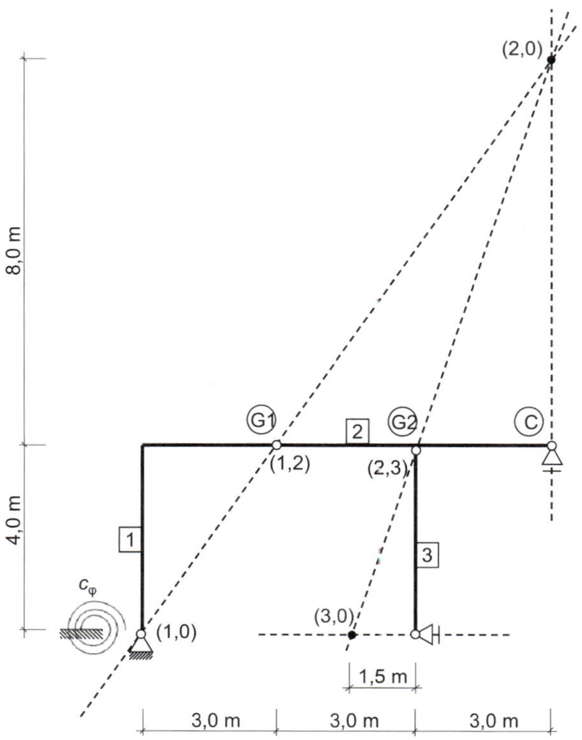


Polplan

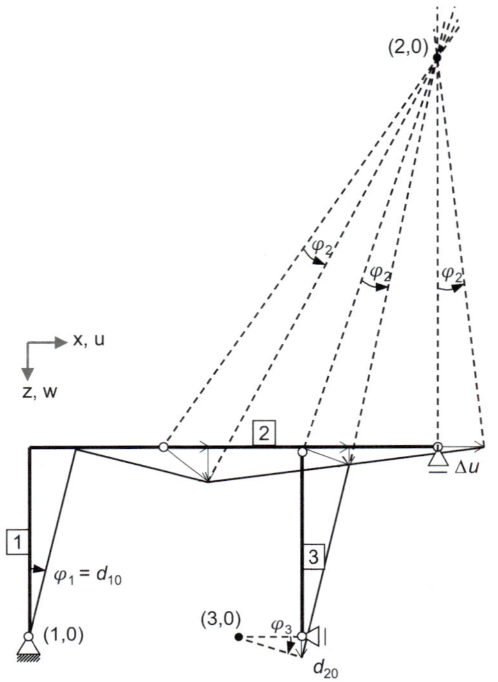

Verschiebungsfigur

Die Einheitszustände sind vom Lastzustand unabhängig und somit dieselben wie beim Lastfall 1 (vgl. Seiten 184 und 185).

Im Folgenden werden die Flexibilitäten bestimmt und aufgezeigt, wie $d_{10}$ und $d_{20}$ berechnet werden.

Auflager C:

$\Delta u = \varphi_2 \cdot 8{,}0 \rightarrow \varphi_2 = 1{,}25 \cdot 10^{-4}$

Gelenk 2:

$w_{G2} = \varphi_2 \cdot 3{,}0 = \varphi_3 \cdot 1{,}5 \rightarrow \varphi_3 = 2{,}5 \cdot 10^{-4}$

$\rightarrow d_{20} = -\varphi_3 \cdot 1{,}5 = -3{,}75 \cdot 10^{-4}$

*(negativ, da $X_2$ nach oben positiv definiert ist)*

Gelenk 1:

$u_{G1} = \varphi_2 \cdot 8{,}0 = \varphi_1 \cdot 4{,}0 \rightarrow \varphi_1 = 2{,}5 \cdot 10^{-4} = d_{10}$

$d_{10} = 2{,}5 \cdot 10^{-4}$

$d_{20} = -3{,}75 \cdot 10^{-4}$

$d_{11}, d_{12}, d_{21}, d_{22}$: vgl. Lastfall 1

Als nächstes werden die Kompatibilitätsbedingungen formuliert:

$$\begin{bmatrix} 8{,}229 \cdot 10^{-6} & 4{,}156 \cdot 10^{-6} \\ 4{,}156 \cdot 10^{-6} & 5{,}502 \cdot 10^{-5} \end{bmatrix} \cdot \begin{bmatrix} X_1 \\ X_2 \end{bmatrix} = \begin{bmatrix} -2{,}5 \cdot 10^{-4} \\ 3{,}75 \cdot 10^{-4} \end{bmatrix} \quad \Rightarrow \quad \begin{matrix} X_1 = -35{,}164 \; [kNm] \\ X_2 = 9{,}472 \; [kN] \end{matrix}$$

Abschließend werden wieder die Zustandsgrößen superponiert.

$$M = M_0 + X_1 \cdot M_1 + X_2 \cdot M_2 = X_1 \cdot M_1 + X_2 \cdot M_2$$

$$N = N_0 + X_1 \cdot N_1 + X_2 \cdot N_2 = X_1 \cdot N_1 + X_2 \cdot N_2$$

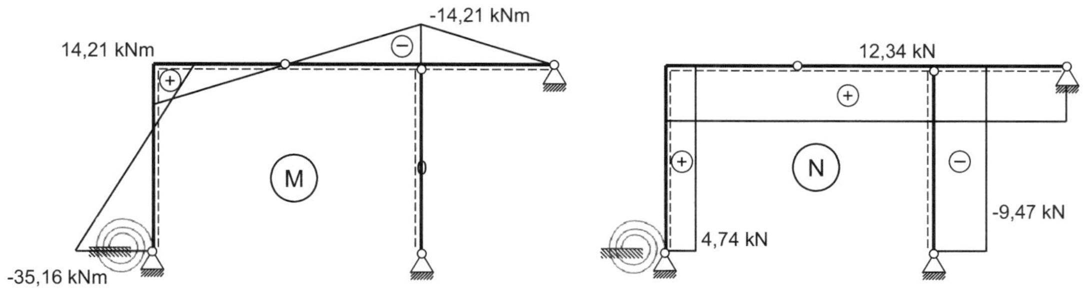


Belastung des Tragwerks nach der Superposition

# 7.4 Aufgaben

## Aufgabe 1

Schwierigkeitsgrad einfach

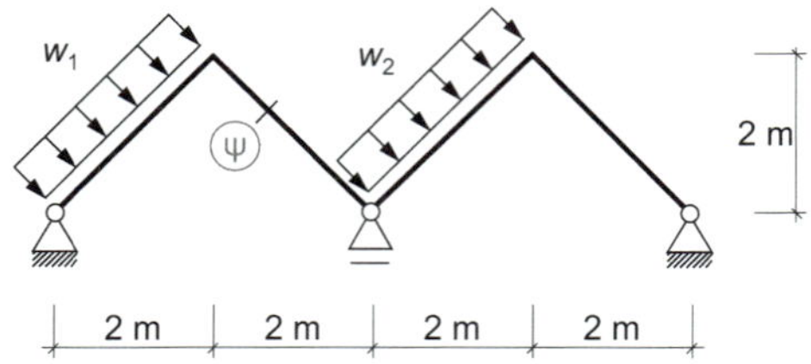


gegeben:
$w_1$ = 5 kN/m
$w_2$ = 3 kN/m
$EI$ = 3.000 kNm²
$EA$ = 30.000 kN

a) Bestimmen Sie mit dem Kraftgrößenverfahren den Momenten- , Querkraft- und Normalkraftverlauf.

## Aufgabe 2

Schwierigkeitsgrad einfach

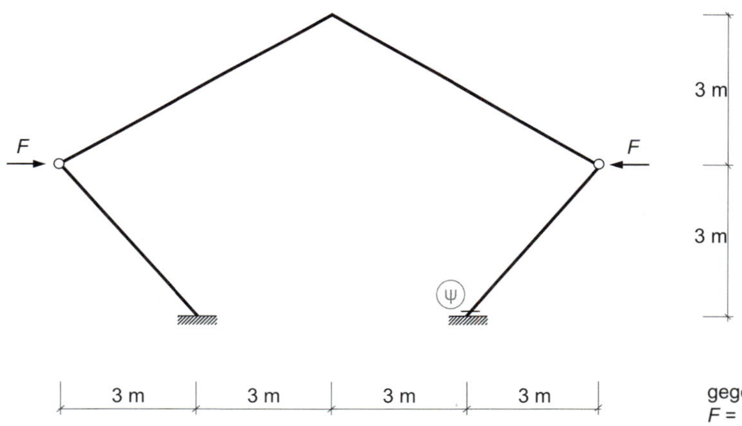


gegeben:
$F$ = 20 kN
$EI$ = 7.000 kNm²
$EA$ = 70.000 kN

a) Bestimmen Sie mit dem Kraftgrößenverfahren den Momenten-, Querkraft- und Normalkraftverlauf. Nutzen Sie Symmetrieeffekte.

## Aufgabe 3

Schwierigkeitsgrad einfach

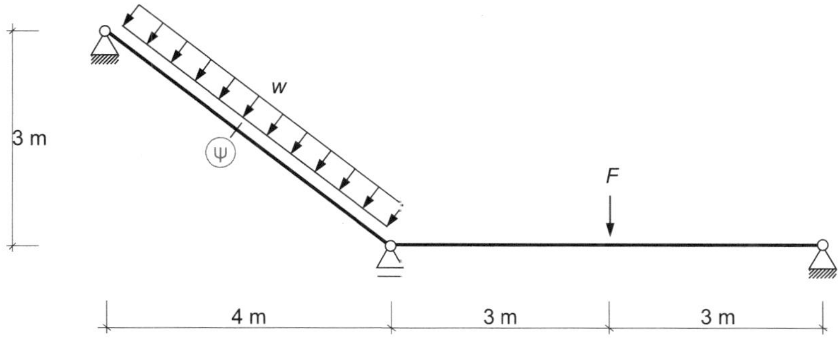


gegeben:
$F = 50$ kN
$w = 10$ kN/m
$EI = 30.000$ kNm²
$EA = 300.000$ kN

a) Bestimmen Sie mit dem Kraftgrößenverfahren den Momenten-, Querkraft- und Normalkraftverlauf.

## Aufgabe 4

Schwierigkeitsgrad einfach

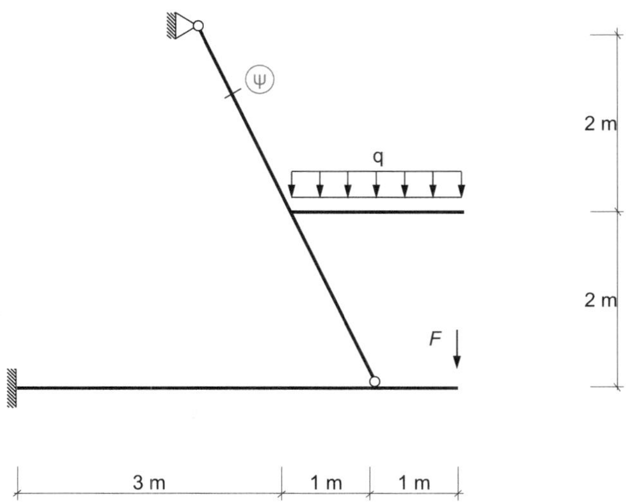


gegeben:
$F = 3$ kN
$q = 2$ kN/m
$EI = 2.000$ kNm²
$EA = 10.000$ kN

a) Bestimmen Sie mit dem Kraftgrößenverfahren den Momenten-, Querkraft- und Normalkraftverlauf.

## Aufgabe 5

Schwierigkeitsgrad einfach

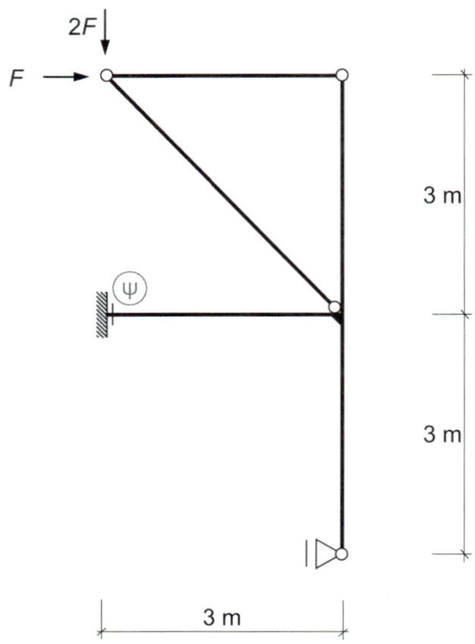


gegeben:
$F$ = 10 kN
$EI$ = 30.000 kNm²
$EA$ = 250.000 kN

a) Bestimmen Sie mit dem Kraftgrößenverfahren den Momenten-, Querkraft- und Normalkraftverlauf.

## Aufgabe 6

Schwierigkeitsgrad einfach

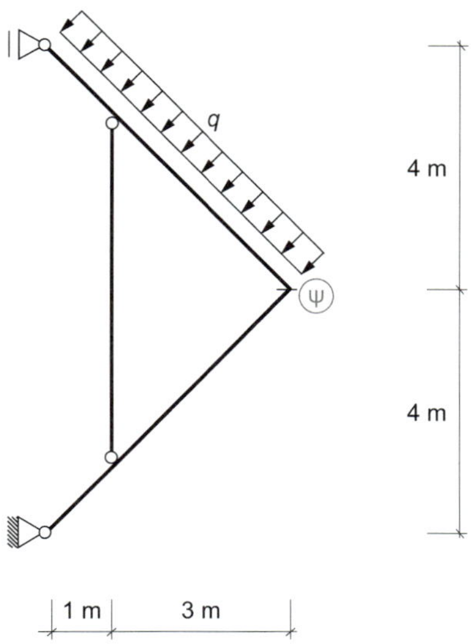


gegeben:
$q$ = 10 kN/m
$EI \rightarrow \infty$
$EA$ = 20.000 kN

a) Bestimmen Sie mit dem Kraftgrößenverfahren den Momenten-, Querkraft- und Normalkraftverlauf.

## Aufgabe 7

Schwierigkeitsgrad einfach

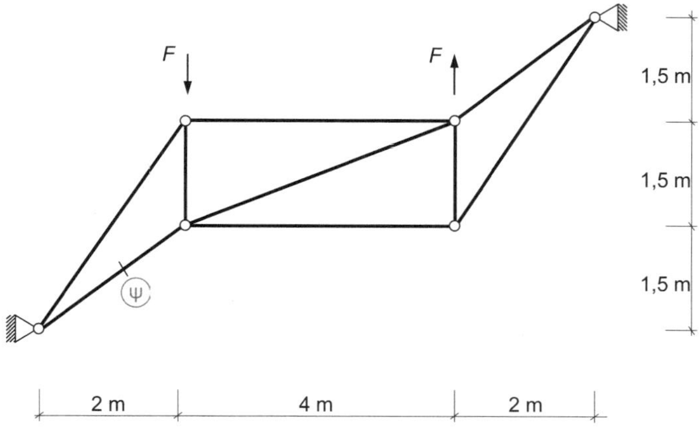


gegeben:
$F$ = 20 kN
$EA$ = 1.000 kN

a) Bestimmen Sie mit dem Kraftgrößenverfahren den Momenten-, Querkraft- und Normalkraftverlauf.

## Aufgabe 8

Schwierigkeitsgrad einfach

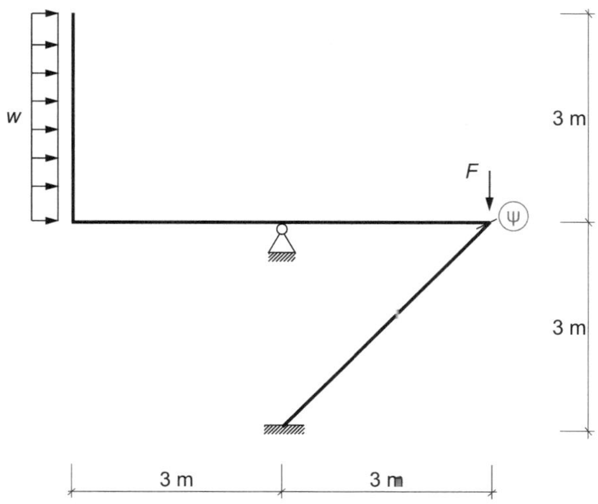


gegeben:
$F$ = 25 kN
$w$ = 5 kN/m
$EI$ = 30.000 kNm²
$EA \to \infty$

a) Bestimmen Sie mit dem Kraftgrößenverfahren den Momenten-, Querkraft- und Normalkraftverlauf.

## Aufgabe 9

Schwierigkeitsgrad einfach

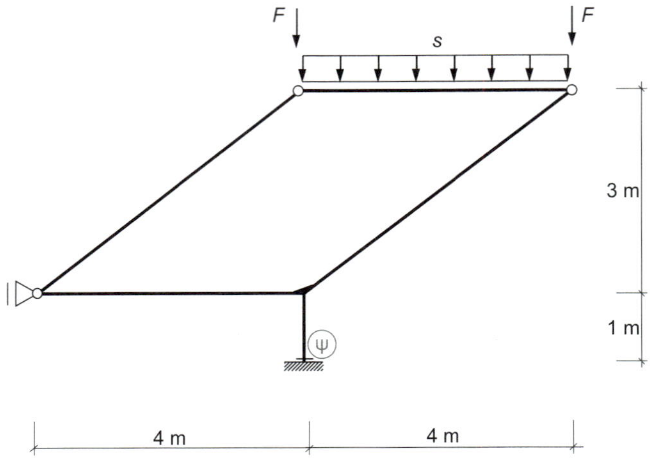


gegeben:
$F$ = 10 kN
$s$ = 4 kN/m
$EI$ = 30.000 kNm²
$EA$ = 250.000 kN

a) Bestimmen Sie mit dem Kraftgrößenverfahren den Momenten-, Querkraft- und Normalkraftverlauf für den Lastfall der zwei Einzelkräfte $F$.

b) Bestimmen Sie mit dem Kraftgrößenverfahren den Momenten-, Querkraft- und Normalkraftverlauf für den Lastfall der Schneelast $s$.

## Aufgabe 10

Schwierigkeitsgrad mittel

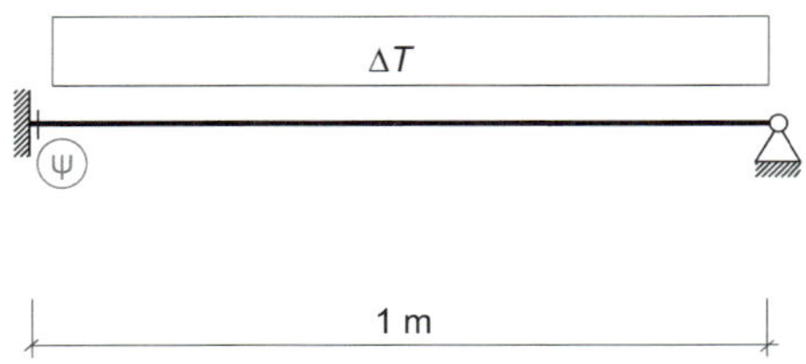


gegeben:
$\Delta T$ = 25 K
$EI$ = 40.000 kNm²
$EA$ = 100.000 kN
$\alpha_T = 2 {*} 10^{-5}$ 1/K
$h$ = 0,5 m

a) Bestimmen Sie mit dem Kraftgrößenverfahren den Momenten-, Querkraft- und Normalkraftverlauf.

## Aufgabe 11

Schwierigkeitsgrad mittel

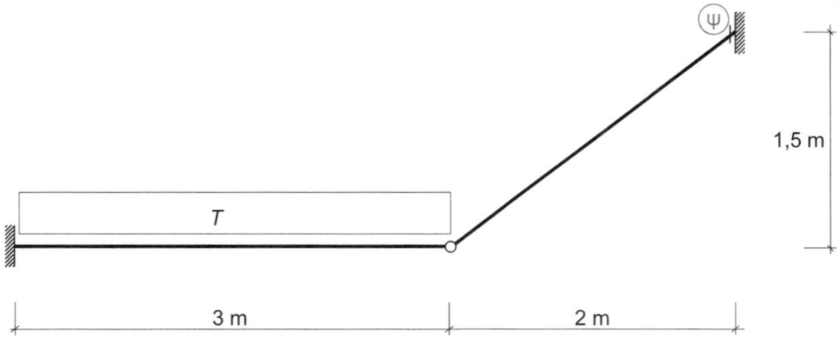


gegeben:
$T = 20$ K
$EI = 40.000$ kNm²
$EA = 100.000$ kN
$\alpha_T = 2*10^{-5}$ 1/K

a) Bestimmen Sie mit dem Kraftgrößenverfahren den Momenten-, Querkraft- und Normalkraftverlauf.

## Aufgabe 12

Schwierigkeitsgrad mittel

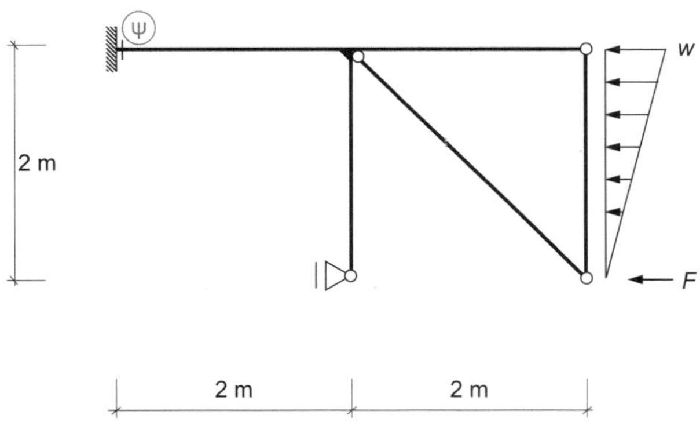


gegeben:
$F = 30$ kN
$w = 30$ kN/m
$EI = 30.000$ kNm²
$EA = 200.000$ kN

a) Bestimmen Sie mit dem Kraftgrößenverfahren den Momenten-, Querkraft- und Normalkraftverlauf.

## Aufgabe 13

Schwierigkeitsgrad mittel

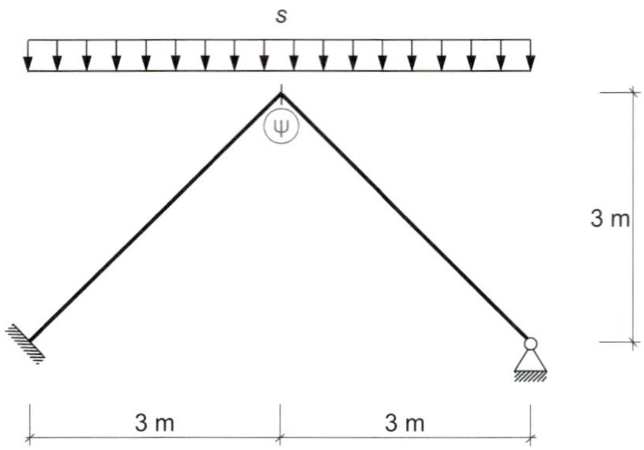


gegeben:
$s$ = 15 kN/m
$EI$ = 3.000 kNm²
$EA$ = 50.000 kN

a) Bestimmen Sie mit dem Kraftgrößenverfahren den Momenten-, Querkraft- und Normalkraftverlauf.

## Aufgabe 14

Schwierigkeitsgrad mittel

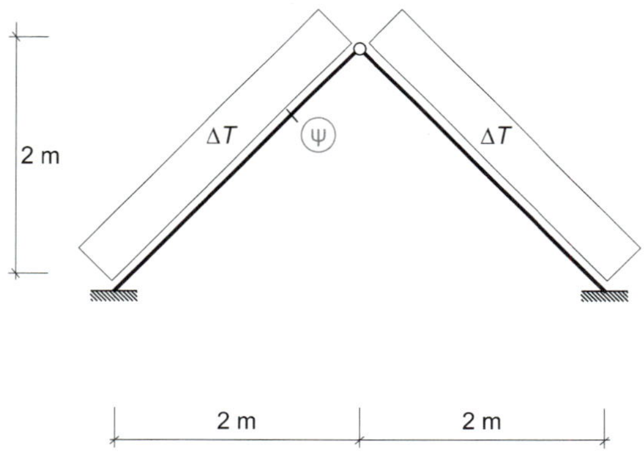


gegeben:
$\Delta T$ = 20 K
$EI$ = 40.000 kNm²
$EA$ = 100.000 kN
$\alpha_T = 2 \cdot 10^{-5}$ 1/K
$h$ = 0,5 m

a) Bestimmen Sie mit dem Kraftgrößenverfahren den Momenten- und Normalkraftverlauf.

## Aufgabe 15

Schwierigkeitsgrad mittel

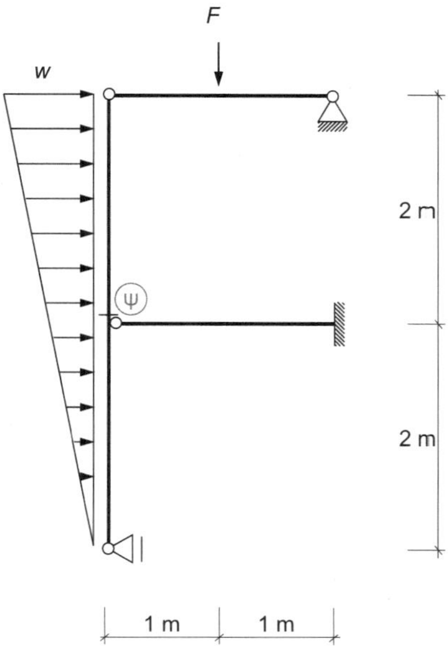


gegeben:
$F$ = 20 kN
$w$ = 9 kN/m
$EI$ = 30.000 kNm²
$EA$ = 200.000 kN

a) Bestimmen Sie mit dem Kraftgrößenverfahren den Momenten-, Querkraft- und Normalkraftverlauf.

## Aufgabe 16

Schwierigkeitsgrad mittel

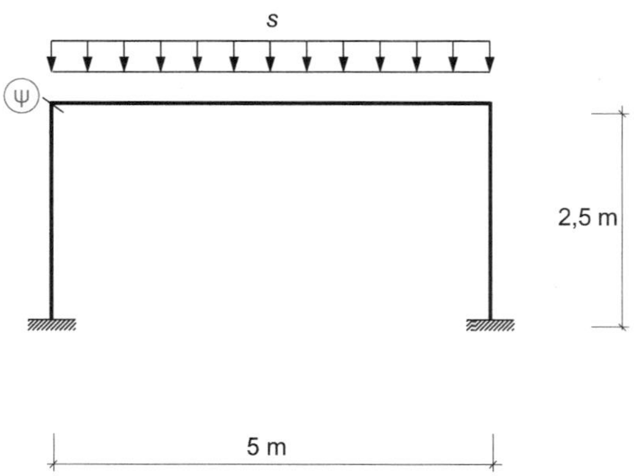


gegeben:
$s$ = 20 kN/m
$EI$ = 3.000 kNm²
$EA$ = 10.000 kN

a) Bestimmen Sie mit dem Kraftgrößenverfahren den Momenten-, Querkraft- und Normalkraftverlauf. Nutzen Sie Symmetrieeffekte.

## Aufgabe 17

Schwierigkeitsgrad
mittel

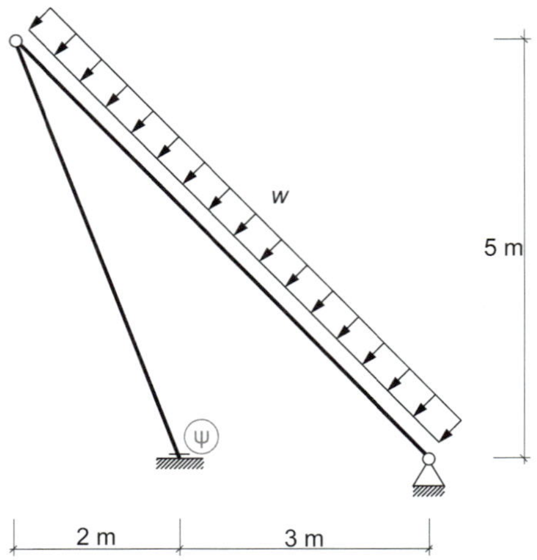


gegeben:
$w = 3$ kN/m
$EI \to \infty$
$EA = 20.000$ kN

a) Bestimmen Sie mit dem Kraftgrößenverfahren den Momenten-, Querkraft- und Normalkraftverlauf.

## Aufgabe 18

Schwierigkeitsgrad
mittel

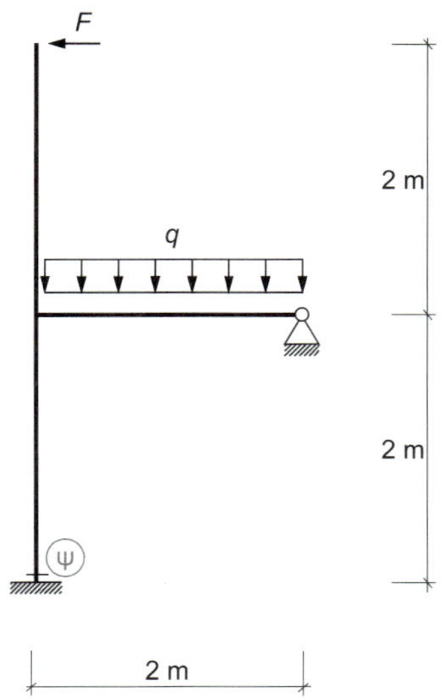


gegeben:
$F = 15$ kN
$q = 15$ kN/m
$EI = 30.000$ kNm²
$EA = 150.000$ kN

a) Bestimmen Sie mit dem Kraftgrößenverfahren den Momenten-, Querkraft- und Normalkraftverlauf.

## Aufgabe 19

Schwierigkeitsgrad mittel

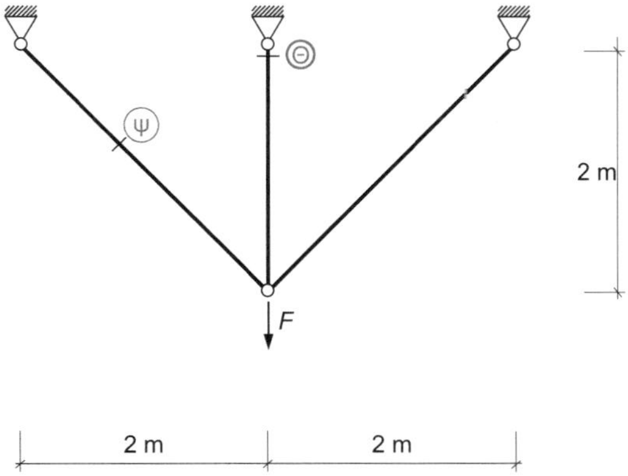


gegeben:
$F$ = 10 kN
$g$ = 2 kN/m
$EI$ = 20.000 kN
$EA$ = 20.000 kN

a) Bestimmen Sie mit dem Kraftgrößenverfahren den Momenten-, Querkraft- und Normalkraftverlauf im Falle der Einzellast $F$.

b) Bestimmen Sie mit dem Kraftgrößenverfahren den Momenten-, Querkraft- und Normalkraftverlauf unter Einfluss des Eigengewichts der Stäbe (wirkt in Richtung der Einzellast).

## Aufgabe 20

Schwierigkeitsgrad mittel

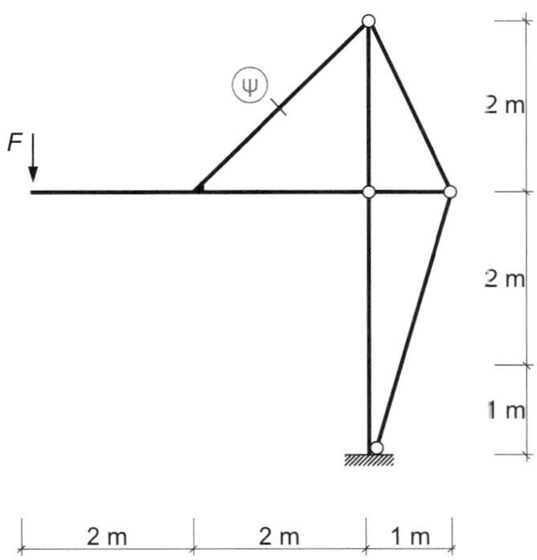


gegeben:
$F$ = 100 kN
$EI$ = 30.000 kNm²
$EA$ = 20.000 kN

a) Bestimmen Sie mit dem Kraftgrößenverfahren den Momenten-, Querkraft- und Normalkraftverlauf.

## Aufgabe 21

Schwierigkeitsgrad
schwer

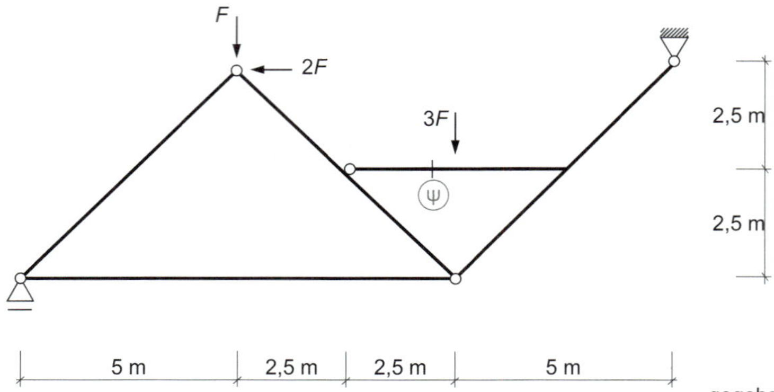


gegeben:
$F = 5$ kN
$EI = 20.000$ kNm²
$EA = 200.000$ kN

a) Bestimmen Sie mit dem Kraftgrößenverfahren den Momenten-, Querkraft- und Normalkraftverlauf.

## Aufgabe 22

Schwierigkeitsgrad
schwer

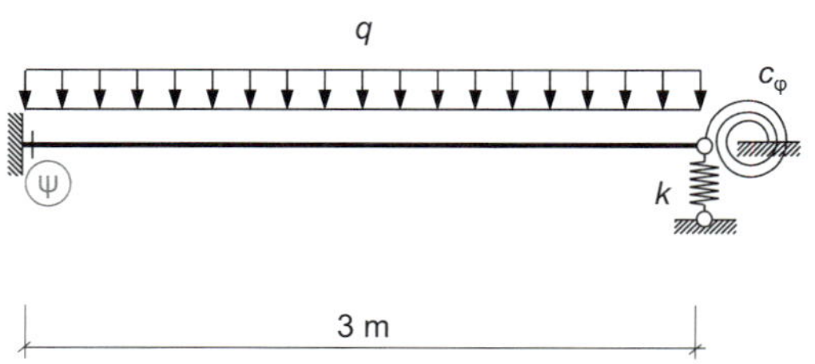


gegeben:
$q = 15$ kN/m
$EI = 35.000$ kNm²
$EA = 150.000$ kN
$k = 2 \cdot 10^5$ kN/m
$c_\varphi = 1 \cdot 10^6$ kNm

a) Bestimmen Sie mit dem Kraftgrößenverfahren den Momenten-, Querkraft- und Normalkraftverlauf.

## Aufgabe 23

Schwierigkeitsgrad
schwer

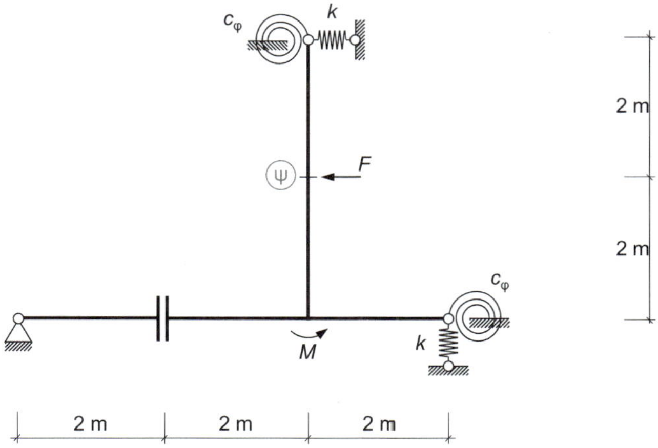


gegeben:
$F$ = 20 kN
$M$ = 10 kN
$EI$ = 10.000 kNm²
$EA \to \infty$
$k$ = 1*10⁵ kN/m
$c_\varphi$ = 1*10⁵ kNm

a) Bestimmen Sie mit dem Kraftgrößenverfahren den Momenten-, Querkraft- und Normalkraftverlauf.

## Aufgabe 24

Schwierigkeitsgrad
schwer

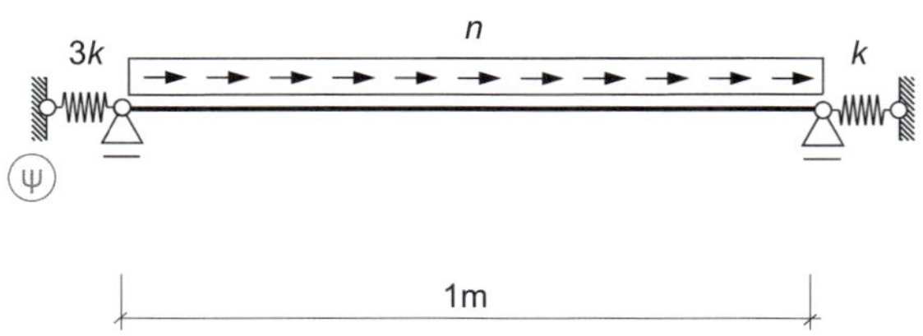


gegeben:
$n$ = 20 kN/m
$k$ = 3*10⁵ kN/m
$EA$ = 20.000 kN

a) Bestimmen Sie mit dem Kraftgrößenverfahren den Momenten-, Querkraft- und Normalkraftverlauf.

## Aufgabe 25

Schwierigkeitsgrad schwer

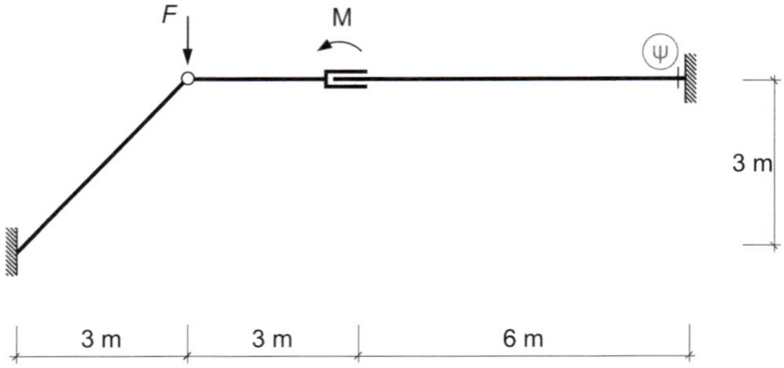


gegeben:
$F$ = 40 kN
$M$ = 30 kNm
$EI$ = 30.000 kNm²
$EA \to \infty$

a) Bestimmen Sie mit dem Kraftgrößenverfahren den Momenten-, Querkraft- und Normalkraftverlauf.

## Aufgabe 26

Schwierigkeitsgrad schwer

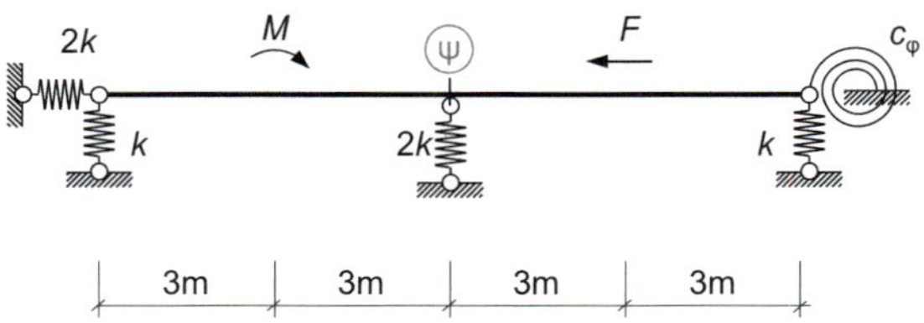


gegeben:
$F$ = 10 kN
$M$ = 10 kNm
$EI$ = 20.000 kNm²
$EA$ = 20.000 kN
$k = 3 \cdot 10^5$ kN/m
$c_\varphi = 2 \cdot 10^6$ kNm

a) Bestimmen Sie mit dem Kraftgrößenverfahren den Momenten-, Querkraft- und Normalkraftverlauf.

## Aufgabe 27

Schwierigkeitsgrad schwer

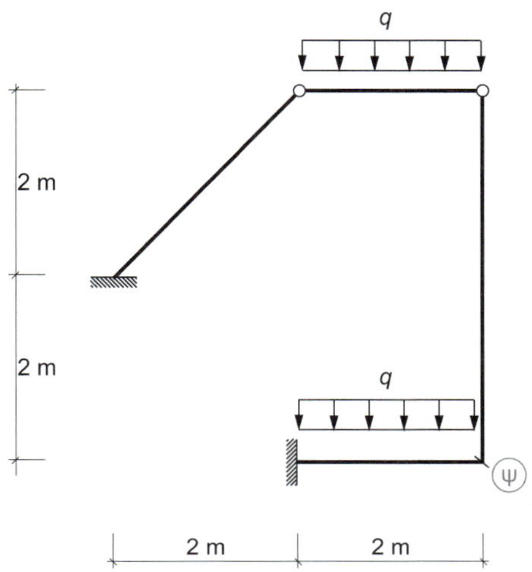


gegeben:
$q$ = 5 kN/m
$EI$ = 25.000 kNm²
$EA$ = 200.000 kN

a) Bestimmen Sie mit dem Kraftgrößenverfahren den Momenten-, Querkraft- und Normalkraftverlauf.

## Aufgabe 28

Schwierigkeitsgrad schwer

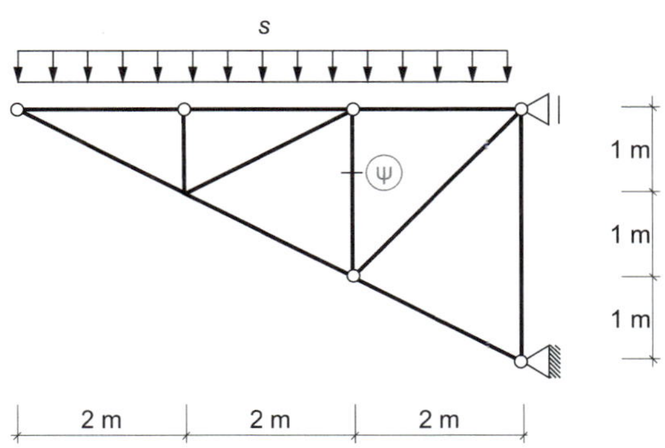


gegeben:
$s$ = 10 kN/m
$EI$ = 30.000 kNm²
$EA$ = 250.000 kN

a) Bestimmen Sie mit dem Kraftgrößenverfahren den Momenten-, Querkraft- und Normalkraftverlauf.

## Aufgabe 29

Schwierigkeitsgrad
schwer

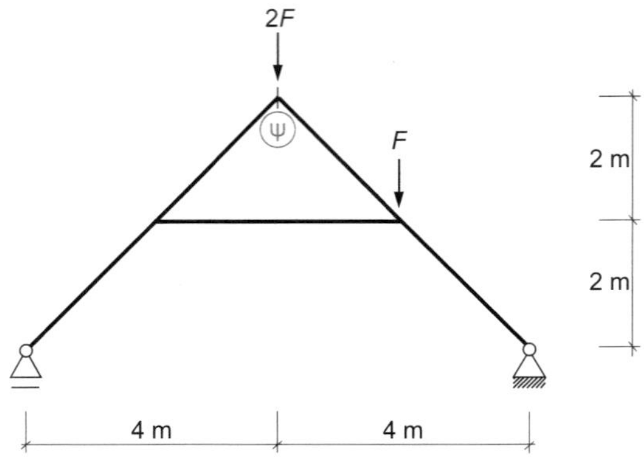


gegeben:
$F$ = 10 kN
$EI$ = 3.000 kNm²
$EA$ = 30.000 kN

a) Bestimmen Sie mit dem Kraftgrößenverfahren den Momenten-, Querkraft- und Normalkraftverlauf.

## Aufgabe 30

Schwierigkeitsgrad
schwer

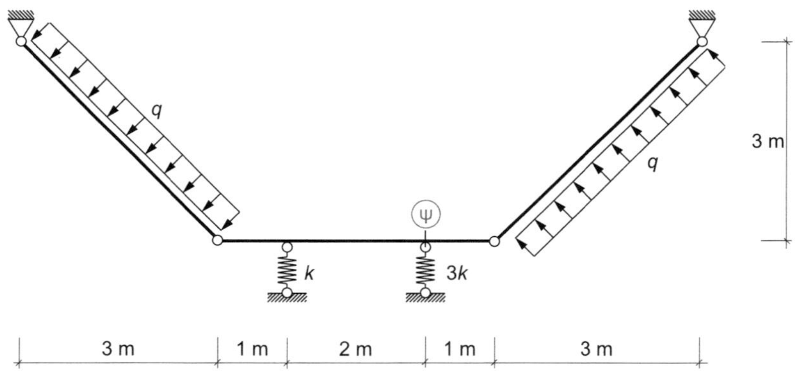


gegeben:
$q$ = 10 kN/m
$EI \rightarrow \infty$
$EA$ = 400.000 kN
$k$ = 3.000 kN/m

a) Bestimmen Sie mit dem Kraftgrößenverfahren den Momenten-, Querkraft- und Normalkraftverlauf.

# 7.5 Lösungen

| Aufgabe | a) | Ort | b) | Ort |
|---|---|---|---|---|
| 1 | $N = -4{,}82$ kN | ψ | | |
| 2 | $M = -36{,}89$ kNm | ψ | | |
| 3 | $N = -8{,}14$ kN | ψ | | |
| 4 | $N = 8{,}64$ kN | ψ | | |
| 5 | $M = -30{,}3$ kNm | ψ | | |
| 6 | $M = -30{,}29$ kNm | ψ | | |
| 7 | $N = -10{,}30$ kN | ψ | | |
| 8 | $M = 5{,}46$ kNm | ψ | | |
| 9 | $M = 23{,}28$ kNm | ψ | $M = 18{,}62$ kNm | ψ |
| 10 | $M = -60$ kNm | ψ | | |
| 11 | $M = -16{,}71$ kNm | ψ | | |
| 12 | $M = -18{,}36$ kNm | ψ | | |
| 13 | $M = -12{,}46$ kNm | ψ | | |
| 14 | $N = 14{,}75$ kNm | ψ | | |
| 15 | $M = -0{,}83$ kNm | ψ | | |
| 16 | $M = -30{,}99$ kNm | ψ | | |
| 17 | $M = 56{,}28$ kNm | ψ | | |
| 18 | $M = 0{,}36$ kNm | ψ | | |
| 19 | $N = 2{,}93$ kN | ψ | $N = 6{,}48$ kN | Θ |
| 20 | $N = 104{,}51$ kN | ψ | | |
| 21 | $N = 2{,}82$ kN | ψ | | |
| 22 | $M = -13{,}86$ kNm | ψ | | |
| 23 | $M = 13{,}99$ kNm | ψ | | |
| 24 | $A_H = -10{,}41$ kN | ψ | | |
| 25 | $M = -9{,}91$ kNm | ψ | | |
| 26 | $M = -0{,}70$ kNm | ψ | | |
| 27 | $M = -3{,}37$ kNm | ψ | | |
| 28 | $N = -29{,}41$ kN | ψ | | |
| 29 | $M = -5{,}03$ kNm | ψ | | |
| 30 | $M = 56{,}84$ kNm | ψ | | |

# 8 Einflusslinien für Kraftgrößen

Videos zu diesem Kapitel finden Sie unter

## 8.1 Grundlagen zu Einflusslinien für Kraftgrößen

Einflusslinien für Kraftgrößen stellen den Einfluss einer veränderlichen Laststellung auf eine ausgewählte Kraftgröße, also eine Auflagerreaktion oder Schnittgröße, anschaulich dar. Dies ist insbesondere beim Entwurf und der Bemessung für viele Lastfälle von Interesse, wie sie beispielsweise im Brückenbau anzutreffen sind.

Die Einflusslinie wird mit $\eta(x)$ bezeichnet [WK04], [Hir98], [Dal20], [Dal15], [Din12]. Häufig wird durch einen Index angegeben, für welche Kraftgröße die Einflusslinie gilt. Eine andere geläufige Bezeichnung ist „S" (mit Anführungszeichen, so auch in [Hir98]), wobei S die betrachtete Zustandsgröße, d. h. Kraftgröße, ist.

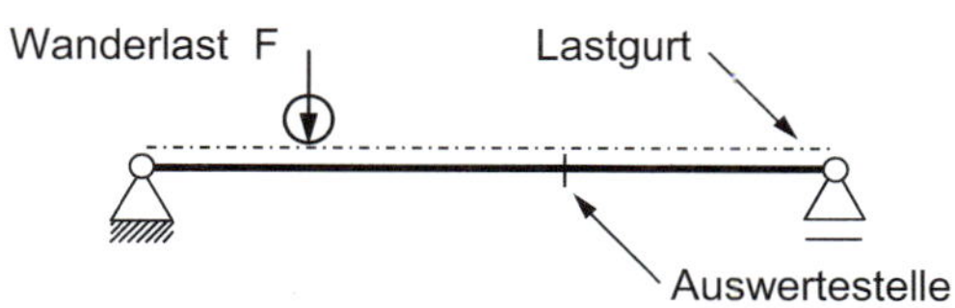


Begriffe zu Einflusslinien für Kraftgrößen

Die Einflusslinie wird für eine Schnittgröße an der Auswertestelle infolge einer ortsveränderlichen Last, der sog. „Wanderlast", ermittelt. Der mit einer strichpunktierten Linie gekennzeichnete „Lastgurt" gibt den Bereich an, auf dem sich die Wanderlast bewegen kann. Die durch das „Rad" am Lastpfeil gekennzeichnete Wanderlast legt die Art und Wirkungsrichtung der Last fest.

In der Regel wird die Einflusslinie für eine Wanderlast der Größe 1 ermittelt. Durch Anwendung des Satzes von Land und mithilfe des Prinzips der virtuellen Verschiebungen (vgl. Kapitel 6), kann die Einflusslinie für eine Kraftgröße durch Aufbringen der korrespondierenden Verschiebungsgröße als die resultierende Lastgurtverschiebung ermittelt werden. Beispielsweise ist zur Ermittlung der Einflusslinie $\eta_M(x)$ für das Biegemoment an der Auswertestelle eine Verdrehung $\Delta\varphi = 1$ entgegen der Wirkungsrichtung des Biegemoments anzubringen.

Untersuchte Kraftgröße (links) und korrespondierende Verformung (rechts)

Von der sich einstellenden Verschiebung des Lastgurts muss die Projektion in Lastrichtung ermittelt werden, da nur entlang diesem Weg Arbeit verrichtet wird. Die Anteile der Verschiebung, die in Lastrichtung zeigen, haben hierbei ein positives Vorzeichen, Anteile, die entgegenzeigen, ein negatives, wie im folgendem Beispiel aufgezeigt wird.

Wanderlast zeigt nach unten

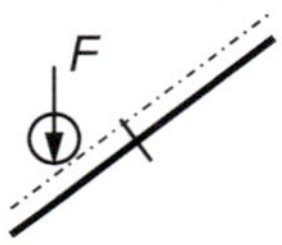


Verschiebung $w$ des Lastgurts

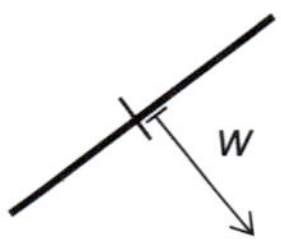


Komponenten der Verschiebung $w$

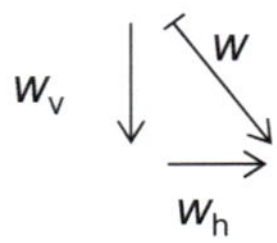


Einflusslinie „S“ aus Komponente $w_v$ in Richtung der Wanderlast

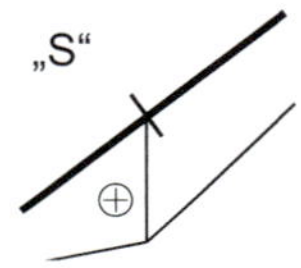


„S“ ist hier positiv, da $w_v$ in gleiche Richtung wie die Wanderlast zeigt.

Eine Auflistung der korrespondieren Kraft-Verschiebungspaare findet sich im Kapitel 6 – Prinzip der virtuellen Verschiebungen.

Aufgrund der häufig nötigen Zerlegung der Verschiebungsfigur in horizontale und vertikale Anteile ist die direkte Ermittlung der Komponenten oftmals zweckmäßig.

### Schritte zur Bestimmung von Einflusslinien für Kraftgrößen:

1. Auslösen der gesuchten Kraftgröße.
2. Aufbringen einer korrespondierenden Verschiebungsgröße von 1 entgegen der gesuchten Kraftgröße.
3. Ermittlung der resultierenden Verschiebungsfigur des Lastgurtes.
4. Projektion der Lastgurtverschiebung in Lastrichtung ergibt die gesuchte Einflusslinie.
5. Auswertung der Einflusslinie.

Im Fall von statisch bestimmten Tragwerken – wie in diesem Kapitel ausschließlich behandelt – vereinfacht sich die Bestimmung der resultierenden Verschiebung (Schritt 3) erheblich, da durch das Freischneiden der gesuchten Kraftgröße eine kinematische Kette entsteht. Für diese können die Regeln der Starrkörperkinematik zur Ermittlung der Verschiebungsfigur eingesetzt werden (vgl. Kapitel 4 – Polplan, Kinematik). Als Folge der kinematischen Kette sind die entstehenden Einflusslinien abschnittsweise linear.

Einflusslinien für statisch unbestimmte Tragwerke werden nach demselben Prinzip ermittelt. Sie sind allerdings i. d. R. infolge einer elastischen Deformation gekrümmt und werden im Rahmen dieses Buchs nicht weiter behandelt.

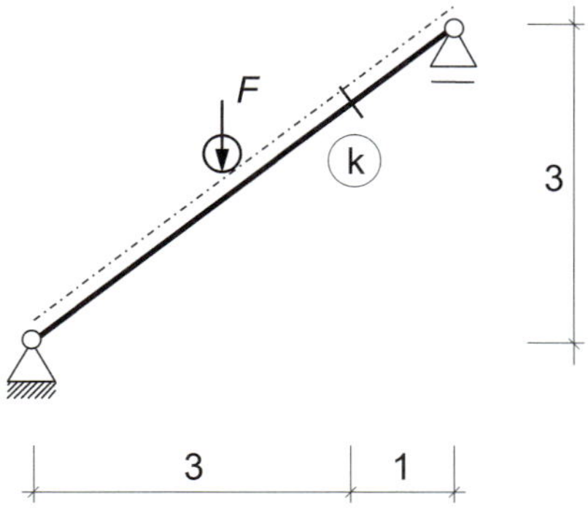


Die Einflusslinie „$M_k$“ für das Moment an der Stelle k soll bestimmt werden.

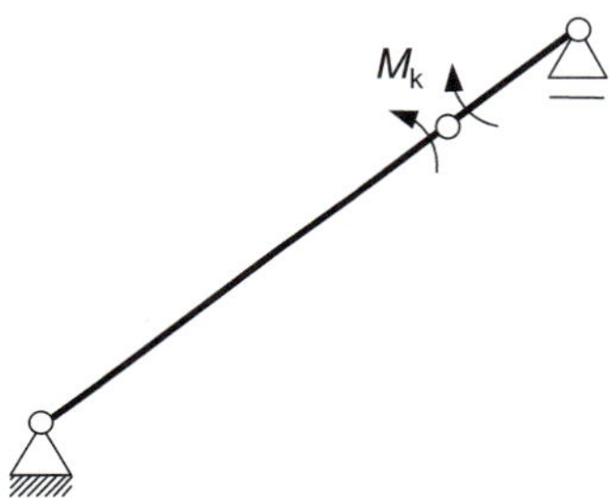


Das gesuchte Moment $M_k$ wird ausgelöst und als äußere Kraft angebracht. Das entstehende System ist kinematisch.

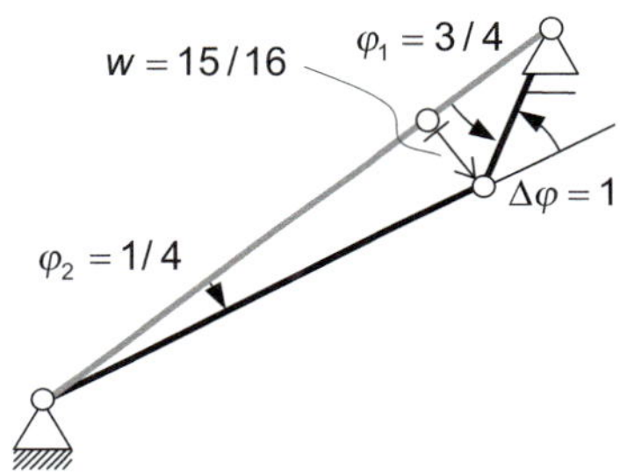


Die virtuelle Verdrehung $\Delta\varphi$ wird entgegen der Kraftgröße $M_k$ angebracht. Die Verschiebungsfigur und insbesondere die Verschiebung des Lastgurts wird bestimmt.

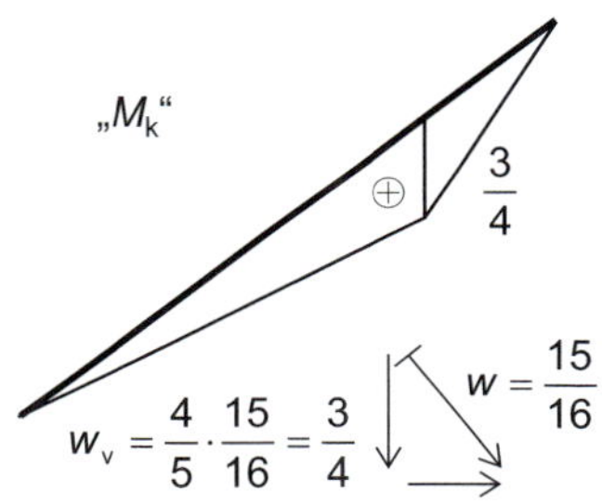


Die Komponenten der Verschiebung des Lastgurts in Richtung der Wanderlast werden ermittelt und die Einflusslinie „$M_k$“ gezeichnet.

Schritte zur Bestimmung der Einflusslinie $M_k$

Die Auswertung der ermittelten Einflusslinie $\eta(x)$ für eine Kraftgröße S erfolgt im Falle von Einzellasten $F_i$ durch Addition der Produkte aus Einzellasten $F_i$ und dem jeweiligen Wert der Einflusslinie an der Wirkungsstelle $x_i$, bzw. bei Linienlasten $q(x)$ durch Integration des Produktes $q(x) \cdot \eta(x)$ entlang des Lastgurtes.

$$S = \sum_i F_i \cdot \eta(x_i) + \int q(x) \cdot \eta(x)\, dx$$

## 8.2 Beispielaufgabe

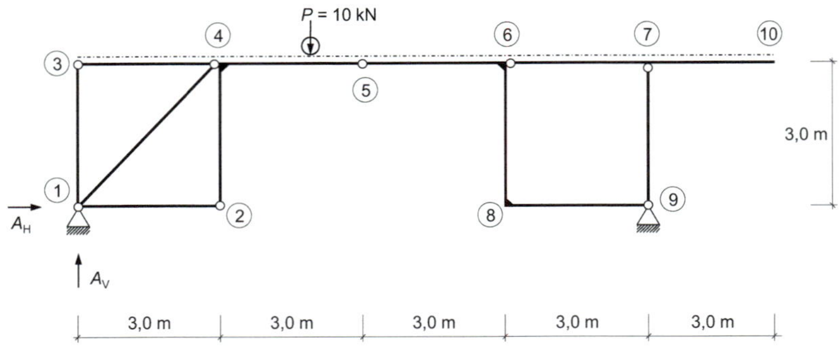


Beispielsystem

a) Ermitteln Sie für das dargestellte System die Einflusslinien „$A_V$", „$A_H$", „$V_{8,\text{rechts}}$" und „$N_{14}$" (für Normalkraft im Stab 1-4).

b) Verschieben Sie die Einzellast $P$ = 10 kN so, dass $M_8$ einen maximalen bzw. einen minimalen Wert annimmt. Welchen Betrag nimmt $M_8$ für die jeweiligen Fälle an?

c) Wie groß sind die maximalen Momente im gesamten Tragwerk für die Laststellungen aus Teilaufgabe b) und wo treten sie auf?

d) Welche Verformungen stellen sich am Knoten 10 für die Laststellungen aus Teilaufgabe b) ein?

Für die Berechnung der Aufgaben c) und d) können Sie das geeignete Computerprogramm Stiff verwenden. Verwenden Sie: $EI$ = 1.000 kNm², $EA$ = 1.000 kN

### 8.2.1 Bestimmung der Einflusslinien

Freischneiden der gesuchten Auflagergröße und Verschieben des Tragwerks um 1 entgegen der zu bestimmenden Größe $A_V$. Hierzu werden zunächst die zusammenhängenden Scheiben 1 und 2 identifiziert und dann der Polplan des Systems ermittelt.

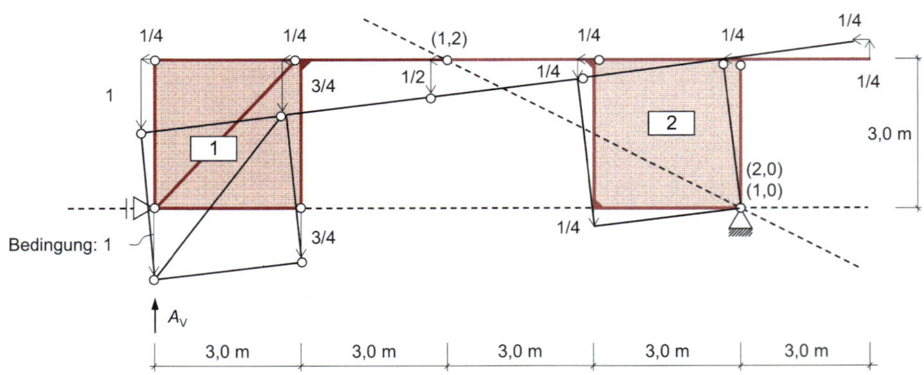


Polplan mit markierten Scheiben 1 und 2 um $A_V$ zu bestimmen

Da die Wanderlast vertikal auf dem Lastgurt steht, ist die Einflusslinie der vertikale Anteil der ermittelten Verschiebung des Lastgurts.

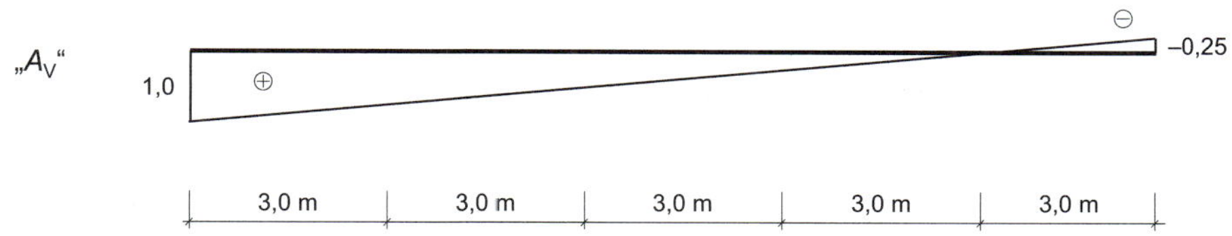


Einflusslinie „$A_V$" am Lastgurt

Aufgrund der häufig nötigen Zerlegung der Verschiebungsfigur in horizontale und vertikale Anteile ist die direkte Ermittlung der Komponenten hier zweckmäßig. Da die Einflusslinie nur für den Lastgurt zu bestimmen ist, wird auch nur der Lastgurt dargestellt.

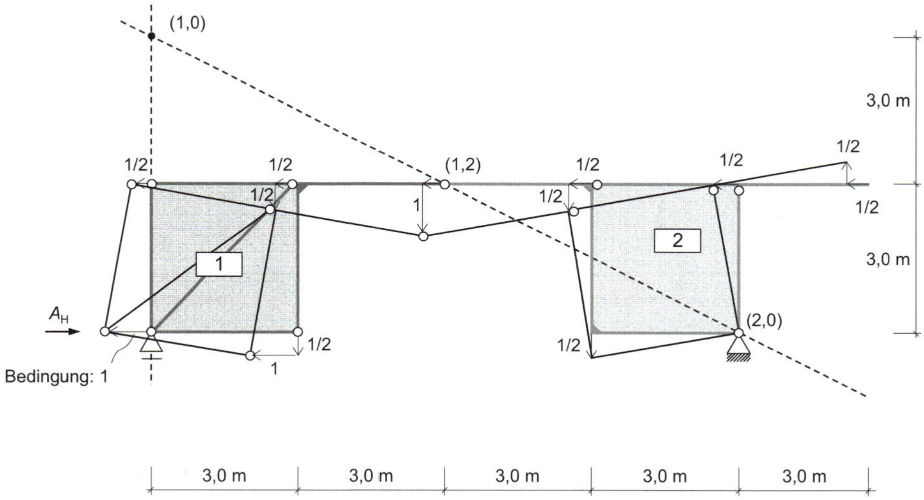


Bestimmung von „$A_H$"

Wegen der Ausrichtung der Wanderlast entspricht die Einflusslinie dem vertikalen Verschiebungsanteil des Lastgurts.

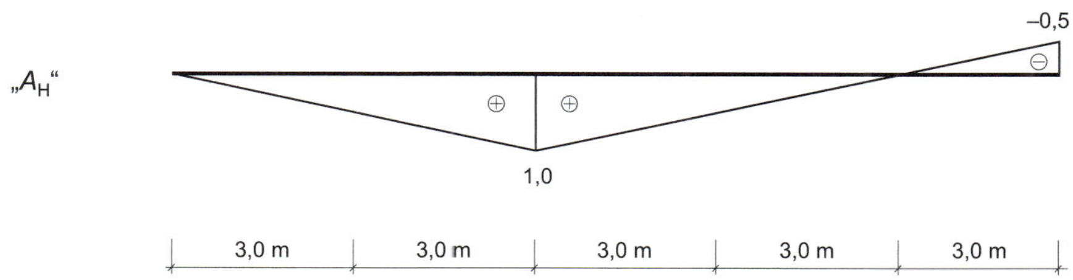

Bestimmung von „$V_{8,\text{rechts}}$"

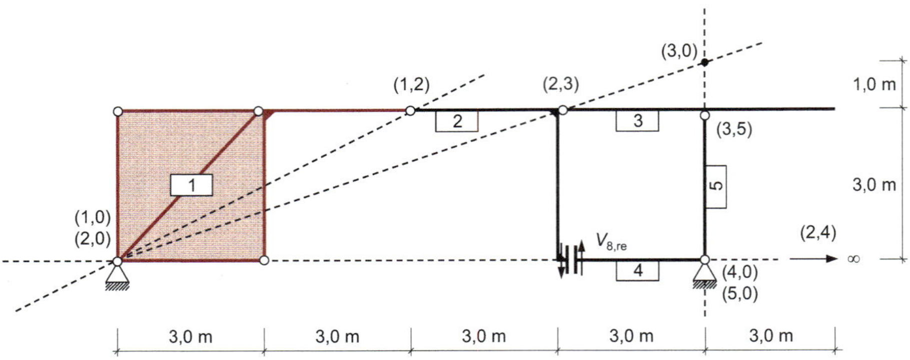


Polplan

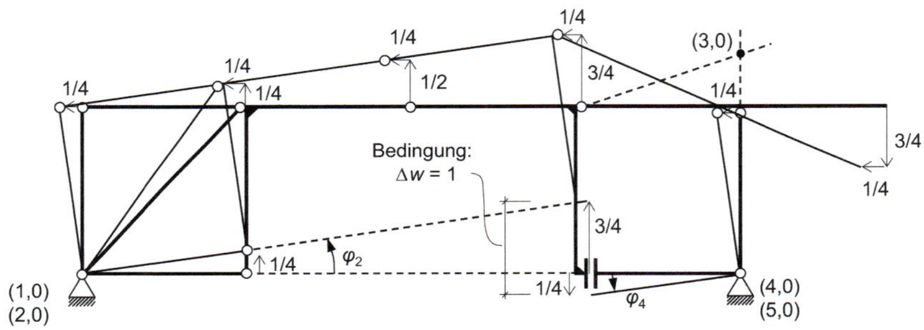


Verschiebungsfigur

Kinematische Bedingungen am Querkraftgelenk

- Dieselbe Verdrehung der beiden Stabenden:
  $\varphi_2 = \varphi_4$
- Gegenseitige Verschiebung $\Delta w = 1$:
  $\varphi_2 \cdot 9{,}0 + \varphi_4 \cdot 3{,}0 = 1$

$$\varphi_2 = \varphi_4 = \frac{1}{12}$$

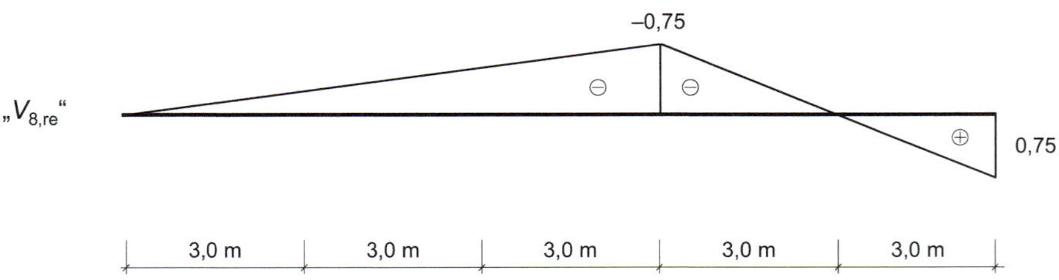


Ermittlung der Anteile für die Einflusslinie und Darstellung

Bestimmung von „$N_{14}$"

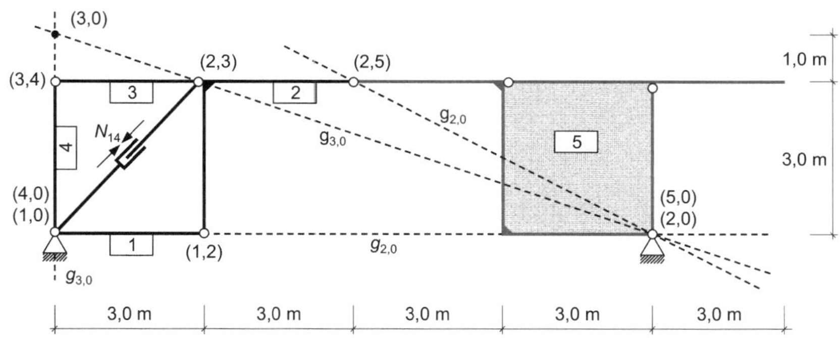


Polplan

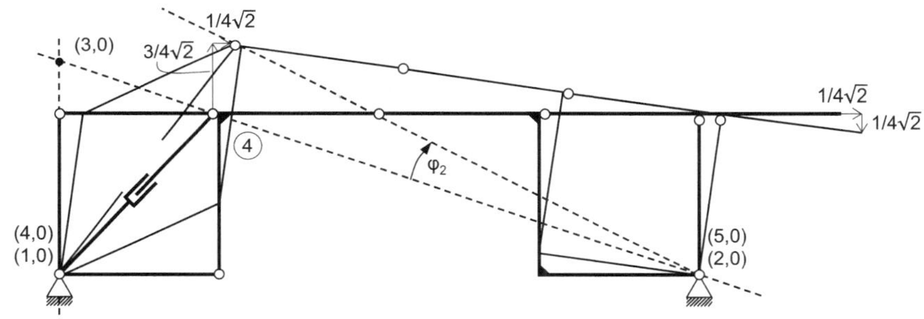


Verschiebungsfigur

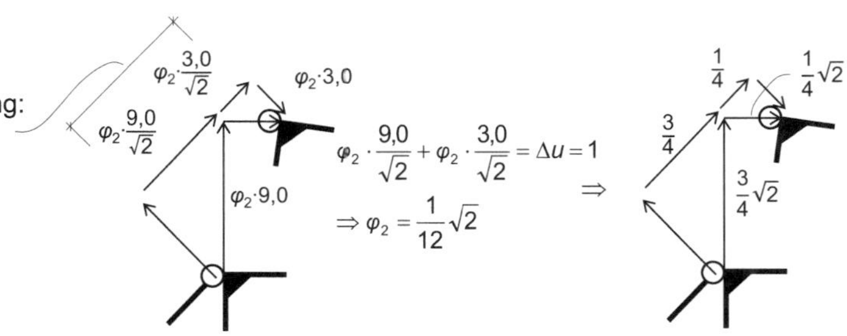


$$\varphi_2 \cdot \frac{9{,}0}{\sqrt{2}} + \varphi_2 \cdot \frac{3{,}0}{\sqrt{2}} = \Delta u = 1 \quad \Rightarrow$$

$$\Rightarrow \varphi_2 = \frac{1}{12}\sqrt{2}$$

Detail Knoten 4

Die kinematische Bedingung am Normalkraftgelenk ist eine Verlängerung $\Delta u$ des Stabes 1-4 um 1. Aus den kinematischen Zusammenhängen lassen sich die abhängigen Verdrehungen bestimmen (oben dargestellt im Detail Knoten 4) und aus diesen wiederum die Lastgurtverschiebung.

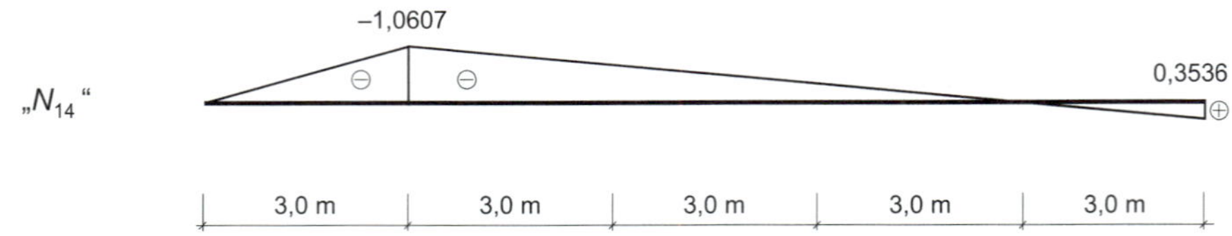


Anteile für die Einflusslinie und Darstellung

### 8.2.2 Extremwerte für das Moment $M_8$

Die Fragestellung nach dem minimalen und maximalem Moment $M_8$ ist ein klassischer Anwendungsfall von Einflusslinien. Es wird zunächst die Einflusslinie $M_8$ ermittelt. Anschließend werden die Extremalstellen bestimmt und ausgewertet.

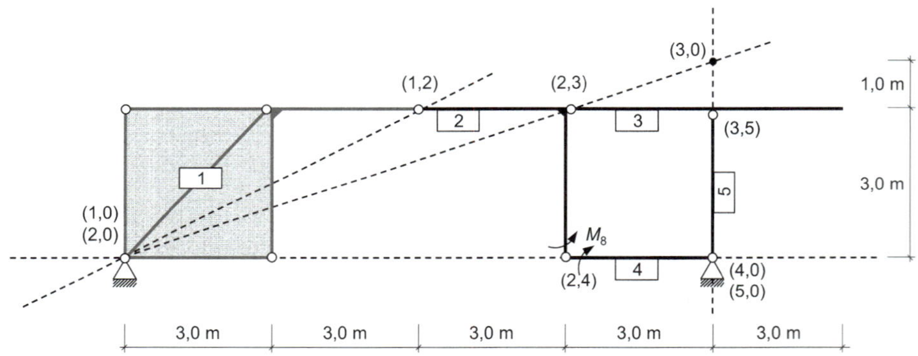


Polplan

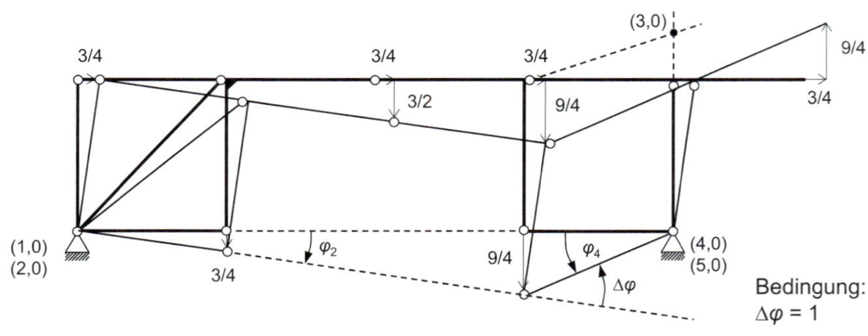


Verschiebungsfigur

Bedingungen am Momentengelenk

- keine gegenseitige Verschiebung der Stabenden:

$$\varphi_2 \cdot 9 = \varphi_4 \cdot 3$$

- $\Delta\varphi = 1$:

$$\varphi_2 + \varphi_4 = 1$$

$$\Rightarrow \quad \varphi_2 = \frac{1}{4}; \; \varphi_4 = \frac{3}{4}$$

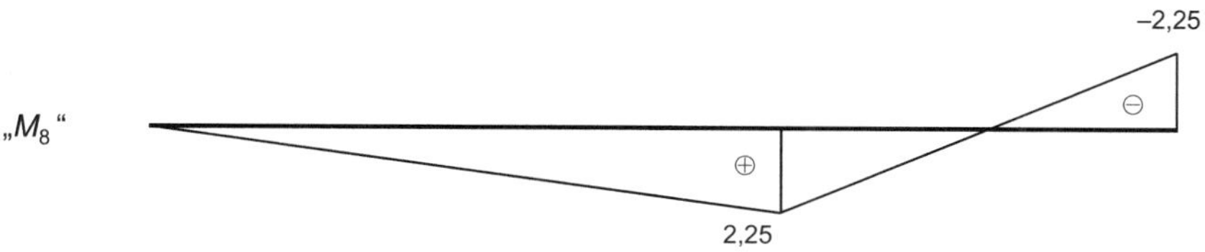


Einflusslinie

Die Maximal- und Minimalwerte für das Moment $M_8$ können direkt aus der Einflusslinie ausgelesen und mit der Last $P$ = 10 kN multipliziert werden.

- maximales Moment $M_8$: für $P$ an Knoten 6 → $M_8 = P \cdot 2{,}25 = 10 \cdot 2{,}25 = 22{,}5$ kNm
- minimales Moment $M_8$: für $P$ an Knoten 10 → $M_8 = P \cdot (-2{,}25) = 10 \cdot (-2{,}25) = -22{,}5$ kNm

### 8.2.3 Maximale Momente im Tragwerk und Verformungen am Knoten 10

In c) und d) soll der Momentenverlauf und die Verschiebungsfigur in Stiff infolge der Laststellungen aus Aufgabe b) ermittelt werden, wobei $P$ als erstes mit 10 kN am Knoten 6 angreift.

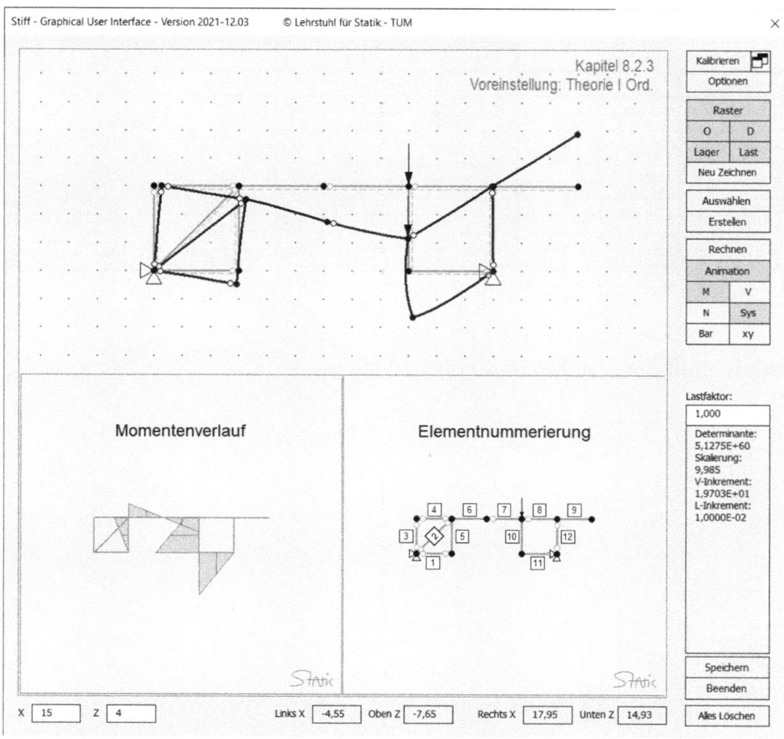


Ausgabefenster Stiff

Aus dem Momentenverlauf im „Preprocessor“ kann man qualitativ ablesen, dass das maximale Moment am Knoten 8 und das minimale Moment am Knoten 4 auftritt. Die Werte lassen sich aus dem Excel-Blatt „Momente“ ablesen. Am Knoten 8 erkennt man die Übereinstimmung mit der Handrechnung.

Da in der Aufgabenstellung keine gestrichelte Faser gegeben war, können sich die Vorzeichen unterscheiden, je nachdem, wie die gestrichelte Faser eingegeben wird.

| Element | 0 | 0,1 | 0,2 | 0,3 | 0,4 | 0,5 | 0,6 | 0,7 | 0,8 | 0,9 | 1 |
|---|---|---|---|---|---|---|---|---|---|---|---|
| 1 | -1,73472E-15 | -1,73472E-15 | -8,67362E-16 | 8,67362E-16 | 1,30104E-15 | 0 | -1,7347E-15 | 0 | 0 | 0 | 0 |
| 2 | -3,46945E-15 | -1,73472E-15 | -1,30104E-15 | -1,40946E-15 | -8,67362E-16 | 0 | 8,67362E-16 | 1,73472E-15 | 0 | 0 | 0 |
| 3 | -8,67362E-16 | 0 | 8,67362E-16 | -1,0842E-16 | 0 | 0 | 0 | 0 | 0 | 1,73472E-15 | 0 |
| 4 | 5,20417E-15 | 2,60209E-15 | 0 | 3,46945E-15 | 8,67362E-16 | 0 | -1,7347E-15 | -3,46945E-15 | -1,73472E-15 | -3,4694E-15 | 0 |
| 5 | -1,73472E-15 | -0,75 | -1,5 | -2,25 | -3 | -3,75 | -4,5 | -5,25 | -6 | -6,75 | -7,5 |
| 6 | -7,5 | -6,75 | -6 | -5,25 | -4,5 | -3,75 | -3 | -2,25 | -1,5 | -0,75 | 6,93889E-15 |
| 7 | -5,20417E-15 | 0,75 | 1,5 | 2,25 | 3 | 3,75 | 4,5 | 5,25 | 6 | 6,75 | 7,5 |
| 8 | 0 | -6,93889E-15 | -2,08167E-14 | -2,08167E-14 | -1,9082E-14 | -2,42861E-14 | -2,7756E-14 | -2,77556E-14 | -4,16334E-14 | -4,1633E-14 | -5,5511E-14 |
| 9 | -4,16334E-14 | -3,46945E-14 | -4,16334E-14 | -3,29597E-14 | -3,46945E-14 | -2,77556E-14 | -2,0817E-14 | -1,38778E-14 | -1,38778E-14 | -1,3878E-14 | -1,3878E-14 |
| 10 | 7,5 | 9 | 10,5 | 12 | 13,5 | 15 | 16,5 | 18 | 19,5 | 21 | 22,5 |
| 11 | 22,5 | 20,25 | 18 | 15,75 | 13,5 | 11,25 | 9 | 6,75 | 4,5 | 2,25 | 1,38778E-14 |
| 12 | 0 | 2,1684E-16 | 5,42101E-17 | -5,42101E-17 | -2,71051E-17 | 0 | 0 | 0 | 0 | -2,1684E-16 | -4,3368E-16 |

Stiff-Blatt „Momente“

Für dieselbe Laststellung sollen die Verformungen am Knoten 10 aus dem Stiff-Blatt „Knoten“ abgelesen werden. Zu den Verschiebungen $u$ und $w$ sind auch die Verdrehungen $\varphi$ angegeben.

| | Koordinaten | | Freiheitsgrad Nummer | | | Knotenlasten | | | Vorverformung | | | Verschiebung | | |
|---|---|---|---|---|---|---|---|---|---|---|---|---|---|---|
| Knoten | x | z | u | w | phi | Px | Pz | My | u0 | w0 | φ0 | u | w | phi |
| 1 | 0 | 3 | 0 | 0 | 1 | | | | | | | 0 | 0 | 0 |
| 2 | 3 | 3 | 2 | 3 | 4 | | | | | | | -0,0075 | 0,0477849 | 0 |
| 3 | 0 | 0 | 5 | 6 | 7 | | | | | | | 0,026571699 | 4,2928E-17 | 0 |
| 4 | 3 | 0 | 8 | 9 | 10 | | | | | | | 0,026571699 | 0,0477849 | -0,01885723 |
| 5 | 6 | 0 | 11 | 12 | 13 | | | | | | | 0,011571699 | 0,1268566 | 0 |
| 6 | 9 | 0 | 14 | 15 | 16 | | 10 | | | | | -0,003428301 | 0,1871783 | -0,01260723 |
| 7 | 12 | 0 | 17 | 18 | 19 | | | | | | | -0,003428301 | 6,6575E-17 | 0,06239277 |
| 8 | 9 | 3 | 20 | 21 | 22 | | | | | | | 0,015 | 0,1646783 | 0,03239277 |
| 9 | 12 | 3 | 0 | 0 | 23 | | | | | | | 0 | 0 | 0,06614277 |
| 10 | 15 | 0 | 24 | 25 | 26 | | | | | | | -0,003428301 | -0,1871783 | 0,06239277 |

Stiff-Blatt „Knoten“

Im zweiten Lastfall greift $P$ mit 10 kN am Knoten 10 an.

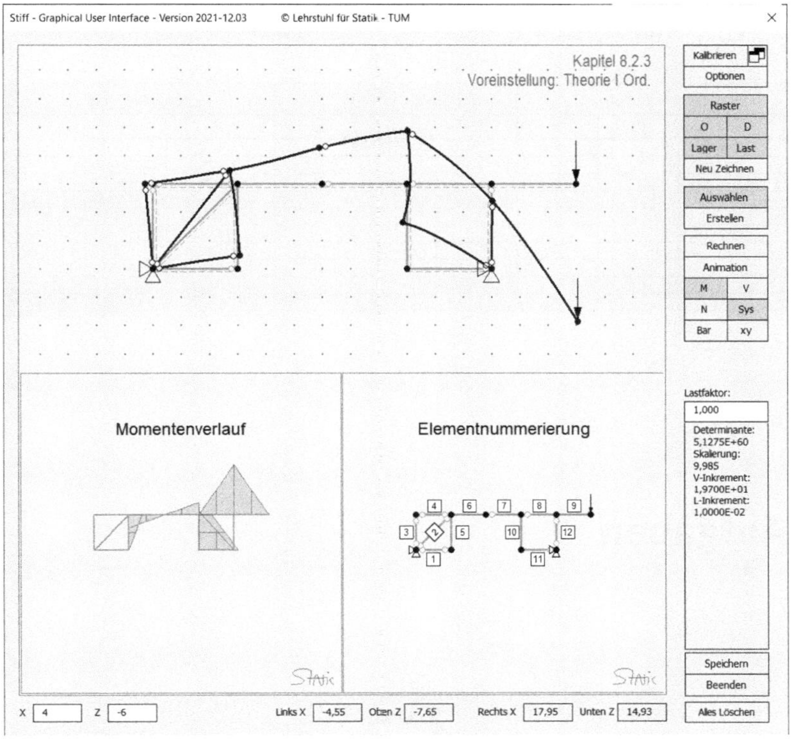


Ausgabefenster Stiff

Am Momentenverlauf im „Preprocessor" kann abgelesen werden, dass das maximale Moment am Knoten 4 und das minimale Moment am Knoten 7 auftritt. Die Werte lassen sich aus dem Excel- Blatt „Momente" ablesen.

Da in der Aufgabenstellung keine gestrichelte Faser gegeben war, können sich die Vorzeichen unterscheiden, je nachdem, wie die gestrichelte Faser eingegeben wird.

| Element | 0 | 0,1 | 0,2 | 0,3 | 0,4 | 0,5 | 0,6 | 0,7 | 0,8 | 0,9 | 1 |
|---|---|---|---|---|---|---|---|---|---|---|---|
| 1 | -3,46945E-15 | -8,67362E-16 | -8,67362E-16 | -1,95156E-15 | -1,30104E-15 | 0 | 1,73472E-15 | 1,73472E-15 | 1,73472E-15 | 3,46945E-15 | -3,4694E-15 |
| 2 | 8,67362E-16 | 1,73472E-15 | -1,30104E-15 | 3,67362E-16 | -2,1684E-16 | 0 | 0 | -8,67362E-16 | 1,73472E-15 | 0 | 1,73472E-15 |
| 3 | -3,46945E-15 | -1,73472E-15 | -1,73472E-15 | -1,0842E-16 | -4,33681E-16 | 0 | 0 | 0 | 3,46945E-15 | 0 | -3,4694E-15 |
| 4 | 1,73472E-15 | -8,67362E-16 | 8,67362E-16 | -6,50521E-16 | 4,33681E-16 | 0 | 0 | 0 | 1,73472E-15 | -3,4694E-15 | 0 |
| 5 | 3,46945E-15 | 0,75 | 1,5 | 2,25 | 3 | 3,75 | 4,5 | 5,25 | 6 | 6,75 | 7,5 |
| 6 | 7,5 | 6,75 | 6 | 5,25 | 4,5 | 3,75 | 3 | 2,25 | 1,5 | 0,75 | 0 |
| 7 | 6,93889E-15 | -0,75 | -1,5 | -2,25 | -3 | -3,75 | -4,5 | -5,25 | -6 | -6,75 | -7,5 |
| 8 | -2,77556E-14 | -3 | -6 | -9 | -12 | -15 | -18 | -21 | -24 | -27 | -30 |
| 9 | -30 | -27 | -24 | -21 | -18 | -15 | -12 | -9 | -6 | -3 | 5,55112E-14 |
| 10 | -7,5 | -9 | -10,5 | -12 | -13,5 | -15 | -16,5 | -18 | -19,5 | -21 | -22,5 |
| 11 | -22,5 | -20,25 | -18 | -15,75 | -13,5 | -11,25 | -9 | -6,75 | -4,5 | -2,25 | -1,3878E-14 |
| 12 | 0 | -1,0842E-16 | 0 | 1,35525E-17 | 5,42101E-17 | 0 | 0 | 0 | 2,1684E-16 | 0 | 4,33681E-16 |

Stiff- Blatt „Momente"

Wie für die vorherige Laststellung lassen sich die Verformungen am Knoten 10 am Stiff-Blatt „Knoten“ ablesen

| | Koordinaten | | Freiheitsgrad Nummer | | | Knotenlasten | | | Vorverformung | | | Verschiebung | | |
|---|---|---|---|---|---|---|---|---|---|---|---|---|---|---|
| Knoten | x | z | u | w | phi | Px | Pz | My | u0 | w0 | φ0 | u | w | phi |
| 1 | 0 | 3 | 0 | 0 | 1 | | | | | | | 0 | 0 | 0 |
| 2 | 3 | 3 | 2 | 3 | 4 | | | | | | | 0,0075 | -0,0477849 | 0 |
| 3 | 0 | 0 | 5 | 6 | 7 | | | | | | | -0,026571699 | -4,2928E-17 | 0 |
| 4 | 3 | 0 | 8 | 9 | 10 | | | | | | | -0,026571699 | -0,0477849 | 0,01885723 |
| 5 | 6 | 0 | 11 | 12 | 13 | | | | | | | -0,011571699 | -0,1268566 | 0 |
| 6 | 9 | 0 | 14 | 15 | 16 | | | | | | | 0,003428301 | -0,1871783 | 0,01260723 |
| 7 | 12 | 0 | 17 | 18 | 19 | | | | | | | 0,003428301 | 0,06 | -0,11239277 |
| 8 | 9 | 3 | 20 | 21 | 22 | | | | | | | -0,015 | -0,1646783 | -0,03239277 |
| 9 | 12 | 3 | 0 | 0 | 23 | | | | | | | 0 | 0 | -0,06614277 |
| 10 | 15 | 0 | 24 | 25 | 26 | | 10 | | | | | 0,003428301 | 0,4871783 | -0,15739277 |

Stiff-Blatt „Knoten“

# 8.3 Aufgaben

## Aufgabe 1

Schwierigkeitsgrad einfach

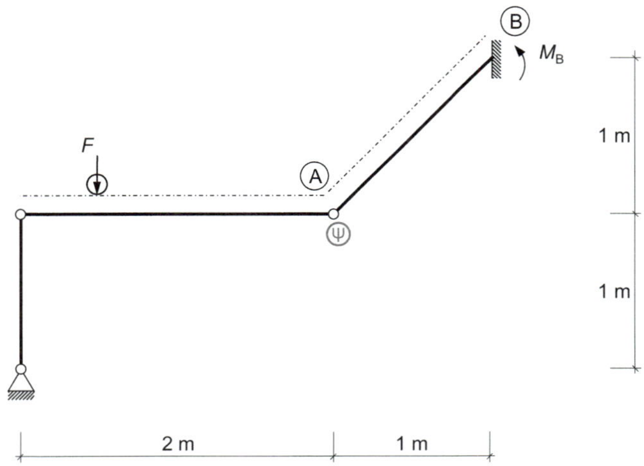


a) Ermitteln Sie für das dargestellte System die Einflusslinien für die Auflagerreaktion $M_B$ infolge der Wanderlast $F$.

b) Werten Sie die Einflusslinie für eine Last $F$ = 5 kN im Knoten A aus. Vergleichen Sie das Ergebnis mit einer direkten Berechnung von $M_B$, wenn die Last $F$ im Knoten A steht.

## Aufgabe 2

Schwierigkeitsgrad einfach

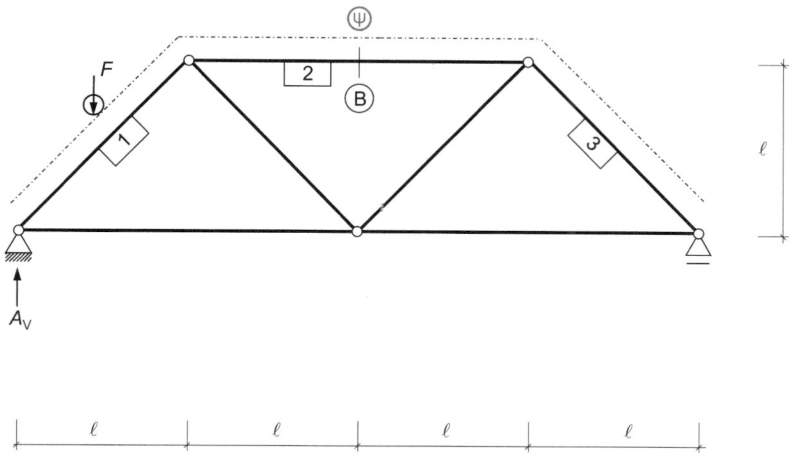


a) Ermitteln Sie für das dargestellte System die Einflusslinien für die Auflagerreaktionen $A_V$ und die Schnittgröße $V_B$ infolge der Wanderlast $F$.

b) Erklären Sie die unterschiedlichen Verläufe der Einflusslinie $\eta_{V,B}$ für die Stäbe 1 bis 3.

## Aufgabe 3

Schwierigkeitsgrad einfach

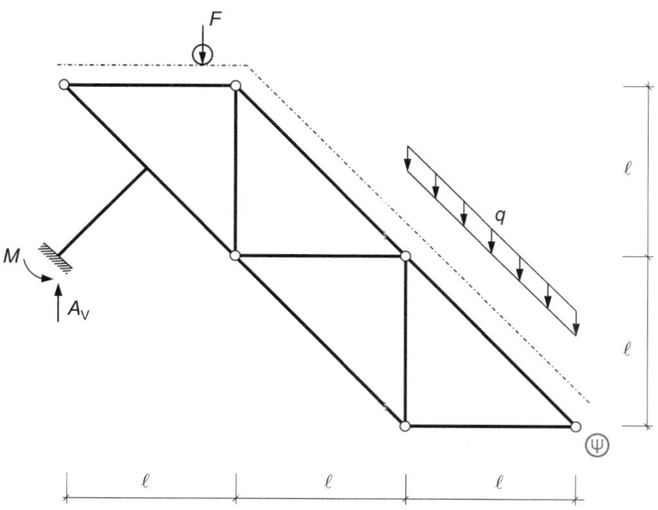


a) Ermitteln Sie für das dargestellte System die Einflusslinien für die Auflagerreaktionen $A_V$ und $M$ infolge der Wanderlast $F$.

b) Werten Sie die Einflusslinien für die eingezeichnete Last $q$ aus.

## Aufgabe 4

Schwierigkeitsgrad
einfach

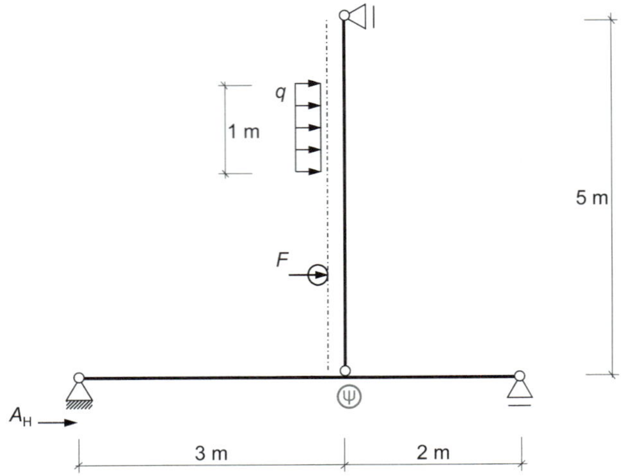


a) Ermitteln Sie für das dargestellte System die Einflusslinie für die Auflagerkraft $A_H$ infolge der Wanderlast *F*.

b) Was ist die ungünstigste Laststellung einer Last *q* für die Auflagerkraft $A_H$? Werten Sie die Einflusslinie „$A_H$" für diese Laststellung aus.

## Aufgabe 5

Schwierigkeitsgrad
einfach

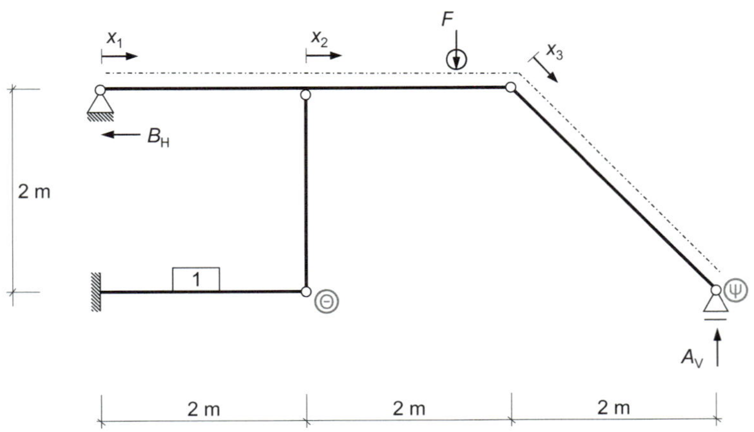


a) Ermitteln Sie für das dargestellte System die Einflusslinien für die Auflagerreaktionen $A_V$ und $B_H$ sowie die Normalkraft $N_1$ infolge der Wanderlast *F*.

b) Geben Sie für die Auflagerreaktion $A_V$ den analytischen Verlauf $\eta(x_1)$, $\eta(x_2)$ und $\eta(x_3)$ (als Formel) der Einflusslinie an.

## Aufgabe 6

Schwierigkeitsgrad einfach

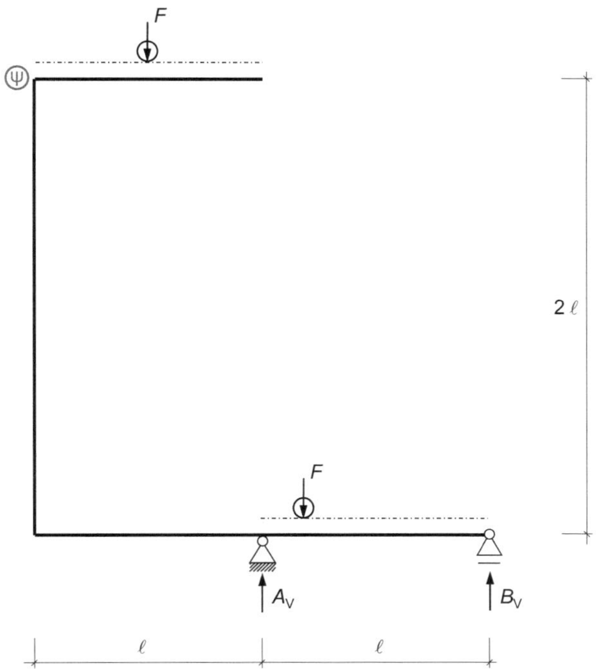


a) Ermitteln Sie für das dargestellte System die Einflusslinien für die Auflagerreaktionen $A_V$ und $B_V$ infolge der Wanderlast $F$.

b) Wie hängen die beiden Einflusslinien „$A_V$“ und „$B_V$“ zusammen?

## Aufgabe 7

Schwierigkeitsgrad einfach

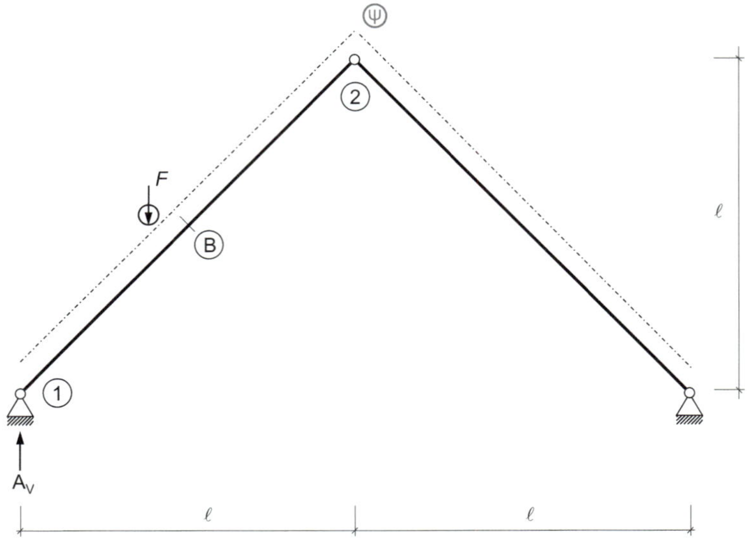


a) Ermitteln Sie für das dargestellte System die Einflusslinien für die Auflagerreaktion $A_V$ und die Normalkraft $N_B$ in Stabmitte infolge der Wanderlast F.

b) Berechnen Sie $A_V$ und $N_{12}$ für eine vertikale Last $P = 10$ kN im Knoten 2. Vergleichen Sie die Ergebnisse mit denen aus Teilaufgabe a).

## Aufgabe 8

Schwierigkeitsgrad einfach

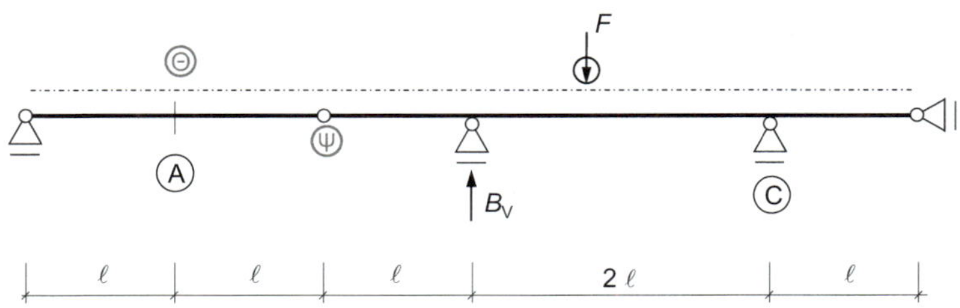


a) Ermitteln Sie für das dargestellte System die Einflusslinien für die Schnittgrößen $M_A$ und $M_C$ sowie für die Auflagerreaktion $B_V$ infolge der Wanderlast $F$.

b) Bestimmen Sie den Momentenverlauf im Balken für die Laststellung von $F$, in der $B_V$ maximal wird.

## Aufgabe 9

Schwierigkeitsgrad einfach

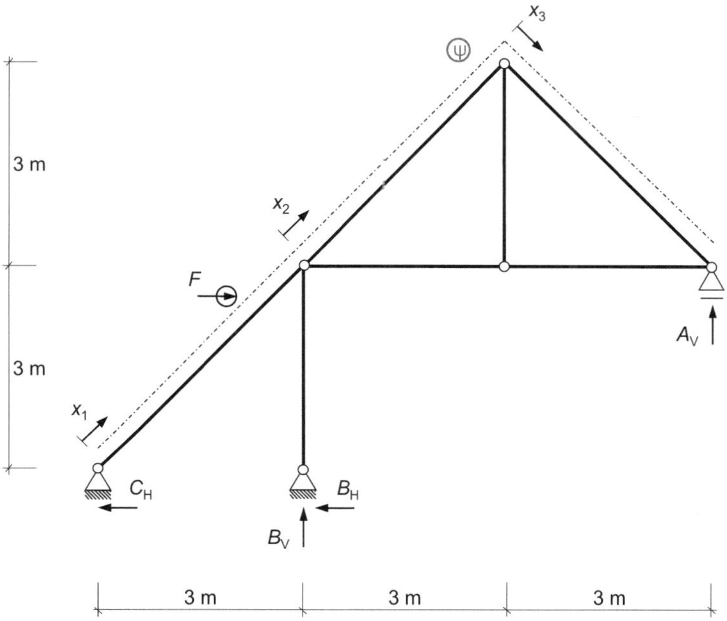


a) Ermitteln Sie für das dargestellte System die Einflusslinien für die Auflagerkräfte $A_V$, $B_H$, $B_V$ und $C_H$ infolge der Wanderlast $F$.

b) Geben Sie den analytischen Verlauf (als Formel) der Einflusslinie für $B_V$ in den Bereichen $x_1$ bis $x_3$ an.

c) Begründen Sie den Verlauf der Einflusslinien für $A_V$ und $C_H$.

## Aufgabe 10

Schwierigkeitsgrad einfach

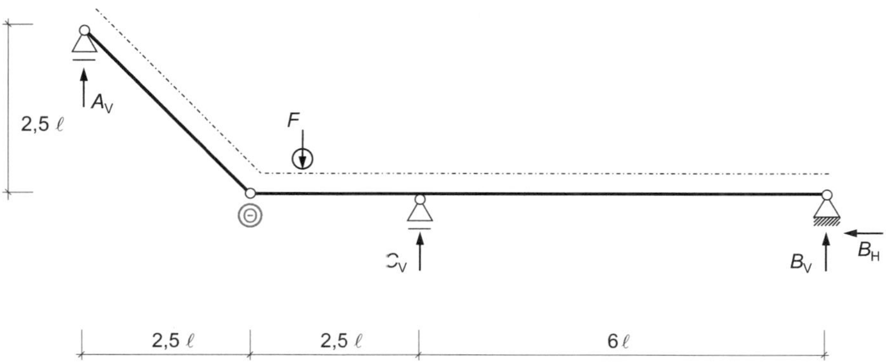


a) Ermitteln Sie für das dargestellte System die Einflusslinien für die Auflagerkräfte $A_V$, $B_V$ und $B_H$ infolge der Wanderlast $F$.

b) Bestimmen Sie mithilfe der Ergebnisse aus Teilaufgabe a) direkt die Einflusslinie für die Auflagerkraft $C_V$.

## Aufgabe 11

Schwierigkeitsgrad mittel

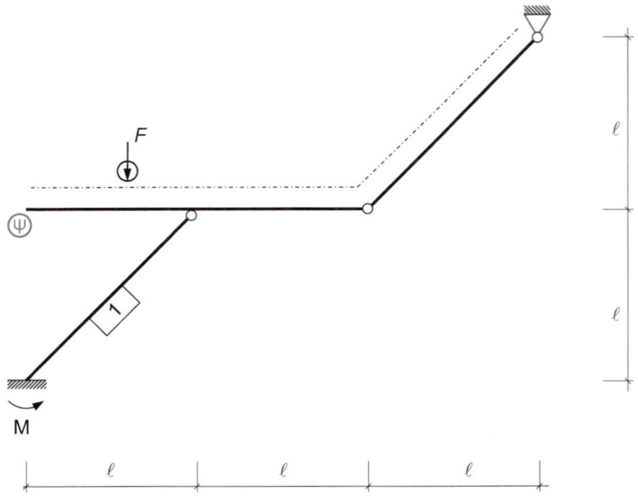


a) Ermitteln Sie für das dargestellte System die Einflusslinien für die Auflagerreaktionen $M$ und die Schnittgröße $N_1$ infolge der Wanderlast $F$.

b) Bestimmen Sie jeweils die ungünstigste Laststellung einer Einzellast $P$ für $M$ und $N_1$. Werten Sie jeweils für eine vertikale Last $P = 10$ kN aus.

## Aufgabe 12

Schwierigkeitsgrad mittel

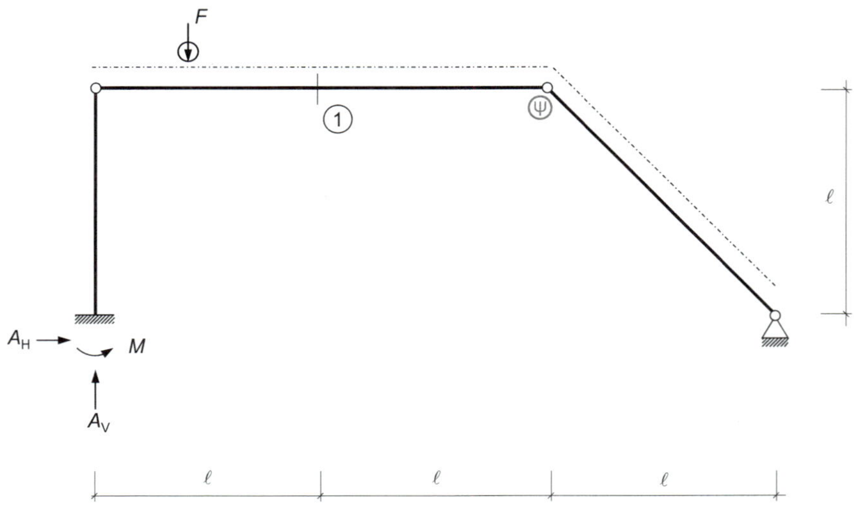


a) Ermitteln Sie für das dargestellte System die Einflusslinien für die Auflagerreaktionen $A_H$, $A_V$ und $M$ infolge der Wanderlast $F$.

b) Überprüfen Sie die Ergebnisse aus Teilaufgabe a) mit einer statischen Berechnung für eine vertikale Einzellast $P$ am Knoten 1.

## Aufgabe 13

Schwierigkeitsgrad mittel

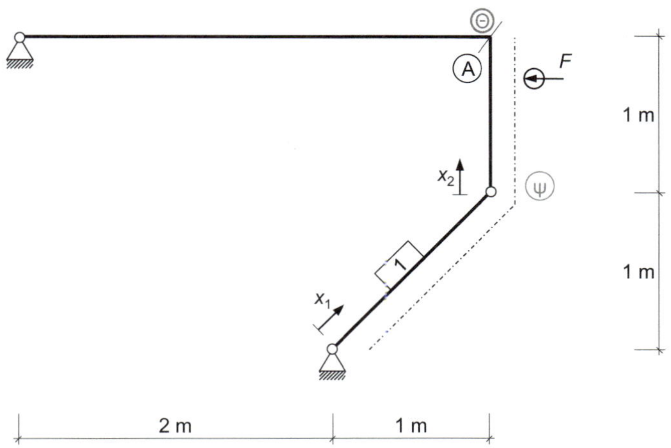


a) Ermitteln Sie für das dargestellte System die Einflusslinien für die Normalkraft $N_1$ in Stabmitte des Stabes 1 und das Moment $M_A$ infolge der Wanderlast $F$.

b) Geben Sie den analytischen Verlauf (als Formel) der Einflusslinie für $M_A$ in den Bereichen $x_1$ und $x_2$ an.

## Aufgabe 14

Schwierigkeitsgrad mittel

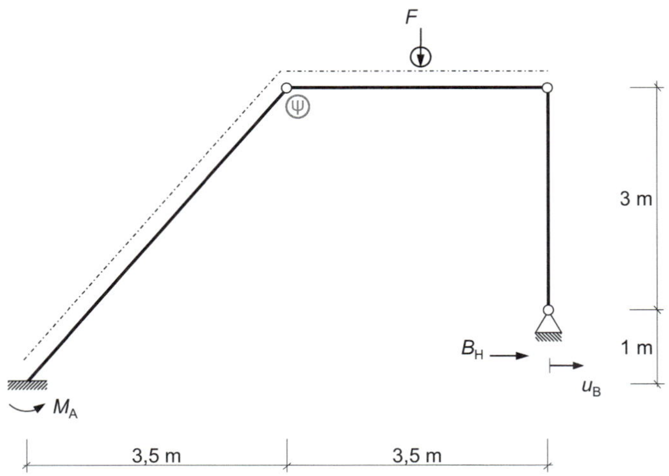


a) Ermitteln Sie für das dargestellte System die Einflusslinien für die Auflagerreaktionen $M_A$ und $B_H$ infolge der Wanderlast $F$.

b) Wie groß werden $M_A$ und $B_H$ bei einer Auflagerverschiebung $u_B$ = 0,10 m am rechten Auflager?

## Aufgabe 15

Schwierigkeitsgrad mittel

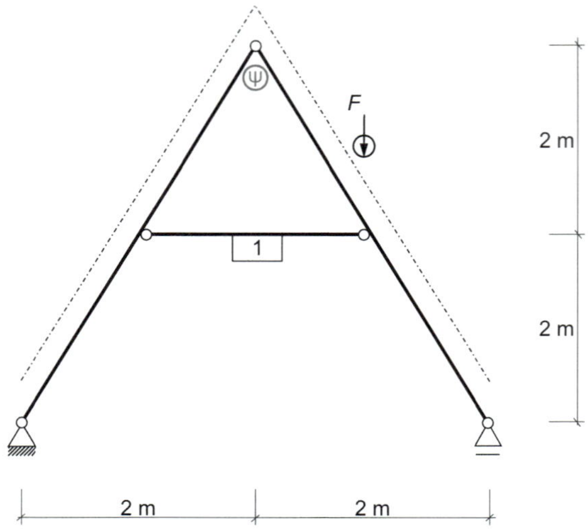


a) Ermitteln Sie für das dargestellte System die Einflusslinien für die Normalkraft $N_1$ infolge der Wanderlast $F$.

## Aufgabe 16

Schwierigkeitsgrad mittel

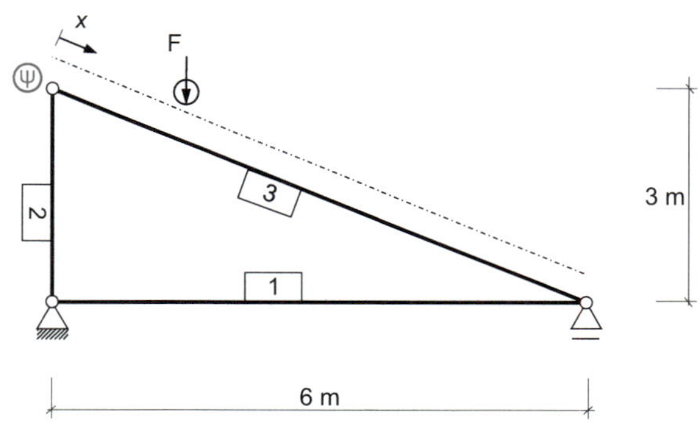


a) Ermitteln Sie für das dargestellte System die Einflusslinien infolge der Wanderlast $F$ für die Normalkraft $N_1$, $N_2$ und $N_3$, jeweils in Stabmitte.

b) Geben Sie den analytischen Verlauf (als Formel) der Einflusslinie $\eta(x)$ für die Normalkraft $N_2$ an.

## Aufgabe 17

Schwierigkeitsgrad mittel

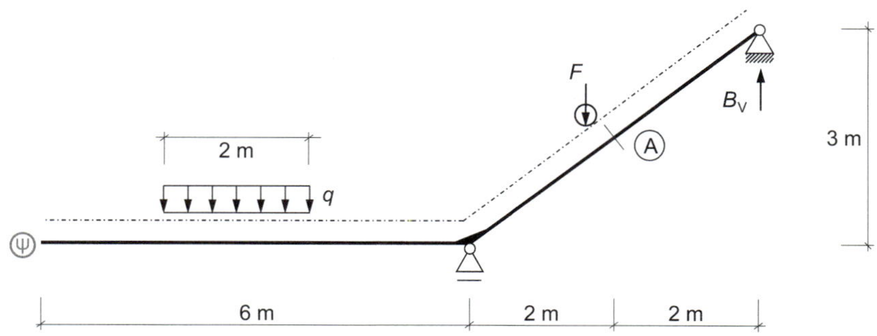


a) Ermitteln Sie für das dargestellte System die Einflusslinien für die Auflagerreaktion $B_V$ und das Moment $M_A$ infolge der Wanderlast $F$.

b) Werten Sie die Einflusslinien für $B_v$ und $M_A$ für eine Wanderlast $q$ in jeweils ungünstigster Laststellung aus.

## Aufgabe 18

Schwierigkeitsgrad mittel

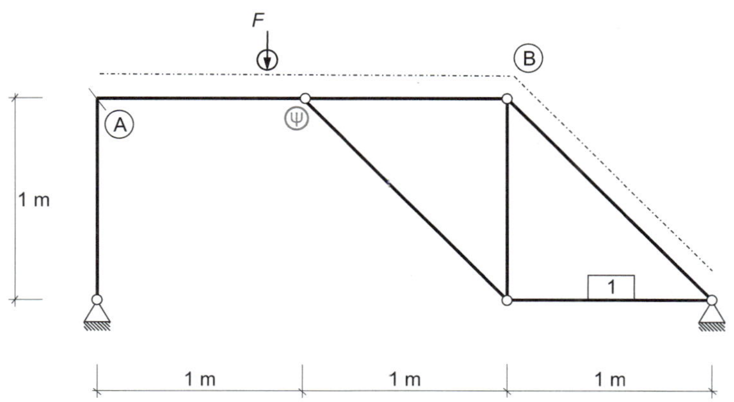


a) Ermitteln Sie für das dargestellte System die Einflusslinien für die Schnittgröße $M_A$ und $N_1$ infolge der Wanderlast $F$.

b) Berechnen Sie $M_A$ und $N_1$ für eine vertikale Last $P = 10$ kN im Knoten B und überprüfen Sie damit Ihre Ergebnisse aus Teilaufgabe a).

## Aufgabe 19

Schwierigkeitsgrad mittel

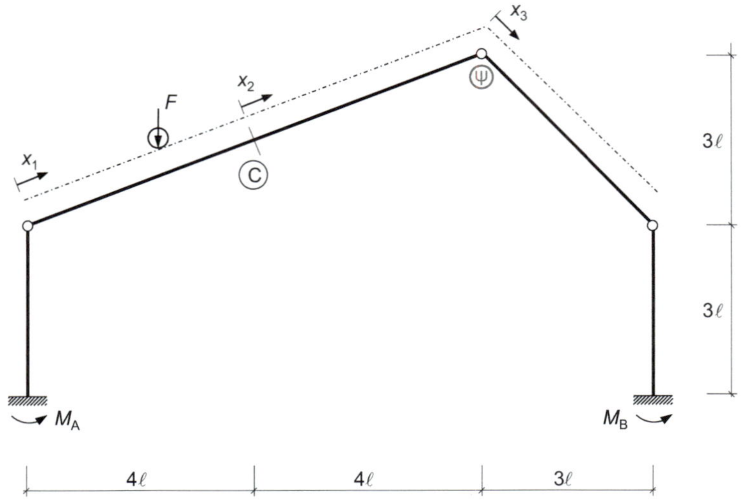


a) Für das dargestellte System sind die Einflusslinien für die Auflagerreaktionen $M_A$ und $M_B$ sowie für die Schnittgröße $M_C$ infolge der Wanderlast $F$ zu ermitteln.

b) Geben Sie für die Einflusslinie der Schnittgröße $M_C$ den analytischen Verlauf $\eta(x_1)$, $\eta(x_2)$ und $\eta(x_3)$ an (als Formel).

## Aufgabe 20

Schwierigkeitsgrad mittel

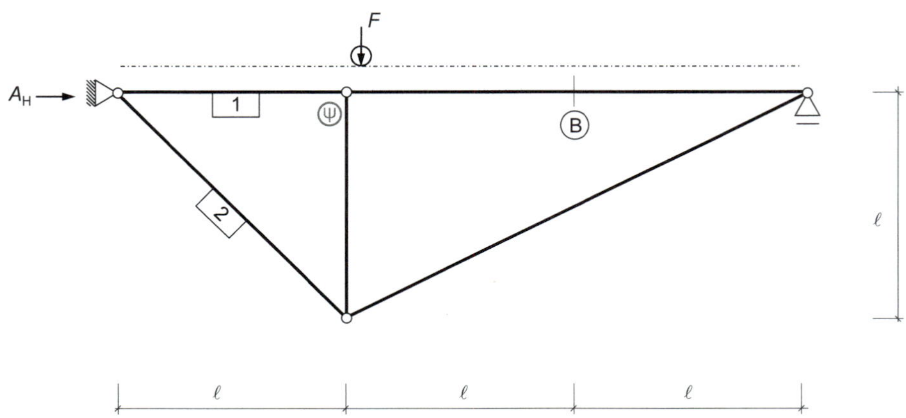


a) Ermitteln Sie für die gegebene unterspannte Brücke die Einflusslinien für die Auflagerreaktion $A_H$ und die Schnittgrößen $M_B$ und $N_B$ infolge der Wanderlast $F$.

b) Begründen Sie den Verlauf der Einflusslinie für die horizontale Auflagerreaktion $A_H$.

c) Zeichnen Sie direkt mithilfe Ihrer Ergebnisse aus den Teilaufgaben a) und b) die Einflusslinien für $N_1$ und $N_2$.

## Aufgabe 21

Schwierigkeitsgrad schwer

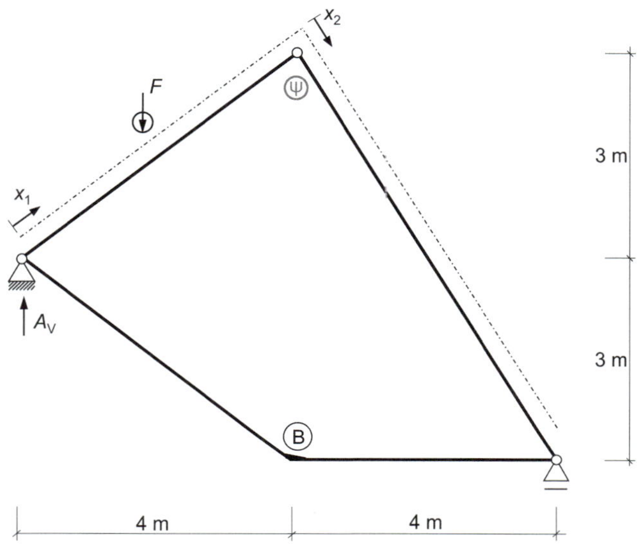


a) Ermitteln Sie für das dargestellte System die Einflusslinien für die Schnittgröße $M_B$ und die Auflagerkraft $A_V$ infolge der Wanderlast $F$.

b) Geben Sie den analytischen Verlauf (als Formel) der Einflusslinie „$M_B$" für die Bereiche $x_1$ und $x_2$ an.

## Aufgabe 22

Schwierigkeitsgrad schwer

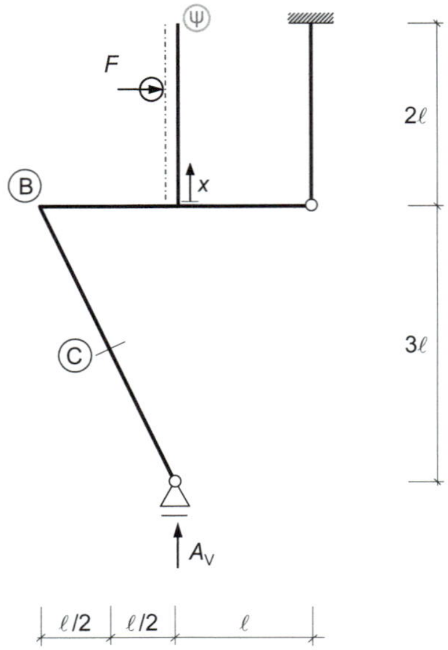


a) Ermitteln Sie für das dargestellte System die Einflusslinien für die Schnittgrößen $M_B$ und $V_C$ sowie die Auflagerkraft $A_V$ infolge der horizontal wirkenden Wanderlast $F$.

b) Geben Sie die analytische Funktion $\eta(x)$ der Einflusslinie für die Querkraft $V_C$ im Bereich $x$ an.

## Aufgabe 23

Schwierigkeitsgrad schwer

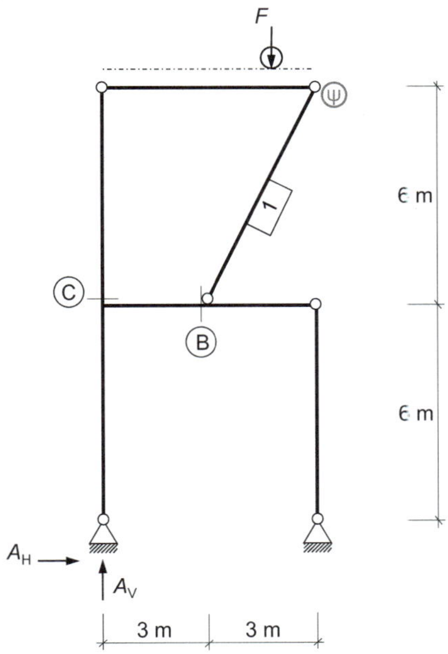


a) Ermitteln Sie für das dargestellte System die Einflusslinien für die Schnittgrößen $M_B$, $V_C$ und $N_1$ sowie die Auflagerkraft $A_V$ infolge der Wanderlast $F$.

b) Geben Sie die Einflusslinie für die horizontale Auflagerkraft $A_H$ ohne weitere Rechnung an. Warum ist dies ohne weitere Rechnung möglich?

c) Überprüfen Sie Ihre Ergebnisse für eine Last $F$ = 1 kN am linken Ende des Lastgurts.

## Aufgabe 24

Schwierigkeitsgrad schwer

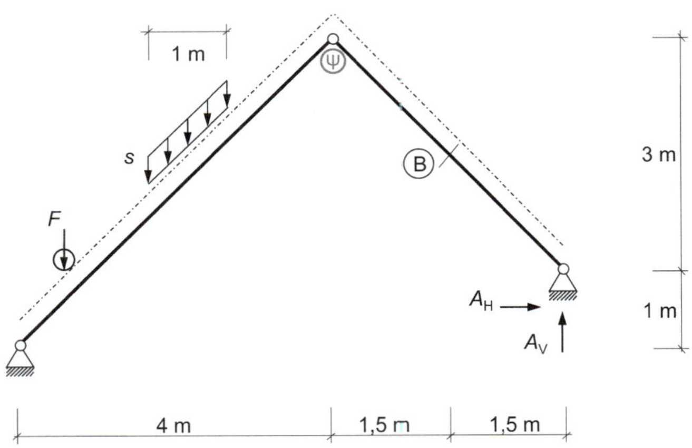


a) Ermitteln Sie für das dargestellte System die Einflusslinien für die Auflagerkräfte $A_H$ und $A_V$ sowie die Querkraft $V_B$ infolge der Wanderlast $F$.

b) Werten Sie die Einflusslinien in jeweils ungünstigster Laststellung für die angegebene Last $s$ aus.

## Aufgabe 25

Schwierigkeitsgrad schwer

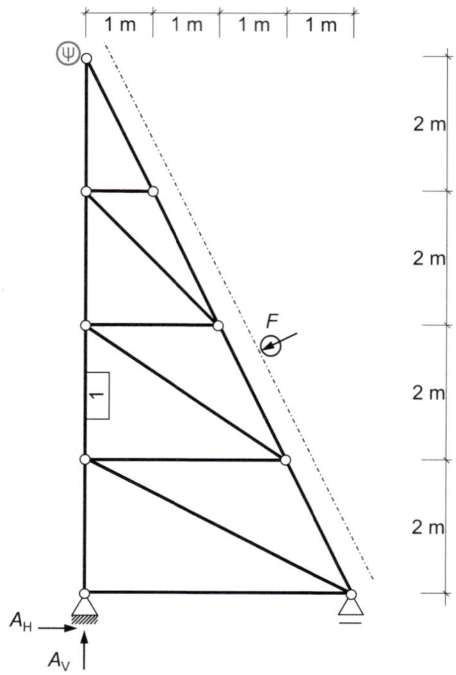


a) Ermitteln Sie für das dargestellte System die Einflusslinien für die Schnittkraft $N_1$ und die Auflagerkräfte $A_H$ und $A_V$ infolge der Wanderlast $F$.

b) Begründen Sie mechanisch den Verlauf der Einflusslinie für $A_H$.

## Aufgabe 26

Schwierigkeitsgrad schwer

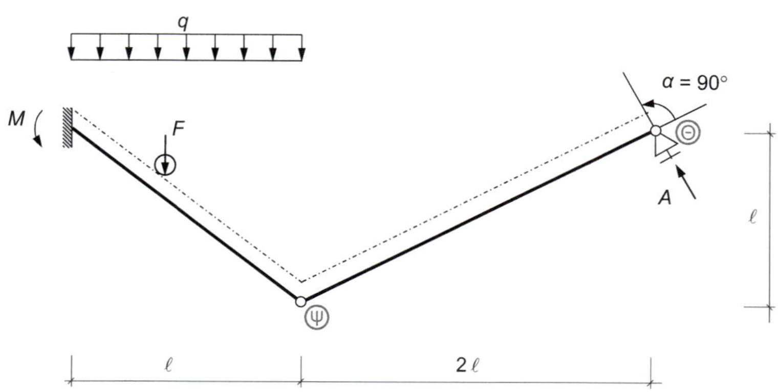


a) Ermitteln Sie für das dargestellte System die Einflusslinien für die Auflagerreaktionen $M$ und $A$ infolge der Wanderlast $F$.

b) Werten Sie die Einflusslinien für die gegebene Last $q$ aus.

## Aufgabe 27

Schwierigkeitsgrad schwer

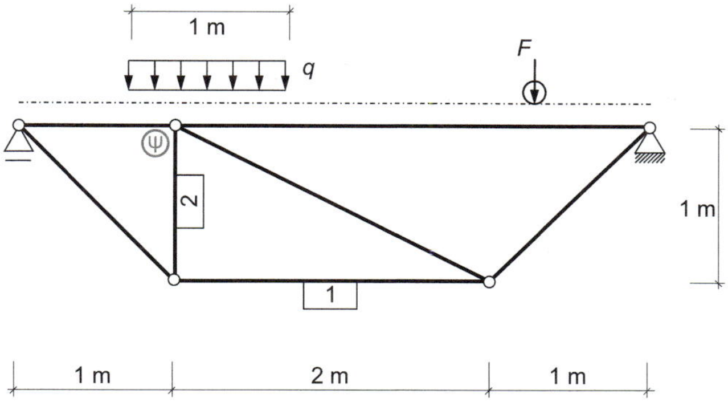


a) Ermitteln Sie für das dargestellte System die Einflusslinien für die Schnittkräfte $N_1$ und $N_2$ infolge der Wanderlast $F$.

b) Werten Sie die Einflusslinien aus a) für die jeweils ungünstigsten Laststellungen der Last $q$ aus.

c) Wie können Sie die Einflusslinie „$N_1$" zur Überprüfung der Einflusslinie für „$N_2$" nutzen?

## Aufgabe 28

Schwierigkeitsgrad schwer

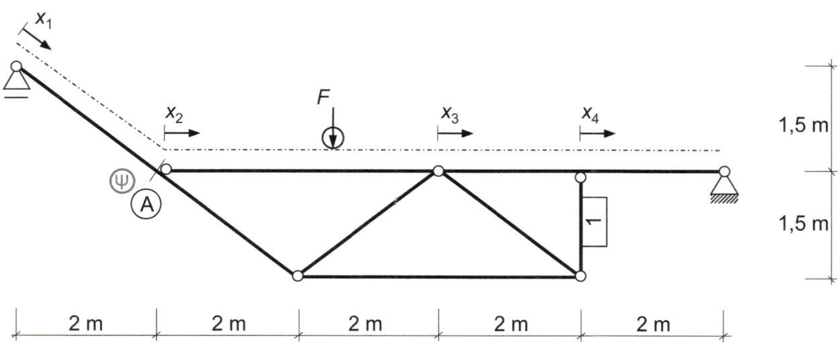


a) Ermitteln Sie für das dargestellte System die Einflusslinien für die Schnittkräfte $N_1$ und $M_A$ infolge der Wanderlast $F$.

b) Geben Sie den analytischen Verlauf der Einflusslinie für die Normalkraft $N_1$ über die Bereiche $x_1$ bis $x_4$ an (als Formel).

## Aufgabe 29

Schwierigkeitsgrad schwer

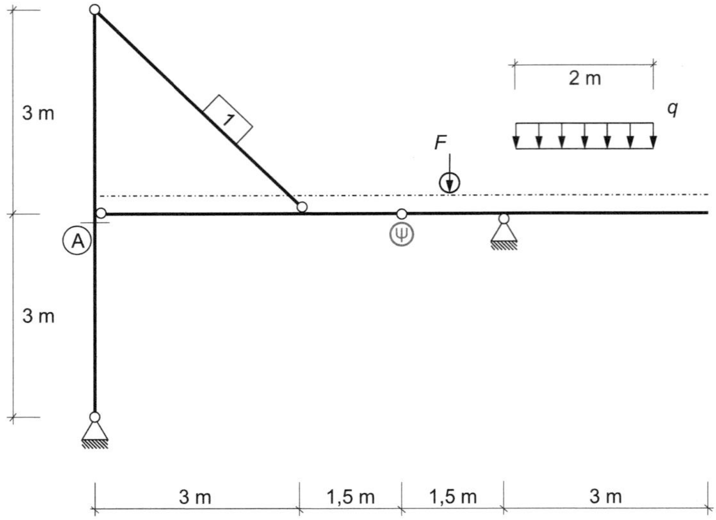


a) Ermitteln Sie für das dargestellte System die Einflusslinien für die Schnittkräfte $N_1$ und $N_A$ infolge der Wanderlast $F$.

b) Bestimmen Sie die Laststellung der gegebenen Last $q$ für eine maximale und minimale Schnittgröße $N_1$. Werten Sie die Einflusslinie für diese Laststellungen für eine Last $q = 2$ kN/m aus.

c) Ermitteln Sie den analytischen Verlauf (als Formel) der Einflusslinie $N_A$. Unterteilen Sie hierfür den Lastgurt in sinnvolle Bereiche.

## Aufgabe 30

Schwierigkeitsgrad schwer

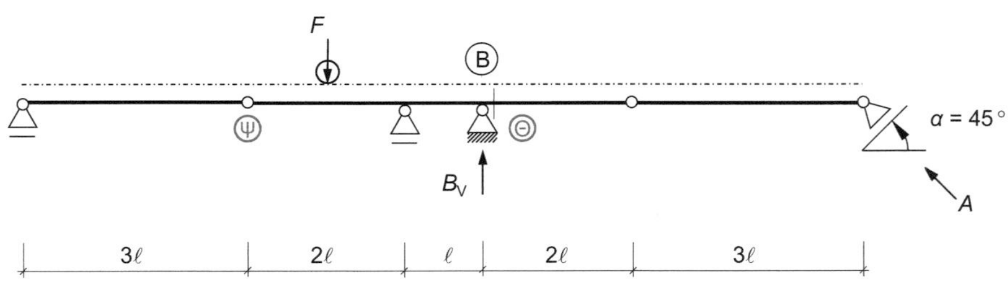


a) Ermitteln Sie für das dargestellte System die Einflusslinien für die Auflagerreaktionen $A$ und $B_V$ und die Schnittgröße $V_B$ (rechts vom Auflager B) infolge der Wanderlast $F$.

b) Geben Sie die analytische Funktion über den Lastgurt für den Verlauf der Einflusslinie „$V_B$" an. Unterteilen Sie hierzu den Lastgurt in sinnvolle Bereiche.

## 8.4 Lösungen

| Aufgabe | a) | Ort | b) | Ort |
|---|---|---|---|---|
| 1 | $\eta_{M,B} = -1$ | ψ | $M_B = -5$ kNm | - |
| 2 | $\eta_{AV} = 1/2$ | ψ | Stab 2 entspricht einem Pendelstab, daher V = 0, außer er ist selbst belastet | - |
| 3 | $\eta_M = 3\ell$ | ψ | $M_{max} = 3{,}536\ q\ell^2$ | - |
| 4 | $\eta_{AH} = -1$ | ψ | $A_H = -0{,}9\ q$ | - |
| 5 | $\eta_{AV} = 1$ | ψ | $\eta_{AV}(x_3) = x_3/(2\sqrt{2})$ | - |
| 6 | $\eta_{AV} = 2$ | ψ | $\eta_A(x) + \eta_B(x) = 1$ | - |
| 7 | $\eta_{N12} = -1/\sqrt{2}$ | ψ | $N_{12} = -7{,}07$ kN | - |
| 8 | $\eta_{BV} = 3/4$ | Θ | $M_{max} = -F\ell$ | - |
| 9 | $\eta_{AV} = 1/2$ | ψ | $\eta_{BV}(x_2) = 1 - x_2/(6\sqrt{2})$ | - |
| 10 | $\eta_{BV} = -5/12$ | ψ | $\eta_{CV} = 17/12$ | Θ |
| 11 | $\eta_{N1} = -3/\sqrt{2}$ | ψ | $M_{max} = 10\ell$ | - |
| 12 | $\eta_M = -1\ell$ | ψ | $A_H = 0{,}5$ P | - |
| 13 | $\eta_{N1} = -1/\sqrt{8}$ | ψ | $\eta_M(x_2) = -3/4\ (1 - x_2)$ | - |
| 14 | $\eta_{MA} = 7/2$ | ψ | $B_H = 0$; $M = 0$ | - |
| 15 | $\eta_{N1} = 1/2$ | ψ | - | - |
| 16 | $\eta_{N1}(x) = 0$ | - | $\eta_{N2}(x) = -1 + x/(3\sqrt{5})$ | - |
| 17 | $\eta_{MA} = -3$ | ψ | $B_V = -2{,}5\ q$ | - |
| 18 | $\eta_{N1} = -1/3$ | ψ | $M_A = -10/3$ | - |
| 19 | $\eta_{M,A} = -24/11\ \ell$ | ψ | $\eta_{MC}(x_2) = 2\ell \cdot (1 - x/4{,}27\ell)$ | - |
| 20 | $\eta_{NB} = -2/3$ | ψ | $\sum H = 0$ | - |
| 21 | $\eta_{MB} = -2/3$ | ψ | $\eta_{MB}(x_2) = -2/3 + x_2/(3\sqrt{13})$ | - |
| 22 | $\eta_{MB} = 2\ell$ | ψ | $\eta_{VC}(x_2) = \sqrt{(2/5)}\ x/(2\ell)$ | - |
| 23 | $\eta_{N1} = -\sqrt{5}/2$ | ψ | $A_H = 0$ | - |
| 24 | $\eta_{AH} = -1/2$ | ψ | $V_{B,min} = -1/3$ s | - |
| 25 | $\eta_{N1} = -\sqrt{5}$ | ψ | $\eta_{AH} = 2/\sqrt{5}$ | - |
| 26 | $\eta_A = 2/\sqrt{5}$ | ψ | $M_{max} = q\ell^2/\sqrt{2}$ | - |
| 27 | $\eta_{N1} = 3/4$ | ψ | $N_{2,min} = -0{,}65625\ q$ | - |
| 28 | $\eta_{MA} = 8/5$ | ψ | $\eta_{N1}(x2) = (2 + x_2)/5$ | - |
| 29 | $\eta_{N1} = 3/\sqrt{2}$ | ψ | $N_{1,max} = -11{,}314$ kN | - |
| 30 | $\eta_{BV} = -2$ | ψ | $\eta_{VB} = 1$ | Θ |

# 9 Einflusslinien für Verschiebungsgrößen

Videos zu diesem Kapitel finden Sie unter

## 9.1 Grundlagen zu Einflusslinien für Verschiebungsgrößen

Einflusslinien für Verschiebungsgrößen stellen den Einfluss einer unterschiedlichen Anordnung von Lasten auf eine ausgewählte Verschiebungsgröße eines Systems schnell und anschaulich dar. Dabei geben Einflusslinien für Verschiebungsgrößen die Auswirkung einer ortsveränderlichen Last (Wanderlast) der Größe 1 auf eine bestimmte Verschiebungsgröße an der Auswertestelle an.

In diesem Kapitel sind mit dem Begriff „Verschiebungsgröße" allgemein Verschiebungen und Verdrehungen bezeichnet.

Die Einflusslinie wird mit $\eta(x)$ bezeichnet [WK04], [Hir98], [Dal20], [Dal15], [Din12]. Eine andere geläufige Bezeichnung ist „$S$" (mit Anführungszeichen, so auch in [Hir98]), wobei $S$ die betrachtete Zustandsgröße, d. h. Verschiebungsgröße, ist.

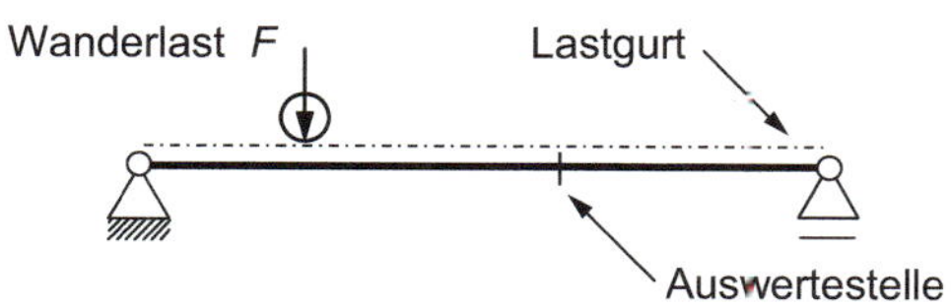

Relevante Begriffe zu Einflusslinien für Verschiebungsgrößen

Die Einflusslinie wird für eine Verschiebungsgröße an der Auswertestelle infolge einer ortsveränderlichen Last, der „Wanderlast", ermittelt. Der mit einer strichpunktierten Linie gekennzeichnete „Lastgurt" gibt den Bereich an, in dem sich die Wanderlast bewegen kann. Die durch das „Rad" am Lastpfeil gekennzeichnete Wanderlast legt die Art und Wirkungsrichtung der Last fest.

Nach dem Prinzip von Betti und Maxwell (vgl. [Dal15], [Din12]) werden die Einflusslinien für Verschiebungsgrößen ermittelt, indem am Ort der gesuchten Verschiebungsgröße, d. h. an der Auswertestelle, eine korrespondierende Last der Größe 1 angebracht und die Biegelinie des Lastgurts ermittelt wird. Für die Einflusslinie ist hierbei nur die zur Richtung der Wanderlast korrespondierende Komponente der Lastgurtverformung von Interesse, also die Projektion der Lastgurtverformung in die Wirkungsrichtung der Wanderlast.

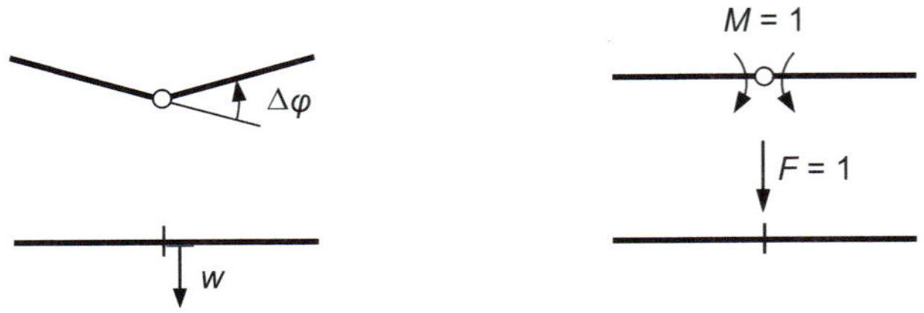


Betrachtete Verschiebungsgröße (links) und korrespondierende Kraftgröße (rechts)

Eine Auflistung der korrespondieren Kraft-Verschiebungspaare findet sich im Kapitel 6 – Prinzip der virtuellen Verschiebungen.

Um die Verformung des Lastgurts zu ermitteln, sind zunächst die Verformungen an den charakteristischen Stellen (Knoten, Lastangriffspunkte, Lager, Gelenke, etc.) zu bestimmen. Sie können beispielsweise mit dem Prinzip der virtuellen Kräfte (PvK, vgl. Kapitel 5) bestimmt werden. Dazwischen wird der Verlauf der Einflusslinie als Biegelinie interpoliert. Es können dafür z. B. die $\omega$-Tafeln (s. Kapitel 14) angewendet werden.

**Beispiel:**

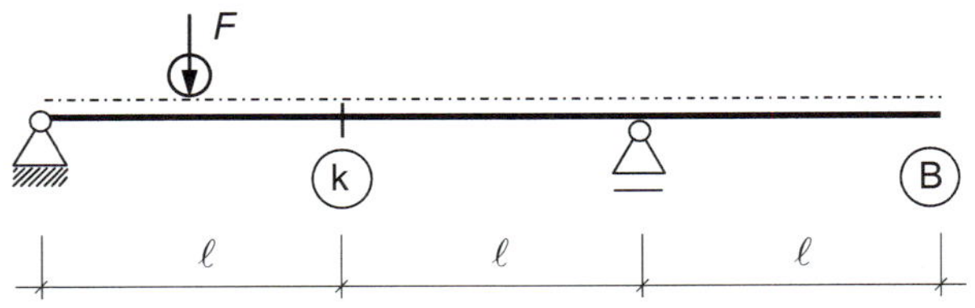


Die Einflusslinie „$w_k$" für die Durchsenkung im Knoten k soll bestimmt werden. Die Wanderlast steht hierbei senkrecht auf dem Lastgurt.

Es wird eine korrespondierende Einheitslast am Ort der gesuchten Verschiebungsgröße aufgebracht.

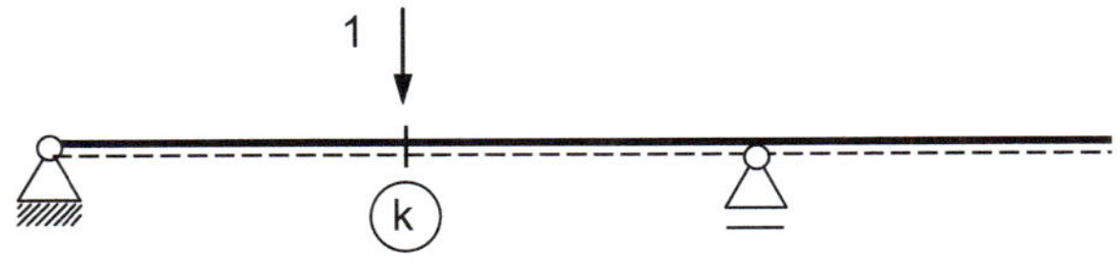


Da im vorliegenden Beispiel die Einflusslinie für die vertikale Verschiebung am Knoten k bestimmt werden soll, wird am Knoten k eine vertikale Einheitslast 1 aufgebracht.

Die Einflusslinie entspricht der Komponente der Lastgurtverschiebung in Richtung der Wanderlast. Um die Lastgurtverschiebung zu ermitteln, ist zunächst die Ermittlung der Verschiebung an den charakteristischen Stellen notwendig (Lager, Lastangriffspunkt, freies Kragarmende).

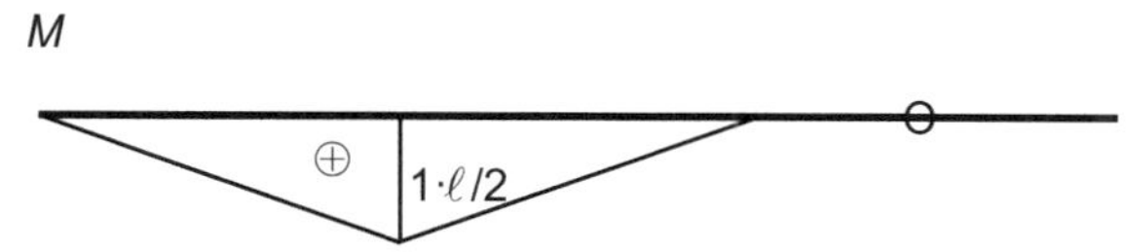


Für die Anwendung des PvK müssen die realen Dehnungs- und Krümmungszustände des Systems, indirekt also die Schnittgrößen, ermittelt werden. Im vorliegenden Fall ist nur das Moment $M$ relevant.

Die Vorzeichen der Schnittgrößen beziehen sich auf die gewählte Ausrichtung der Elementkoordinaten, z. B. durch Angabe der gestrichelten Faser. Hier wurde sie an der Balkenunterseite eingeführt.

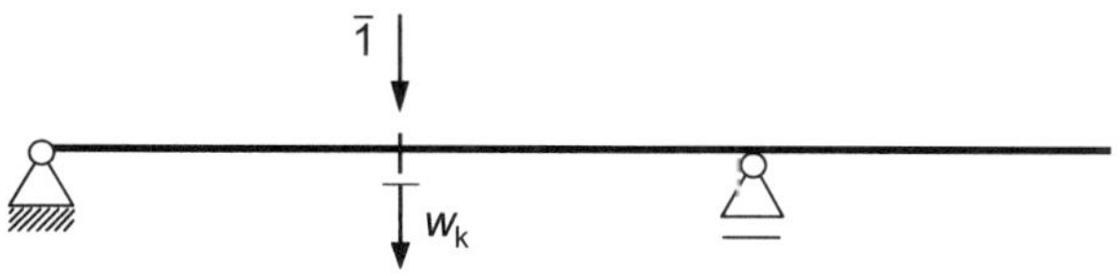


Im behandelten Fall kommen vier Stellen für die Bestimmung von Einzelverformungen in Frage, die beiden Auflager sowie die Knoten k und B. Für die vertikalen Verschiebungen sind die Auflagerpunkte allerdings trivial, da hier die Durchsenkung des Lastgurtes Null beträgt.

Zur Ermittlung der Einzelverschiebungen werden virtuelle Lasten in Richtung der gesuchten Verschiebungen, hier also vertikal, am Lastgurt, angebracht. Wie im Kapitel 5 erläutert, können die Verschiebungen mit dem PvK bestimmt werden.

Zwischen den ausgezeichneten Stellen ergibt sich die Verschiebung als Biegelinie aus der Krümmung unter der aufgebrachten realen Einheitslast. Zur Auswertung bietet sich die Zuhilfenahme der $\omega$-Tafeln an (s. Kapitel 14).

Gemäß der Mohr'schen Analogie geben die $\omega$-Tafeln alternativ die Momentenverläufe $M(x)$ als Folge von Linienlasten $q(x)$ oder Biegelinien $w(x)$ als Folge von Krümmungsverläufen $\kappa(x) = -M/EI$ an, siehe auch Kapitel 2.

Für häufige Belastungsarten bzw. Krümmungen sind die analytischen Verläufe sowie Ort und Größe der Maxima verzeichnet, wie in folgendem Auszug aus den $\omega$-Tafeln zu sehen ist:

**Tabelle 9.1** Ausgewählte Belastungsarten und deren Reaktionen

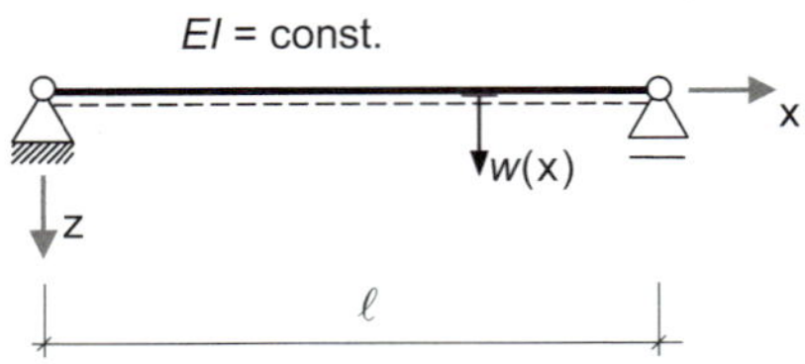


| System und Koordinaten | | | | |
|---|---|---|---|---|
| Belastung $\frac{10\cdot 1{,}5\cdot 0{,}75}{1{,}5}$ | Moment M(x)<br>Biegelinie w(x) | ω-Werte | max M<br>max w | Ort<br>$x_{max}$ |
| $\hat{q} = q$, $\kappa$ | $\left.\begin{matrix}q\\ \kappa\end{matrix}\right\}\cdot\frac{\ell^2}{2}\omega_R$ | $\omega_R = \frac{x}{\ell} - \left(\frac{x}{\ell}\right)^2$ | $\left.\begin{matrix}q\\ \kappa\end{matrix}\right\}\cdot\frac{\ell^2}{8}$ | 0,5 $\ell$ |
| $q$, $\kappa$ | $\left.\begin{matrix}q\\ \kappa\end{matrix}\right\}\cdot\frac{\ell^2}{6}\omega_D'$ | $\omega_D' = \frac{\ell - x}{\ell} - \left(\frac{\ell - x}{\ell}\right)^3$ | $\left.\begin{matrix}q\\ \kappa\end{matrix}\right\}\cdot\frac{\ell^2}{9\sqrt{3}}$ | 0,4226 $\ell$ |

Die $\omega$-Tafeln sind für Einfeldträger erstellt. Sie sind Grundlösungen für Trägerabschnitte zwischen Knoten und mit den linear interpolierten Randwerten zu superponieren.

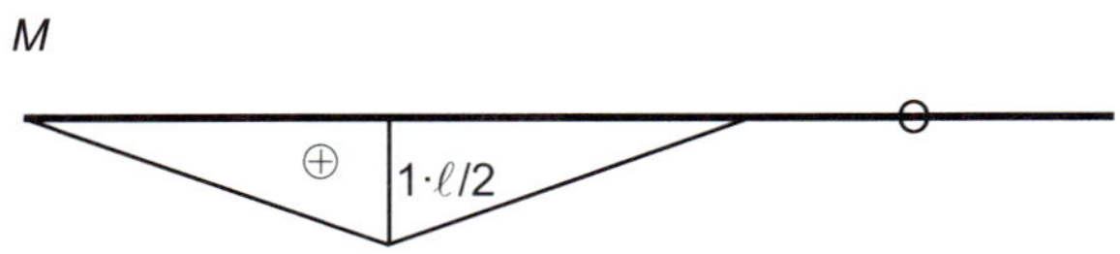


Aus dem Momentenverlauf $M$ wird die Krümmung $\kappa$ ermittelt und gemäß der Mohr'schen Analogie als Last auf das Ersatzsystem, einen Einfeldträger, aufgebracht.

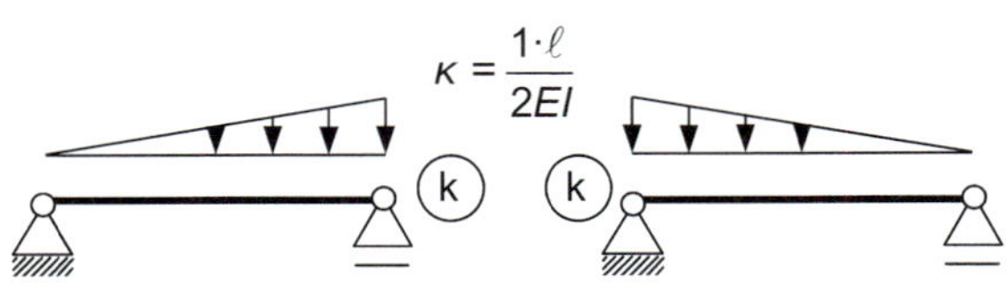


Das System wird zwischen den charakteristischen Stellen in Abschnitte aufgeteilt, die jeweils mit einem Einfeldträger abgebildet werden.

Im auskragenden Bereich rechts sind Biegemoment und Krümmung Null. Der Lastgurt wird hier gerade bleiben und sich als Starrkörper mit der Verschiebung $w_B$ am freien Kragarmende verdrehen.

$$w_\kappa(x) = \kappa_{max} \cdot \frac{\ell^2}{6} \cdot \omega_D' =$$

$$= \kappa_{max} \cdot \frac{\ell^2}{6} \cdot \left( \left( \frac{\ell - x}{\ell} \right) - \left( \frac{\ell - x}{\ell} \right)^3 \right)$$

$$w_{\kappa,max} = \kappa_{max} \cdot \frac{\ell^2}{9\sqrt{3}} = \frac{\ell^3}{18\sqrt{3}\ EI}$$

bei $x_{max} = 0{,}4226 \cdot \ell$

$$\kappa_{max} = \frac{1 \cdot \ell}{2EI}$$

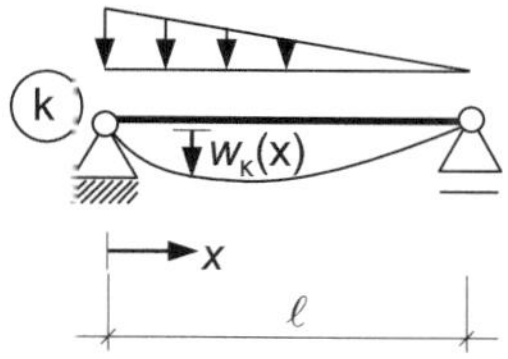


Infolge des linearen Krümmungsverlaufes lässt sich die Biegelinie mit ihrem Maximalwert $w_{\kappa,max}(x)$ und dem Ort $x_{max}$ des Maximums sowie auch ihr analytischer Verlauf $w_\kappa(x)$ aus den $\omega$-Tafeln auslesen.

Als Beispiel ist hier der Trägerabschnitt rechts vom Knoten k dargestellt.

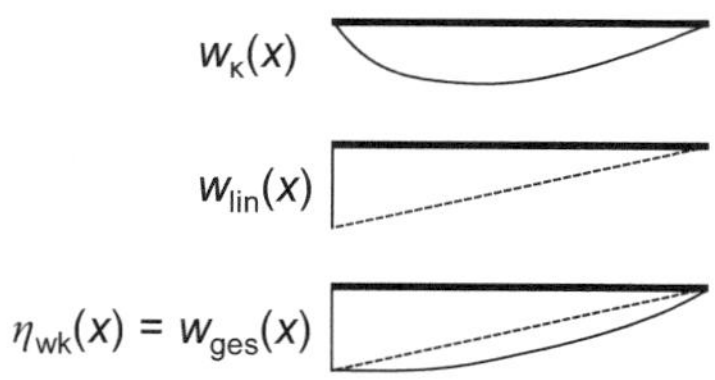


Die Gesamtverformung $w_{ges}$ ergibt sich aus Superposition der Starrkörperverdrehung $w_{lin}$ infolge der Verschiebung $w_k$ am Knoten k mit der elastischen Biegelinie $w_\kappa(x)$ infolge der Krümmung $\kappa = -M/EI$.

Die vertikale Verformung des Lastgurts ist identisch mit der Wirkungsrichtung der Last, weswegen eine Projektion nicht mehr notwendig ist. Die Einflusslinie „$w_k$" entspricht daher der ermittelten Biegelinie.

Weitere Beispiele zur Anwendung der $\omega$-Tafeln sind in der Beispielaufgabe zu finden.

### Schritte zur Bestimmung von Einflusslinien für Verschiebungsgrößen:

- Aufbringen einer korrespondierenden Last der Größe 1 an der Stelle der gesuchten Verschiebungsgröße.
- Ermittlung ausgezeichneter Einzelverformungen, beispielsweise mit dem PvK.
- Ermittlung der Biegelinie des Lastgurts mithilfe der $\omega$-Tafeln und Superposition.
- Bestimmung von Ort und Größe der Maximalwerte der Verschiebung bzw. der analytischen Biegelinie.
- Auswertung der Einflusslinie.

Während die Einflusslinien für Kraftgrößen im Falle von statisch bestimmten Tragwerken abschnittsweise gerade sind, sind Einflusslinien für Verschiebungsgrößen infolge der Krümmung auch für statisch bestimmte Tragwerke i. d. R. gekrümmt. In diesem Kapitel werden nur statisch bestimmte Systeme behandelt.

Die Auswertung der ermittelten Einflusslinie $\eta(x)$ für eine Verschiebungsgröße $S$ erfolgt im Falle von Einzellasten $F_i$ durch Multiplikation mit dem Wert der Einflusslinie an den Wirkungsstellen $x_i$ der Einzellasten und Addition bzw. bei Linienlasten $q(x)$ durch Integration des Produktes $q(x) \cdot \eta(x)$ entlang des Lastgurtes:

$$S = \sum_i F_i \cdot \eta(x_i) + \int q(x) \cdot \eta(x)\, dx$$

# 9.2 Beispielaufgabe

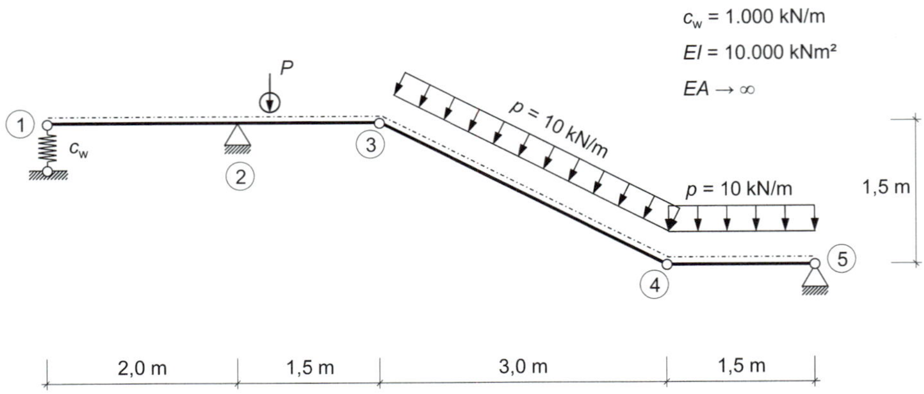


a) Ermitteln Sie die vertikale Verformung $w_3$ infolge $p$ = 10 kN/m.

b) Ermitteln Sie für das dargestellte System die Einflusslinie für die vertikale Verformung $w_3$ infolge einer vertikalen Wanderlast $P$. Geben Sie dazu die Einflusslinie als Funktion der Stabkoordinate $x$ für die Stäbe 1 - 2 und 2 - 3 an.
Nutzen Sie für diese Teilaufgabe die $\omega$-Tafeln.

c) Überprüfen Sie mithilfe der Einflusslinie das Ergebnis aus Teilaufgabe a).

*Hinweis: Für die Berechnung der folgenden Aufgaben können Sie ein geeignetes Computerprogramm verwenden (→ Stiff).*

d) Wie verändert sich die Durchsenkung $w_3$ infolge $p$ = 10 kN/m, wenn die Feder im Knoten 1 durch ein einwertiges Auflager ersetzt wird (vgl. Teilaufgabe a)?

e) Berechnen Sie ausgehend von Ihren Ergebnissen aus Teilaufgabe b) die maximale und minimale vertikale Verformung $w_3$ infolge der Streckenlasten $p$ = 10 kN/m und der Wanderlast $P$ = 30 kN.

## 9.2.1 Vertikale Verformung $w_3$

Die Bestimmung einer Einzelverformung erfolgt zweckmäßig mithilfe des Prinzips der virtuellen Kräfte (PvK, vgl. Kapitel 5).

Da $EA \to \infty$ im ganzen Tragwerk gilt, verrichten die Normalkräfte keine Arbeit. Daher muss der Normalkraftverlauf für die gegebene Aufgabenstellung nicht ermittelt werden. Allerdings ist der Beitrag aus Arbeit in der Senkfeder am Knoten 1 zu beachten.

Zunächst muss für die Anwendung des PvK der Momentenverlauf infolge der gegebenen Belastung bestimmt werden:

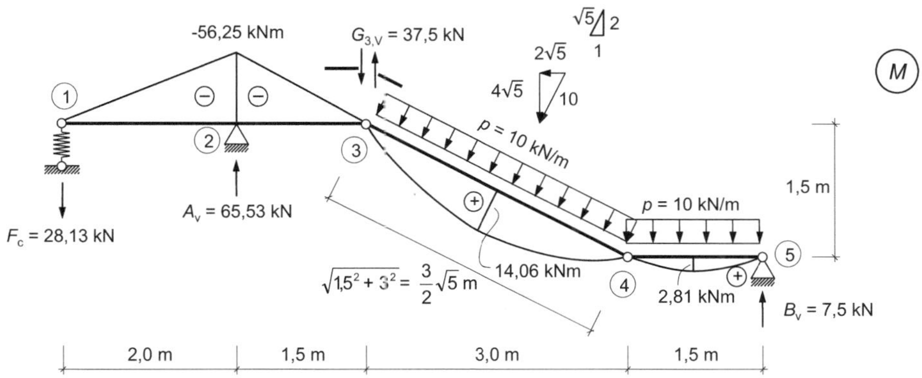


Momentenverlauf infolge der gegebenen Belastung

Berechnung des Momentenverlaufs:

Es werden hier nur die Auflager- und Zwischenreaktionen berechnet, die zur Ermittlung des Momentenverlaufs notwendig sind.

- Auflager- und Zwischenreaktionen

$$\Sigma M_{4,\text{rechts}}: B_V = \frac{10 \cdot 1{,}5 \cdot 0{,}75}{1{,}5} = 7{,}5 \text{ kN}$$

$$\Sigma V_{3,\text{rechts}}: G_{3,V} = 4\sqrt{5} \cdot \frac{3}{2}\sqrt{5} + 10 \cdot 1{,}5 - 7{,}5 = 37{,}5 \text{ kN}$$

$$\Sigma M_{1,\text{rechts}}: A_V = \frac{37{,}5 \cdot 3{,}5}{2{,}0} = 65{,}63 \text{ kN}$$

$$\Sigma V_{3,\text{links}}: F_c = 65{,}63 - 37{,}5 = 28{,}13 \text{ kN}$$

- Momentenverlauf

Stab 1 - 3: $\Sigma M_{2,\text{rechts}}: M = -1{,}5 \cdot 37{,}5 = -56{,}25 \text{ kNm}$

$$\text{Stab 3 - 4: } M_{\max} = \frac{q \cdot l^2}{8} = \frac{10 \cdot \left(1{,}5\sqrt{5}\right)^2}{8} = 14{,}06 \text{ kNm}$$

$$\text{Stab 4 - 5: } M_{\max} = \frac{q \cdot l^2}{8} = \frac{10 \cdot 1{,}5^2}{8} = 2{,}81 \text{ kNm}$$

Zur Bestimmung der Einzelverformung $w_3$ wird eine virtuelle Last $\overline{1}$ am Knoten 3 aufgebracht und der virtuelle Momentenverlauf ermittelt:

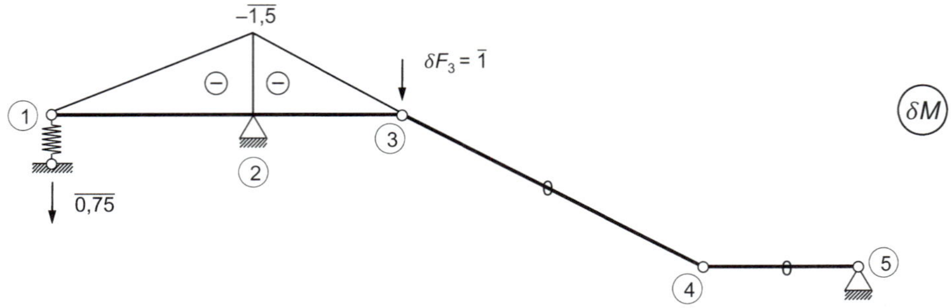


Virtueller Momentenverlauf

Mittels des PvK kann die Durchsenkung $w_3$ über die virtuelle Arbeit bestimmt werden.

$$\delta W = \delta W_e + \delta W_i = w_3 \cdot \delta F_3 - \int \frac{M}{EI} \cdot \delta M \cdot dx - \delta F_C \cdot w_1 = 0$$

$$w_3 = \frac{1}{3} \cdot \frac{56{,}25}{EI} \cdot 1{,}5 \cdot (2 + 1{,}5) + \frac{28{,}13 \cdot 0{,}75}{c_w} = 0{,}031 \text{ m}$$

## 9.2.2 Einflusslinie für $w_3$

Zur Ermittlung der Einflusslinie „$w_3$“ wird zunächst eine Last 1 vertikal in Richtung der Durchsenkung auf dem Knoten 3 aufgebracht. Die sich einstellende Momentenlinie entspricht der virtuellen Momentenlinie für die Last $\delta F_3$ aus Teilaufgabe a).

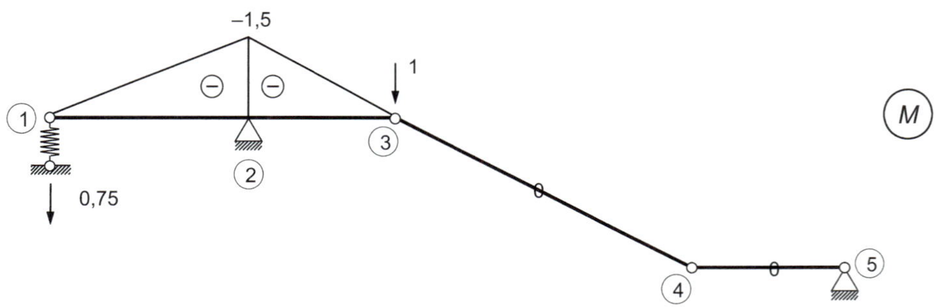


Für die Bestimmung der Biegelinie des Lastgurts werden zunächst die vertikalen Einzelverformungen $w_1$ und $w_3$ berechnet und anschließend die Biegung im Bereich 1 - 3 mithilfe der $\omega$-Tafeln ermittelt und in die Interpolation der Knotenverschiebungen „eingehängt“.

Die Stäbe 3 - 4 und 4 - 5 sind unbelastet und vollziehen Starrkörperrotationen nach den Regeln der Kinematik (s. Kapitel 4 - Polplan, Kinematik).

Bestimmung der vertikalen Verformung $w_3$ mit dem Prinzip der virtuellen Kräfte.

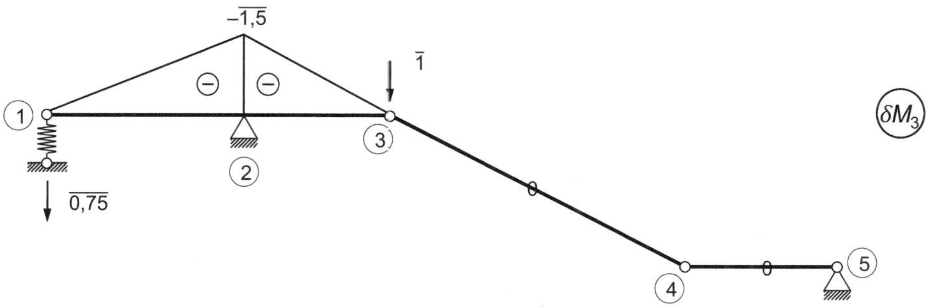


Virtueller Momentenverlauf $\delta M_3$

Der virtuelle Momentenverlauf $\delta M_3$ ist bereits aus Teilaufgabe a) bekannt und ist identisch mit dem realen Momentenverlauf $M$.

Da im realen und im virtuellen Zustand die Feder eine Kraft erfährt, muss sie in die Bestimmung der Durchsenkung mitaufgenommen werden.

$$w_3 = \frac{1}{3} \cdot \frac{1,5}{EI} \cdot 1,5 \cdot (2 + 1,5) + \frac{0,75 \cdot 0,75}{c_w} = 8,25 \cdot 10^{-4} \quad \text{m/kN}$$

Bestimmung der vertikalen Verformung $w_1$ mit dem Prinzip der virtuellen Kräfte.

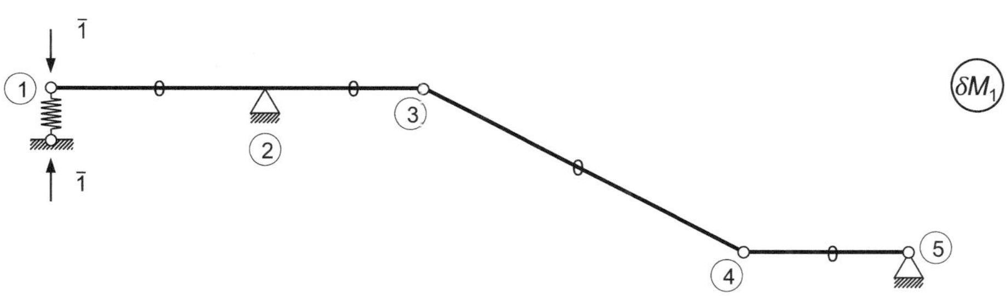


Virtueller Momentenverlauf $\delta M_1$

Die vertikale Verformung $w_1$ kann über das Federgesetz bestimmt werden, da die Kraft in der Feder für den realen Zustand bekannt ist. Das restliche System ist kräftefrei, da die virtuelle Kraft direkt in die Federkraft übergeht.

$$w_1 = -\frac{0,75}{c_w} = -7,5 \cdot 10^{-4} \text{ m/kN}$$

Nachdem die notwendigen charakteristischen Einzelverformungen bestimmt sind, müssen noch die Verläufe der Biegelinie infolge Krümmung bestimmt werden. Zunächst wird hierzu die Krümmung des Bereichs 1 - 3 aus dem Momentenverlauf ermittelt.

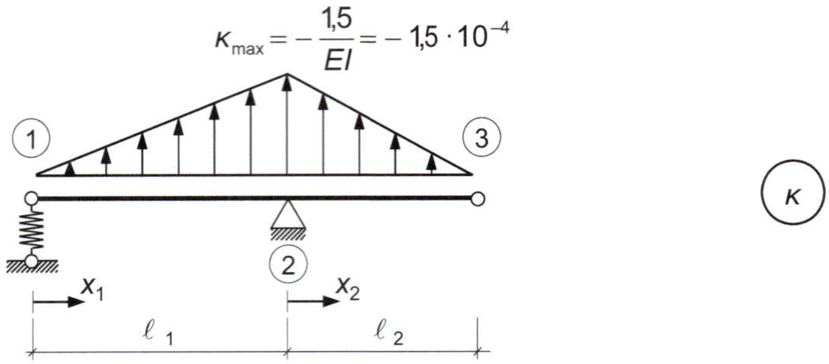


Krümmung des Bereichs 1 - 3

Aus den $\omega$-Tafeln können hieraus die Verläufe $w_\kappa(x)$ der Durchbiegung infolge Krümmung abgelesen werden sowie Ort und Wert der Maximalwerte $w_{\kappa,\max}$

Bereich 1 - 2:

$$w_\kappa(x_1) = \frac{\kappa_{\max} \cdot \ell_1^2}{6} \cdot \left[\frac{x_1}{\ell_1} - \left(\frac{x_1}{\ell_1}\right)^3\right] = -1 \cdot 10^{-4} \cdot \left[\frac{x_1}{2,0} - \left(\frac{x_1}{2,0}\right)^3\right]$$

$$w_{\kappa,\max}(x_1) = \frac{\kappa_{\max} \cdot \ell_1^2}{9 \cdot \sqrt{3}} = -1,5 \cdot 10^{-4} \cdot \frac{2,0^2}{9 \cdot \sqrt{3}} = -3,849 \cdot 10^{-5} \quad \text{bei} \quad x_1 = \frac{\ell_1}{\sqrt{3}} = 1,155 \text{ m}$$

Bereich 2 - 3:

$$w_\kappa(x_2) = \frac{\kappa_{\max} \cdot \ell_2^2}{6} \cdot \left[\frac{\ell_2 - x_2}{\ell_2} - \left(\frac{\ell_2 - x_2}{\ell_2}\right)^3\right] = -5,63 \cdot 10^{-5} \cdot \left[\frac{1,5 - x_2}{1,5} - \left(\frac{1,5 - x_2}{1,5}\right)^3\right]$$

$$w_{\kappa,\max}(x_2) = \frac{\kappa_{\max} \cdot \ell_2^2}{9 \cdot \sqrt{3}} = -1,5 \cdot 10^{-4} \cdot \frac{1,5^2}{9 \cdot \sqrt{3}} = -2,165 \cdot 10^{-5} \quad \text{bei} \quad x_2 = 0,4226 \cdot \ell_2 = 0,6339 \text{ m}$$

Schließlich werden die linearen Interpolationen der Einzelverschiebungen mit den Biegelinien infolge Krümmung superponiert, um so die kompletten Biegelinien in den einzelnen Bereichen zu erhalten.

Stab 1 - 2:

$$w(x_1) = \eta_{w3}(x_1) = w_{\text{lin}}(x_1) + w_\kappa(x_1) = \left(1 - \frac{x_1}{\ell_1}\right) \cdot w_1 + w_\kappa(x_1) =$$

$$= \left(\frac{x_1}{2,0} - 1\right) \cdot 7,5 \cdot 10^{-4} - 1 \cdot 10^{-4} \cdot \left[\frac{x_1}{2,0} - \left(\frac{x_1}{2,0}\right)^3\right] \quad \text{m/kN}$$

Stab 2 - 3:

$$w(x_2) = \eta_{w3}(x_2) = w_{lin}(x_2) + w_\kappa(x_2) = \frac{x_2}{\ell_2} \cdot w_3 + w_\kappa(x_1) =$$

$$= 5{,}5 \cdot 10^{-4} \cdot x_2 - 5{,}63 \cdot 10^{-5} \cdot \left[ \frac{1{,}5 - x_2}{1{,}5} - \left( \frac{1{,}5 - x_2}{1{,}5} \right)^3 \right] \quad \text{m/kN}$$

Zusammen mit den Starrkörperrotationen der Stäbe 3 - 4 und 4 - 5 kann die gesamte Biegelinie $w$ des Systems unter der Last 1 am Knoten 3 dargestellt werden. Da in diesem Fall die Verschiebungen des Lastgurts überall vertikal sind, entspricht diese Biegelinie direkt der gesuchten Einflusslinie „$w_3$“, die sonst notwendige Projektion der Verschiebung entfällt.

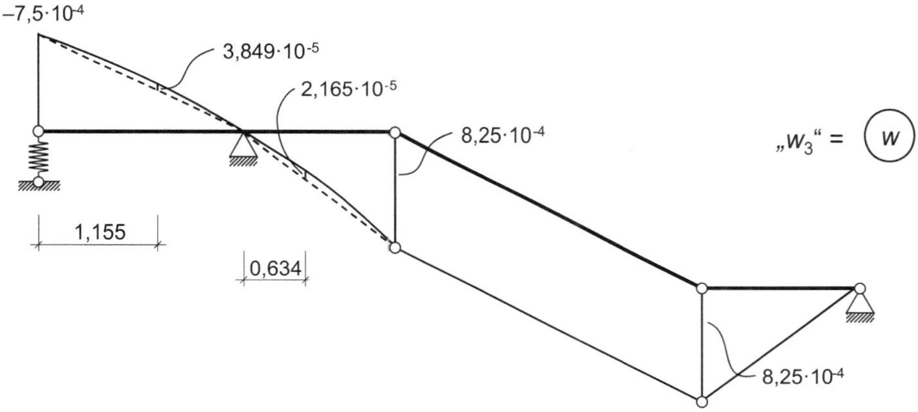


Einflusslinie „$w_3$“

## 9.2.3 Auswertung für Lastfall *p*

Die Auswertung der Einflusslinie für die Linienlast $p$ erfolgt über Integration, wobei wieder die Integraltafeln (Kapitel 14) genutzt werden.

$$w_3 = \ell \cdot f \cdot g + \frac{1}{2} \cdot \ell \cdot f \cdot g = \frac{3}{2}\sqrt{5} \cdot 8{,}25 \cdot 10^{-4} \cdot 4\sqrt{5} + \frac{1}{2} \cdot 1{,}5 \cdot 8{,}25 \cdot 10^{-4} \cdot 10 = 0{,}031 \text{ m}$$

Das Ergebnis ist - wie zu erwarten - identisch mit der Verschiebung aus Teilaufgabe a).

## 9.2.4 Ersetzen der Feder durch ein Auflager - Berechnung mit Stiff

Durch das Ersetzen der Feder durch ein einwertiges Auflager wird das System verändert. Die Durchsenkungen und auch die Einflusslinie werden durch die Systemänderung insgesamt kleiner.

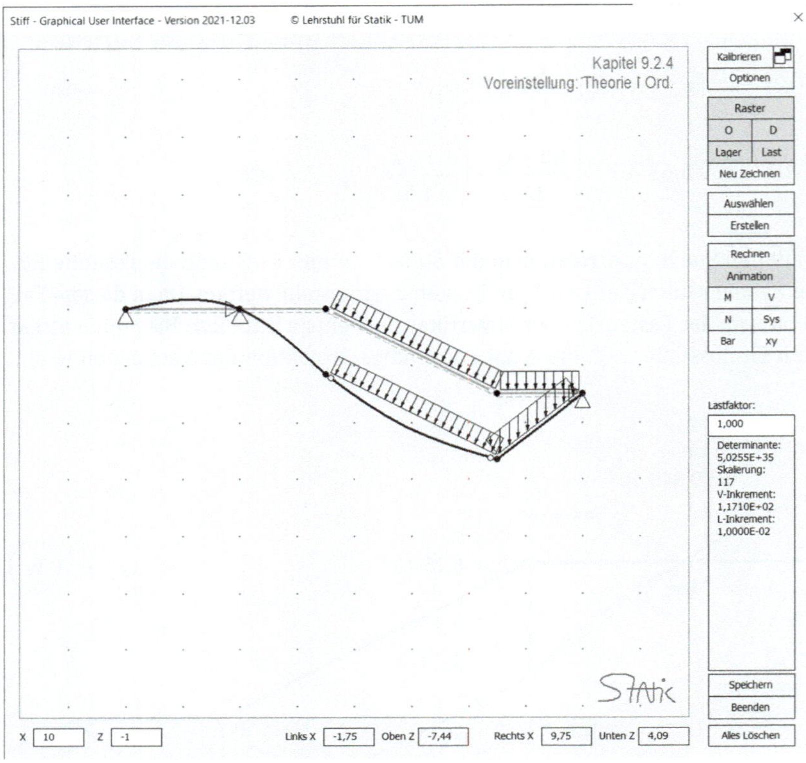


System nach Umstellung in Stiff

Die Verschiebung der Knoten wird aus dem Stiff-Blatt „Knoten" abgelesen:

| | Koordinaten | | Freiheitsgrad Nummer | | | Knotenlasten | | | Vorverformung | | | Verschiebung | | |
|---|---|---|---|---|---|---|---|---|---|---|---|---|---|---|
| Knoten | x | z | u | w | phi | Px | Pz | My | u0 | w0 | φ0 | u | w | phi |
| 1 | 0 | 0 | 1 | 0 | 3 | | | | | | | 0 | 0 | 0,001875 |
| 2 | 2 | 0 | 0 | 0 | 4 | | | | | | | 0 | 0 | -0,00375 |
| 3 | 3,5 | 0 | 5 | 6 | 7 | | | | | | | 5,625E-08 | 0,00984375 | 0 |
| 4 | 6,5 | 1,5 | 8 | 9 | 10 | | | | | | | -7,875E-08 | 0,0098444 | 0 |
| 5 | 8 | 1,5 | 0 | 0 | 11 | | | | | | | 0 | 0 | 0 |

Stiff-Blatt „Knoten"

Die Durchsenkung des Knotens 3 beträgt jetzt nur noch 0,00984 m, im Verhältnis zu den 0,031 m aus der Teilaufgabe a) ungefähr nur noch ein Drittel. Die Feder trägt also erheblich zur Verschiebung $w_3$ bei.

## 9.2.5 Minimale bzw. maximale Durchsenkung von $w_3$ – Berechnung mit Stiff

An der Einflusslinie „$w_3$" aus Teilaufgabe b) kann abgelesen werden, dass $w_3$ am größten ist, wenn $P$ zwischen Knoten 3 und 4 steht bzw. dass $w_3$ am kleinsten ist, wenn $P$ direkt am Knoten 1 angreift. Da die Linienlast $p$ nicht im Ort veränderlich ist, wirkt sie immer wie angegeben.

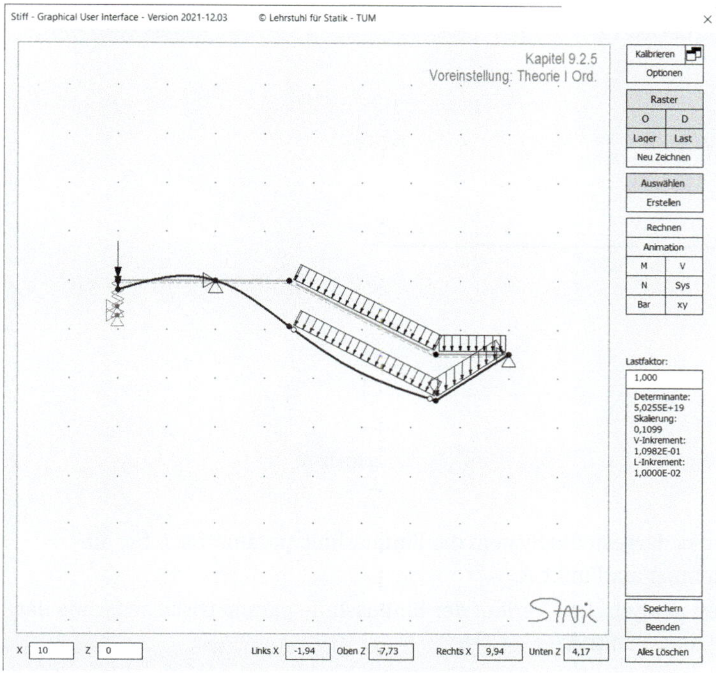


Ansicht des Preprocessors für $w_{3,min}$ (überhöhte Verschiebungen)

Die Verschiebung der Knoten wird wieder aus dem Stiff-Blatt „Knoten" abgelesen.

| | Koordinaten | | Freiheitsgrad Nummer | | | Verschiebung | | |
|---|---|---|---|---|---|---|---|---|
| Knoten | x | z | u | w | phi | u | w | phi |
| 1 | 0 | 0 | 1 | 2 | 3 | 0 | 0,001875 | 0,0028125 |
| 2 | 2 | 0 | 0 | 0 | 4 | 0 | 0 | -0,0028125 |
| 3 | 3,5 | 0 | 5 | 6 | 7 | 5,625E-08 | 0,0084375 | 0 |
| 4 | 6,5 | 1,5 | 8 | 9 | 10 | -7,875E-08 | 0,00843815 | 0 |
| 5 | 8 | 1,5 | 0 | 0 | 11 | 0 | 0 | 0 |

Stiff-Blatt „Knoten" für $w_{3,min}$

| | Koordinaten | | Freiheitsgrad Nummer | | | Verschiebung | | |
|---|---|---|---|---|---|---|---|---|
| Knoten | x | z | u | w | phi | u | w | phi |
| 1 | 0 | 0 | 1 | 2 | 3 | 0 | -0,050625 | -0,0219375 |
| 2 | 2 | 0 | 0 | 0 | 4 | 0 | 0 | -0,0320625 |
| 3 | 3,5 | 0 | 5 | 6 | 7 | 5,625E-08 | 0,0556875 | 0 |
| 4 | 6,5 | 1,5 | 8 | 9 | 10 | -7,875E-08 | 0,05568815 | 0 |
| 5 | 8 | 1,5 | 0 | 0 | 11 | 0 | 0 | 0 |

Stiff-Blatt „Knoten" für $w_{3,max}$

Da in Aufgabe c) die Durchsenkung infolge der Streckenlast $p$ schon ausgewertet wurde, kann die Berechnung mit Stiff auch von Hand überprüft werden, indem man die Einflusslinie aus Aufgabe b) zusätzlich für die Einzellast $P$ auswertet. Abweichungen sind auf Rundungsfehler zurückzuführen.

$w_{3,min} = 0{,}031 - 7{,}5 \cdot 10^{-4} \cdot 30 = 0{,}0085$ m

$w_{3,max} = 0{,}031 + 8{,}25 \cdot 10^{-4} \cdot 30 = 0{,}0557$ m

## 9.3 Aufgaben

### Aufgabe 1

Schwierigkeitsgrad einfach

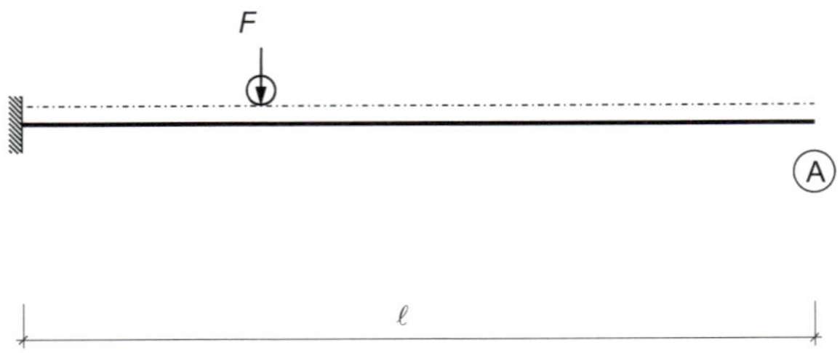


gegeben:
$EI$

a) Ermitteln Sie für das dargestellte System die Einflusslinie parametrisch für die vertikale Verschiebung am Punkt A.
b) Bestimmen Sie den analytischen Verlauf der Einflusslinie parametrisch zwischen der Einspannung und dem Punkt A.

### Aufgabe 2

Schwierigkeitsgrad einfach

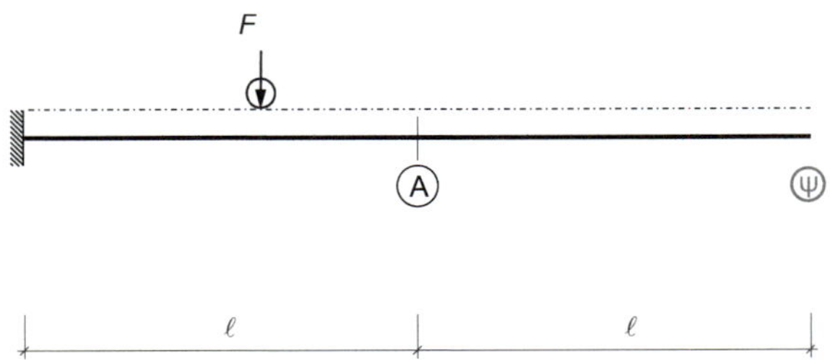


gegeben:
$EI$ = 10.000 kNm²
$\ell$ = 5,0 m

a) Ermitteln Sie für das dargestellte System die Einflusslinie für die vertikale Verschiebung am Punkt A. Geben Sie charakteristische Werte an.
b) Werten Sie die Einflusslinie für eine Last $P$ = 2 kN an der Stelle A aus.

## Aufgabe 3

Schwierigkeitsgrad
einfach

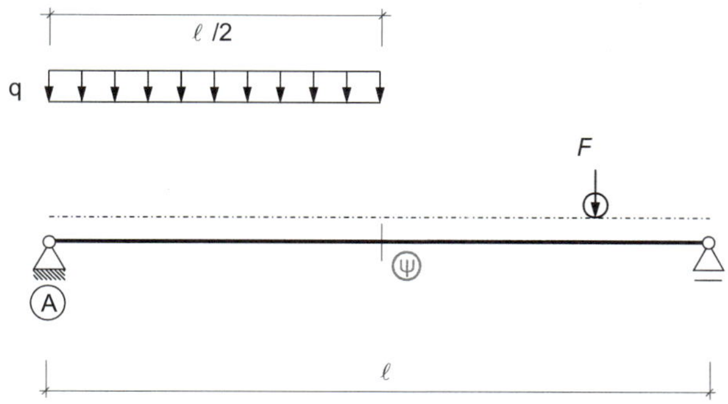


gegeben:
*EI*

a) Ermitteln Sie für das dargestellte System die Einflusslinien parametrisch für die Rotation am Auflager A.

b) Bestimmen Sie den analytischen Verlauf der Einflusslinie parametrisch.

c) Werten Sie die Einflusslinie für eine Last $q$ mit einer Länge von $\ell/2$ in ungünstigster Laststellung aus.

## Aufgabe 4

Schwierigkeitsgrad
einfach

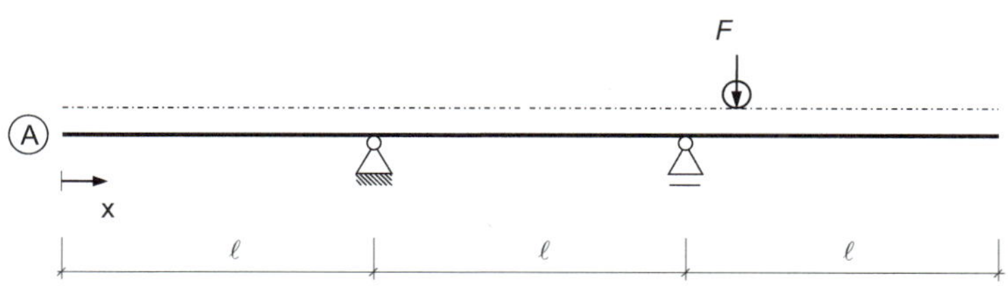


gegeben:
$EI$ = 15.000 MNm$^2$
$\ell$ = 4,0 m

a) Ermitteln Sie für das dargestellte System die Einflusslinie für die vertikale Verschiebung am Punkt A infolge der Wanderlast *F*.

b) Bestimmen Sie den analytischen Verlauf der Einflusslinie zwischen dem Punkt A und dem unverschieblichen Auflager.

c) Werten Sie die Einflusslinie für eine Last $P$ = 5 MN in ungünstigster Laststellung aus.

## Aufgabe 5

Schwierigkeitsgrad einfach

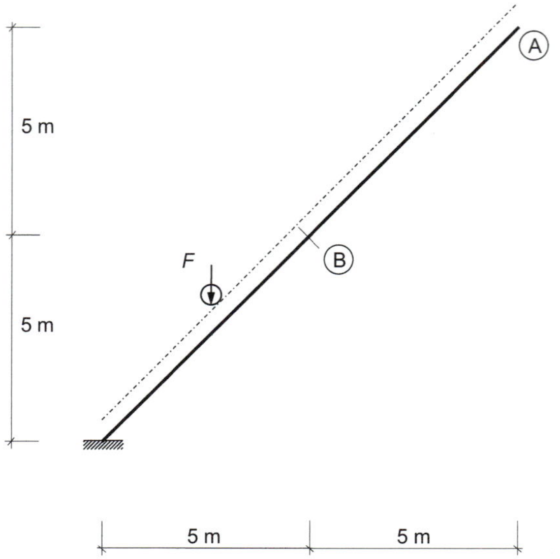


gegeben:
$F = 1$ kN
$EI = 1.000$ kNm²
$EA = 10.000$ kN

a) Ermitteln Sie für das dargestellte System die Einflusslinie für die horizontale Verschiebung am Punkt A infolge der Wanderlast *F*.

b) Werten Sie die Einflusslinie für $u_A$ für die Last *F* am Punkt B aus.

## Aufgabe 6

Schwierigkeitsgrad einfach

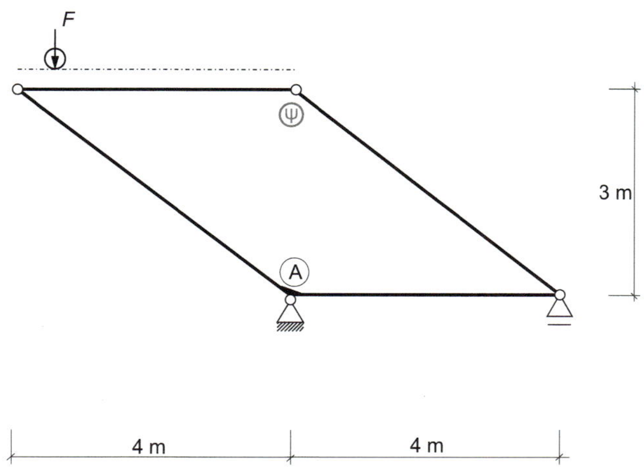


gegeben:
$F = 10$ kN
$EI = 5.000$ kNm²
$EA = 25.000$ kN

a) Ermitteln Sie für das dargestellte System die Einflusslinie für die Rotation am Auflager A infolge der Wanderlast *F*.

b) Geben Sie die analytische Funktion der Einflusslinie an.

## Aufgabe 7

Schwierigkeitsgrad einfach

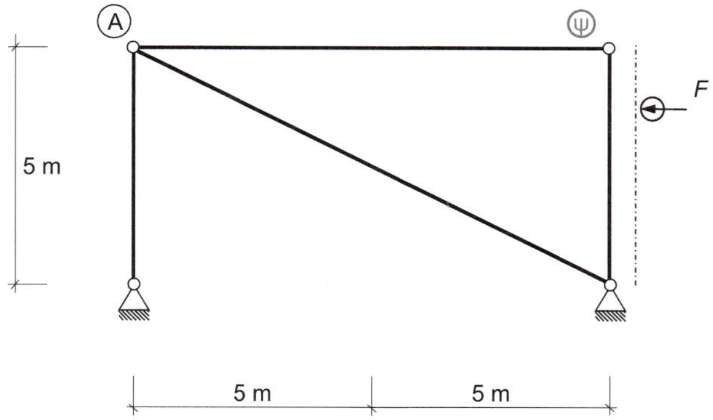


gegeben:
$F = 15$ kN
$EI \to \infty$
$EA = 1.000$ kN

a) Ermitteln Sie für das dargestellte System die Einflusslinie für die horizontale Verschiebung am Punkt A infolge der Wanderlast $F$.

b) Werten Sie die Einflusslinie „$u_A$“ für die Last $F$ in Stabmitte aus.

## Aufgabe 8

Schwierigkeitsgrad einfach

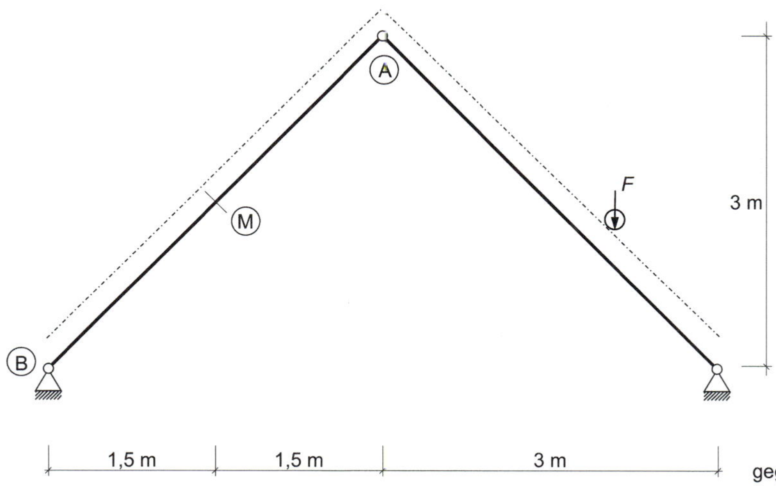


gegeben:
$F = 15$ kN
$EI = 1.000$ kNm²
$EA = 10.000$ kN

a) Ermitteln Sie für das dargestellte System die Einflusslinie für die horizontale Verschiebung am Knoten A infolge der Wanderlast $F$.

b) Bestimmen Sie die Einflusslinie für die Rotation $\varphi_M$ am Knoten M infolge der Wanderlast $F$.

c) Bestimmen Sie den analytischen Verlauf der Einflusslinie für $\varphi_M$ zwischen dem Auflager B und dem Knoten M.

## Aufgabe 9

Schwierigkeitsgrad
einfach

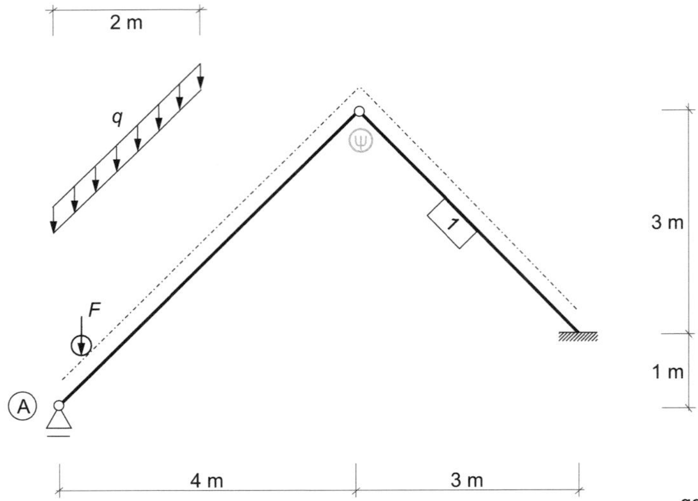


gegeben:
$q$ = 3 kN/m
$EI$ = 10.000 kNm²
$EA$ = 150.000 kN

a) Ermitteln Sie für das dargestellte System die Einflusslinie für die horizontale Verschiebung des Auflagers A infolge der Wanderlast $F$.

b) Werten Sie die Einflusslinie „$u_A$" für die Streckenlast $q$ aus.

c) Geben Sie die analytische Funktion der Einflusslinie im Stab 1 an.

## Aufgabe 10

Schwierigkeitsgrad einfach

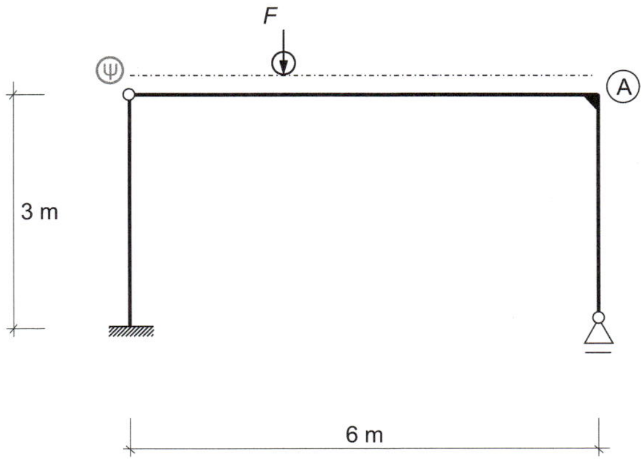


gegeben:
$F$ = 15 kN
$EI$ = 10.000 kNm²
$EA$ = 100.000 kN

a) Ermitteln Sie für das dargestellte System die Einflusslinie für die Rotation des Punktes A infolge der Wanderlast $F$.

b) Werten Sie die Einflusslinie für eine vertikale Last $P$ = 15 kN in ungünstigster Laststellung aus.

## Aufgabe 11

Schwierigkeitsgrad mittel

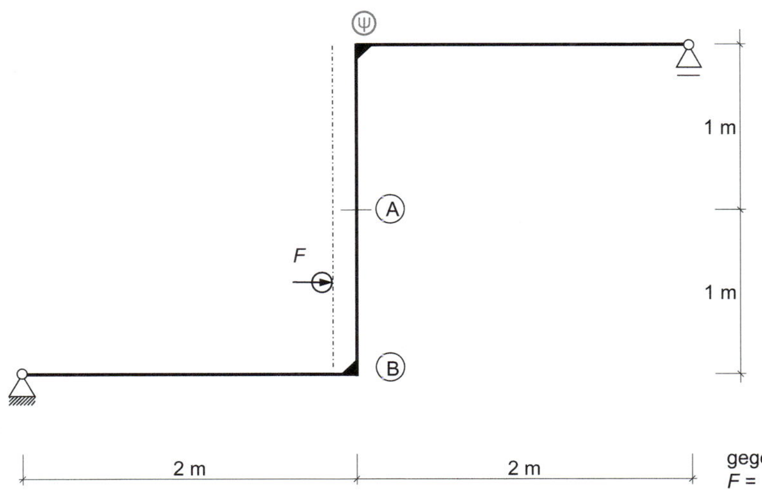


gegeben:
$F$ = 5 kN
$EI$ = 1.000 kNm²
$EA$ = 10.000 kN

a) Ermitteln Sie für das dargestellte System die Einflusslinie für die Rotation am Punkt A infolge der horizontalen Wanderlast $F$.

b) Werten Sie die Einflusslinie „$\varphi_A$“ für die Last $F$ am Punkt A aus.

c) Bestimmen Sie den analytischen Verlauf der Einflusslinie zwischen den Punkten A und B.

## Aufgabe 12

Schwierigkeitsgrad mittel

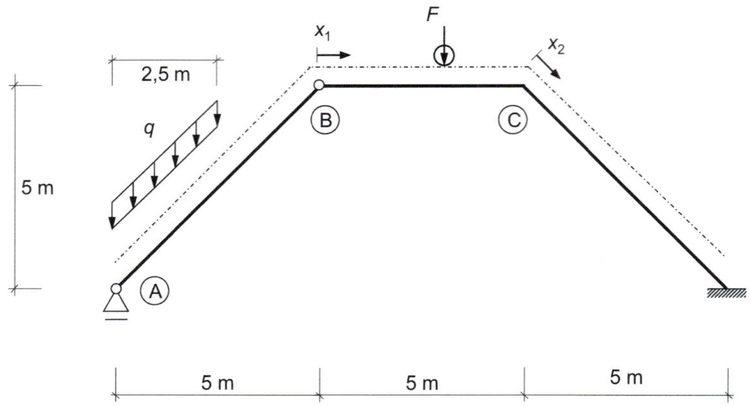


gegeben:
$q$ = 0,7 kN/m
$EI$ = 1.000 kNm²
$EA \rightarrow \infty$

a) Ermitteln Sie für das dargestellte System die Einflusslinie für die horizontale Verschiebung am Punkt A infolge der Wanderlast *F*.

b) Werten Sie die Einflusslinie „$u_A$" für die Streckenlast $q$ aus.

c) Bestimmen Sie den analytischen Verlauf der Einflusslinie in den Bereichen $x_1$ und $x_2$.

## Aufgabe 13

Schwierigkeitsgrad mittel

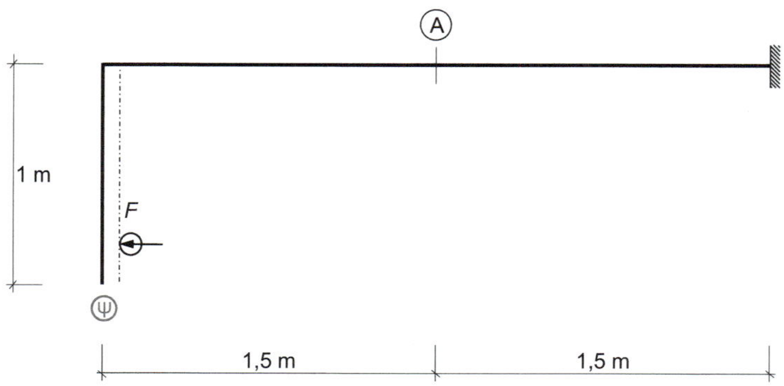


gegeben:
$F$ = 15 kN
$EI$ = 1.000 kNm²
$EA$ = 15.000 kN

a) Ermitteln Sie für das dargestellte System die Einflusslinie für die vertikale Verschiebung am Punkt A infolge der horizontalen Wanderlast *F*.

b) Werten Sie die Einflusslinie für $w_A$ für die Last *F* aus, welche am freien Stabende angreift.

c) Werten Sie für eine horizontale Windlast $w$ von links über den kompletten Lastgurt aus ($w$ = 2 kN/m).

## Aufgabe 14

Schwierigkeitsgrad mittel

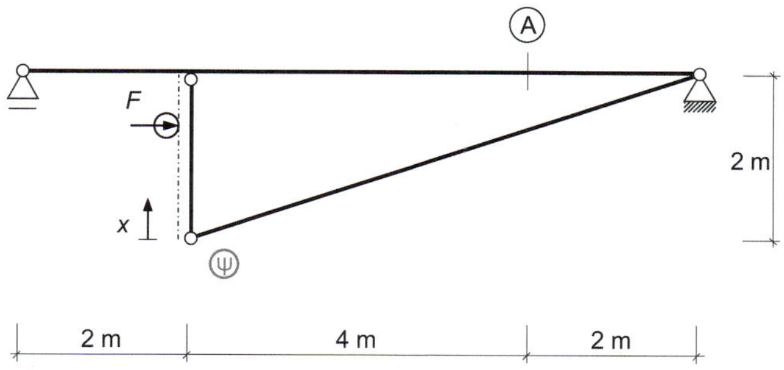


gegeben:
$F = 5$ kN
$EI = 1.000$ kNm²
$EA = 15.000$ kN

a) Ermitteln Sie für das dargestellte System die Einflusslinie für die Verdrehung des Punktes A infolge der Wanderlast $F$.

b) Geben Sie die analytische Funktion der Einflusslinie für $\varphi_A$ im Bereich $x$ an.

## Aufgabe 15

Schwierigkeitsgrad mittel

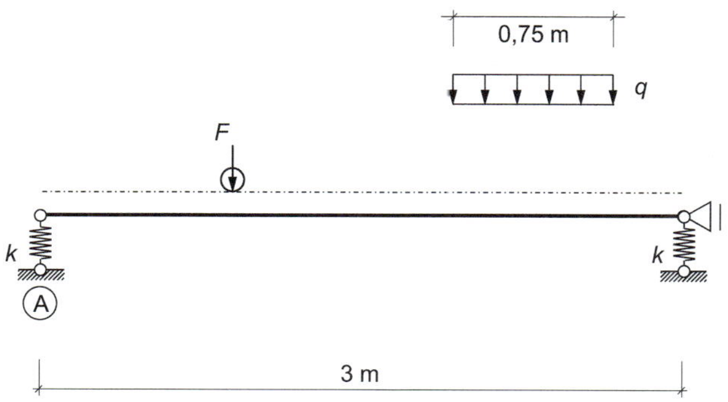


gegeben:
$q = 10$ kN/m
$EI = 1.000$ kNm²
$EA = 10.000$ kN
$k = 100.000$ kN/m

a) Ermitteln Sie für das dargestellte System die Einflusslinie für die vertikale Verschiebung am Punkt A infolge der Wanderlast $F$.

b) Werten Sie für eine Streckenlast $q$ in ungünstigster Laststellung aus.

## Aufgabe 16

Schwierigkeitsgrad mittel

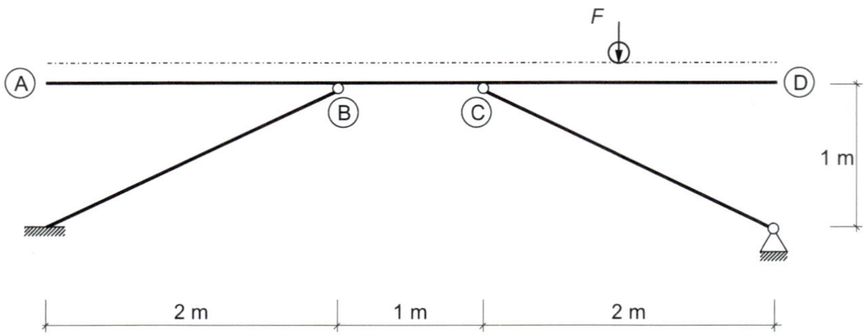


gegeben:
$F = 50$ kN
$EI = 3.000$ kNm²
$EA = 30.000$ kN

a) Ermitteln Sie für das dargestellte System die Einflusslinie für die vertikale Verschiebung des Punktes A infolge der Wanderlast $F$.

b) Bestimmen Sie den analytischen Verlauf der Einflusslinie in den Bereichen A - B, B - C und C - D.

## Aufgabe 17

Schwierigkeitsgrad mittel

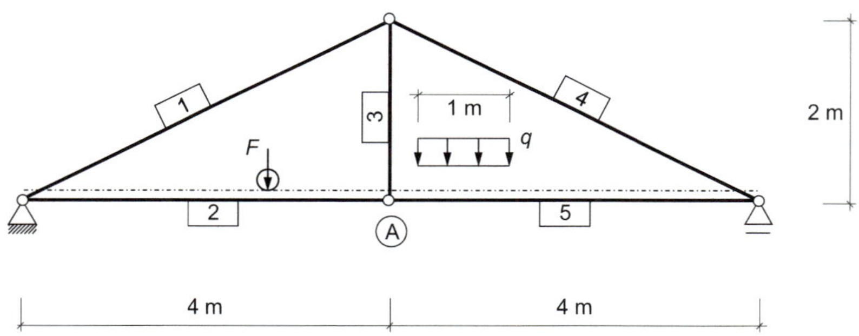


gegeben:
$q = 4{,}5$ kN/m
$EI \to \infty$
$EA_{1\text{-}3} = 20.000$ kNm²
$EA_{4,5} = 40.000$ kNm²

a) Ermitteln Sie für das dargestellte System die Einflusslinie für die vertikale Verschiebung des Punktes A infolge einer vertikalen Wanderlast $F$.

b) Werten Sie die Einflusslinie für $w_A$ für die Streckenlast $q$ aus, je einmal für die günstigste und ungünstigste Laststellung.

## Aufgabe 18

Schwierigkeitsgrad mittel

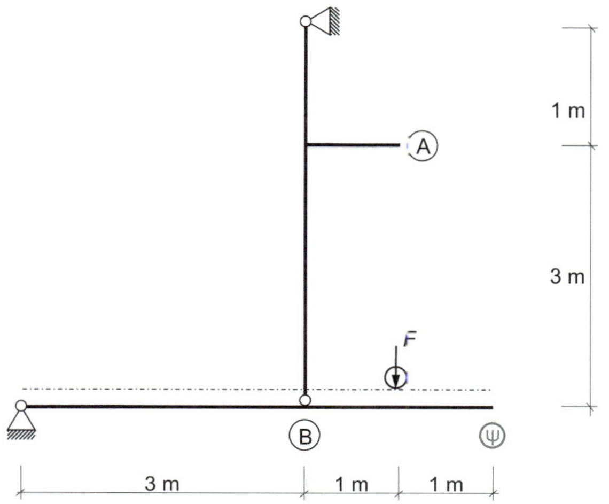


gegeben:
$F = 8$ kN
$EI = 5.000$ kNm²
$EA \rightarrow \infty$

a) Ermitteln Sie für das dargestellte System die Einflusslinie für die vertikale Verschiebung des Punktes A infolge der Wanderlast $F$.

b) Ermitteln Sie die Einflusslinie für die Verdrehung des Lastgurts am Knoten B.

c) Erläutern Sie das Ergebnis aus Teilaufgabe a).

d) Bestimmen Sie den analytischen Verlauf der Einflusslinie für $\varphi_B$ im auskragenden Teil des Lastgurts.

## Aufgabe 19

Schwierigkeitsgrad mittel

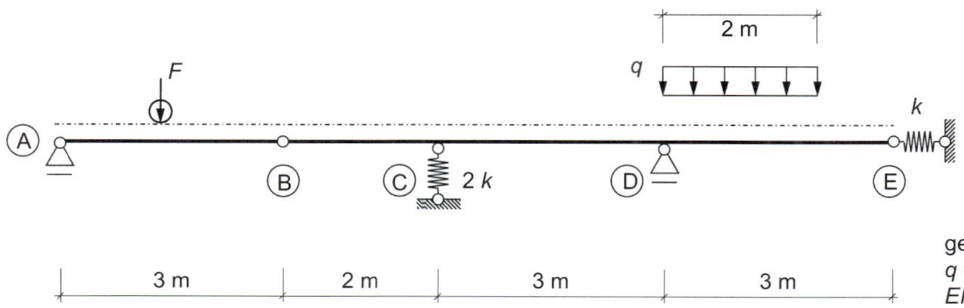


gegeben:
$q = 40$ kN/m
$EI = 5.000$ kNm²
$EA \rightarrow \infty$
$k = 3.000$ kN/m

a) Ermitteln Sie für das dargestellte System die Einflusslinie für die Rotation am Auflager A infolge einer vertikalen Wanderlast $F$.

b) Werten Sie die Einflusslinie für $\varphi_A$ für die Streckenlast $q$ aus, welche beim Auflager D beginnt und sich nach rechts erstreckt. Wie groß ist in diesem Fall die Rotation des Stabes A – B?

## Aufgabe 20

Schwierigkeitsgrad
mittel

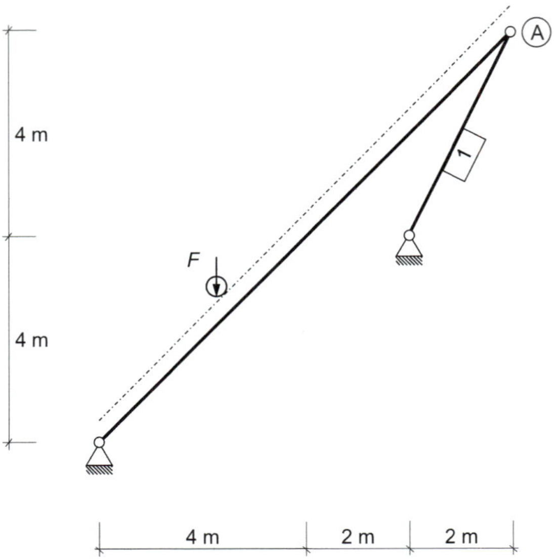


gegeben:
$F$ = 20 kN
$EI$ = 1.000 kNm²
$EA$ = 15.000 kN

a) Ermitteln Sie für das dargestellte System die Einflusslinie für die horizontale Verschiebung des Punktes A infolge der Wanderlast $F$.

b) Bestimmen Sie unter Verwendung des Ergebnisses aus Teilaufgabe a) die Rotation des Stabes 1 für eine Last $F$ in A.

## Aufgabe 21

Schwierigkeitsgrad
schwer

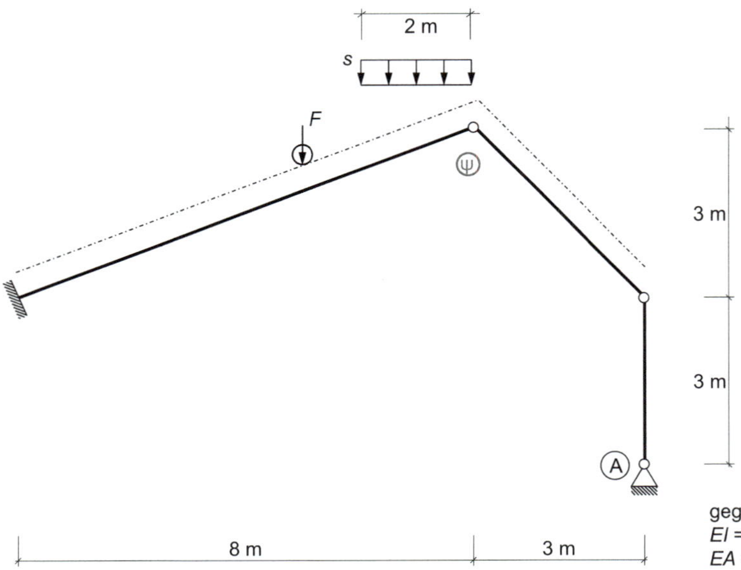


gegeben:
$EI$ = 2.000 kNm²
$EA$ = 20.000 kN

a) Ermitteln Sie für das dargestellte System die Einflusslinie für die Rotation am Auflager A infolge der Wanderlast *F*.

b) Werten Sie die Einflusslinie für $\varphi_A$ für die angegebene Streckenlast *s* aus.

## Aufgabe 22

Schwierigkeitsgrad schwer

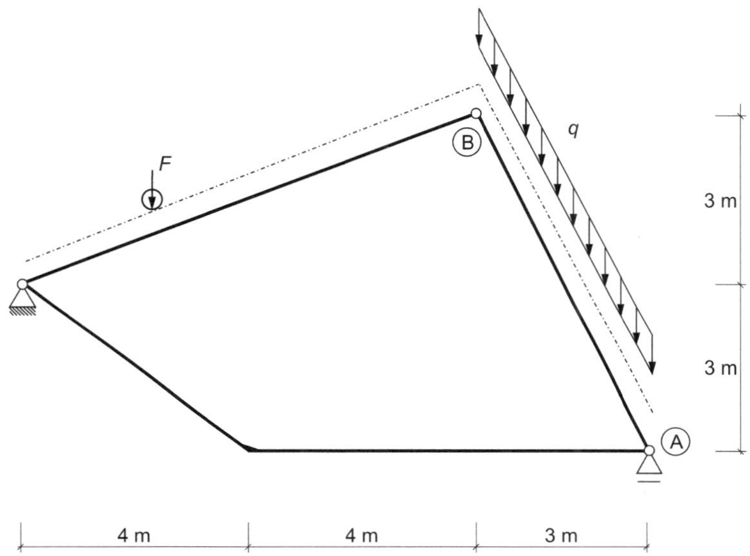


gegeben:
$F = 3$ kN
$EI = 2.000$ kNm²
$EA = 10.000$ kN
$q = 2$ kN/m

a) Ermitteln Sie für das dargestellte System die Einflusslinie für die horizontale Verschiebung des Auflagers A infolge der Wanderlast *F*.

b) Wie groß ist die Verschiebung $u_A$ für die angegebene Last *q*?

## Aufgabe 23

Schwierigkeitsgrad
schwer

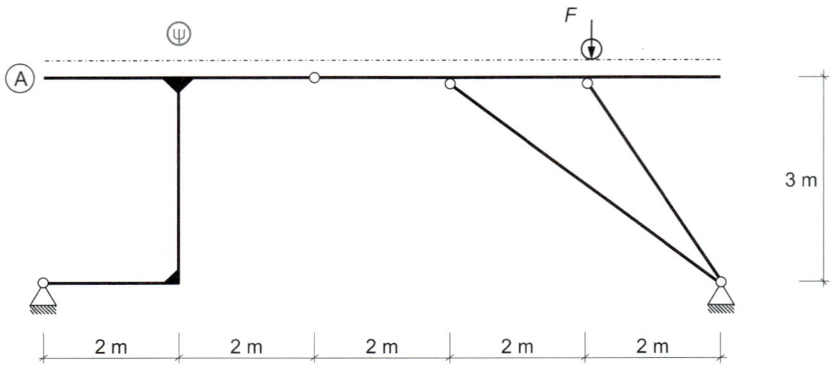


gegeben:
$F = 25\ \text{kN}$
$EI = 2.000\ \text{kNm}^2$
$EA = 10.000\ \text{kN}$

a) Ermitteln Sie für das dargestellte System die Einflusslinie für die vertikale Verschiebung des Punktes A infolge der Wanderlast *F*.

b) Geben Sie den analytischen Verlauf der Einflusslinie über den Lastgurt an.

## Aufgabe 24

Schwierigkeitsgrad
schwer

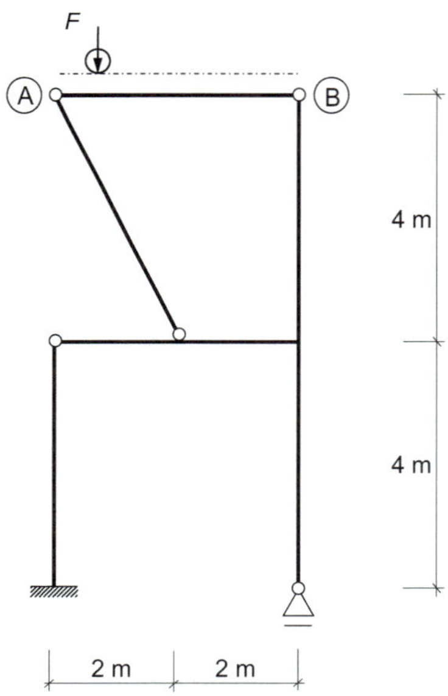


gegeben:
$F = 50\ \text{kN}$
$EI = 4.000\ \text{kNm}^2$
$EA = 20.000\ \text{kN}$

a) Ermitteln Sie für das dargestellte System die Einflusslinie für die vertikale Verschiebung des Punktes A infolge der Wanderlast *F*.

b) Bestimmen Sie den analytischen Verlauf der Einflusslinie zwischen den Punkten A und B.

## Aufgabe 25

Schwierigkeitsgrad schwer

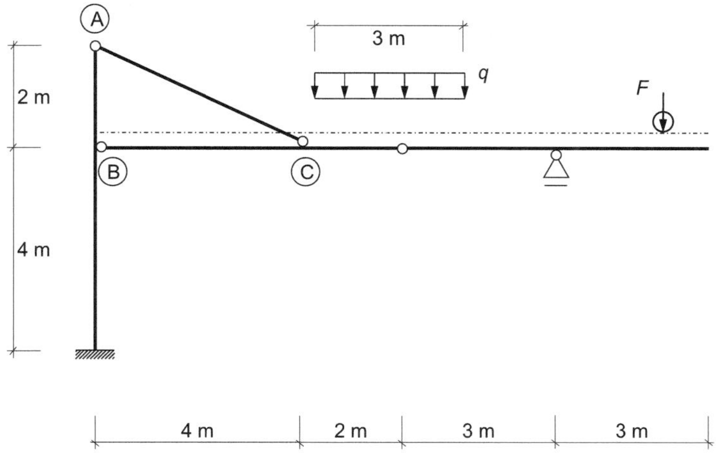


gegeben:
$q$ = 5 kN/m
$EI$ = 1.000 kNm²
$EA$ = 20.000 kN

a) Ermitteln Sie für das dargestellte System die Einflusslinie für die horizontale Verschiebung des Knotens A infolge der Wanderlast $F$.

b) Werten Sie die Einflusslinie für $u_A$ für die Streckenlast $q$ aus, am linken Ende des Lastgurts beginnt.

c) Bestimmen Sie den analytischen Verlauf der Einflusslinie zwischen dem Knoten B und dem Knoten C.

## Aufgabe 26

Schwierigkeitsgrad schwer

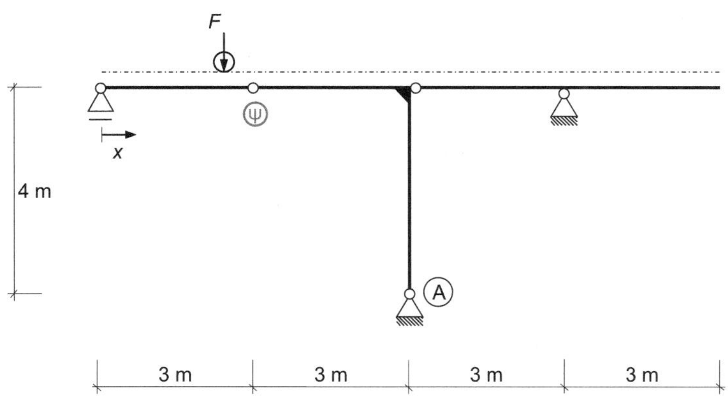


gegeben:
$F$ = 10 kN
$EI$ = 1.000 kNm²
$EA \rightarrow \infty$

a) Ermitteln Sie für das dargestellte System die Einflusslinie für die Rotation des Punktes A infolge der Wanderlast $F$.

b) Geben Sie den analytischen Verlauf $\eta(x)$ für die Einflusslinie für $\varphi_A$ im Bereich $x = 0$ bis $x = 6$ m an.

## Aufgabe 27

Schwierigkeitsgrad
schwer

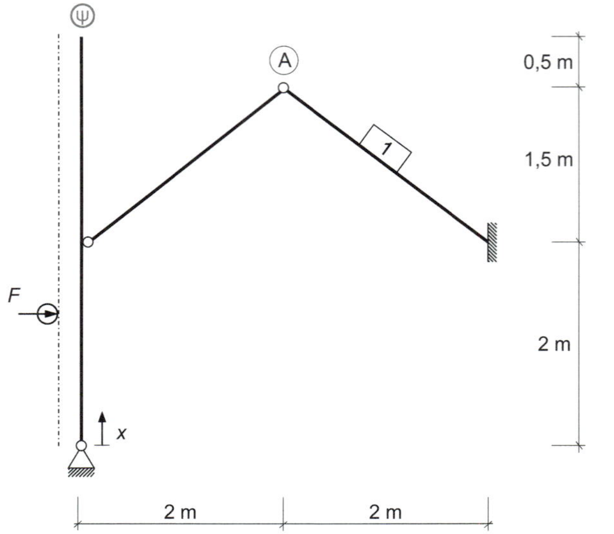


gegeben:
$F = 10$ kN
$EI = 5.000$ kNm²
$EI_1 \to \infty$
$EA = 25.000$ kN

a) Ermitteln Sie für das dargestellte System die Einflusslinie für die horizontale Verschiebung des Punktes A infolge der Wanderlast *F*.

b) Bestimmen Sie den analytischen Verlauf der Einflusslinie über den Lastgurt.

## Aufgabe 28

Schwierigkeitsgrad
schwer

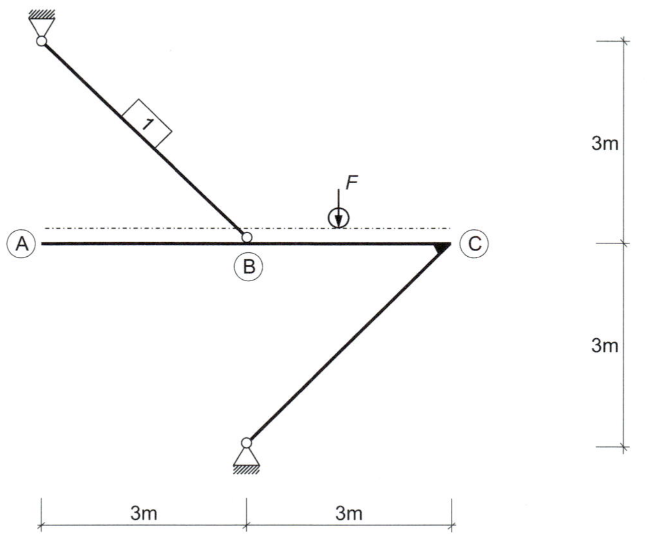


gegeben:
$F = 10$ kN
$EI = 2.000$ kNm²
$EA = 15.000$ kN
$EA_1 \to \infty$

a) Ermitteln Sie für das dargestellte System die Einflusslinie für die horizontale Verschiebung des Punktes A infolge der Wanderlast *F*.

b) Bestimmen Sie den analytischen Verlauf von „$u_A$“ zwischen den Punkten A und B sowie den Punkten B und C.

c) Wie hängt die Einflusslinie der horizontalen Verschiebung des Punktes B mit dem Ergebnis aus Teilaufgabe a) zusammen?

## Aufgabe 29

Schwierigkeitsgrad schwer

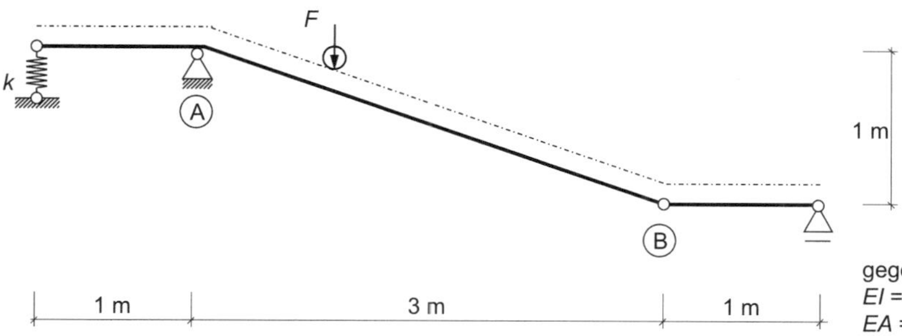


gegeben:
$EI$ = 1.000 kNm²
$EA$ = 15.000 kN
$k$ = 5.000 kN/m

a) Ermitteln Sie für das dargestellte System die Einflusslinie für die Verdrehung am Auflager A infolge der Wanderlast $F$.

b) Geben Sie den analytischen Verlauf der Einflusslinie im Bereich A - B an.

## Aufgabe 30

Schwierigkeitsgrad schwer

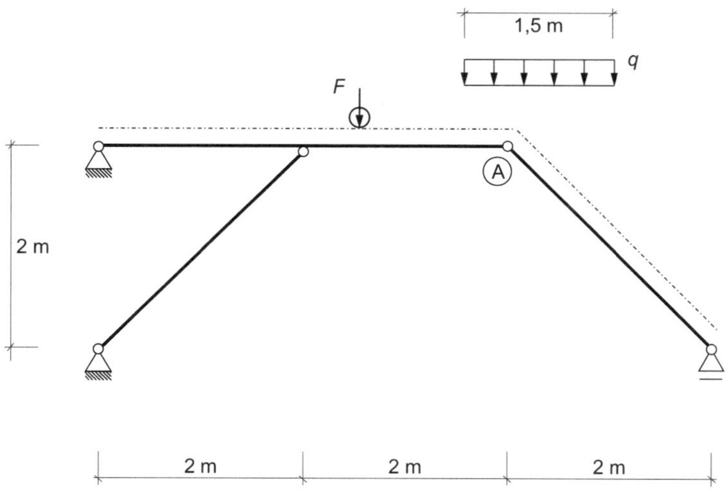


gegeben:
$F$ = 8 kN
$q$ = 5,33 kN/m
$EI \to \infty$
$EA$ = 1.000 kN

a) Ermitteln Sie für das dargestellte System die Einflusslinie für die vertikale Verschiebung am Punkt A infolge der Wanderlast F.

b) Werten Sie die Einflusslinie für die ungünstigste Laststellung von $F$ aus.

c) Werten Sie die Einflusslinie für die ungünstigste Laststellung der gegebenen Streckenlast $q$ aus und vergleichen Sie das Ergebnis mit Ihrem Ergebnis aus Teilaufgabe b). Erläutern Sie den Unterschied.

## 9.4 Lösungen

| Aufgabe | a) | Ort | b) | Ort |
|---|---|---|---|---|
| 1 | „$w_A$" = $1/3 \cdot \ell^3/EI$ | A | $\eta_{wA}(x) = \ell^3/6EI \cdot [-1+3 \cdot x/\ell+(1-x/\ell)^3]$ | |
| 2 | „$w_A$" = $5/6 \cdot \ell^3/EI$ | ψ | $w_A$ = 8,33 mm | A |
| 3 | „$\varphi_A$" = $-1/16 \cdot \ell^2/EI$ | $\ell/2$ | $\eta_{\varphi A}(x) = -\ell^2/6EI \cdot [(\ell-x)/\ell - ((\ell-x)/\ell)^3]$ | |
| 4 | „$w_A$" = $2/3 \cdot \ell^3/EI$ | A | $\eta_{wA}(x) = \ell^3/6EI \cdot [4 - 5 \cdot x/\ell + (x/\ell)^3]$ | |
| 5 | „$u_A$" = 0,4707 | A | $u_A$ = 0,147 m | |
| 6 | „$\varphi_A$" = $16/3EI$ | ψ | $\eta_{\varphi A}(x) = 16/3EI$ = const. | |
| 7 | „$u_A$" = $-15{,}23 \cdot 10^{-3}$ | ψ | $u_A$ = −114,2 mm | |
| 8 | „$u_A$" = 0 | | „$\varphi_M$" = $-7{,}071 \cdot 10^{-5}$ rad | A |
| 9 | „$u_A$" = $-2{,}546 \cdot 10^{-3}$ | ψ | $u_A$ = −5,40 mm | |
| 10 | „$\varphi_A$" = 1/2EA | ψ | $\lvert \varphi_A \rvert = 3{,}453 \cdot 10^{-3}$ rad | |
| 11 | „$\varphi_A$" = $-1{,}191 \cdot 10^{-3}$ | ψ | $\varphi_A$ = −2,979 mrad | |
| 12 | „$u_A$" = −0,6015 | B | $u_A$ = −0,372 m | |
| 13 | „$w_A$" = −1,125/EI | ψ | $w_A$ = −0,01688 m | |
| 14 | „$\varphi_A$" = $6{,}67 \cdot 10^{-4}$ rad | ψ | $\eta_{\varphi A}(x) = 6{,}67 \cdot 10^{-4} \cdot (1 - x/2)$ | |
| 15 | „$w_A$" = $1 \cdot 10^{-5}$ | A | $w_A = 6{,}5625 \cdot 10^{-6} \cdot q$ | |
| 16 | „$w$" = $-6{,}28 \cdot 10^{-3}$ | C | $\eta_{wA}(x_{BC}) = 10^{-3} \cdot$ $[4{,}82 - 11{,}09\, x_{BC} + 0{,}11 \cdot (1-x)^3]$ | |
| 17 | „$w_A$" = $-8{,}192 \cdot 10^{-4}$ | A | $w_{A,\text{ungünstig}}$ = 3,456 mm | |
| 18 | „$w_A$" = 0 | | „$\varphi_B$" = $-4{,}0 \cdot 10^{-4}$ rad | ψ |
| 19 | „$\varphi_A$" = $-25/54k - 20/9EI$ | B | $\varphi_A$ = −2,86 mrad = $\varphi_{\text{Stab A-B}}$ | |
| 20 | „$u_A$" = $4{,}51 \cdot 10^{-3}$ | A | $\varphi_{\text{Stab 1}}$ = −24,03 mrad | |
| 21 | „$\varphi_A$" = $-41{,}74 \cdot 10^{-3}$ | ψ | $\varphi_A$ = −67,99 · s mrad | |
| 22 | „$u_A$" = $3{,}56 \cdot 10^{-3}$ | B | $u_A$ = 23,877 mm | |
| 23 | „$w_A$" = $12/5EA + 122/15EI$ | ψ | $\eta_{wA}(x_{A\psi}) = 10^{-3} \cdot [8{,}967 - 2{,}330 \cdot x]$ $-2/3EI \cdot (x - x^3/4)$; für $x$ = 0 .. 2 | |
| 24 | „$w_A$" = $4{,}55 \cdot 10^{-3}$ | A | $\eta_{wA}(x_{AB}) = 10^{-3} \cdot (4{,}56 - 1{,}14 \cdot x)$ | |
| 25 | „$u_A$" = $69{,}3 \cdot 10^{-3}$ | C | $u_A$ = 0,390 m | |
| 26 | „$\varphi_A$" = $-2 \cdot 10^{-3}$ | ψ | $\eta_{\varphi A}(x) = -2 \cdot 10^{-3} \cdot (x/3)$; $x$ = 0 .. 3 | |
| 27 | „$u_A$" = $5{,}6 \cdot 10^{-5}$ | ψ | $\eta_{uA}(x) = 1{,}4 \cdot 10^{-5} \cdot x$ | |
| 28 | „$u_A$" = $10{,}72 \cdot 10^{-3}$ | C | $\eta_{uA}(x_{BC}) = 10^{-3} \cdot$ $[3/4 \cdot (x - x^3/9) - 11{,}01 + 7{,}24\, x]$ | |
| 29 | „$\varphi_A$" = $-1{,}6 \cdot 10^{-3}$ | B | $\eta_{\varphi A}(x_{AB}) = -1{,}6 \cdot 10^{-3} \cdot (x_{AB}/\sqrt{10})$ | |
| 30 | „$w_A$" = $8 \cdot (1 + 2\sqrt{2})/EA$ | A | $u_A$ = 245 mm | |

# 10 Verschiebungsgrößenverfahren nach Theorie I. Ordnung

Videos zu diesem Kapitel finden Sie unter

## 10.1 Grundlagen zum Verschiebungsgrößenverfahren

Das Verschiebungsgrößenverfahren (VV) ist das am häufigsten verwendete Verfahren zur statischen Berechnung von Tragwerken. Es beruht auf der Anwendung des Prinzips der virtuellen Verschiebungen (PvV). Verallgemeinert entspricht es der Finiten Elemente Methode (FEM). Für das VV sind auch die Bezeichnungen Weggrößenverfahren [WE97] [WK04], Deformations- oder Steifigkeitsmethode [Gha03] gebräuchlich. Eine weitere Variante stellt das Drehwinkelverfahren [Dal15], [Din12], [Hir98] dar. Das VV ist für eine Formalisierung hervorragend geeignet. Es bietet sich daher besonders gut für die Umsetzung in Computerprogrammen an.

Die Idee des Verschiebungsgrößenverfahrens ist, das statisch unbestimmte Tragwerk durch entsprechende Superposition von Verschiebungslastfällen an einem geeigneten „geometrisch bestimmten Grundtragwerk“ zu ersetzen. Geometrisch bestimmte Grundtragwerke können i. d. R. in einzelne, sich wiederholende „Grundelemente“ zerlegt werden. Deren Grundlösungen sind in Tabellen abgelegt (vgl. Kapitel 14). Sie sind die Grundbausteine des Verschiebungsgrößenverfahrens. Sie werden einmalig erstellt und werden für jeden Anwendungsfall erneut verwendet. Geometrisch bestimmte Grundtragwerke sind immer brauchbar.

Das Verfahren geht von der Einteilung eines Tragwerks in Knoten und die sie verbindenden (Grund-) Elemente aus, was als Diskretisierung bezeichnet wird. Als Unbekannte werden die verallgemeinerten Verschiebungsgrößen $D_i$ – Verschiebungen, Verdrehungen der Knoten – an den Knoten gewählt. Im ebenen Fall sind dies zwei Verschiebungen – horizontal und vertikal – und eine Verdrehung um die y-Achse je Knoten.

Diese Summe an unbekannten verallgemeinerten Verschiebungsgrößen eines Tragwerks wird als „Grad $n_g$ der geometrischen Unbestimmtheit“ bezeichnet. Ein Tragwerk ist geometrisch bestimmt, wenn alle verallgemeinerten Verschiebungsgrößen bekannt sind. An Lagern sind Verschiebungen ggf. Null, d. h. bekannt.

Im Wesentlichen gibt es drei unterschiedliche Grundelemente:

- Grundelement 1 - beidseitig biegesteif angeschlossener Stab,
- Grundelement 2 - Stab mit einem biegesteifen und einem gelenkigen Anschluss und
- Grundelement 3 - Stab mit beidseitigem gelenkigem Anschluss.

Die Grundelemente entsprechen den finiten Elementen der Finiten Elemente Methode (FEM). Weitere „finite Stabelemente" z. B. mit veränderlichen Querschnittswerten, Gelenken im Elementbereich, Elemente mit elastischer Bettung usw. können in den Werken der Literaturempfehlungsliste (s. Anhang) gefunden werden.

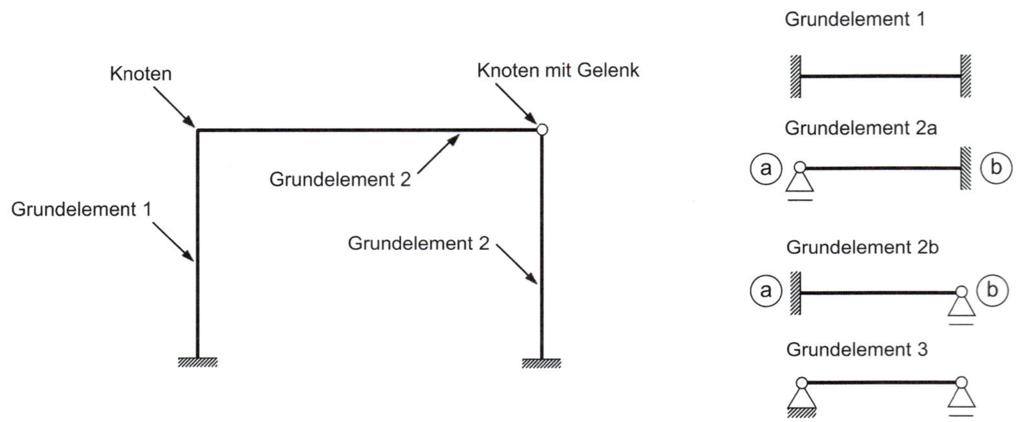


Beispielsystem mit allen Grundelementen

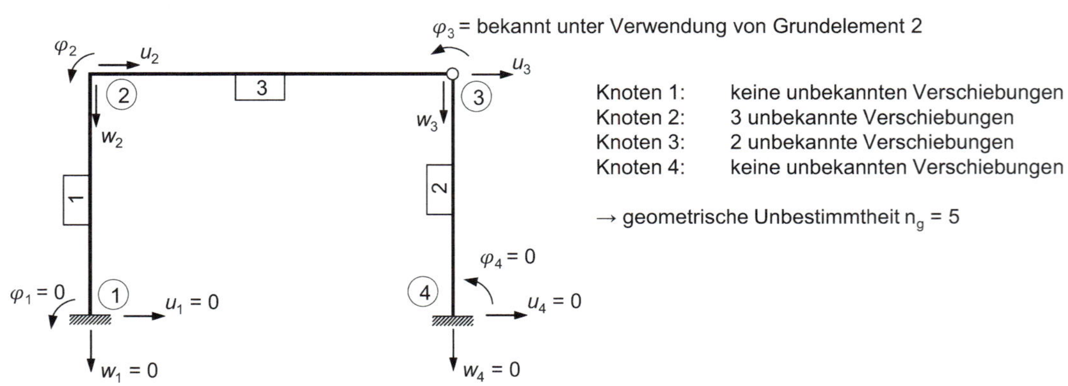


5-fache geometrische Unbestimmtheit des Beispieltragwerks

Der Ablauf des VV beginnt damit, dass zunächst das geometrisch bestimmt Grundtragwerk festgelegt wird. Dabei werden künstliche Festhalterungen anstelle der Knotenfreiheitsgrade eingeführt. Anschließend wird das Grundtragwerk unter der planmäßigen

Belastung berechnet. Wegen der künstlichen Festhalterungen entstehen an den Knoten zusätzliche, künstliche Festhaltekräfte, die mit $K_{ij}$ bezeichnet werden. Die Knotenverschiebungsgrößen sind dagegen null. Dies beschreibt den Last- oder Nullzustand. Er wird mit dem Index i = 0 bezeichnet.

Im Weiteren wird jede einzelne geometrische Unbekannte als Verschiebungslastfall aufgebracht und die jeweils notwendigen, ebenfalls künstlichen Zwangs- und Festhaltekräfte bestimmt. Dies definiert die sogenannten „Einheitszustände". Wegen der kontrollierten Knotenfesthalterungen zerfällt die Berechnung der Last- und Einheitszustände i. d. R. in die unabhängige Beurteilung der einzelnen (Grund-) Elemente.

Die Last- und Einheitszustände werden anschließend superponiert. Dabei muss beachtet werden, dass sich Einheitszustände gegenseitig beeinflussen. Die Werte für die geometrischen Unbekannten werden dann so eingestellt, dass die im Lastzustand unverträglichen Festhaltekräfte wieder kompensiert werden. Hierzu werden die Gleichgewichtsbedingungen an den künstlichen Festhalterungen aufgestellt. Die künstlich eingeführten Festhalterungen werden hierdurch wieder aufgehoben. Für die $n_g$ geometrischen Unbekannten wird dabei ein System mit $n_g$ Gleichungen aufgestellt und gelöst. Die resultierende Systemmatrix wird „Steifigkeitsmatrix" genannt. Die Komponenten der Steifigkeitsmatrix sind die Zwangs- und Festhaltekräfte an den künstlichen Festhalterungen des Grundtragwerks infolge der Verschiebungsgrößen $D_i = 1$.

**Verfahrensschritte im Verschiebungsgrößenverfahren:**

1. Bestimmung der geometrischen Unbestimmtheit
2. Festlegung eines geometrisch bestimmten Grundsystems
3. Berechnung des Last- (Null-) Zustandes $D_i = 0$
4. Berechnung der Einheitszustände $D_i = 1$
5. Aufstellen der Bedingungsgleichung (Gleichgewicht)
6. Rückrechnung der Schnittgrößenverläufe (Superposition der Einheits- und Lastzustände)

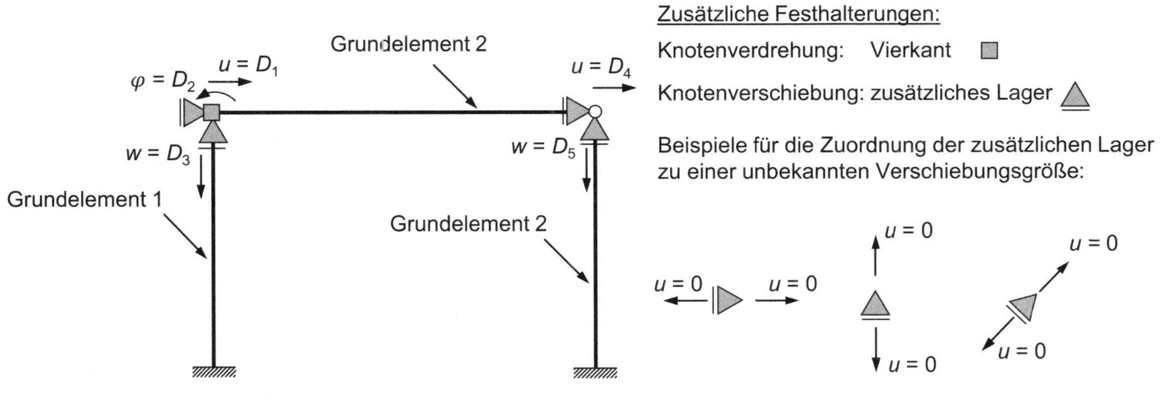


Geometrisch bestimmtes Grundtragwerk des Beispielsystems mit zusätzlichen Festhalterungen

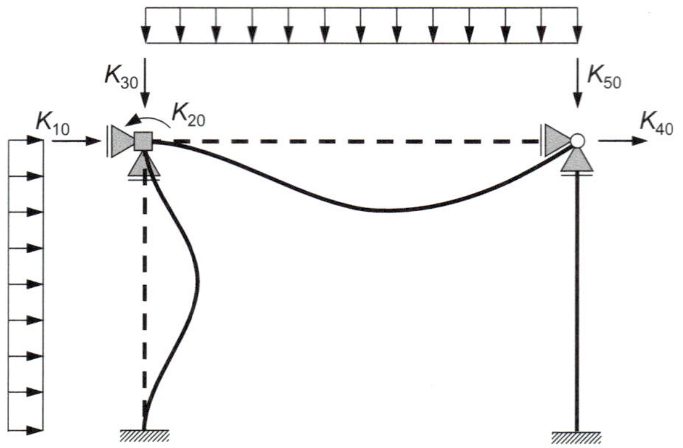


Lastzustand des Beispielsystems mit Festhaltekräften $K_{i0}$

Einheitszustand $D_1 = 1$, weitere Einheitszustände entsprechend:

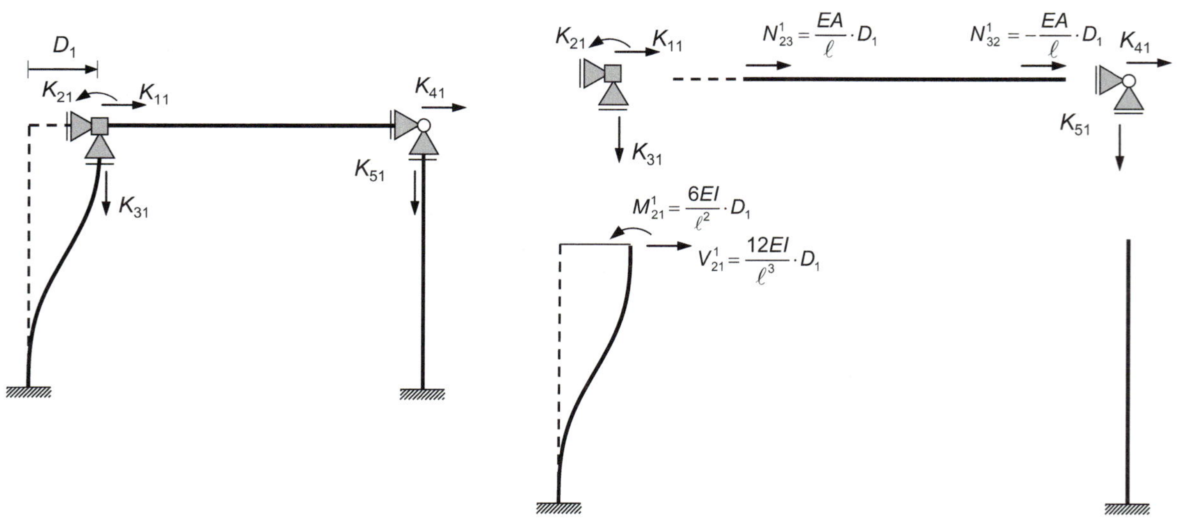


Einheitszustand $D_1 = 1$ und weitere entsprechende Einheitszustände

Einheits- und Lastzustände sind für verschiedene Grundelemente und Lastfälle vertafelt. Die Zwangs- und Festhaltekräfte sowie zugehörige Schnittgrößenverläufe und Biegelinien können dort ausgelesen werden. Lagerkräfte in den einzelnen Zuständen ergeben sich ebenfalls aus den Tafelwerten bzw. sind aus dem Knotengleichgewicht zu ermitteln.

Um das ursprüngliche Tragwerk herzustellen, müssen die geometrischen Unbekannten $D_i$ so eingestellt werden, dass die künstlich entstandenen Festhaltekräfte aufgehoben werden. Die entsprechende Gleichgewichtsbedingung für den i-ten Freiheitsgrad lautet demnach:

$$K_{i1} \cdot D_1 + K_{i2} \cdot D_2 + \ldots + K_{in_g} \cdot D_{n_g} + K_{i0} = \sum_{j=1}^{n_g} K_{ij} \cdot D_j + K_{i0} = 0$$

Für $n_g$-fach geometrisch unbestimmte Aufgaben führen die Gleichgewichtsbedingungen auf ein System von $n_g$ Gleichungen, das zur Bestimmung der geometrischen Unbekannten $D_j$ zu lösen ist:

$$\begin{bmatrix} K_{11} & \cdots & K_{1j} & \cdots & K_{1n_g} \\ \vdots & \ddots & \vdots & \iddots & \vdots \\ K_{i1} & \cdots & K_{ij} & \cdots & K_{in_g} \\ \vdots & \iddots & \vdots & \ddots & \vdots \\ K_{n_g1} & \cdots & K_{n_gj} & \cdots & K_{n_gn_g} \end{bmatrix} \begin{bmatrix} D_1 \\ \vdots \\ D_j \\ \vdots \\ D_n \end{bmatrix} + \begin{bmatrix} K_{10} \\ \vdots \\ K_{i0} \\ \vdots \\ K_{n_g0} \end{bmatrix} = \mathbf{0}$$

$$\mathbf{K} \quad \mathbf{D} + \mathbf{K}_0 = \mathbf{0}$$

$$\mathbf{K} \quad \mathbf{D} = -\mathbf{K}_0 = \mathbf{F}$$

Dabei sind **K** die Steifigkeitsmatrix, **D** der Vektor der geometrischen Unbekannten oder Knotenverschiebungen und $\mathbf{K}_0$ der Vektor der Festhaltekräfte im Lastzustand. Wird $\mathbf{K}_0$ auf die rechte Seite des Gleichungssystems gebracht, dann ergibt sich der Lastvektor $\mathbf{F} = -\mathbf{K}_0$. Die Nebendiagonalglieder der Steifigkeitsmatrix geben die gegenseitige Beeinflussung der Einheitszustände wieder. Dabei bedeutet $K_{ij}$ die Zwangs- bzw. Festhaltekraft am Freiheitsgrad i im Zustand j. Die Hauptdiagonalkomponente $K_{ii}$ ist die notwendige Zwangskraft, um den jeweiligen Einheitsverschiebungszustand zu erzwingen. Die Nebendiagonalglieder sind die sich einstellenden Reaktions- bzw. Festhaltekräfte. Bei den Komponenten des Vektors $\mathbf{K}_0$ wird der Lastzustand mit dem Index j = 0 bezeichnet.

Die Rückrechnung der endgültigen Schnitt-, Auflager- und Verformungsgrößen ergibt sich aus der Superposition des Lastzustandes mit den um $D_i$ skalierten Einheitszuständen, z. B. für eine endgültige Schnittgröße $S$:

$$S = S_0 + \sum_{i=1}^{n} S_i D_i$$

Dabei sind $S$ die endgültige Schnittgröße und $S_0$ und $S_i$ die Werte der Schnittgröße in den Last- bzw. Einheitszuständen. Die Rückrechnung anderer Größen (z. B. Verschiebungsgrößen) erfolgt entsprechend.

Bei Anwendung des VV muss beachtet werden, dass die Vorzeichendefinition für die Stabendkräfte i. d. R. nicht mit der üblichen Definition für Schnittgrößen nach der Balkentheorie übereinstimmt. Die Vorzeichen müssen ggf. angepasst werden:

Vorzeichendefinition für VV (Stabendkräfte (links)) und Vorzeichendefinition für Schnittgrößen (rechts)

### Kinematische Kopplung

Bei sehr großen Dehn- oder Biegesteifigkeiten (*EA, EI*) wird bei Handrechnungen oft die Näherung $EA \to \infty$ bzw. $EI \to \infty$ getroffen. In solchen Fällen ergeben sich Zwangskopplungen von Verschiebungsgrößen an den Knoten der (Grund-) Elemente. So zum Beispiel für die Verschiebungsgrößen an den Knoten i und k des dargestellten Elements infolge von Starrkörperverschiebung und -rotation:

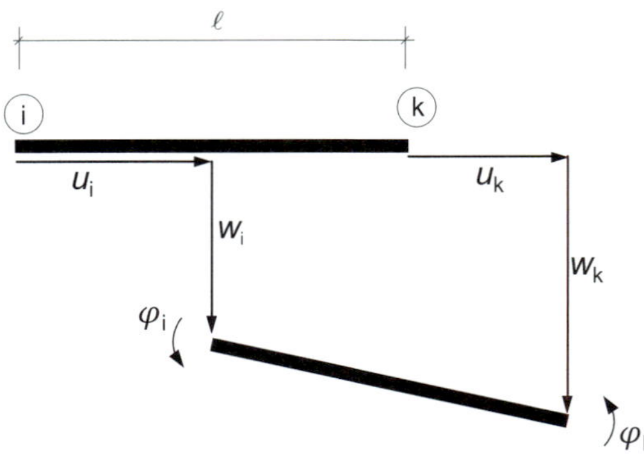


Unendliche Biegesteifigkeit $EI \to \infty : \kappa = 0 \to \varphi_i = \varphi_k = \dfrac{w_i - w_k}{\ell}$

Unendliche Dehnsteifigkeit $EA \to \infty : \Delta \ell = 0 \to u_i = u_k$

Aufgrund der zahlenmäßig großen Unterschiede werden oft endliche Werte für die Biegesteifigkeiten bei zugleich $EA \to \infty$ für Dehnsteifigkeiten angenommen. In solchen Fällen werden Verschiebungen eines Knotens direkt an seine Nachbarknoten und ggf. an das restliche Tragwerk vermittelt. Die Anzahl der unabhängigen Knotenverschiebung wird entsprechend reduziert und ist oft nicht einfach zu ermitteln. Knotenverdrehungen haben dagegen nur Auswirkungen auf die direkt angrenzenden Elemente. Die gegenseitige Abhängigkeit der Knotenverschiebungen kann dann mit einem Polplan ermittelt werden. Dafür werden an allen biegesteifen Knoten Momentengelenke eingeführt. Sehr oft weisen Tragwerke dann mehrere unabhängige, kinematische Ketten auf.

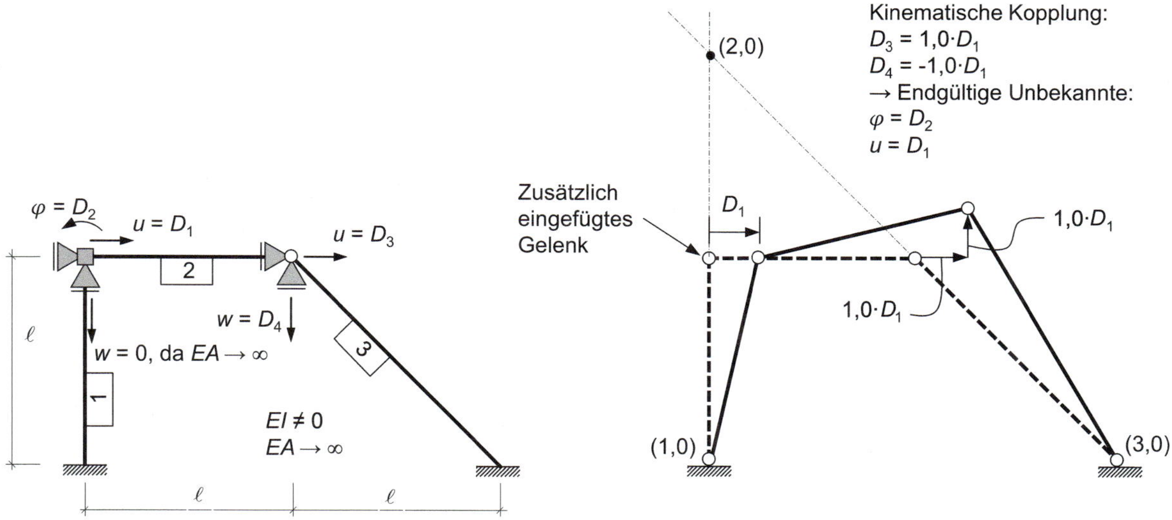


Beispiel zur Bestimmung einer kinematischen Kopplung $EA \to \infty$ am Polplan

## Bestimmung von Zwangs- und Festhaltekräfte mit dem PvV

Bei kinematischer Kopplung können Zwang- und Festhaltekräfte oftmals nicht über das Knotengleichgewicht bestimmt werden. Dann bietet sich das PvV an, wobei der Polplan für die Wahl einer geeigneten virtuellen Verschiebungsfigur verwendet wird, die die Kopplung der Freiheitsgrade berücksichtigt.

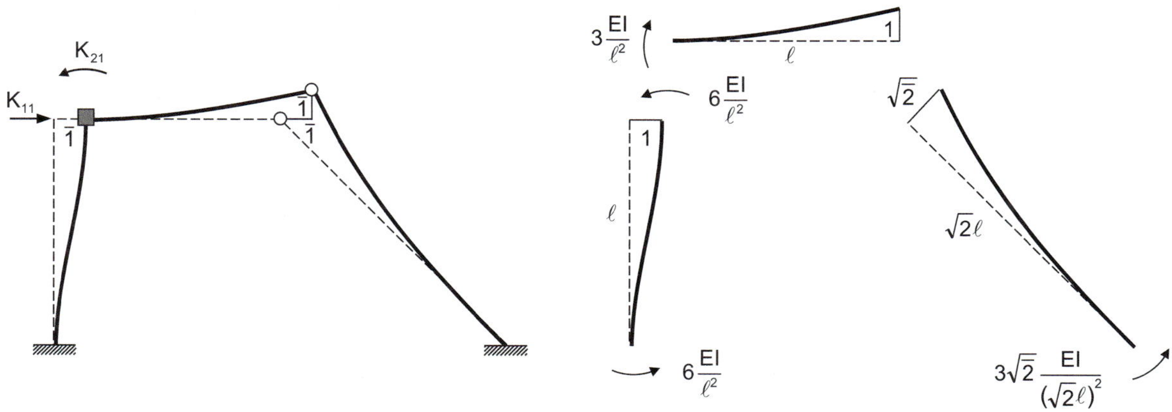


Beispiel: Einheitszustand $D_1 = 1$; Verformung und Stabendmomente

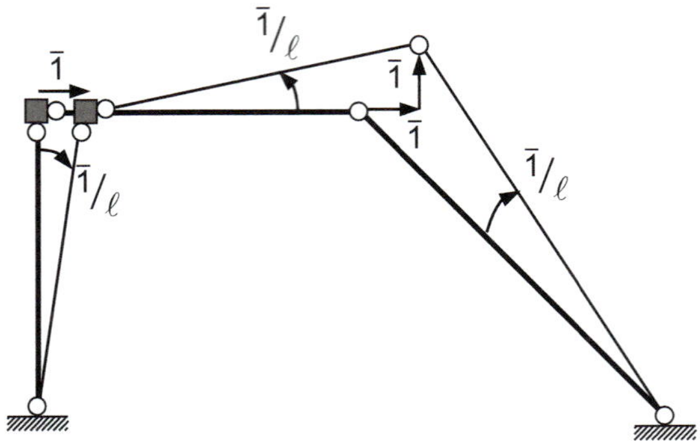

Virtuelle Verschiebungsfigur für $D_1 = \bar{1}$ mithilfe des Polplans

$K_{11}$ und die Stabendmomente des 1. Einheitszustandes verrichten virtuelle Arbeit mit den entsprechenden virtuellen Verschiebungsgrößen aus der virtuellen Verschiebungsfigur:

$$\delta W = K_{11} \cdot \bar{1} - 2 \cdot 6 \frac{EI}{\ell^2} \cdot \frac{\bar{1}}{\ell} - 3 \frac{EI}{\ell^2} \cdot \frac{\bar{1}}{\ell} - 3\sqrt{2} \frac{EI}{\left(\sqrt{2}\,\ell\right)^2} \cdot \frac{\bar{1}}{\ell} = 0 \quad \rightarrow \quad K_{11} = \left(2 \cdot 6 + 3 + \frac{3}{\sqrt{2}}\right) \frac{EI}{\ell^3}$$

Da der Knoten selbst sich nicht dreht, verrichtet $K_{21}$ keine Arbeit. $K_{21}$ kann somit aus dem Knotengleichgewicht der Momente bestimmt werden. Dagegen kann $K_{12}$ aus der virtuellen Arbeit von $K_{12}$ und der Stabendmomente im 2. Einheitszustand bestimmt werden. Die Herausforderung bei diesem Vorgehen liegt bei der Auswertung der verrichteten Arbeit an den Knoten und der Berücksichtigung evtl. zusätzlicher Kopplungsbedingungen.

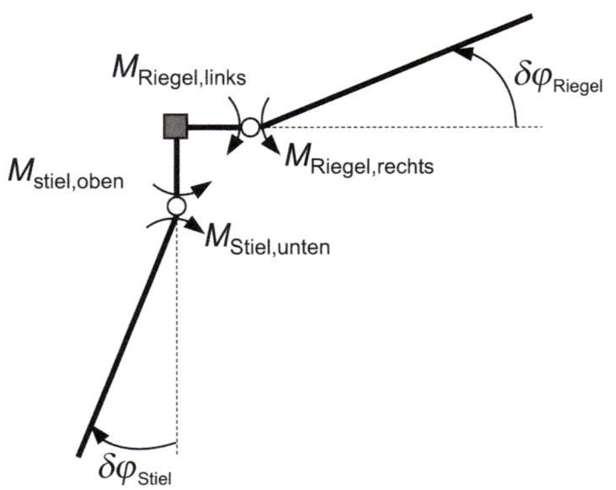


$EA \rightarrow \infty$: Die Knotenrotation ist unabhängig von der Knotenverschiebung

Beitrag zur virtuellen Arbeit

$$\delta W = M_{\text{Stiel,unten}} \cdot \delta\varphi_{\text{Stiel}} + M_{\text{Riegel,rechts}} \cdot \delta\varphi_{\text{Riegel}}$$

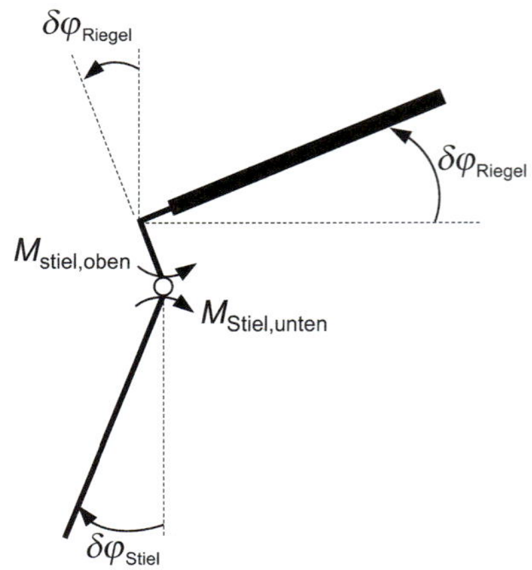


$EA \rightarrow \infty$ und $EI \rightarrow \infty$: Die Knotenrotation ist abhängig von der Knotenverschiebung

Beitrag zur virtuellen Arbeit

$$\delta W = M_{\text{Stiel,unten}} \cdot \delta\varphi_{\text{Stiel}} + M_{\text{Stiel,oben}} \cdot \delta\varphi_{\text{Riegel}}$$

*Anmerkung: Im Falle einer unendlichen Biegesteifigkeit ist aufgrund der Starrkörperverschiebung die Knotenrotation an die Stabrotation gekoppelt. Daher wird bei der Anwendung des Prinzips der virtuellen Verschiebung kein Gelenk im virtuellen System am Riegel eingefügt.*

## 10.2 Beispielaufgabe 1

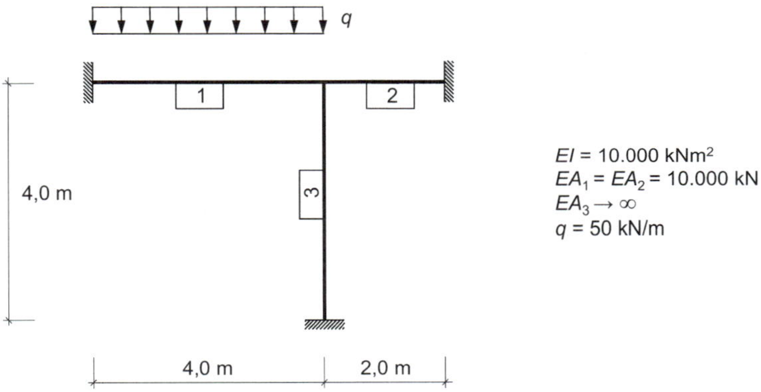


System 1

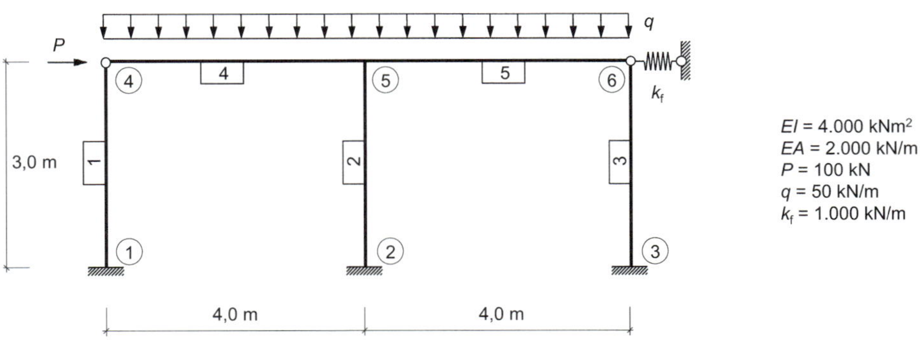


System 2

a) Bestimmen Sie jeweils für System 1 und System 2 den Grad der statischen und geometrischen Unbestimmtheit und geben Sie jeweils ein statisch und ein geometrisch bestimmtes Grundsystem an.

b) Skizzieren Sie jeweils die Verformungsfiguren der einzelnen Einheitszustände für eine Berechnung mit dem Verschiebungsgrößenverfahren.

c) Berechnen Sie jeweils alle geometrischen Unbekannten mit dem Verschiebungsgrößenverfahren.

d) Geben Sie für System 1 die Schnittgrößenverläufe für Momente, Quer- und Normalkräfte an.

*Hinweis: Für die Aufgaben e) und f) können Sie ein geeignetes Computerprogramm verwenden (→ Stiff).*

e) Kontrollieren Sie Ihre Ergebnisse aus Teilaufgabe d) mit einem Stabwerksprogramm.
f) Überprüfen Sie jeweils einen Einheitsverschiebungszustand mit einem Stabwerksprogramm.

## 10.2.1 System 1

### Geometrisch und statisch bestimmte Grundsysteme

Der Grad der statischen Unbestimmtheit beträgt $n = 6$.

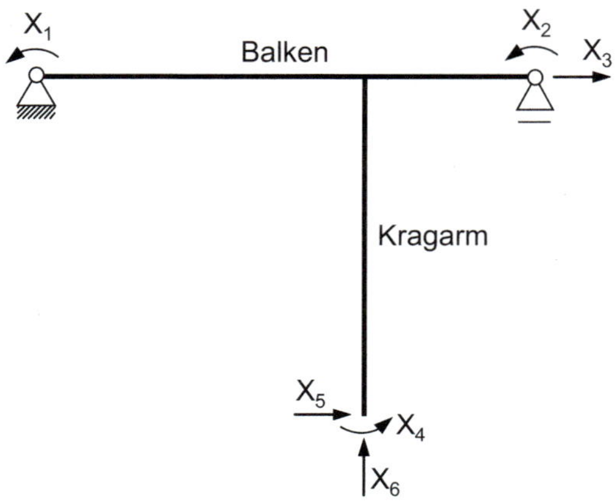


Statisch bestimmtes Grundsystem

Der Grad der geometrischen Unbestimmtheit beträgt $n_g = 2$

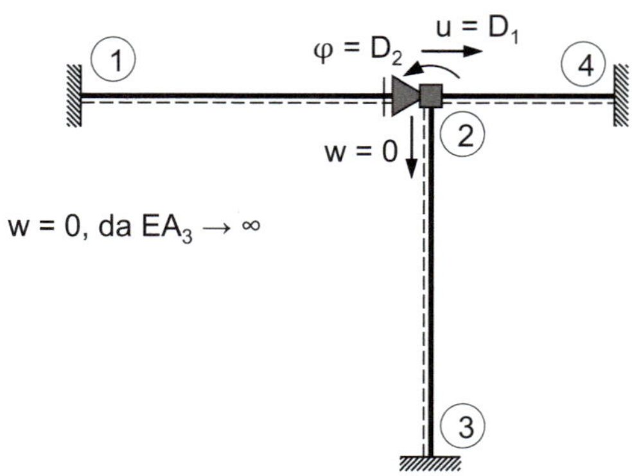


Geometrisch bestimmtes Grundsystem

Das dargestellte geometrisch bestimmte Grundsystem wird in den folgenden Teilaufgaben mit der dargestellten Knotennummerierung und der Lage der gestrichelten Faser verwendet.

### Verformungsfiguren der Einheitszustände

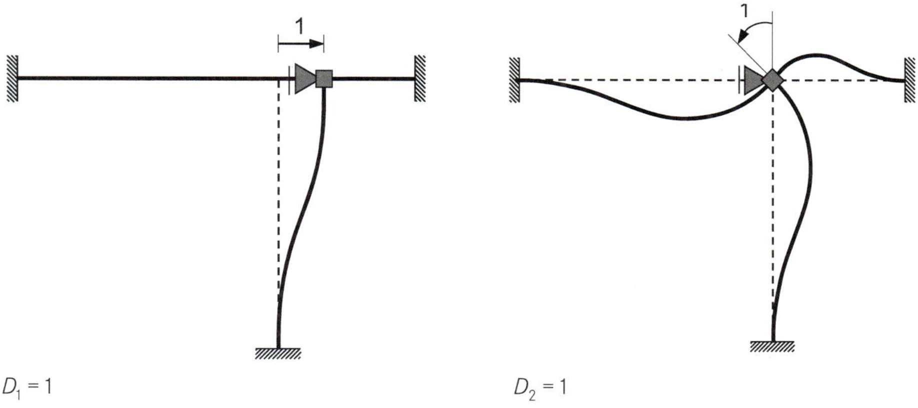


### Berechnung der geometrischen Unbekannten

Zur Berechnung der geometrischen Unbekannten werden für jeden Stab nur die Stabendkräfte auf der Seite des freigeschnittenen Knotens angetragen. Dabei werden folgende einheitliche Bezeichnungen genutzt:

für Stabendkräfte:

$M_{ij}^{k}$: Moment am Knoten i in Richtung Knoten j im Zustand k, $N_{ij}^{k}$ und $V_{ij}^{k}$ entsprechend.

für Festhaltekräfte:

$K_{ij}$: Festhaltekraft am Freiheitsgrad i im Zustand j.

Einheitszustand $D_1 = 1$:

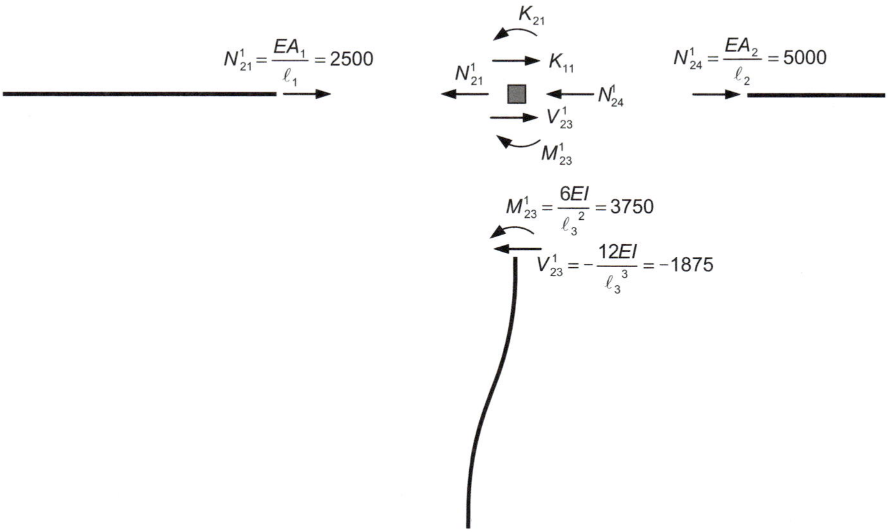

Einheitszustand $D_2 = 1$:

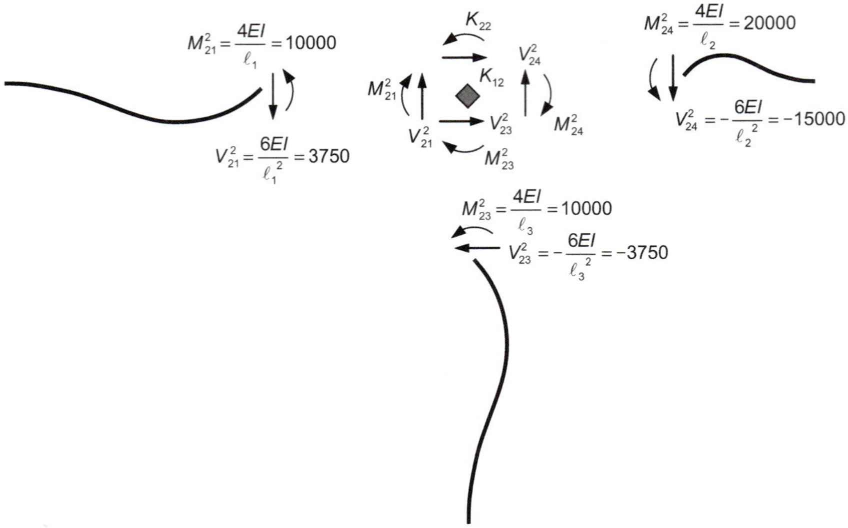


Lastzustand ($D_1 = D_2 = 0$):

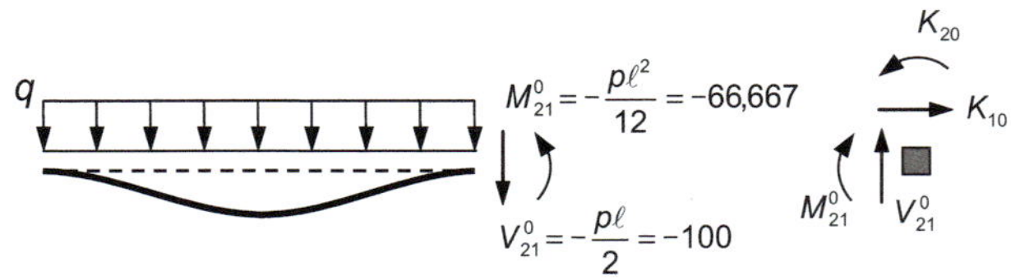


Die Bedingungsgleichungen (Gleichgewicht) lauten wie folgt:

$$\begin{bmatrix} 9375 & 3750 \\ 3750 & 40000 \end{bmatrix} \cdot \begin{bmatrix} D_1 \\ D_2 \end{bmatrix} = \begin{bmatrix} 0 \\ 66{,}667 \end{bmatrix} \quad \Rightarrow \quad \begin{aligned} D_1 &= -6{,}926 \cdot 10^{-4} \; [\mathrm{m}] \\ D_2 &= 1{,}732 \cdot 10^{-3} \; [\mathrm{rad}] \end{aligned}$$

## Schnittgrößenverläufe

Zur Ermittlung der Schnittgrößenverläufe werden die Stabendkräfte aus Last- und Einheitszuständen überlagert und gegebenenfalls Grundlösungen (z. B. $q\ell^2/8$-Parabel) eingehängt. Dieses Vorgehen beruht auf der Aufteilung der Differenzialgleichung des Biegebalkens in einen homogenen (Randwerte) und partikulären (Grundlösungen) Anteil.

Beispiel für die Überlagerung der Stabendkräfte:

$$M_{21} = M_{21}^0 + M_{21}^1 \cdot D_1 + M_{21}^2 \cdot D_2 = -66{,}667 + 0 + 10000 \cdot 1{,}732 \cdot 10^{-3} = -49{,}35 \text{ kNm}$$

Da in dieser Aufgabe alle Schnittgrößenverläufe gefragt sind, ist es sinnvoll, die Überlagerung der Stabendkräfte stabweise unter Verwendung der Elementsteifigkeitsmatrix durchzuführen. Alle drei Stäbe entsprechen dem Grundelement 1; die Berechnung ergibt sich folgendermaßen:

$$\begin{bmatrix} N_{ik} \\ V_{ik} \\ M_{ik} \\ N_{ki} \\ V_{ki} \\ M_{ki} \end{bmatrix} = \begin{bmatrix} N^0_{ik} \\ V^0_{ik} \\ M^0_{ik} \\ N^0_{ki} \\ V^0_{ki} \\ M^0_{ki} \end{bmatrix} + \begin{bmatrix} \frac{EA}{\ell} & 0 & 0 & -\frac{EA}{\ell} & 0 & 0 \\ 0 & \frac{12EI}{\ell^3} & -\frac{6EI}{\ell^2} & 0 & -\frac{12EI}{\ell^3} & -\frac{6EI}{\ell^2} \\ 0 & -\frac{6EI}{\ell^2} & \frac{4EI}{\ell} & 0 & \frac{6EI}{\ell^2} & \frac{2EI}{\ell} \\ -\frac{EA}{\ell} & 0 & 0 & \frac{EA}{\ell} & 0 & 0 \\ 0 & -\frac{12EI}{\ell^3} & \frac{6EI}{\ell^2} & 0 & \frac{12EI}{\ell^3} & \frac{6EI}{\ell^2} \\ 0 & -\frac{6EI}{\ell^2} & \frac{2EI}{\ell} & 0 & \frac{6EI}{\ell^2} & \frac{4EI}{\ell} \end{bmatrix} \cdot \begin{bmatrix} u_i \\ w_i \\ \varphi_i \\ u_k \\ w_k \\ \varphi_k \end{bmatrix}$$

Stab 1:

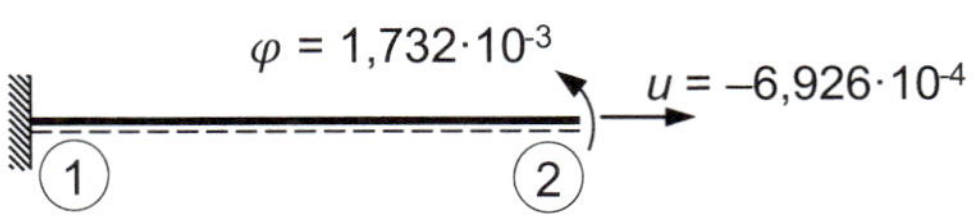


$$\begin{bmatrix} N_{12} \\ V_{12} \\ M_{12} \\ N_{21} \\ V_{21} \\ M_{21} \end{bmatrix} = \begin{bmatrix} 0 \\ -100 \\ 66{,}67 \\ 0 \\ -100 \\ -66{,}67 \end{bmatrix} + \begin{bmatrix} 2500 & 0 & 0 & -2500 & 0 & 0 \\ 0 & 1875 & -3750 & 0 & -1875 & -3750 \\ 0 & -3750 & 10000 & 0 & 3750 & 5000 \\ -2500 & 0 & 0 & 2500 & 0 & 0 \\ 0 & -1875 & 3750 & 0 & 1875 & 3750 \\ 0 & -3750 & 5000 & 0 & 3750 & 10000 \end{bmatrix} \cdot \begin{bmatrix} 0 \\ 0 \\ 0 \\ -6{,}926 \cdot 10^{-4} \\ 0 \\ 1{,}732 \cdot 10^{-3} \end{bmatrix}$$

$$\begin{bmatrix} N_{12} \\ V_{12} \\ M_{12} \\ N_{21} \\ V_{21} \\ M_{21} \end{bmatrix} = \begin{bmatrix} 1{,}73\ \text{kN} \\ -106{,}50\ \text{kN} \\ 75{,}32\ \text{kNm} \\ -1{,}73\ \text{kN} \\ -93{,}50\ \text{kN} \\ -49{,}35\ \text{kNm} \end{bmatrix}$$

Stab 2:

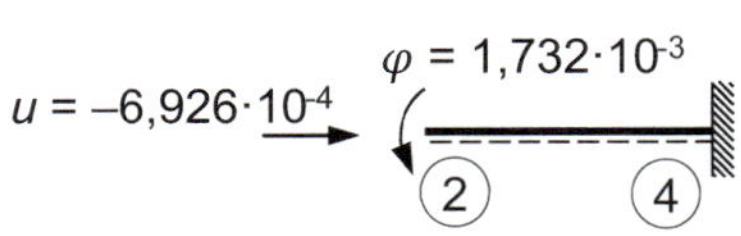

$$\begin{bmatrix} N_{24} \\ V_{24} \\ M_{24} \\ N_{42} \\ V_{42} \\ M_{42} \end{bmatrix} = \begin{bmatrix} 0 \\ 0 \\ 0 \\ 0 \\ 0 \\ 0 \end{bmatrix} + \begin{bmatrix} 5000 & 0 & 0 & -5000 & 0 & 0 \\ 0 & 15000 & -15000 & 0 & -15000 & -15000 \\ 0 & -15000 & 20000 & 0 & 15000 & 10000 \\ -5000 & 0 & 0 & 5000 & 0 & 0 \\ 0 & -15000 & 15000 & 0 & 15000 & 15000 \\ 0 & -15000 & 10000 & 0 & 15000 & 20000 \end{bmatrix} \cdot \begin{bmatrix} -6{,}926 \cdot 10^{-4} \\ 0 \\ 1{,}732 \cdot 10^{-3} \\ 0 \\ 0 \\ 0 \end{bmatrix}$$

$$\begin{bmatrix} N_{24} \\ V_{24} \\ M_{24} \\ N_{42} \\ V_{42} \\ M_{42} \end{bmatrix} = \begin{bmatrix} -3{,}46\ \text{kN} \\ -25{,}98\ \text{kN} \\ 34{,}64\ \text{kNm} \\ 3{,}46\ \text{kN} \\ 25{,}98\ \text{kN} \\ 17{,}32\ \text{kNm} \end{bmatrix}$$

Stab 3:

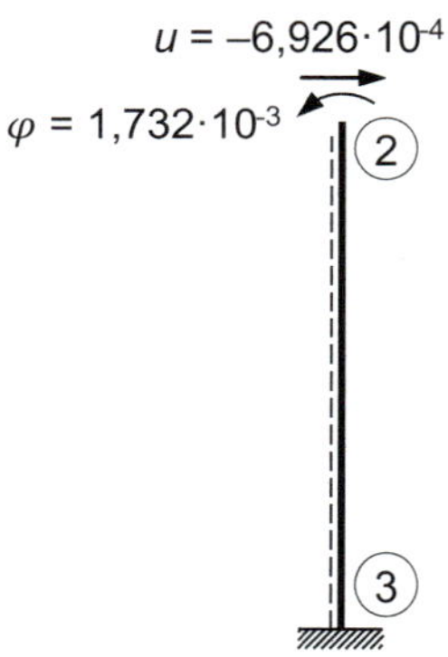


Am Stab 3 zeigt die berechnete Knotenverschiebung $u$ entgegen der Vorzeichendefinition für das VV (siehe hierfür auch Hinweis auf Seite 273). Für die Berechnung der Stabendkräfte muss das Vorzeichen also umgedreht werden.

Bei dehnstarren Stäben muss darauf geachtet werden, dass diese Normalkräfte ohne Verformungen aufnehmen! Die Normalkräfte können also nicht mithilfe der Elementsteifigkeitsmatrix berechnet werden, weil sich dabei der undefinierte Ausdruck „$0 \cdot \infty$" ergibt. Zur Berechnung muss auf das Knotengleichgewicht zurückgegriffen werden.

$$\begin{bmatrix} N_{23} \\ V_{23} \\ M_{23} \\ N_{32} \\ V_{32} \\ M_{32} \end{bmatrix} = \begin{bmatrix} 0 \\ 0 \\ 0 \\ 0 \\ 0 \\ 0 \end{bmatrix} + \begin{bmatrix} \infty & 0 & 0 & -\infty & 0 & 0 \\ 0 & 1875 & -3750 & 0 & -1875 & -3750 \\ 0 & -3750 & 10000 & 0 & 3750 & 5000 \\ -\infty & 0 & 0 & \infty & 0 & 0 \\ 0 & -1875 & 3750 & 0 & 1875 & 3750 \\ 0 & -3750 & 5000 & 0 & 3750 & 10000 \end{bmatrix} \cdot \begin{bmatrix} 0 \\ 6{,}926 \cdot 10^{-4} \\ 1{,}732 \cdot 10^{-3} \\ 0 \\ 0 \\ 0 \end{bmatrix}$$

$$\begin{bmatrix} N_{23} \\ V_{23} \\ M_{23} \\ N_{32} \\ V_{32} \\ M_{32} \end{bmatrix} = \begin{bmatrix} 0 \cdot \infty \\ -5{,}20 \text{ kN} \\ 14{,}72 \text{ kNm} \\ 0 \cdot \infty \\ 5{,}20 \text{ kN} \\ 6{,}06 \text{ kNm} \end{bmatrix}$$ (→ *siehe* Anmerkung *Seite* 286)

Vertikales Gleichgewicht am Knoten 2:

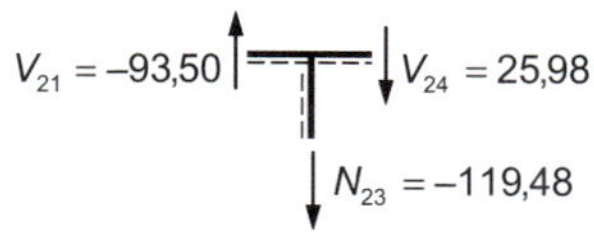


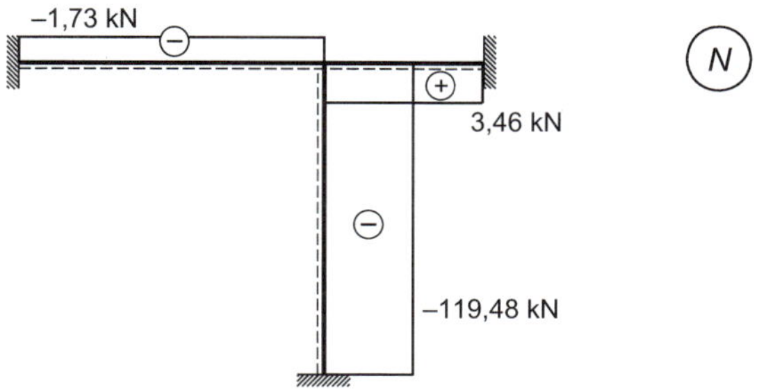


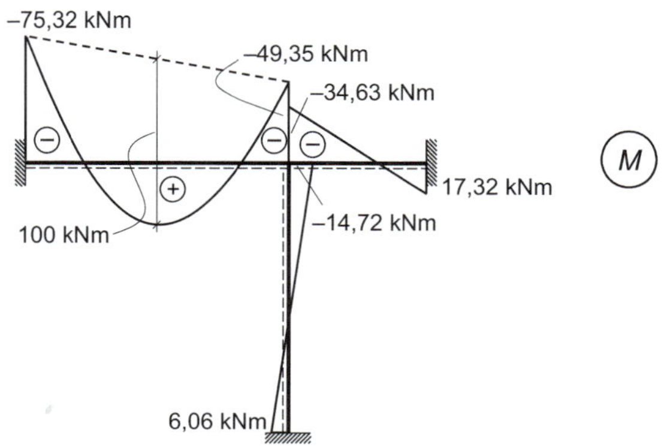


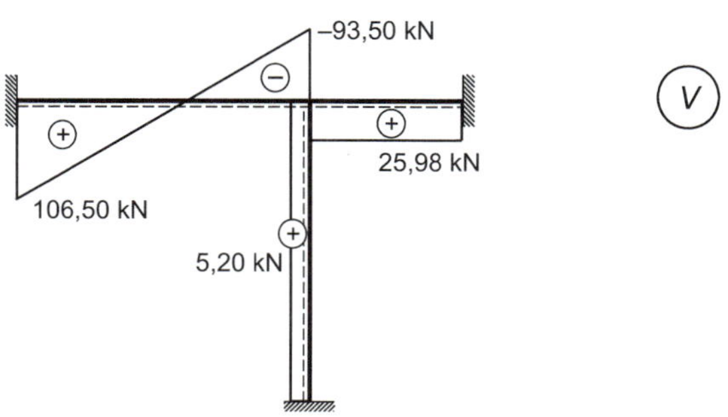

Wie zu Beginn dieses Kapitels bereits beschrieben, stimmen die Stabendkräfte, die durch die Auswertung der Elementsteifigkeitsmatrizen gewonnen werden, in ihrer Vorzeichendefinition nicht mit denen der Schnittgrößen nach der technischen Biegelehre überein. Daher müssen die Vorzeichen entsprechend angepasst werden.

## Berechnung mit Stiff

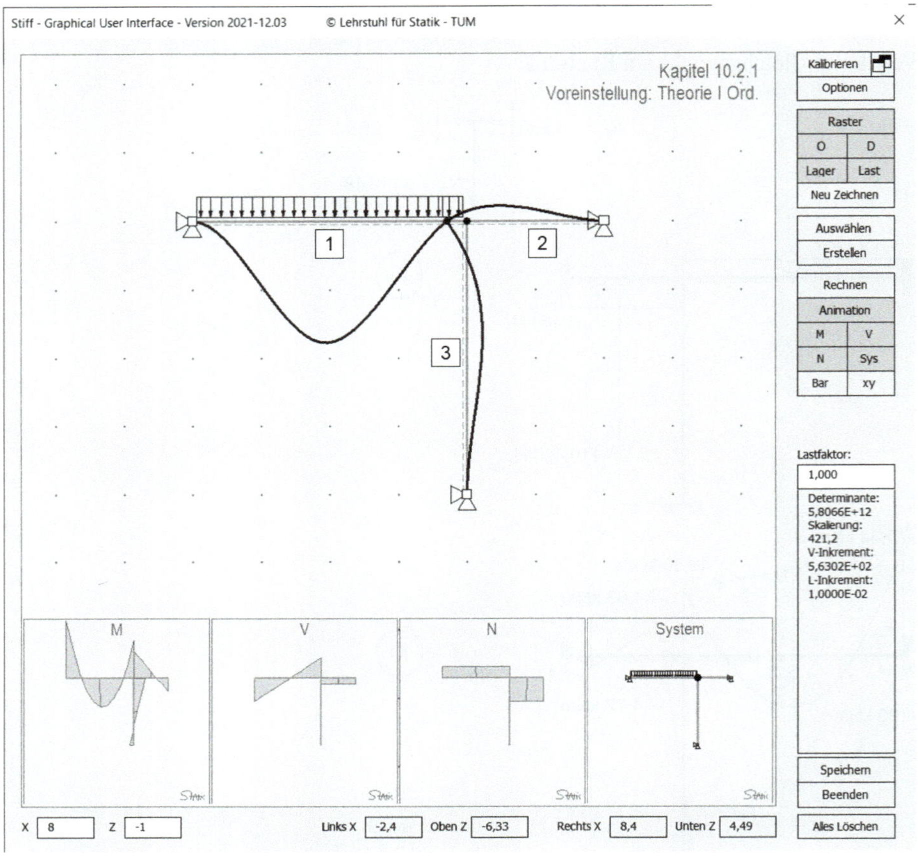


Verformungsfigur und Schnittgrößenverläufe

| Element | 0 | 0,1 | 0,2 | 0,3 | 0,4 | 0,5 | 0,6 | 0,7 | 0,8 | 0,9 | 1 |
|---|---|---|---|---|---|---|---|---|---|---|---|
| 1 | -75,32716566 | -36,72919517 | -6,131224686 | 16,4667458 | 31,06471629 | 37,66268677 | 36,26065726 | 26,85862775 | 9,456598236 | -15,9454313 | -49,3474608 |
| 2 | -34,62765909 | -29,43386865 | -24,24007821 | -19,04628777 | -13,85249732 | -8,658706883 | -3,46491644 | 1,728874 | 6,922664441 | 12,11645488 | 17,31024532 |
| 3 | -14,7198017 | -12,64171205 | -10,5636224 | -8,485532745 | -6,407443093 | -4,329353441 | -2,25126379 | -0,173174138 | 1,904915514 | 3,983005166 | 6,061094818 |

Momentenverlauf

| Element | 0 | 0,1 | 0,2 | 0,3 | 0,4 | 0,5 | 0,6 | 0,7 | 0,8 | 0,9 | 1 |
|---|---|---|---|---|---|---|---|---|---|---|---|
| 1 | 106,4949262 | 86,49492622 | 66,49492622 | 46,49492622 | 26,49492622 | 6,494926217 | -13,5050738 | -33,50507378 | -53,50507378 | -73,5050738 | -93,5050738 |
| 2 | 25,96895221 | 25,96895221 | 25,96895221 | 25,96895221 | 25,96895221 | 25,96895221 | 25,96895221 | 25,96895221 | 25,96895221 | 25,96895221 | 25,96895221 |
| 3 | 5,19522413 | 5,19522413 | 5,19522413 | 5,19522413 | 5,19522413 | 5,19522413 | 5,19522413 | 5,19522413 | 5,19522413 | 5,19522413 | 5,19522413 |

Querkraftverlauf

| Element | 0 | 0,1 | 0,2 | 0,3 | 0,4 | 0,5 | 0,6 | 0,7 | 0,8 | 0,9 | 1 |
|---|---|---|---|---|---|---|---|---|---|---|---|
| 1 | -1,731741377 | -1,731741377 | -1,731741377 | -1,731741377 | -1,731741377 | -1,731741377 | -1,731741377 | -1,731741377 | -1,731741377 | -1,731741377 | -1,731741377 |
| 2 | 3,463482753 | 3,463482753 | 3,463482753 | 3,463482753 | 3,463482753 | 3,463482753 | 3,463482753 | 3,463482753 | 3,463482753 | 3,463482753 | 3,463482753 |
| 3 | -119,474026 | -119,474026 | -119,474026 | -119,474026 | -119,474026 | -119,474026 | -119,474026 | -119,474026 | -119,474026 | -119,474026 | -119,474026 |

Normalkraftverlauf

## Berechnung mit Stiff: Überprüfung eines Einheitszustandes

Allgemeines Vorgehen:

Beim Einheitszustand i wird $D_i$ um den Wert 1 verschoben und alle anderen (unbekannten) Knotenverschiebungen $D_k$ werden festgehalten.

Für die Modellierung in Stiff bedeutet dies, dass alle Knotenverschiebungen $D_i$, $D_k$ mit Lagern festgehalten werden müssen und die Einheitsverschiebung $D_i = 1$ durch Eingabe einer Vorverformung aufgebracht wird.

*Anmerkung: Durch die künstliche Festhalterung in Richtung $D_i$ wird der Knoten in der verformten Lage mit $D_i = 1$ fixiert.*

Überprüfung des Einheitszustands $D_1 = 1$:

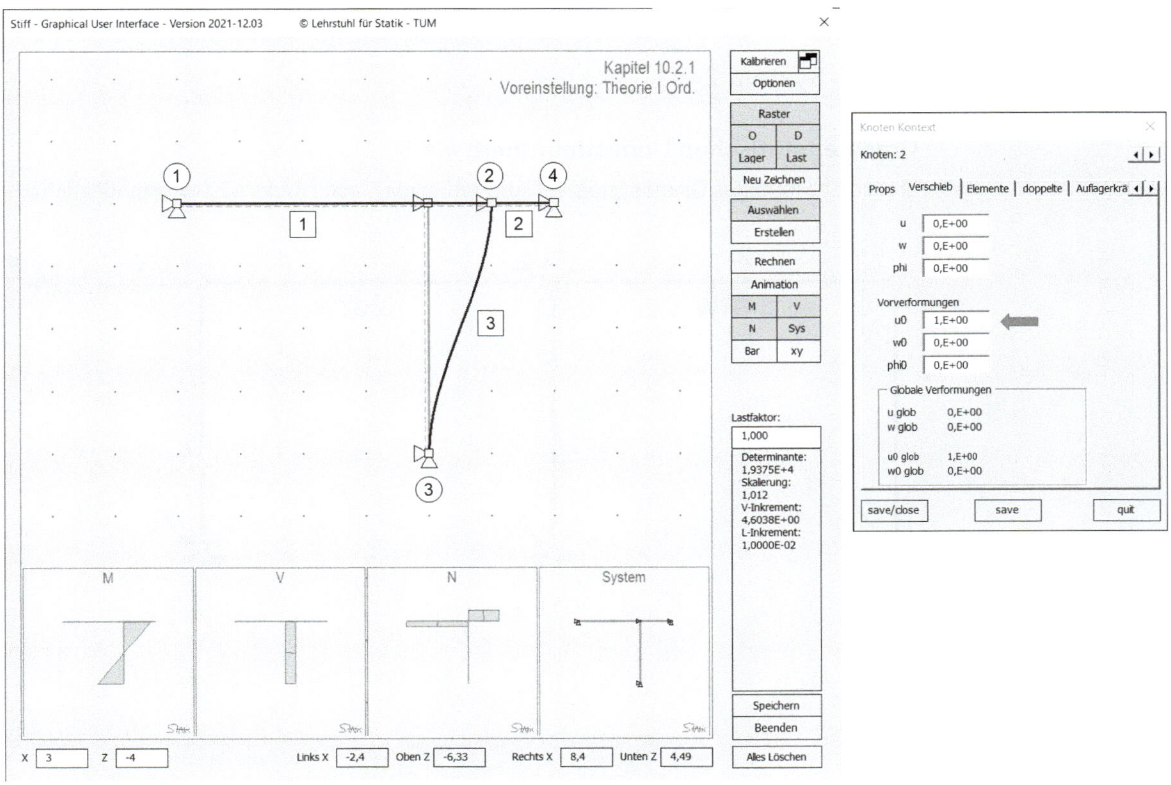


Verformungsfigur, Schnittgrößenverläufe und Knoten Kontext-Menü von Knoten 2

| Element | 0 | 0,1 | 0,2 | 0,3 | 0,4 | 0,5 | 0,6 | 0,7 | 0,8 | 0,9 | 1 |
|---|---|---|---|---|---|---|---|---|---|---|---|
| 1 | 0 | 0 | 0 | 0 | 0 | 0 | 0 | 0 | 0 | 0 | 0 |
| 2 | 0 | 0 | 0 | 0 | 0 | 0 | 0 | 0 | 0 | 0 | 0 |
| 3 | -3750 | -3000 | -2250 | -1500 | -750 | 0 | 750 | 1500 | 2250 | 3000 | 3750 |

Momentenverlauf

| Element | 0 | 0,1 | 0,2 | 0,3 | 0,4 | 0,5 | 0,6 | 0,7 | 0,8 | 0,9 | 1 |
|---|---|---|---|---|---|---|---|---|---|---|---|
| 1 | 0 | 0 | 0 | 0 | 0 | 0 | 0 | 0 | 0 | 0 | 0 |
| 2 | 0 | 0 | 0 | 0 | 0 | 0 | 0 | 0 | 0 | 0 | 0 |
| 3 | 1875 | 1875 | 1875 | 1875 | 1875 | 1875 | 1875 | 1875 | 1875 | 1875 | 1875 |

Querkraftverlauf

| Element | 0 | 0,1 | 0,2 | 0,3 | 0,4 | 0,5 | 0,6 | 0,7 | 0,8 | 0,9 | 1 |
|---|---|---|---|---|---|---|---|---|---|---|---|
| 1 | 2500 | 2500 | 2500 | 2500 | 2500 | 2500 | 2500 | 2500 | 2500 | 2500 | 2500 |
| 2 | -5000 | -5000 | -5000 | -5000 | -5000 | -5000 | -5000 | -5000 | -5000 | -5000 | -5000 |
| 3 | 0 | 0 | 0 | 0 | 0 | 0 | 0 | 0 | 0 | 0 | 0 |

Normalkraftverlauf

Die Vorzeichendefinition für Schnittgrößen wurde verwendet.

### 10.2.2 System 2

#### Grad der statischen Unbestimmtheit: $n = 5$

Statisch bestimmtes Grundsystem (Lösungsvorschlag, auch andere Lösungen möglich):

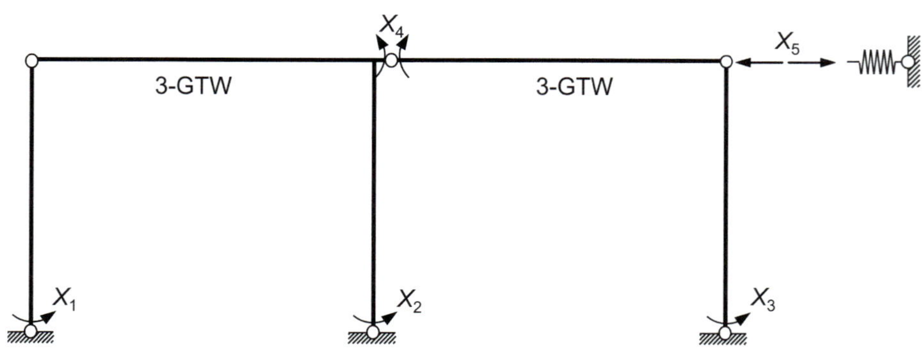

Grad der geometrischen Unbestimmtheit: $n_g = 7$

Geometrisch bestimmtes Grundsystem:

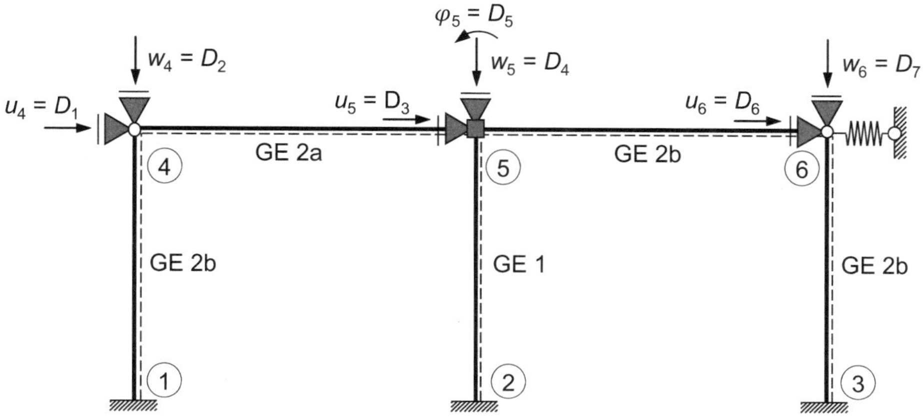


## Verformungsfiguren und Berechnung der geometrischen Unbekannten

Im Weiteren werden folgende Vereinfachungen in der Darstellung vorgenommen:

- Die Stabendschnittgrößen werden nur noch am Stabende und nicht zusätzlich am Knoten angetragen.
- Die Stabendschnittgrößen werden nur mit Werten und nicht mit der jeweiligen Bezeichnung (Bsp.: $M_{21}{}^1$) angetragen.

$D_1 = 1$:

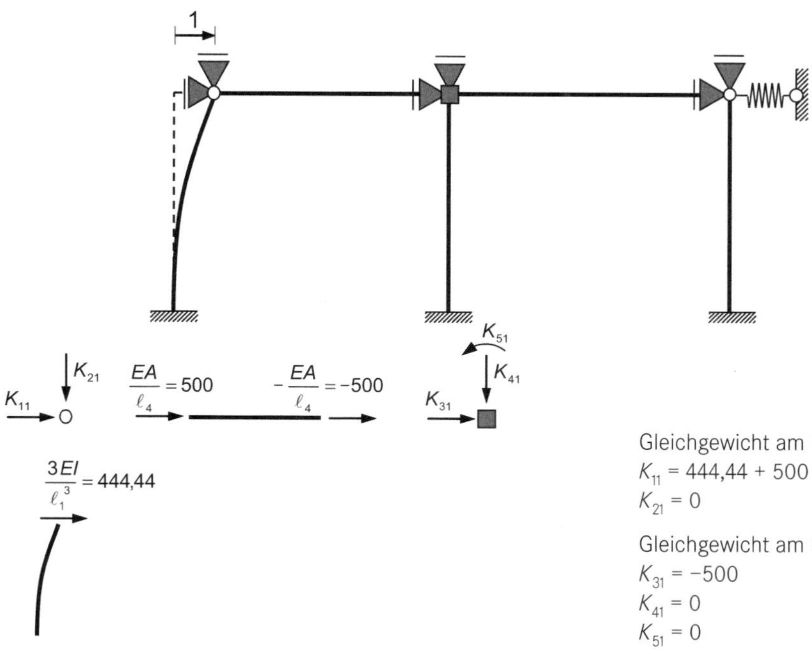


Gleichgewicht am Knoten 4:
$K_{11} = 444{,}44 + 500 = 944{,}44$
$K_{21} = 0$

Gleichgewicht am Knoten 5:
$K_{31} = -500$
$K_{41} = 0$
$K_{51} = 0$

$D_2 = 1$:

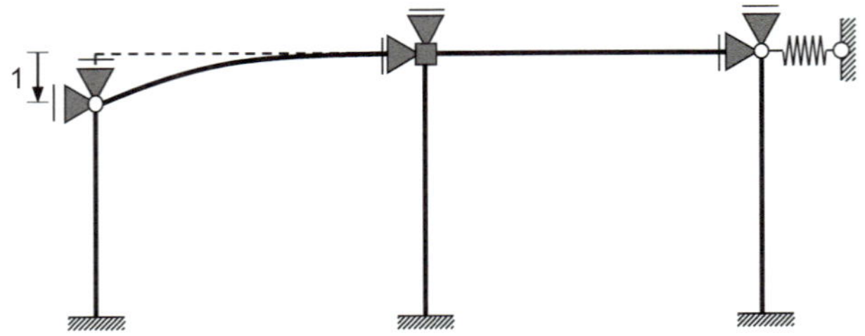


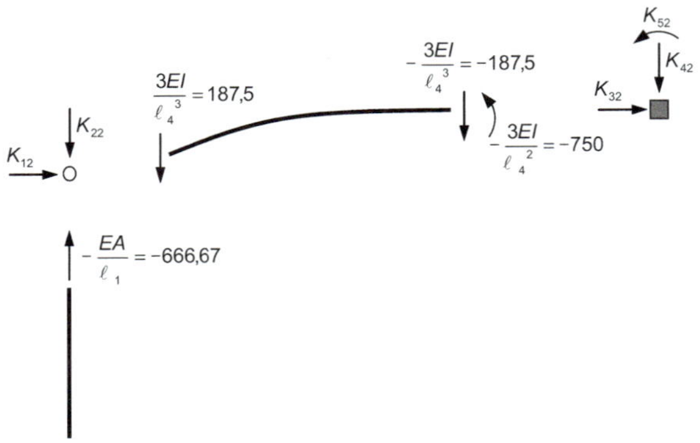


Gleichgewicht am Knoten 4:

$K_{12} = 0$

$K_{22} = 187{,}5 + 666{,}67 = 854{,}17$

Gleichgewicht am Knoten 5:

$K_{32} = 0$

$K_{42} = -187{,}5$

$K_{52} = -750$

$D_3 = 1$:

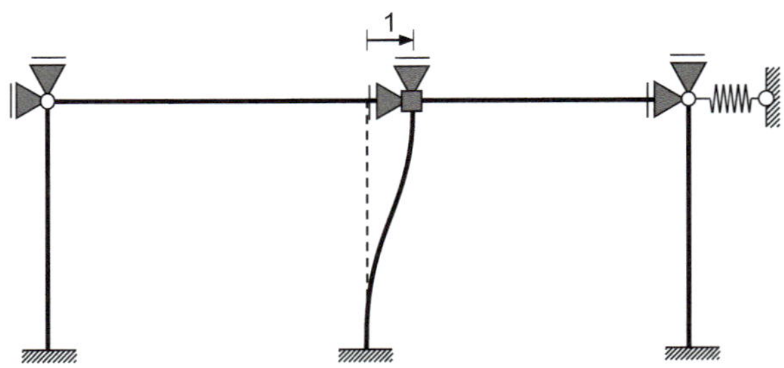


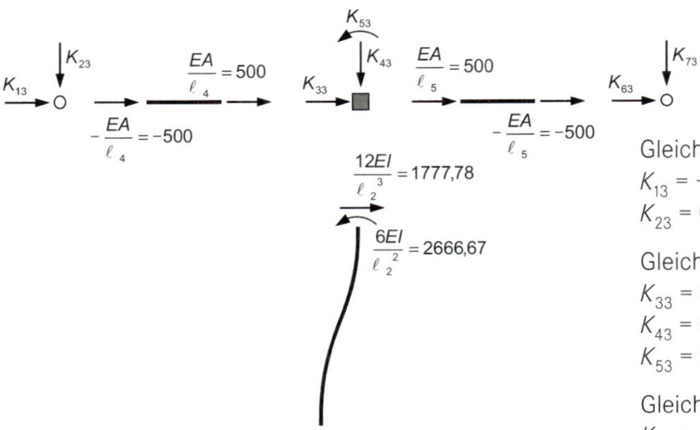


Gleichgewicht am Knoten 4:

$K_{13} = -500$

$K_{23} = 0$

Gleichgewicht am Knoten 5:

$K_{33} = 500 + 500 + 1777{,}78 = 2777{,}78$

$K_{43} = 0$

$K_{53} = 2666{,}67$

Gleichgewicht am Knoten 6:

$K_{63} = -500$

$K_{73} = 0$

$D_4 = 1$:

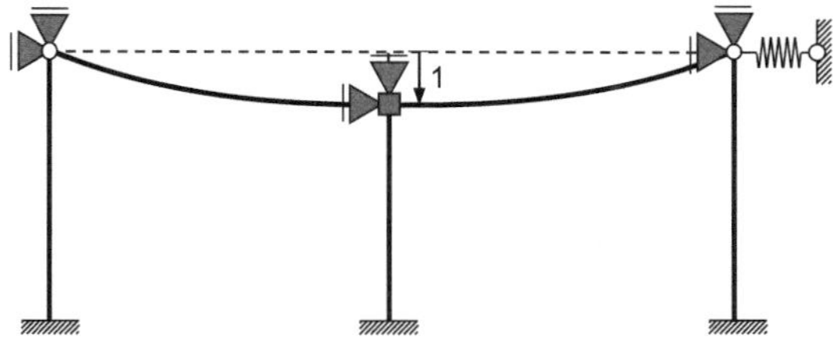


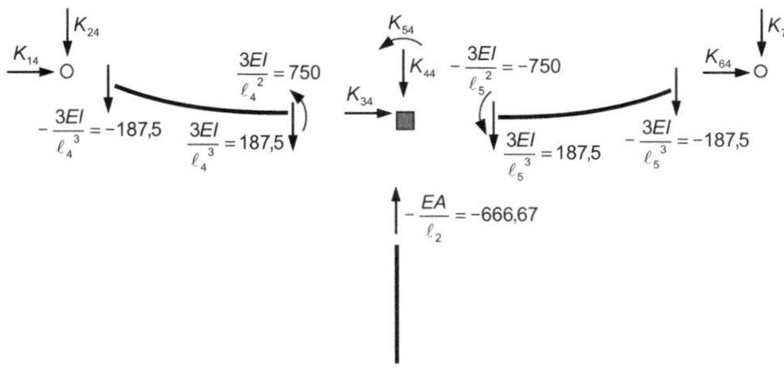


Gleichgewicht am Knoten 4:

$K_{14} = 0$

$K_{24} = -187{,}5$

Gleichgewicht am Knoten 5:

$K_{34} = 0$

$K_{44} = 2 \cdot 187{,}5 + 666{,}67 = 1041{,}67$

$K_{54} = 750 - 750 = 0$

Gleichgewicht am Knoten 6:

$K_{64} = 0$

$K_{74} = -187{,}5$

$D_5 = 1$:

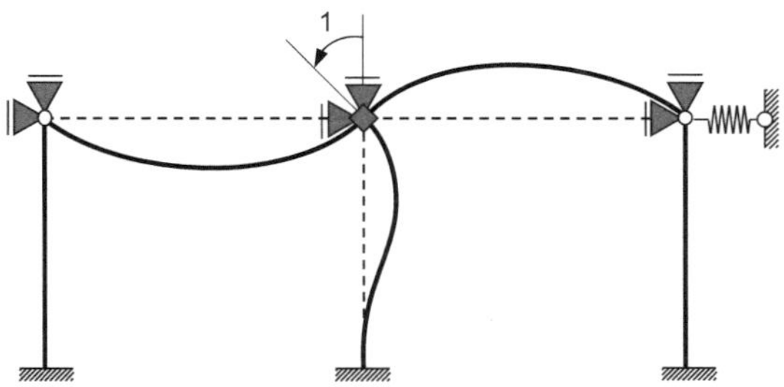


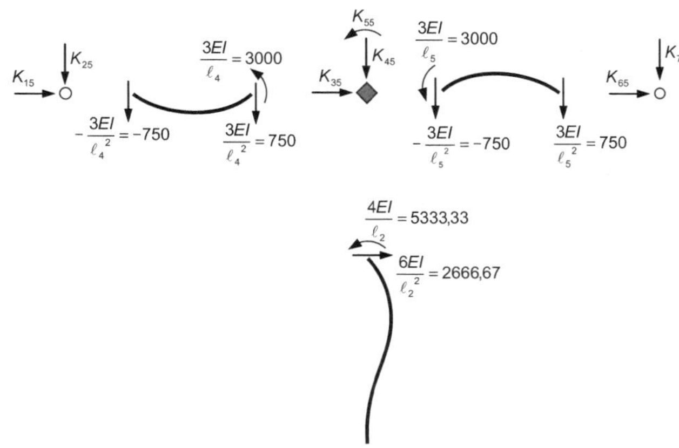


Gleichgewicht am Knoten 4:

$K_{15} = 0$

$K_{25} = -750$

Gleichgewicht am Knoten 5:

$K_{35} = 2666{,}67$

$K_{45} = 750 - 750 = 0$

$K_{55} = 2 \cdot 3000 + 5333{,}33 = 11333{,}33$

Gleichgewicht am Knoten 6:

$K_{65} = 0$

$K_{75} = 750$

$D_6 = 1$:

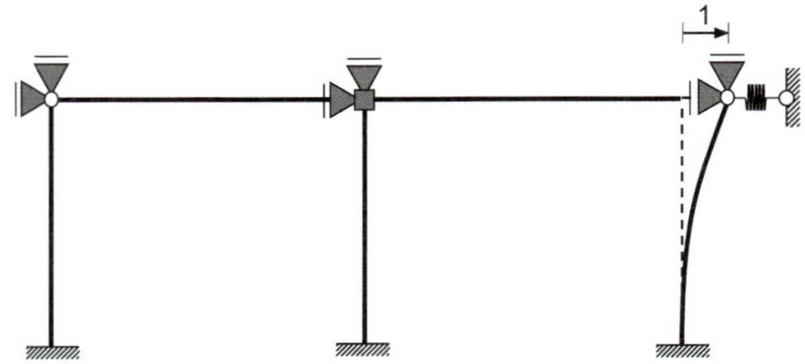


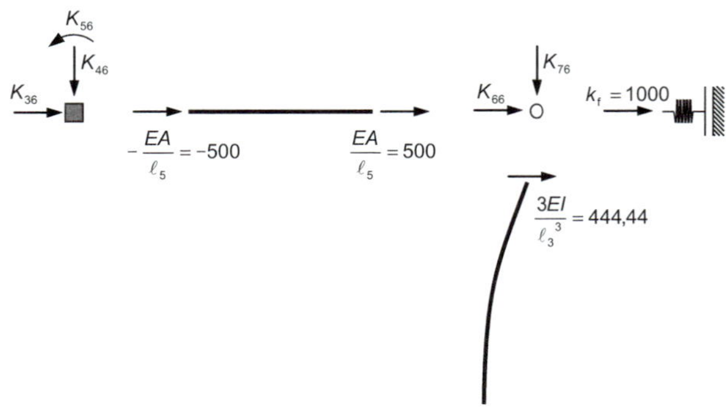


Gleichgewicht am Knoten 5:
$K_{36} = -500$
$K_{46} = 0$
$K_{56} = 0$

Gleichgewicht am Knoten 6:
$K_{66} = 500 + 1000 + 444{,}44 = 1944{,}44$
$K_{76} = 0$

$D_7 = 1$:

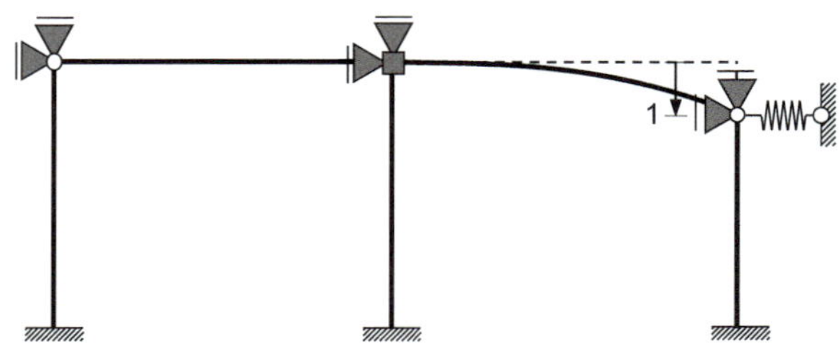


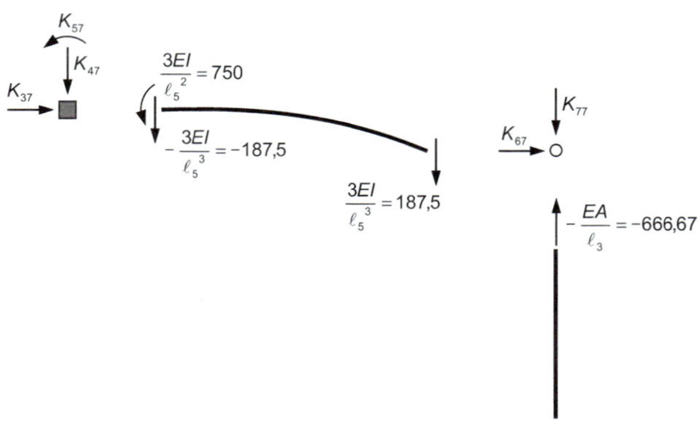


Gleichgewicht am Knoten 5:
$K_{37} = 0$
$K_{47} = -187{,}5$
$K_{57} = 750$

Gleichgewicht am Knoten 6:
$K_{67} = 0$
$K_{77} = 187{,}5 + 666{,}67 = 854{,}17$

Lastzustand ($D_i = 0$):

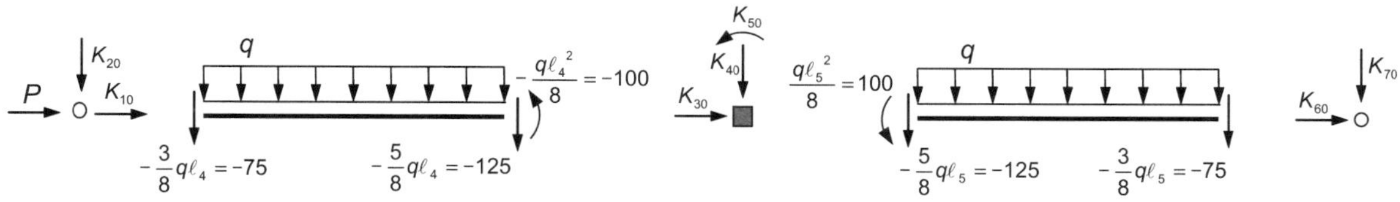


Gleichgewicht am Knoten 4:
$K_{10} = -P = -100$
$K_{20} = -75$

Gleichgewicht am Knoten 5:
$K_{30} = 0$
$K_{40} = -125 - 125 = -250$
$K_{50} = -100 + 100 = 0$

Gleichgewicht am Knoten 6:
$K_{60} = 0$
$K_{70} = -75$

Bedingungsgleichung (Gleichgewicht):

Die resultierende Steifigkeitsmatrix muss symmetrisch sein. Dies ermöglicht eine erste Überprüfung der Berechnung!

$$\begin{bmatrix} 944{,}44 & 0 & -500 & 0 & 0 & 0 & 0 \\ 0 & 854{,}17 & 0 & -187{,}5 & -750 & 0 & 0 \\ -500 & 0 & 2777{,}78 & 0 & 2666{,}67 & -500 & 0 \\ 0 & -187{,}5 & 0 & 1041{,}67 & 0 & 0 & -187{,}5 \\ 0 & -750 & 2666{,}67 & 0 & 11333{,}33 & 0 & 750 \\ 0 & 0 & -500 & 0 & 0 & 1944{,}44 & 0 \\ 0 & 0 & 0 & -187{,}5 & 750 & 0 & 854{,}17 \end{bmatrix} \begin{bmatrix} D_1 \\ D_2 \\ D_3 \\ D_4 \\ D_5 \\ D_6 \\ D_7 \end{bmatrix} = \begin{bmatrix} 100 \\ 75 \\ 0 \\ 250 \\ 0 \\ 0 \\ 75 \end{bmatrix}$$

Das angegebene Gleichungssystem kann mit einem Computer-Algebra-Programm oder entsprechenden Tabellenkalkulationsprogrammen gelöst werden. Eine beispielhafte Lösung mit Maple© ist nachfolgend dargestellt.

```
> restart;
> with(LinearAlgebra) :
```

Eingabe der Steifigkeitsmatrix

$$> K := \begin{bmatrix} 944.44 & 0 & -500 & 0 & 0 & 0 & 0 \\ 0 & 854.17 & 0 & -187.5 & -750 & 0 & 0 \\ -500 & 0 & 2777.78 & 0 & 2666.67 & -500 & 0 \\ 0 & -187.5 & 0 & 1041.67 & 0 & 0 & -187.5 \\ 0 & -750 & 2666.67 & 0 & 11333.33 & 0 & 750 \\ 0 & 0 & -500 & 0 & 0 & 1944.44 & 0 \\ 0 & 0 & 0 & -187.5 & 750 & 0 & 854.17 \end{bmatrix} :$$

Eingabe des Lastvektors

$$> F := \begin{bmatrix} 100 \\ 75 \\ 0 \\ 250 \\ 0 \\ 0 \\ 75 \end{bmatrix} :$$

Lösung des linearen Gleichungssystems (K*u=F)

$> d := LinearSolve(K, F);$

$$d := \begin{bmatrix} 0.122620521683674 \\ 0.145150897612076 \\ 0.0316154509978579 \\ 0.294913996845686 \\ -0.00841710959367888 \\ 0.00812970598163427 \\ 0.159932105557237 \end{bmatrix}$$

\>

Lösung mit Maple©

## Berechnung mit Stiff: Überprüfung eines Einheitszustands

Das Vorgehen ist das gleiche wie bei System 1.

# 10.3 Beispielaufgabe 2

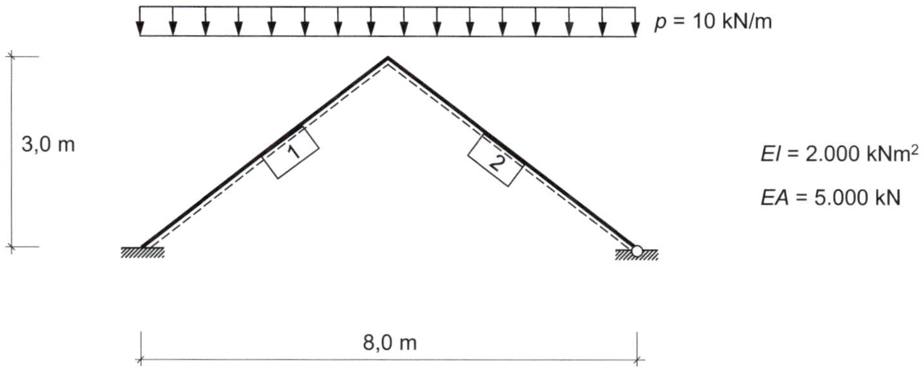


Gegeben ist eine Dachkonstruktion unter der Gleichlast $p$.

a) Geben Sie ein geometrisch bestimmtes Grundsystem an.

b) Berechnen Sie alle unbekannten Verschiebungsgrößen mit dem Verschiebungsgrößenverfahren.

c) Ermitteln Sie den Verlauf aller Schnittgrößen (Nachlaufrechnung).

## Geometrisch bestimmtes Grundsystem

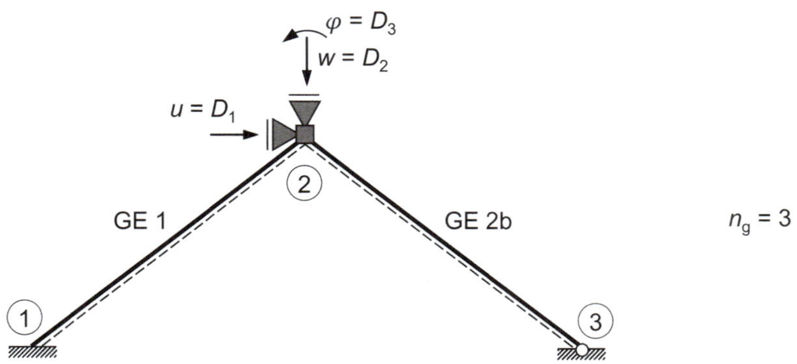

### Berechnung der unbekannten Verschiebungsgrößen

$D_1 = 1$:

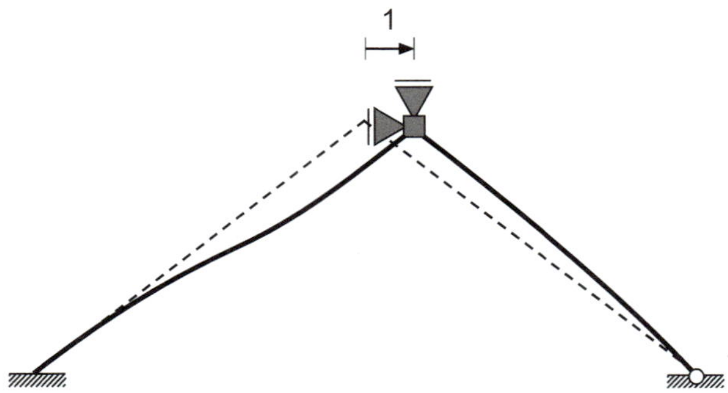


Die horizontale Einheitsverschiebung wird in einen Anteil parallel und einen Anteil senkrecht zum Stab aufgespaltet:

Stab 1:

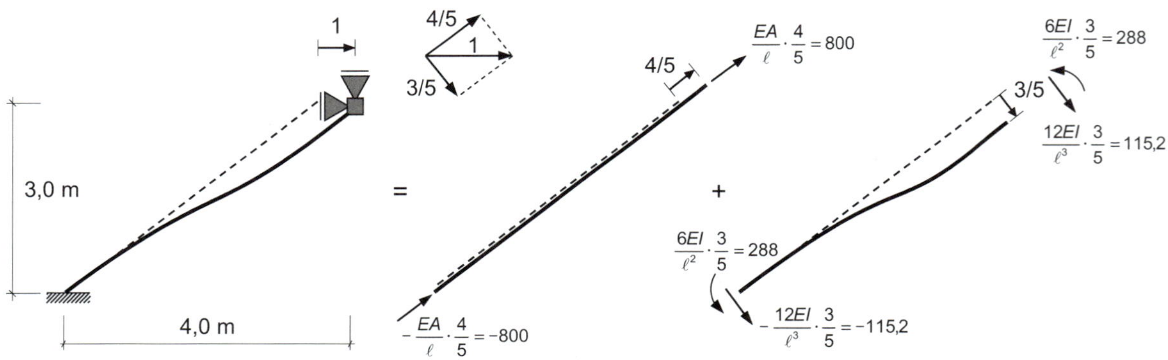


Stab 2:

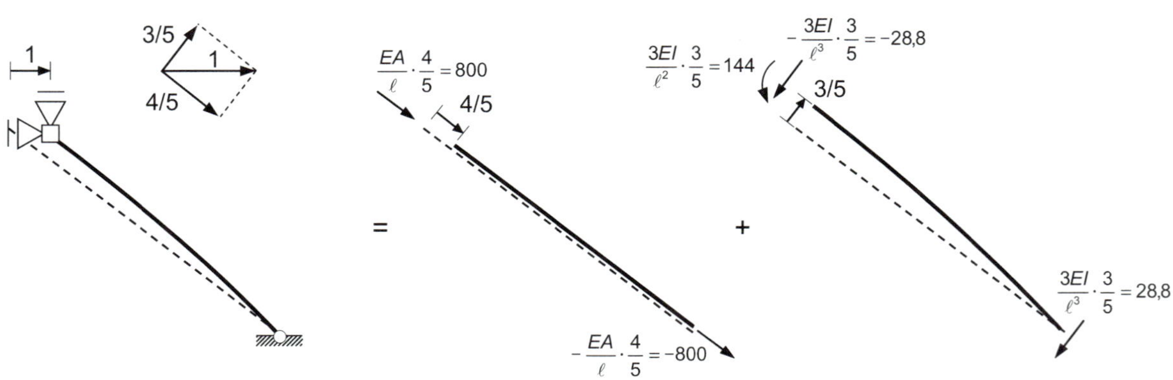

Gleichgewicht:

Die Stabendkräfte müssen zur Bildung des Gleichgewichts in einen vertikalen und einen horizontalen Anteil zerlegt werden.

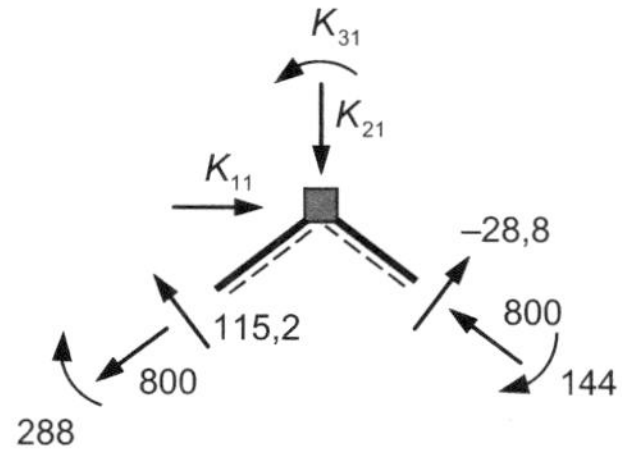


$K_{11} = 4/5 \cdot 800 + 3/5 \cdot 115{,}2 + 4/5 \cdot 800 + 3/5 \cdot 28{,}8 = 1366{,}4$
$K_{21} = -3/5 \cdot 800 + 4/5 \cdot 115{,}2 + 3/5 \cdot 800 - 4/5 \cdot 28{,}8 = 69{,}12$
$K_{31} = 288 + 144 = 432$

$D_2 = 1$:

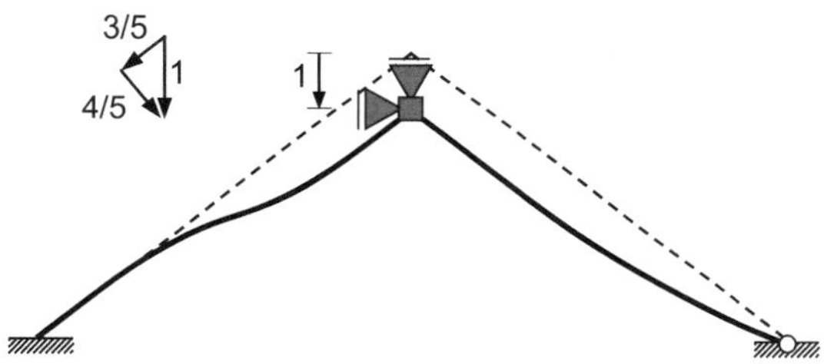


Stab 1:

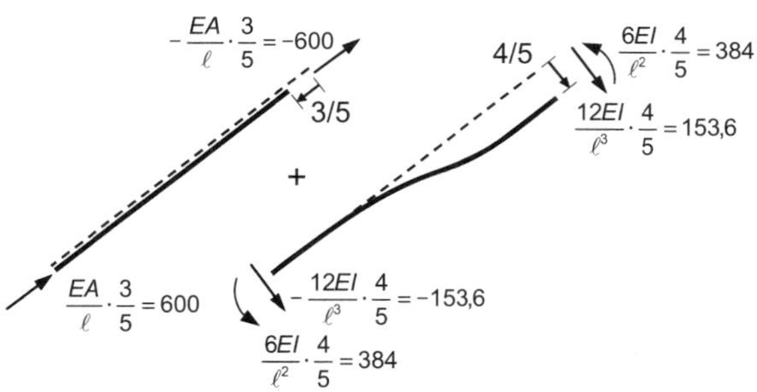


Stab 2:

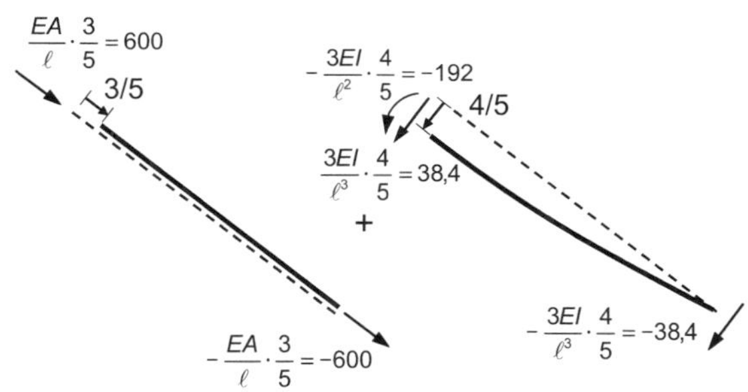


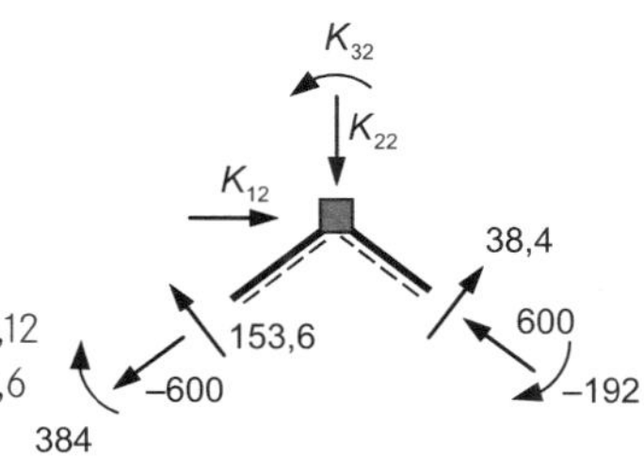


Gleichgewicht:
$K_{12} = -4/5 \cdot 600 + 3/5 \cdot 153{,}6 + 4/5 \cdot 600 - 3/5 \cdot 38{,}4 = 69{,}12$
$K_{22} = 3/5 \cdot 600 + 4/5 \cdot 153{,}6 + 3/5 \cdot 600 + 4/5 \cdot 38{,}4 = 873{,}6$
$K_{32} = 384 - 192 = 192$

$D_3 = 1$:

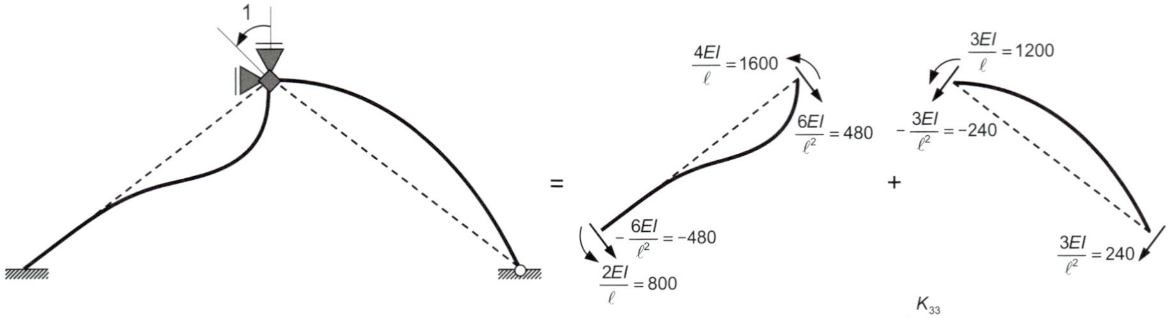


Gleichgewicht:

$K_{13} = 3/5 \cdot 480 + 3/5 \cdot 240 = 432$

$K_{23} = 4/5 \cdot 480 - 4/5 \cdot 240 = 192$

$K_{33} = 1600 + 1200 = 2800$

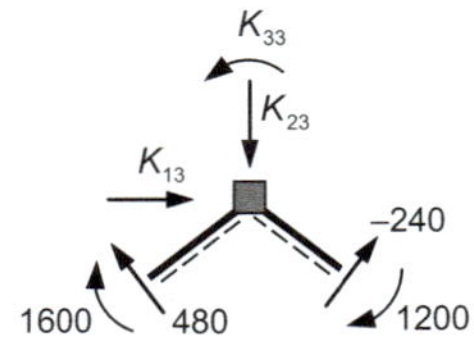


Lastzustand ($D_1 = D_2 = D_3 = 0$):

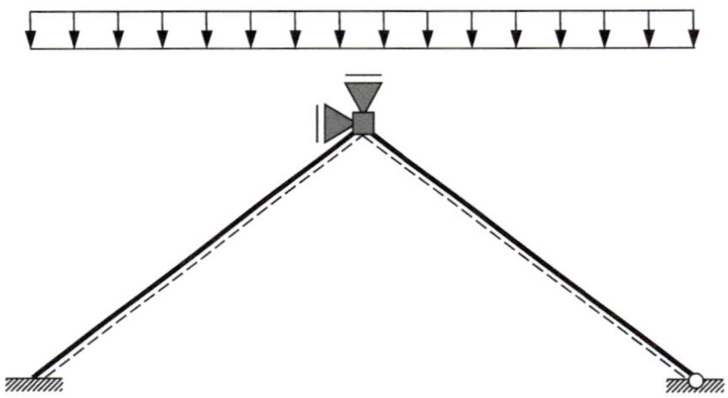

Der vorhandene Lastfall kann nicht direkt mit den im Anhang enthaltenen Tabellen zu Grundlösungen für die Stabendkräfte des Lastzustandes behandelt werden. Eine Berechnung der Stabendkräfte ist dann möglich, wenn die vorhandene Last in die Anteile senkrecht und parallel zum Stab aufgeteilt wird:

Stab 1:

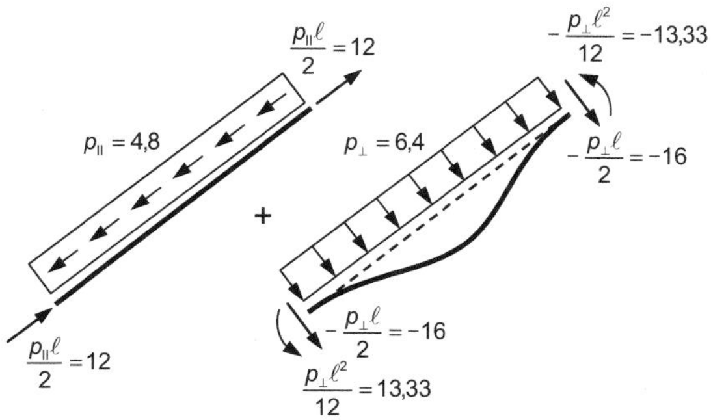


Stab 2:

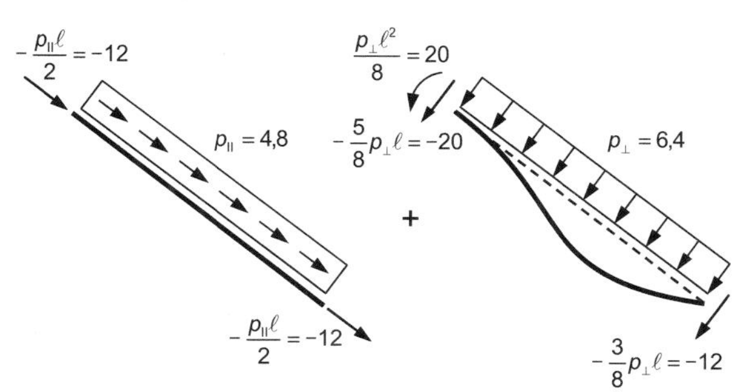


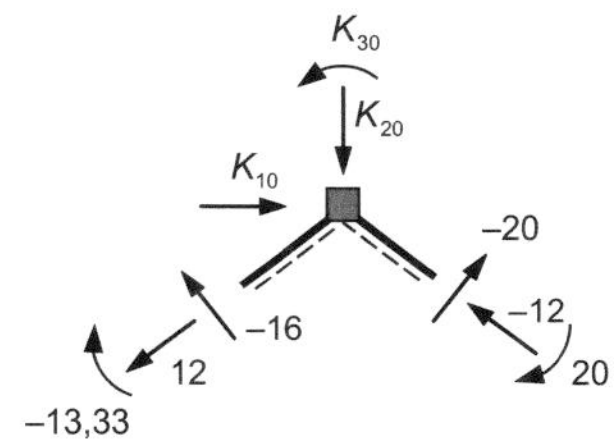


Gleichgewicht:

$K_{10} = 4/5 \cdot 12 - 3/5 \cdot 16 - 4/5 \cdot 12 + 3/5 \cdot 20 = 2,4$

$K_{20} = -3/5 \cdot 12 - 4/5 \cdot 16 - 3/5 \cdot 12 - 4/5 \cdot 20 = -43,2$

$K_{30} = -13,33 + 20 = 6,67$

Bedingungsgleichung (Gleichgewicht):

$$\begin{bmatrix} 1366,4 & 69,12 & 432 \\ 69,12 & 873,6 & 192 \\ 432 & 192 & 2800 \end{bmatrix} \cdot \begin{bmatrix} D_1 \\ D_2 \\ D_3 \end{bmatrix} = \begin{bmatrix} -2,4 \\ 43,2 \\ -6,67 \end{bmatrix} \qquad \Rightarrow \begin{matrix} D_1 = -2,6 \cdot 10^{-3} \\ D_2 = 0,0509 \\ D_3 = -5,47 \cdot 10^{-3} \end{matrix}$$

## Schnittgrößenverläufe

Die Berechnung erfolgt hier direkt mit der Vorzeichendefinition für Schnittgrößen!

$$M_{12} = M_{12}^0 + M_{12}^1 \cdot D_1 + M_{12}^2 \cdot D_2 + M_{12}^3 \cdot D_3 = -13,33 - 288 \cdot D_1 - 384 \cdot D_2 - 800 \cdot D_3 = -27,75 \text{ kNm}$$

$$M_{21} = M_{21}^0 + M_{21}^1 \cdot D_1 + M_{21}^2 \cdot D_2 + M_{21}^3 \cdot D_3 = -13,33 + 288 \cdot D_1 + 384 \cdot D_2 + 1600 \cdot D_3 = -3,29 \text{ kNm}$$

$$M_{23} = M_{23}^0 + M_{23}^1 \cdot D_1 + M_{23}^2 \cdot D_2 + M_{23}^3 \cdot D_3 = -20 - 144 \cdot D_1 + 192 \cdot D_2 - 1200 \cdot D_3 = -3,29 \text{ kNm}$$

$$M_{32} = 0$$

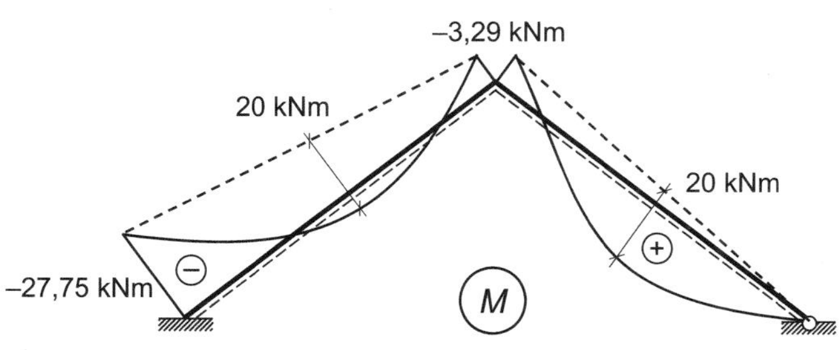

$$V_{12} = V_{12}^0 + V_{12}^1 \cdot D_1 + V_{12}^2 \cdot D_2 + V_{12}^3 \cdot D_3 = 16 + 115{,}2 \cdot D_1 + 153{,}6 \cdot D_2 + 480 \cdot D_3 = 20{,}89\ \text{kN}$$
$$V_{21} = V_{21}^0 + V_{21}^1 \cdot D_1 + V_{21}^2 \cdot D_2 + V_{21}^3 \cdot D_3 = -16 + 115{,}2 \cdot D_1 + 153{,}6 \cdot D_2 + 480 \cdot D_3 = -11{,}11\ \text{kN}$$
$$V_{23} = V_{23}^0 + V_{23}^1 \cdot D_1 + V_{23}^2 \cdot D_2 + V_{23}^3 \cdot D_3 = 20 + 28{,}8 \cdot D_1 - 38{,}4 \cdot D_2 + 240 \cdot D_3 = 16{,}66\ \text{kN}$$
$$V_{32} = V_{32}^0 + V_{32}^1 \cdot D_1 + V_{32}^2 \cdot D_2 + V_{32}^3 \cdot D_3 = -12 + 28{,}8 \cdot D_1 - 38{,}4 \cdot D_2 + 240 \cdot D_3 = -15{,}34\ \text{kN}$$

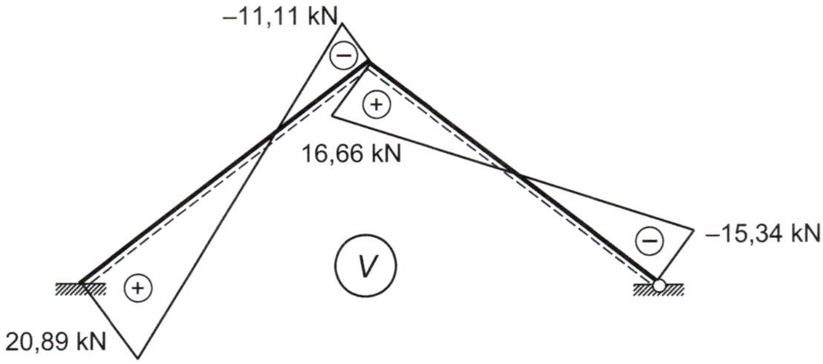


$$N_{12} = N_{12}^0 + N_{12}^1 \cdot D_1 + N_{12}^2 \cdot D_2 + N_{12}^3 \cdot D_3 = -12 + 800 \cdot D_1 - 600 \cdot D_2 + 0 \cdot D_3 = -44{,}62\ \text{kN}$$
$$N_{21} = N_{21}^0 + N_{21}^1 \cdot D_1 + N_{21}^2 \cdot D_2 + N_{21}^3 \cdot D_3 = 12 + 800 \cdot D_1 - 600 \cdot D_2 + 0 \cdot D_3 = -20{,}62\ \text{kN}$$
$$N_{23} = N_{23}^0 + N_{23}^1 \cdot D_1 + N_{23}^2 \cdot D_2 + N_{23}^3 \cdot D_3 = 12 - 800 \cdot D_1 - 600 \cdot D_2 + 0 \cdot D_3 = -16{,}46\ \text{kN}$$
$$N_{32} = N_{32}^0 + N_{32}^1 \cdot D_1 + N_{32}^2 \cdot D_2 + N_{32}^3 \cdot D_3 = -12 - 800 \cdot D_1 - 600 \cdot D_2 + 0 \cdot D_3 = -40{,}46\ \text{kN}$$

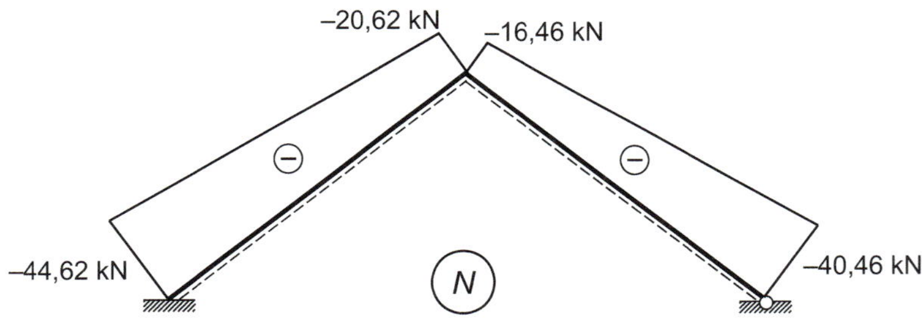


## 10.4 Beispielaufgabe 3

a) Bestimmen Sie die kinematischen Abhängigkeiten des Systems.

b) Ermitteln Sie **alle** Steifigkeiten ($K_{ij}$) und die Einträge des Lastvektors ($K_{i0}$) mit dem Prinzip der virtuellen Verschiebungen (PvV). Lösen Sie nach der/den Unbekannten auf.

*Für die Aufgabe c) können Sie ein geeignetes Computerprogramm verwenden (→ Stiff).*

c) Wie verändern sich die Biege-, Momenten- und Normalkraftlinie, wenn Sie eine endliche Dehnsteifigkeit verwenden ($EA$ = 8000 kN)?

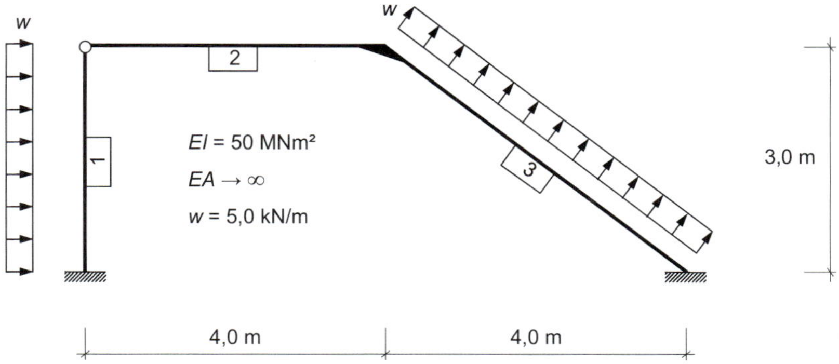


## 10.4.1 Kinematische Abhängigkeiten

Die kinematischen Abhängigkeiten werden durch Einfügen von Gelenken und mit einem Polplan ermittelt (→ Starrkörperkinematik).

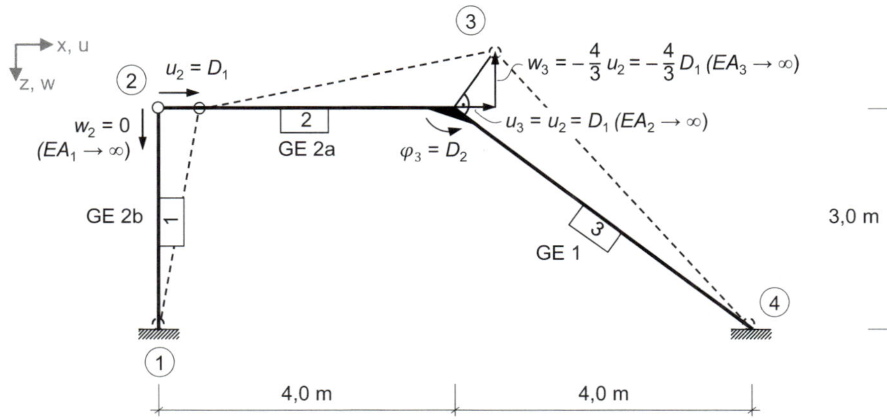


→ 2 Unbekannte: $D_1$, $D_2$

## 10.4.2 Steifigkeiten mit dem PvV

Bei der Annahme $EA \to \infty$ bietet sich die Alternative an, die Gleichgewichtsbedingungen für die Auflagerkräfte an den künstlichen Lagern über das PvV zu bestimmen. Hierzu wird für jeden unbekannten Freiheitsgrad ein geeignetes virtuelles System gebildet. Grundsätzlich empfiehlt es sich, ein virtuelles System zu wählen, bei dem die Anteile aus interner Arbeit entfallen (→ nur Starrkörperanteile!). In der vorliegenden Beispielaufgabe erhält man dies, indem an der biegesteifen Ecke Momentgelenke eingeführt werden und somit lediglich Starrkörperverformung vorliegen.

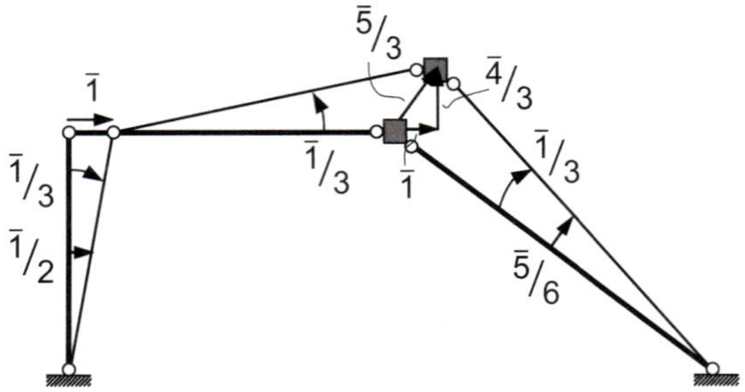


Virtuelle Verschiebungsfigur für $D_1 = \bar{1}$ ($D_2 = 0$)

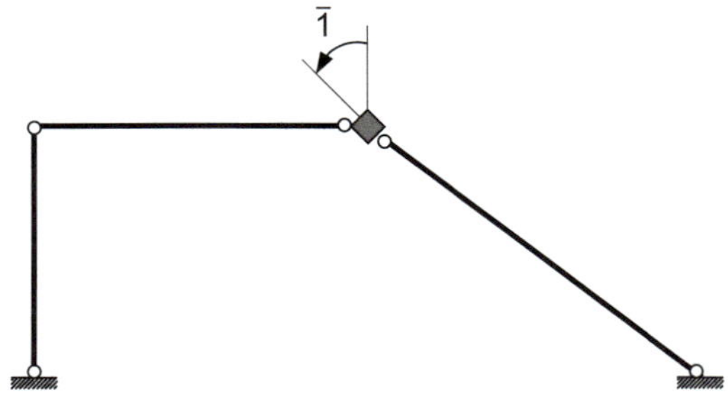


Virtuelle Verschiebungsfigur für $D_2 = \bar{1}$ ($D_1 = 0$)

Durch das Einfügen von Momentengelenken werden die internen Momente ausgelöst und als externe behandelt, weshalb sie zur virtuellen Arbeit der äußeren Kräfte beitragen.

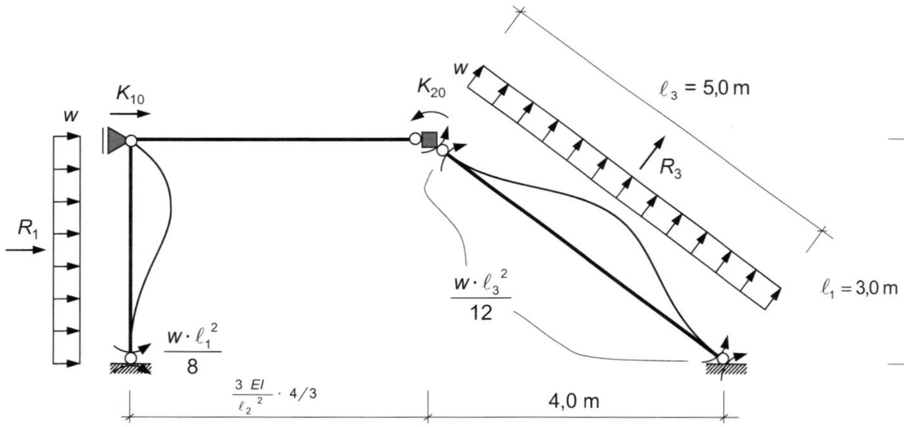


Lastzustand

Die virtuelle Arbeit wird für $K_{10}$ an der virtuellen Verschiebungsfigur für $D_1 = \bar{1}$ und für $K_{20}$ mit der Verschiebungsfigur für $D_2 = \bar{1}$ aufgestellt.

$$\delta W = K_{i0} \cdot \bar{1} + \sum_i M_i \cdot \delta\varphi_i + \sum_i F_i \cdot \delta w_i = 0$$

$$K_{10} \cdot \bar{1} - \frac{w \cdot \ell_1^2}{8} \cdot \frac{\bar{1}}{3} + R_1 \cdot \frac{\bar{1}}{2} + \frac{w \cdot \ell_3^2}{12} \cdot \frac{\bar{1}}{3} - \frac{w \cdot \ell_3^2}{12} \cdot \frac{\bar{1}}{3} + R_3 \cdot \frac{\bar{5}}{6} = 0$$

$$\Rightarrow K_{10} = \frac{5 \cdot 3^2}{8} \cdot \frac{1}{3} - 5 \cdot 3 \cdot \frac{1}{2} - 5 \cdot 5 \cdot \frac{5}{6} = -26{,}458 \text{ [kN]}$$

$$K_{20} \cdot \bar{1} + \frac{w \cdot \ell_3^2}{12} \cdot \bar{1} = 0$$

$$\Rightarrow K_{20} = -\frac{5 \cdot 5^2}{12} = -10{,}417 \text{ [kNm]}$$

Durch die kinematische Kopplung (siehe 3a) ergibt sich eine Verschiebung des Knotens 3 infolge der Einheitsverschiebung am Knoten 2.

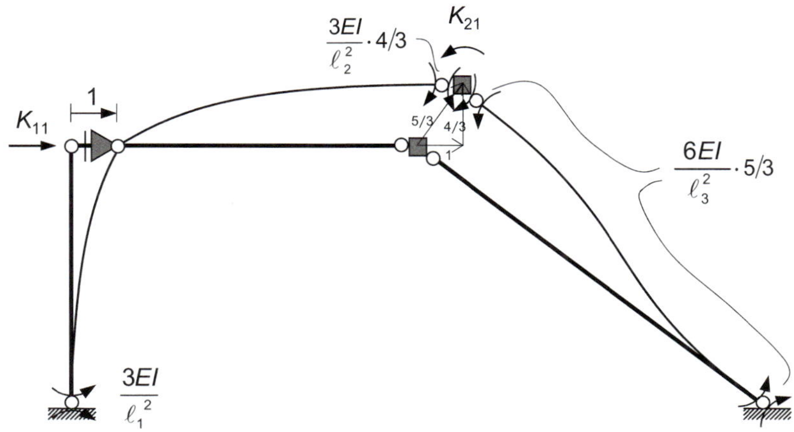


Einheitszustand 1 ($D_1 = 1$)

Virtuelle Arbeit

$$\delta W = K_{i1} \cdot \overline{1} + \sum_i M_i \cdot \delta\varphi_i = 0$$

$$K_{11} \cdot \overline{1} - \frac{3EI}{\ell_1^{\,2}} \cdot \frac{\overline{1}}{3} - \frac{3EI}{\ell_2^{\,2}} \cdot \frac{4}{3} \cdot \frac{\overline{1}}{3} - 2 \cdot \frac{6EI}{\ell_3^{\,2}} \cdot \frac{5}{3} \cdot \frac{\overline{1}}{3} = 0$$

$$\Rightarrow K_{11} = \frac{3 \cdot 50.000}{3^2} \cdot \frac{1}{3} + \frac{3 \cdot 50.000}{4^2} \cdot \frac{4}{3} \cdot \frac{1}{3} + 2 \cdot \frac{6 \cdot 50.000}{5^2} \cdot \frac{5}{3} \cdot \frac{1}{3} = 23{,}056 \text{ [MN]}$$

$$K_{21} \cdot \overline{1} + \frac{3EI}{\ell_2^{\,2}} \cdot \frac{4}{3} \cdot \overline{1} - \frac{6EI}{\ell_3^{\,2}} \cdot \frac{5}{3} \cdot \overline{1} = 0$$

$$\Rightarrow K_{21} = -\frac{3 \cdot 50.000}{4^2} \cdot \frac{4}{3} + \frac{6 \cdot 50.000}{5^2} \cdot \frac{5}{3} = 7{,}5 \text{ [MNm]}$$

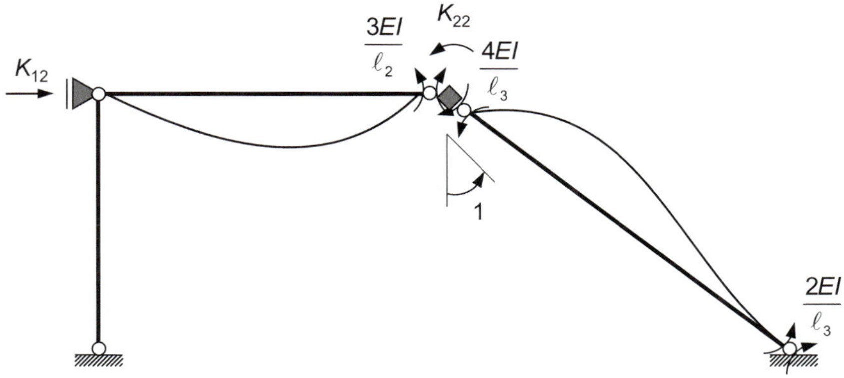


Einheitszustand 2 ($D_2 = 1$)

Virtuelle Arbeit

$$K_{12} \cdot \overline{1} + \frac{3EI}{\ell_2} \cdot \frac{\overline{1}}{3} - \frac{4EI}{\ell_3} \cdot \frac{\overline{1}}{3} - \frac{2EI}{\ell_3} \cdot \frac{\overline{1}}{3} = 0$$

$$\Rightarrow K_{12} = -\frac{3 \cdot 50.000}{4} \cdot \frac{1}{3} + \frac{4 \cdot 50.000}{5} \cdot \frac{1}{3} + \frac{2 \cdot 50.000}{5} \cdot \frac{1}{3} = 7{,}5 \text{ [MN]}$$

$$K_{22} \cdot \overline{1} - \frac{3EI}{\ell_2} \cdot \overline{1} - \frac{4EI}{\ell_3} \cdot \overline{1} = 0$$

$$\Rightarrow K_{21} = \frac{3 \cdot 50.000}{4} + \frac{4 \cdot 50.000}{5} = 77{,}5 \text{ [MNm]}$$

Lineares Gleichungssystem

$$\begin{bmatrix} 23{,}056 & 7{,}5 \\ 7{,}5 & 77{,}5 \end{bmatrix} \cdot \begin{bmatrix} D_1 \\ D_2 \end{bmatrix} = \begin{bmatrix} 26{,}458 \\ 10{,}417 \end{bmatrix} \cdot 10^{-3}$$

$$\Rightarrow \begin{bmatrix} D_1 \\ D_2 \end{bmatrix} = \begin{bmatrix} 1{,}140 \cdot 10^{-3} \text{ [m]} \\ 2{,}412 \cdot 10^{-5} \text{ [rad]} \end{bmatrix}$$

### 10.4.3 Berechnung mit Stiff

#### I) $EA \to \infty$

Aus dem Excel-Blatt „Knoten“ werden die Werte Verschiebungen abgelesen.

| | Verschiebung | | |
|---|---|---|---|
| Knoten | *u* | *w* | *phi* |
| 1 | 0 | 0 | 0 |
| 2 | 0.00113978 | -1.0007E-15 | 0.00055784 |
| 3 | 0.00113978 | -0.0015197 | 2.4108E-05 |
| 4 | 0 | 0 | 0 |

Man erkennt die Kopplung der FG an Knoten 2 und 3 aus $EA \to \infty$: $u_2 = u_3 = D_1$ und $w_3 = -4/3\, D_1$ $\varphi_3 = D_2$

Excel-Blatt „Knoten“

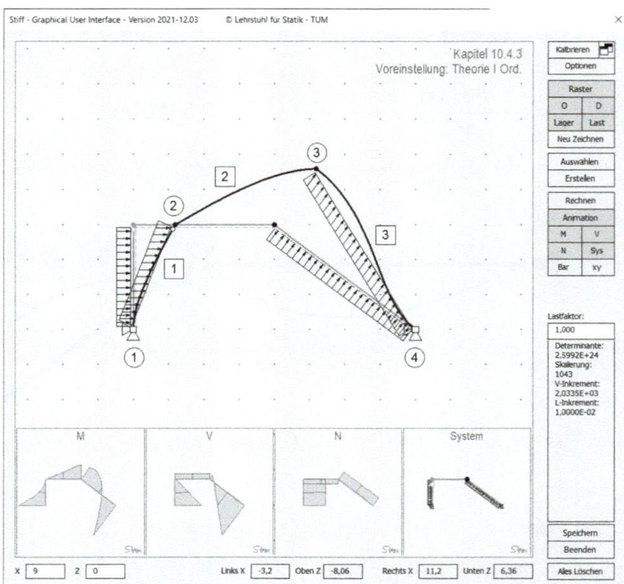

| Element | 0 | 0.1 | 0.2303 | 0.3 | 0.4 | 0.5 | 0.6 | 0.7 | 0.8 | 0.9 | 1 |
|---|---|---|---|---|---|---|---|---|---|---|---|
| 1 | -24.62129975 | -20.13416978 | -16.0970398 | -12.50990983 | -9.372779852 | -6.685649877 | -4.4485199 | -2.661389926 | -1.324259951 | -0.43712998 | 1.35525E-15 |
| 2 | 8.89385E-15 | -1.334319331 | -2.668638662 | -4.002957993 | -5.337277324 | -6.671596655 | -8.00591599 | -9.340235317 | -10.67455465 | -12.008874 | -13.3431933 |
| 3 | -13.34319331 | -14.26443633 | -13.93567935 | -12.35692236 | -9.528165383 | -5.449408401 | -0.12065142 | 6.458105562 | 14.28686254 | 23.36561953 | 33.69437651 |

Momentenverlauf

| Element | 0 | 0.1 | 0.2 | 0.3 | 0.4 | 0.5 | 0.6 | 0.7 | 0.8 | 0.9 | 1 |
|---|---|---|---|---|---|---|---|---|---|---|---|
| 1 | 3.335798327 | 3.335798327 | 3.335798327 | 3.335798327 | 3.335798327 | 3.335798327 | 3.335798327 | 3.335798327 | 3.335798327 | 3.335798327 | 3.335798327 |
| 2 | 0.706899816 | 0.706899816 | 0.706899816 | 0.706899816 | 0.706899816 | 0.706899816 | 0.706899816 | 0.706899816 | 0.706899816 | 0.706899816 | 0.706899816 |
| 3 | -1.436548609 | -1.436548609 | -1.436548609 | -1.436548609 | -1.436548609 | -1.436548609 | -1.436548609 | -1.436548609 | -1.436548609 | -1.436548609 | -1.436548609 |

Normalkraftverlauf

## II) *EA* = 8000 kN

Aus dem Excel-Blatt „Knoten“ werden die Werte Verschiebungen abgelesen.

| | Verschiebung | | |
|---|---|---|---|
| Knoten | *u* | *w* | *phi* |
| 1 | 0 | 0 | 0 |
| 2 | 0.00122821 | -0.00108281 | 0.00029092 |
| 3 | 0.00182739 | -0.00163048 | -0.00017108 |
| 4 | 0 | 0 | 0 |

Kinematische Kopplung ist nicht mehr vorhanden

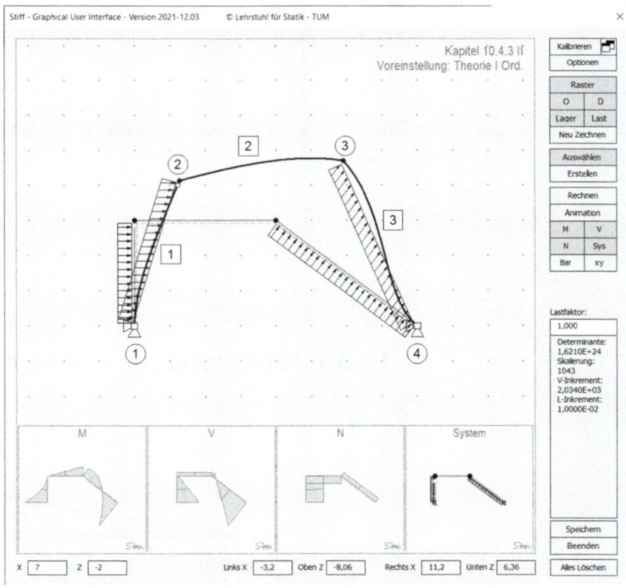


Excel-Blatt „Knoten“

| Element | 0 | 0.1 | 0.2 | 0.3 | 0.4 | 0.5 | 0.6 | 0.7 | 0.8 | 0.9 | 1 |
|---|---|---|---|---|---|---|---|---|---|---|---|
| 1 | -26.09511746 | -21.46060571 | -17.27609397 | -13.54158222 | -10.25707047 | -7.422558729 | -5.03804698 | -3.103535237 | -1.619023491 | -0.58451175 | 1.35525E-15 |
| 2 | 6.09864E-15 | -1.154997697 | -2.309995394 | -3.464993091 | -4.619990788 | -5.774988485 | -6.92998618 | -8.084983878 | -9.239981575 | -10.3949793 | -11.549977 |
| 3 | -11.54997697 | -12.43948641 | -12.07899585 | -10.4685053 | -7.60801474 | -3.497524182 | 1.862966375 | 8.473456932 | 16.33394749 | 25.44443805 | 35.8049286 |

Momentenverlauf

| Element | 0 | 0.1 | 0.2 | 0.3 | 0.4 | 0.5 | 0.6 | 0.7 | 0.8 | 0.9 | 1 |
|---|---|---|---|---|---|---|---|---|---|---|---|
| 1 | 2.887494242 | 2.887494242 | 2.887494242 | 2.887494242 | 2.887494242 | 2.887494242 | 2.887494242 | 2.887494242 | 2.887494242 | 2.887494242 | 2.887494242 |
| 2 | 1.198372486 | 1.198372486 | 1.198372486 | 1.198372486 | 1.198372486 | 1.198372486 | 1.198372486 | 1.198372486 | 1.198372486 | 1.198372486 | 1.198372486 |
| 3 | -0.773798557 | -0.773798557 | -0.773798557 | -0.773798557 | -0.773798557 | -0.773798557 | -0.773798557 | -0.773798557 | -0.773798557 | -0.773798557 | -0.773798557 |

Normalkraftverlauf

# 10.5 Beispielaufgabe 4

a) Bestimmen Sie die kinematischen Abhängigkeiten des Systems.

b) Ermitteln Sie **alle** Steifigkeiten ($K_{ij}$) und die Einträge des Lastvektors ($K_{i0}$) mit dem PvV. Lösen Sie nach der/den Unbekannten auf.

*Hinweis: Für die Berechnung der Aufgabe c) können Sie ein geeignetes Computerprogramm verwenden (→ Stiff).*

c) Wie verändern sich die Biege- und Momentenlinie, wenn am Knoten 1 eine gelenkige Lagerung anstelle der Einspannung angebracht wird?

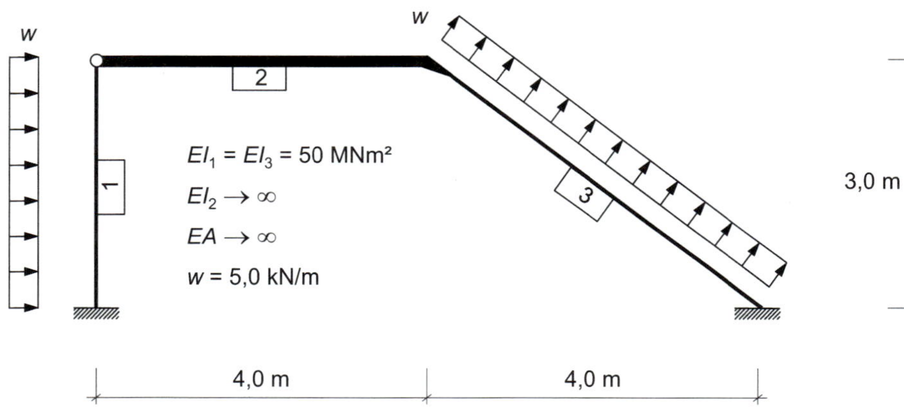


## 10.5.1 Kinematische Abhängigkeiten

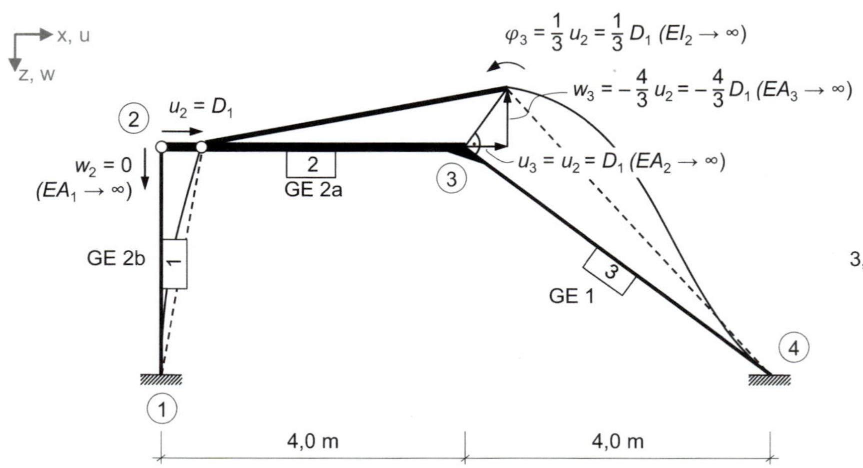


→ eine Unbekannte: $D_1$

Im Unterschied zu Aufgabe 1 ergibt sich $\varphi_3$ aus der kinematischen Kopplung. Wegen $EI \to \infty$ in Stab 2 sind am Knoten 3 Verschiebung und Verdrehung gekoppelt.

## 10.5.2 Steifigkeiten mit dem PvV

(vgl. Beispielaufgabe 3)

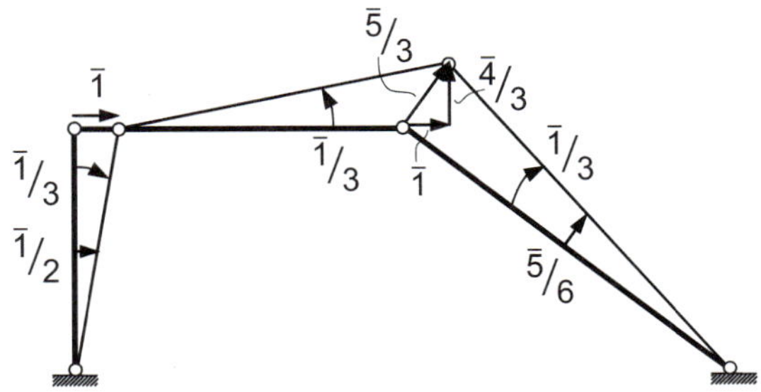


Virtuelle Verschiebungsfigur (Gelenkfigur) für $D_1 = \bar{1}$

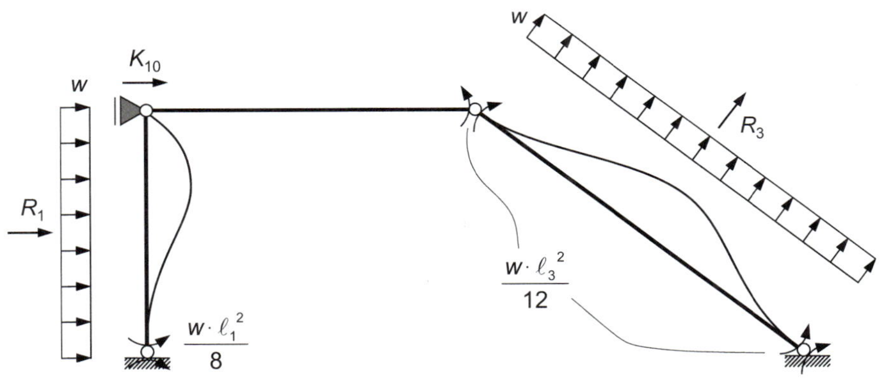


Lastzustand

Die virtuelle Arbeit $K_{10}$ wird wie folgt ermittelt:

$$K_{10} \cdot \bar{1} - \frac{w \cdot \ell_1^2}{8} \cdot \frac{\bar{1}}{3} + R_1 \cdot \frac{\bar{1}}{2} + \frac{w \cdot \ell_3^2}{12} \cdot \frac{\bar{1}}{3} + \frac{w \cdot \ell_3^2}{12} \cdot \left( \frac{\bar{1}}{3} - \frac{\bar{1}}{3} \right) + R_3 \cdot \frac{\bar{5}}{6} = 0$$

$$\Rightarrow K_{10} = \frac{5 \cdot 3^2}{8} \cdot \frac{1}{3} - 5 \cdot 3 \cdot \frac{1}{2} - \frac{5 \cdot 5^2}{12} \cdot \frac{1}{3} - 5 \cdot 5 \cdot \frac{5}{6} = -29{,}931 \text{ [kN]}$$

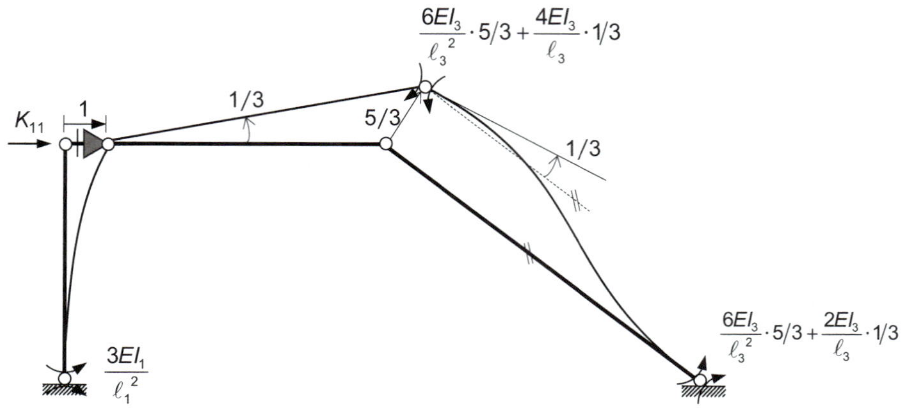


Einheitszustand 1 ($D_1$ = 1)

Die virtuelle Arbeit $K_{11}$ wird wie folgt ermittelt:

$$K_{11}\cdot\overline{1}-\frac{3EI_1}{\ell_1^{\,2}}\cdot\frac{\overline{1}}{3}-\left(\frac{6EI_3}{\ell_3^{\,2}}\cdot\frac{5}{3}+\frac{4EI_3}{\ell_3}\cdot\frac{1}{3}\right)\cdot\left(\frac{\overline{1}}{3}+\frac{\overline{1}}{3}\right)-\left(\frac{6EI_3}{\ell_3^{\,2}}\cdot\frac{5}{3}+\frac{2EI_3}{\ell_3}\cdot\frac{1}{3}\right)\cdot\frac{\overline{1}}{3}=0$$

$$\Rightarrow K_{11}=\frac{3\cdot 5\cdot 10^4}{3^2}\cdot\frac{1}{3}+\left(\frac{6\cdot 5\cdot 10^4}{5^2}\cdot\frac{5}{3}+\frac{4\cdot 5\cdot 10^4}{5}\cdot\frac{1}{3}\right)\cdot\frac{2}{3}+\left(\frac{6\cdot 5\cdot 10^4}{5^2}\cdot\frac{5}{3}+\frac{2\cdot 5\cdot 10^4}{5}\cdot\frac{1}{3}\right)\cdot\frac{1}{3}=$$

$$=36{,}667\ [\mathrm{MN}]$$

Im Falle einer unendlichen Biegesteifigkeit ist auch die Knotenrotation an die Knotenverschiebung gekoppelt. Dies hat zur Folge, dass auch das Moment am Knoten Arbeit verrichtet. Dies wird deutlich, wenn die Momente an der virtuellen Verformungsfigur angetragen werden.

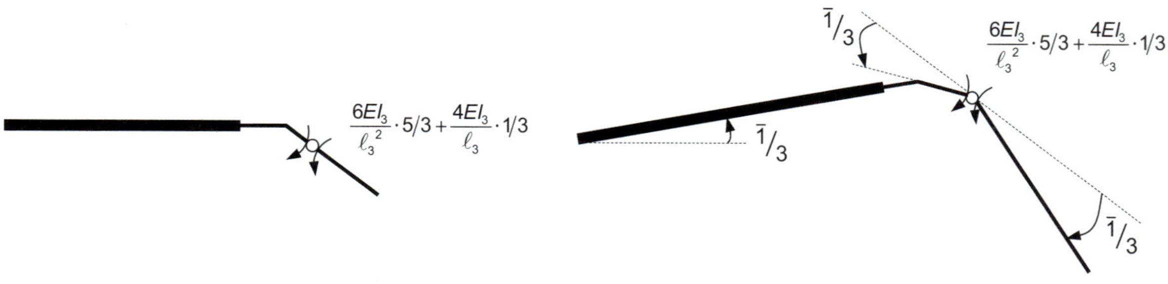


Reales System (links) und Virtuelle Verschiebung (rechts)

Das lineare Gleichungssystem ergibt sich wie folgt.

$36{,}667\cdot D_1 = 29{,}931\cdot 10^{-3}$

$\rightarrow D_1 = 0{,}816\cdot 10^{-3}$ [m]

### 10.5.3 Berechnung mit Stiff

#### Einspannung in Knoten 1

Aus Excel-Blatt „Knoten“ abgelesen:

| | Verschiebung | | |
|---|---|---|---|
| Knoten | *u* | *w* | *phi* |
| 1 | 0 | 0 | 0 |
| 2 | 0.0008163 | -1.2595E-15 | 0.0002721 |
| 3 | 0.0008163 | -0.0010884 | 0.0002721 |
| 4 | 0 | 0 | 0 |

Man erkennt die Kopplung der FG an Knoten 2 und 3 aus $EI \to \infty$:

$\varphi_2 = \varphi_3$

und aus $EA \to \infty$

$u_2 = u_3 = D_1$ und $w_3 = -4/3\ D_1$ und $\varphi_3 = 1/3\ D_1$

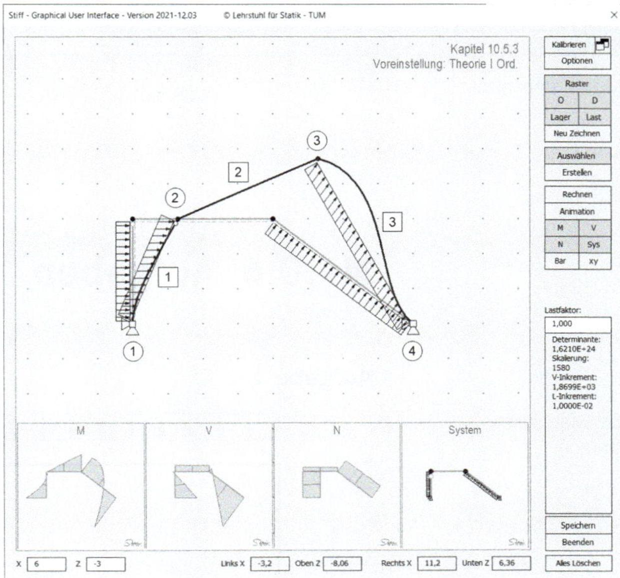


| Element | 0 | 0.1 | 0.2 | 0.3 | 0.4 | 0.5 | 0.6 | 0.7 | 0.8 | 0.9 | 1 |
|---|---|---|---|---|---|---|---|---|---|---|---|
| 1 | -19.23005497 | -15.28204947 | -11.78404397 | -8.736038477 | -6.13803298 | -3.990027483 | -2.29202199 | -1,04401649 | -0.246010993 | 0.101994503 | -1.3553E-15 |
| 2 | -0.000271051 | -1.67929364 | -3.358519517 | -5.037694572 | -6.717072916 | -8.3964682 | -10.0758974 | -11.755191 | -13.43407807 | -15.1137783 | -16.7932074 |
| 3 | -16.79344327 | -17.52062348 | -16.99780369 | -15.2249839 | -12.20216411 | -7.929344327 | -2.40652454 | 4.366295249 | 12.38911504 | 21.66193483 | 32.18475461 |

Momentenverlauf

#### Gelenk in Knoten 1

Aus Excel-Blatt „Knoten“ abgelesen:

| | Verschiebung | | |
|---|---|---|---|
| Knoten | *u* | *w* | *phi* |
| 1 | 0 | 0 | -0.00045328 |
| 2 | 0.00102234 | -1.7746E-15 | 0.00034078 |
| 3 | 0.00102234 | -0.00136313 | 0.00034078 |
| 4 | 0 | 0 | 0 |

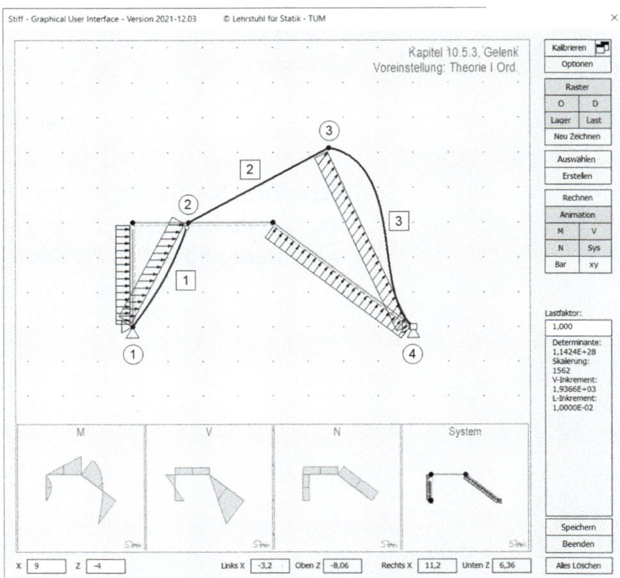

| Element | 0 | 0.1 | 0.2 | 0.3 | 0.4 | 0.5 | 0.6 | 0.7 | 0.8 | 0.9 | 1 |
|---|---|---|---|---|---|---|---|---|---|---|---|
| 1 | -3.38813E-15 | 2.025 | 3.6 | 4.725 | 5.4 | 5.625 | 5.4 | 4.725 | 3.6 | 2.025 | 4.06576E-15 |
| 2 | -0.000813152 | -2.36572914 | -4.732542483 | -7.098136098 | -9.464136289 | -11.83040753 | -14.1965432 | -16.56281449 | -18.92854363 | -21.2948149 | -23.660544 |
| 3 | -23.66147294 | -23.15240781 | -21.39334268 | -18.38427755 | -14.12521242 | -8.616147294 | -1.85708217 | 6.151982964 | 15.41104809 | 25.92011322 | 37.67917835 |

Momentenverlauf

## 10.6 Aufgaben

### Aufgabe 1

Schwierigkeitsgrad einfach

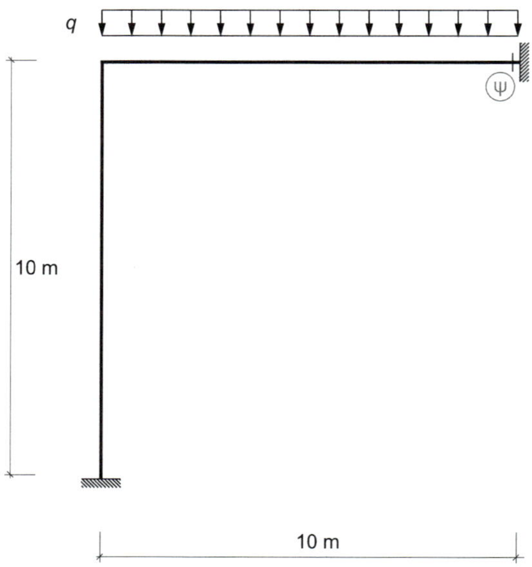


gegeben:
$EI$ = 5.000 kNm²
$EA$ = 1.000 kN
$q$ = 5 kN/m

a) Berechnen Sie die Biegemomenten-, Querkraft- und Normalkraftverläufe des gesamten Tragwerks unter der angegebenen Belastung mithilfe des Verschiebungsgrößenverfahrens und stellen Sie diese jeweils grafisch dar.

## Aufgabe 2

Schwierigkeitsgrad einfach

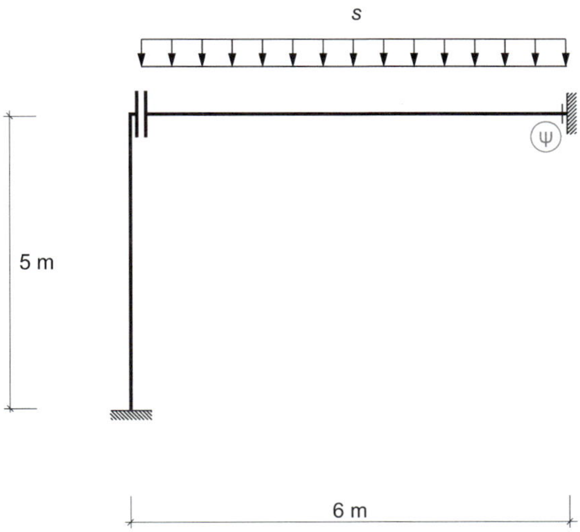


gegeben:
$EI$ = 10.000 kNm²
$EA$ = 1.000 kN
$s$ = 5 kN/m

a) Bestimmen Sie den Grad der geometrischen Unbestimmtheit des Systems.

b) Berechnen Sie die Biegemomenten-, Querkraft- und Normalkraftverläufe des gesamten Tragwerks unter der angegebenen Belastung mithilfe des Verschiebungsgrößenverfahrens und stellen Sie diese jeweils grafisch dar.

## Aufgabe 3

Schwierigkeitsgrad
einfach

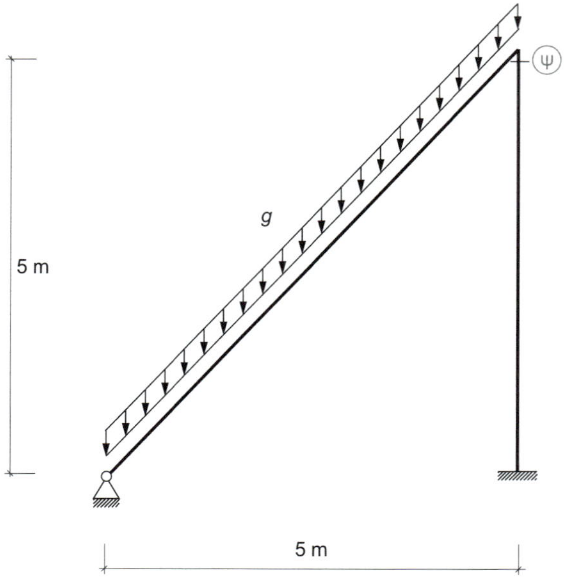


gegeben:
$EI$ = 5.000 kNm²
$EA$ = 10.000 kN
$g$ = 5 kN/m

a) Bestimmen Sie die Lastkomponenten der angegebenen Last parallel und senkrecht zum belasteten Stab.

b) Berechnen Sie die Biegemomenten-, Querkraft- und Normalkraftverläufe des gesamten Tragwerks unter der angegebenen Belastung mithilfe des Verschiebungsgrößenverfahrens und stellen Sie diese jeweils grafisch dar.

## Aufgabe 4

Schwierigkeitsgrad einfach

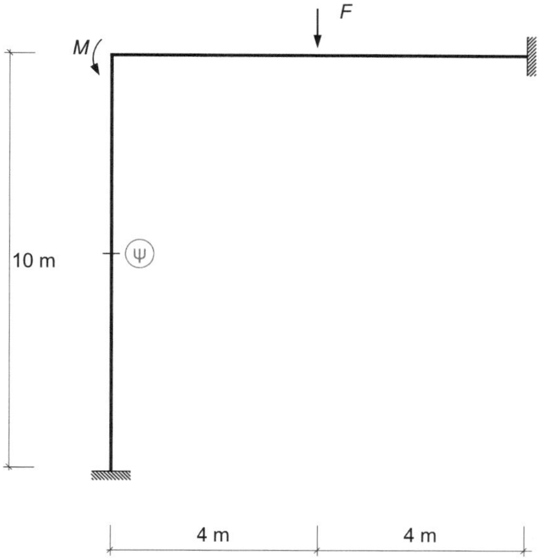


gegeben:
$EI$ = 10.000 kNm²
$EA$ = 10.000 kN
$F$ = 20 kN
$M$ = 15 kNm

a) Berechnen Sie die Biegemomenten-, Querkraft- und Normalkraftverläufe des gesamten Tragwerks unter der angegebenen Belastung mithilfe des Verschiebungsgrößenverfahrens und stellen Sie diese jeweils grafisch dar.

## Aufgabe 5

Schwierigkeitsgrad einfach

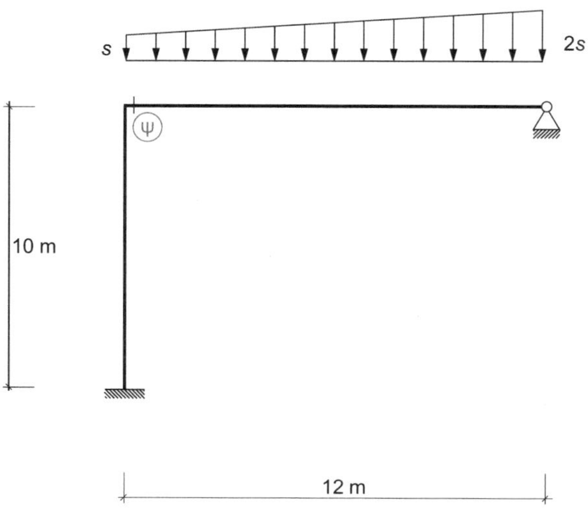


gegeben:
$EI$ = 5.000 kNm²
$EA$ = 2.000 kN
$s$ = 2 kN/m

a) Bestimmen Sie den Grad der geometrischen Unbestimmtheit des Systems.

b) Berechnen Sie die Biegemomenten-, Querkraft- und Normalkraftverläufe des gesamten Tragwerks unter der angegebenen Belastung mithilfe des Verschiebungsgrößenverfahrens und stellen Sie diese jeweils grafisch dar.

## Aufgabe 6

Schwierigkeitsgrad
einfach

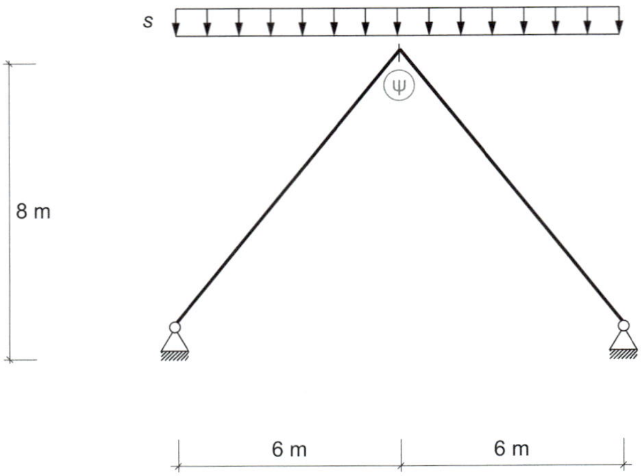


gegeben:
$EI$ = 10.000 kNm²
$EA$ = 1.000 kN
$s$ = 8,33 kN/m

a) Berechnen Sie die Biegemomenten-, Querkraft- und Normalkraftverläufe des gesamten Tragwerks unter der angegebenen Belastung mithilfe des Verschiebungsgrößenverfahrens und stellen Sie diese jeweils grafisch dar.

## Aufgabe 7

Schwierigkeitsgrad
einfach

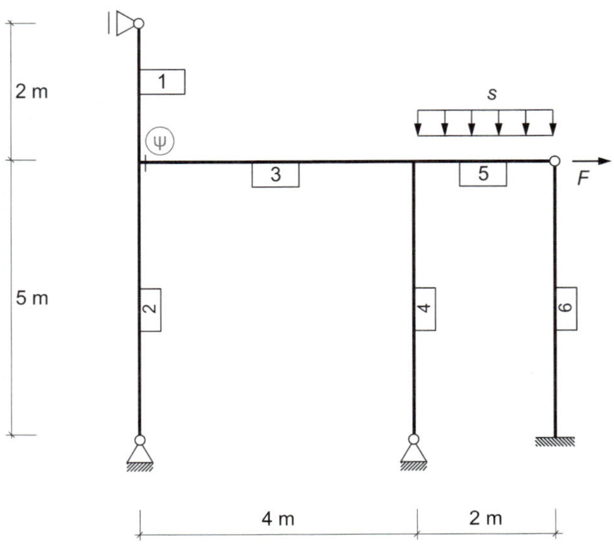


gegeben:
$EI$ = 5.000 kNm²
$EA \to \infty$
$s$ = 5 kN/m
$F$ = 10 kN

a) Berechnen Sie den Biegemomentenverlauf des gesamten Tragwerks unter der angegebenen Belastung mithilfe des Verschiebungsgrößenverfahrens und stellen Sie diesen grafisch dar.

## Aufgabe 8

Schwierigkeitsgrad
einfach

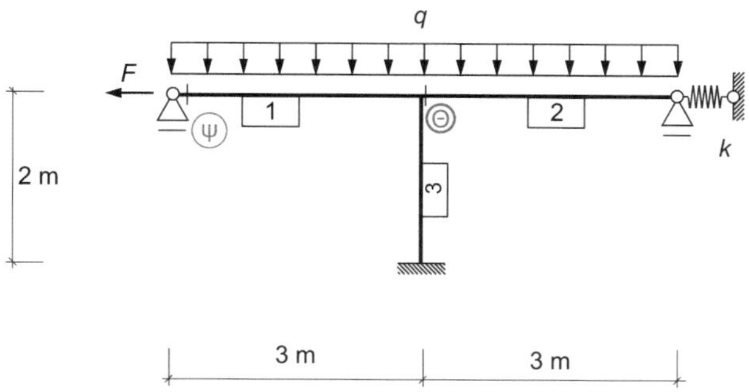


gegeben:
$EI$ = 10.000 kNm²
$EA \rightarrow \infty$
$q$ = 5 kN/m
$F$ = 15 kN
$k$ = 100 kN/m

a) Berechnen Sie die Biegemomenten-, Querkraft- und Normalkraftverläufe des gesamten Tragwerks unter der angegebenen Belastung mithilfe des Verschiebungsgrößenverfahrens und stellen Sie diese jeweils grafisch dar.

b) Berechnen Sie das Tragwerk erneut im Falle von $EA_3$ = 30.000 kN.

## Aufgabe 9

Schwierigkeitsgrad
einfach

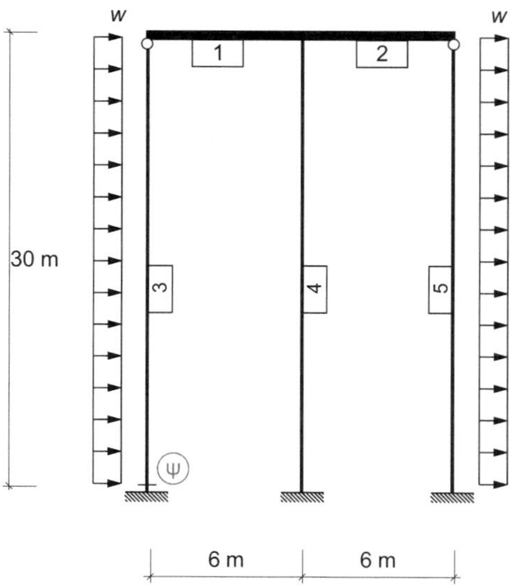


gegeben:
$EI_{1,2} \rightarrow \infty$
$EI_{3,5}$ = 10.000 kNm²
$EI_4$ = 500.000 kNm²
$EA \rightarrow \infty$
$w$ = 1,5 kN/m

a) Bestimmen Sie den Grad der geometrischen Unbestimmtheit des Systems unter Berücksichtigung der vorhandenen kinematischen Kopplungen.

b) Berechnen Sie den Biegemomentenverlauf des gesamten Tragwerks unter der angegebenen Belastung mithilfe des Verschiebungsgrößenverfahrens und stellen Sie diesen grafisch dar.

## Aufgabe 10

Schwierigkeitsgrad einfach

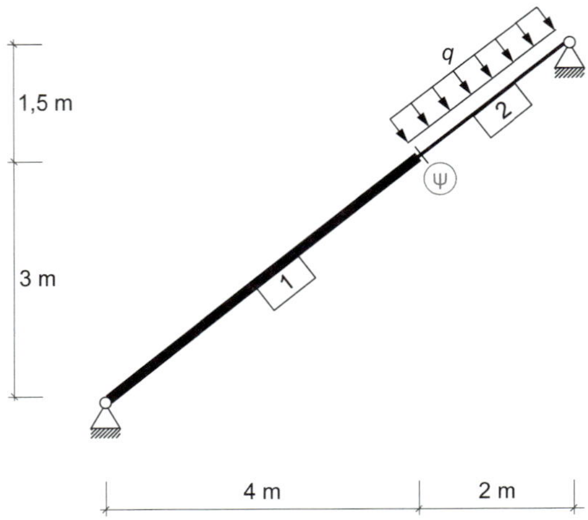


gegeben:
$EI_1 \rightarrow \infty$
$EI_2$ = 10.000 kNm²
$EA_1 \rightarrow \infty$
$EA_2$ = 5.000 kNm²
$q$ = 10 kN/m

a) Berechnen Sie die Biegemomenten-, Querkraft- und Normalkraftverläufe des gesamten Tragwerks unter der angegebenen Belastung mithilfe des Verschiebungsgrößenverfahrens und stellen Sie diese jeweils grafisch dar.

## Aufgabe 11

Schwierigkeitsgrad mittel

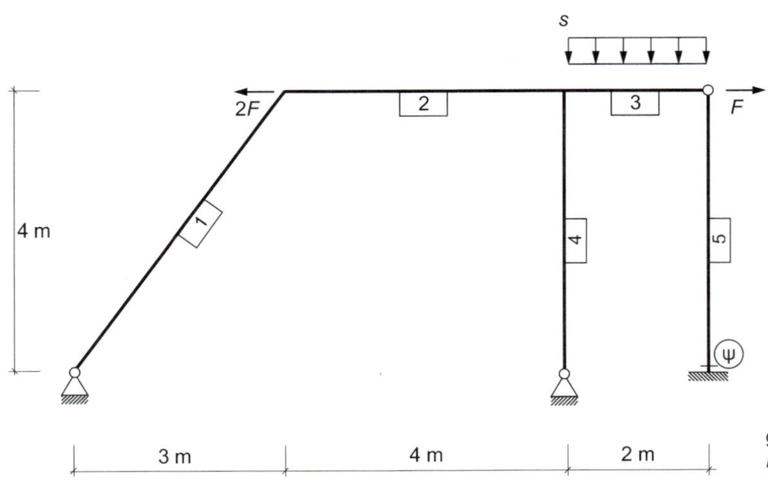


gegeben:
$EI$ = 10.000 kNm²
$EA \rightarrow \infty$
$s$ = 7,5 kN/m
$F$ = 7,5 kN

a) Bestimmen Sie für das gegebene Tragwerk den Biegemomentenverlauf mit Hilfe des Verschiebungsgrößenverfahrens. Stellen Sie den Verlauf grafisch dar.

## Aufgabe 12

Schwierigkeitsgrad mittel

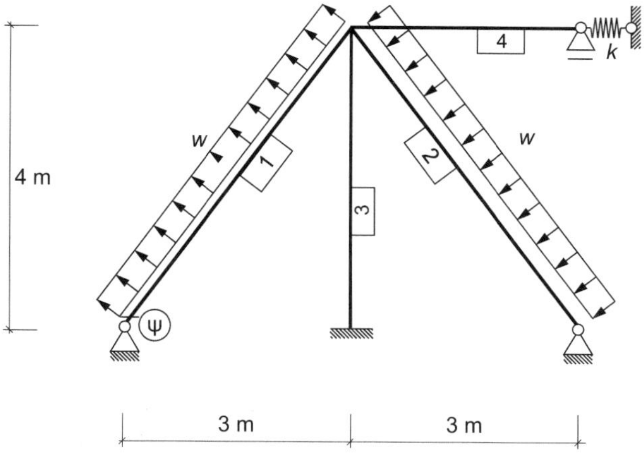


gegeben:
$EI = 10.000\ \text{kNm}^2$
$EA_{1,2} = 5.000\ \text{kN}$
$EA_{3,4} \rightarrow \infty$
$k = 1.000\ \text{kN/m}$
$w = 7\ \text{kN/m}$

a) Berechnen Sie die Biegemomenten-, Querkraft- und Normalkraftverläufe des gesamten Tragwerks unter der angegebenen Belastung mit Hilfe des Verschiebungsgrößenverfahrens und stellen Sie diese jeweils grafisch dar.

## Aufgabe 13

Schwierigkeitsgrad mittel

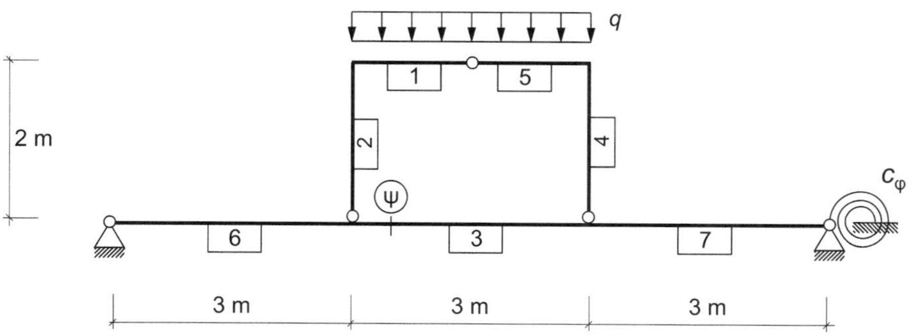


gegeben:
$EI = 1.000\ \text{kNm}^2$
$EA \rightarrow \infty$
$q = 5\ \text{kN/m}$
$c_\varphi = 500\ \text{kNm}$

a) Berechnen Sie die Biegemomenten-, Querkraft- und Normalkraftverläufe des gesamten Tragwerks unter der angegebenen Belastung mit Hilfe des Verschiebungsgrößenverfahrens und stellen Sie diese jeweils grafisch dar.

## Aufgabe 14

Schwierigkeitsgrad
mittel

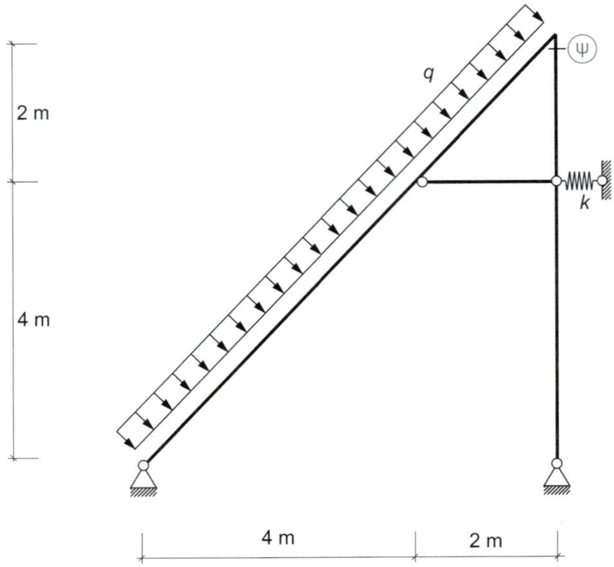


gegeben:
$EI$ = 10.000 kNm²
$EA \to \infty$
$q$ = 5 kN/m
$k$ = 5.000 kN/m

a) Bestimmen Sie den Grad der geometrischen Unbestimmtheit des Systems unter Berücksichtigung der vorhandenen kinematischen Kopplungen.

b) Bestimmen Sie für das gegebene Tragwerk die Biegemomenten-, Querkraft- und Normalkraftverläufe mithilfe des Verschiebungsgrößenverfahrens. Stellen Sie die Verläufe grafisch dar.

## Aufgabe 15

Schwierigkeitsgrad mittel

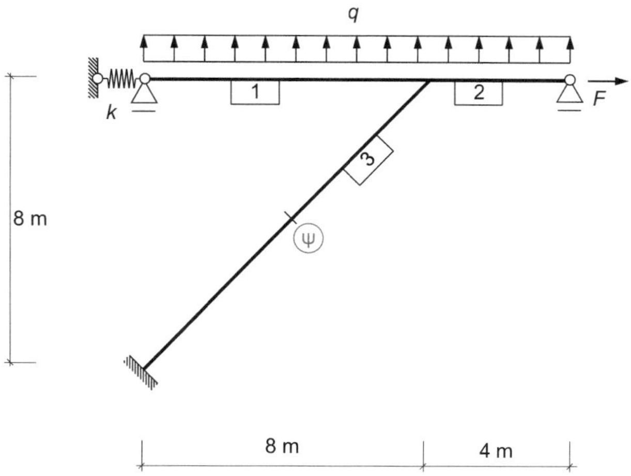


gegeben:
$EI = 10.000\ \text{kNm}^2$
$EA_{1,2} \rightarrow \infty$
$EA_3 = 10.000\ \text{kN}$
$q = 10\ \text{kN/m}$
$F = 20\ \text{kN}$
$k = 5.000\ \text{kN/m}$

a) Bestimmen Sie den Grad der geometrischen Unbestimmtheit des Systems unter Berücksichtigung der vorhandenen kinematischen Kopplungen.

b) Berechnen Sie die Biegemomenten-, Querkraft- und Normalkraftverläufe des gesamten Tragwerks unter der angegebenen Belastung mithilfe des Verschiebungsgrößenverfahrens und stellen Sie diese jeweils grafisch dar.

## Aufgabe 16

Schwierigkeitsgrad mittel

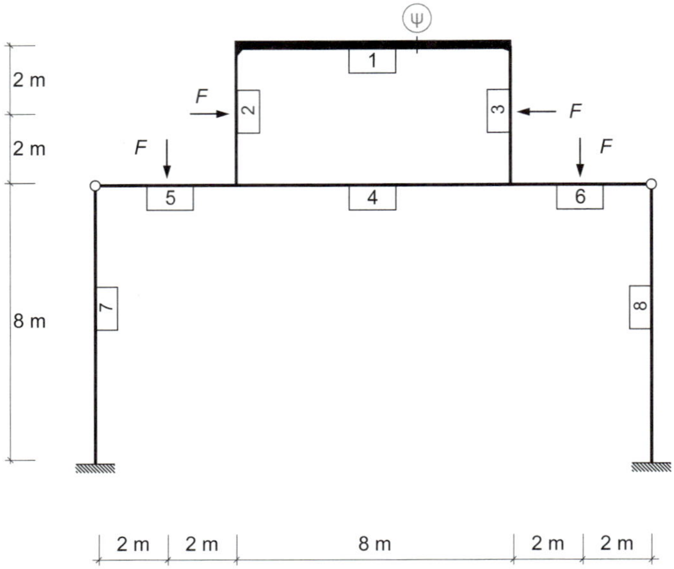


gegeben:
$EI_1 \to \infty$
$EI_{2\text{-}8}$ = 10.000 kNm²
$EA \to \infty$
$F$ = 5 kN

a) Bestimmen Sie für das gegebene Tragwerk die Biegemomenten-, Querkraft- und Normalkraftverläufe mithilfe des Verschiebungsgrößenverfahren. Stellen Sie die Verläufe grafisch dar.

## Aufgabe 17

Schwierigkeitsgrad mittel

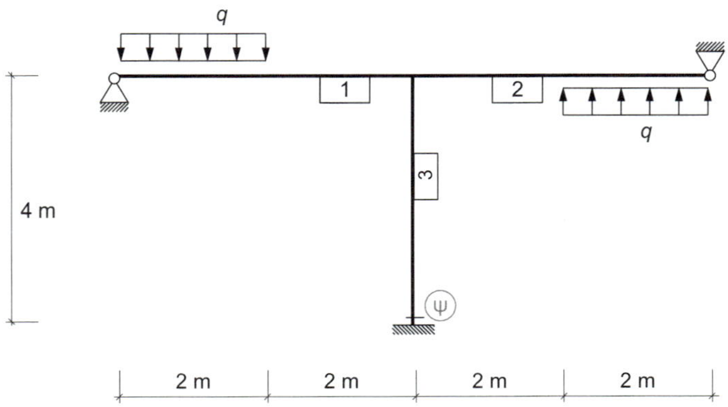


gegeben:
$EI$ = 10.000 kNm²
$EA \to \infty$
$q$ = 5 kN/m

a) Berechnen Sie die Biegemomenten-, Querkraft- und Normalkraftverläufe des gesamten Tragwerks unter der angegebenen Belastung mithilfe des Verschiebungsgrößenverfahrens und stellen Sie diese jeweils grafisch dar.

b) Berechnen Sie das Tragwerk erneut im Falle $EI_3 \to \infty$.

## Aufgabe 18

Schwierigkeitsgrad mittel

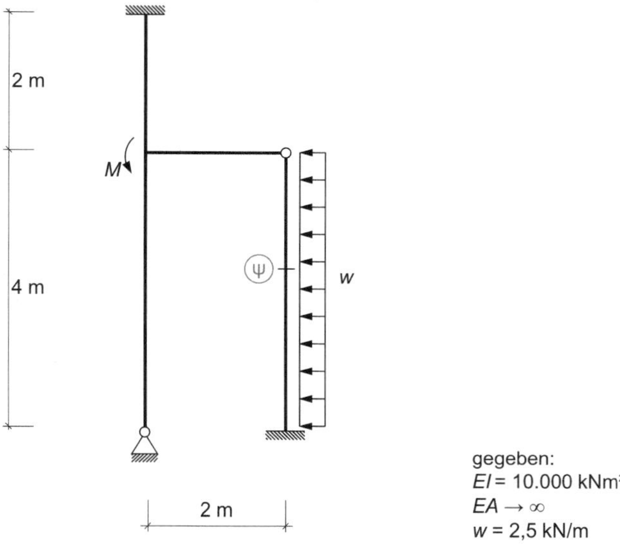


gegeben:
$EI = 10.000$ kNm²
$EA \to \infty$
$w = 2{,}5$ kN/m
$M = 10$ kNm

a) Berechnen Sie die Biegemomenten-, Querkraft- und Normalkraftverläufe des gesamten Tragwerks unter der angegebenen Belastung mithilfe des Verschiebungsgrößenverfahrens und stellen Sie diese jeweils grafisch dar.

## Aufgabe 19

Schwierigkeitsgrad mittel

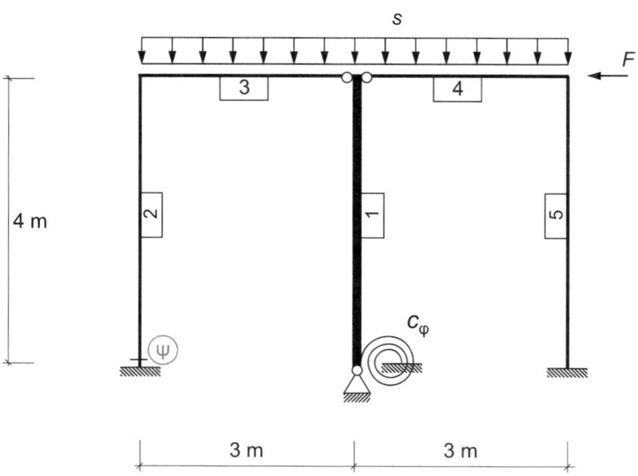


gegeben:
$EI_1 \to \infty$
$EI_{2\text{-}5} = 10.000$ kNm²
$EA \to \infty$
$s = 5$ kN/m
$F = 30$ kN
$c_\varphi = 5.000$ kNm

a) Bestimmen Sie für das gegebene Tragwerk die Biegemomenten-, Querkraft- und Normalkraftverläufe mithilfe des Verschiebungsgrößenverfahrens. Stellen Sie die Verläufe grafisch dar.

b) Bestimmen Sie den Biegemomentenverlauf für den Grenzfall $c_\varphi \to \infty$.

## Aufgabe 20

Schwierigkeitsgrad mittel

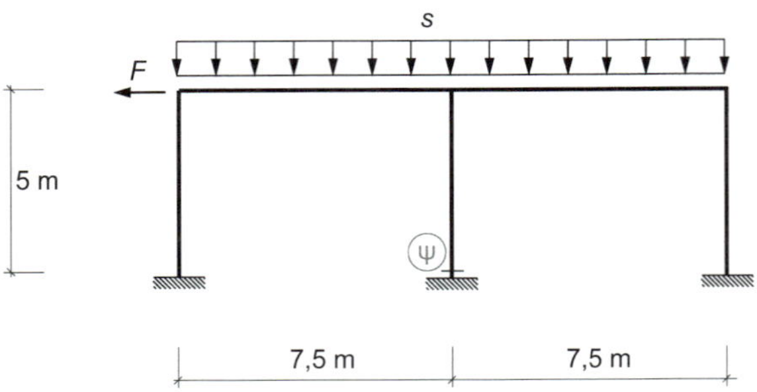


gegeben:
$EI = 5.000$ kNm²
$EA \to \infty$
$s = 3$ kN/m
$F = 10$ kN

a) Berechnen Sie die Biegemomenten-, Querkraft- und Normalkraftverläufe des gesamten Tragwerks unter der angegebenen Belastung mithilfe des Verschiebungsgrößenverfahrens und stellen Sie diese jeweils grafisch dar.

## Aufgabe 21

Schwierigkeitsgrad schwierig

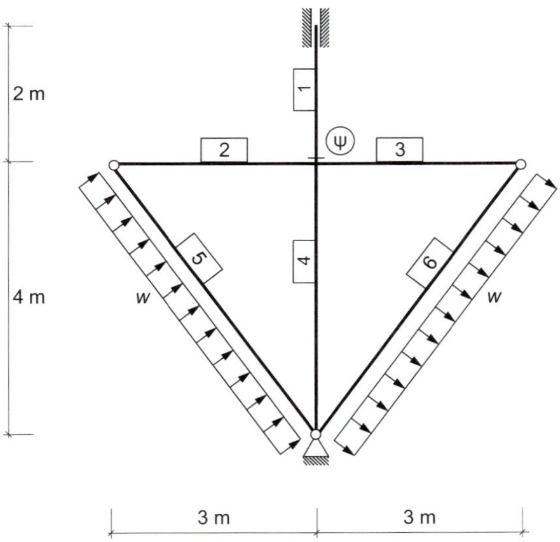


gegeben:
$EI = 10.000$ kNm²
$EA \to \infty$
$w = 5$ kN/m

a) Bestimmen Sie für das gegebene Tragwerk den Biegemomentenverlauf mit Hilfe des Verschiebungsgrößenverfahrens. Stellen Sie den Verlauf grafisch dar.

## Aufgabe 22

Schwierigkeitsgrad schwer

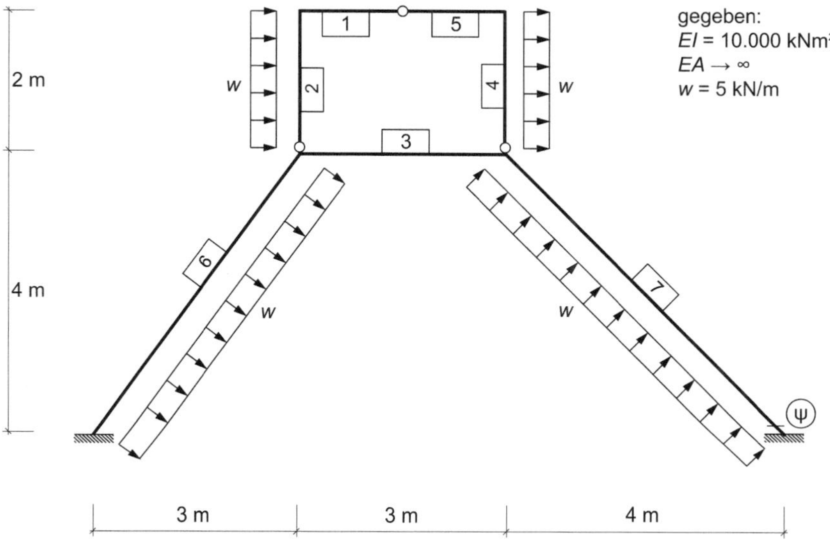


gegeben:
$EI = 10.000\ \text{kNm}^2$
$EA \to \infty$
$w = 5\ \text{kN/m}$

a) Berechnen Sie die Biegemomenten-, Querkraft- und Normalkraftverläufe des gesamten Tragwerks unter der angegebenen Belastung mit Hilfe des Verschiebungsgrößenverfahrens und stellen Sie diese jeweils grafisch dar.

## Aufgabe 23

Schwierigkeitsgrad schwer

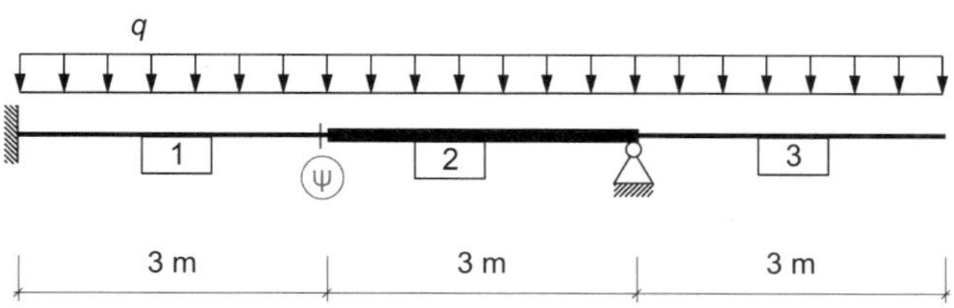


gegeben:
$EI_{1,3} = 10.000\ \text{kNm}^2$
$EI_2 \to \infty$
$EA \to \infty$
$q = 10\ \text{kN/m}$

a) Bestimmen Sie für das gegebene Tragwerk die Biegemomenten-, Querkraft- und Normalkraftverläufe mithilfe des Verschiebungsgrößenverfahrens. Stellen Sie die Verläufe grafisch dar.

## Aufgabe 24

Schwierigkeitsgrad schwer

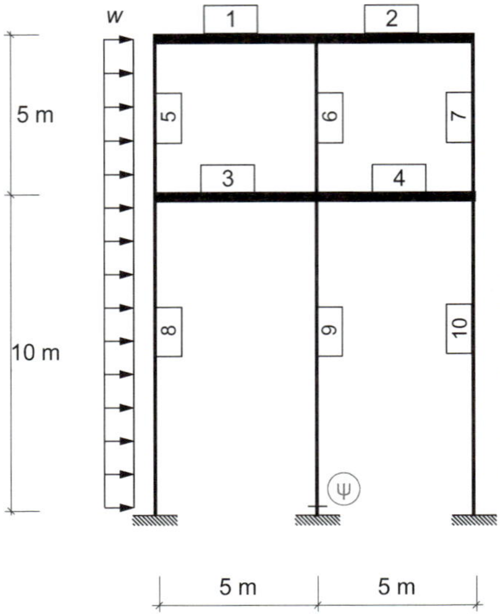


gegeben:
$EI_{1\text{-}4} \rightarrow \infty$
$EI_{5\text{-}10} = 10.000\ \mathrm{kNm^2}$
$EA \rightarrow \infty$
$w = 2\ \mathrm{kN/m}$

a) Berechnen Sie den Biegemomentenverlauf des gesamten Tragwerks unter der angegebenen Belastung mithilfe des Verschiebungsgrößenverfahrens und stellen Sie diesen grafisch dar.

## Aufgabe 25

Schwierigkeitsgrad schwer

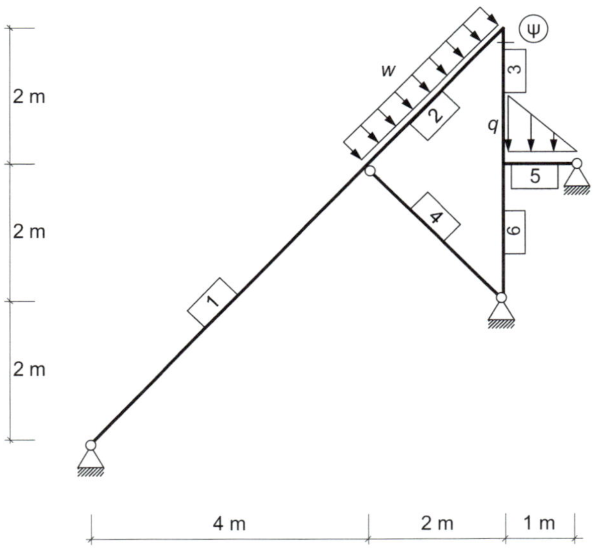


gegeben:
$EI = 5.000\ \mathrm{kNm^2}$
$EA_{1,2,3,5,6} \rightarrow \infty$
$EA_4 = 10.000\ \mathrm{kN}$
$w = 5\ \mathrm{kN/m}$
$q = 10\ \mathrm{kN/m}$

a) Berechnen Sie den Biegemomentenverlauf des gesamten Tragwerks unter der angegebenen Belastung mit Hilfe des Verschiebungsgrößenverfahrens und stellen Sie diesen grafisch dar.

## Aufgabe 26

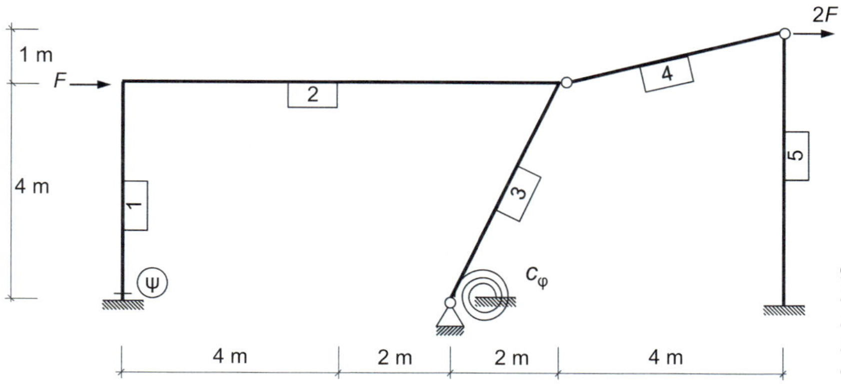


Schwierigkeitsgrad schwer

gegeben:
$EI = 5.000$ kNm²
$EA \rightarrow \infty$
$F = 7{,}5$ kN
$c_\varphi = 15.000$ kNm

a) Bestimmen Sie für das gegebene Tragwerk die Biegemomenten-, Querkraft- und Normalkraftverläufe mit Hilfe des Verschiebungsgrößenverfahrens. Stellen Sie die Verläufe grafisch dar.

b) Bestimmen Sie den Biegemomentenverlauf für den Grenzfall $c_\varphi = \infty$.

## Aufgabe 27

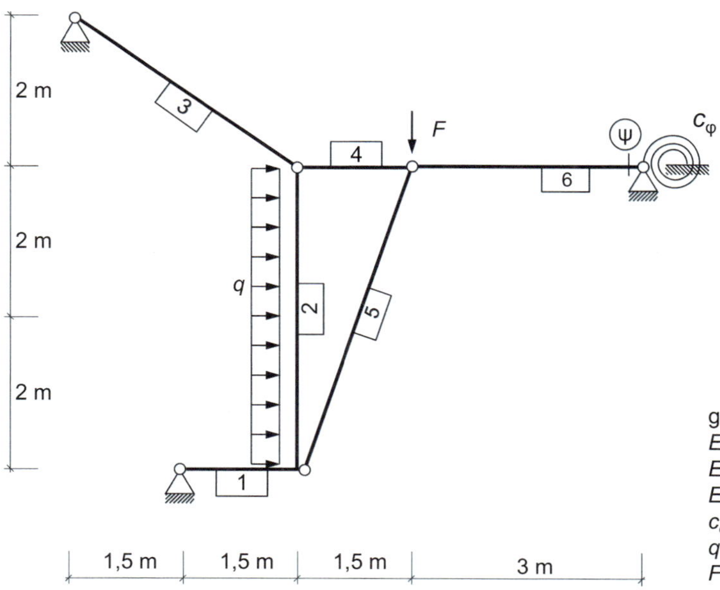


Schwierigkeitsgrad schwer

gegeben:
$EI = 5.000$ kNm²
$EA_{1,2,4,5,6} \rightarrow \infty$
$EA_3 = 10.000$ kN
$c_\varphi = 1.000$ kNm
$q = 5$ kN/m
$F = 25$ kN

a) Berechnen Sie den Biegemomentenverlauf des gesamten Tragwerks unter der angegebenen Belastung mit Hilfe des Verschiebungsgrößenverfahrens und stellen Sie diesen grafisch dar.

## Aufgabe 28

Schwierigkeitsgrad schwer

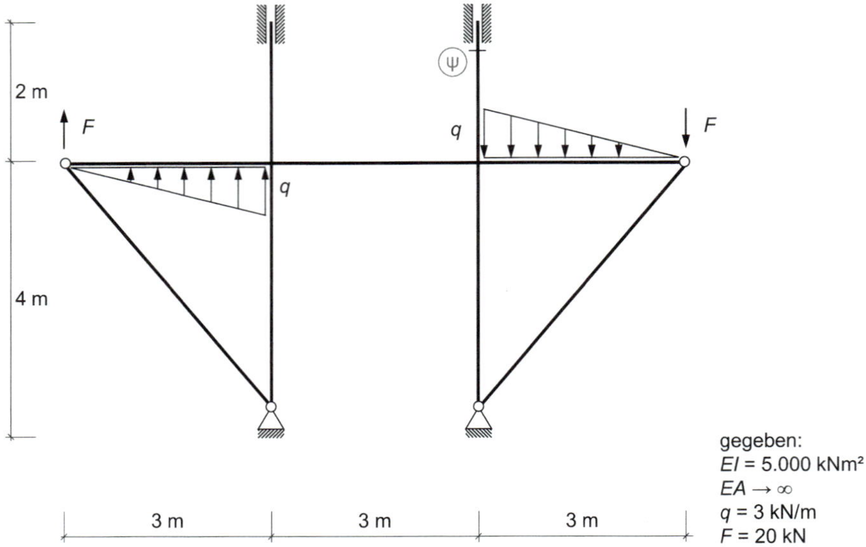


a) Bestimmen Sie für das gegebene Tragwerk den Biegemomentenverlauf mithilfe des Verschiebungsgrößenverfahren. Stellen Sie den Verlauf grafisch dar.

## Aufgabe 29

Schwierigkeitsgrad schwer

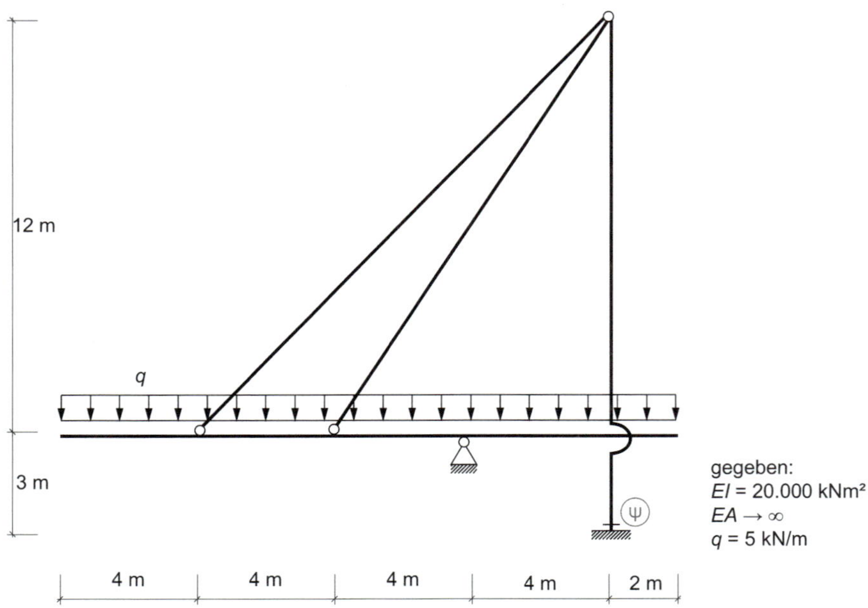


a) Berechnen Sie den Biegemomentenverlauf des gesamten Tragwerks unter der angegebenen Belastung mithilfe des Verschiebungsgrößenverfahrens und stellen Sie diesen grafisch dar.

## Aufgabe 30

Schwierigkeitsgrad
schwer

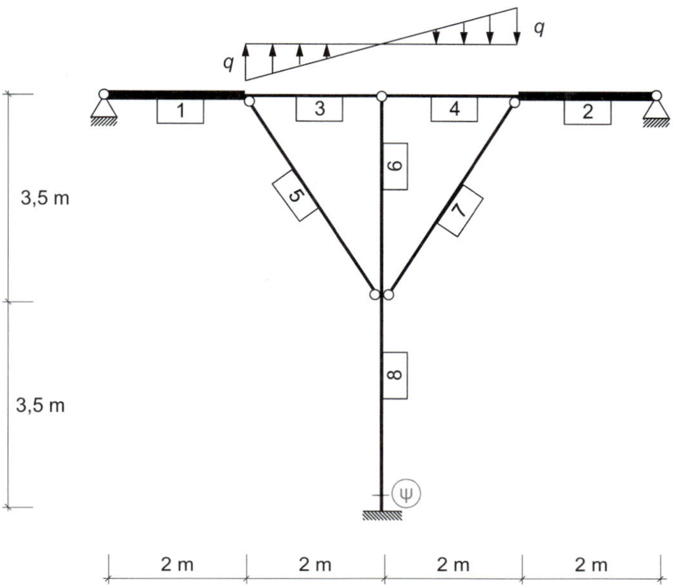


gegeben:
$EI_{1,2} \rightarrow \infty$
$EI_{3-8} = 10.000\ \text{kNm}^2$
$EA \rightarrow \infty$
$q = 2\ \text{kN/m}$

a) Berechnen Sie den Biegemomentenverlauf des gesamten Tragwerks unter der angegebenen Belastung mithilfe des Verschiebungsgrößenverfahrens und stellen Sie diesen grafisch dar.

## 10.7 Lösungen

| Aufgabe | a) | Ort | b) | Ort |
|---|---|---|---|---|
| 1 | M = -87,75 kNm | ψ | | |
| 2 | $n_g$ = 4 | | V = -30,0 kN | ψ |
| 3 | $g_v$ = $g_h$ = 3,54 kN/m | | M = -14,26 kNm | ψ |
| 4 | N = -8,35 kN | ψ | | |
| 5 | $n_g$ = 3 | | M = -24,39 kNm | ψ |
| 6 | M = 28,07 kNm | ψ | | |
| 7 | M = -5,72 kNm | ψ | | |
| 8 | V = 7,60 kN | ψ | $u_{hor}$ = -1,583 mm | Θ |
| 9 | $n_g$ = 1 | | M = -173,76 kNm | ψ |
| 10 | M = 20,83 kNm | ψ | | |
| 11 | M = -6,30 kNm | ψ | | |
| 12 | V = 14,57 kN | ψ | | |
| 13 | V = -1,5 kN | ψ | | |
| 14 | $n_g$ = 3 | | M = -3,23 kNm | ψ |
| 15 | $n_g$ = 3 | | N = 52,43 kN | ψ |
| 16 | M = -7,50 kNm | ψ | | |
| 17 | M = -1,75 kNm | ψ | M = 3,25 kNm | ψ |
| 18 | N = 1,64 kN | ψ | | |
| 19 | M = 33,17 kNm | ψ | M = 1,41 kNm | ψ |
| 20 | M = -10,92 kNm | ψ | | |
| 21 | M = 23,61 kNm | ψ | | |
| 22 | N = 33,87 kN | ψ | | |
| 23 | M = 11,25 kNm | ψ | | |
| 24 | M = 66,67 kNm | ψ | | |
| 25 | M = 5,06 kNm | ψ | | |
| 26 | M = -29,79 kNm | ψ | M = 0,00 kNm | ψ |
| 27 | M = -3,84 kNm | ψ | | |
| 28 | M = -14,59 kN | ψ | | |
| 29 | M = 113,72 kNm | ψ | | |
| 30 | M = -0,69 kNm | ψ | | |

# 11 Elastisch gebetteter Balken

Videos zu diesem Kapitel finden Sie unter

## 11.1 Grundlagen zum elastisch gebetteten Balken

Das Themenfeld „elastisch gebetteter Balken“ befasst sich z. B. mit der Fragestellung der Interaktion von Boden und Bauwerk. Eine Übersicht über mögliche Berechnungsverfahren des elastisch gebetteten Balkens finden sich z. B. in [Hir98]. Zur Berechnung und Bemessung von Fundamenten und ähnlichen Baukörpern ist das Bettungsmodulverfahren von Winkler ein weit verbreiteter Ansatz, mit dem auch in diesem Kapitel gearbeitet wird. Hierbei ist die Bettungskraft stets proportional zur Steifigkeit der Bettung $k_B$ und der Absenkung des Bodens $w$. Im 2D stellt die Bettung nach Winkler eine Linienfeder am Balken dar. Die Federkräfte repräsentieren die resultierenden Sohlspannungen. Die einzelnen Federelemente der Linienfeder sind voneinander entkoppelt. Als wesentliche Vereinfachung gegenüber der Realität stellt sich beim Verfahren nach Winkler deshalb keine Setzungsmulde neben dem Balken ein (siehe Bild unten).

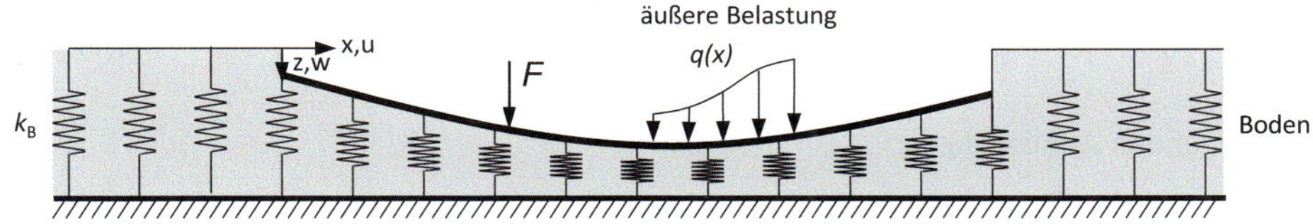


Elastisch gebetteter Balken nach Winkler

*Hinweis: Falls bei den Aufgabenstellungen dieses Kapitels nicht-gebettete Balken vorkommen, sind diese generell mit dem Verschiebungsgrößenverfahren nach Theorie I. Ordnung zu berechnen (vgl. Kapitel 10).*

Die Differentialgleichung (DGL) des gebetteten und belasteten Euler-Bernoulli-Balkens mit der Bettungszahl $\lambda$ lautet:

$$w(x)'''' + 4\lambda^4 w(x) = \frac{q(x)}{EI} \quad mit \quad \lambda = \sqrt[4]{\frac{k_B}{4EI}}$$

Schnittgrößen **s** und Verformungen **d** an den Schnittufern des gebetteten Balkens sind wie folgt definiert. Die Vorzeichen sind analog zu Kapitel 10 (Vorzeichen gemäß VV) festgelegt.

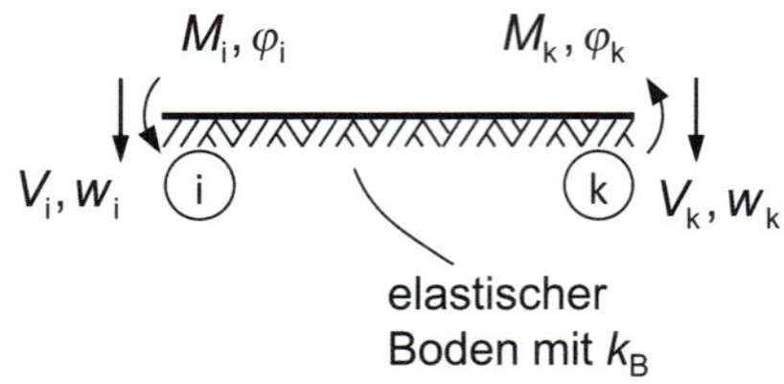


$$\mathbf{s} = \begin{bmatrix} V_i \\ M_i \\ V_k \\ M_k \end{bmatrix} \qquad \mathbf{d} = \begin{bmatrix} w_i \\ \varphi_i \\ w_k \\ \varphi_k \end{bmatrix}$$

## Lösung der DGL des elastisch gebetteten Euler-Bernoulli-Balkens:

Die Biegelinie w(x) setzt sich aus der Summe von homogenem und partiellem Anteil zusammen. Der homogene Anteil $w_h$ berücksichtigt die Randbedingungen und lautet:

$w_h(x) = C_1 \cos(\lambda x) \cosh(\lambda x) + C_2 \cos(\lambda x) \sinh(\lambda x) + C_3 \sin(\lambda x) \cosh(\lambda x) + C_4 \sin(\lambda x) \sinh(\lambda x)$

Der partielle Anteil $w_p$ muss gemäß der Art der Belastung bestimmt werden. Für eine konstante Linienlast $q_0$ ergibt sich:

$$w_p(x) = \frac{1}{k} q_0$$

Dieses Kapitel beschränkt sich beispielhaft auf das Grundelement 1. Tabellen der Einheitsverschiebungszustände für das Verschiebungsgrößenverfahren sind im Anhang im Kapitel 14.5 für den elastisch gebetteten Balken angegeben.

Die Elementsteifigkeiten werden aus dem homogenen Ansatz $w_h(x)$ entwickelt. Die Elementsteifigkeitsmatrix **k** ergibt sich zu:

$$\mathbf{k} = f \cdot \begin{bmatrix} k_1 & -k_3 & -k_5 & -k_4 \\ -k_3 & k_2 & k_4 & k_6 \\ -k_5 & k_4 & k_1 & k_3 \\ -k_4 & k_6 & k_3 & k_2 \end{bmatrix} \qquad \mathbf{d} = \begin{bmatrix} w_i \\ \varphi_i \\ w_k \\ \varphi_k \end{bmatrix}$$

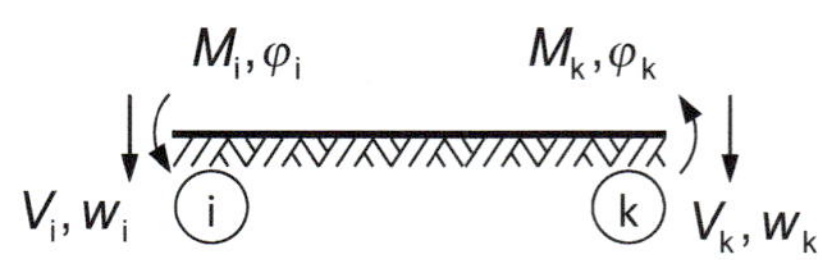


mit folgenden Abkürzungen:

$$k_1 = 2\lambda^2(SC + sc)$$
$$k_2 = SC - sc$$
$$k_3 = \lambda(S^2 + s^2)$$
$$k_4 = 2\lambda Ss$$
$$k_5 = 2\lambda^2(Cs + Sc)$$
$$k_6 = Cs - Sc$$
$$f = \frac{2EI\lambda}{S^2 - s^2}$$

$$S = \sinh(\lambda\ell) \qquad C = \cosh(\lambda\ell) \qquad s = \sin(\lambda\ell) \qquad c = \cos(\lambda\ell)$$

$$\sinh(x) = \frac{1}{2}\left(e^x - e^{-x}\right) \qquad \cosh(x) = \frac{1}{2}\left(e^x + e^{-x}\right)$$

Die Festhaltekräfte bzw. der Lastvektor $\mathbf{s}^0$ für den elastisch gebetteten Balken, der mit einer Gleichstreckenlast $q$ belastet ist, ergibt sich zu:

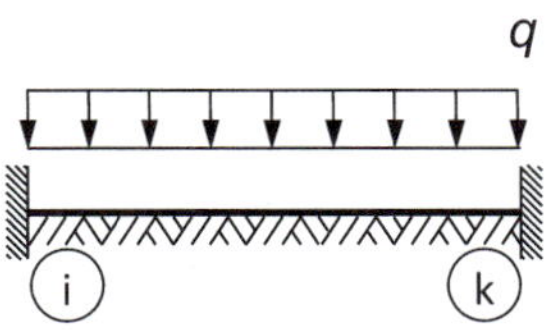


$$\mathbf{d} = \begin{bmatrix} w_\mathrm{i} \\ \varphi_\mathrm{i} \\ w_\mathrm{k} \\ \varphi_\mathrm{k} \end{bmatrix} \qquad \mathbf{s}^0 = f_0 \cdot \begin{bmatrix} -2\lambda(C-c) \\ S-s \\ -2\lambda(C-c) \\ -S+s \end{bmatrix} \qquad f_0 = \frac{q}{2\lambda^2(S+s)}$$

Die Konstanten der homogenen Lösung sind gemäß der Randbedingungen zu bestimmen. Für vorgegebene Randverschiebungen und -verdrehungen z.B. aus folgenden Gleichungen:

$$\begin{bmatrix} w_\mathrm{i} \\ \varphi_\mathrm{i} \\ w_\mathrm{k} \\ \varphi_\mathrm{k} \end{bmatrix} = \begin{bmatrix} w\big|_{x=0} \\ -w'\big|_{x=0} \\ w\big|_{x=\ell} \\ -w'\big|_{x=\ell} \end{bmatrix} = \begin{bmatrix} 1 & 0 & 0 & 0 \\ 0 & -\lambda & -\lambda & 0 \\ cC & cS & sC & sS \\ \lambda(sC-cS) & \lambda(sS-cC) & -\lambda(cC+sS) & -\lambda(cS+sC) \end{bmatrix} \begin{bmatrix} C_1 \\ C_2 \\ C_3 \\ C_4 \end{bmatrix} + \begin{bmatrix} w_\mathrm{p}\big|_{x=0} \\ -w'_\mathrm{p}\big|_{x=0} \\ w_\mathrm{p}\big|_{x=\ell} \\ -w'_\mathrm{p}\big|_{x=\ell} \end{bmatrix}$$

Bzw. für vorgegebene Kraftgrößen an den Rändern:

$$\frac{1}{EI}\begin{bmatrix} V_i \\ M_i \\ V_k \\ M_k \end{bmatrix} = \begin{bmatrix} w'''\big|_{x=0} \\ w''\big|_{x=0} \\ -w'''\big|_{x=\ell} \\ -w''\big|_{x=\ell} \end{bmatrix} = 2\lambda^2 \begin{bmatrix} 0 & -\lambda & \lambda & 0 \\ 0 & 0 & 0 & 1 \\ \lambda(cS+sC) & \lambda(sS+cC) & \lambda(sS-cC) & \lambda(sC-cS) \\ sS & sC & -cS & -cC \end{bmatrix} \begin{bmatrix} C_1 \\ C_2 \\ C_3 \\ C_4 \end{bmatrix} + \begin{bmatrix} w'''_p\big|_{x=0} \\ w''_p\big|_{x=0} \\ -w'''_p\big|_{x=\ell} \\ -w''_p\big|_{x=\ell} \end{bmatrix}$$

mit $c = \cos(\lambda\ell)$, $s = \sin(\lambda\ell)$, $C = \cosh(\lambda\ell)$, $S = \sinh(\lambda\ell)$

Gleichungen für gemischte Randbedingungen sind entsprechend zusammenzustellen.

Anschließend wird die Biegelinie ermittelt, indem die Konstanten $C_1$ bis $C_4$ in den Ansatz für w(x) eingesetzt werden. Aus der Biegelinie w(x) des Balkens können mithilfe der bekannten Differentialbeziehungen des Euler-Bernoulli-Balkens die Verläufe der Verdrehungen und Schnittgrößen ermittelt werden.

**Unendlich langer Balken – Näherungslösung des elastisch gebetteten Euler-Bernoulli-Balkens:**

Für die Annahme eines unendlich langen, elastisch gebetteten Balkens kann eine Näherungslösung der DGL verwendet werden. Ein Balken gilt als unendlich lang, wenn die Bedingung zutrifft:

$$\pi < \lambda \cdot \ell$$

Für den unendlich langen, elastisch gebetteten Balken finden sich die Einheitsverschiebungszustände und daraus ergebenden Steifigkeiten in Kapitel 14.5.

Auch in diesem Fall können die Steifigkeiten und der Lastvektor in Matrix- bzw. Vektordarstellung kompakt notiert werden:

$$\mathbf{k} = 2EI\lambda \begin{bmatrix} 2\lambda^2 & -\lambda & 0 & 0 \\ -\lambda & 1 & 0 & 0 \\ 0 & 0 & 2\lambda^2 & \lambda \\ 0 & 0 & \lambda & 1 \end{bmatrix} \qquad \mathbf{d} = \begin{bmatrix} w_i \\ \varphi_i \\ w_k \\ \varphi_k \end{bmatrix}$$

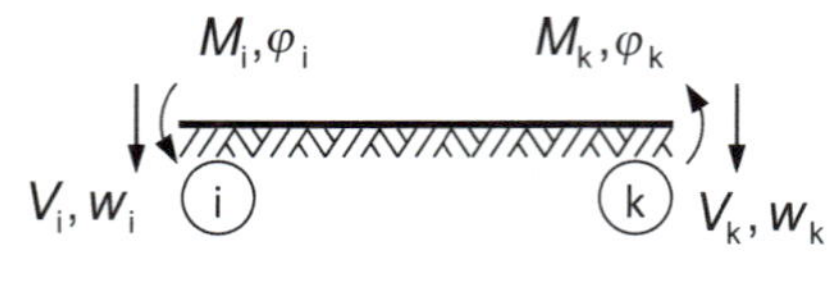


$$\mathbf{s}^0 = \frac{q}{2\lambda^2} \begin{bmatrix} -2\lambda \\ 1 \\ -2\lambda \\ -1 \end{bmatrix} \qquad \mathbf{d} = \begin{bmatrix} w_i \\ \varphi_i \\ w_k \\ \varphi_k \end{bmatrix}$$

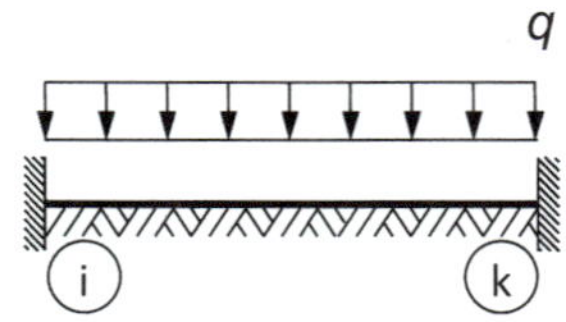


Bei einem unendlich langen Balken sind Schnittgrößen und Verformungen der gegenüberliegenden Stabenden entkoppelt. Dies bedeutet, dass Kräfte und Verformungen, die an einem Ende des Balkens aufgebracht werden, entlang des Balkens abklingen und das andere Balkenende nicht beeinflussen.

Die Entkopplung der Stabenden lässt sich auch in der Blockstruktur der Steifigkeitsmatrix **k** erkennen: Als Beispiel bewirken Verformungen am Knoten i ausschließlich Kräfte und Momente am Knoten i, da in der ersten Zeile von **k** nur die ersten beiden Spalten belegt sind. Die beiden letzten Spaltenelemente der ersten Zeile sind mit 0 belegt, was bedeutet, dass die Verformungen am Knoten k tatsächlich keinen Einfluss auf die Kraftgrößen am Knoten i haben.

Die Verläufe der Schnittgrößen und Verformungen am unendlich langen Balken können mit vereinfachten Grundlösungen für Einzellasten bzw. Einzelmomente berechnet werden. Diese Verläufe können folgender Tabelle entnommen werden.

**Tabelle 11.1** Schnittgrößen und Verformungen für Einzellasten und Einzelmomente am unendlich langen Balken

| $\longmapsto \lambda x$ | $w(x)$ | $\varphi(x)$ | $M(x)$ | $Q(x)$ |
|---|---|---|---|---|
| 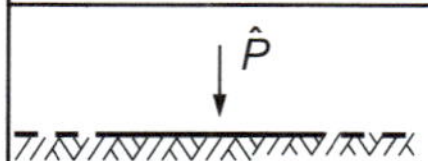 $\hat{P}$ | $F_1(\lambda x)\cdot\frac{\lambda\hat{P}}{2k}$ | $F_2(\lambda x)\cdot\frac{\lambda^2\hat{P}}{k}$ | $F_3(\lambda x)\cdot\frac{\hat{P}}{4\lambda}$ | $-F_4(\lambda x)\cdot\frac{\hat{P}}{2}$ |
|  $\hat{M}$ | $-F_2(\lambda x)\cdot\frac{\lambda^2\hat{M}}{k}$ | $F_3(\lambda x)\cdot\frac{\hat{M}\lambda^3}{k}$ | $-F_4(\lambda x)\cdot\frac{\hat{M}}{2}$ | $F_1(\lambda x)\cdot\frac{\lambda\hat{M}}{2}$ |
| 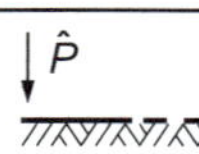 $\hat{P}$ | $F_4(\lambda x)\cdot\frac{2\lambda\hat{P}}{k}$ | $F_1(\lambda x)\cdot\frac{2\lambda^2\hat{P}}{k}$ | $-F_2(\lambda x)\cdot\frac{\hat{P}}{\lambda}$ | $-F_3(\lambda x)\cdot\hat{P}$ |
| 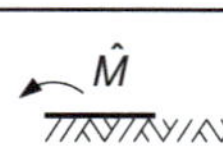 $\hat{M}$ | $F_3(\lambda x)\cdot\frac{2\lambda^2\hat{M}}{k}$ | $F_4(\lambda x)\cdot\frac{4\lambda^3\hat{M}}{k}$ | $-F_1(\lambda x)\cdot\hat{M}$ | $F_2(\lambda x)\cdot 2\lambda\hat{M}$ |

Mit den Funktionen:

$F_1\,(\lambda x) = e^{-\lambda x}\,(\cos(\lambda x) + \sin(\lambda x))$

$F_2\,(\lambda x) = e^{-\lambda x}\,\sin(\lambda x)$

$F_3\,(\lambda x) = e^{-\lambda x}\,(\cos(\lambda x) - \sin(\lambda x))$

$F_4\,(\lambda x) = e^{-\lambda x}\,\cos(\lambda x)$

Analog kann auch für den unendlich langen Balken das oben angegebene Gleichungssystem zur Bestimmung der Integrationskonstanten $C_i$ und der Biegelinie $w(x)$ herangezogen werden. Dies garantiert in allen Fällen eine korrekte Lösung der Verläufe. Die Angaben zum unendlich langen Balken stellen lediglich Näherungen der exakten Lösung im Definitionsbereich ($\lambda \cdot \ell > \pi$) dar.

*Anmerkung: Der elastisch gebettete Balken kann auch vereinfacht für die Annahme von* $EI \rightarrow \infty$ *unabhängig von der Bettungsziffer mit dem Spannungstrapezverfahren gelöst werden [Hir98]. Dies ist jedoch nicht Inhalt dieses Buches.*

## 11.2 Beispielaufgabe

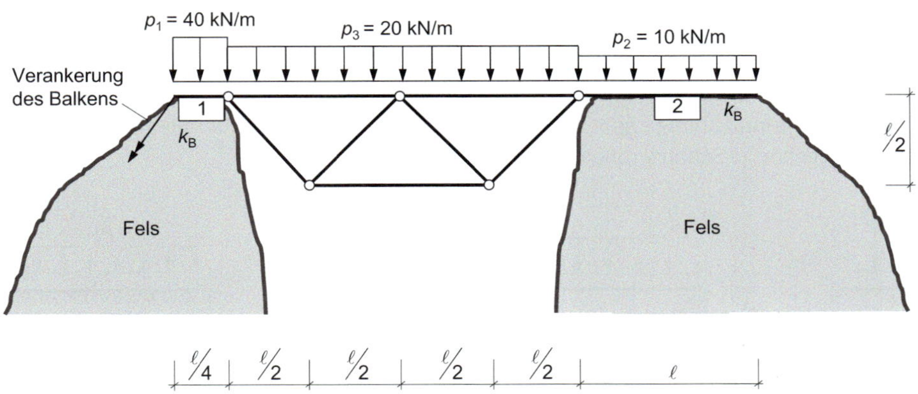


gegeben:

$EA \rightarrow \infty$

$EI_{1,2} = 1.000\,\text{kNm}^2$

$EI_{Rest} = 10.000\,\text{kNm}^2$

$k_B = 5.000\,\dfrac{\text{kN}}{\text{m}^3}$

$\ell = 8\,\text{m}$

a) Berechnen Sie alle Knotenverformungen des gegebenen idealisierten 2D-Systems.

b) Beurteilen Sie die Sinnhaftigkeit einer Verankerung am Ende von Stab 2, um ggf. eine erhöhte Brückenbelastung $p_3$ abzutragen.

Hinweise:

- Der gegebene Bodenaufbau auf dem Fels wirkt als elastische Bettung mit der Steifigkeit $k_B$.
- Die Verankerung des Balkens 1 kann als raumfestes Auflager idealisiert werden.

### 11.2.1 Verformungen am idealisierten 2D-System

Um die Verformungen ermitteln zu können, wird zuerst das idealisierte 2D-System vereinfacht.

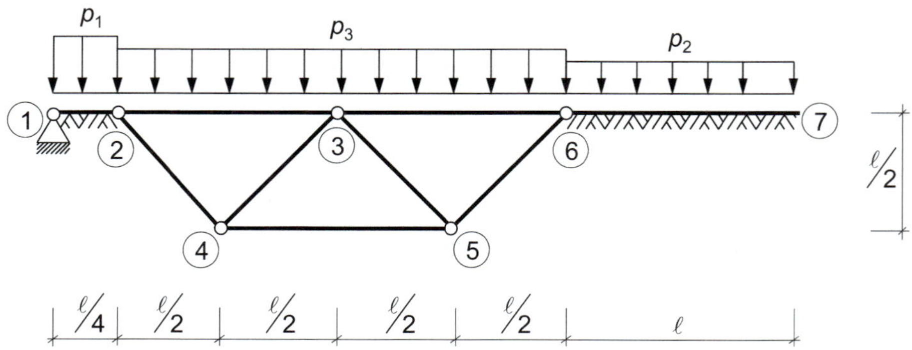


Idealisiertes 2D-System

Das gegebene System kann mit Vollschnitten in mehrere Teilsysteme zerlegt werden. Aus der Systemvereinfachung ergibt sich für die Brücke ein statisch bestimmter Einfeldträger, dessen zugehörige Schnittgrößen sich direkt bestimmen lassen.

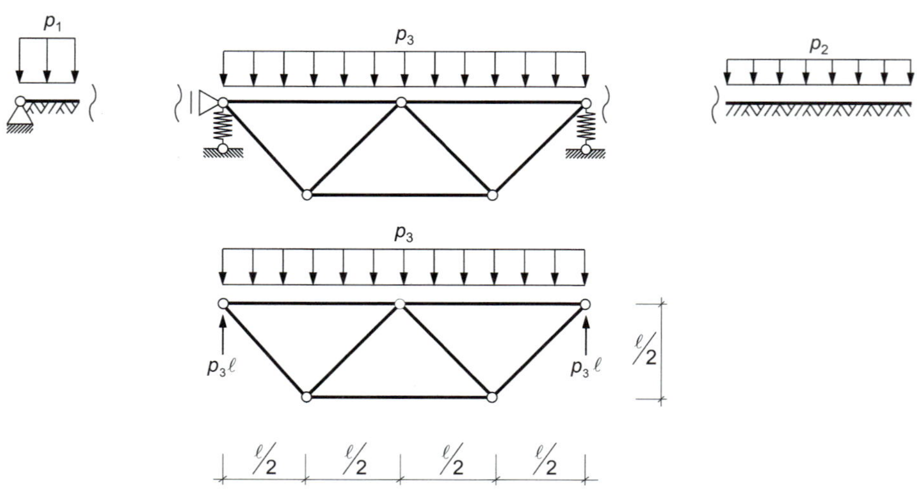


Teilsysteme und deren Belastungen

Aus den ermittelten Reaktionskräften der Brücke ergeben sich nachfolgende Schnittgrößen:

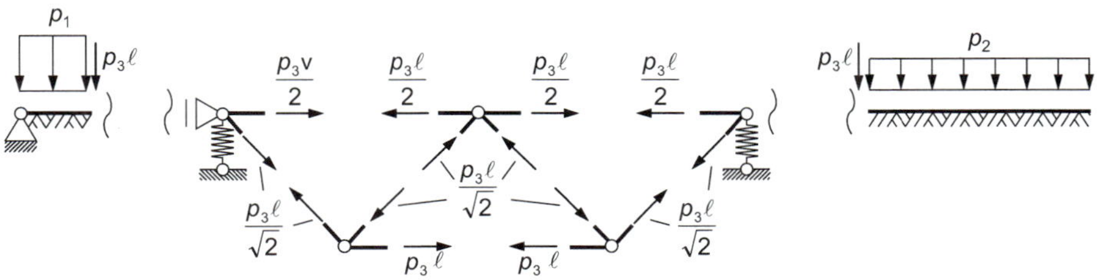

Schnittgrößen

## Geometrisch bestimmte Grundsysteme

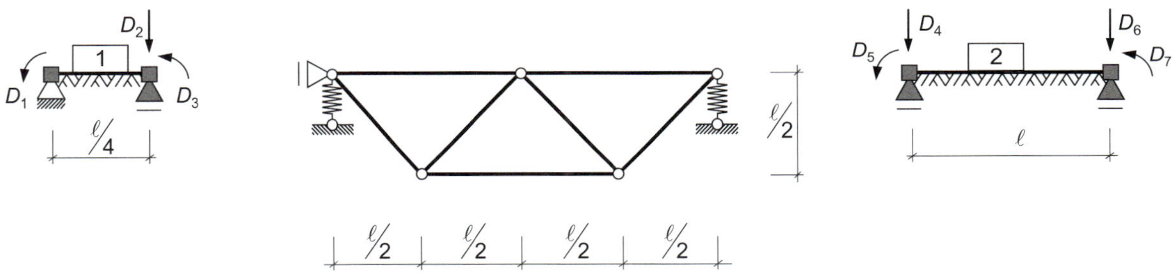

Geometrisch bestimmte Grundsysteme der elastischen Balken 1 und 2

Die elastischen Balken 1 und 2 sind für die gegebene Belastung der Brücke kinematisch unabhängig, daher kann eine getrennte Berechnung für diese erfolgen. Es müssen lediglich die Reaktionskräfte aus der Brücke (Kräfte der beiden Senkfedern) berücksichtigt werden.

**Balken 1:**

$$\lambda_1 = \sqrt[4]{\frac{k_{B,1}}{4EI}} = \sqrt[4]{\frac{5.000}{4 \cdot 1.000}} = 1{,}057 \qquad \rightarrow \qquad \lambda_1 \cdot \frac{\ell}{4} = 1{,}057 \cdot 2 = 2{,}114 = \begin{Bmatrix} \geq 0 \\ \leq \pi \end{Bmatrix}$$

Mit $\lambda \cdot \ell < \pi$ erfolgt die Annahme eines mittellangen Balkens, somit ist die exakte Lösung des gebetteten Balkens für eine weitere Berechnung nötig.

**Balken 2:**

$$\lambda_2 = \sqrt[4]{\frac{k_{B,2}}{4EI}} = \sqrt[4]{\frac{5000}{4 \cdot 1000}} = 1{,}057 \qquad \rightarrow \qquad \lambda_2 \cdot \ell = 1{,}057 \cdot 8 = 8{,}456 \geq \pi$$

Für $\lambda \cdot \ell > \pi$ kommt es zur Entkopplung der Stabenden. Daher kann Balken 2 mit den Näherungslösungen für den unendlich langen Balken ($\lambda \cdot \ell \rightarrow \infty$) gerechnet werden.

**Balken 1:**

Der mittellange Balken 1 wird mit der exakten Lösung der DGL berechnet:

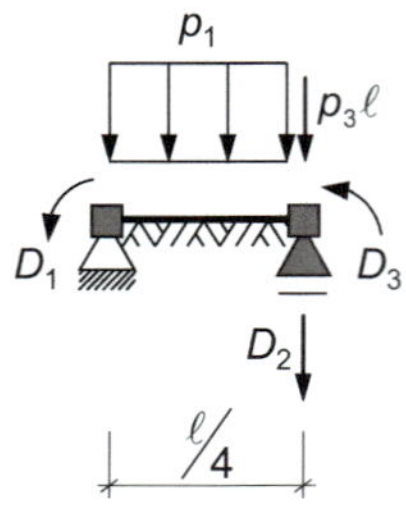


Geometrisch bestimmtes Grundsystem für den Balken 1

Die Gleichungen der exakten Lösung für die Festhaltekräfte ergeben sich zu:

$$S = \sinh(\lambda_1 \ell_1) = \frac{1}{2}\left(e^{(\lambda_1 \ell_1)} - e^{-(\lambda_1 \ell_1)}\right) = \frac{1}{2}\left(e^{2{,}114} - e^{-2{,}114}\right) = 4{,}08$$

$$C = \cosh(\lambda_1 \ell_1) = \frac{1}{2}\left(e^{(\lambda_1 \ell_1)} + e^{-(\lambda_1 \ell_1)}\right) = \frac{1}{2}\left(e^{2{,}114} + e^{-2{,}114}\right) = 4{,}20$$

$$s = \sin(\lambda_1 \ell_1) = \sin(2{,}114) = 0{,}856$$
$$c = \cos(\lambda_1 \ell_1) = \cos(2{,}114) = -0{,}517$$

Berechnung der *k*- und *f*-Werte für die Steifigkeitsmatrix und den Lastvektor:

$$k_1 = 2\lambda_1^2 (SC + sc) = 2 \cdot 1{,}057^2 \cdot \left(4{,}08 \cdot 4{,}2 + 0{,}856 \cdot (-0{,}517)\right) = 37{,}30$$
$$k_2 = SC - sc = 4{,}08 \cdot 4{,}2 - 0{,}856 \cdot (-0{,}517) = 17{,}58$$
$$k_3 = \lambda_1 (S^2 + s^2) = 1{,}057 \cdot (4{,}08^2 + 0{,}856^2) = 18{,}37$$
$$k_4 = 2\lambda_1 Ss = 2 \cdot 1{,}057 \cdot 4{,}08 \cdot 0{,}856 = 7{,}38$$
$$k_5 = 2\lambda_1^2 (Cs + Sc) = 2 \cdot 1{,}057^2 \cdot \left(4{,}2 \cdot 0{,}856 + 4{,}08 \cdot (-0{,}517)\right) = 3{,}32$$
$$k_6 = Cs - Sc = 4{,}2 \cdot 0{,}856 - 4{,}08 \cdot (-0{,}517) = 5{,}70$$

$$f = \frac{2EI_1 \cdot \lambda_1}{S^2 - s^2} = \frac{2 \cdot 1000 \cdot 1{,}057}{4{,}08^2 - 0{,}856^2} = 132{,}84$$

$$f_0 = \frac{p_1}{2\lambda_1^2 \cdot (S + s)} = \frac{40}{2 \cdot 1{,}057^2 \cdot (4{,}08 + 0{,}856)} = 3{,}63$$

## Lastzustand

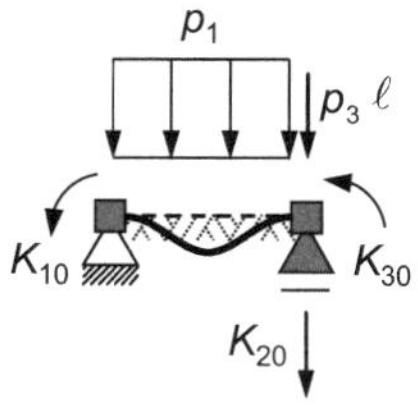


Lastzustand des elastisch gebetteten Balken 1

$$K_{10} = f_0 \cdot (S - s) = 3{,}63 \cdot (4{,}08 - 0{,}856) = 11{,}70$$

$$K_{20} = f_0 \cdot (-2\lambda)(C - c) - p_3 \cdot \ell = 3{,}63 \cdot (-2 \cdot 1{,}057) \cdot (4{,}2 - (-0{,}517)) - 160 = -196{,}20$$

$$K_{30} = f_0 \cdot (-S + s) = 3{,}63 \cdot (-4{,}08 + 0{,}857) = -11{,}70$$

## Einheitsverschiebungszustände des elastisch gebetteten Balkens 1 (exakte Lösung)

$D_1 = 1$

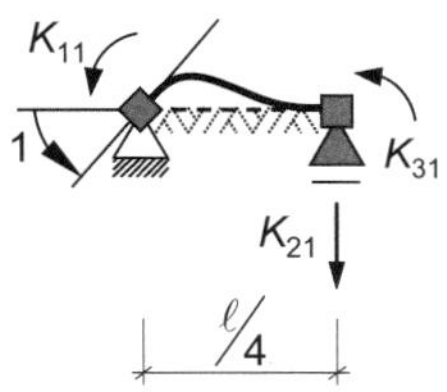


$$K_{11} = f \cdot k_2 = 132{,}84 \cdot 17{,}58 = 2335{,}33$$

$$K_{21} = f \cdot k_4 = 132{,}84 \cdot 7{,}38 = 980{,}36$$

$$K_{31} = f \cdot k_6 = 132{,}84 \cdot 5{,}70 = 757{,}19$$

$D_2 = 1$

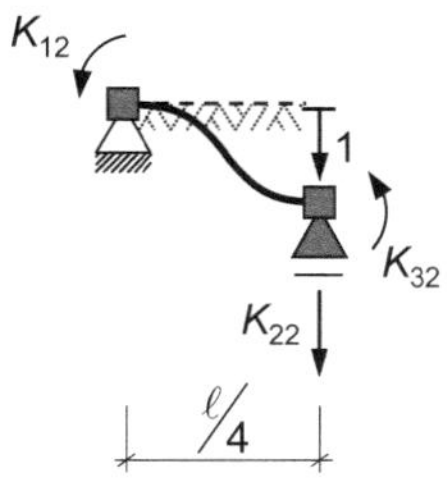


$$K_{12} = f \cdot k_4 = 132{,}84 \cdot 7{,}38 = 980{,}36$$

$$K_{22} = f \cdot k_1 = 132{,}84 \cdot 37{,}3 = 4954{,}93$$

$$K_{32} = f \cdot k_3 = 132{,}84 \cdot 18{,}37 = 2440{,}27$$

$D_3 = 1$

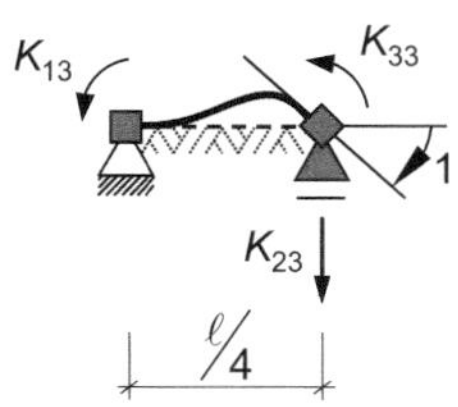


$$K_{13} = f \cdot k_6 = 132{,}84 \cdot 5{,}7 = 757{,}19$$

$$K_{23} = f \cdot k_3 = 132{,}84 \cdot 18{,}37 = 2440{,}27$$

$$K_{33} = f \cdot k_2 = 132{,}84 \cdot 17{,}58 = 2335{,}33$$

### Steifigkeitsmatrix

Gleichgewicht am Balken 1:

$$\begin{bmatrix} K_{11} & K_{12} & K_{13} \\ K_{21} & K_{22} & K_{23} \\ K_{31} & K_{32} & K_{33} \end{bmatrix} \cdot \begin{bmatrix} D_1 \\ D_2 \\ D_3 \end{bmatrix} = \begin{bmatrix} -K_{10} \\ -K_{20} \\ -K_{30} \end{bmatrix} \Rightarrow \begin{bmatrix} 2335{,}33 & 980{,}36 & 757{,}19 \\ 980{,}36 & 4954{,}93 & 2440{,}27 \\ 757{,}19 & 2440{,}27 & 2335{,}33 \end{bmatrix} \cdot \begin{bmatrix} D_1 \\ D_2 \\ D_3 \end{bmatrix} = \begin{bmatrix} -11{,}70 \\ 196{,}20 \\ 11{,}70 \end{bmatrix}$$

$D_1$ = -0,0144 rad $D_2$ = 0,0776 m $D_3$ = -0,0714 rad

### Balken 2:

Für Balken 2 wird die Näherungslösung für den unendlich langen gebetteten Balken verwendet.

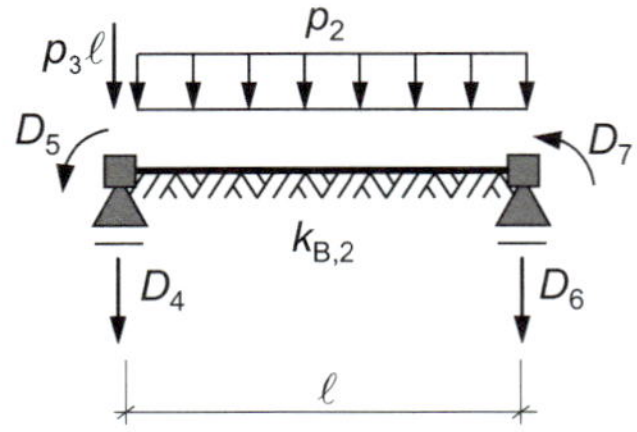


Geometrisch bestimmtes Grundsystem des elastisch gebetteten Balken 2

Da der Balken 2 als unendlich langer Balken gerechnet werden darf und am rechten Knoten keine Einzelbelastung und keine Auflager angeordnet sind, lassen sich die unbekannten $D_6$ und $D_7$ direkt bestimmen. Der Balken wird sich hier gleichmäßig setzen. Die Verschiebung entspricht somit Kraft durch Federhärte ($w = p_2/k_{B,2}$) und der Balken wird sich dort nicht verdrehen ($D_7 = 0$).

$$D_6 = \frac{p_2}{k_{B,2}} = \frac{10}{5000} = 0{,}002\ \text{m} \qquad D_7 = 0\ \text{rad}$$

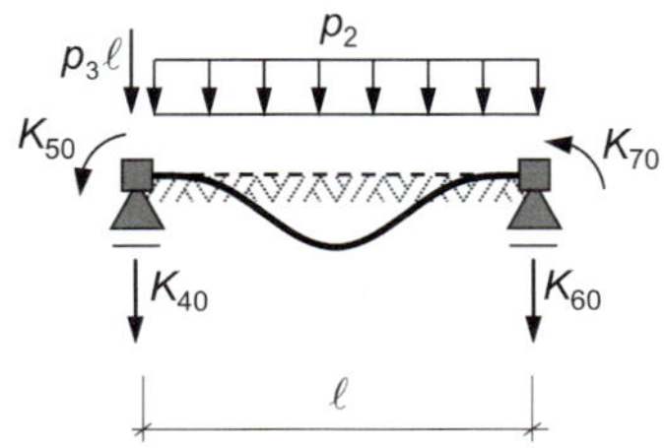


Lastzustand des Balken 2

$$K_{40} = -\frac{p_2}{\lambda_2} - p_3 \cdot \ell = -\frac{10}{1{,}057} - 20 \cdot 8 = -169{,}46$$

$$K_{50} = \frac{p_2}{2\lambda_2^2} = \frac{10}{2 \cdot 1{,}057^2} = 4{,}48$$

### Einheitsverschiebungszustände des elastisch gebetteten Balkens 2

$D_4 = 1$

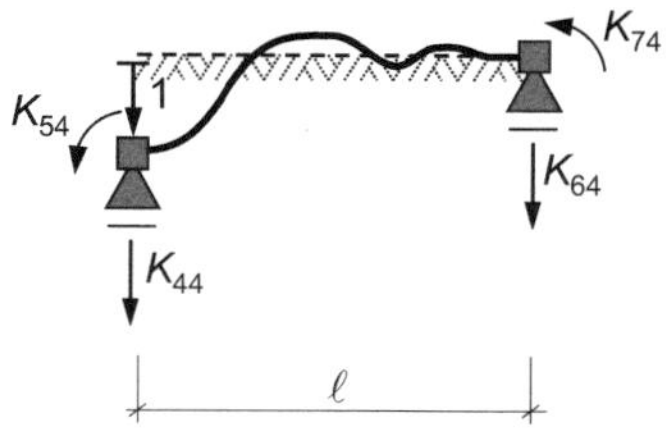


$$K_{44} = 4 \cdot \lambda_2^3 \cdot EI = 4 \cdot 1{,}057^3 \cdot 1000 = 4723{,}73$$

$$K_{54} = -2 \cdot \lambda_2^2 \cdot EI = -2 \cdot 1{,}057^2 \cdot 1000 = -2234{,}5$$

$D_5 = 1$

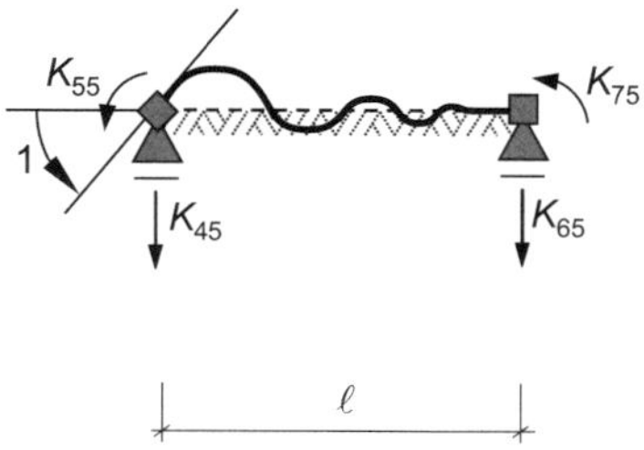


$$K_{45} = -2 \cdot \lambda_2^2 \cdot EI = -2234{,}5$$

$$K_{55} = 2 \cdot \lambda_2 \cdot EI = 2114$$

### Steifigkeitsmatrix

Gleichgewicht am Balken 2:

$$\begin{bmatrix} K_{44} & K_{45} \\ K_{54} & K_{55} \end{bmatrix} \cdot \begin{bmatrix} D_4 \\ D_5 \end{bmatrix} = \begin{bmatrix} -K_{40} \\ -K_{50} \end{bmatrix} \quad \Rightarrow \quad \begin{bmatrix} 4.723{,}73 & -2.234{,}5 \\ -2.234{,}5 & 2.114 \end{bmatrix} \cdot \begin{bmatrix} D_4 \\ D_5 \end{bmatrix} = \begin{bmatrix} 169{,}46 \\ -4{,}48 \end{bmatrix}$$

$D_4 = 0{,}070$ m $\quad D_5 = 0{,}072$ rad $\quad D_6 = -0{,}002$ m $\quad D_7 = 0$ rad

Abschließend müssen die Verformungen des statisch bestimmten Einfeldträgers (Brücke) ermittelt werden. Aufgrund von $EA \to \infty$ kommt es zu keiner Längenänderung der Stäbe.

Daher kann die Gesamtverschiebung der Brücke durch Linearinterpolation von $D_{2,\,\text{Element 1}}$ und $D_{4,\,\text{Element 2}}$ bestimmt werden.

$$w_{\text{Mitte,Brücke}} = \frac{1}{2}\left(0{,}070 + 0{,}0776\right) = 0{,}0738$$

Die Gesamtverdrehung der Brücke setzt sich aus der Relativverschiebung von Balken 1 und 2 ($\varphi_1$) und aus der Verdrehung der Einzelbalken der Brücke infolge der Linienlast ($\varphi_2$) zusammen. Die Verdrehung aus den Stabendverschiebungen der Balken 1 und 2 kann wie folgt ermittelt werden.

$$\varphi_1 = \frac{D_{2,\,\text{Element1}} - D_{4,\,\text{Element2}}}{2\ell} = \frac{0{,}0776 - 0{,}0700}{2 \cdot 8} = 0{,}000475\left[\text{rad}\right]$$

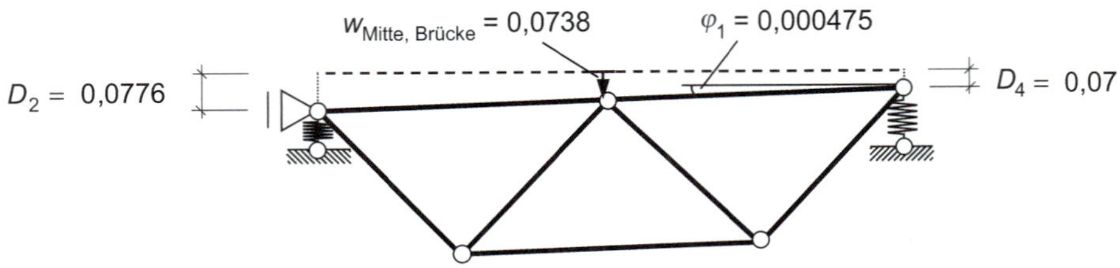


Die vier Knoten-Relativverdrehungen der durch $p_3$ belasteten Balken können mithilfe des Prinzips der virtuellen Kräfte (vgl. PvK, Kapitel 5) bestimmt werden. Aufgrund der Symmetrie des Einfeldträgers kann die Berechnung am Einfeldträger erfolgen.

real:

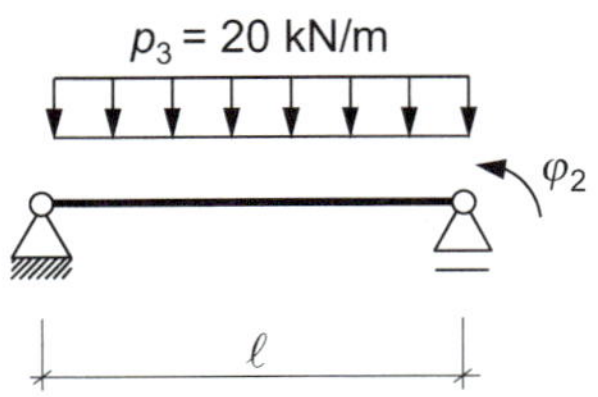


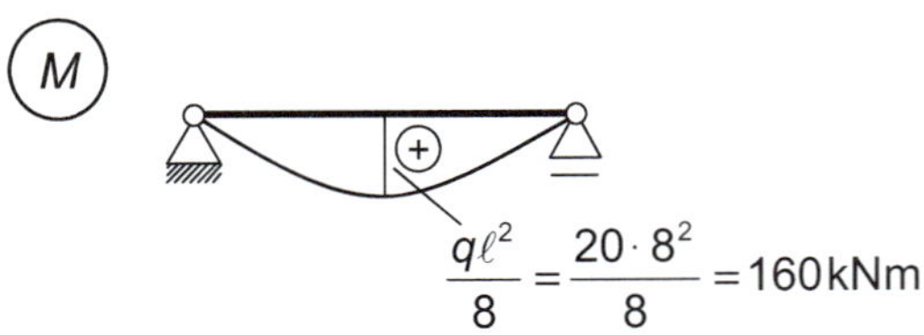


virtuell:

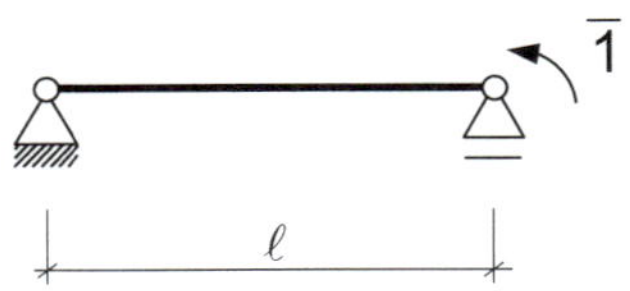


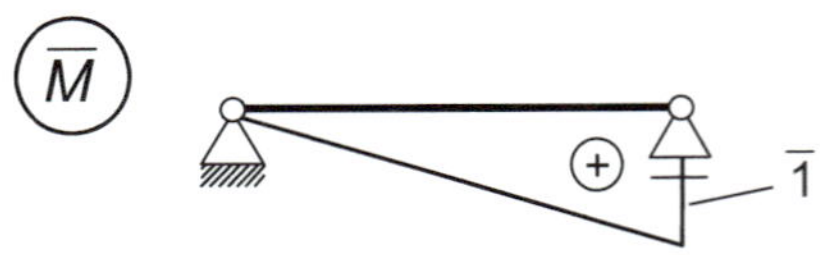


PvK:

$$\overline{1} \cdot \varphi_2 = \frac{1}{3} \cdot \overline{1} \cdot \frac{p_3 \ell^2}{8EI} \cdot \ell = \frac{p_3 \ell^3}{24EI}$$

$$\varphi_2 = \frac{20 \cdot 8^3}{24 \cdot 10.000} = 0{,}0427 \text{ rad}$$

Die maximale Gesamtverdrehung des Brückendecks ergibt sich daher zu:

$\varphi_{\text{Brückendeck, gesamt}} = \varphi_1 \pm \varphi_2 = 0{,}000475 \pm 0{,}0427$ rad

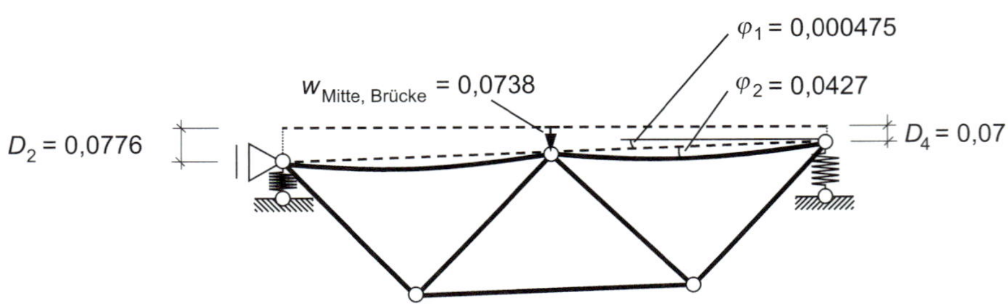

### 11.2.2 Verankerung des Balkens 2

Wie bereits gezeigt, hat ausschließlich die Bettungszahl und die Streckenlast $p_2$ einen Einfluss auf die Lösung am rechten Balkenende von Balken 2. Somit wird eine Verankerung an diesem Ende keinen Beitrag zur Lastabtragung einer erhöhten Brückenbelastung $p_3$ leisten und ist daher als unwirksam einzustufen.

## 11.3 Aufgaben

### Aufgabe 1

Schwierigkeitsgrad einfach

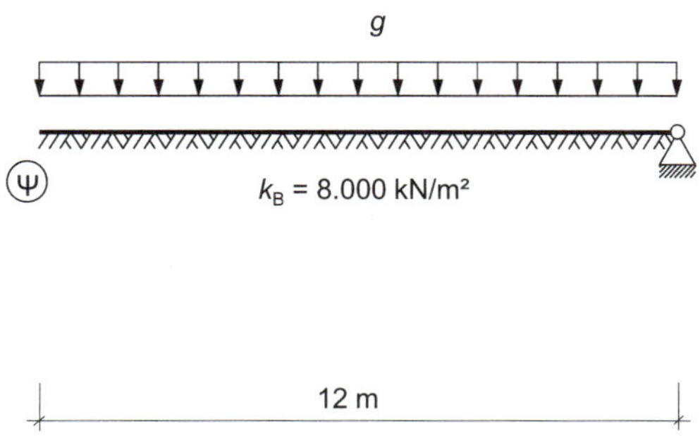


gegeben:
$g$ = 20 kN/m
$EI$ = 20.000 kNm²
$EA \to \infty$

a) Wie viele Freiheitsgrade besitzt das System unter Berücksichtigung von $EA \to \infty$?

b) Berechnen Sie die Knotenverformungen des Systems.

### Aufgabe 2

Schwierigkeitsgrad einfach

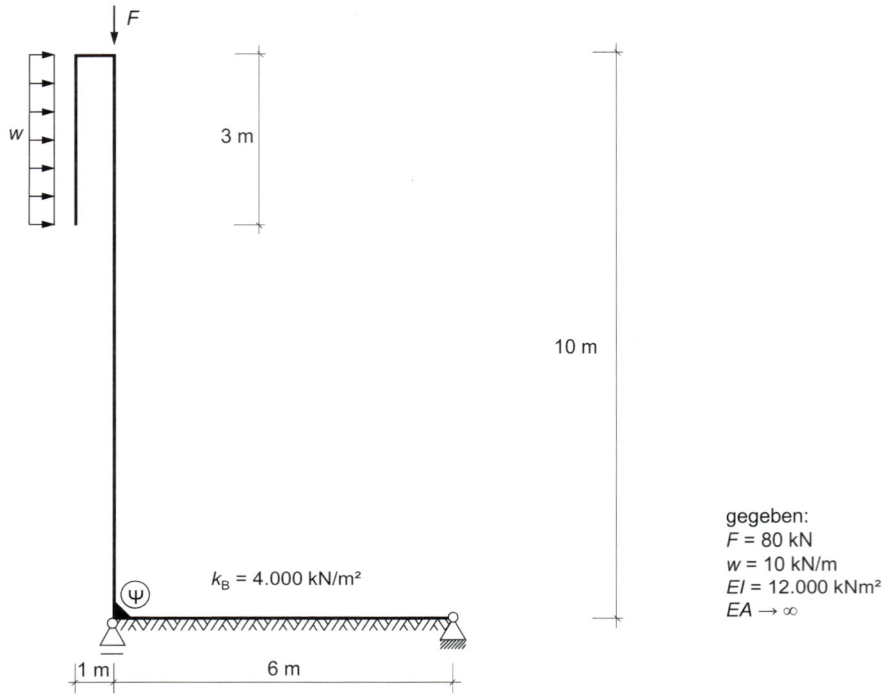


a) Vereinfachen Sie das System auf möglichst wenig Freiheitsgrade.

b) Bestimmen Sie den Momentenverlauf des gesamten Systems.

c) Wie weit verschiebt sich der oberste Punkt der Konstruktion horizontal?

## Aufgabe 3

Schwierigkeitsgrad einfach

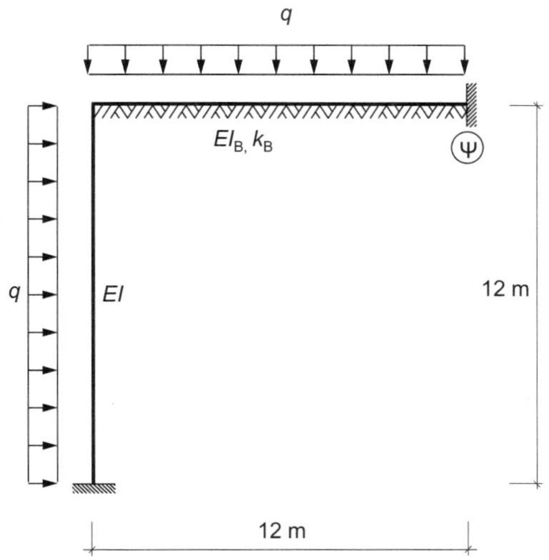


gegeben:
$q$ = 50 kN/m
$EI$ = 10.000 kNm²
$EI_B$ = 75 MNm²
$k_B$ = 30 MN/m²
$EA \rightarrow \infty$

a) Berechnen Sie die unbekannte Knotenverdrehung.
b) Skizzieren Sie die Momentenlinie des Systems.

## Aufgabe 4

Schwierigkeitsgrad einfach

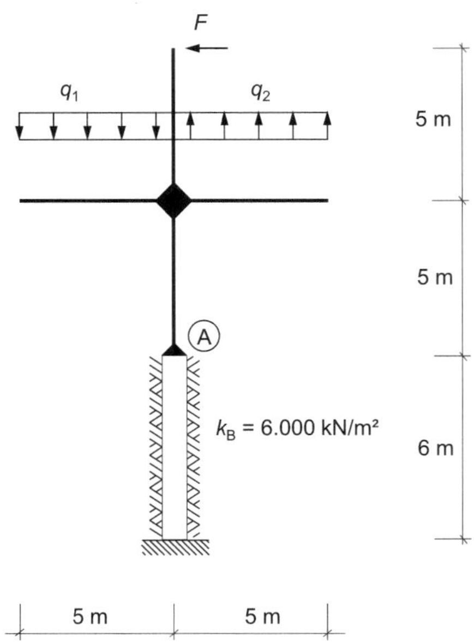


gegeben:
$F$ = 50 kN
$q_1$ = 25 kN/m
$q_2$ = 30 kN/m
$EI$ = 15.000 kNm²
$EA \rightarrow \infty$

a) Vereinfachen Sie das System soweit wie möglich.
b) Bestimmen Sie die Verdrehung am Knoten A.

Schwierigkeitsgrad
einfach

## Aufgabe 5

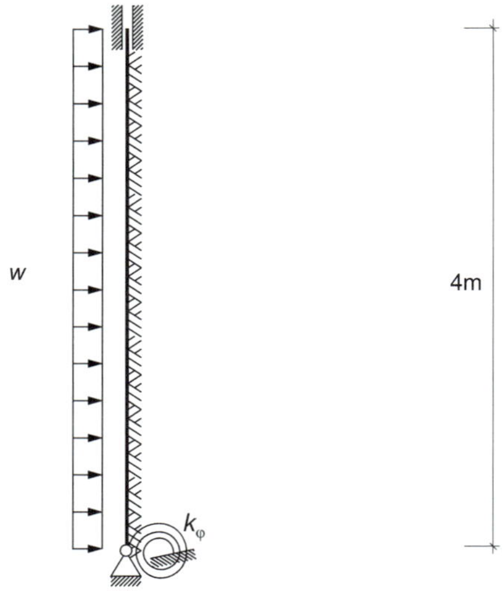


gegeben:
$w$ = 40 kN/m
$EI_B$ = 1600 kNm²
$k_B$ = 1.000 kN/m²
$EA \rightarrow \infty$
$k_\varphi$= 1.000 kNm/rad

a) Berechnen Sie die unbekannte Knotenverdrehung am unteren Auflager des Systems.

## Aufgabe 6

Schwierigkeitsgrad
einfach

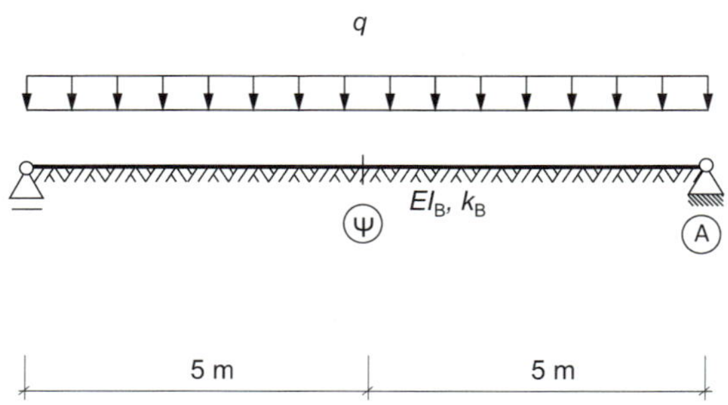


gegeben:
$q$ = 40 kN/m
$EI_B$ = 30 MNm²
$k_B$ = 45 MN/m²
$EA \rightarrow \infty$

a) Berechnen Sie die Knotenverformungen des Systems unter der gegebenen Belastung.

b) Wie groß ist die Durchsenkung in der Mitte des Trägers?

## Aufgabe 7

Schwierigkeitsgrad einfach

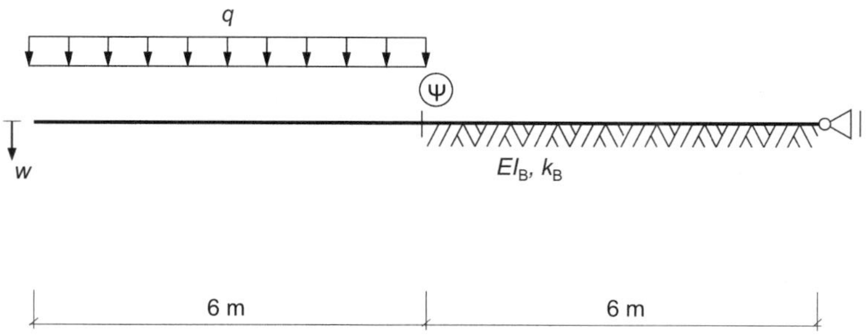


gegeben:
$q = 50$ kN/m
$EI = 150.000$ kNm²
$EI_B = 150$ MNm²
$k_B = 55$ MN/m²
$EA \rightarrow \infty$

a) Berechnen Sie die Momentenlinie unter der gegebenen Belastung.

b) Berechnen Sie die sich einstellende Durchsenkung $w$.

## Aufgabe 8

Schwierigkeitsgrad einfach

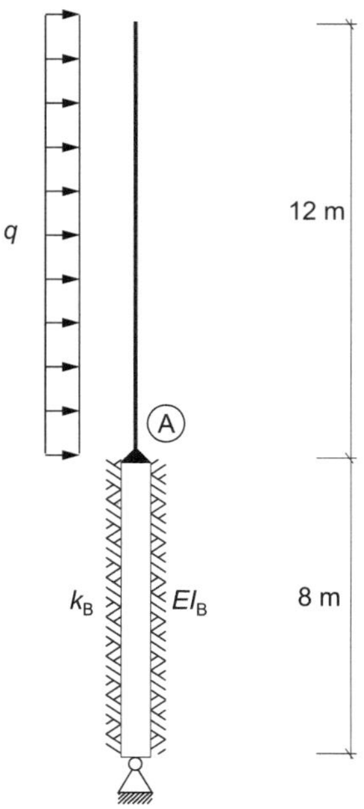


gegeben:
$q = 3$ kN/m
$EI = 20.000$ kNm²
$EI_B = 20$ MNm²
$k_B = 5$ MN/m²
$EA \rightarrow \infty$

a) Berechnen Sie die Knotenverdrehung am Pfahlkopf A.

## Aufgabe 9

Schwierigkeitsgrad einfach

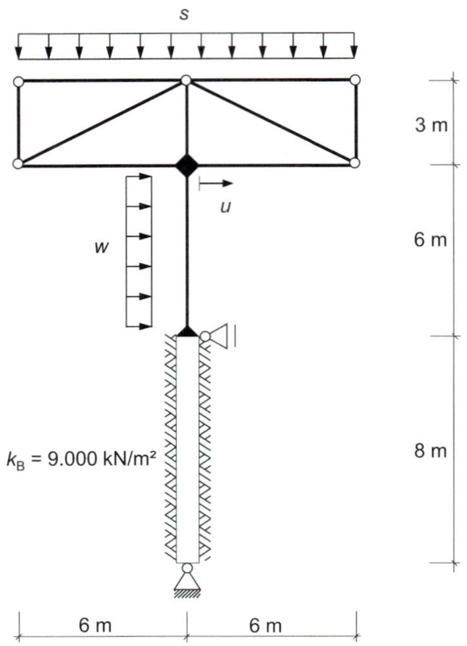


gegeben:
$s$ = 10 kN/m
$w$ = 5 kN/m
$EI$ = 80.000 kNm²
$EA \rightarrow \infty$

a) Berechnen Sie die horizontale Verschiebung $u$ der Überdachung.

## Aufgabe 10

Schwierigkeitsgrad einfach

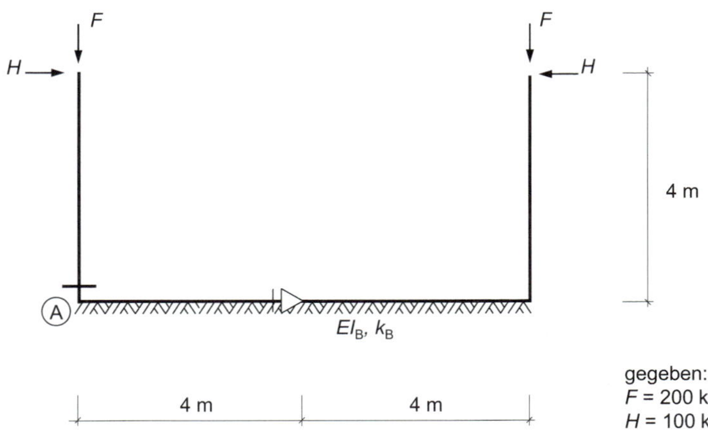


gegeben:
$F$ = 200 kN
$H$ = 100 kN
$EI$ = 10.000 kNm²
$EI_B$ = 25 MNm²
$k_B$ = 42 MN/m²
$EA \rightarrow \infty$

a) Berechnen Sie die Verformungen des Systems.

b) Ermitteln Sie die Schnittgrößen am Punkt A.

## Aufgabe 11

Schwierigkeitsgrad mittel

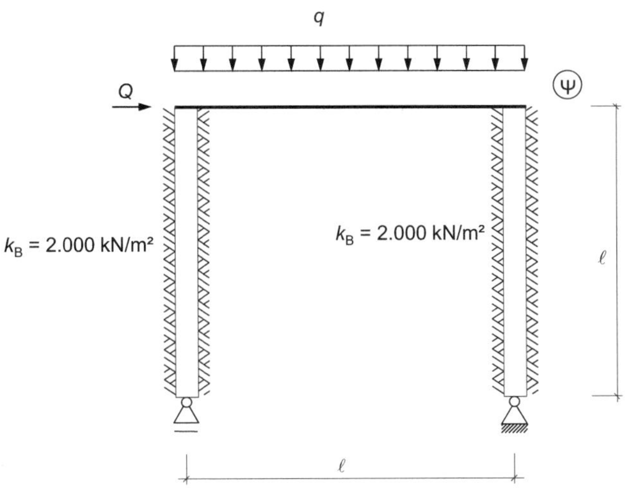


gegeben:
$q$ = 50 kN/m
$Q$ = 100 kN
$\ell$ = 8 m
$EI$ = 10.000 kNm²
$EA \to \infty$

a) Bestimmen Sie die Verformungen des Systems.

## Aufgabe 12

Schwierigkeitsgrad mittel

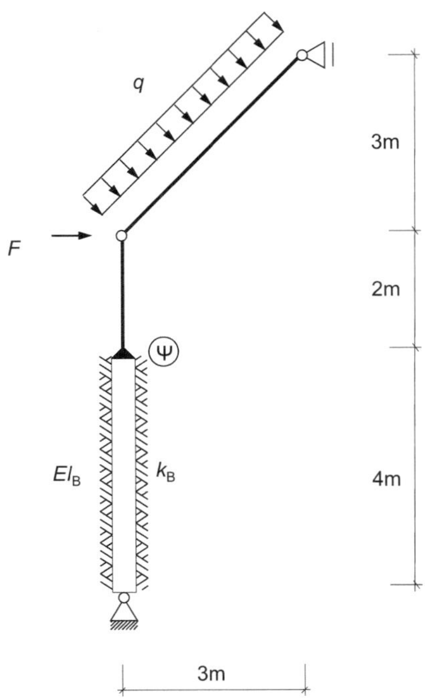


gegeben:
$q$ = 80 kN/m
$F$ = 10 kN
$EI$ = 1.000 kNm²
$EI_B$ = 50 MNm²
$k_B$ = 45 MN/m²
$EA \to \infty$

a) Berechnen Sie die Verschiebungen des Systems.

b) Bestimmen Sie die Schnittgrößenverläufe *M*, *V* und *N*.

## Aufgabe 13

Schwierigkeitsgrad
mittel

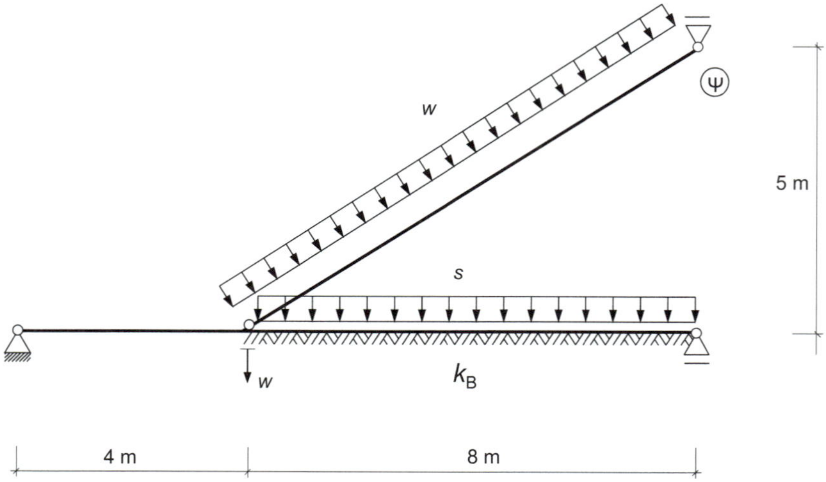


gegeben:
$w = 25$ kN/m
$s = 40$ kN/m
$EI = 25.000$ kNm²
$k_B = 4.000$ kN/m²
$EA \rightarrow \infty$

a) Berechnen Sie die Verschiebung $w$.

b) Bestimmen sie den Querkraftverlauf des Systems.

## Aufgabe 14

Schwierigkeitsgrad mittel

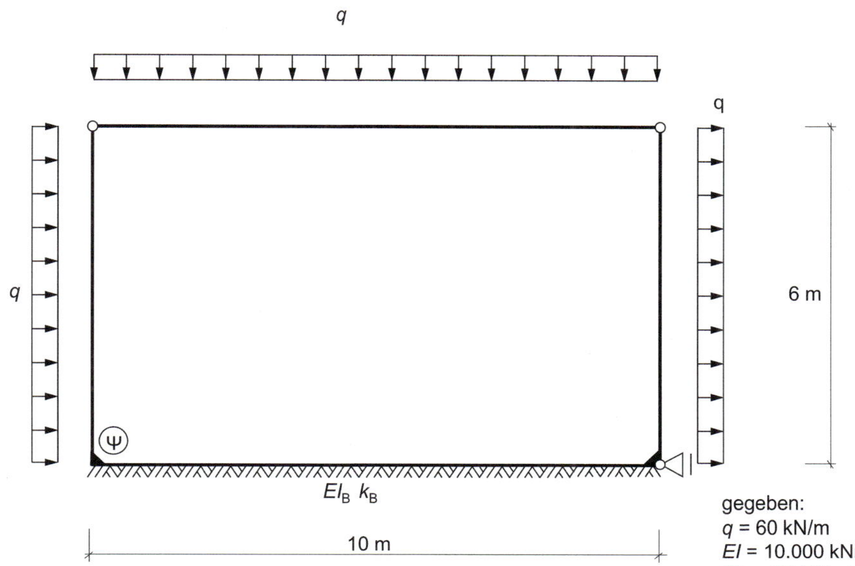


gegeben:
$q$ = 60 kN/m
$EI$ = 10.000 kNm²
$EI_B$ = 30 MNm²
$k_B$= 45 MN/m²
$EA \to \infty$

a) Berechnen Sie alle Knotenverformungen des Systems.

## Aufgabe 15

Schwierigkeitsgrad mittel

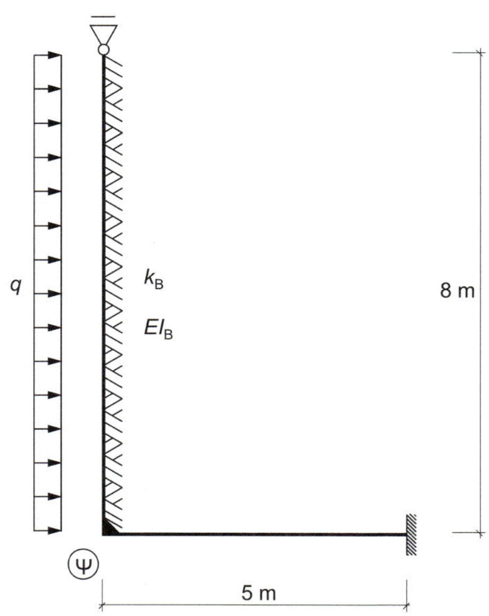


gegeben:
$q$ = 100 kN/m
$EI$ = 20 MNm²
$EI_B$ = 20 MNm²
$k_B$ = 30 MN/m²
$EA \to \infty$

a) Berechnen Sie die Knotenverformungen des Systems.

b) Berechnen Sie den Momentenverlauf des Systems.

## Aufgabe 16

Schwierigkeitsgrad mittel

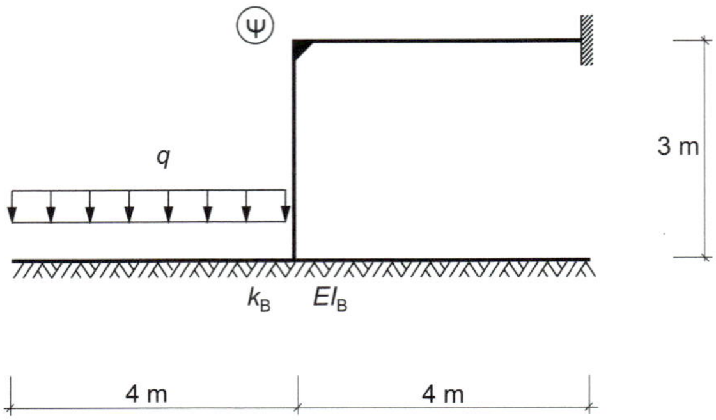


gegeben:
$q$ = 180 kN/m
$EI$ = 5.000 kNm²
$EI_B$ = 15 MNm²
$k_B$ = 30 MN/m²
$EA \to \infty$

a) Welchen Einfluss hat der nicht belastete Teil des elastisch gebetteten Balkens? Skizzieren Sie ein geeignetes Ersatzsystem.

b) Berechnen Sie die auftretenden Biegemomente.

## Aufgabe 17

Schwierigkeitsgrad mittel

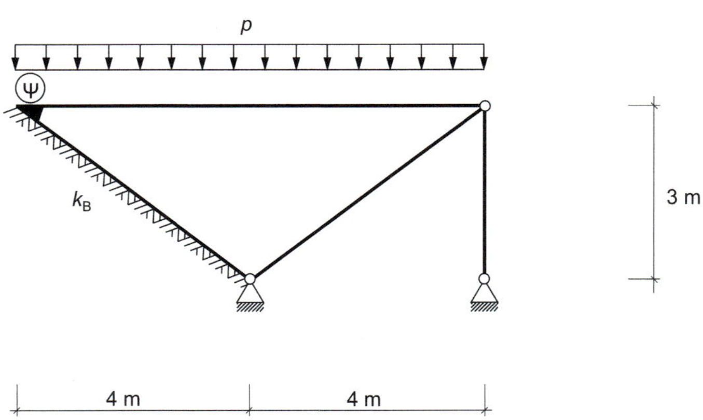


gegeben:
$p$ = 40 kN/m
$EI$ = 10.000 kNm²
$k_B$ = 8.000 kN/m²
$EA \to \infty$

a) Berechnen Sie alle Schnittgrößen des Systems.

## Aufgabe 18

Schwierigkeitsgrad mittel

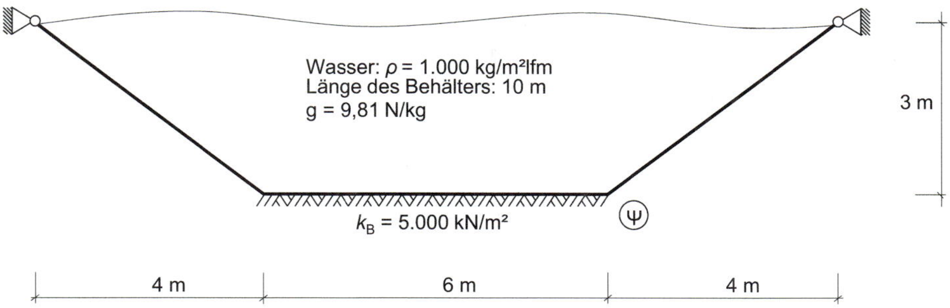


gegeben:
$EI = 35.000$ kNm²
$EA \to \infty$

a) Bestimmen Sie die Streckenlasten, die auf das Becken wirken.

b) Berechnen Sie den Momentenverlauf des Systems.

## Aufgabe 19

Schwierigkeitsgrad mittel

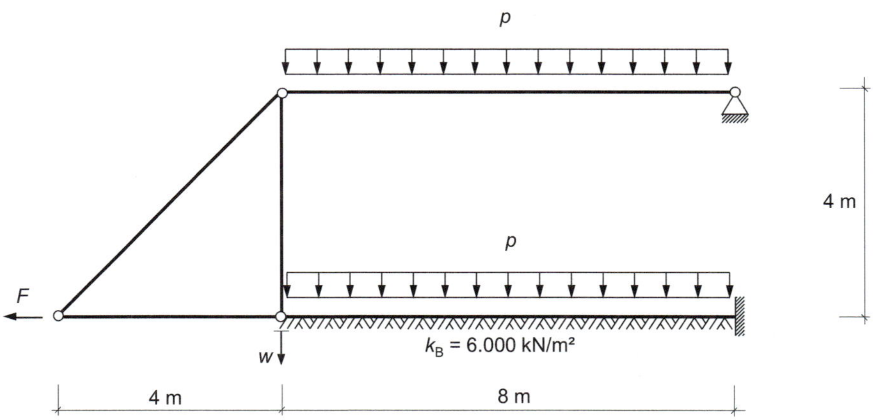


gegeben:
$F = 40$ kN
$p = 50$ kN/m
$EI = 45.000$ kNm²
$EA \to \infty$

a) Vereinfachen Sie das System. Wie viele Freiheitsgrade besitzt das vereinfachte System?

b) Berechnen Sie die Verschiebung $w$.

## Aufgabe 20

Schwierigkeitsgrad mittel

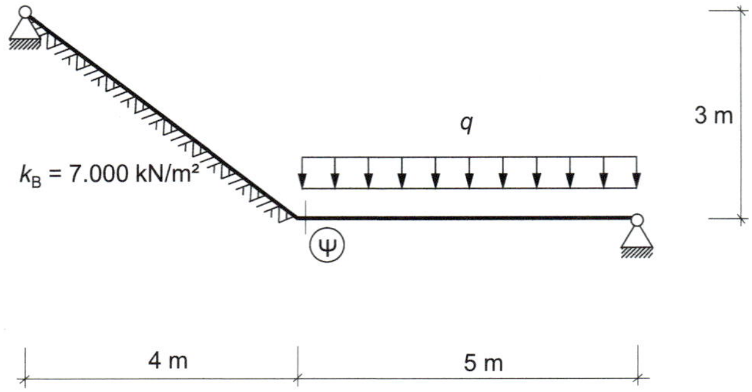


gegeben:
$q$ = 35 kN/m
$EI$ = 25.000 kNm²
$EA \to \infty$

a) Berechnen Sie alle Verformungen des Systems.

b) Stellen Sie den Querkraftverlauf dar.

## Aufgabe 21

Schwierigkeitsgrad mittel

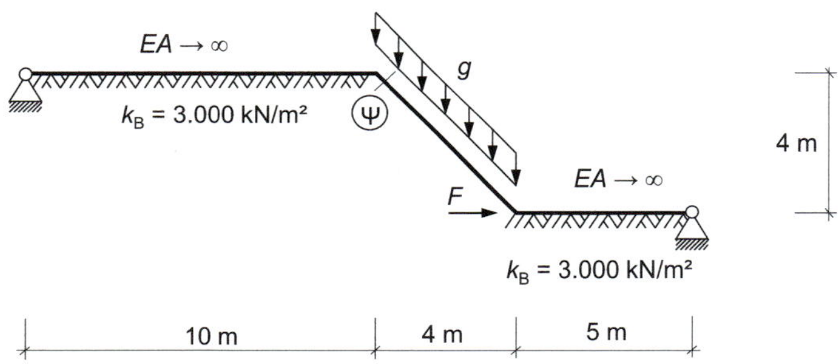


gegeben:
$F$ = 200 kN
$g$ = 40 kN/m
$EI$ = 50.000 kNm²
$EA$ = 1.000 kN

a) Bestimmen Sie den Momenten- und Querkraftverlauf des Systems.

## Aufgabe 22

Schwierigkeitsgrad
schwer

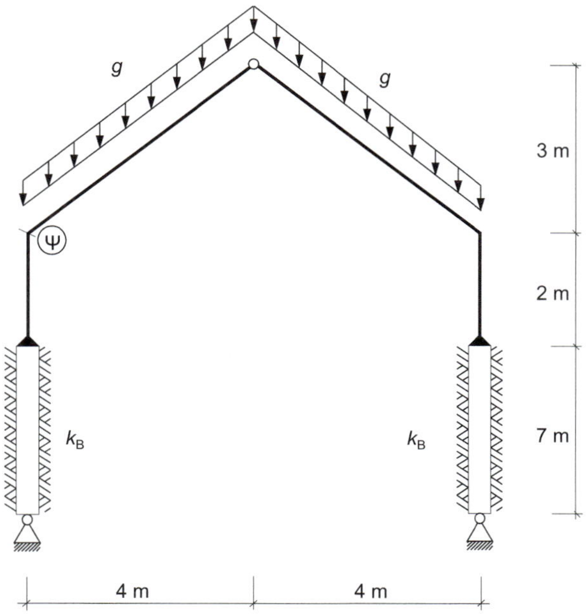


gegeben:
$g$ = 100 kN/m
$EI$ = 10.000 kNm²
$EA \to \infty$
$k_B$ = 20.000 kN/m²

a) Wie viele unabhängige Freiheitsgrade besitzt das System unter Berücksichtigung der Symmetrie?

b) Berechnen Sie die Verformungen des gesamten Systems.

## Aufgabe 23

Schwierigkeitsgrad
schwer

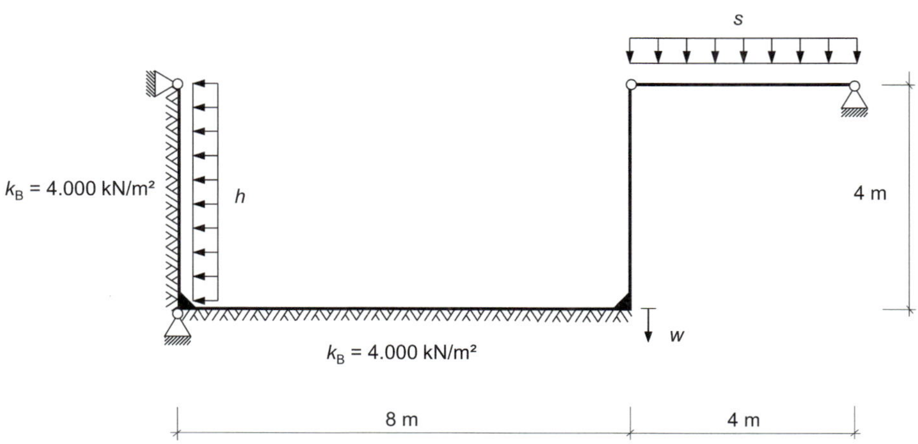


gegeben:
$h$ = 25 kN/m
$s$ = 40 kN/m
$EI$ = 25.000 kNm²
$EA \to \infty$

a) Berechnen Sie die unbekannte Verschiebung $w$.

### Aufgabe 24

Schwierigkeitsgrad
schwer

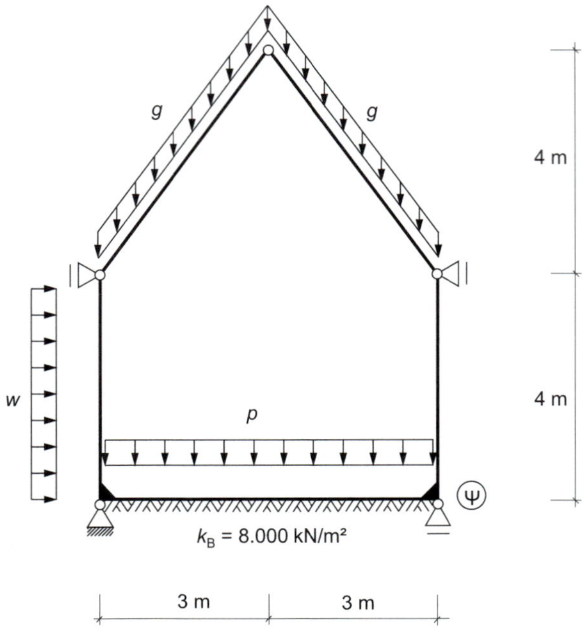


gegeben:
$p$ = 40 kN/m
$w$ = 25 kN/m
$g$ = 30 kN/m
$EI$ = 20.000 kNm²
$EA \rightarrow \infty$

a) Berechnen Sie den Momentenverlauf im Boden und in den Wänden der Konstruktion.

## Aufgabe 25

Schwierigkeitsgrad schwer

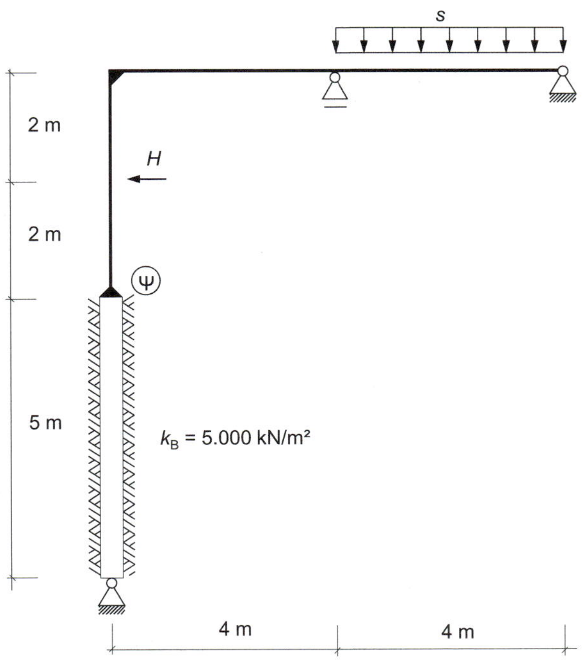


gegeben:
$H$ = 200 kN
$s$ = 40 kN/m
$EI$ = 20.000 kNm²
$EA \rightarrow \infty$

a) Berechnen sie alle Knotenverformungen.

b) Berechnen Sie den Querkraftverlauf.

## Aufgabe 26

Schwierigkeitsgrad schwer

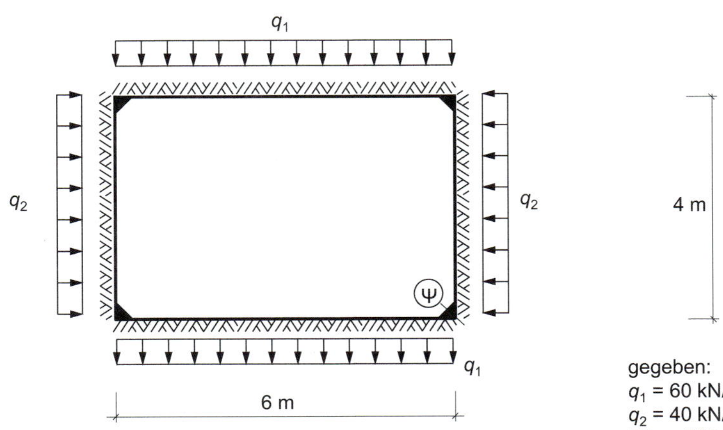


gegeben:
$q_1$ = 60 kN/m
$q_2$ = 40 kN/m
$EI_B$ = 500 KNm²
$k_B$ = 3000 KN/m²
$EA \rightarrow \infty$

a) Skizzieren Sie qualitativ die Verschiebungsfigur des Systems.

b) Berechnen Sie alle Knotenverformungen des Systems.

## Aufgabe 27

Schwierigkeitsgrad
schwer

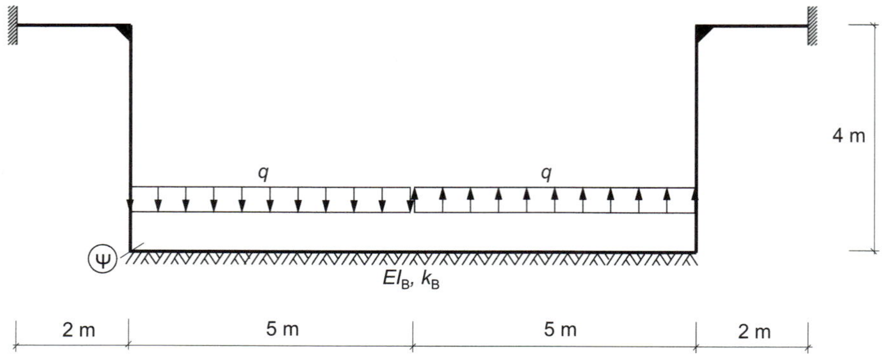


gegeben:
$q$ = 150 kN/m
$EI$ = 10.000 kNm²
$EI_B$ = 20 MNm²
$k_B$ = 20 MN/m²
$EA \to \infty$

a) Welches vereinfachte Ersatzsystem lässt sich für das dargestellte System finden?
b) Berechnen Sie die Knotenverformungen des Systems.

## Aufgabe 28

Schwierigkeitsgrad
schwer

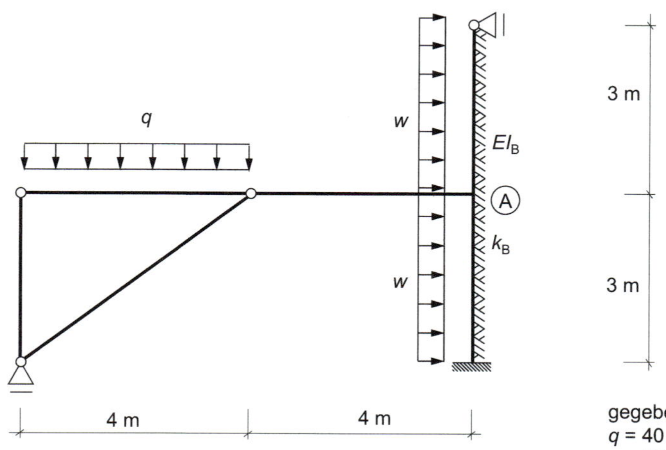


gegeben:
$q$ = 40 kN/m
$w$ = 20 kN/m
$EI$ = 10.000 kNm²
$EI_B$ = 20 MNm²
$k_B$ = 10 MN/m²
$EA \to \infty$

a) Berechnen Sie alle Knotenverformungen des Systems.
b) Berechnen Sie die Momente am Knoten A.

## Aufgabe 29

Schwierigkeitsgrad
schwer

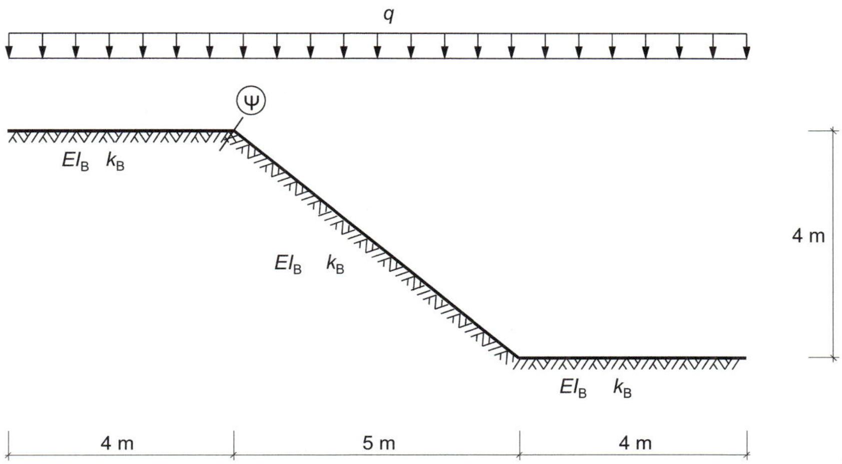


gegeben:
$q = 30$ kN/m
$EI_B = 90$ MNm²
$k_B = 45$ MN/m²
$EA \to \infty$

a) Berechnen Sie die Verschiebungen und Verdrehungen des Systems.

## Aufgabe 30

Schwierigkeitsgrad
schwer

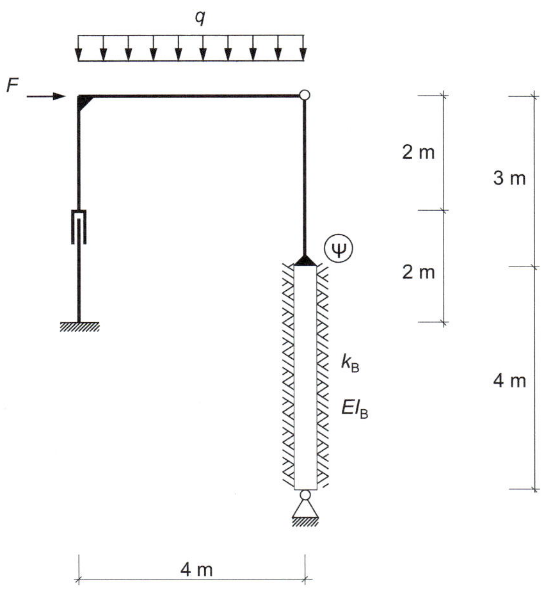


gegeben:
$q = 60$ kN/m
$F = 120$ kN
$EI = 10.000$ kNm²
$EI_B = 40$ MNm²
$k_B = 70$ MN/m²
$EA \to \infty$

a) Berechnen Sie den Momentenverlauf des Systems.

## 11.4 Lösungen

| Aufgabe | a) | Ort | b) | Ort | c) | Ort |
|---|---|---|---|---|---|---|
| 1 | 3 | | $\varphi$ = 0 rad;<br>$w$ = 0,0025 m | ψ | | |
| 2 | | | $M$ = 255 kNm | ψ | $u$ = 0,844 m | |
| 3 | $\varphi$ = 0,005943 rad | | $M$ = -79,07 kNm | ψ | | |
| 4 | | | $\varphi$ = 0,1452 rad | A | | |
| 5 | $\varphi$ = −0,01355 rad | | | | | |
| 6 | $\varphi$ = 0,695 mrad | A | $w$ = 0,889 mm | ψ | | |
| 7 | $M$ = − 900 kNm | ψ | $w$ = 0,155 m | | | |
| 8 | $\varphi$ = −0,0253 rad | | | | | |
| 9 | $u$ = 0,0184 m | | | | | |
| 10 | $\varphi_A$ = − 0,0137 rad | A | $M$ = 400 kNm ;<br>$V$ = 100 kN ;<br>$N$ = −200 kN | A | | |
| 11 | $u$ = 0,016 m ;<br>$\varphi$ = 0,018 rad | ψ | | | | |
| 12 | $u$ = 0,72 mm | ψ | $M$ = −20 kNm ;<br>$V$ = 10 kN ;<br>$N$ = −240 kN | ψ | | |
| 13 | $w$ = 1,46 cm | | $V$ = −117,9 kN | ψ | | |
| 14 | $w$ = −1,99 cm<br>$\varphi$ = −39,3 mrad | ψ | | | | |
| 15 | $\varphi$ = −1,726 mrad | ψ | $M$ = 27,6 KNm | ψ | | |
| 16 | | | $M$ = −1,7 kNm | ψ | | |
| 17 | $M$ = − 250 kNm;<br>$V$ = 191 kN;<br>$N$ = −24 kN | ψ | | | | |
| 18 | $p$ = 294,3 kN/m | | $M$ = −572,3 kNm | ψ | | |
| 19 | 2 | | $w$ = 0,0377 m | | | |
| 20 | $\varphi$ = −2,7 mrad | ψ | $V$ = 101 kN | ψ | | |
| 21 | $M$ = 42,8 kNm ;<br>$V$ = 80 kN | ψ | | | | |
| 22 | 6 | | $u$ = −0,05987 m ;<br>$\varphi$ = −0,00282 rad | ψ | | |
| 23 | $w$ = 1,23 cm | | | | | |
| 24 | $M$ = −27,5 kNm | ψ | | | | |

| Aufgabe | a) | Ort | b) | Ort | c) | Ort |
|---|---|---|---|---|---|---|
| 25 | $u = -0{,}011 m$<br>$\varphi = 0{,}0045$ rad | ψ | Q = −65,81 KN | ψ | | |
| 26 | | | $w = 0{,}02$ m<br>$\varphi = 7{,}65$ mrad | ψ | | |
| 27 | | | $u = -1{,}18$ cm<br>$w = 5{,}68$ mm<br>$\varphi = -1{,}88$ mrad | ψ | | |
| 28 | $\varphi = 5{,}79$ mrad | A | $M_{unten} = 173{,}1$ kNm<br>$M_{oben} = 146{,}9$ kNm<br>$M_{links} = 320$ kNm | A | | |
| 29 | $u = 5{,}3$ mm;<br>$w = 2{,}6$ mm;<br>$\varphi = -1{,}1$ mrad | ψ | | | | |
| 30 | $M = 111$ kNm | ψ | | | | |

# 12 Verschiebungsgrößenverfahren nach Theorie II. Ordnung

Videos zu diesem Kapitel finden Sie unter

## 12.1 Grundlagen zum Verschiebungsgrößenverfahren nach Theorie II. Ordnung

Das Verschiebungsgrößenverfahren nach Theorie II. Ordnung (Th.II.O.) ist die Weiterführung des Kapitels Verschiebungsgrößenverfahren (Kapitel 10). Bei Theorie I. Ordnung wird das Gleichgewicht am unverformten System gebildet und der Zusammenhang zwischen Verschiebungen und Verzerrungen als linear angenommen. Hingegen werden bei der Berechnung nach Theorie II. Ordnung das Gleichgewicht am ausgelenkten System gebildet und eine nichtlineare Kinematik zugrunde gelegt. Durch die daraus entstehende nichtlineare Differentialgleichung gilt das Superpositionsprinzip nicht mehr.

Das Stoffgesetz, also der Zusammenhang zwischen Spannungen und Dehnungen, bleibt im Rahmen dieses Kapitels linear.

Die Schnittgrößen $N$ und $V$ richten sich bei Th.II.O. an der verformten Achse des Balkens aus. Zusätzlich werden Hilfskräfte eingeführt, die sich an der unverformten Achse orientieren. Sie werden als Stablängskraft $S$ und Transversalkraft $\tilde{V}$ bezeichnet. Die Größe und das Vorzeichen der Stablängskraft $S$ ist ein wichtiges Indiz für den Grad der Nichtlinearität des Tragwerksverhaltens.

Der Zusammenhang zwischen $N$, $V$, $S$, und $\tilde{V}$ wird in nachstehender schematischer Zeichnung an einem ursprünglich geraden und horizontalen Balken am positiven Schnittufer gezeigt.

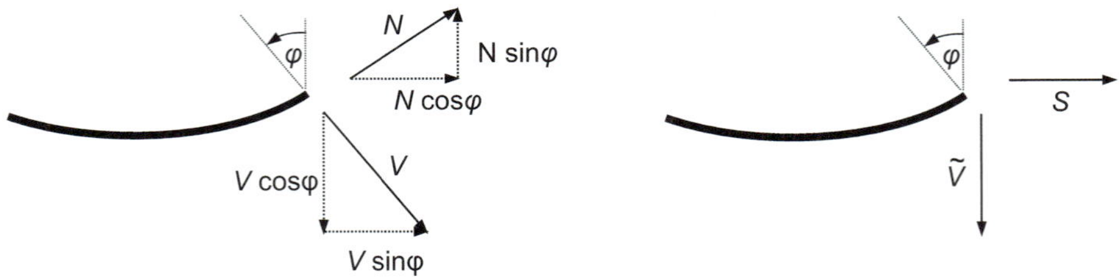


Zusammenhang zwischen $N$, $V$, $S$, und $\tilde{V}$

Es gelten weiterhin, wie bei Theorie I. Ordnung, die Kleinwinkelnäherungen $\tan \varphi \approx \sin \varphi \approx \varphi$ und $\cos \varphi \approx 1$. Durch die Annahmen der Kleinwinkelnäherung und die Annahme, dass Normalkräfte viel größer als die Querkräfte sind, ergeben sich weitere Vereinfachungen für die Zusammenhänge der Kräfte:

$S = N + V\varphi \approx N$

$\tilde{V} = V - N\varphi \approx V - S\varphi$

Als Kennzahl für den Grad der Nichtlinearität am Stab i dient die sog. Stabkennzahl $\alpha_i$:

$$\alpha_i = \ell_i \cdot \sqrt{\frac{S_i}{EI_i}}$$

Die jeweilige Stablängskraft wird stets als positive Zahl festgelegt. Die Unterscheidung zwischen $S_i$ als Druck- bzw. Zugkraft wird in den nachfolgenden Gleichungen jeweils explizit berücksichtigt. Für unterschiedliche Wertebereiche von $\alpha_i$ können Vereinfachungen getroffen werden, z. B. bei der Bestimmung der jeweiligen Elementsteifigkeiten. In nachfolgender Aufstellung sind die zu berücksichtigenden Effekte angegeben:

I) $\alpha_i \geq 2{,}5$ → exakte Berücksichtigung des Krümmungseinflusses & *P-Δ*-Effekt

II) $1{,}0 \leq \alpha_i < 2{,}5$ → genäherte Berücksichtigung des Krümmungseinflusses & *P-Δ*-Effekt

III) $\alpha_i < 1{,}0$ → Steifigkeiten nach Th. I. O. & *P-Δ*-Effekt

Der sogenannte *P-Δ*-Effekt ist i. d. R. der maßgebliche Effekt bei Berechnungen nach Th. II. O. Er muss stets berücksichtigt werden.

*Δ* steht für eine zusätzliche Lastausmitte der Stablängskraft *S* infolge der Systemverformung. So bewirkt der *P-Δ*-Effekt einen zusätzlichen destabilisierenden Effekt am Stab infolge einer Druck-Normalkraft bzw. einen zusätzlichen stabilisierenden Effekt am Stab infolge einer Zug-Normalkraft.

Der *P-Δ*-Effekt und der Anteil aus Stabverkrümmung auf das Biegemoment $M^{II}$ wird an folgender Zeichnung am Vergleich zwischen Theorie I. und II. Ordnung dargestellt:

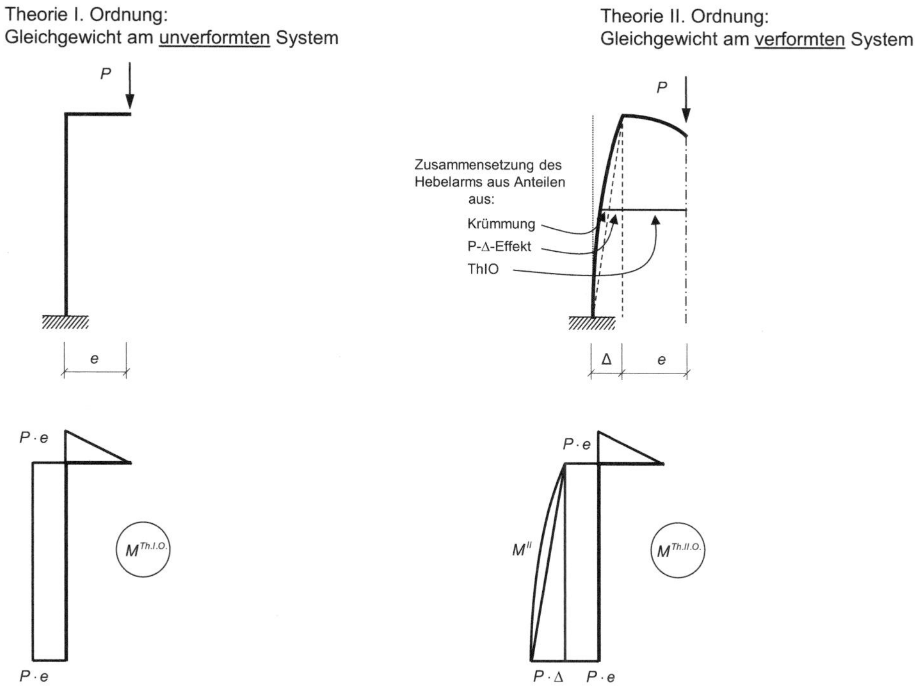


Einfluss des $P$-$\Delta$-Effekts und der Stabverkrümmung auf das resultierende Biegemoment in der Theorie I. (links) und II. (rechts) Ordnung

Aus dieser Zeichnung wird der Unterschied zwischen der Betrachtungen nach Theorie I. und Theorie II. Ordnung deutlich. Durch das Gleichgewicht am verformten System werden zusätzliche Ausmitten der Kräfte und daraus folgend zusätzliche Schnittgrößen und Verformungen bei der Betrachtung nach Th. II. O. berücksichtigt.

Bei Verwendung des Verschiebungsgrößenverfahrens nach Th. II. O. werden die Stablängskräfte in allen Einheitszuständen in ihrer Wirkungsrichtung am verformten System mit angetragen. So wird garantiert, dass der $P$-$\Delta$-Effekt im Gleichgewicht der Kräfte berücksichtigt wird (vgl. Beispielaufgabe 1).

Die jeweiligen Elementsteifigkeiten der Grundelemente zur Anwendung des Verschiebungsgrößenverfahrens nach Th. II. O. können Kapitel 14 entnommen werden. Die darin gegebenen Faktoren $A'$, $B'$, $C'$, $D'$ und $V'$ sind Funktionen von $\alpha$ und berücksichtigen die Effekte aus Stabverkrümmungen auf die Steifigkeiten.

**Fall I**, $\alpha > 2{,}5$, exakte Berücksichtigung der Krümmungseffekte

Die Faktoren sind nach folgender Tabelle exakt zu bestimmen:

$\alpha = \ell\sqrt{\frac{S}{EI}}$, S immer positiv für S als Druckkraft und S als Zugkraft

| Wert | *S* als Druckkraft | *S* als Zugkraft |
|---|---|---|
| *A'* | $\frac{\alpha\ (\sin\alpha - \alpha\ \cos\alpha)}{2\ (1 - \cos\alpha) - \alpha\ \sin\alpha}$ | $\frac{\alpha\ (\sinh\alpha - \alpha\ \cosh\alpha)}{2\ (\cosh\alpha - 1) - \alpha\ \sinh\alpha}$ |
| *B'* | $\frac{\alpha\ (\alpha - \sin\alpha)}{2\ (1 - \cos\alpha) - \alpha\ \sin\alpha}$ | $\frac{\alpha\ (\alpha - \sinh\alpha)}{2\ (\cosh\alpha - 1) - \alpha\ \sinh\alpha}$ |
| *D'* = *A'* + *B'* | $\frac{\alpha^2\ (1 - \cos\alpha)}{2\ (1 - \cos\alpha) - \alpha\ \sin\alpha}$ | $\frac{\alpha^2\ (1 - \cosh\alpha)}{2\ (\cosh\alpha - 1) - \alpha\ \sinh\alpha}$ |
| *C'* | $\frac{\alpha^2\ \sin\alpha}{\sin\alpha - \alpha\ \cos\alpha}$ | $\frac{\alpha^2\ \sinh\alpha}{\alpha\cosh\alpha - \sinh\alpha}$ |
| *V'* | $12 \cdot \frac{2\ (1 - \cos\alpha) - \alpha\ \sin\alpha}{\alpha^3 \sin\alpha}$ | $12 \cdot \frac{2\ (1 - \cosh\alpha) + \alpha\ \sinh\alpha}{\alpha^3 \sinh\alpha}$ |

**Fall II**, $1 \leq \alpha \leq 2{,}5$, genäherte Berücksichtigung der Krümmungseffekte

Die Faktoren *A'*, *B'*, *C'*, *D'* und *V'* können vereinfacht nach folgender Tabelle ausreichend genau bestimmt werden. Die Näherungsformeln ergeben sich aus der Linearisierung der exakten Ausdrücke von Fall I nach $\alpha$.

$\alpha = \ell\sqrt{\frac{S}{EI}}$, S immer positiv für S als Druckkraft und S als Zugkraft

| Wert | *S* als Druckkraft | *S* als Zugkraft |
|---|---|---|
| *A'* | $A' = 4 - \frac{2}{15}\alpha^2$ | $A' = 4 + \frac{2}{15}\alpha^2$ |
| *B'* | $B' = 2 + \frac{1}{30}\alpha^2$ | $B' = 2 - \frac{1}{30}\alpha^2$ |
| *D'* = *A'* + *B'* | $D' = 6 - \frac{1}{10}\alpha^2$ | $D' = 6 + \frac{1}{10}\alpha^2$ |
| *C'* | $C' = 3 - \frac{1}{5}\alpha^2$ | $C' = 3 + \frac{1}{5}\alpha^2$ |
| *V'* | $V' = 1 + \frac{1}{10}\alpha^2$ | $V' = 1 - \frac{1}{10}\alpha^2$ |

Grundsätzlich kann die Steifigkeit in einen Anteil nach Theorie I. Ordnung und einen Anteil nach Th. II. O. aufgespalten werden. Die Steifigkeitsmatrix setzt sich aus dem konstanten Anteil der „elastischen Steifigkeitsmatrix“ $\boldsymbol{k}_{el}$ und dem nichtlinearen Anteil der „geometrischen“ Steifigkeitsmatrix $\boldsymbol{k}_{geo}$ zusammen:

$$\boldsymbol{k} = \boldsymbol{k}_{el} + \boldsymbol{k}_{geo}\ (\alpha)$$

Bei Anwendung der Näherung ist diese Aufspaltung bereits bei den „Strich"-Werten offensichtlich, die sich aus einem konstanten Anteil nach Th. I. O. und einem in $\alpha$ quadratischen Anteil nach Th. II. O. zusammensetzen. Man erkennt die typischen Steifigkeitsvorziffern 4, 2, 6, 3 der Steifigkeitsmatrizen der Grundelemente 1 und 2 nach Th. I. O. wieder.

Der $P$-$\Delta$-Effekt darf jedoch auch hier nicht vergessen werden!

Für den Fall, dass in einem System alle Stabkennzahlen $\alpha_i < 2{,}5$ sind, darf vereinfacht $V' = 1$ in allen Stäben gewählt werden.

**Fall III**, $\alpha < 1$, Vernachlässigung des Krümmungseffektes

Die Krümmungseffekte können vernachlässigt werden. Der $P$-$\Delta$-Effekt darf jedoch auch hier nicht vergessen werden. Die Strichwerte können mit ihren konstanten Anteilen ($A' = 4, B' = 2, C' = 3, D' = 6$ und $V' = 1$) ausreichend genau genähert werden. Dies entspricht den Werten für $\alpha = 0$.

Das schematische Vorgehen beim VV nach Th. II. O. ist grundsätzlich gleich zum Vorgehen beim VV nach Th. I. O.

Der Unterschied besteht darin, dass das zu lösende Gleichungssystem bei Th. II. O. nichtlinear ist. Der Grund ist, dass die Stabkennzahlen $\alpha_i$ selbst Funktionen der unbekannten Stablängskräfte $S_i$ sind.

Im Folgenden wird das nichtlineare Gleichungssystem iterativ mittels Fixpunktiteration gelöst.

Durch die Annahme konstanter Stablängskräfte innerhalb einer Iteration kann weiterhin die Superposition der Einheitszustände des Verschiebungsgrößenverfahrens verwendet werden. Zusammengefasst besteht die Berechnung nach Th. II. O. i. d. R. aus folgenden Schritten:

1. Berechnung der Systemverformungen nach Theorie I. Ordnung (vgl. Kapitel 10).
2. Rückrechnung und Bestimmung einer Anfangsschätzung der Stablängskräfte $S_i$.
3. Bestimmen der Stabkennzahlen $\alpha_i$ für jedes Element i.
4. Berechnung der Strichwerte $A_i'$, $B_i'$, $C_i'$, $D_i'$, $V_i'$ für jedes Element i.
5. Berechnung der Steifigkeitsmatrizen und Lastvektoren nach Theorie II. Ordnung.
6. Berechnung der Systemverformungen nach Theorie II. Ordnung durch Aufstellen und Lösen der Gleichgewichtsgleichungen am verformten System.
7. Rückrechnung und Berechnung der Stablängskräfte $S_i$ über Gleichgewicht.

Die Schritte 3 – 7 werden so lange wiederholt bzw. iteriert, bis die Stablängskräfte aus der Rückrechnung (Schritt 7) mit denen der Anfangsschätzung (Schritt 2) bzw. der vorherigen Iteration ausreichend genau übereinstimmen.

Anschließend werden alle Schnittgrößen des Systems bestimmt.

Bei den Handrechnungen im Rahmen dieses Buchs ist in der Regel nur eine Iteration nach Theorie II. Ordnung gefordert, um den Rechenaufwand in Grenzen zu halten.

Sofern die Lösung mit einem Statik-Programm überprüft werden soll, ist zu beachten, dass das Programm ggf. öfters iteriert und die Ergebnisse deshalb voneinander abweichen. Wenn möglich, sollte die maximal erlaubte Iterationszahl nach Theorie II. Ordnung auf 1 gesetzt werden, um das Ergebnis der Handrechnung verifizieren zu können. Wird für die Überprüfung Stiff verwendet, so sind die Iterationen auf 2 zu begrenzen. Die erste Iteration ist hier die Vorrechnung nach Th. I. Ord. und dient der Bestimmung der Anfangswerte der Stablängskräfte. Die zweite Iteration führt zur Lösung nach Th. II. Ord.

Die Lösungen zu diesem Kapitel wurden mit Stiff erstellt. Hierbei wurden unabhängig vom Wert der Stabkennzahl die exakten Strichwerte verwendet. Daher können Unterschiede zur Handrechnung auftreten.

Um die Gemeinsamkeiten und Unterschiede zum Verfahren nach Theorie I. Ordnung herauszustellen, wird das Beispiel aus der Einführung des Kapitels 10 aufgegriffen. Die zusätzlich zur Theorie I. Ordnung zu berücksichtigenden Kräfte des *P*-*Δ*-Effekts sind rot markiert.

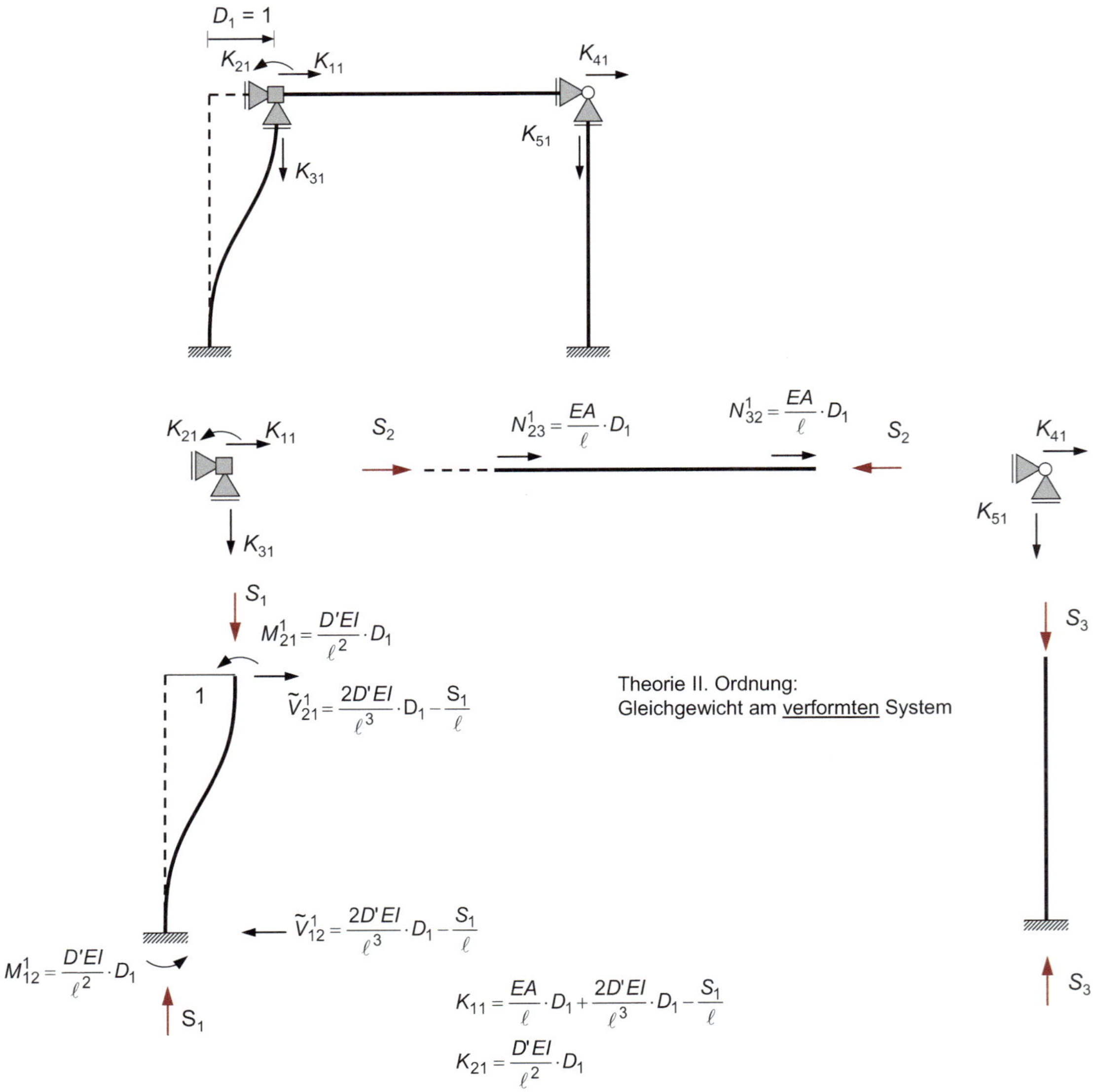


Einheitszustand $D_1 = 1$

Am Stab 1 hat der *P-Δ*-Effekt einen erkennbaren Einfluss. Die Transversalkraft wird bei Th. II. O. mithilfe des Momentengleichgewichts am Stab bestimmt und enthält den abmindernden Einfluss der Stablängskraft $S_1$ als Druckkraft auf die Steifigkeit $K_{11}$. Der Grund ist, dass infolge der Berücksichtigung der Verformung $D_1 = 1$ das Kräftepaar aus den Stablängskräften an beiden Enden des Stabes ebenfalls einen Beitrag zum Momentengleichgewicht liefert.

### Berücksichtigung von Imperfektionen und Vorverformungen

### Schrägstellung von Stäben

Bei einer gegebenen Schrägstellung eines Stabes entsteht bereits im Lastzustand des Systems ein *P-Δ*-Effekt. Die Schrägstellung wird in der Regel durch eine Verdrehung des Stabes $\psi_0$ beschrieben. Ist $S$ eine Druckkraft, ergibt sich ein abtreibender Effekt:

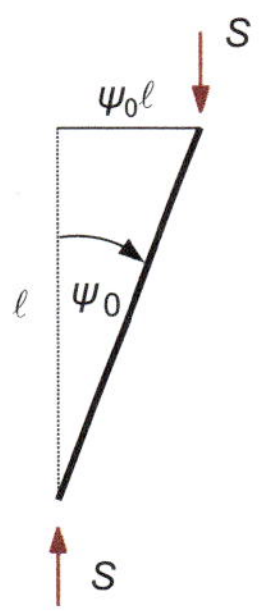


Lastbild

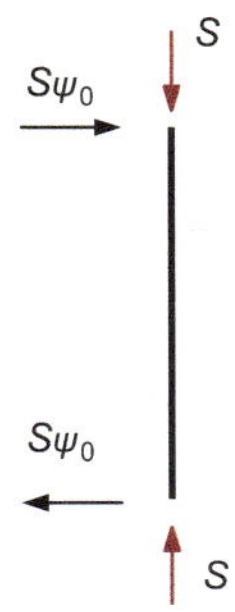


Äquivalentes Lastbild

Wie zu ersehen ist, kann man entweder den *P-Δ*-Effekt am „ausgelenkten" Ausgangssystem berechnen (linkes Bild) oder am unverformten Ausgangssystem das äquivalente, abtreibende Kräftepaar $S\psi_0$ aufbringen und damit die gleiche Wirkung auf das System erzielen.

### Vorverkrümmung von Stäben

Bei der Vorverkrümmung von Stäben wird eine quadratische Vorverformung des Stabes angenommen. Dies kann mit einer Ersatz-Streckenlast $q^*$ und ausgleichenden Transversalkräften an den Stabenden äquivalent abgebildet werden:

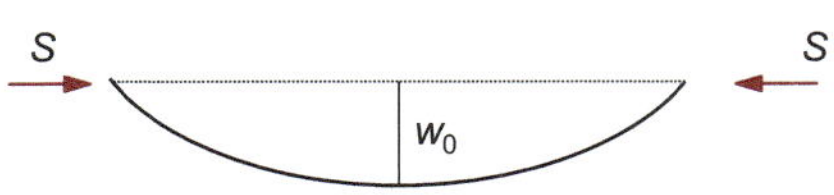


Quadratische Vorverformung

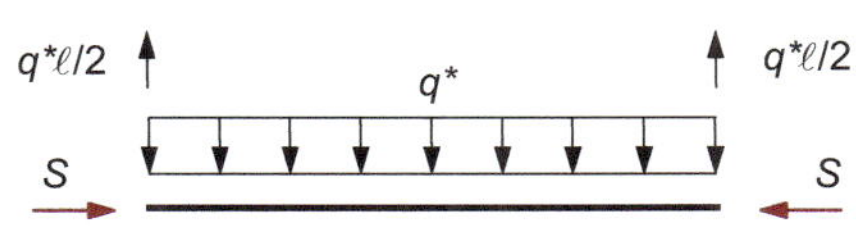


mit $q^* = \frac{8Sw_0}{\ell^2}$

Äquivalentes Lastbild

Werden beim Verschiebungsgrößenverfahren nach Th.II.O. Vorverformungen durch äquivalente Lasten berücksichtigt, wirken sie sich ausschließlich auf den Lastzustand aus. Die Einheitsverschiebungszustände und somit die Steifigkeitsmatrix werden dadurch nicht beeinflusst.

# 12.2 Beispielaufgabe

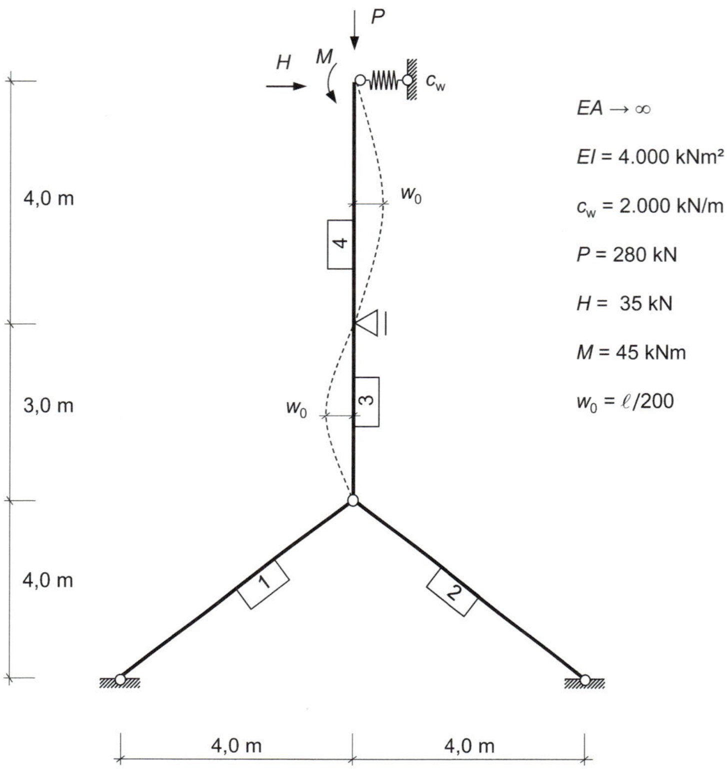


Berechnen Sie alle Verformungsgrößen des Systems unter der gegebenen Last nach Theorie II. Ordnung

a) ohne Berücksichtigung einer Vorverformung.

b) unter Berücksichtigung der parabolischen Vorverformung (Maximalwert $w_0$) der Stäbe 3 und 4.

### 12.2.1 Verformungen ohne Berücksichtigung einer Vorverformung

Bevor das System nach Theorie II. Ordnung berechnet werden kann, werden die relevanten Stablängskräfte $S_i$ berechnet. In der Regel geschieht das mithilfe einer Rechnung nach Theorie I. Ordnung. Der Normalkräfte ergeben sich zu:

$S_4 = -P = -280\text{kN}$ $\qquad$ $S_3 = S_4 = -280\text{kN}$

Da die Stäbe 1 und 2 keine äußeren Lasten erfahren und sich aufgrund von $EA \to \infty$ nicht verformen, können sie für die weitere Berechnung durch ein festes Auflager am Knoten 4 ersetzt werden. Unter Berücksichtigung dieser Voraussetzungen ist als erstes ein geometrisch bestimmtes Grundsystem zu definieren.

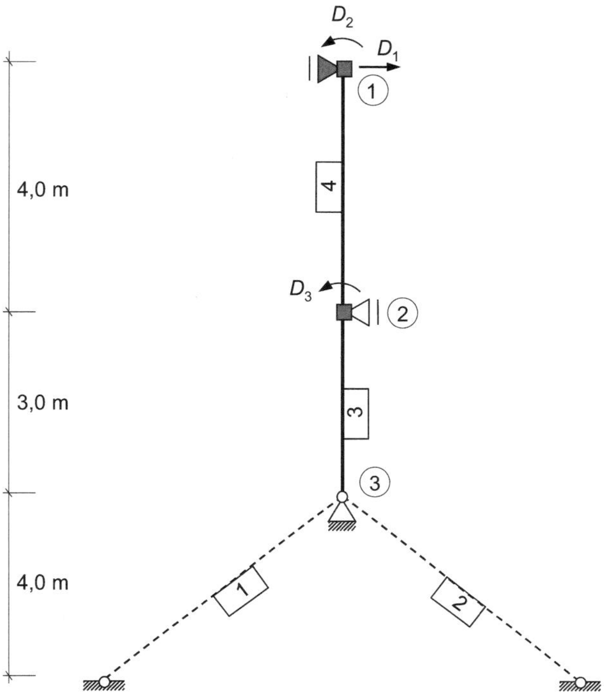


Geometrisch bestimmtes Grundsystem

Im zweiten Schritt ist der Lastzustand zu ermitteln und darzustellen.

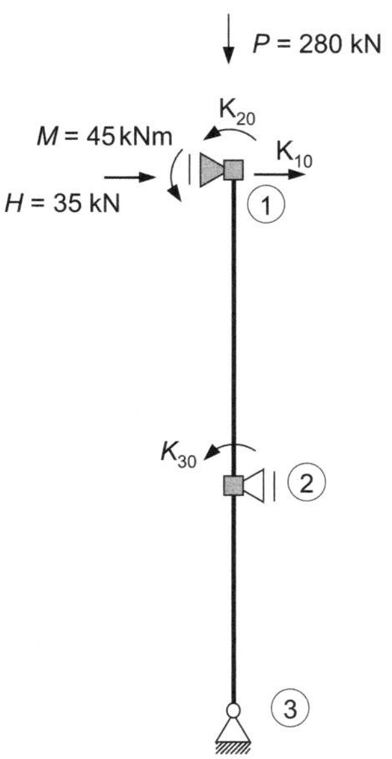


$$K_{10} + H = 0 \quad \rightarrow \quad K_{10} = -35$$

$$K_{20} + M = 0 \quad \rightarrow \quad K_{20} = -45$$

$$K_{30} = 0$$

Lastzustand

Einheitszustand D1 = 1

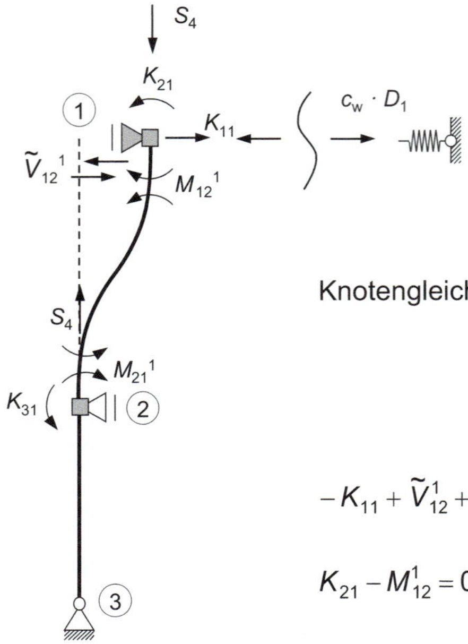


Knotengleichgewicht:

*P*-Δ-Effekt!

$$-K_{11}+\tilde{V}_{12}^{1}+c_w-\frac{S_4}{\ell_4}=0 \quad\rightarrow\quad K_{11}=c_W+\frac{2D'_4\cdot EI}{\ell_4^3}-\frac{S_4}{\ell_4}$$

$$K_{21}-M_{12}^{1}=0 \quad\rightarrow\quad K_{21}=\frac{D'_4\cdot EI}{\ell_4^2}$$

$$K_{31}-M_{21}^{1}=0 \quad\rightarrow\quad K_{31}=\frac{D'_4\cdot EI}{\ell_4^2}$$

Einheitszustand D2 = 1

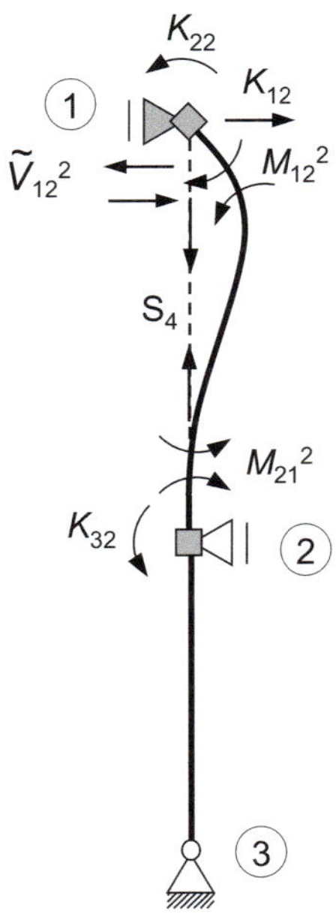


Knotengleichgewicht:

$$K_{12}=-\tilde{V}_{12}^{2}=0 \quad\rightarrow\quad K_{12}=\frac{\left(A'_4+B'_4\right)\cdot EI}{\ell_4^2}$$

$$K_{22}-M_{12}^{2}=0 \quad\rightarrow\quad K_{22}=\frac{A'_4\cdot EI}{\ell_4}$$

$$\ldots \quad\rightarrow\quad K_{32}=\frac{B'_4\cdot EI}{\ell_4}$$

Einheitszustand D3 = 1

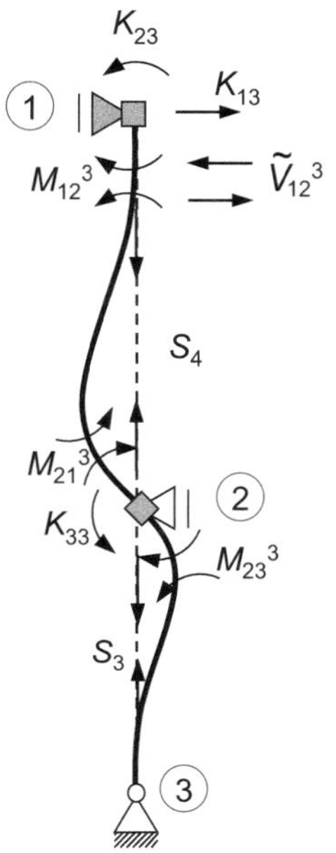


Knotengleichgewicht:

$$K_{13} = \frac{(A'_4 + B'_4) \cdot EI}{\ell_4^2}$$

$$K_{23} = \frac{B'_4 \cdot EI}{\ell_4}$$

$$K_{33} = \frac{A'_4 \cdot EI}{\ell_4} + \frac{C'_3 \cdot EI}{\ell_3}$$

Im letzten Schritt werden die Bedingungsgleichungen formuliert und die Verformungen ermittelt. Dabei erfolgt als erstes die Berechnung der $\alpha$-Werte und der Strichwerte für die Stäbe 3 und 4

$\alpha_4 = 1{,}058 \quad \rightarrow \quad A'_4 = 3{,}848 \qquad B'_4 = 2{,}039 \qquad D'_4 = 5{,}887$

$\alpha_3 = 0{,}794 \quad \rightarrow \quad C'_3 = 2{,}872$

Hinweis:

Hier könnte für $C_3'$ vereinfacht ein Wert von 3,0 angenommen werden, da $\alpha_3 < 1{,}0$.

Die Steifigkeiten ergeben sich durch Einsetzen der Parameter zu:

$K_{11} = 2665{,}88 \qquad K_{12} = 1471{,}75 \qquad K_{13} = 1471{,}75$

$K_{21} = 1471{,}75 \qquad K_{22} = 3848 \qquad K_{23} = 2039$

$K_{31} = 1471{,}75 \qquad K_{32} = 2039 \qquad K_{33} = 7677{,}33$

Mit nachfolgender Gleichgewichtsbedingung können die Verformungen bestimmt werden.

$$\begin{bmatrix} 2665{,}88 & 1471{,}75 & 1471{,}75 \\ 1471{,}75 & 3848 & 2039 \\ 1471{,}75 & 2039 & 7677{,}33 \end{bmatrix} \begin{bmatrix} D_1 \\ D_2 \\ D_3 \end{bmatrix} = \begin{bmatrix} 35 \\ 45 \\ 0 \end{bmatrix}$$

$\rightarrow D_1 = 0{,}009994 \text{ m} \qquad D_2 = 0{,}01034 \text{ rad} \qquad D_3 = -0{,}00466 \text{ rad}$

### 12.2.2 Verformungen mit Berücksichtigung einer Vorverformung

Die Vorverformung am Stab 4 ergibt sich zu

$$w_0 = \frac{4}{200} = 0{,}02\,\text{m}$$

Im nächsten Schritt muss die Ersatzlast $q^*$ wie folgt ermittelt werden:

$$q_4^* = \frac{8Sw_0}{\ell^2} = \frac{8S}{200\ell} = 2{,}8\frac{\text{kN}}{\text{m}}$$

Das gleiche Vorgehen erfolgt am Stab 3:

$$w_0 = \frac{3}{200} = 0{,}0015$$

$$q_3^* = \frac{8Sw_0}{\ell^2} = \frac{8S}{200\ell} = 3{,}73\frac{\text{kN}}{\text{m}}$$

Diese Ersatzlasten müssen nun im Lastzustand (s. folgende Abb.) berücksichtigt werden. Dabei ändern sich weder die Einheitsverschiebungszustände noch die Steifigkeitsmatrix.

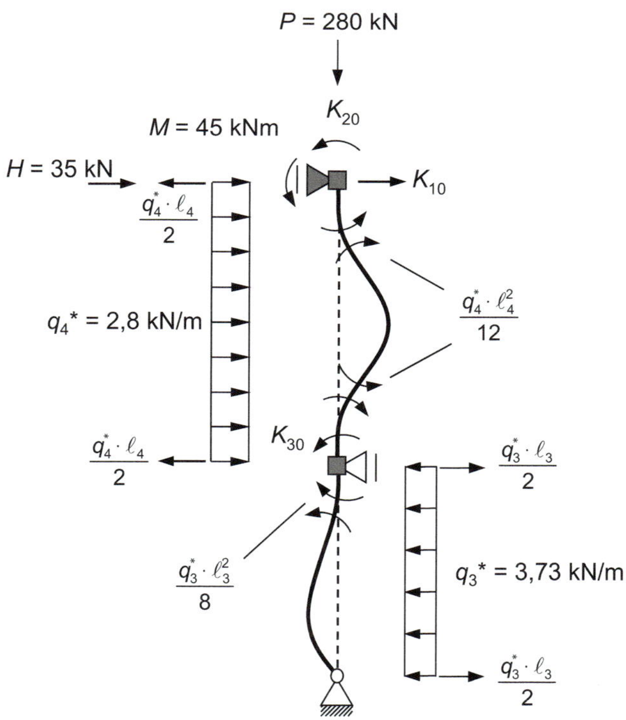


Lastzustand mit Vorverformungen

Da die Stabkennzahl aller auftretenden Stabelemente kleiner als 2,5 ist, darf im Lastzustand mit Theorie I. Ordnung gerechnet werden. Somit vereinfachen sich die Koeffizienten ($A'$, $B'$, $V'$, ...) auf ihre konstanten Anteile. Die Knotengleichgewichte ergeben sich dann wie folgt:

$$K_{10} = -35$$

$$K_{20} = -45 - \frac{2{,}8 \cdot 4^2}{12} = -48{,}733$$

$$K_{30} = \frac{2{,}8 \cdot 4^2}{12} + \frac{3{,}73 \cdot 3^2}{8} = 7{,}93$$

Der so erhaltene Lastvektor kann nun mit den unter a) bestimmten und unveränderten Steifigkeiten ins Gleichgewicht gebracht und gelöst werden:

$$\begin{bmatrix} 2665{,}88 & 1471{,}75 & 1471{,}75 \\ 1471{,}75 & 3848 & 2039 \\ 1471{,}75 & 2039 & 7677{,}33 \end{bmatrix} \begin{bmatrix} D_1 \\ D_2 \\ D_3 \end{bmatrix} = \begin{bmatrix} 35 \\ 48{,}733 \\ -7{,}930 \end{bmatrix}$$

$\rightarrow D_1 = 0{,}009802$ m $\qquad D_2 = 0{,}012171$ rad $\qquad D_3 = -0{,}006144$ rad

## 12.3 Aufgaben

### Aufgabe 1

Schwierigkeitsgrad einfach

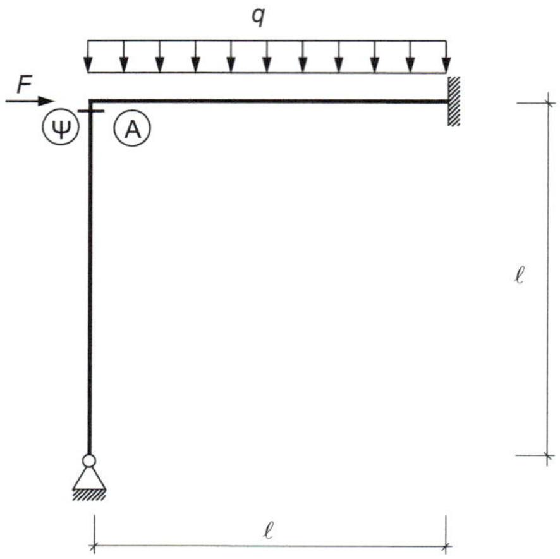


gegeben:
$F = 30$ kN
$q = 5$ kN/m
$\ell = 3$ m
$EI = 10.000$ kNm²
$EA \to \infty$

a) Berechnen Sie für die gegebene Belastung die Knotenverdrehung am Knoten A nach Theorie II. Ordnung.

b) Berechnen Sie für die gegebene Belastung den Momentenverlauf nach Theorie II. Ordnung.

## Aufgabe 2

Schwierigkeitsgrad einfach

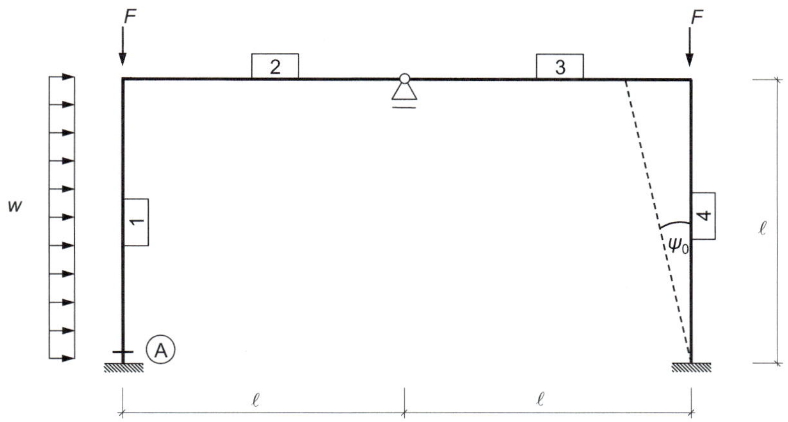


gegeben:
$F$ = 1.000 kN
$w$ = 60 kN/m
$\ell$ = 4 m
$\psi_0$ = 1/200
$EI$ = 10.000 kNm²
$EA \to \infty$

a) Berechnen Sie für die gegebene Belastung und Vorverformung $\psi$ den Momentenverlauf nach Theorie II. Ordnung. Verwenden Sie hierfür die angegebenen Normalkräfte nach Theorie I. Ordnung.

b) Berechnen Sie für die gegebene Belastung den Stablängskraftverlauf nach Theorie II. Ordnung.

| Stab | 1 | 2 | 3 | 4 |
|---|---|---|---|---|
| Normalkraft $N$ | −989,2 | −51,25 | −51,25 | −1019,17 |

## Aufgabe 3

Schwierigkeitsgrad
einfach

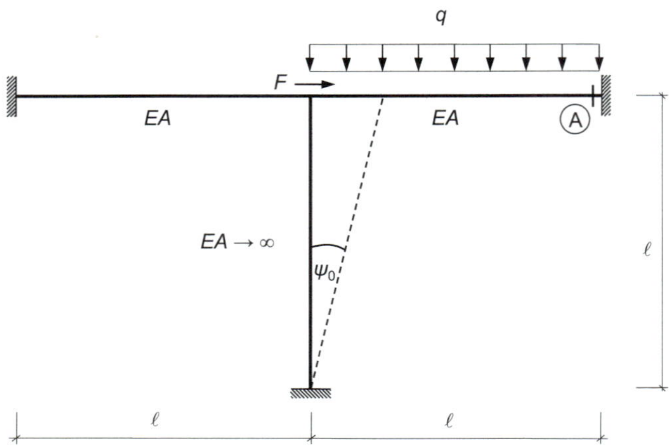


gegeben:
$F = 300$ kN
$q = 20$ kN/m
$\ell = 5$ m
$\psi_0 = 1/100$
$EI = 20.000$ kNm²
$EA = 10.000$ kN

a) Berechnen Sie für die gegebene Belastung und Vorverformung den Momentenverlauf nach Theorie II. Ordnung.

## Aufgabe 4

Schwierigkeitsgrad einfach

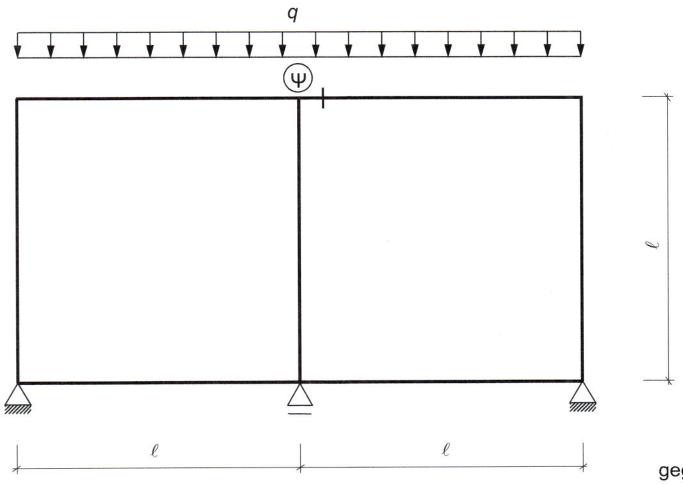


gegeben:
$q = 40$ kN/m
$\ell = 5$ m
$EI = 10.000$ kNm²
$EA \rightarrow \infty$

a) Wie viele Verschiebungsfreiheitsgrade besitzt das System?

b) Welche Effekte sind nach Theorie II. Ordnung zu berücksichtigen?

c) Berechnen Sie den Momenten- und Transversalkraftverlauf des Systems nach Theorie II. Ordnung.

## Aufgabe 5

Schwierigkeitsgrad einfach

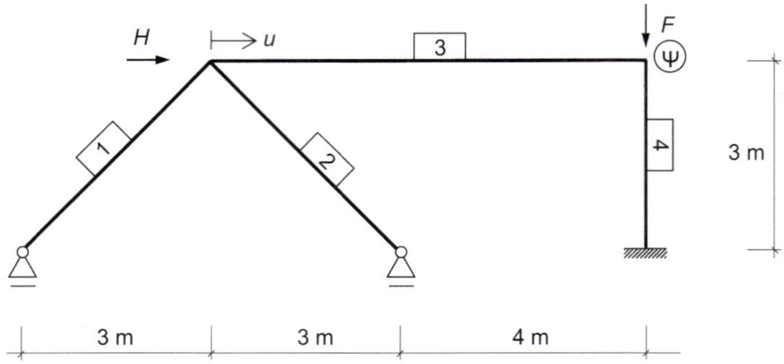


gegeben:
$H = 50$ kN
$F = 50$ kN
$EI = 1.000$ kNm²
$EA \rightarrow \infty$

a) Berechnen sie die horizontale Verschiebung $u$ nach Theorie II. Ordnung. Verwenden Sie hierfür die angegebenen Normalkräfte nach Theorie I. Ordnung.

b) Bestimmen Sie für die gegebene Belastung den Momentenverlauf nach Theorie II. Ordnung.

| Stab | 1 | 2 | 3 | 4 |
|---|---|---|---|---|
| Normalkraft $N$ | 1,25 | 4,64 | −50 | −58,32 |

## Aufgabe 6

Schwierigkeitsgrad einfach

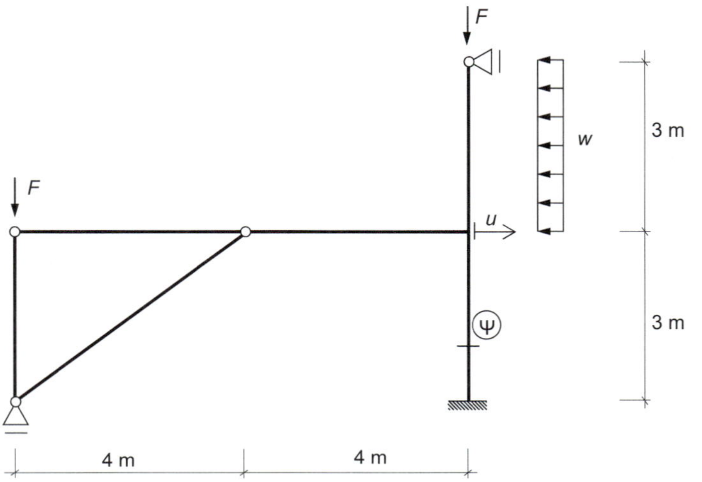


gegeben:
$F$ = 100 kN
$w$ = 30 kN/m
$EI$ = 2.000 kNm²
$EA \to \infty$

a) Bestimmen Sie den Normalkraftverlauf des Systems unter der gegebenen Belastung nach Theorie I. Ordnung.

b) Berechnen sie die horizontale Verschiebung $u$ nach Theorie II. Ordnung.

## Aufgabe 7

Schwierigkeitsgrad
einfach

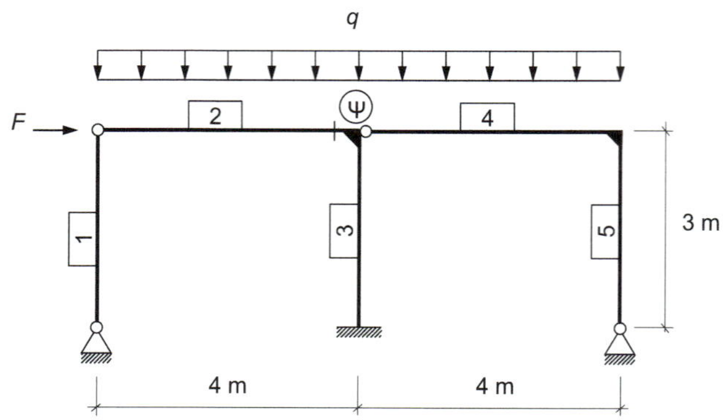


gegeben:
$F = 100$ kN
$q = 25$ kN/m
$EI = 4.000$ kNm²
$EA \to \infty$

a) Berechnen Sie alle Verformungsgrößen des Systems unter der gegebenen Last nach Theorie II. Ordnung. Verwenden Sie die angegebenen Normalkräfte nach Theorie I. Ordnung.

b) Bestimmen Sie für die gegebene Belastung den Momentenverlauf nach Theorie II. Ordnung.

| Stab | 1 | 2 | 3 | 4 | 5 |
|---|---|---|---|---|---|
| Normalkraft *N* | −25,97 | −100 | −107,35 | −22,25 | −66,69 |

## Aufgabe 8

Schwierigkeitsgrad einfach

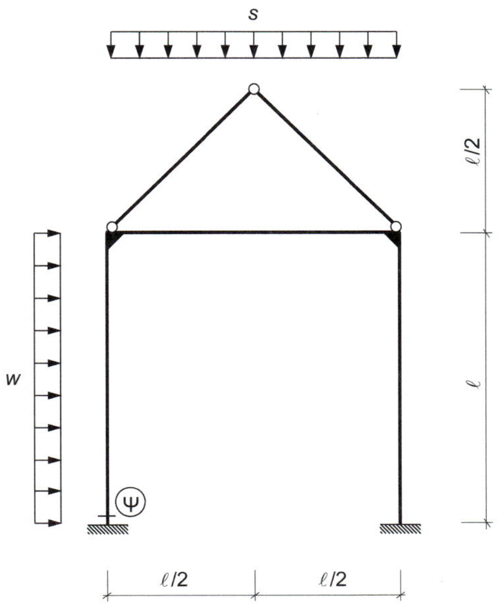


gegeben:
$w$ = 80 kN/m
$s$ = 40 kN/m
$\ell$ = 5 m
$EI$ = 10.000 kNm²
$EA \to \infty$

a) Berechnen Sie für die gegebene Belastung den Momentenverlauf nach Theorie II. Ordnung.

## Aufgabe 9

Schwierigkeitsgrad einfach

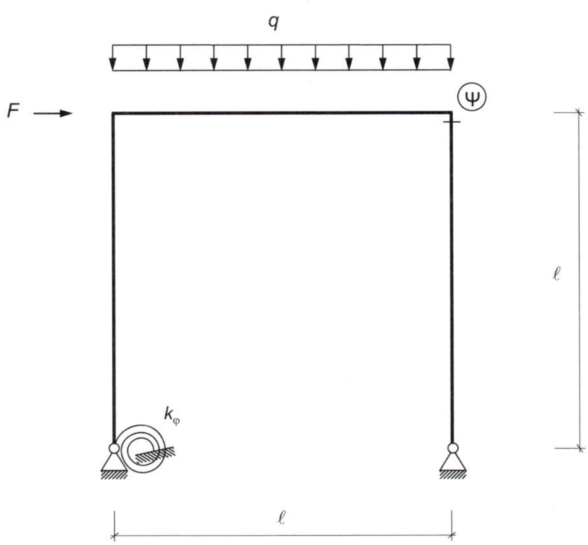


gegeben:
$F$ = 50 kN
$q$ = 20 kN/m
$\ell$ = 6 m
$k_\varphi$ = 400 kNm/rad
$EI$ = 20.000 kNm²
$EA \to \infty$

a) Skizzieren Sie die Verschiebungsfigur des Rahmens.

b) Berechnen Sie den Momentenverlauf nach Theorie II. Ordnung.

c) Vergleichen Sie die reale Verschiebungsfigur mit Ihrer skizzierten Verschiebung aus Aufgabenteil a).

## Aufgabe 10

Schwierigkeitsgrad
einfach

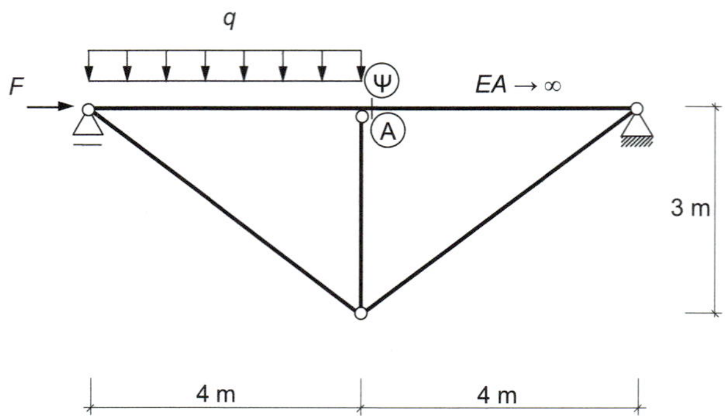


gegeben:
$F$ = 800 kN
$q$ = 20 kN/m
$EI$ = 10.000 kNm²
$EA$ = 150.000 kN

a) Berechnen Sie für die gegebene Belastung die vertikale Verformung am Punkt A nach Theorie II. Ordnung.

b) Berechnen Sie für die gegebene Belastung den Momentenverlauf nach Theorie II. Ordnung.

## Aufgabe 11

Schwierigkeitsgrad
mittel

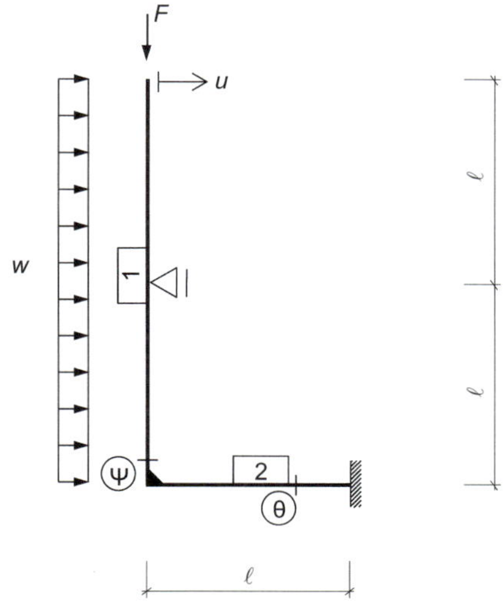


gegeben:
$F = 500$ kN
$w = 10$ kN/m
$\ell = 5$ m
$EI = 40.000$ kNm²
$EA \rightarrow \infty$

a) Bestimmen Sie die Verformung $u$ nach Theorie I. Ordnung.

b) Berechnen Sie den Momenten- und Stablängskraftverlauf nach Theorie II. Ordnung. Verwenden Sie hierfür die angegebenen Normalkräfte nach Theorie I. Ordnung.

| Stab | 1 | 2 |
|---|---|---|
| Normalkraft *N* | −500,17 | −185,94 |

## Aufgabe 12

Schwierigkeitsgrad
mittel

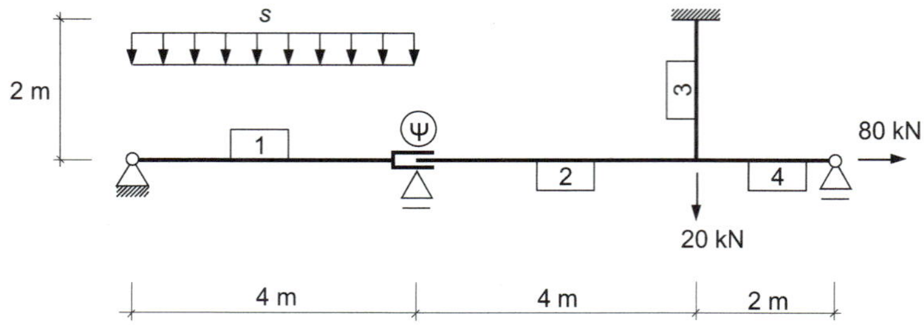


gegeben:
$s = 50$ kN/m
$EI = 1.000$ kNm²
$EA \to \infty$

a) Berechnen Sie für die gegebene Belastung den Momentenverlauf nach Theorie II. Ordnung. Verwenden Sie hierfür die angegebenen Normalkräfte nach Theorie I. Ordnung.

| Stab | 1 | 2 | 3 | 4 |
|---|---|---|---|---|
| Normalkraft $N$ | 0 | 0 | 7,25 | 80 |

## Aufgabe 13

Schwierigkeitsgrad mittel

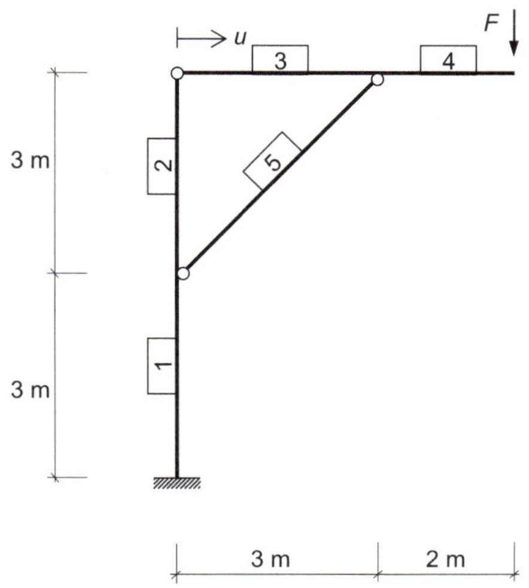


gegeben:
$F = 40$ kN
$EI = 20.000$ kNm²
$EA \rightarrow \infty$

a) Berechnen Sie für die gegebene Belastung die horizontale Verschiebung $u^{\mathrm{I}}$ mit dem Prinzip der virtuellen Kräfte (Theorie I. Ordnung).

b) Errechnen Sie aus der Steifigkeitsmatrix und dem Belastungsvektor die horizontale Verschiebung $u^{\mathrm{II}}$ nach der Theorie II. Ordnung. Verwenden Sie hierfür die angegebenen Normalkräfte nach Theorie I. Ordnung.

| Stab | 1 | 2 | 3 | 4 | 5 |
|---|---|---|---|---|---|
| Normalkraft $N$ | −40 | 26,67 | 66,67 | 0 | −94,28 |

### Aufgabe 14

Schwierigkeitsgrad mittel

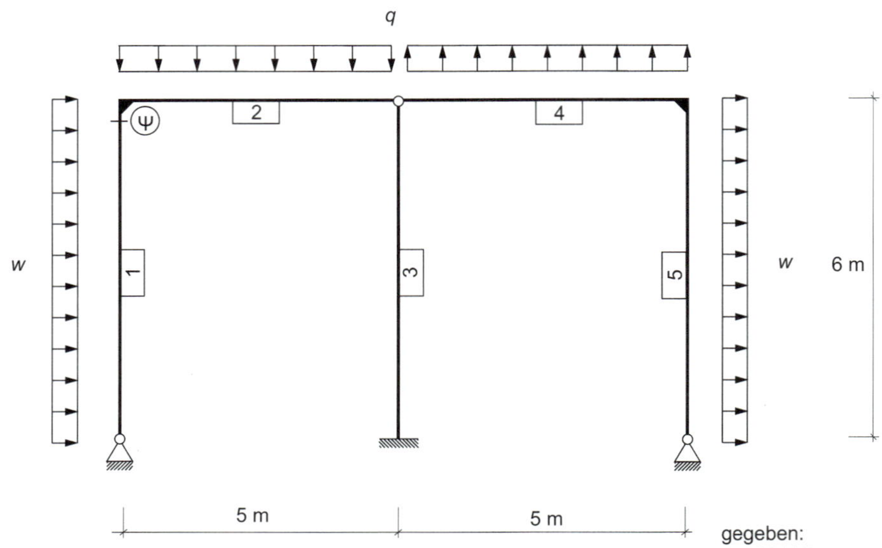


gegeben:
$q$ = 20 kN/m
$w$ = 20 kN/m
$EI$ = 15.000 kNm²
$EA \to \infty$

a) Bestimmen Sie den Momentenverlauf nach Theorie II. Ordnung. Verwenden Sie hierfür die angegebenen Normalkräfte nach Theorie I. Ordnung.

| Stab | 1 | 2 | 3 | 4 | 5 |
|---|---|---|---|---|---|
| Normalkraft $N$ | −19,85 | −34,87 | 0 | 34,87 | 19,85 |

## Aufgabe 15

Schwierigkeitsgrad
mittel

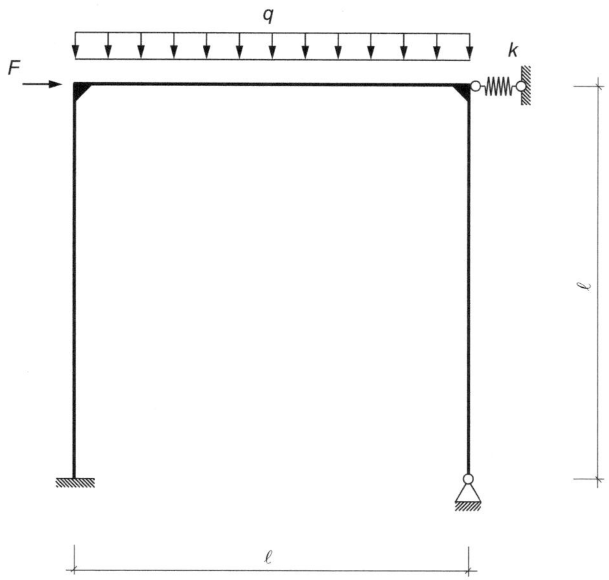


gegeben:
$F = 100$ kN
$q = 10$ kN/m
$\ell = 10$ m
$k = 2000$ kN/m
$EI = 40.000$ kNm²
$EA \rightarrow \infty$

a) Bestimmen Sie mithilfe des Verschiebungsgrößenverfahrens alle auftretenden Verschiebungen und Verdrehungen nach Theorie II. Ordnung.

## Aufgabe 16

Schwierigkeitsgrad
mittel

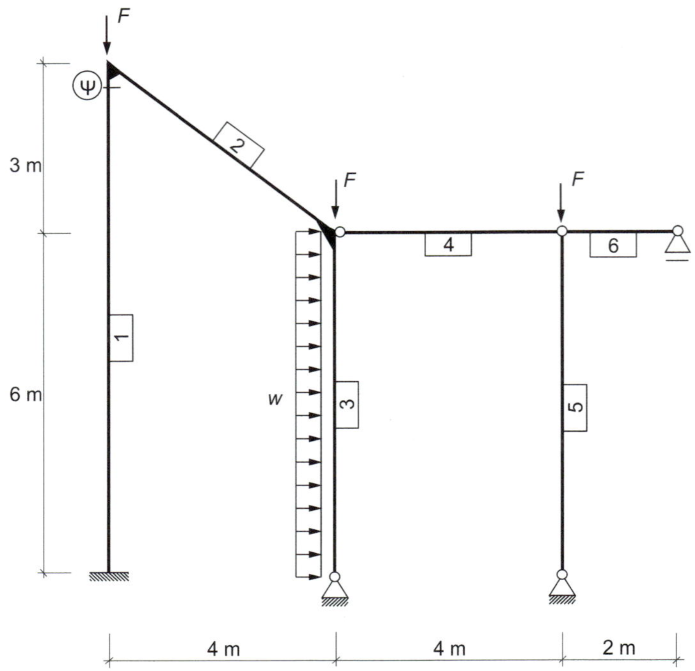


gegeben:
$F$ = 1.500 kN
$w$ = 30 kN/m
$EI$ = 50.000 kNm²
$EA \rightarrow \infty$

a) Berechnen sie den Momentenverlauf unter der gegebenen Belastung nach Theorie II. Ordnung. Verwenden Sie hierfür die angegebenen Normalkräfte nach Theorie I. Ordnung.

| Stab | 1 | 2 | 3 | 4 | 5 | 6 |
|---|---|---|---|---|---|---|
| Normalkraft $N$ | −1437,25 | 9,06 | −1562,75 | 0 | −1500 | 0 |

## Aufgabe 17

Schwierigkeitsgrad mittel

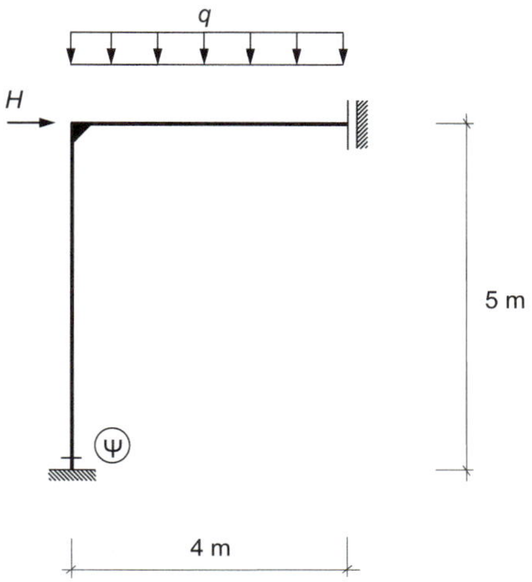


gegeben:
$H$ = 1.500 kN
$q$ = 30 kN/m
$EI$ = 10.000 kNm²
$EA \to \infty$

a) Berechnen Sie für die gegebene Belastung alle Schnittgrößen nach Theorie II. Ordnung.

## Aufgabe 18

Schwierigkeitsgrad mittel

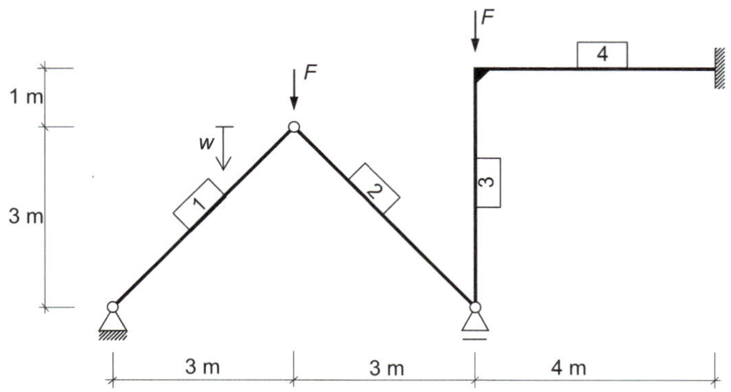


gegeben:
$F$ = 100 kN
$EI$ = 10.000 kNm²
$EA \to \infty$

a) Bestimmen sie die vertikale Verschiebung $w$ unter der gegebenen Belastung nach Theorie II. Ordnung. Verwenden Sie hierfür die angegebenen Normalkräfte nach Theorie I. Ordnung.

| Stab | 1 | 2 | 3 | 4 |
|---|---|---|---|---|
| Normalkraft $N$ | -71,71 | -70,71 | -175 | -50 |

## Aufgabe 19

Schwierigkeitsgrad mittel

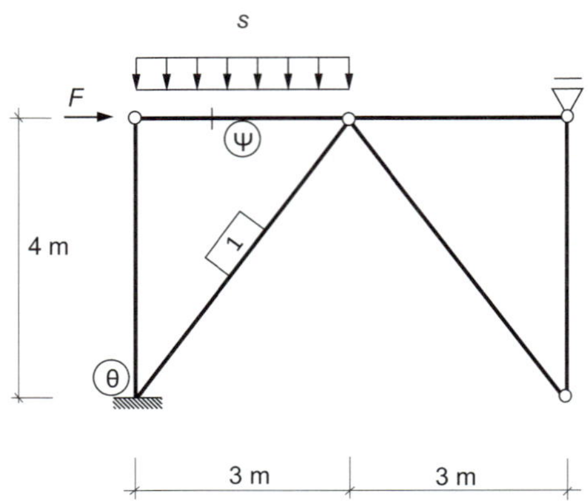


gegeben:
$F = 150$ kN
$s = 15$ kN/m
$EI = 15.000$ kNm²
$EA_1 = 10.000$ kN
$EA \to \infty$

a) Berechnen Sie die Normalkräfte des Systems unter der gegebenen Belastung nach Theorie I. Ordnung.

b) Nennen Sie anhand der Stabkennzahl die zu berücksichtigenden Effekte bei der Berechnung nach Theorie II. Ordnung.

c) Berechnen Sie den Momentenverlauf nach Theorie II. Ordnung.

## Aufgabe 20

Schwierigkeitsgrad mittel

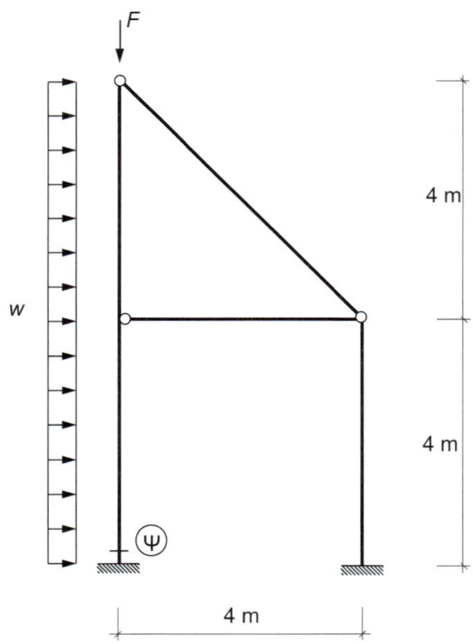


gegeben:
$F = 100$ kN
$w = 20$ kN/m
$EI = 40.000$ kNm²
$EA \to \infty$

a) Berechnen Sie für die gegebene Belastung den Momenten- und Transversalkraftverlauf nach Theorie II. Ordnung.

## Aufgabe 21

Schwierigkeitsgrad
mittel

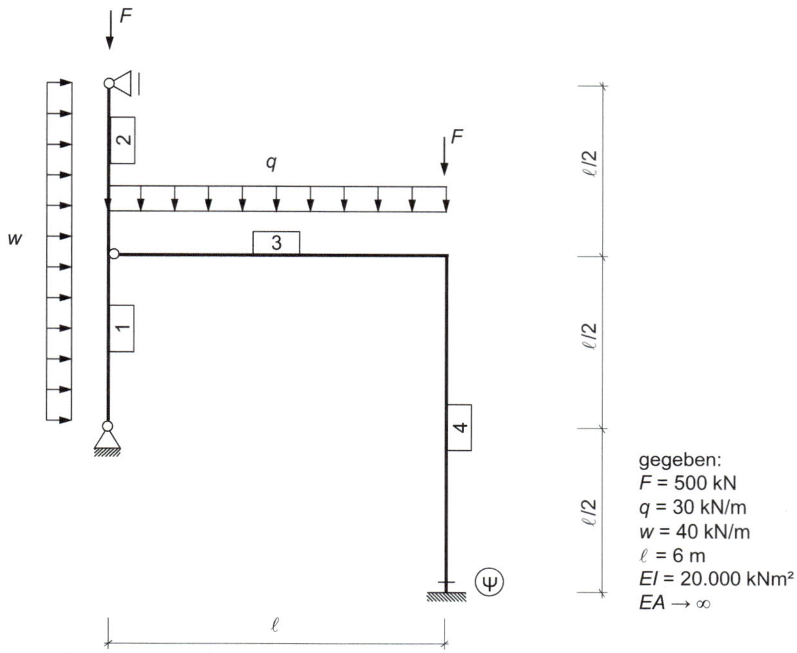


a) Welche Effekte sind bei einer Berechnung nach Theorie II. Ordnung zu berücksichtigen?

b) Berechnen Sie dem Momenten- und Transversalkraftverlauf nach Theorie II. Ordnung. Verwenden Sie hierfür die angegebenen Normalkräfte nach Theorie I. Ordnung.

| Stab | 1 | 2 | 3 | 4 |
|---|---|---|---|---|
| Normalkraft *N* | −571,02 | −500 | −35,63 | −608,98 |

## Aufgabe 22

Schwierigkeitsgrad schwer

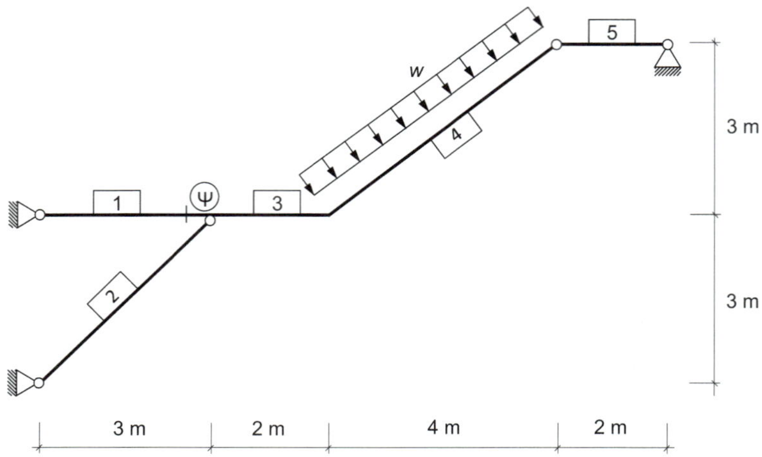


gegeben:
$w$ = 30 kN/m
$EI$ = 4.000 kNm²
$EA \rightarrow \infty$

a) Bestimmen Sie den Momentenverlauf nach Theorie II. Ordnung. Verwenden Sie hierfür die angegebenen Normalkräfte nach Theorie I. Ordnung.

| Stab | 1 | 2 | 3 | 4 | 5 |
|---|---|---|---|---|---|
| Normalkraft $N$ | 118,75 | −250,14 | −58,13 | −118,50 | −148,13 |

## Aufgabe 23

Schwierigkeitsgrad schwer

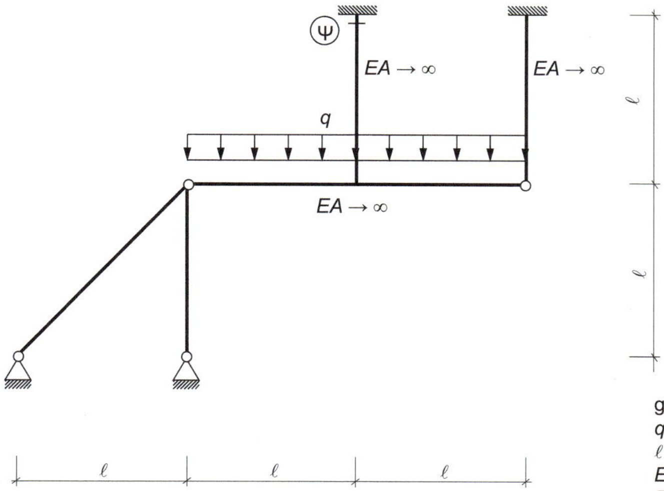


gegeben:
$q$ = 30 kN/m
$\ell$ = 5 m
$EI$ = 10.000 kNm²
$EA$ = 30.000 kN

a) Wie viele Verschiebungsfreiheitsgrade besitzt das System?

b) Berechnen Sie für die gegebene Belastung den Momentenverlauf nach Theorie II. Ordnung.

## Aufgabe 24

Schwierigkeitsgrad schwer

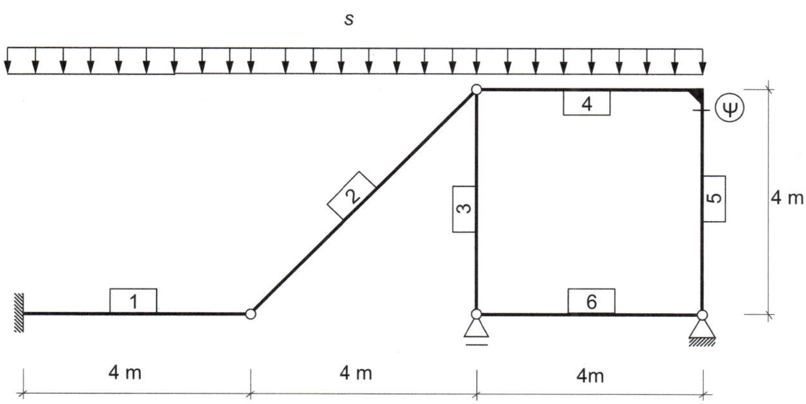


gegeben:
$s$ = 5 kN/m
$EI$ = 10.000 kNm²
$EA \to \infty$

a) Bestimmen Sie für die gegebene Belastung alle Schnittgrößen nach Theorie II. Ordnung. Verwenden Sie die angegebenen Normalkräfte nach Theorie I. Ordnung.

| Stab | 1 | 2,l | 2,r | 3 | 4 | 5 | 6 |
|---|---|---|---|---|---|---|---|
| Normalkraft $N$ | 5 | 0 | 14,14 | −30 | 5 | −5 | 0 |

Schwierigkeitsgrad
schwer

## Aufgabe 25

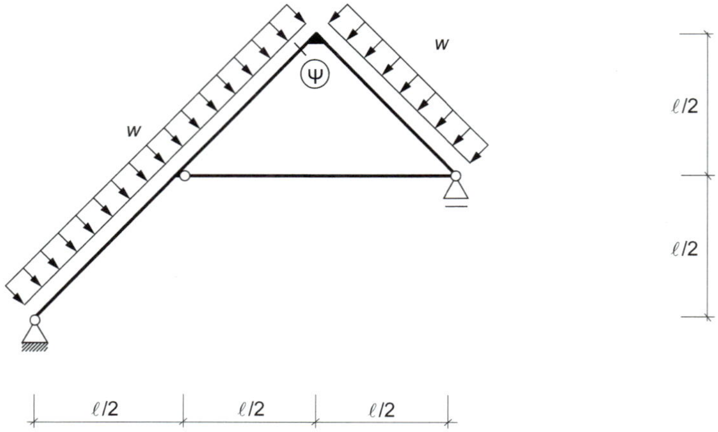


gegeben:
$w = 40$ kN/m
$\ell = 5$ m
$EI = 20.000$ kNm²
$EA \rightarrow \infty$

a) Wie viele Verschiebungsfreiheitsgrade besitzt das System?

b) Berechnen Sie für die gegebene Belastung den Momentenverlauf nach Theorie II. Ordnung.

## Aufgabe 26

Schwierigkeitsgrad schwer

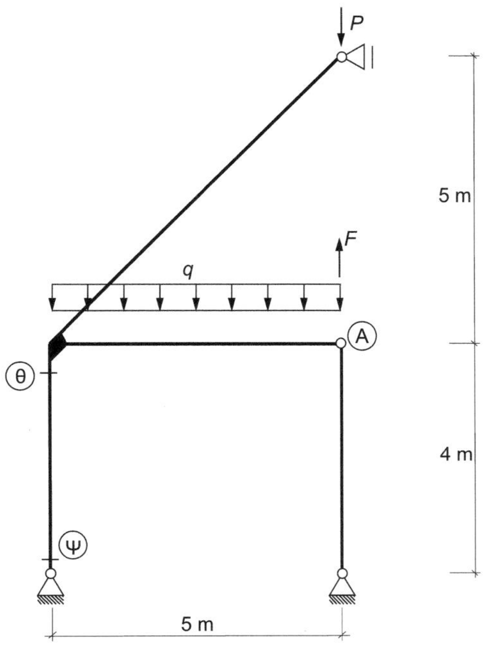


gegeben:
$F = 30$ kN
$P = 100$ kN
$q = 20$ kN/m
$EI = 30.000$ kNm²
$EA \to \infty$

a) Berechnen Sie für die gegebene Belastung den Momenten- und Transversalkraftverlauf nach Theorie II. Ordnung.

b) Geben Sie die horizontale Verformung des Punktes A an.

## Aufgabe 27

Schwierigkeitsgrad
schwer

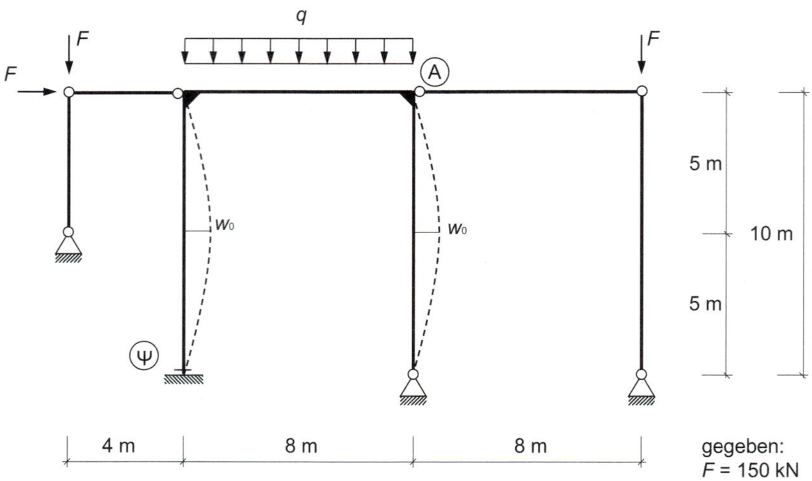


gegeben:
$F$ = 150 kN
$q$ = 20 kN/m
$w_0$ = 0,1 m
$EI$ = 20.000 kNm²
$EA \to \infty$

a) Berechnen Sie für die gegebene Belastung und die Vorverkrümmung den Momenten- und Stablängskraftverlauf nach Theorie II. Ordnung.

b) Bestimmen Sie die horizontale Verschiebung des Knotens A nach Theorie II. Ordnung.

## Aufgabe 28

Schwierigkeitsgrad
schwer

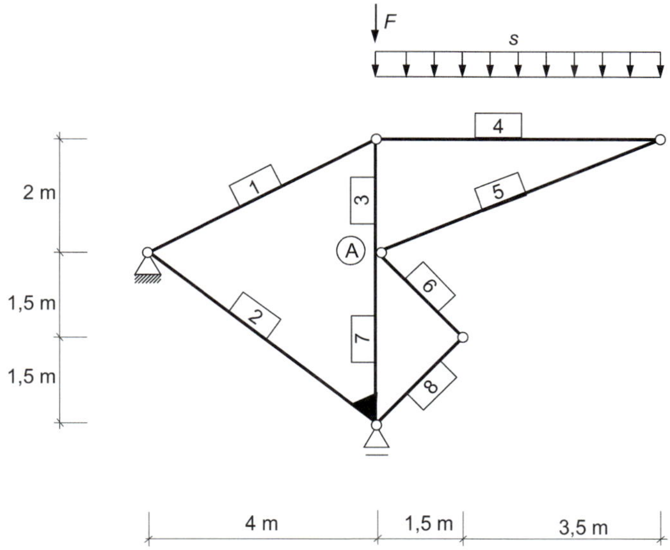


gegeben:
$F = 10$ kN
$s = 60$ kN/m
$EI = 20.000$ kNm²
$EA \rightarrow \infty$

a) Berechnen Sie für die gegebene Belastung den Momentenverlauf nach Theorie II. Ordnung unter Verwendung der gegebenen Normalkräfte nach Theorie I. Ordnung.

b) Bestimmen Sie die Verdrehung am Punkt A.

| Stab | 1 | 2 | 3 | 4 | 5 | 6 | 7 | 8 |
|---|---|---|---|---|---|---|---|---|
| Normalkraft *N* | 202,92 | −203,24 | −250,75 | 375 | −403,89 | 0 | −399,95 | 0 |

## Aufgabe 29

Schwierigkeitsgrad schwer

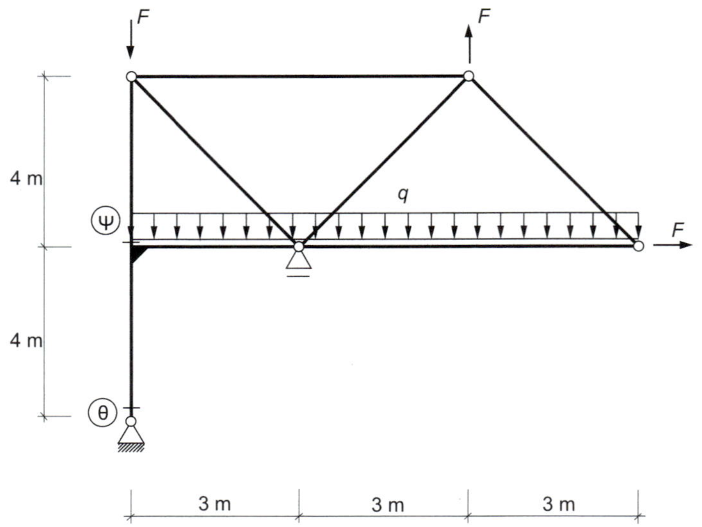


gegeben:
$F = 100$ kN
$q = 50$ kN/m
$EI = 10.000$ kNm²
$EA \to \infty$

a) Berechnen Sie den Momenten- und Stablängskraftverlauf unter der gegebenen Belastung nach Theorie II. Ordnung.

## Aufgabe 30

Schwierigkeitsgrad schwer

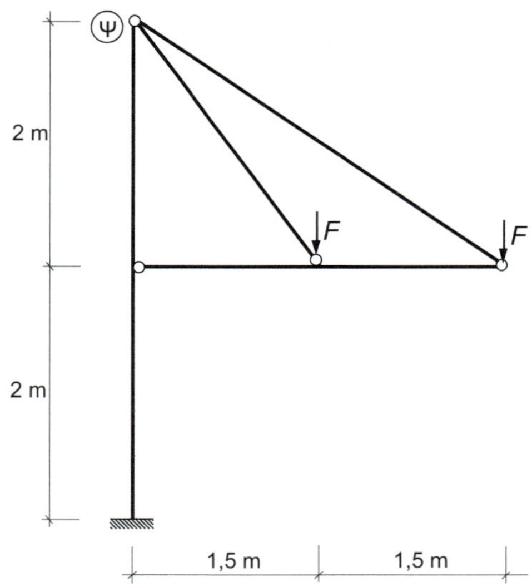


gegeben:
$F = 65$ kN
$EI = 10.000$ kNm²
$EA \to \infty$

a) Berechnen Sie alle Verschiebungen unter der gegebenen Belastung nach Theorie II. Ordnung.

## 12.4 Lösungen

| Aufgabe | a) | Ort | b) | Ort | c) | Ort |
|---|---|---|---|---|---|---|
| 1 | $\varphi = -0{,}0001607$ rad | A | $M = 1{,}608$ kNm | ψ | | |
| 2 | $M = 264{,}55$ KNm | A | $S = -984{,}1$ kN | A | | |
| 3 | $M = -93{,}73$ kNm | A | | | | |
| 4 | 2 | | keine | | $M = -105{,}6$ kNm<br>$V = 113{,}4$ kN | ψ |
| 5 | $u = 0{,}296$ m | u | $M = -47{,}67$ kNm | ψ | | |
| 6 | $N = -100$ kN | ψ | $u = -0{,}06722$ m | u | | |
| 7 | $u = 0{,}0717$ m<br>$\varphi_{\text{Mitte}} = -0{,}01700$ rad<br>$\varphi_{\text{rechts}} = -0{,}0064$ rad | | $M = 100{,}32$ kNm | ψ | | |
| 8 | $M = -468{,}5$ kNm | ψ | | | | |
| 9 | | | $M = -181{,}26$ KNm | ψ | | |
| 10 | $w_A = 0{,}00323$ m | A | $M = -16{,}2$ kNm | ψ | | |
| 11 | $u = 0{,}1359$ m | u | $M_\psi = 932{,}1$ kNm<br>$N_\theta = -168{,}6$ kN | ψ,Θ | | |
| 12 | $M = -60{,}94$ kNm | ψ | | | | |
| 13 | $u^{I} = 0{,}165$ m | u | $u^{II} = 0{,}166$ m | u | | |
| 14 | $M = 152{,}6$ kNm | ψ | | | | |
| 15 | $u = 0{,}0434$ m<br>$\varphi_{\text{links}} = -0{,}00668$ rad<br>$\varphi_{\text{rechts}} = 0{,}00309$ rad | | | | | |
| 16 | $M = 655{,}65$ kNm | ψ | | | | |
| 17 | $M = 98{,}5$ kNm<br>$V = -58{,}2$ kN<br>$S = -120$ kN | ψ | | | | |
| 18 | $w = 0{,}1224$ m | w | | | | |
| 19 | $N = -55{,}84$ kN | ψ | P-Δ-Effekt | | $M = -378{,}82$ kNm | Θ |
| 20 | $M = 237{,}46$ kNm<br>$V = 122{,}8$ kN | ψ | | | | |
| 21 | Krümmung +<br>*P-Δ*-Effekt | | $M = 106{,}69$ kNm<br>$V = 34{,}67$ kN | ψ | | |
| 22 | $M = -192{,}6$ kNm<br>Anmerkung:<br>Handlsg.:<br>$M = -182{,}4$ KNm<br>Grund: α-Werte nah an 1 | ψ | | | | |

| Aufgabe | a) | Ort | b) | Ort |
|---|---|---|---|---|
| 23 | 3 | | $M$ = −10,13 kNm | ψ |
| 24 | $M$ = 20,17 kNm<br>$V$ = −5,03 kN $S$ = −4,96 kN | ψ | | |
| 25 | 3 | | $M$ = −147,17 kNm | ψ |
| 26 | $M_\theta$ = −277,7 kNm<br>$V_\psi$ = −70,48 kN | Θ,ψ | $u$ = −0,0586 m | A |
| 27 | $M$ = -957,9 kNm<br>S = 67,4 kN | ψ | $u$ = 1,032 m | A |
| 28 | $M$ = −399,22 kNm | A | $\varphi$ = −0,0043 rad | A |
| 29 | $M$ = 177,23 kNm | ψ | $S$ = 143,6 kN | Θ |
| 30 | $u$ = 0,2180 m | ψ | | |

# 13 Stabilität

Videos zu diesem Kapitel finden Sie unter

## 13.1 Grundlagen zur Stabilität

Grundsätzlich kann sich ein Tragwerk in verschiedenen Zuständen des Gleichgewichts befinden. Üblicherweise wird hierbei zwischen stabilem, indifferenten sowie instabilem Gleichgewicht unterschieden.

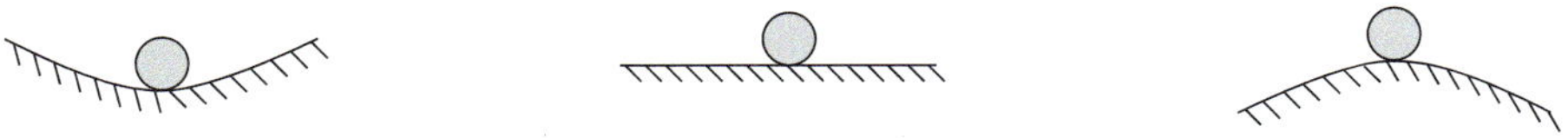


Stabiles (links), indifferentes (mitte) und instabiles (rechts) Gleichgewicht

In den bisherigen Kapiteln wurde ausschließlich der Fall des stabilen Gleichgewichts betrachtet. Bei der Anwendung geometrisch nichtlinearer Berechnungsverfahren, wie z. B. bei der Theorie II. Ordnung, kann sich ein Tragwerk im indifferenten Gleichgewichtszustand befinden. Dieser Zustand wird im Allgemeinen als Stabilitätspunkt, Verzweigungspunkt oder auch Knickfall bezeichnet. Für die Untersuchung, ob ein Gleichgewichtszustand indifferent ist, wird das Indifferenzkriterium oder auch Mehrdeutigkeitskriterium verwendet.

*Hinweis: Existiert neben dem Grundzustand bei gleicher Last ein Nachbarzustand, der sich ebenfalls im Gleichgewicht befindet, so ist der Grundzustand im indifferenten Gleichgewicht.*

Hierbei wird unterschieden:

Grundzustand: Ein im Gleichgewicht befindlicher Zustand

Nachbarzustand: Zustand in infinitesimaler Nachbarschaft zum Grundzustand

Mithilfe der beschreibenden Gleichung für das Gleichgewicht unter Verwendung der Steifigkeitsmatrix $\boldsymbol{K}$, dem Vektor der Verformungen $\boldsymbol{u}$ und dem Vektor der kritischen Belastungen $\boldsymbol{F}_{\text{krit}} = \gamma_{\text{krit}}\,\boldsymbol{F}$, können der Grund- und der Nachbarzustand angegeben werden. $\gamma_{\text{krit}}$ ist der kritische Lastfaktor, bei dem das Tragwerk auf Instabilität versagt.

Grundzustand: $\boldsymbol{K}(\gamma_{\text{krit}}) \cdot \boldsymbol{u}_{\text{Grundzustand}} = \boldsymbol{F}_{\text{krit}}$

Nachbarzustand: $\boldsymbol{K}(\gamma_{\text{krit}}) \cdot \boldsymbol{u}_{\text{Nachbarzustand}} = \boldsymbol{F}_{\text{krit}}$

Aus der Differenz der Gleichgewichtsbeziehung für Grund- und Nachbarzustand wird das Stabilitätskriterium gewonnen.

Stabilitätskriterium: $\boldsymbol{K}(\gamma_{\text{krit}}) \cdot \Delta\boldsymbol{u} = 0$

Die Differenzverschiebung $\Delta\boldsymbol{u} = u_{\text{Grundzustand}} - u_{\text{Nachbarzustand}}$ gibt hierbei die Stabilitätsform (oder auch Knickform, Beulform, Eigenform, Eigenmode, usw.) an. Es wird deutlich, dass die Auswertung des Stabilitätskriteriums unabhängig von der Belastung ist. Mathematisch kann das Stabilitätskriterium als Null-Eigenwert-Problem bezeichnet werden. Hierbei liegt eine nichttriviale Lösung des Stabilitätskriteriums vor, wenn die Determinante der Steifigkeitsmatrix verschwindet.

$\det \boldsymbol{K}(\gamma_{\text{krit}}) = 0$

Bei der Verwendung der Theorie II. Ordnung ist die Steifigkeitsmatrix über die Stabkennzahlen $\alpha_i$ und die darin enthaltenen Stablängskräfte $S_i$ eine Funktion des Lastfaktors $\gamma$, sodass aus dem Determinantenkriterium der kritische Lastfaktor $\gamma_{\text{krit}}$ berechnet werden kann.

Die Auswertung des Determinantenkriteriums ist unter Verwendung der exakten Steifigkeiten nach Theorie II. Ordnung (→ exakte Strichwerte) nur mit erheblichem Aufwand möglich. Lediglich bei Verwendung der genäherten Steifigkeiten ($\alpha_i < 2.5$) kann der kritische Lastfaktor $\gamma_{\text{krit}}$ direkt ermittelt werden.

Stattdessen wird das vorliegende Eigenwertproblem linearisiert. Hierbei wird zunächst die Steifigkeitsmatrix $\boldsymbol{K}$ in die linearen Anteile nach Theorie I. Ordnung $\boldsymbol{K}_{\text{el}}$, oder auch elastische Steifigkeitsmatrix, und die nichtlinearen Anteile $\boldsymbol{K}_{\text{geo}}$, oder auch geometrische Steifigkeitsmatrix, aufgespaltet. Die Steifigkeitsmatrix nach Theorie I. Ordnung ist konstant und unabhängig vom kritischen Lastfaktor $\gamma_{\text{krit}}$. Lediglich die nichtlinearen Anteile, ausschließlich in $\boldsymbol{K}_{\text{geo}}$, sind hiervon abhängig. Für die Linearisierung wird angenommen, dass die geometrische Steifigkeitsmatrix linear mit dem Lastfaktor skaliert. Somit kann die geometrische Steifigkeitsmatrix auf der Basis eines Referenzlastfaktors $\gamma_{\text{Referenz}}$ ermittelt und in das Eigenwertproblem eingesetzt werden. Hiermit erhält man die bekannte Form der s. g. linearen Anfangsbeulaufgabe als verallgemeinerte Eigenwertaufgabe.

$$\left[K_{\text{el}} + \gamma \cdot K_{\text{geo}}\left(\gamma_{\text{Referenz}}\right)\right] \cdot \underbrace{\varphi}_{\text{Eigenvektor}} = \mathbf{0}$$

Hierin stellt $\gamma$ den Skalierungsfaktor für die geometrische Steifigkeitsmatrix dar. Der sich für das Tragwerk ergebende kritische Lastfaktor $\gamma_{\text{krit}}$ kann aus dem Produkt aus Referenzlast- und Skalierungsfaktor näherungsweise gewonnen werden.

$$\gamma_{\text{krit}} = \gamma \cdot \gamma_{\text{Referenz}}$$

Die geometrische Steifigkeitsmatrix wird folgendermaßen bestimmt:

$$K_{\text{geo}} = K^{II}_{\text{exakt}}\left(\gamma_{\text{Referenz}}\right) - K_{\text{el}}$$

Die Lösungen für die in diesem Kapitel angegebenen Aufgaben sind unabhängig von evtl. Näherungen der Strichwerte mit dieser Methode ermittelt, da es sich um die allgemeine Form handelt und gängige Softwarelösungen ebenfalls diesen Ansatz verfolgen.

Im Fall von Stabkennzahlen $\alpha_i < 2.5$ kann $\boldsymbol{K}_{\text{geo}}$ auch direkt aus den nichtlinearen Anteilen der Strichwerte bestimmt werden. Wie z. B. für den Wert $A'$ im Druckfall:

$$A' = 4 - \frac{2}{15}\alpha^2$$

$$A'_{el} = 4$$

$$A'_{geo} = -\frac{2}{15}\alpha^2$$

Aus der Lösung des Eigenwertproblems kann neben dem kritischen Lastfaktor ebenfalls die Eigenform ermittelt werden. Hierbei liegt, wie aus der Mathematik bekannt, ein linear abhängiges Gleichungssystem vor. Dies ist insofern auch mechanisch begründbar, da der Gleichgewichtszustand im Stabilitätspunkt indifferent ist. Für die Ermittlung der Eigenform bedeutet dies, dass die Eigenform lediglich auf eine bestimmte Größe normiert angegeben werden kann. Hierzu sind in der Literatur verschiedenste Möglichkeiten angegeben. Die am weitesten verbreitete Methode ist die Normierung auf eine bestimmte Einheits-Knotenverformung im Tragwerk, welche i. d. R. zu 1 gewählt wird. Die Durchführung einer solchen Normierung ist im Detail in der folgenden Beispielaufgabe angegeben.

Des Weiteren ist anzumerken, dass sich bei der Lösung des Eigenwertproblems mehrere Lösungen für den kritischen Lastfaktor ergeben können. Mathematisch betrachtet liefert die Lösung des Eigenwertproblems so viele Eigenwerte wie Unbekannte (im Kontext des Verschiebungsgrößenverfahrens entspricht dies der Anzahl der unbekannten Knotenverformungen, d. h. dem Grad $n_g$ der geometrischen Unbestimmtheit). Im Rahmen der baustatischen Beurteilung des Tragwerks ist i. d. R. der kleinste positive Eigenwert von Bedeutung, da hiermit die kleinste kritische Belastung des Tragwerks erreicht ist.

Eine weitere bekannte Größe, die sich aus der Lösung des Eigenwertproblems ergibt, sind die Knicklängen $s_k$ der Einzelstäbe. Hierzu wird die Annahme getroffen, dass sich die Normalkräfte nach Theorie II. Ordnung ebenfalls linear mit dem kritischen Lastfaktor skalieren lassen. Hiermit können die kritischen Normalkräfte wie folgt angegeben werden.

$$N_{\text{i,krit}} \cong \gamma_{\text{krit}} \cdot N_{\text{i}}$$

Mit der Kenntnis der kritischen Normalkräfte der Einzelstäbe kann unter Verwendung der Euler'schen Knicklast die Knicklänge der Einzelstäbe wie im Folgenden angegeben ermittelt werden.

$$N_{i,krit} = \frac{\pi^2 \cdot EI}{s_{i,k}^2}$$

$$\rightarrow s_{i,k} = \sqrt{\frac{\pi^2 \cdot EI}{N_{i,krit}}}$$

Weiter können mit den Knicklängen die Knicklängenbeiwerte $\beta$ (in der Form $s_k = \beta \cdot \ell$) bestimmt werden, welche in einer Vielzahl von Tabellenwerken für ausgewählte Fälle zu finden sind und in viele Bemessungshilfen und -vorschriften eingehen.

Zusammenfassend lassen sich die Berechnungsschritte, die notwendig sind, um die kritischen Lastfaktoren sowie die Eigenform zu ermitteln, wie folgt angeben:

### Berechnungsschritte zur Ermittlung des kritischen Lastfaktors:

1. Berechnung des Systems nach Theorie II. Ordnung
2. Aufstellen der elastischen Steifigkeitsmatrix $\boldsymbol{K}_{el}$ (Theorie I. Ordnung)
3. Bestimmung der geometrischen Steifigkeitsmatrix $\boldsymbol{K}_{geo} = \boldsymbol{K}^{II}(\gamma_{Referenz}) - \boldsymbol{K}_{el}$
4. Lösen des linearisierten Eigenwertproblems, Ermitteln des Eigenwertes $\gamma$
5. Bestimmung des kritischen Lastfaktors $\gamma_{krit} = \gamma \cdot \gamma_{Referenz}$ und der Stabilitätsform
6. Evtl. Rückrechnung der Knicklasten und Knicklängen

Für die zu diesem Kapitel angegeben Lösungen wurden in Punkt 1 der angegebenen Berechnungsschritte die Berechnung des Systems nach Theorie II. Ordnung vereinfacht durchgeführt. Es wurde die maximale Anzahl an Iterationsschritten auf 1 beschränkt, um die Handrechnung zu vereinfachen. Hier ist ausdrücklich anzumerken, dass für eine methodisch korrekte Ermittlung des kritischen Lastfaktors die Lösung nach Theorie II. Ordnung auskonvergiert sein muss!

Des Weiteren sind die Ergebnisse zum kritischen Lastfaktor sehr stark von der Berechnungsgenauigkeit abhängig. Die bezieht sich i. d. R. auf die Anzahl an gültigen Ziffern in der Rechnung. Um eine Vergleichbarkeit mit Softwarelösungen zu ermöglichen, wurden die Ergebnisse, die im Anhang zu diesem Kapitel abgegeben sind, mithilfe von Computeralgebrasystemen ermittelt. Dies sollte bei der Kontrolle der eigenen Berechnungen berücksichtigt werden. Hierdurch wird ebenfalls eine bestmögliche Übereinstimmung mit Stiff gewährleistet.

In den bisherigen Kapiteln (z. B. Kapitel 10 - Verschiebungsgrößenverfahren) wurden die Grundelemente 1 bis 3 eingeführt und für die Ermittlung der Verformungen und Schnittgrößen des jeweiligen Tragwerks verwendet. Das Ergebnis war hierbei unabhängig von der gewählten Modellierung. Für die Ermittlung des kritischen Lastfaktors ist die Modellierung des Tragwerks jedoch nicht beliebig. An folgendem Beispiel wird der Einfluss, der sich aus der Wahl der verwendeten Grundelemente ergibt, aufgezeigt.

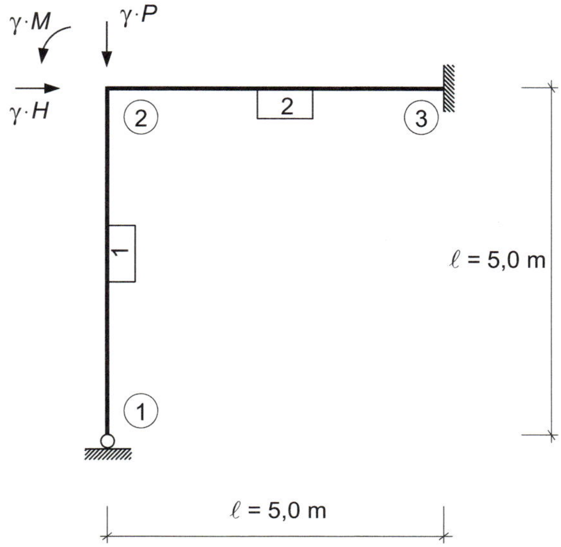


$EA \to \infty$

$EI = 10.000\ \text{kNm}^2$

$H = 1.000\ \text{kN}$

$P = 1.000\ \text{kN}$

$M = 100\ \text{kN}$

Grundsystem

## Geometrisch bestimmtes Grundsystem

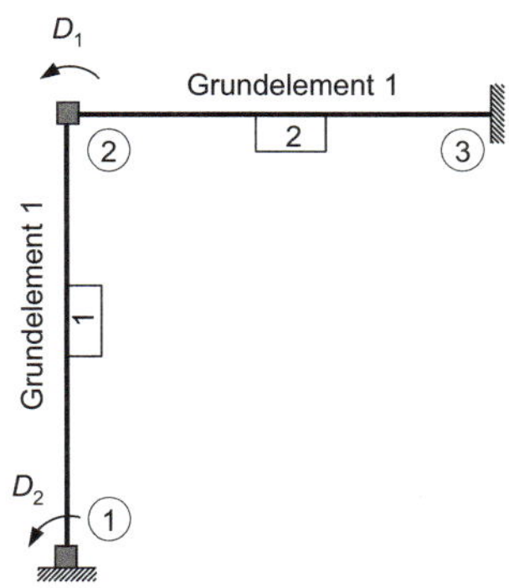


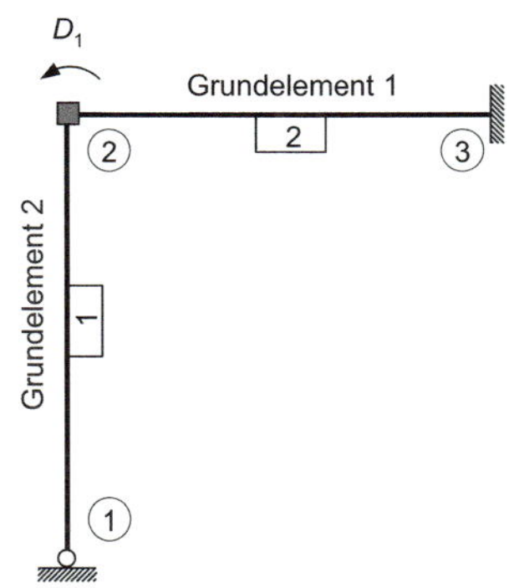

## Einheitszustände

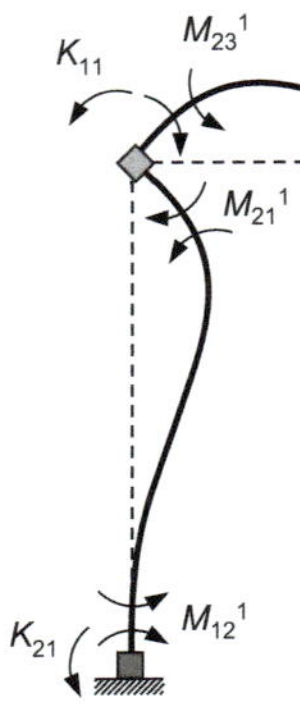


$$K_{11} = \frac{2 \cdot EI}{\ell}(A'_1 + A'_2)$$

$$K_{21} = \frac{EI}{\ell} B'_1$$

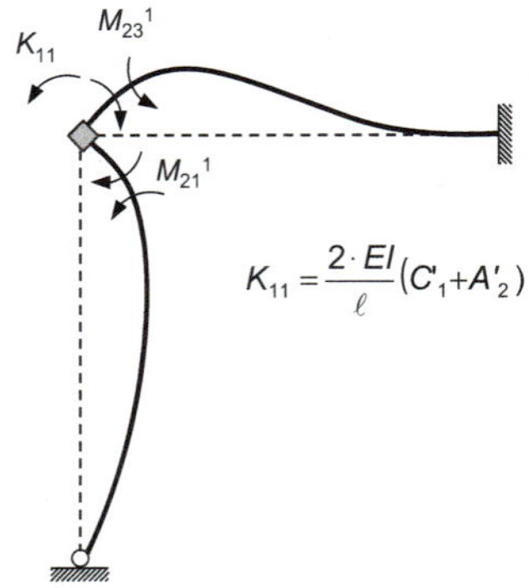


$$K_{11} = \frac{2 \cdot EI}{\ell}(C'_1 + A'_2)$$

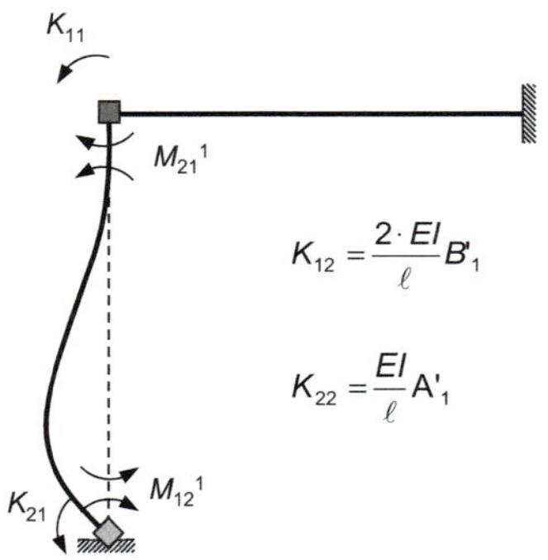


$$K_{12} = \frac{2 \cdot EI}{\ell} B'_1$$

$$K_{22} = \frac{EI}{\ell} A'_1$$

Für das gegebene System können hinsichtlich der ermittelten Steifigkeiten weitere Vereinfachungen getroffen werden, da die vorhandenen Stablängskräfte in den Stäben 1 und 2 gleich groß sind. Hierdurch muss für die Strichwerte nicht mehr zwischen Stab 1 und Stab 2 unterschieden werden. Die sich somit ergebende elastische bzw. geometrische Steifigkeitsmatrix kann wie folgt angegeben werden.

## Steifigkeitsmatrix

$$K_{el} = \frac{EI}{\ell}\begin{bmatrix} 8 & 2 \\ 2 & 4 \end{bmatrix}$$

$$K_{geo} = \frac{EI}{\ell} \cdot \begin{bmatrix} 2 \cdot (A'-4) & B'-2 \\ B'-2 & A'-4 \end{bmatrix}$$

$$K_{el} = \frac{EI}{\ell} \cdot 7$$

$$K_{geo} = \frac{EI}{\ell} \cdot (C' + A' - 7)$$

Im Fall der Verwendung von Grundelement 2 kann der kritische Lastfaktor $\gamma_{krit}$ direkt durch Umformung des Determinantenkriteriums ermittelt werden. Im Fall von Grundelement 1 muss für die Ermittlung des kritischen Lastfaktors $\gamma_{krit}$ zunächst das charakteristische Polynom gelöst werden.

## Kritischer Lastfaktor $\gamma_{krit}$

$$\det\left[\mathbf{K}_{el} + \gamma \cdot \mathbf{K}_{geo}\right] = 0$$

Durch die Auswertung des Determinantenkriteriums kann das charakteristische Polynom zur Ermittlung des kritischen Lastfaktors angegeben werden.

$$\frac{EI}{\ell^2} \cdot \Big[\big(8 + 2 \cdot \gamma \cdot (A' - 4)\big) \cdot \big(4 + \gamma \cdot (A' - 4)\big) -$$
$$-\big(2 + \gamma \cdot (B' - 2)\big)\Big] = 0$$

Die Lösung des charakteristischen Polynoms ergibt 2 Eigenwerte, wobei der kleinste als kritischer Lastfaktor identifiziert werden kann.

$$\gamma_{krit} = \frac{2 \cdot \left(A' \cdot \left(\sqrt{2} - 4\right) + B' \cdot \left(1 - 2 \cdot \sqrt{2}\right) + 14\right)}{A' \cdot \left(2 \cdot A' - 16\right) + B' \cdot \left(4 - B'\right) + 28}$$

$$\gamma_{krit} = -\frac{K_{el}}{K_{geo}} = \frac{7}{C' + A' - 7}$$

Der Vergleich der beiden kritischen Lastfaktoren zeigt, dass das Ergebnis für das gegebene System abhängig von der Modellierung unterschiedlich ist. Werden in die allgemein angegebenen Gleichungen noch die speziellen Systemwerte für $\ell$ und $EI$ eingesetzt, ergeben sich die folgenden, kritischen Lastfaktoren. Hierbei kann wiederum ausgenutzt werden, dass die Berechnung für Stab 1 und 2 identisch ist.

$$\alpha = 5 \cdot \sqrt{\frac{1.000}{10.000}} = 1{,}5811 \longrightarrow \begin{matrix} A' = 3{,}65514 \\ B' = 2{,}09027 \\ C' = 2{,}45977 \end{matrix} \begin{matrix} \nearrow \; \gamma_{krit,GE\,2} = 7{,}9088 \\ \\ \searrow \; \gamma_{krit,GE\,1} = 6{,}3270 \end{matrix}$$

Der sich hier einstellende Unterschied in den kritischen Lastfaktoren stellt keinen Fehler dar. Vielmehr ist der Unterschied auf die Wahl unterschiedlicher Grundelemente zurückzuführen.

Für die Ermittlung der Stabendkräfte des Grundelementes 2 wurde die zusätzliche Bedingung eingeführt, dass das Stabendmoment $M_k$ am Knoten $k$ sich zu Null ergibt.

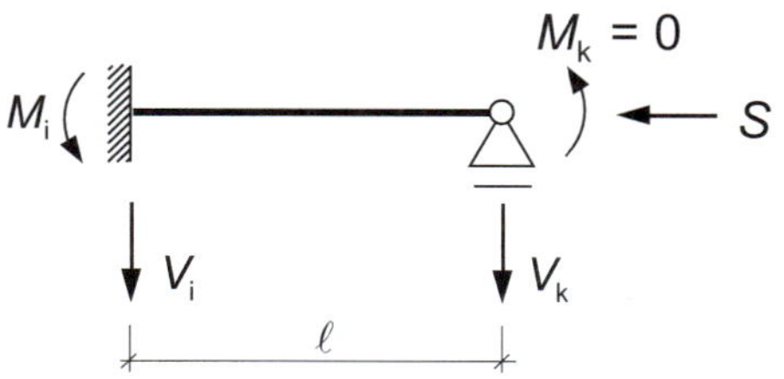

Mit Einführung dieser Zusatzbedingung ist es möglich, die Stabendkräfte für Grundelement 2 aus denen des Grundelement 1 mittels statischer Kondensation zu ermitteln. Hieraus ergeben sich zum einen die Stabendkräfte des Grundelement 2 sowie die Bedingungsgleichung für die Knotenrotation $\varphi_k$ am Knoten k.

$$\varphi_k = \frac{D'}{A' \cdot \ell} \cdot w_i - \frac{B'}{A'} \cdot \varphi_i - \frac{D'}{A' \cdot \ell} \cdot w_k$$

In dem vorliegenden Beispiel ergeben sich die beiden beteiligten Knotenverschiebungen zu Null $w_i = w_k = 0$. Wodurch sich die Knotenrotation $\varphi_k$ wie folgt ergibt.

$$\varphi_k = -\frac{B'}{A'} \cdot \varphi_i$$

Es wird deutlich, dass dem Grundelement 2 durch die Einarbeitung des Momentengelenks die genannte Winkelbeziehung zu Grunde liegt. Für die Berechnung von Knotenverformungen mittels des Verschiebungsgrößenverfahrens führt dies unabhängig von der Modellierung zu identischen Ergebnissen. Am behandelten Beispiel wird für den Fall der linearisierten Anfangsbeulaufgabe jedoch ersichtlich, dass im Fall von $\gamma = \gamma_{krit}$ die Winkel am Knoten i wie auch am Knoten k gleich groß sein müssten $\varphi_i = \varphi_k$. Bei Verwendung des Grundelements 2 ist im Rahmen der linearisierten Anfangsbeulaufgabe diese Winkelbeziehung jedoch nicht enthalten.

An diesem Beispiel wird gezeigt, dass je nach Wahl der verwendeten Grundelemente das Ergebnis unterschiedlich sein kann. Wird dieser Sachverhalt im Kontext der Finite Element Methode betrachtet, so wird dieser Umstand umso klarer. Werden zur Modellierung eines Tragwerks Finite Elemente verwendet, die auf unterschiedlichen physikalischen Grundlagen beruhen, so können keine übereinstimmenden Ergebnisse erzielt werden.

Werden die Systeme mit Grundelement 1 bzw. 2 für den Fall $\gamma = \gamma_{krit} = \pi$ berechnet, dann sind A' = B' sowie C' = 0 und beide Varianten konvergieren zu derselben Lösung. Dies liegt darin begründet, dass dann die physikalische Aussage beider System dieselbe ist.

Der zuvor dargestellte Sachverhalt bedingt für die Aufgaben in diesem Kapitel, dass nicht nur die Lösungen angegeben werden, sondern auch noch die zu Grunde liegende Modellierung. Hierbei definiert die Beschriftungsrichtung Anfangs- und Endpunkt des jeweiligen Elements, wodurch sich die Lage von Punkt a und Punkt b ergibt.

# 13.2 Beispielaufgabe

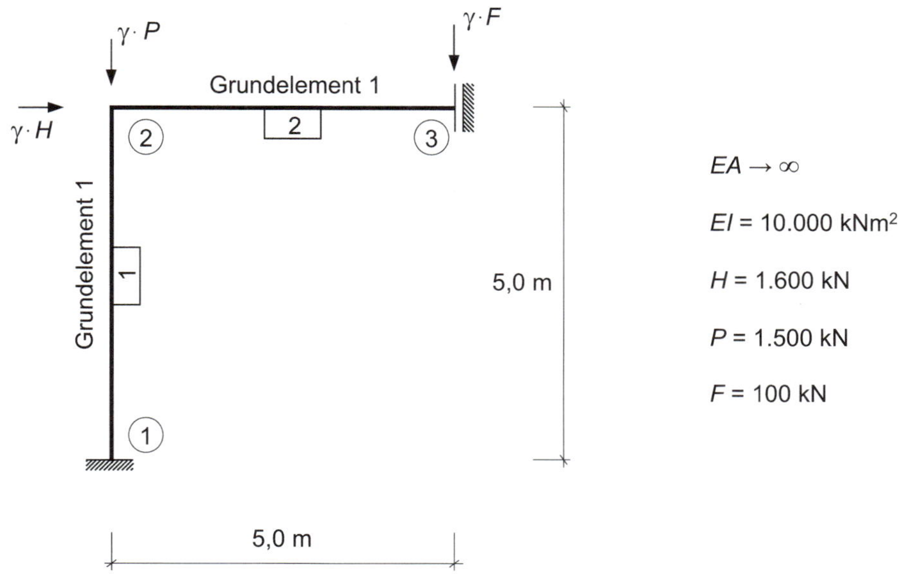


1. Berechnen Sie die Knotenverformungen des Systems für $\gamma = 1{,}0$ nach Theorie I. und II. Ordnung (1 Iterationsschritt).
2. Bestimmen Sie eine Näherung für den kritischen Lastfaktor $\gamma_{\text{krit}}$, bei dem unter der gegebenen Lastgruppe Stabilitätsversagen des Systems eintritt.
3. Skizzieren Sie die Knickfigur für $\gamma_{\text{krit}}$.
4. Überprüfen Sie Ihre Ergebnisse mit Stiff.
5. Bestimmen Sie die Euler'sche Knicklast sowie die jeweilige Knicklänge der einzelnen Stäbe.

## 13.2.1 Berechnung der Knotenverformungen nach Theorie I. und II. Ordnung für $\gamma = 1{,}0$

Die Steifigkeiten in den Einheitszuständen werden zuerst in ihrer allgemeinen Form, d. h. durch die Strichwerte ausgedrückt, berechnet. Danach erfolgt die Unterscheidung zwischen Theorie I. und II. Ordnung.

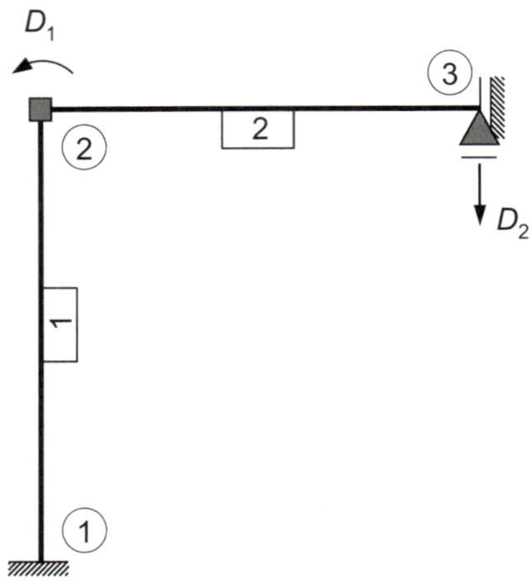


Geometrisch bestimmtes Grundsystem

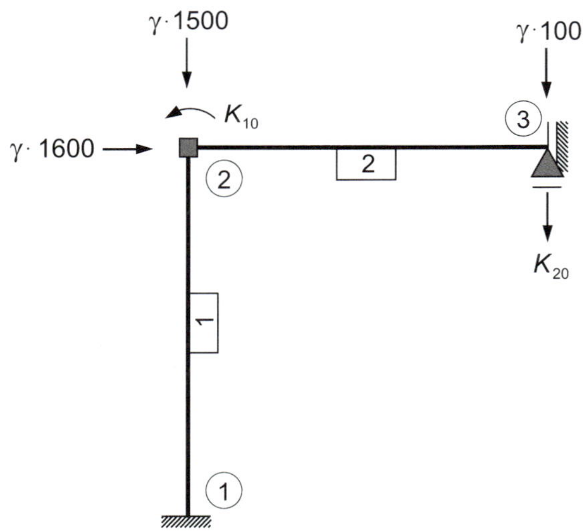


Lastzustand

Knotengleichgewicht:

$K_{10} = 0 \qquad K_{20} = -100$

Normalkräfte im Lastzustand:

$N_1^0 = -1500 \qquad N_2^0 = -1600$

### Einheitszustände

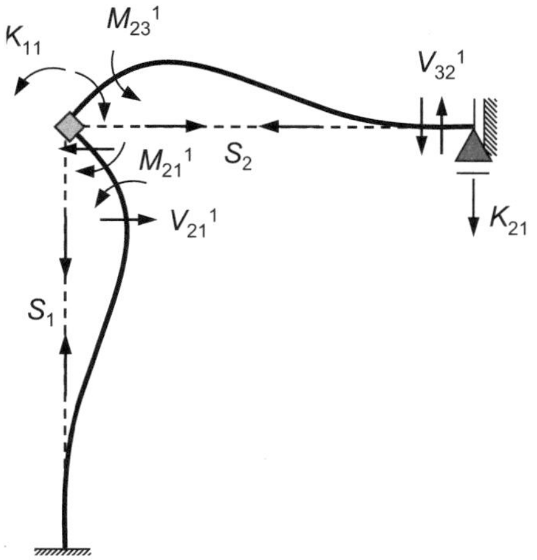


Einheitszustand $D_1 = 1$

Da sowohl Stab 1 als auch Stab 2 die gleiche Länge aufweisen, wird im Folgenden die Länge lediglich mit $\ell$ bezeichnet.

Knotengleichgewicht:

$$K_{11} = \frac{2 \cdot EI}{\ell}\left(A'_1 + A'_2\right) \qquad K_{21} = \frac{EI}{\ell^2} D_2'$$

Normalkräfte im Einheitszustand 1:

$$N_1^1 = -\frac{EI}{\ell^2} D'_2 \qquad N_2^1 = \frac{EI}{\ell^2} D'_1$$

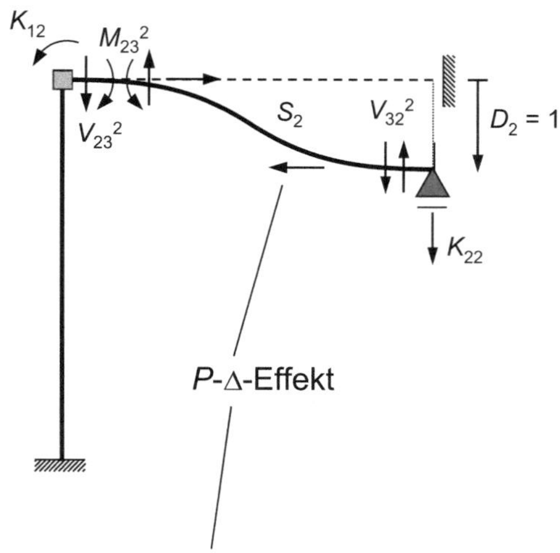


$$K_{22} = \frac{2 \cdot EI}{\ell^3} D'_2 - \frac{S_2}{\ell}$$

Einheitszustand $D_2 = 1$

Knotengleichgewicht:

$$K_{12} = \frac{EI}{\ell^2} D'_2 \qquad K_{22} = \frac{2 \cdot EI}{\ell^3} D'_2 - \frac{S_2}{\ell}$$

Normalkräfte im Einheitszustand 1:

$$N_1^2 = -\frac{2 \cdot EI}{\ell^3} D'_2 \qquad N_2^2 = 0$$

## Steifigkeitsmatrix und Knotenverformungen nach Theorie I. Ordnung

$$S_1 = S_2 = 0 \qquad A' = 4 \qquad D' = 6$$

Durch Einsetzen der Strichwerte in die zuvor ermittelten Steifigkeiten kann die Steifigkeitsmatrix nach Theorie I. Ordnung wie folgt angegeben werden.

$$\begin{bmatrix} 16000 & 2400 \\ 2400 & 960 \end{bmatrix} \cdot \begin{bmatrix} D_1 \\ D_2 \end{bmatrix} = \begin{bmatrix} 0 \\ 100 \end{bmatrix} \qquad \begin{bmatrix} D_1 \\ D_2 \end{bmatrix} = \begin{bmatrix} -0{,}025 \\ 0{,}1667 \end{bmatrix}$$

## Nachlaufrechnung für Normalkräfte

Die Normalkräfte nach Theorie I. Ordnung sind die Eingangsgrößen zur Berechnung nach Theorie II. Ordnung. Hierbei wird die Annahme getroffen, dass die Stablängskräfte $S_i$ den Beträgen der Normalkräften $||N_i||$ entsprechen (vgl. Kapitel 12 - Verschiebungsgrößenverfahren nach Theorie II. Ordnung).

$$\begin{bmatrix} N_1 \\ N_2 \end{bmatrix} = \begin{bmatrix} N_1^0 \\ N_2^0 \end{bmatrix} + \begin{bmatrix} N_1^1 & N_1^2 \\ N_2^1 & N_2^2 \end{bmatrix} \begin{bmatrix} D_1 \\ D_2 \end{bmatrix} = \begin{bmatrix} -1500 \\ -1600 \end{bmatrix} + \begin{bmatrix} -2400 & -960 \\ 2400 & 0 \end{bmatrix} \begin{bmatrix} -0{,}025 \\ 0{,}1667 \end{bmatrix} = \begin{bmatrix} -1600 \\ -1660 \end{bmatrix}$$

## Steifigkeitsmatrix und Knotenverformungen nach Theorie II. Ordnung

Auf Basis der Stablängskräfte nach Theorie I. Ordnung lassen sich nun die einzelnen Stabkennzahlen zur Bestimmung der Strichwerte ermitteln.

$$\alpha_i = \ell \cdot \sqrt{\frac{S_i}{EI}} \qquad \begin{aligned} &\rightarrow \alpha_1 = 5\sqrt{\frac{1600}{10000}} = 2 \\ &\rightarrow \alpha_2 = 5\sqrt{\frac{1660}{10000}} = 2{,}037 \end{aligned}$$

Beide Stabkennzahlen sind kleiner als 2,5. Daher können im Folgenden wie zuvor beschrieben die Steifigkeiten mit genäherten Strichwerten ermittelt werden (vgl. Kapitel 12). Dennoch liegen die Stabkennzahlen sehr nahe an der Abgrenzung zu den exakten Strichwerten. Daher wird im Folgenden die Berechnung für beide Varianten angegeben.

**Genähert**

$$A'_1 = 4 - \frac{2 \cdot \alpha_1^2}{15} = 4 - \frac{2 \cdot 2^2}{15} = 4 - 0{,}533 = 3{,}467$$

$$D'_1 = 6 - \frac{1 \cdot \alpha_1^2}{10} = 6 - \frac{1 \cdot 2^2}{10} = 6 - 0{,}4 = 5{,}6$$

$$A'_2 = 4 - \frac{2 \cdot \alpha_2^2}{15} = 4 - \frac{2 \cdot 2{,}037^2}{15} = 4 - 0{,}553 = 3{,}447$$

$$D'_2 = 6 - \frac{1 \cdot \alpha_2^2}{10} = 6 - \frac{1 \cdot 2{,}037^2}{10} = 6 - 0{,}415 = 5{,}585$$

$$K_{11} = \frac{EI}{\ell}\left(2 \cdot 4 - 0{,}533 - 0{,}553\right) = 13828$$

$$K_{12} = K_{21} = \frac{EI}{\ell^2} 5{,}585 = 2.234$$

$$K_{22} = \frac{2 \cdot EI}{\ell^3} 5{,}585 - \frac{1660}{5} = 561{,}6$$

$$\rightarrow \begin{bmatrix} D_1 \\ D_2 \end{bmatrix} = \begin{bmatrix} -0{,}0805 \\ 0{,}4983 \end{bmatrix}$$

**Exakt**

$$A'_1 = \frac{\alpha_1\left(\sin\alpha_1 - \alpha_1 \cos\alpha_1\right)}{2\left(1 - \cos\alpha_1\right) - \alpha_1 \sin\alpha_1} = 3{,}436$$

$$D'_1 = \frac{\alpha_1\left(1 - \cos\alpha_1\right)}{2\left(1 - \cos\alpha_1\right) - \alpha_1 \sin\alpha_1} = 5{,}588$$

$$A'_2 = \frac{\alpha_2\left(\sin\alpha_2 - \alpha_2 \cos\alpha_2\right)}{2\left(1 - \cos\alpha_2\right) - \alpha_2 \sin\alpha_2} = 3{,}414$$

$$D'_2 = \frac{\alpha_2\left(1 - \cos\alpha_2\right)}{2\left(1 - \cos\alpha_2\right) - \alpha_2 \sin\alpha_2} = 5{,}572$$

$$K_{11} = \frac{EI}{\ell}\left(3{,}436 + 3{,}414\right) = 13700$$

$$K_{12} = K_{21} = \frac{EI}{\ell^2} 5{,}572 = 2228{,}8$$

$$K_{22} = \frac{2 \cdot EI}{\ell^3} 5{,}572 - \frac{1660}{5} = 559{,}5$$

$$\rightarrow \begin{bmatrix} D_1 \\ D_2 \end{bmatrix} = \begin{bmatrix} -0{,}0826 \\ 0{,}5079 \end{bmatrix}$$

Hieraus wird deutlich, dass bei Stabkennzahlen, die in den Übergangsbereichen liegen schon deutliche Unterschiede in den Ergebnissen erzielt werden.

### 13.2.2 Berechnung des kritischen Lastfaktors $\gamma_{krit}$

Für die Bestimmung des kritischen Lastfaktors $\gamma_{krit}$ werden die eingangs beschriebenen Varianten angegeben. Hierbei werden die genäherten sowie die exakten Strichwerte verwendet. Die Aufspaltung der Steifigkeitsmatrix in beiden Fällen erfolgt wie beschrieben. Im Fall der genäherten Strichwerte wird hierbei noch das eingeführte Proportionalitätsverhältnis zwischen den Stablängskräften und dem Lastfaktor ausgenutzt.

$$S_i(\gamma) \cong \gamma \cdot S_i\left(\gamma_{Referenz}\right)$$

Somit können die genäherten Strichwerte in linearer Abhängigkeit des Lastfaktors angegeben werden, wodurch sich die Aufspaltung der Steifigkeitsmatrizen direkt ergibt. Beispielhaft wird die Aufspaltung der Stichwerte für A' angeführt.

$$A'_i = 4 - \frac{2 \cdot \alpha_i^2}{15}$$

mit: $\alpha_i = \ell \sqrt{\frac{S_i(\gamma)}{EI}} = \ell \sqrt{\frac{\gamma \cdot S_i}{EI}}$

$$\rightarrow A'_i = 4 - \frac{2 \cdot \gamma \cdot S_i \cdot \ell^2}{15EI} = A'_{i,el} - A'_{i,geo}$$

Somit können die genäherten Strichwerte wie folgt angegeben werden:

$$A'_1(\gamma) = 4 - \frac{2 \cdot \gamma \cdot S_1 \cdot \ell^2}{15EI} = 4 - \frac{\gamma \cdot 8}{15}$$

$$D'_1(\gamma) = 6 - \frac{\gamma \cdot 2}{5}$$

$$A'_2(\gamma) = 4 - \frac{\gamma \cdot 83}{150}$$

$$D'_2(\gamma) = 6 - \frac{\gamma \cdot 83}{200}$$

Die für die Ermittlung des kritischen Lastfaktors $\gamma_{\text{krit}}$ notwendigen Steifigkeitsmatrizen können für beide Fälle angegeben werden.

**Genähert**

$$K_{\text{el}} = \begin{bmatrix} 16000 & 2400 \\ 2400 & 960 \end{bmatrix}$$

$$K_{\text{geo}} = \begin{bmatrix} -2173{,}3 & -166 \\ -166 & -398{,}4 \end{bmatrix}$$

**Exakt**

$$K_{\text{el}} = \begin{bmatrix} 16000 & 2400 \\ 2400 & 960 \end{bmatrix}$$

$$K_{\text{geo}} = K^{II}_{\text{exakt}} - K_{\text{el}} = \begin{bmatrix} 13700 - 16000 & 2228{,}8 - 2400 \\ 2228{,}8 - 2400 & 559{,}5 - 960 \end{bmatrix}$$

$$\rightarrow K_{\text{geo}} = \begin{bmatrix} -2300 & -171{,}2 \\ -171{,}2 & -400{,}5 \end{bmatrix}$$

Mithilfe des zuvor beschriebenen Determinantenkriteriums lässt sich der kritische Lastfaktor durch die Lösung des charakteristischen Polynoms bestimmen.

Genähert:

$$\gamma^2 \cdot 838287 - \gamma \cdot 7663968 + 9600000 = 0$$

$$\rightarrow \gamma_1 = \gamma_{\text{krit}} = 1{,}498$$

$$\rightarrow \gamma_2 = 7{,}644$$

Exakt:

$$\gamma^2 \cdot 891840 - \gamma \cdot 7794240 + 9600000 = 0$$

$$\rightarrow \gamma_1 = \gamma_{\text{krit}} = 1{,}483$$

$$\rightarrow \gamma_2 = 7{,}256$$

Bei der Berechnung des kritischen Lastfaktors erkennt man einen wesentlichen Unterschied der Ergebnisse, was auf die unterschiedlichen Stabkennzahlen zurückzuführen ist.

### 13.2.3 Knickfigur für $\gamma_{\text{krit}}$

Wie bereits zu Beginn beschrieben liegt für die Bestimmung der Knickfigur ein linear abhängiges Gleichungssystem vor. Um dennoch die Knickfigur angeben zu können wird hier eine Verschiebungsgröße vorgegeben (hier $D_1 = -1$). Die Auswertung erfolgt hier für die exakte Lösung.

$$\begin{bmatrix} 12588 & 2146{,}0 \\ 2146{,}0 & 365{,}86 \end{bmatrix} \cdot \begin{bmatrix} -1 \\ D_2 \end{bmatrix} = \begin{bmatrix} 0 \\ 0 \end{bmatrix} \qquad \rightarrow D_2 = 5{,}86$$

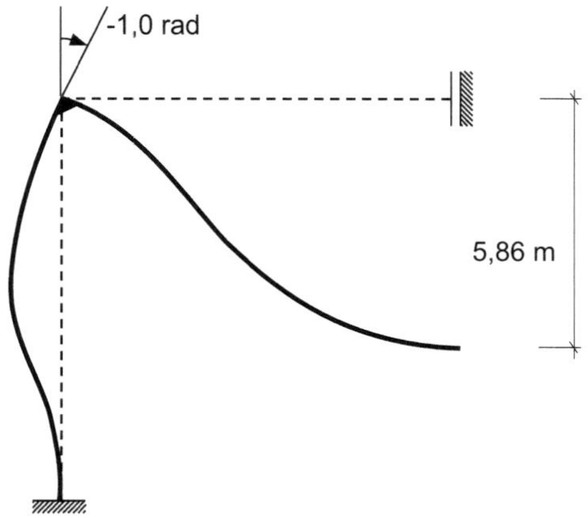


Knickfigur

### 13.2.4 Überprüfung der Ergebnisse mit Stiff

Für die Vergleichbarkeit der Ergebnisse wurden bei Eingabe und Berechnung der Struktur mit Stiff die maximale Iterationsanzahl auf 1 begrenzt und die Stablängskräfte auf die oben angegebenen Werte (1600 bzw. 1660, Druck) gesetzt.

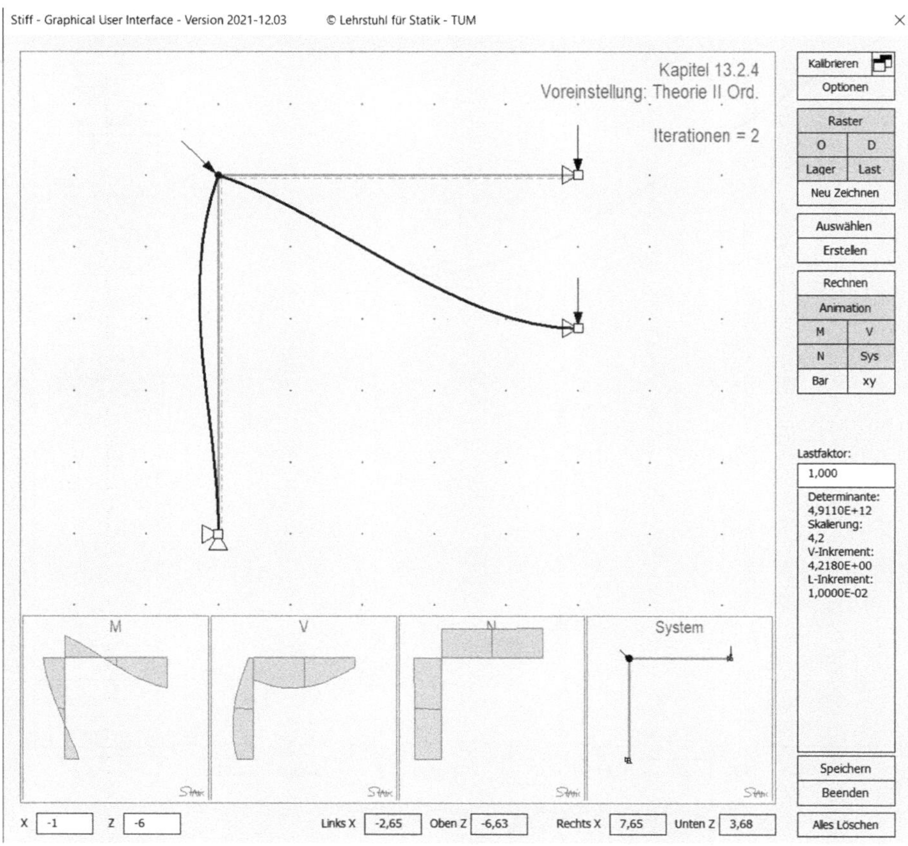

Die Normalkräfte können dem entsprechendem Tabellenblatt entnommen werden.

Man erkennt die Diskrepanz zwischen den Normalkräften aus der Rückrechnung und den vorgegebenen Stablängskräften des ersten Iterationsschrittes. So stellt man auch fest, dass das Gleichgewicht der inneren und äußeren Kräfte noch nicht erfüllt ist. Das ist erst nach Konvergenz weiterer Iterationen der Fall, bis die vorgegeben Stablängskräfte mit denen der Rückrechnung übereinstimmen.

| Element | 0 | 0,1 | 0,2 | 0,3 | 0,4 | 0,5 | 0,6 | 0,7 | 0,8 | 0,9 | 1,0 |
|---|---|---|---|---|---|---|---|---|---|---|---|
| 1 | -1600,00 | -1596,97 | -1594,77 | -1593,73 | -1594,03 | -1595,61 | -1598,22 | -1601,46 | -1604,81 | -1607,73 | -1609,77 |
| 2 | -1770,38 | -1763,66 | -1758,13 | -1754,68 | -1753,86 | -1755,80 | -1760,19 | -1766,34 | -1773,23 | -1779,72 | -1784,68 |

Der kritische Lastfaktor kann ebenfalls aus Stiff entnommen werden.

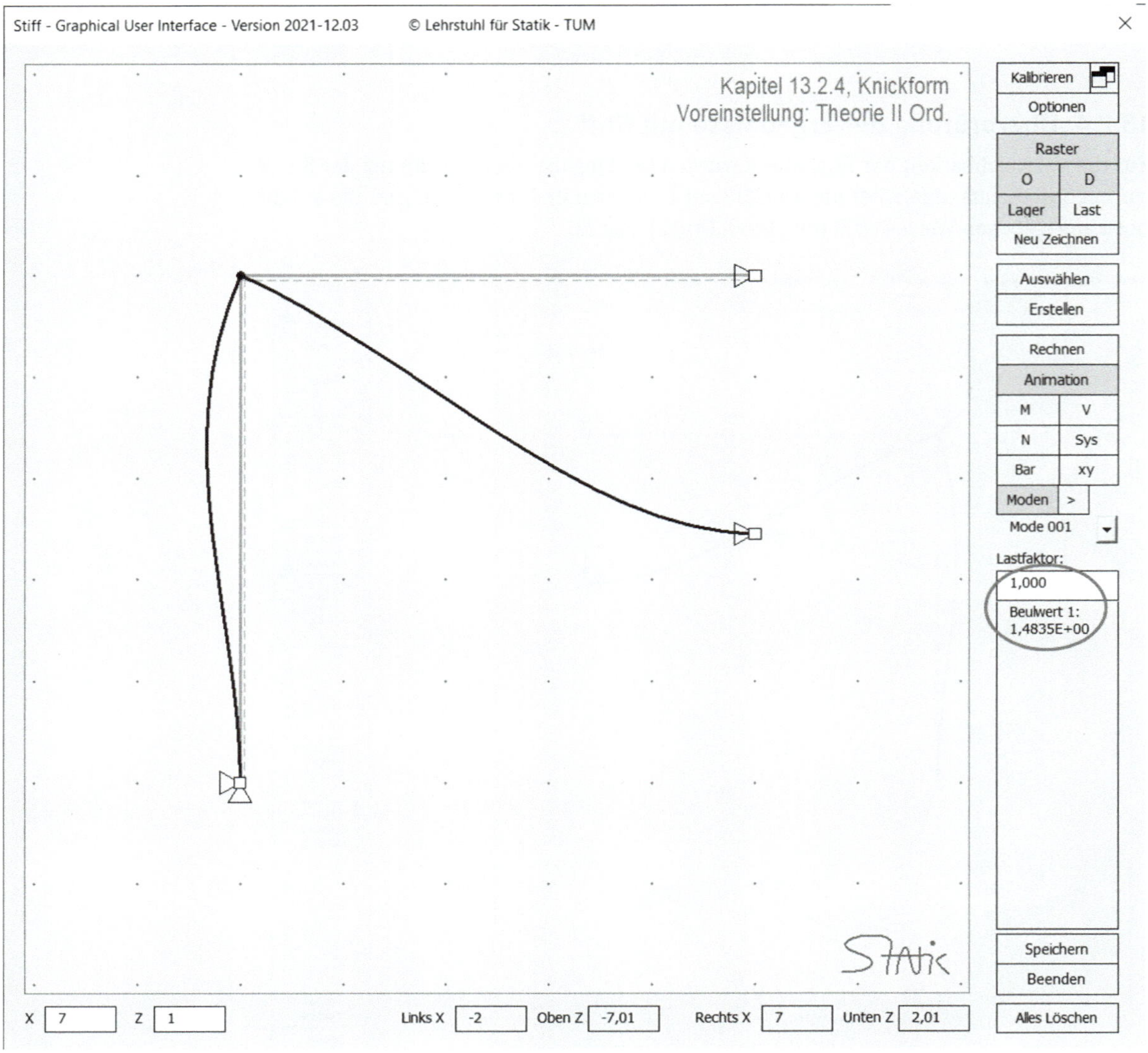

### 13.2.5 Bestimmung der Euler'schen Knicklast und der jeweiligen Knicklänge der einzelnen Stäbe

Die kritische Last ergibt sich aus der Faktorisierung der vorhandenen Stabnormalkraft mit dem kritischen Lastfaktor $\gamma_{krit} = 1{,}498$ (hier wird lediglich der Fall für die genäherten Strichwerte angegeben).

$N_{krit} = P_{krit} = \gamma_{krit} \cdot N$

(= Euler'sche Knicklast)

Stab 1: $N_{krit} = 1{,}498 \cdot 1600 = 2396{,}95\ kN$

Stab 2: $N_{krit} = 1{,}498 \cdot 1660 = 2486{,}84\ kN$

Mithilfe der Beziehung von Eulerscher Knicklast und Knicklänge lässt sich die jeweilige Knicklänge bestimmen.

$$P_{krit} = \frac{\pi^2 \cdot EI}{s_k^2}$$

$$\rightarrow s_k = \sqrt{\frac{\pi^2 \cdot EI}{P_{krit}}}$$ mit $s_k$ … Knicklänge

Stab 1: $$s_k = \sqrt{\frac{\pi^2 \cdot 10000}{2396{,}95}} = 6{,}42\ \text{m}$$

Stab 2: $$s_k = \sqrt{\frac{\pi^2 \cdot 10000}{2486{,}84}} = 6{,}30\ \text{m}$$

# 13.3 Aufgaben

## Aufgabe 1

Schwierigkeitsgrad einfach

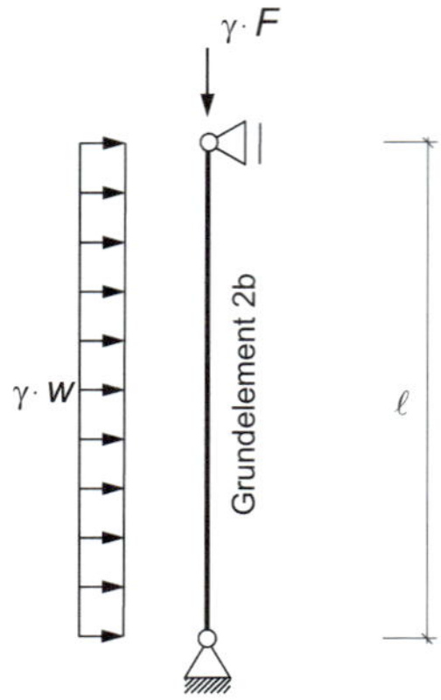


gegeben:
$F = 200$ kN
$w = 10$ kN/m
$\ell = 5$ m
$EI = 10.000$ kNm²
$EA \to \infty$

a) Berechnen Sie den kritischen Lastfaktor.

b) Welchen Einfluss hat dabei die Streckenlast *w*?

c) Berechnen Sie die Knicklänge des Stabes und vergleichen Sie Ihr Ergebnis mit der Lösung nach Euler.

## Aufgabe 2

Schwierigkeitsgrad einfach

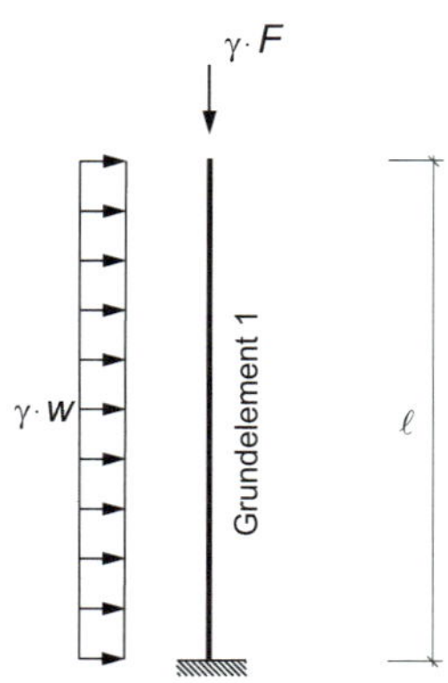


gegeben:
$F = 200$ kN
$w = 10$ kN/m
$\ell = 5$ m
$EI = 10.000$ kNm²
$EA \to \infty$

a) Berechnen Sie den kritischen Lastfaktor.

b) Berechnen Sie die Knicklänge des Stabes und vergleichen Sie Ihr Ergebnis mit der Lösung nach Euler.

## Aufgabe 3

Schwierigkeitsgrad einfach

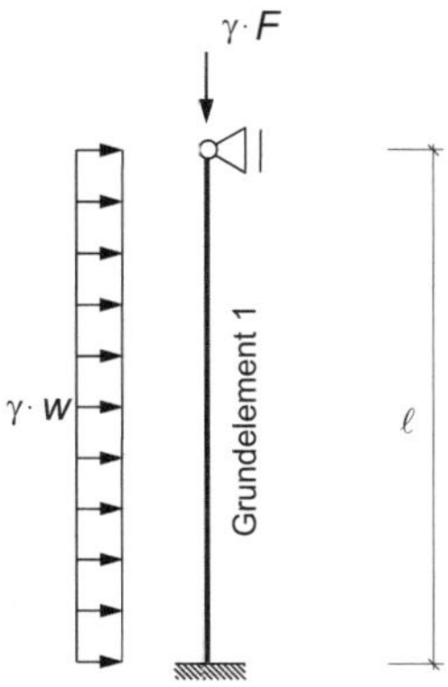


gegeben:
$F = 200$ kN
$w = 10$ kN/m
$\ell = 5$ m
$EI = 10.000$ kNm²
$EA \to \infty$

a) Berechnen Sie den kritischen Lastfaktor.

b) Berechnen Sie die Knicklänge des Stabes und vergleichen Sie Ihr Ergebnis mit der Lösung nach Euler.

## Aufgabe 4

Schwierigkeitsgrad einfach

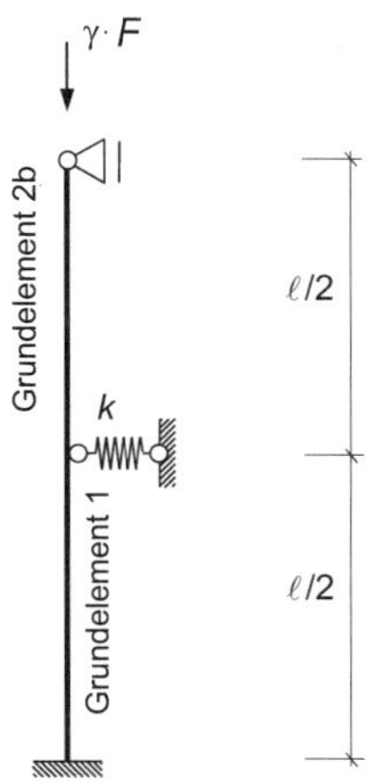


gegeben:
$F = 2.000$ kN
$\ell = 5$ m
$k = 200$ kN/m
$EI = 10.000$ kNm²
$EA \to \infty$

a) Schätzen Sie mithilfe der Euler'schen Knicklast den zu erwartenden kritischen Lastfaktor ab. Nehmen Sie hierbei die Federsteifigkeit zu Null an ($k = 0$).

b) Errechnen Sie die tatsächliche Knicklast unter Berücksichtigung der Feder und vergleichen Sie das Ergebnis mit der Teilaufgabe a).

## Aufgabe 5

Schwierigkeitsgrad
einfach

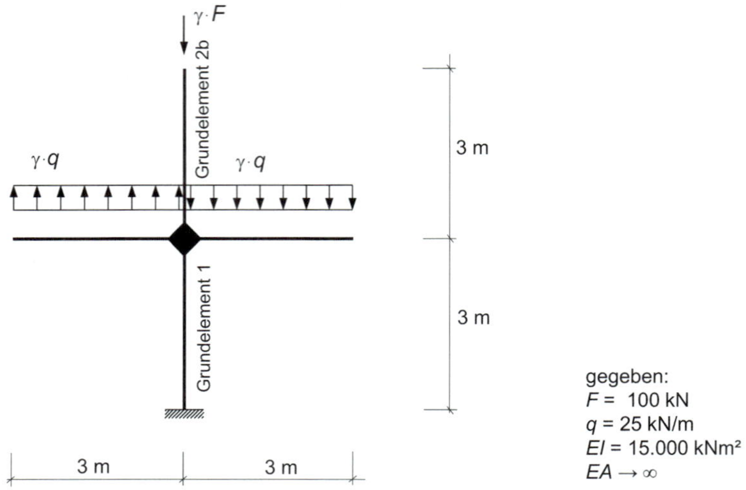


a) Berechnen Sie den kritischen Knicklastfaktor.

b) Skizzieren Sie die zugehörige Knickfigur.

## Aufgabe 6

Schwierigkeitsgrad
einfach

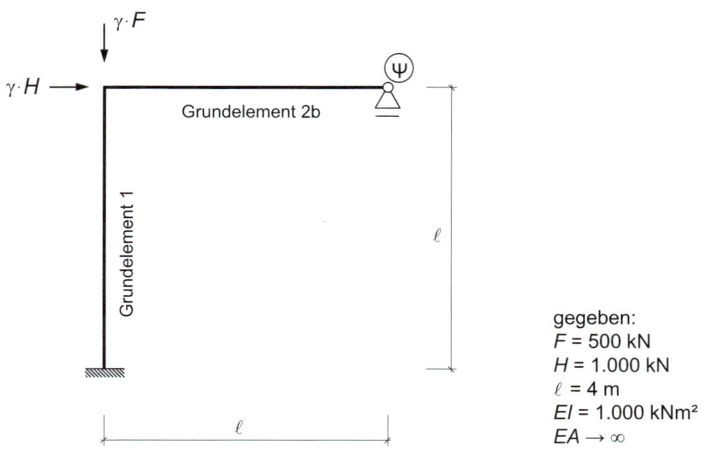


a) Berechnen Sie den kritischen Lastfaktor des Systems.

b) Skizzieren Sie die zugehörige Knickfigur.

## Aufgabe 7

Schwierigkeitsgrad einfach

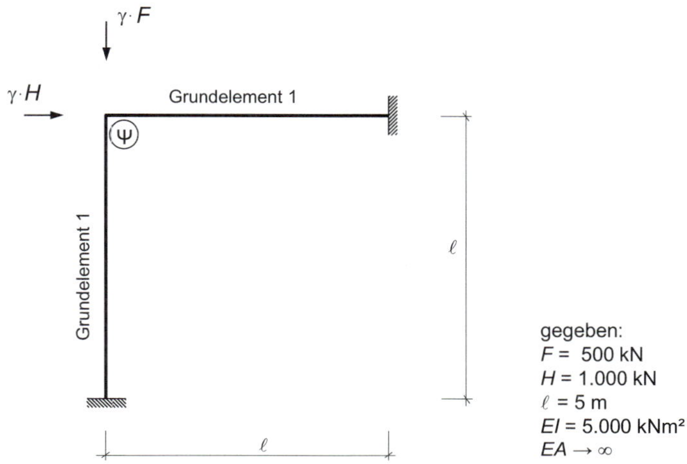


a) Berechnen Sie den kritischen Lastfaktor des Systems.

b) Skizzieren Sie die zugehörige Knickfigur.

## Aufgabe 8

Schwierigkeitsgrad einfach

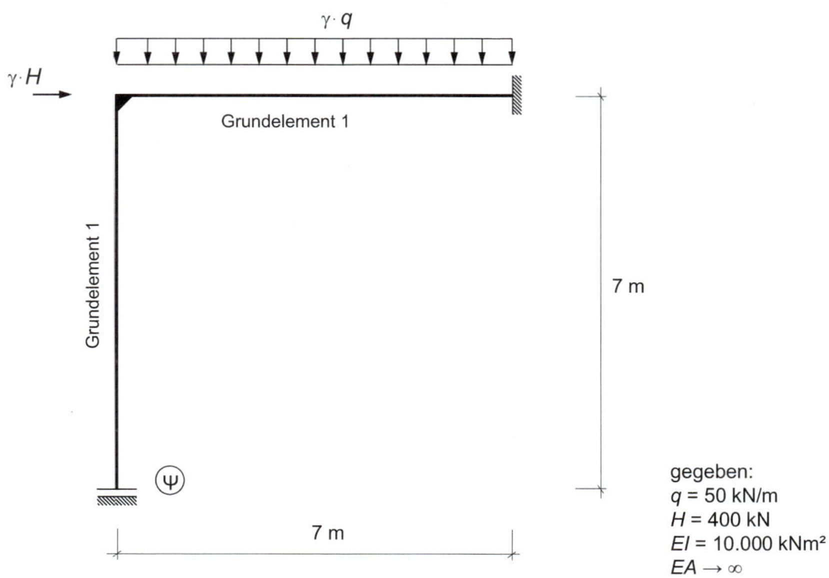


a) Errechnen Sie den kritischen Knicklastfaktor.

b) Skizzieren Sie die zugehörige Knickfigur.

## Aufgabe 9

Schwierigkeitsgrad einfach

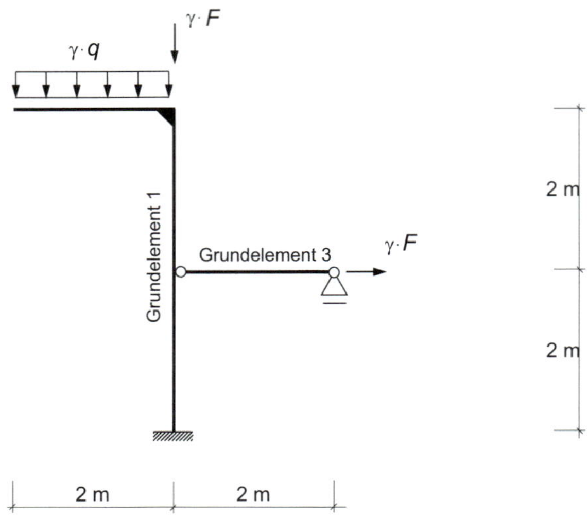


gegeben:
$F = 15$ kN
$q = 5$ kN/m
$EI = 2.000$ kNm²
$EA \rightarrow \infty$

a) Vereinfachen Sie das System für die Berechnung soweit wie möglich.
b) Berechnen Sie den kritischen Knicklastfaktor.

## Aufgabe 10

Schwierigkeitsgrad einfach

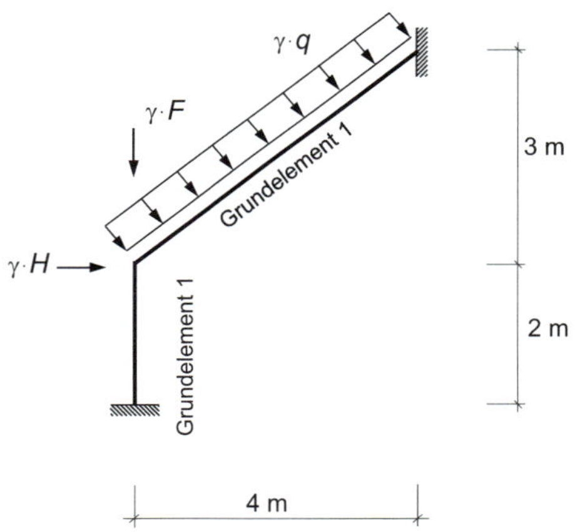


gegeben:
$q = 40$ kN/m
$F = 100$ kN
$H = 100$ kN
$EI = 3.500$ kNm²
$EA \rightarrow \infty$

a) Berechnen sie den kritischen Knicklastfaktor.

## Aufgabe 11

Schwierigkeitsgrad
mittel

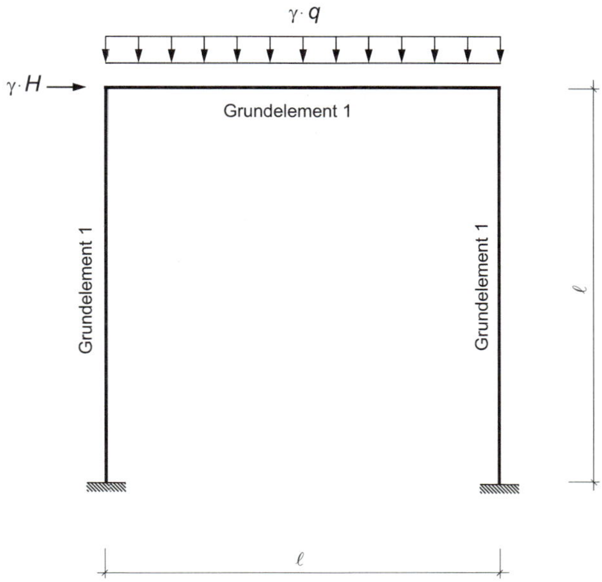


gegeben:
$H$ = 100 kN
$q$ = 20 kN/m
$\ell$ = 10 m
$EI$ = 10.000 kNm²
$EA \to \infty$

a) Berechnen Sie den kritischen Knicklastfaktor des Systems.

## Aufgabe 12

Schwierigkeitsgrad
mittel

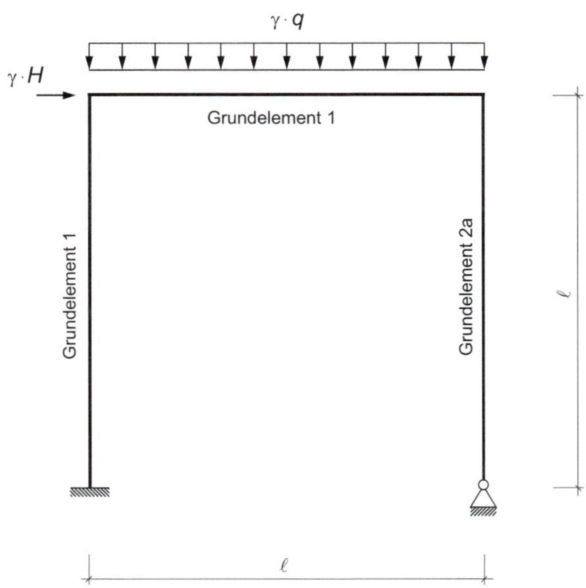


gegeben:
$H$ = 100 kN
$q$ = 20 kN/m
$\ell$ = 10 m
$EI$ = 10.000 kNm²
$EA \to \infty$

a) Berechnen Sie den kritischen Knicklastfaktor des Systems.

## Aufgabe 13

Schwierigkeitsgrad mittel

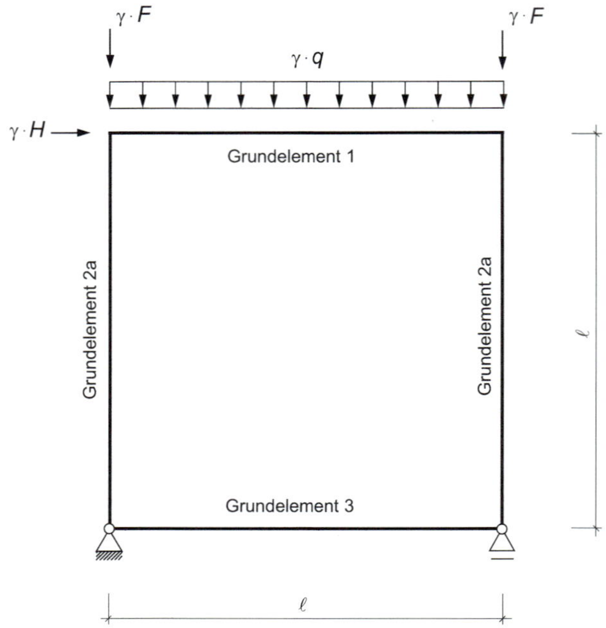


gegeben:
$F = 100$ kN
$q = 10$ kN/m
$H = 10$ kN
$\ell = 10$ m
$EI = 10.000$ kNm²
$EA \to \infty$

a) Berechnen Sie den kritischen Knicklastfaktor des Systems.

## Aufgabe 14

Schwierigkeitsgrad mittel

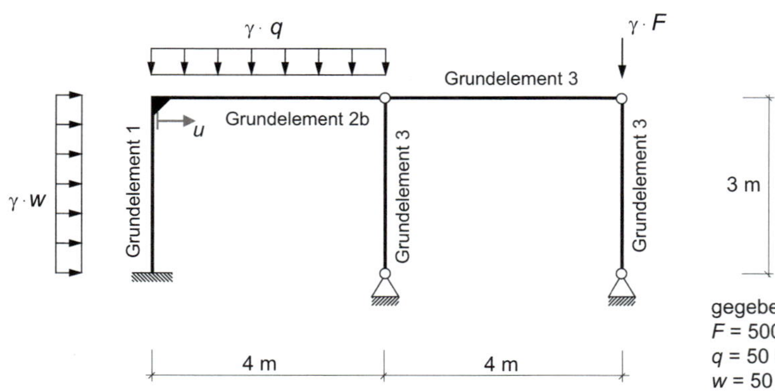


gegeben:
$F = 500$ kN
$q = 50$ kN/m
$w = 50$ kN/m
$EI = 5.000$ kNm²
$EA \to \infty$

a) Berechnen Sie den kritischen Lastfaktor.

b) Zeichnen Sie das Last-Verformungs-Diagramm für $\gamma = 1{,}0$; 2,0; 3,0 nach Theorie I. Ordnung für die Verschiebung $u$.

c) Zeichnen Sie das Last-Verformungs-Diagramm für $\gamma = 1{,}0$; 2,0; 3,0 nach Theorie II. Ordnung für die Verschiebung $u$ (jeweils 1 Iteration).

## Aufgabe 15

Schwierigkeitsgrad mittel

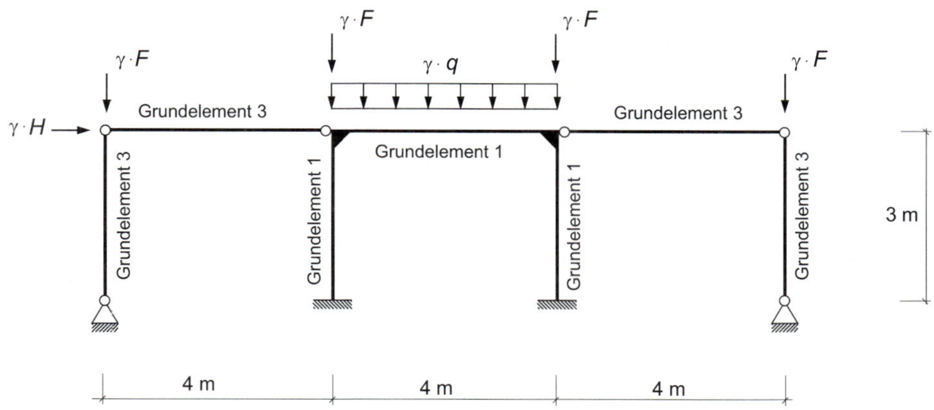


gegeben:
$F$ = 500 kN
$H$ = 100 kN
$q$ = 10 kN/m
$EI$ = 10.000 kNm²
$EA \to \infty$

a) Berechnen Sie den kritischen Lastfaktor.

## Aufgabe 16

Schwierigkeitsgrad mittel

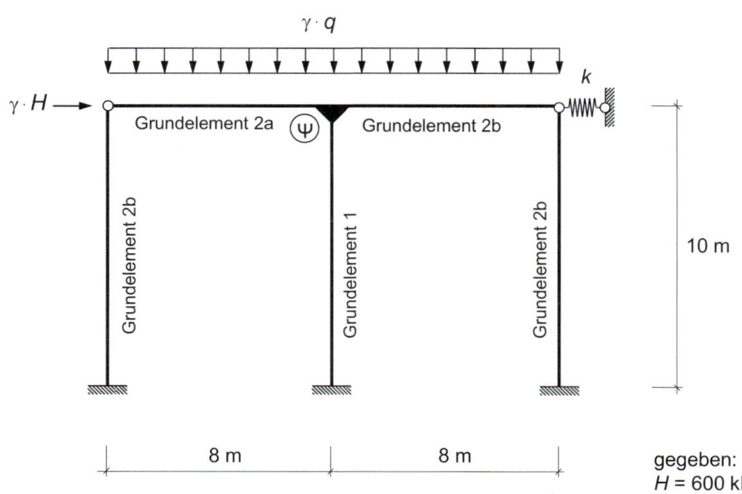


gegeben:
$H$ = 600 kN
$q$ = 30 kN/m
$k$ = 200 kN/m
$EI$ = 10.000 kNm²
$EA \to \infty$

a) Berechnen Sie den kritischen Knicklastfaktor des Systems.

b) Skizzieren Sie die zugehörige Knickfigur.

## Aufgabe 17

Schwierigkeitsgrad mittel

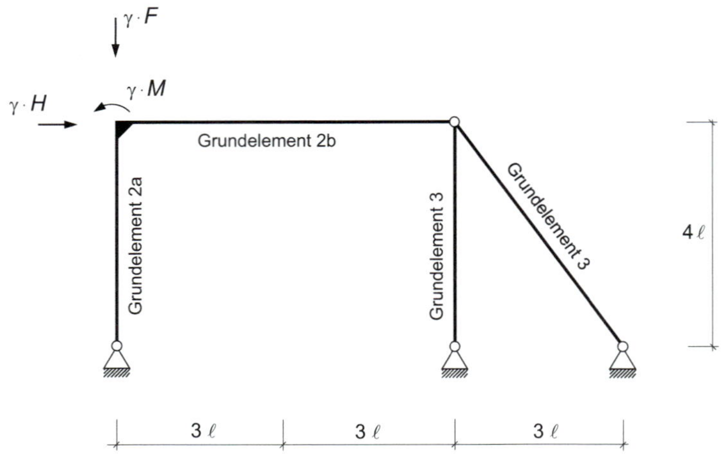


gegeben:
$F$ = 600 kN
$H$ = 600 kN
$M$ = 500 kNm
$\ell$ = 2 m
$EI$ = 25.000 kNm²
$EA \to \infty$

a) Ermitteln Sie die kritische Knicklast.

## Aufgabe 18

Schwierigkeitsgrad mittel

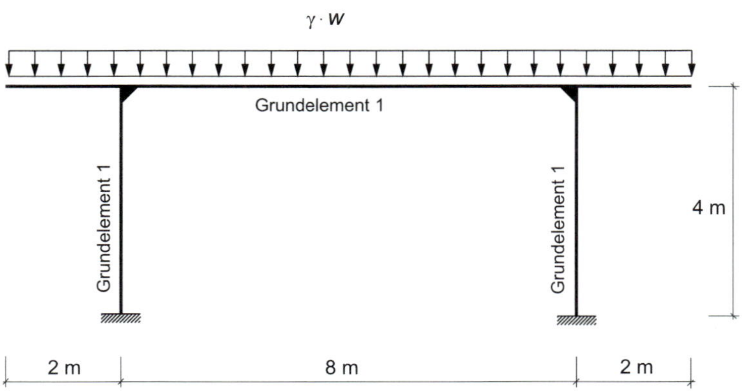


gegeben:
$w$ = 20 kN/m
$EI$ = 3.000 kNm²
$EA \to \infty$

a) Welche Versagensmodi ziehen Sie in Betracht? Skizzieren Sie jeweils die Knickfigur.
b) Berechnen Sie den kritischen Knicklastfaktor und vergleichen Sie Ihr Ergebnis mit Teilaufgabe a).

## Aufgabe 19

Schwierigkeitsgrad mittel

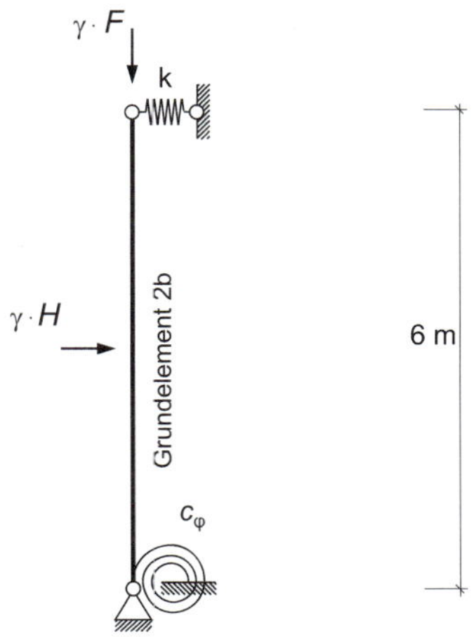


gegeben:
$F$ = 1.000 kN
$H$ = 200 kN
$k$ = 200 KN/m
$c_\varphi$ = 1.000 kNm/rad
$EI$ = 10.000 kNm²
$EA \to \infty$

a) Berechnen Sie den Knicklastfaktor des Systems.

## Aufgabe 20

Schwierigkeitsgrad mittel

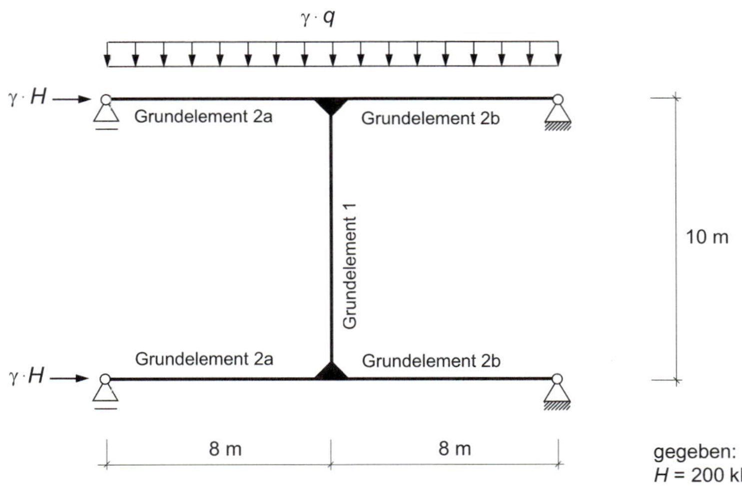


gegeben:
$H$ = 200 kN
$q$ = 5 kN/m
$EI$ = 10.000 kNm²
$EA \to \infty$

a) Berechnen Sie den kritischen Knicklastfaktor des Systems.

b) Skizzieren Sie die zugehörige Knickfigur.

## Aufgabe 21

Schwierigkeitsgrad
schwer

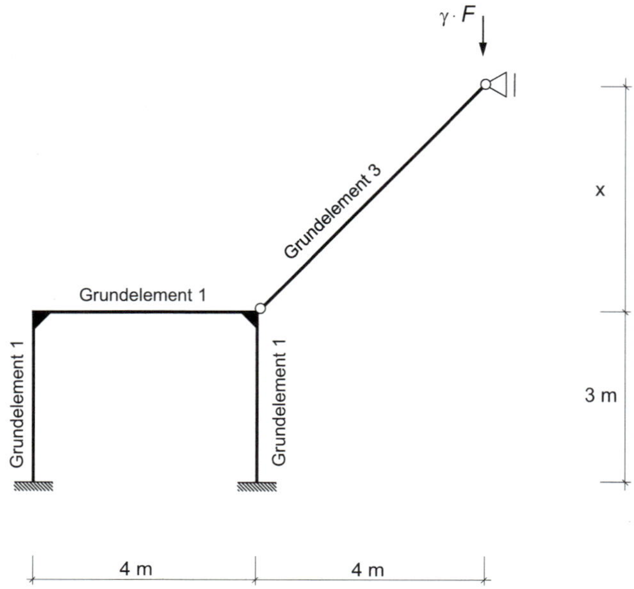


gegeben:
$F$ = 1.000 kN
$EI$ = 10.000 kNm²
$EA \rightarrow \infty$

a) Berechnen Sie den kritischen Lastfaktor für $x$ = 4,0 m; 10,0 m.

b) Wie beurteilen Sie den Einfluss der Variable $x$ auf das Tragverhalten des gegebenen Systems? Wie sensitiv ist das Tragwerk bzgl. einer Veränderung in $x$?

## Aufgabe 22

Schwierigkeitsgrad
schwer

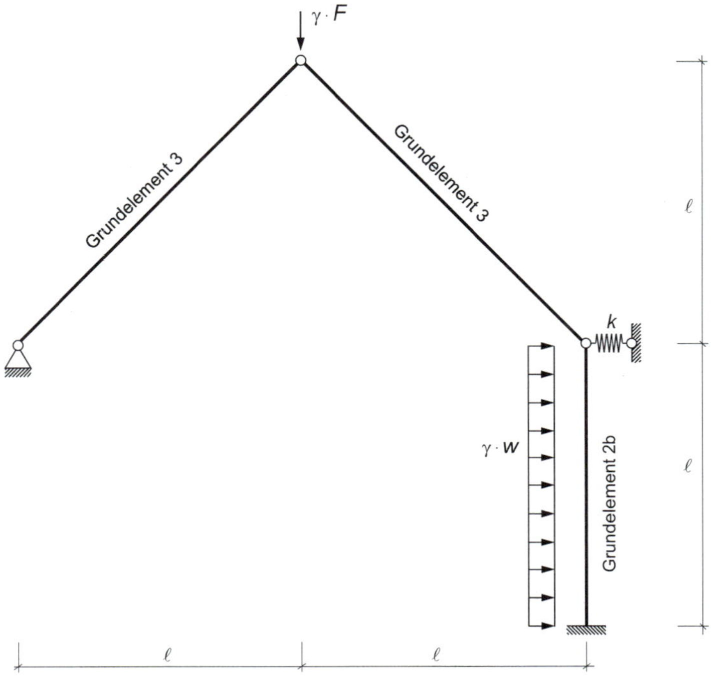


gegeben:
$F = 300$ kN
$\ell = 5$ m
$k = 200$ kN/m
$w = 5$ kN/m
$EI = 10.000$ kNm²
$EA \to \infty$

a) Wie viele Freiheitsgrade werden für die Berechnung des System mindestens benötigt?

b) Berechnen Sie den kritischen Knicklastfaktor.

## Aufgabe 23

Schwierigkeitsgrad schwer

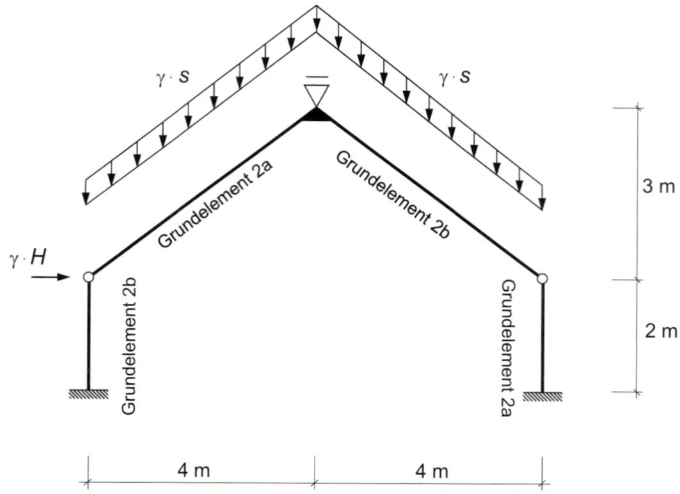


gegeben:
$s$ = 500 kN/m
$H$ = 100 kN
$EI$ = 3.500 kNm²
$EA \rightarrow \infty$

a) Wie viele Freiheitsgrade werden für die Berechnung des System mindestens benötigt?

b) Berechnen Sie den kritischen Knicklastfaktor.

## Aufgabe 24

Schwierigkeitsgrad schwer

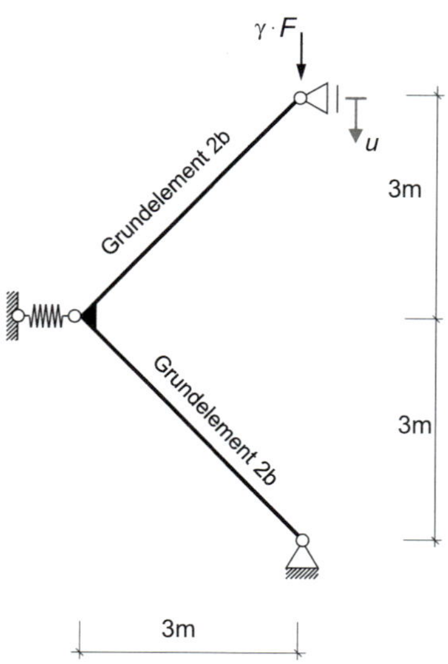


gegeben:
$F$ = 150 kN
$k$ = 1.000 kN/m
$EI$ = 1.000 kNm²
$EA \rightarrow \infty$

a) Zeichnen Sie das Last-Verformungs-Diagramm für $\gamma$ = 1,0; 2,0; 2,5 nach Theorie II. Ordnung für die Verschiebung $u$ (jeweils 1 Iteration).

## Aufgabe 25

Schwierigkeitsgrad schwer

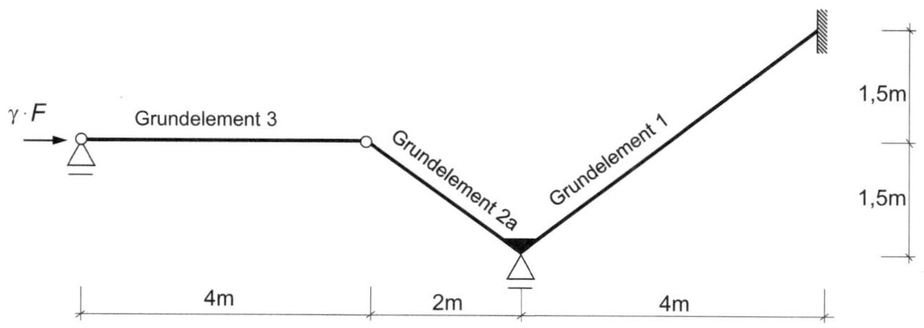


gegeben:
$F = 100$ kN
$EI = 5.000$ kNm²
$EA \rightarrow \infty$

a) Berechnen Sie den kritischen Knicklastfaktor.

## Aufgabe 26

Schwierigkeitsgrad schwer

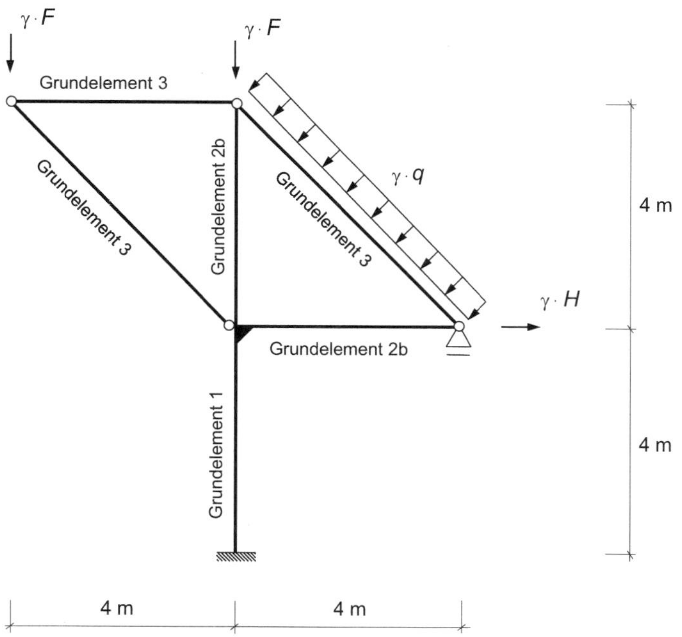


gegeben:
$H = 50$ kN
$F = 200$ kN
$q = 10$ kN/m
$EI = 10.000$ kNm²
$EA \rightarrow \infty$

a) Berechnen Sie den kritischen Lastastfaktor.

b) Zeichnen Sie das Last-Verschiebungsdiagramm für das Tragwerk. Ermitteln Sie hierfür eine ausreichende Anzahl an Verschiebungswerten. Führen Sie hier jeweils 1 Iterationsschritt nach Theorie II. Ordnung aus.

## Aufgabe 27

Schwierigkeitsgrad
schwer

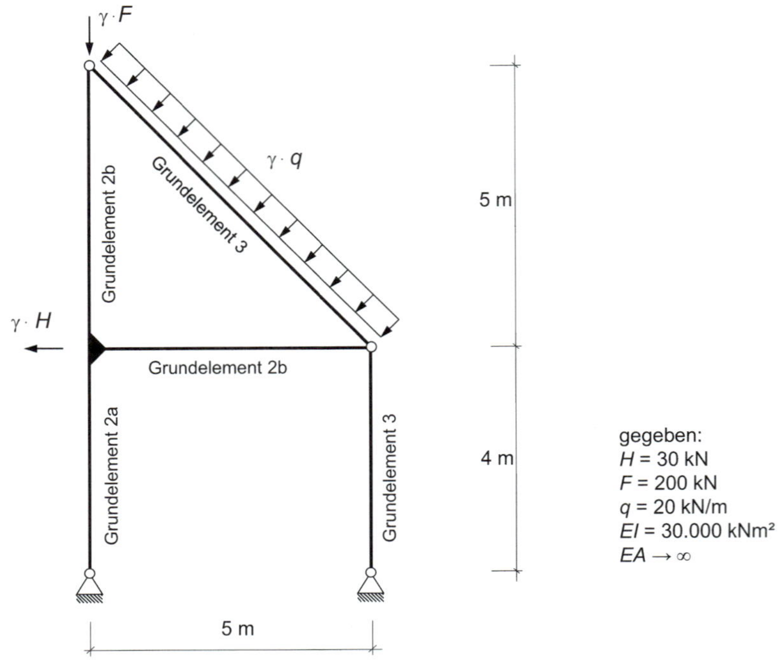


a) Berechnen Sie den kritischen Lastfaktor für das Stabilitätsproblem.

## Aufgabe 28

Schwierigkeitsgrad
schwer

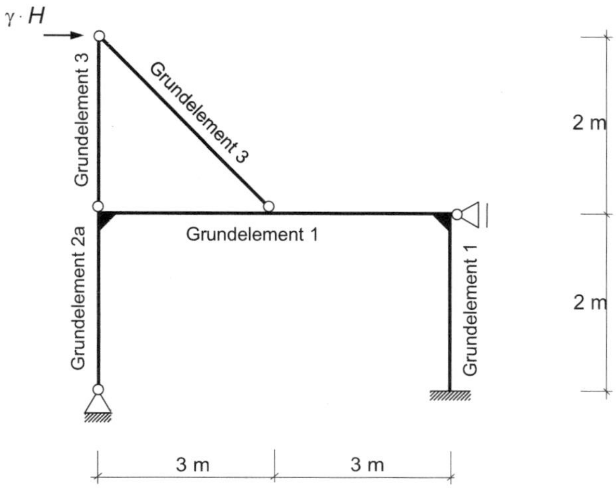


gegeben:
$H$ = 700 kN
$EI$ = 2.500 kNm²
$EA \to \infty$

a) Wie viele Freiheitsgrade werden für die Berechnung des System mindestens benötigt?

b) Ermitteln Sie alle kritischen Lastfaktoren für das gegebene Tragwerk.

## Aufgabe 29

Schwierigkeitsgrad
schwer

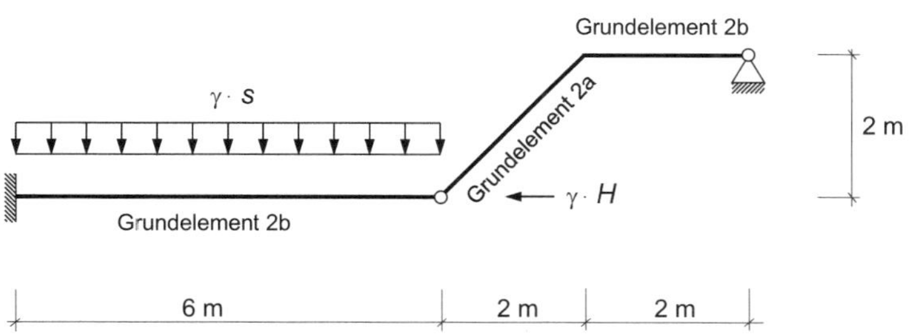


gegeben:
$H$ = 350 kN
$s$ = 20 kN/m
$EI$ = 1.000 kNm²
$EA \to \infty$

a) Berechnen Sie den kritischen Knicklastfaktor.

## Aufgabe 30

Schwierigkeitsgrad
schwer

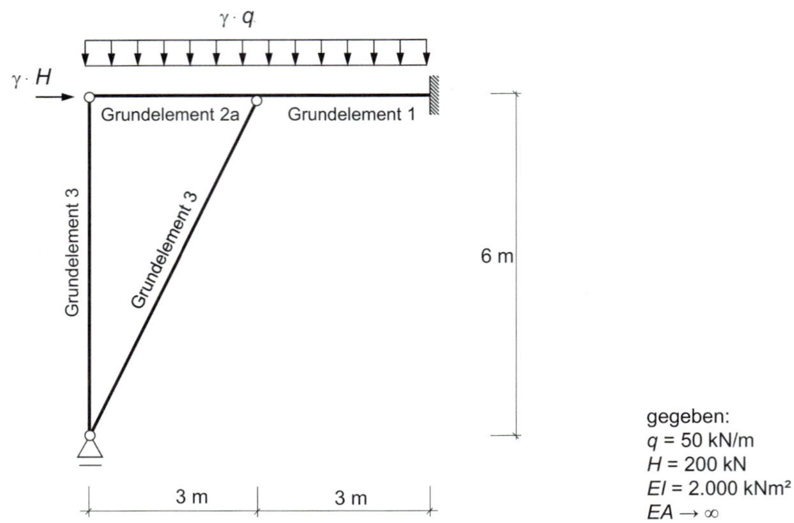


a) Vereinfachen Sie das System für die Berechnung soweit wie möglich.

b) Berechnen Sie den kritischen Lastfaktor mithilfe der Euler-Fälle.

## 13.4 Lösungen

| Aufgabe | a) | Ort | b) | Ort | c) | Ort |
|---|---|---|---|---|---|---|
| 1 | $\gamma = 29{,}6$ | | keine | | Euler: 3947,8 kN | |
| 2 | $\gamma = 4{,}965$ | | Euler: 986,96 kN | | | |
| 3 | $\gamma = 59{,}606$ | | Euler: 8056,82 kN | | | |
| 4 | $\gamma = 4{,}028$ | | $\gamma = 4{,}266$ | | | |
| 5 | $\gamma = 10{,}29$ | | | | | |
| 6 | $\gamma = 3{,}034$ | | u = 4,583 m | $\psi$ | | |
| 7 | $\gamma = 7{,}54$ | | $\varphi = 1{,}0$ rad | $\psi$ | | |
| 8 | $\gamma = 7{,}64$ | | u = 6,90 m | $\psi$ | | |
| 9 | | | $\gamma = 12{,}34$ | | | |
| 10 | $\gamma = 37{,}984$ | | | | | |
| 11 | $\gamma = 7{,}279$ | | | | | |
| 12 | $\gamma = 4{,}358$ | | | | | |
| 13 | $\gamma = 1{,}2146$ | | | | | |
| 14 | $\gamma = 4{,}866$ | | $u(\gamma = 1{,}0) = 0{,}0822$ m<br>$u(\gamma = 2{,}0) = 0{,}1644$ m<br>$u(\gamma = 3{,}0) = 0{,}2466$ m | | $u(\gamma = 1{,}0) = 0{,}1034$ m<br>$u(\gamma = 2{,}0) = 0{,}2791$ m<br>$u(\gamma = 2{,}5) = 0{,}6429$ m | |
| 15 | $\gamma = 7{,}9216$ | | | | | |
| 16 | $\gamma = 4{,}624$ | | $\varphi = 0{,}246$ rad | $\psi$ | | |
| 17 | $\gamma = 6{,}1738$ | | | | | |
| 18 | | | $\gamma_1 = 9{,}279$<br>$\gamma_2 = 41{,}028$ | | | |
| 19 | $\gamma = 1{,}326$ | | | | | |
| 20 | $\gamma = 1{,}9406$ | | | | | |
| 21 | $\gamma(x = 4\text{m}) = 6{,}400$ | | $\gamma(x = 10\text{ m}) = 11{,}491$ | | | |
| 22 | 1 | | $\gamma = 6{,}66$ | | | |
| 23 | 1 | | $\gamma = 2{,}231$ | | | |
| 24 | $u(\gamma = 1{,}0) = 0{,}645$ m<br>$u(\gamma = 2{,}0) = 1{,}746$ m<br>$u(\gamma = 2{,}5) = 2{,}689$ m | | | | | |
| 25 | $\gamma = 7{,}299$ | | | | | |
| 26 | $\gamma = 6{,}821$ | | | | | |
| 27 | $\gamma = 9{,}902$ | | | | | |
| 28 | 4 | | $\gamma = 2{,}4865$ | | | |
| 29 | $\gamma = 15{,}055$ | | | | | |
| 30 | | | $\gamma = 5{,}5$ | | | |

# 14 Grundformeln und Tafeln

## 14.1 Integraltafeln

| 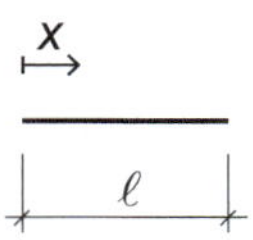  | 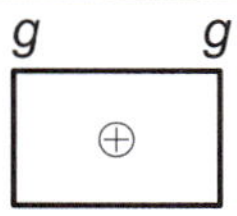  | 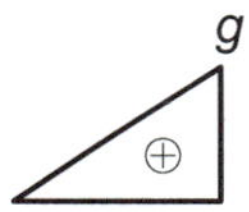  | 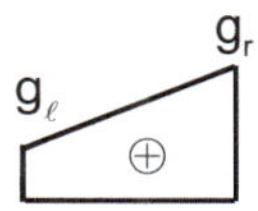  | 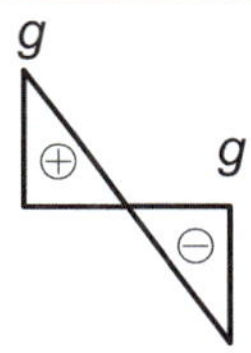  | 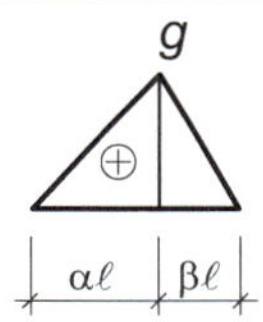  | $\int f^2(x)dx$ |
|---|---|---|---|---|---|---|
| 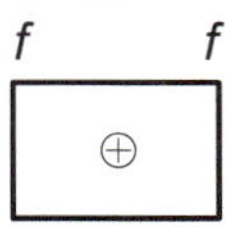  | $\ell f g$ | $\frac{1}{2}\ell f g$ | $\frac{1}{2}\ell f \cdot (g_\ell + g_r)$ | $0$ | $\frac{1}{2}\ell f g$ | $\ell f^2$ |
| 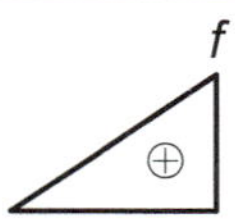  | $\frac{1}{2}\ell f g$ | $\frac{1}{3}\ell f g$ | $\frac{1}{6}\ell f \cdot (g_\ell + 2g_r)$ | $-\frac{1}{6}\ell f g$ | $\frac{1}{6}\ell f g\ (1+\alpha)$ | $\frac{1}{3}\ell f^2$ |
| 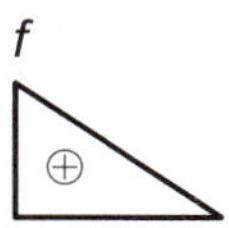  | $\frac{1}{2}\ell f g$ | $\frac{1}{6}\ell f g$ | $\frac{1}{6}\ell f \cdot (2g_\ell + g_r)$ | $\frac{1}{6}\ell f g$ | $\frac{1}{6}\ell f g\ (1+\beta)$ | $\frac{1}{3}\ell f^2$ |
| 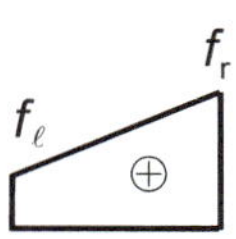  | $\frac{1}{2}\ell\ (f_\ell + f_r)\ g$ | $\frac{1}{6}\ell\ (f_\ell + 2f_r)\ g$ | $\frac{1}{6}\ell\ (2f_\ell g_\ell + f_\ell g_r + f_r g_\ell + 2f_r g_r)$ | $\frac{1}{6}\ell\ g\ (f_\ell - f_r)$ | $\frac{1}{6}\ell\ [f_\ell(1+\beta) + f_r(1+\alpha)]\ g$ | $\frac{1}{3}\ell \cdot (f_\ell^2 + f_\ell f_r + f_r^2)$ |
| 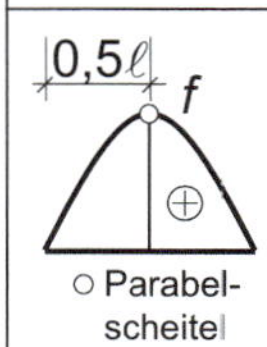  | $\frac{2}{3}\ell f g$ | $\frac{1}{3}\ell f g$ | $\frac{1}{3}\ell f \cdot (g_\ell + g_r)$ | $0$ | $\frac{1}{3}\ell f g \cdot (1+\alpha\beta)$ | $\frac{8}{15}\ell f^2$ |

| 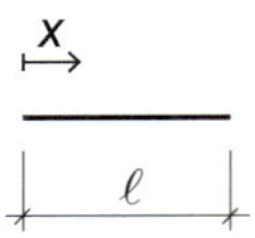  | 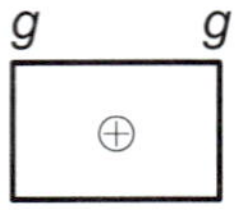  | 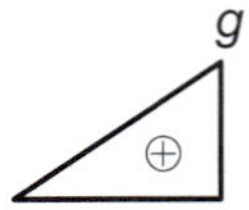  | 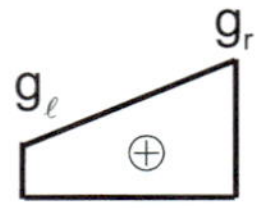  | 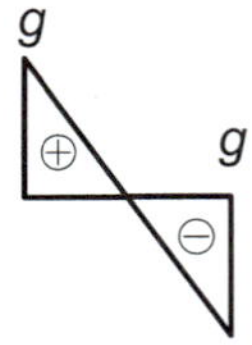  | 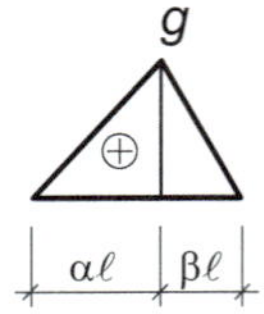  | $\int f^2(x)dx$ |
|---|---|---|---|---|---|---|
| 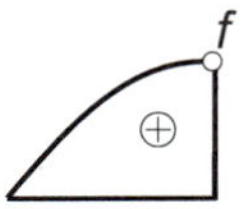  ○ Parabel-scheitel | $\frac{2}{3}\ell f g$ | $\frac{5}{12}\ell f g$ | $\frac{1}{12}\ell f \cdot (3g_\ell + 5g_r)$ | $-\frac{1}{6}\ell f g$ | $\frac{1}{12}\ell f g \cdot (5-\beta-\beta^2)$ | $\frac{8}{15}\ell f^2$ |
| 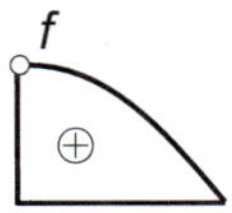  ○ Parabel-scheitel | $\frac{2}{3}\ell f g$ | $\frac{1}{4}\ell f g$ | $\frac{1}{12}\ell f \cdot (5g_\ell + 3g_r)$ | $\frac{1}{6}\ell f g$ | $\frac{1}{12}\ell f g \cdot (5-\alpha-\alpha^2)$ | $\frac{8}{15}\ell f^2$ |
| Parabel 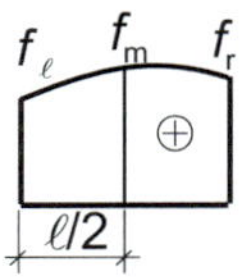  | $\frac{1}{6}\ell g \cdot (f_\ell + 4f_m + f_r)$ | $\frac{1}{6}\ell g \cdot (2f_m + f_r)$ | $\frac{1}{6}\ell\ [f_\ell g_\ell + 2f_m(g_\ell + g_r) + f_r g_r]$ | $\frac{1}{6}\ell g\ (f_\ell + f_r)$ | $\frac{1}{6}\ell g \cdot [f_\ell\beta + 2f_m + f_r\alpha - \alpha\beta \cdot (f_\ell - 2f_m + f_r)]$ | $\frac{1}{15}\ell\ [2(f_\ell^2 + 4f_m^2 + f_r^2) + 2f_\ell f_m + 2f_m f_r - f_\ell f_r)]$ |

## 14.2 ω-Tafeln

System und Koordinaten:

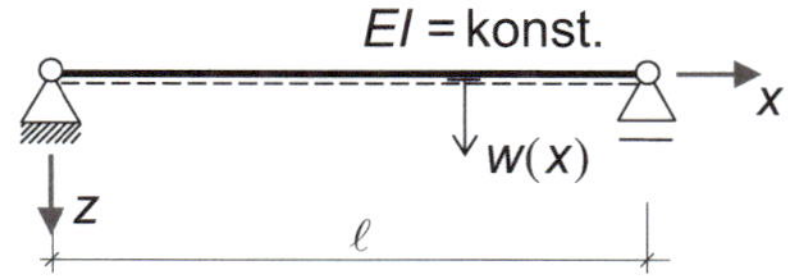


| Belastung $q,\ \kappa$ | Moment M(x) Biegelinie w(x) | ω-Werte | max $M$ max $w$ | Ort $x_{max}$ |
|---|---|---|---|---|
| 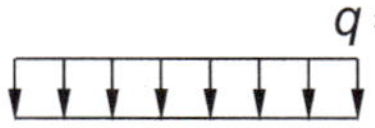  | $\left.\begin{matrix}q\\ \kappa\end{matrix}\right\}\cdot\frac{\ell^2}{2}\omega_R$ | $\omega_R=\frac{x}{\ell}-\left(\frac{x}{\ell}\right)^2$ | $\left.\begin{matrix}q\\ \kappa\end{matrix}\right\}\cdot\frac{\ell^2}{8}$ | 0,5 $\ell$ |
| 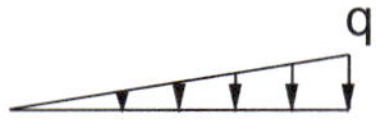  | $\left.\begin{matrix}q\\ \kappa\end{matrix}\right\}\cdot\frac{\ell^2}{6}\omega_D$ | $\omega_D=\frac{x}{\ell}-\left(\frac{x}{\ell}\right)^3$ | $\left.\begin{matrix}q\\ \kappa\end{matrix}\right\}\cdot\frac{\ell^2}{9\sqrt{3}}$ | $\frac{1}{\sqrt{3}}\ \ell$ |
|   | $\left.\begin{matrix}q\\ \kappa\end{matrix}\right\}\cdot\frac{\ell^2}{6}\omega_D'$ | $\omega_D'=\frac{\ell-x}{\ell}-\left(\frac{\ell-x}{\ell}\right)^3$ | $\left.\begin{matrix}q\\ \kappa\end{matrix}\right\}\cdot\frac{\ell^2}{9\sqrt{3}}$ | 0,4226 $\ell$ |
| 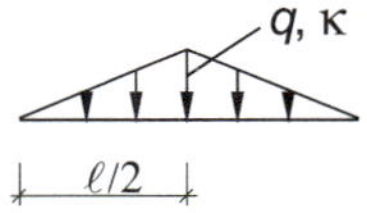  | $\left.\begin{matrix}q\\ \kappa\end{matrix}\right\}\cdot\frac{\ell^2}{12}\omega_D''$ | $\omega_D''=\begin{cases}3\frac{x}{\ell}-4\left(\frac{x}{\ell}\right)^3 & f.x\le\frac{\ell}{2}\\ 3\left(\frac{\ell-x}{\ell}\right)-4\left(\frac{\ell-x}{\ell}\right)^3 & f.x\ge\frac{\ell}{2}\end{cases}$ | $\left.\begin{matrix}q\\ \kappa\end{matrix}\right\}\cdot\frac{\ell^2}{12}$ | 0,5 $\ell$ |
| 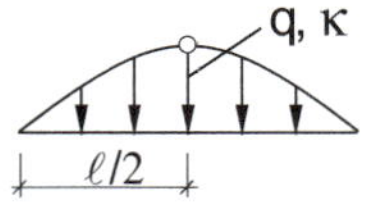  ○ Parabelscheitel | $\left.\begin{matrix}q\\ \kappa\end{matrix}\right\}\cdot\frac{\ell^2}{3}\omega_P$ | $\omega_P=\frac{x}{\ell}-2\left(\frac{x}{\ell}\right)^3+\left(\frac{x}{\ell}\right)^4$ | $\left.\begin{matrix}q\\ \kappa\end{matrix}\right\}\cdot\frac{5\ell^2}{48}$ | 0,5 $\ell$ |
| Last: 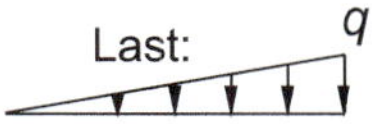  Krümmung $\kappa(x)$: kubisch 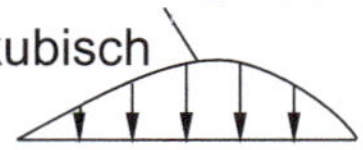 | $M(x)$ s.oben<br>$EI\ w(x)=\frac{q\ell^4}{360}\omega_K$ | $\omega_K=7\frac{x}{\ell}-10\left(\frac{x}{\ell}\right)^3+3\left(\frac{x}{\ell}\right)^5$ | $EI\ w_{max}=\frac{q\ell^4}{153{,}3}$ | 0,5193 $\ell$ |

| $\omega$ \ $x/\ell$ | 0,1 | 0,2 | 0,25 | 0,3 | 1/3 | 0,4 | 0,5 | 0,6 | 2/3 | 0,7 | 0,75 | 0,8 | 0,9 |
|---|---|---|---|---|---|---|---|---|---|---|---|---|---|
| $\omega_R$ | ,0900 | ,1600 | ,1875 | ,2100 | ,2222 | ,2400 | ,2500 | ,2400 | ,2222 | ,2100 | ,1875 | ,1600 | ,0900 |
| $\omega_D$ | ,0990 | ,1920 | ,2344 | ,2730 | ,2963 | ,3360 | ,3750 | ,3840 | ,3704 | ,3570 | ,3281 | ,2880 | ,1710 |
| $\omega_D'$ | ,1710 | ,2880 | ,3281 | ,3570 | ,3704 | ,3840 | ,3750 | ,3360 | ,2963 | ,2730 | ,2344 | ,1920 | ,0990 |
| $\omega_D''$ | ,2960 | ,5680 | ,6875 | ,7920 | ,8519 | ,9440 | 1,000 | ,9440 | ,8519 | ,7920 | ,6875 | ,5680 | ,2960 |
| $\omega_P$ | ,0981 | ,1856 | ,2227 | ,2541 | ,2716 | ,2976 | ,3125 | ,2976 | ,2716 | ,2541 | ,2227 | ,1856 | ,0981 |
| $\omega_K$ | ,6900 | 1,321 | 1,597 | 1,873 | 1,975 | 2,191 | 2,344 | 2,273 | 2,099 | 1,974 | 1,743 | 1,463 | ,7815 |

# 14.3 Grundformeln des Verschiebungsgrößenverfahrens (VV) nach Theorie I. Ordnung

Grundelement 1: 

| Lastfall | Versteifungskräfte | Schnittgrößen |
|---|---|---|
| 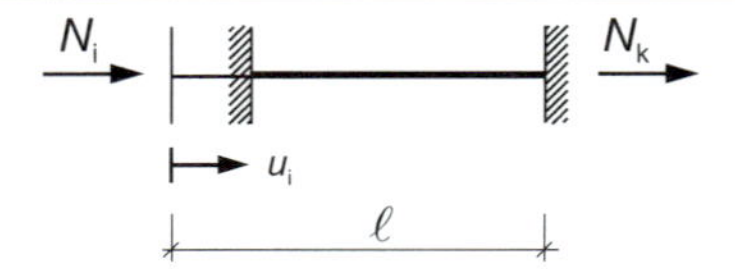 | $N_i = \frac{EA}{\ell} \cdot u_i$<br>$N_k = -\frac{EA}{\ell} \cdot u_i$ | N  |
| 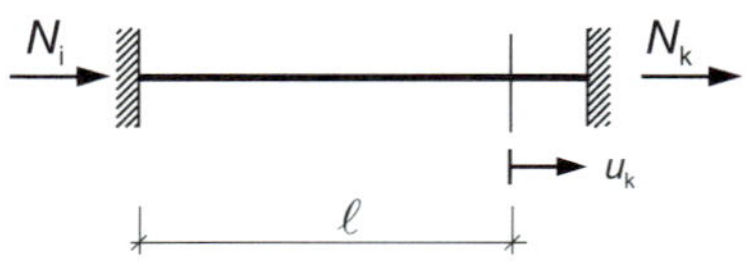 | $N_i = -\frac{EA}{\ell} \cdot u_k$<br>$N_k = \frac{EA}{\ell} \cdot u_k$ | N  |
| 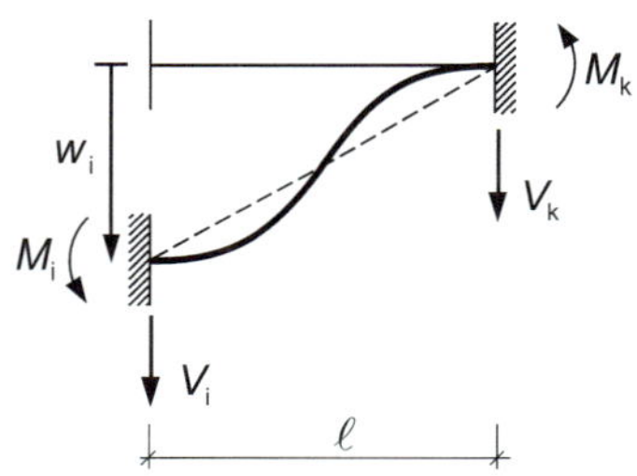 | $M_i = -\frac{6EI}{\ell^2} \cdot w_i$<br>$M_k = -\frac{6EI}{\ell^2} \cdot w_i$<br>$V_i = \frac{12EI}{\ell^3} \cdot w_i$<br>$V_k = -\frac{12EI}{\ell^3} \cdot w_i$ | M <br>V  |
| 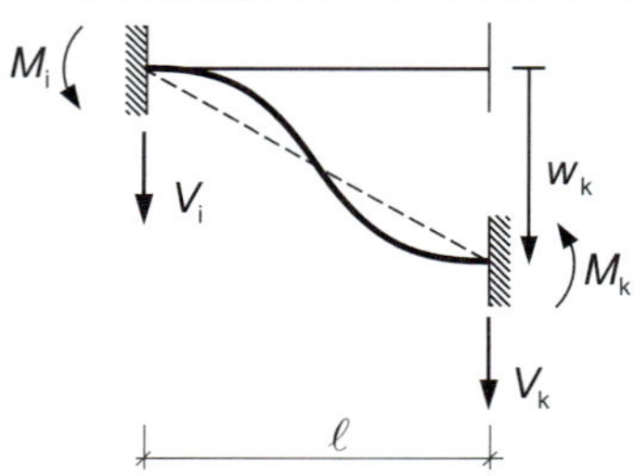 | $M_i = \frac{6EI}{\ell^2} \cdot w_k$<br>$M_k = \frac{6EI}{\ell^2} \cdot w_k$<br>$V_i = -\frac{12EI}{\ell^3} \cdot w_k$<br>$V_k = \frac{12EI}{\ell^3} \cdot w_k$ | M <br>V 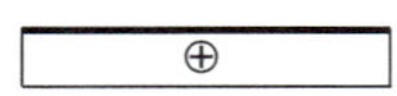 |

| Lastfall | Versteifungskräfte | Schnittgrößen |
|---|---|---|
| 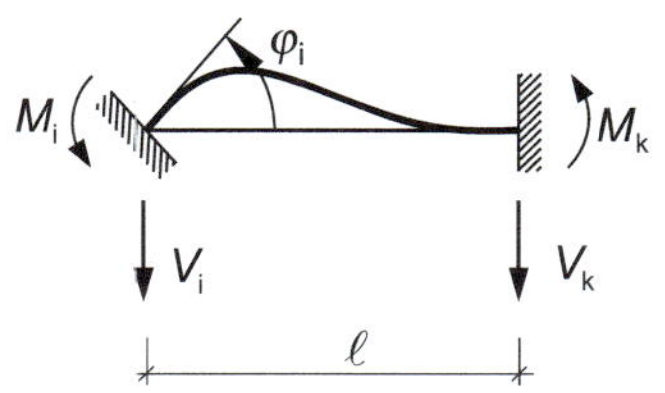  | $M_i = \frac{4EI}{\ell} \cdot \varphi_i$<br>$M_k = \frac{2EI}{\ell} \cdot \varphi_i$<br>$V_i = -\frac{6EI}{\ell^2} \cdot \varphi_i$<br>$V_k = \frac{6EI}{\ell^2} \cdot \varphi_i$ | 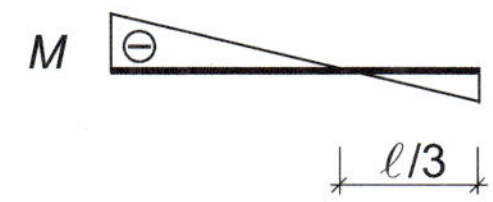  |
| 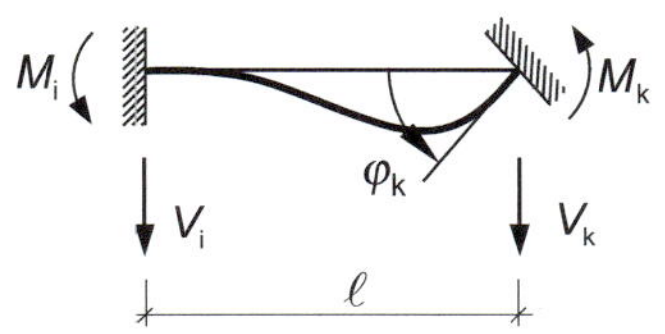  | $M_i = \frac{2EI}{\ell} \cdot \varphi_k$<br>$M_k = \frac{4EI}{\ell} \cdot \varphi_k$<br>$V_i = -\frac{6EI}{\ell^2} \cdot \varphi_k$<br>$V_k = \frac{6EI}{\ell^2} \cdot \varphi_k$ | 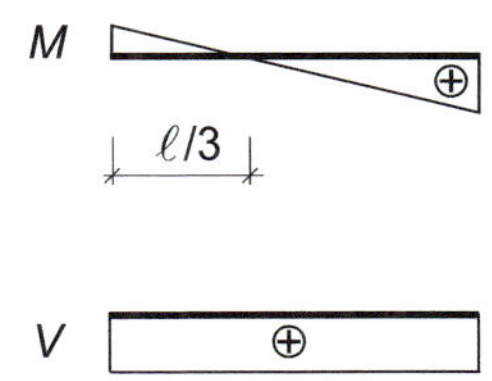  |
| 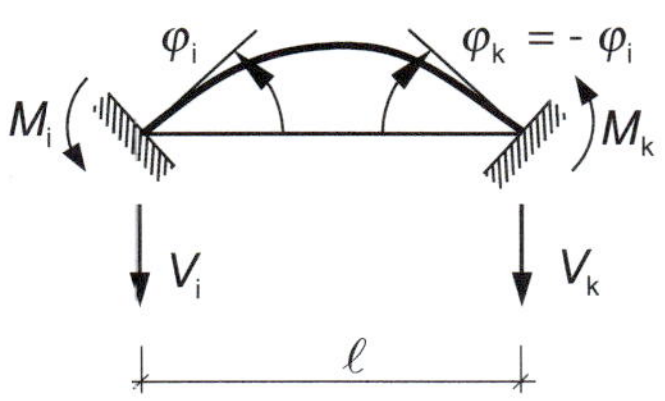  | $M_i = \frac{2EI}{\ell} \cdot \varphi_i$<br>$M_k = -\frac{2EI}{\ell} \cdot \varphi_i$<br>$V_i = 0$<br>$V_k = 0$ | 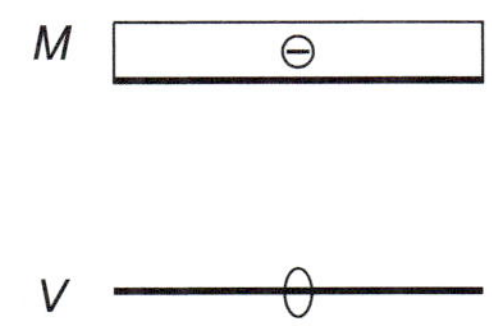  |
| 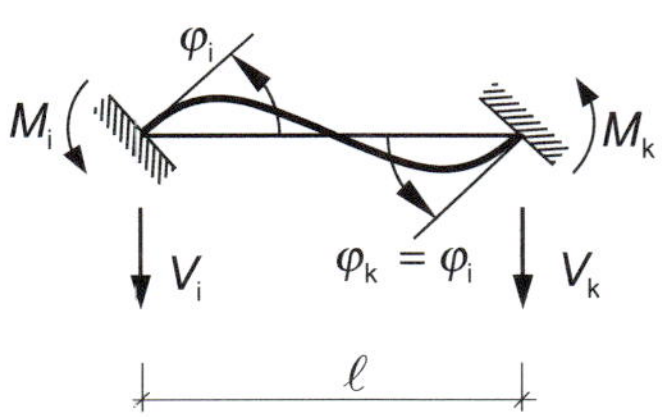  | $M_i = \frac{6EI}{\ell} \cdot \varphi_i$<br>$M_k = \frac{6EI}{\ell} \cdot \varphi_i$<br>$V_i = -\frac{12EI}{\ell^2} \cdot \varphi_i$<br>$V_k = \frac{12EI}{\ell^2} \cdot \varphi_i$ | 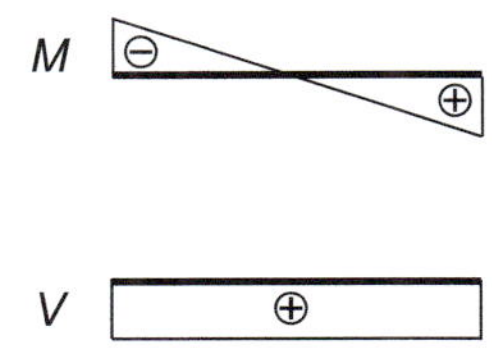  |

Grundelement 2a: 

| Lastfall | Versteifungskräfte | Schnittgrößen |
|---|---|---|
| 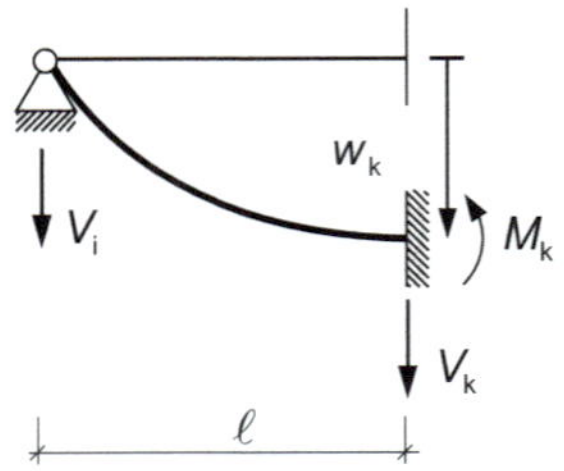 | $M_k = \frac{3EI}{\ell^2} \cdot w_k$ <br> $V_i = -\frac{3EI}{\ell^3} \cdot w_k$ <br> $V_k = \frac{3EI}{\ell^3} \cdot w_k$ | 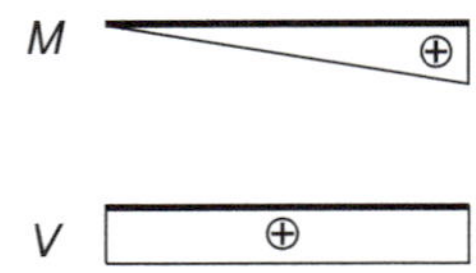 |
| 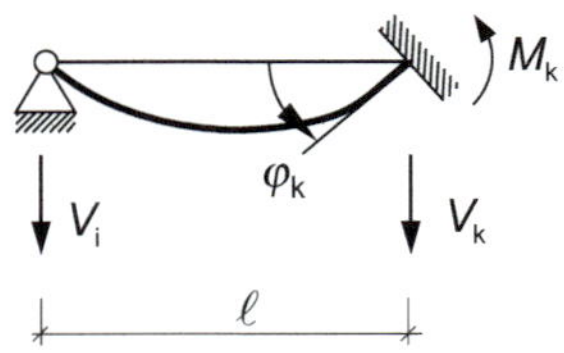 | $M_k = \frac{3EI}{\ell} \cdot \varphi_k$ <br> $V_i = -\frac{3EI}{\ell^2} \cdot \varphi_k$ <br> $V_k = \frac{3EI}{\ell^2} \cdot \varphi_k$ | 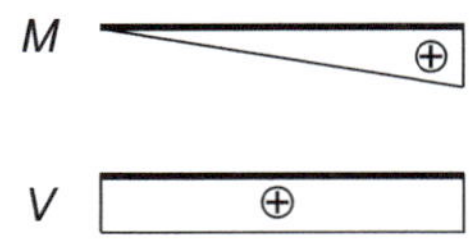 |
| 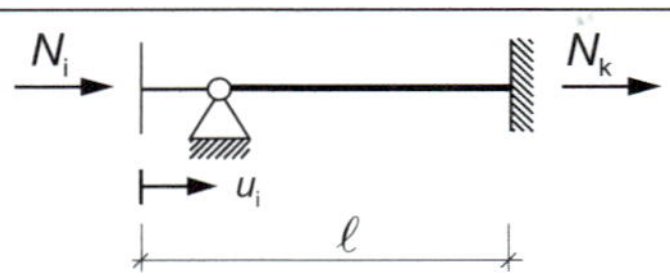 | $N_i = \frac{EA}{\ell} \cdot u_i$ <br> $N_k = -\frac{EA}{\ell} \cdot u_i$ | 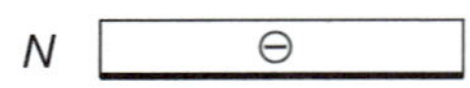 |
| 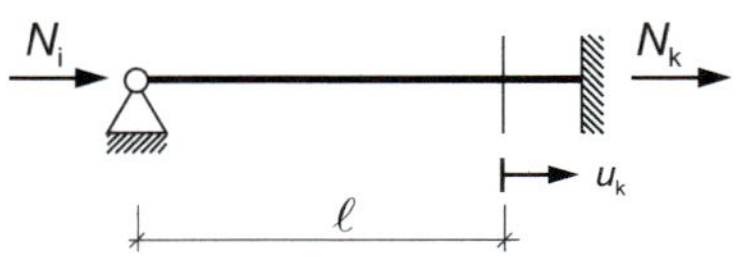 | $N_i = -\frac{EA}{\ell} \cdot u_k$ <br> $N_k = \frac{EA}{\ell} \cdot u_k$ | 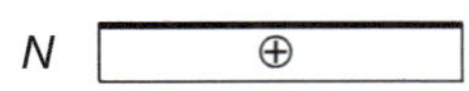 |

Grundelement 2b: 

| Lastfall | Versteifungskräfte | Schnittgrößen |
|---|---|---|
| 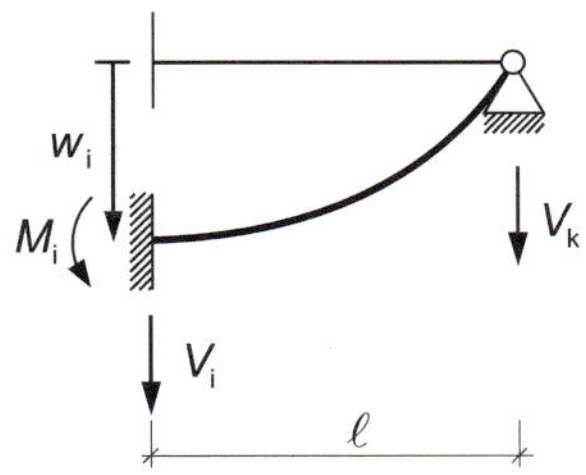  | $M_i = -\frac{3EI}{\ell^2} \cdot w_i$ <br> $V_i = \frac{3EI}{\ell^3} \cdot w_i$ <br> $V_k = -\frac{3EI}{\ell^3} \cdot w_i$ | 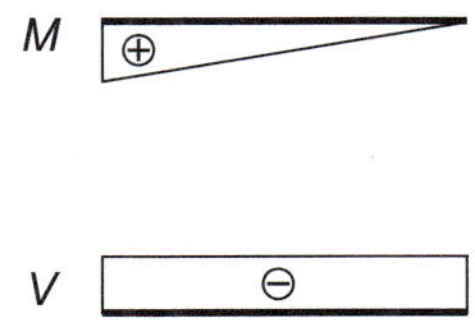  |
| 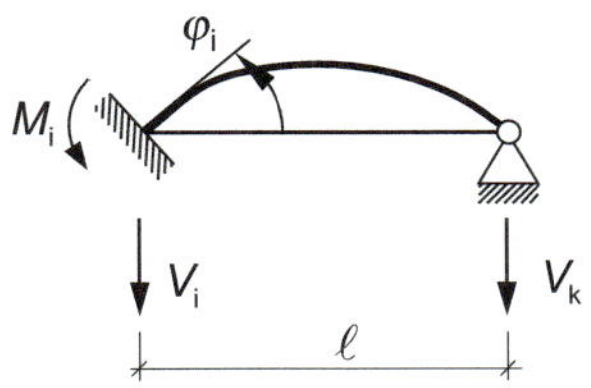  | $M_i = \frac{3EI}{\ell} \cdot \varphi_i$ <br> $V_i = -\frac{3EI}{\ell^2} \cdot \varphi_i$ <br> $V_k = \frac{3EI}{\ell^2} \cdot \varphi_i$ | 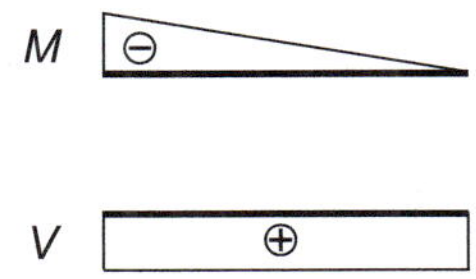  |
| 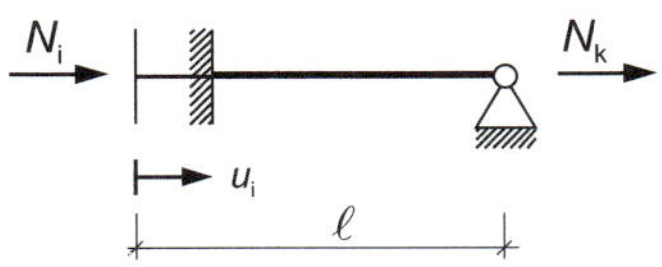  | $N_i = \frac{EA}{\ell} \cdot u_i$ <br> $N_k = -\frac{EA}{\ell} \cdot u_i$ | 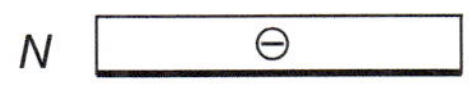  |
| 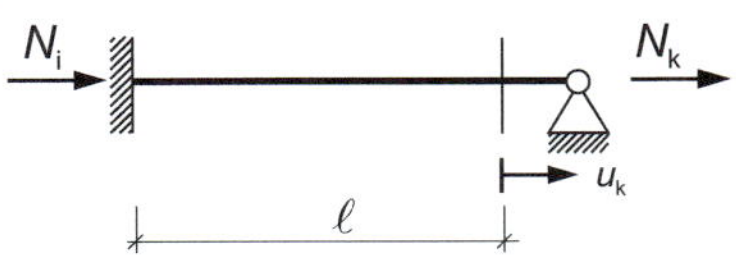  | $N_i = -\frac{EA}{\ell} \cdot u_k$ <br> $N_k = \frac{EA}{\ell} \cdot u_k$ | 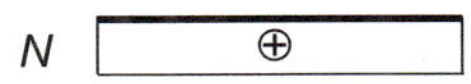  |

Grundelement 1: 

| Lastfall | Versteifungskräfte | Schnittgrößen |
|---|---|---|
| 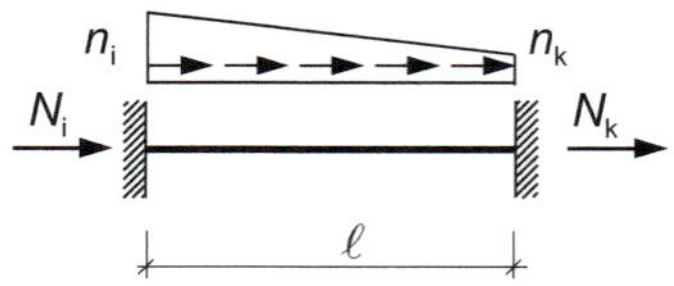 | $N_i = -\frac{2n_i + n_k}{6}\cdot\ell$<br>$N_k = -\frac{n_i + 2n_k}{6}\cdot\ell$ |  |
| 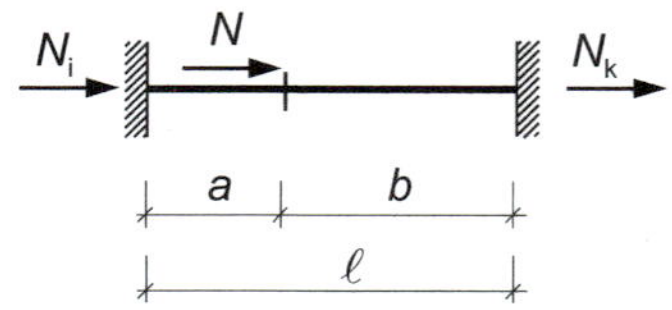 | $N_i = -\frac{bN}{\ell}$<br>$N_k = -\frac{aN}{\ell}$ | 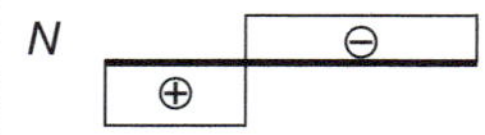 |
| 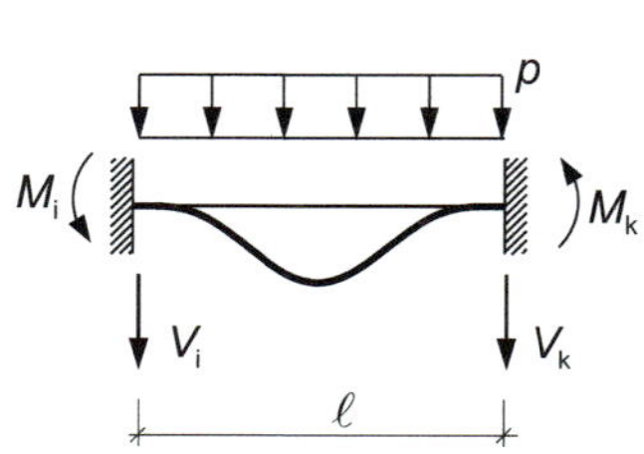 | $M_i = \frac{p\ell^2}{12}$<br>$M_k = -\frac{p\ell^2}{12}$<br>$V_i = -\frac{p\ell}{2}$<br>$V_k = -\frac{p\ell}{2}$ | 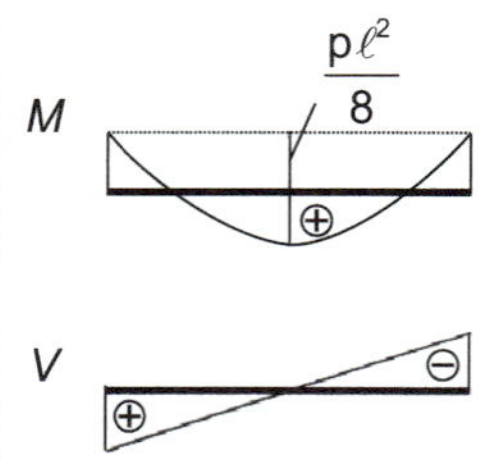 |
| 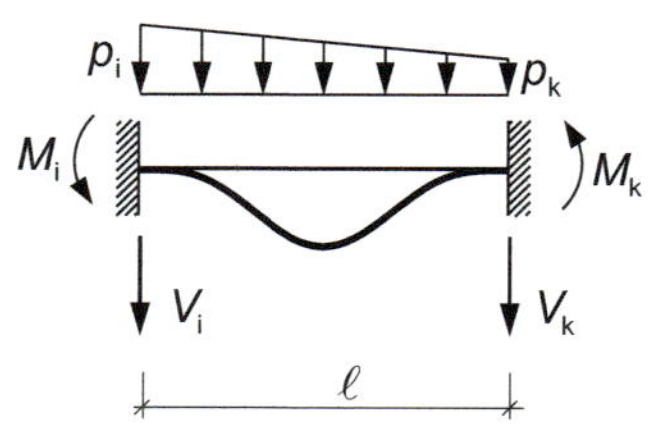 | $M_i = \frac{\ell^2}{60}(3p_i + 2p_k)$<br>$M_k = -\frac{\ell^2}{60}(2p_i + 3p_k)$<br>$V_i = -\frac{\ell}{60}(21p_i + 9p_k)$<br>$V_k = -\frac{\ell}{60}(9p_i + 21p_k)$ | 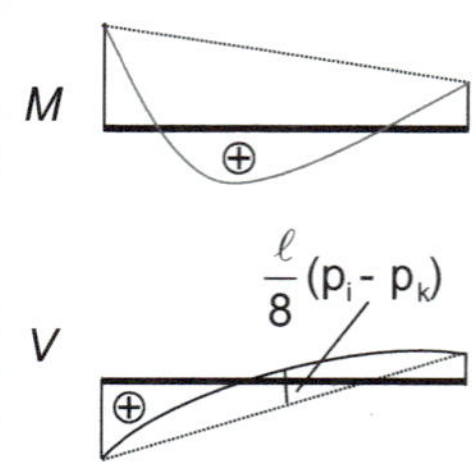 |

Grundelement 1: 

| Lastfall | Versteifungskräfte | Schnittgrößen |
|---|---|---|
| 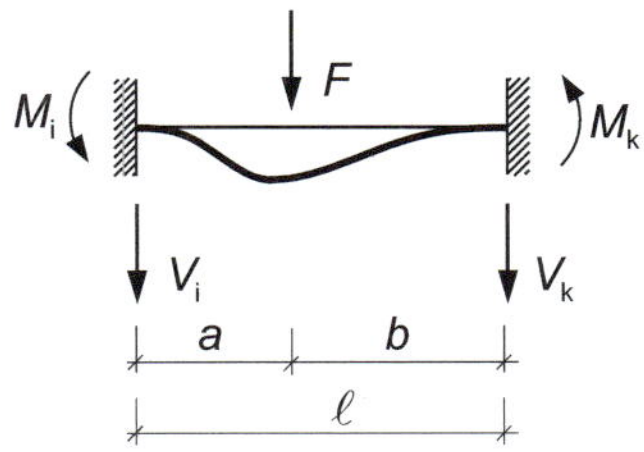  | $M_i = F\frac{ab^2}{\ell^2}$<br>$M_k = -F\frac{a^2 b}{\ell^2}$<br>$V_i = -F\frac{b^2}{\ell^3}(\ell + 2a)$<br>$V_k = -F\frac{a^2}{\ell^3}(\ell + 2b)$ | 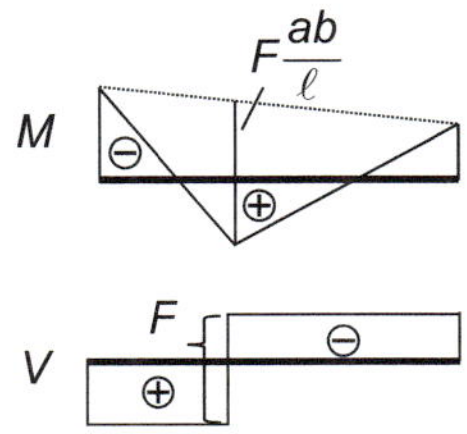  |
| 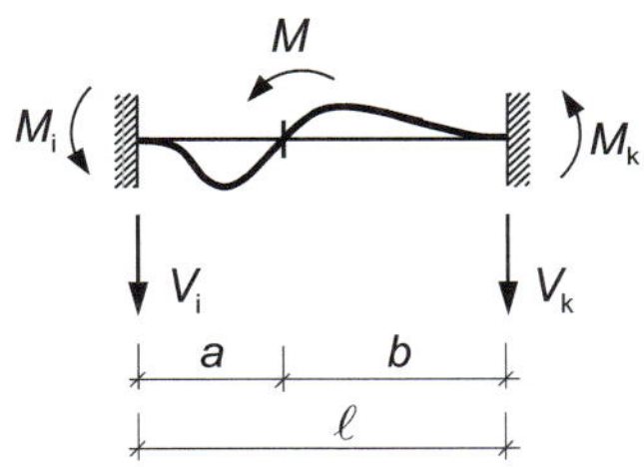  | $M_i = M\frac{b}{\ell}\left(3\frac{a}{\ell} - 1\right)$<br>$M_k = M\frac{a}{\ell}\left(3\frac{b}{\ell} - 1\right)$<br>$V_i = M\frac{6ab}{\ell^3}$<br>$V_k = -M\frac{6ab}{\ell^3}$ | 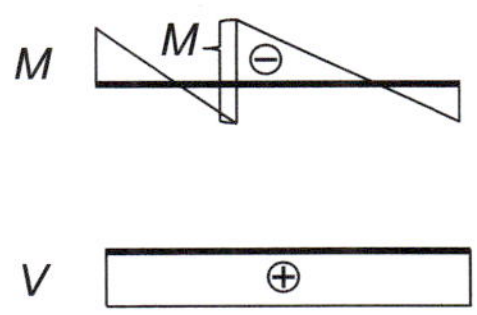  |
| $T_s = \frac{T_o + T_u}{2}$<br>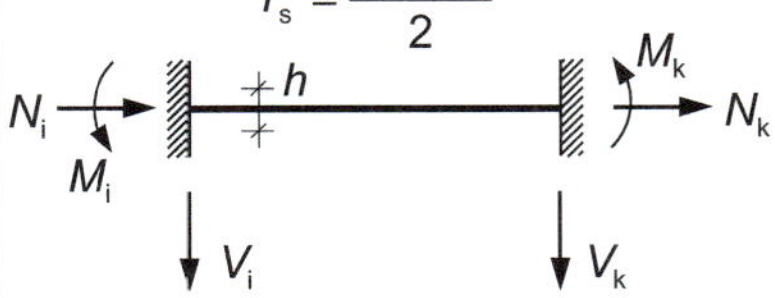 <br>$\Delta T = T_u - T_o$ | $M_i = EI\frac{\alpha_T \cdot \Delta T}{h}$<br>$M_k = -EI\frac{\alpha_T \cdot \Delta T}{h}$<br>$V_i = 0 \quad N_i = EA \cdot \alpha_T \cdot T_s$<br>$V_k = 0 \quad N_k = -EA \cdot \alpha_T \cdot T_s$ | 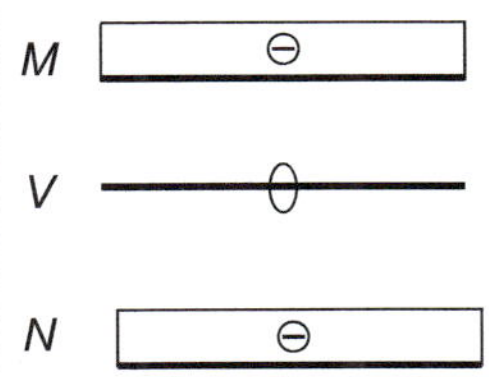  |

Grundelement 2a: 

| Lastfall | Versteifungskräfte | Schnittgrößen |
|---|---|---|
| 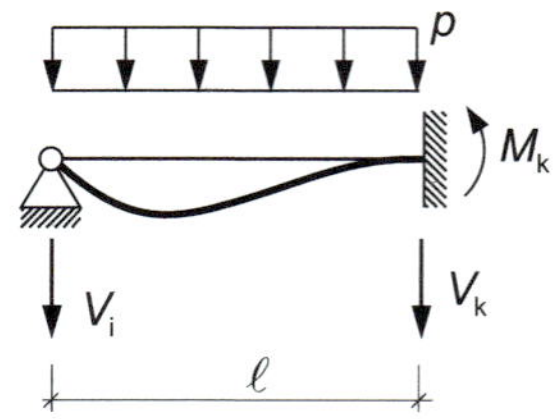 | $M_k = -\frac{p\ell^2}{8}$<br>$V_i = -\frac{3}{8} \cdot p\ell$<br>$V_k = -\frac{5}{8} \cdot p\ell$ | 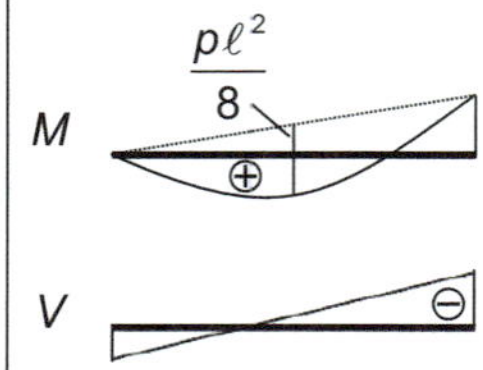 |
| 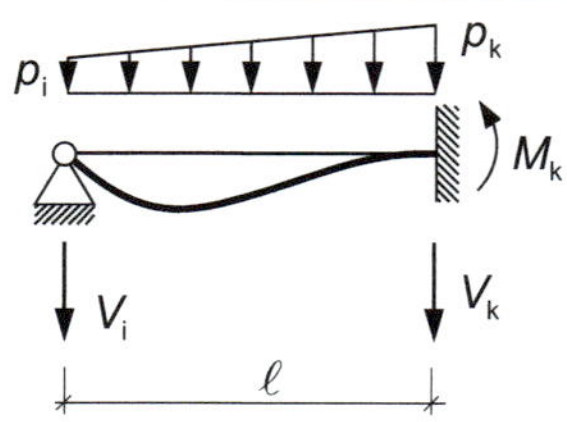 | $M_k = -\frac{\ell^2}{120}\left(7p_i + 8p_k\right)$<br>$V_i = -\frac{\ell}{120}\left(33p_i + 12p_k\right)$<br>$V_k = -\frac{\ell}{120}\left(27p_i + 48p_k\right)$ | 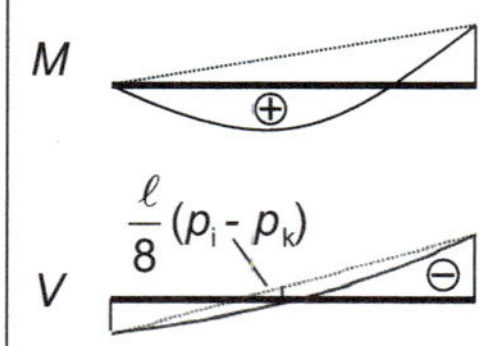 |
| 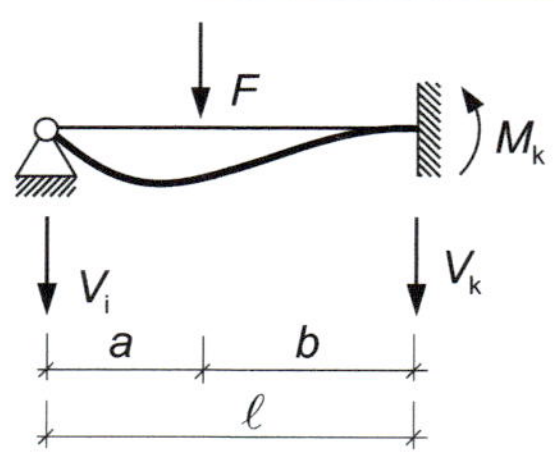 | $M_k = -\frac{F\,a}{2}\left(1 - \frac{a^2}{\ell^2}\right)$<br>$V_i = -\frac{F}{2}\left(2 - 3\frac{a}{\ell} + \frac{a^3}{\ell^3}\right)$<br>$V_k = -\frac{F\,a}{2\ell}\left(3 - \frac{a^2}{\ell^2}\right)$ | 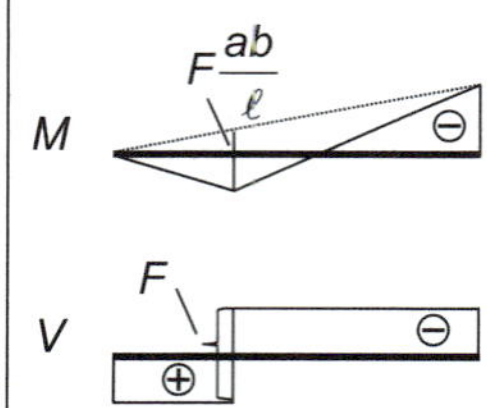 |
| 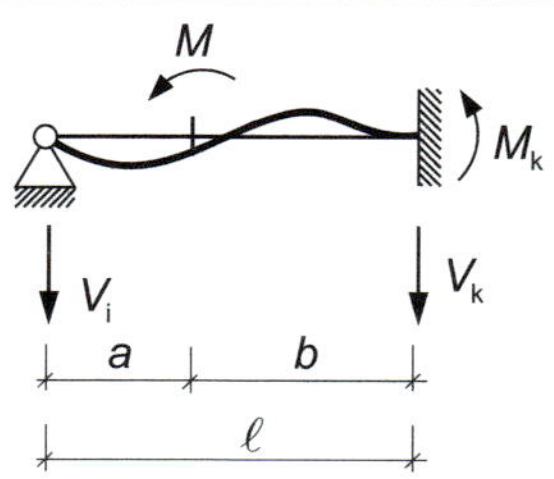 | $M_k = -\frac{M}{2}\left(3\frac{a^2}{\ell^2} - 1\right)$<br>$V_i = \frac{3}{2} \cdot \frac{M}{\ell}\left(\frac{a^2}{\ell^2} - 1\right)$<br>$V_k = -\frac{3}{2} \cdot \frac{M}{\ell}\left(\frac{a^2}{\ell^2} - 1\right)$ | 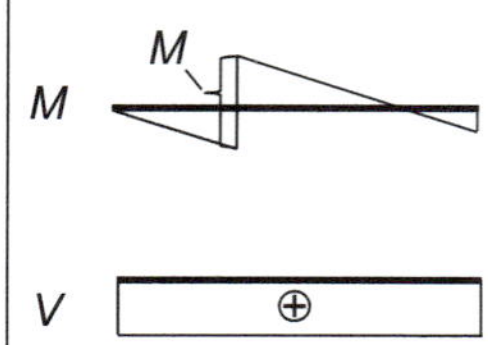 |
| $T = \frac{T_o + T_u}{2}$<br>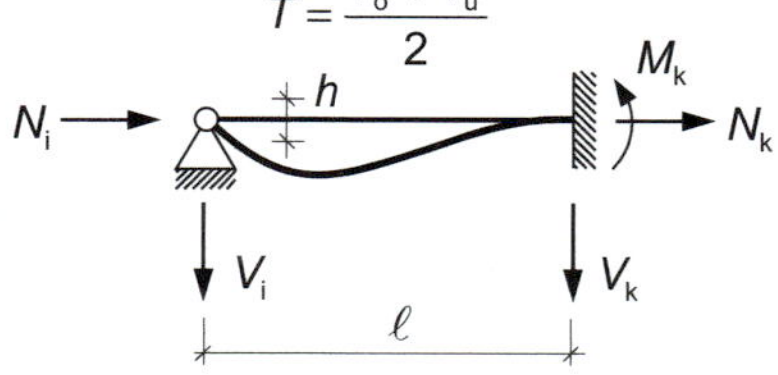<br>$\Delta T = T_u - T_o$ | $M_k = -\frac{3}{2} EI \cdot \frac{\alpha_T \cdot \Delta T}{h}$<br>$V_i = \frac{3}{2} \cdot \frac{EI}{\ell} \cdot \frac{\alpha_T \cdot \Delta T}{h}$<br>$V_k = -\frac{3}{2} \cdot \frac{EI}{\ell} \cdot \frac{\alpha_T \cdot \Delta T}{h}$<br>$N_i = EA \cdot \alpha_T \cdot T_s$<br>$N_k = -EA \cdot \alpha_T \cdot T_s$ | 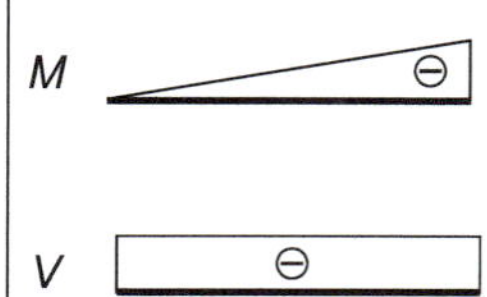 |

Grundelement 2b: 

| Lastfall | Versteifungskräfte | Schnittgrößen |
|---|---|---|
| 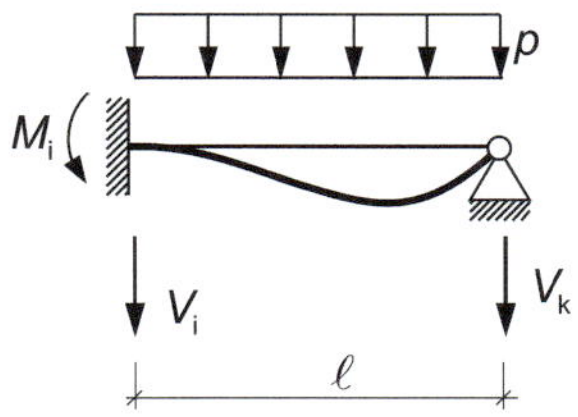  | $M_i = \frac{p\ell^2}{8}$<br>$V_i = -\frac{5}{8} \cdot p\ell$<br>$V_k = -\frac{3}{8} \cdot p\ell$ | 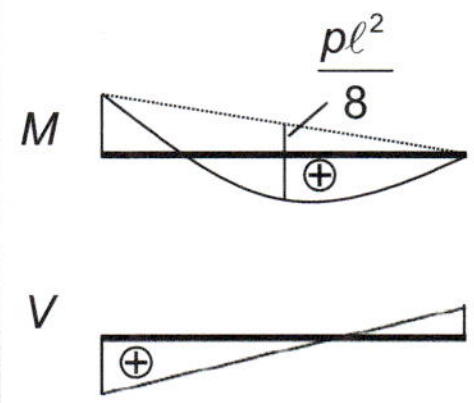  |
| 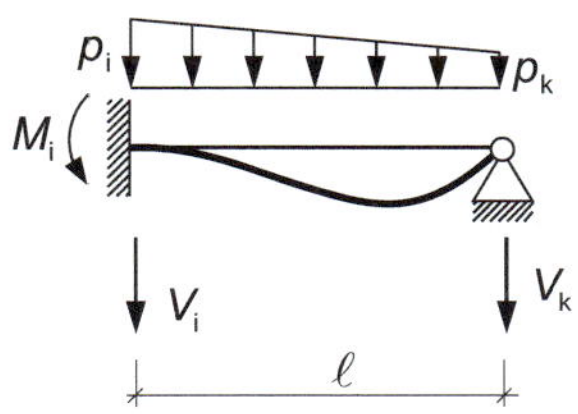  | $M_i = \frac{\ell^2}{120}(8p_i + 7p_k)$<br>$V_i = -\frac{\ell}{120}(48p_i + 27p_k)$<br>$V_k = -\frac{\ell}{120}(12p_i + 33p_k)$ | 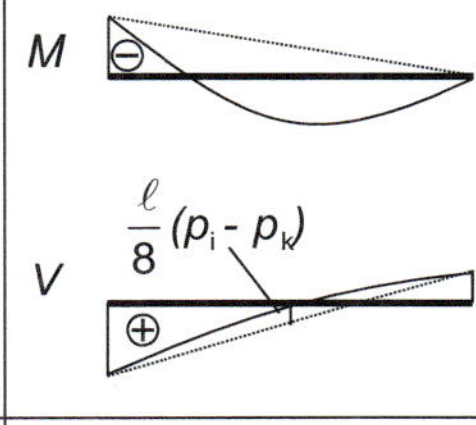  |
| 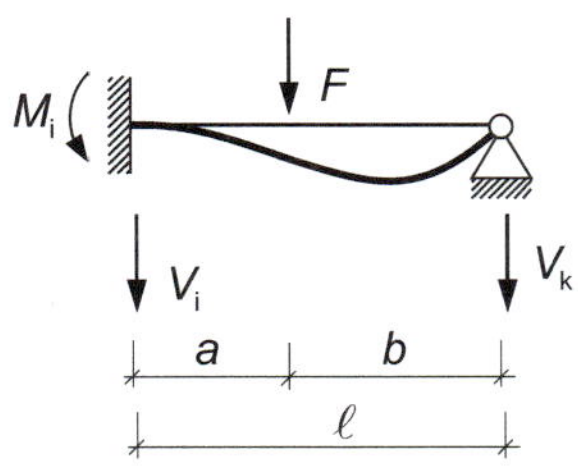  | $M_i = \frac{Fb}{2}\left(1 - \frac{b^2}{\ell^2}\right)$<br>$V_i = -\frac{Fb}{2\ell}\left(3 - \frac{b^2}{\ell^2}\right)$<br>$V_k = -\frac{F}{2}\left(2 - 3\frac{b}{\ell} + \frac{b^3}{\ell^3}\right)$ | 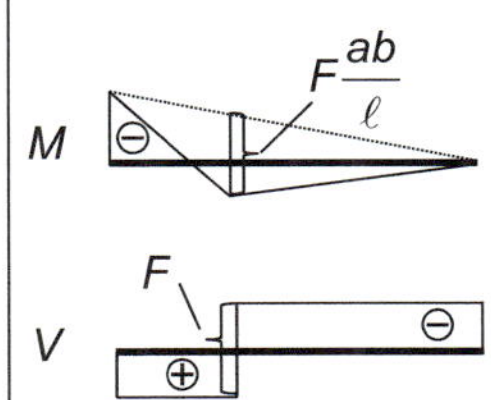  |
| 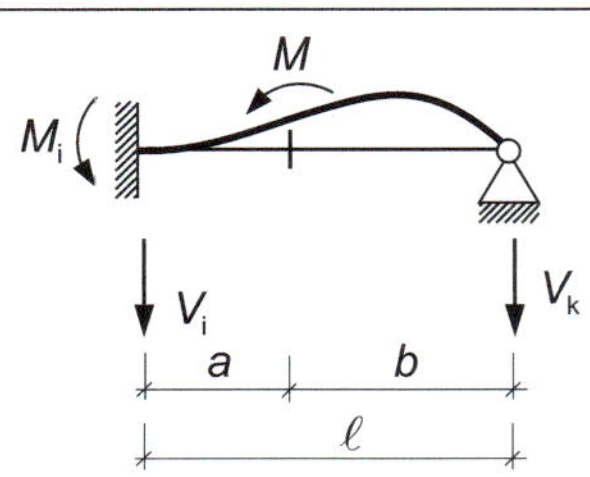  | $M_i = -\frac{M}{2}\left(3\frac{b^2}{\ell^2} - 1\right)$<br>$V_i = \frac{3}{2} \cdot \frac{M}{\ell}\left(\frac{b^2}{\ell^2} - 1\right)$<br>$V_k = -\frac{3}{2} \cdot \frac{M}{\ell}\left(\frac{b^2}{\ell^2} - 1\right)$ | 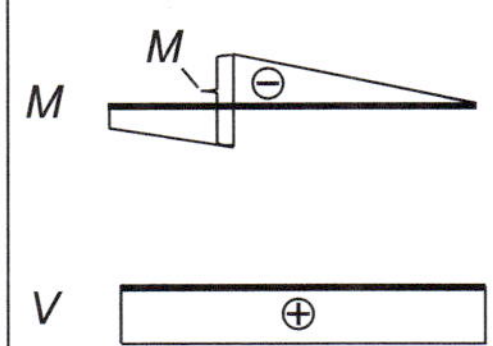  |
| $T = \frac{T_o + T_u}{2}$<br>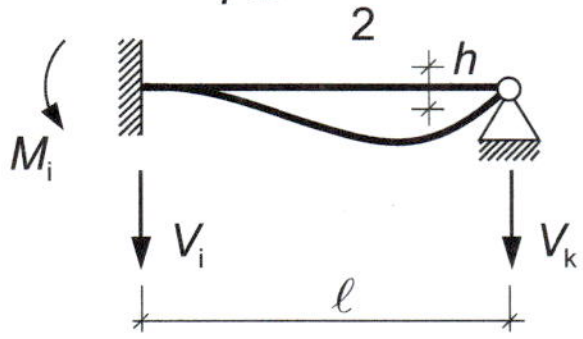 <br>$\Delta T = T_u - T_o$ | $M_i = \frac{3}{2} \cdot EI \cdot \frac{\alpha_T \cdot \Delta T}{h}$<br>$V_i = -\frac{3}{2} \cdot \frac{EI}{\ell} \cdot \frac{\alpha_T \cdot \Delta T}{h}$<br>$V_k = \frac{3}{2} \cdot \frac{EI}{\ell} \cdot \frac{\alpha_T \cdot \Delta T}{h}$<br>$N_i = EA \cdot \alpha_T \cdot T_s$<br>$N_k = -EA \cdot \alpha_T \cdot T_s$ | 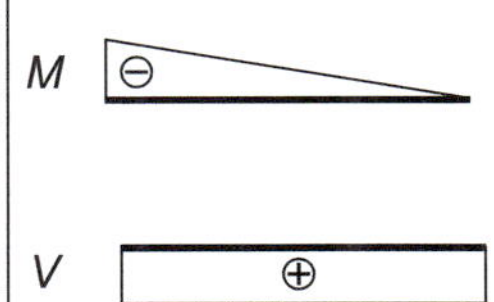  |

Grundelement 3: 

| Lastfall | Versteifungskräfte | Schnittgrößen |
|---|---|---|
| 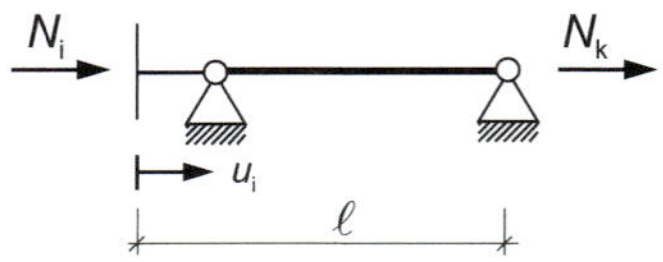  | $N_i = \frac{EA}{\ell} \cdot u_i$ <br> $N_k = -\frac{EA}{\ell} \cdot u_i$ | $N$   |
| 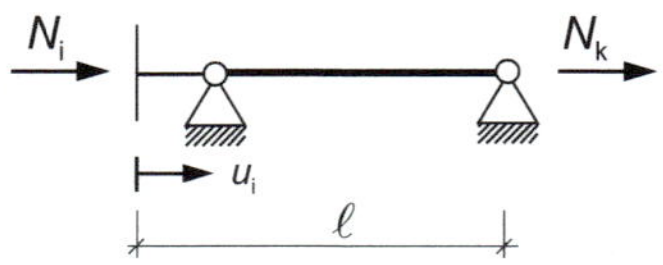  | $N_i = -\frac{EA}{\ell} \cdot u_k$ <br> $N_k = \frac{EA}{\ell} \cdot u_k$ | $N$   |

## 14.4 Grundformeln des Verschiebungsgrößenverfahrens (VV) nach Theorie II. Ordnung

Exakte Strichwerte:

| $\alpha = \ell\sqrt{\frac{S}{EI}}$, $S > 0$ für $S$ als Druckkraft und $S$ als Zugkraft | | |
|---|---|---|
| Wert | $S$ als Druckkraft | $S$ als Zugkraft |
| $A'$ | $\frac{\alpha\,(\sin\alpha - \alpha\,\cos\alpha)}{2\,(1-\cos\alpha) - \alpha\,\sin\alpha}$ | $\frac{\alpha\,(\sinh\alpha - \alpha\,\cosh\alpha)}{2\,(\cosh\alpha - 1) - \alpha\,\sinh\alpha}$ |
| $B'$ | $\frac{\alpha\,(\alpha - \sin\alpha)}{2\,(1-\cos\alpha) - \alpha\,\sin\alpha}$ | $\frac{\alpha\,(\alpha - \sinh\alpha)}{2\,(\cosh\alpha - 1) - \alpha\,\sinh\alpha}$ |
| $D' = A' + B'$ | $\frac{\alpha^2\,(1-\cos\alpha)}{2\,(1-\cos\alpha) - \alpha\,\sin\alpha}$ | $\frac{\alpha^2\,(1-\cosh\alpha)}{2\,(\cosh\alpha - 1) - \alpha\,\sinh\alpha}$ |
| $C'$ | $\frac{\alpha^2\,\sin\alpha}{\sin\alpha - \alpha\,\cos\alpha}$ | $\frac{\alpha^2\,\sinh\alpha}{\alpha\cosh\alpha - \sinh\alpha}$ |
| $A' - B'$ | $\frac{\alpha\,(1+\cos\alpha)}{\sin\alpha}$ | $\frac{\alpha\,(1+\cosh\alpha)}{\sinh\alpha}$ |
| $V'$ | $12 \cdot \frac{2\,(1-\cos\alpha) - \alpha\,\sin\alpha}{\alpha^3\,\sin\alpha}$ | $12 \cdot \frac{2\,(1-\cosh\alpha) + \alpha\,\sinh\alpha}{\alpha^3\,\sinh\alpha}$ |

Genäherte Strichwerte:

| $\alpha = \ell\sqrt{\frac{S}{EI}}$, $S > 0$ für $S$ als Druckkraft und $S$ als Zugkraft | | |
|---|---|---|
| Wert | $S$ als Druckkraft | $S$ als Zugkraft |
| $A'$ | $4 - \frac{2}{15}\alpha^2$ | $4 + \frac{2}{15}\alpha^2$ |
| $B'$ | $2 + \frac{1}{30}\alpha^2$ | $2 - \frac{1}{30}\alpha^2$ |
| $D' = A' + B'$ | $6 - \frac{1}{10}\alpha^2$ | $6 + \frac{1}{10}\alpha^2$ |
| $C'$ | $3 - \frac{1}{5}\alpha^2$ | $3 + \frac{1}{5}\alpha^2$ |
| $V'$ | $1 + \frac{1}{10}\alpha^2$ | $1 - \frac{1}{10}\alpha^2$ |

Grundelement 1:

| **Lastfall** | 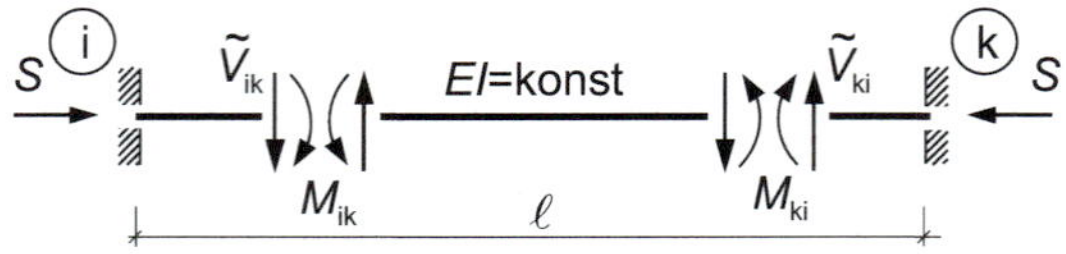  |
|---|---|
| 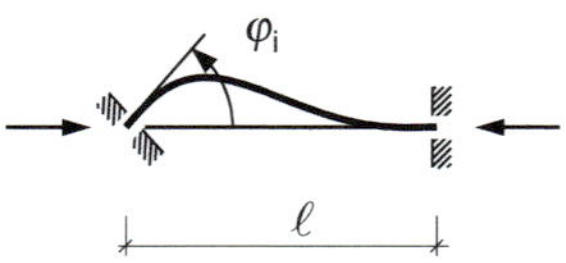  | $M_{ik} = \frac{EI}{\ell} \cdot A' \ \varphi_i$<br>$M_{ki} = \frac{EI}{\ell} \cdot B' \ \varphi_i$<br>$\tilde{V}_{ik} = \frac{EI \cdot \varphi_i}{\ell^2} \cdot (A' + B')$<br>$\tilde{V}_{ki} = \frac{EI \cdot \varphi_i}{\ell^2} \cdot (A' + B')$ |
| 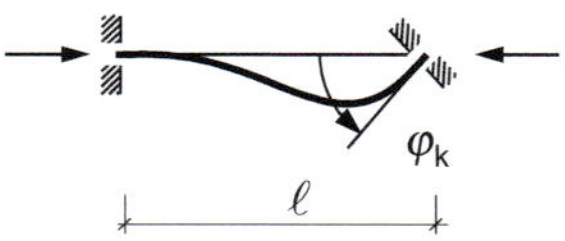  | $M_{ik} = \frac{EI}{\ell} \cdot B' \ \varphi_k$<br>$M_{ki} = \frac{EI}{\ell} \cdot A' \ \varphi_k$<br>$\tilde{V}_{ik} = \frac{EI \cdot \varphi_i}{\ell^2} \cdot (B' + A')$<br>$\tilde{V}_{ki} = \frac{EI \cdot \varphi_i}{\ell^2} \cdot (B' + A')$ |
| 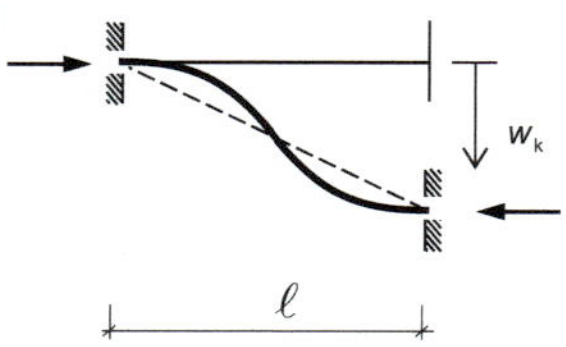  | $M_{ik} = \frac{EI}{\ell^2} \cdot D' \ w_k$<br>$M_{ki} = \frac{EI}{\ell^2} \cdot D' \ w_k$<br>$\tilde{V}_{ik} = \frac{2 \cdot EI}{\ell^3} \cdot D' \cdot w_k - \frac{S}{\ell} \cdot w_k$<br>$\tilde{V}_{ki} = \frac{2 \cdot EI}{\ell^3} \cdot D' \cdot w_k - \frac{S}{\ell} \cdot w_k$ |

Grundelement 1:

| **Lastfall** | 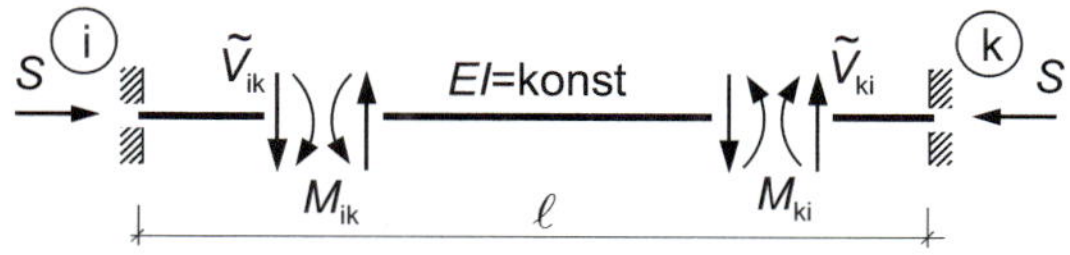 |
|---|---|
| 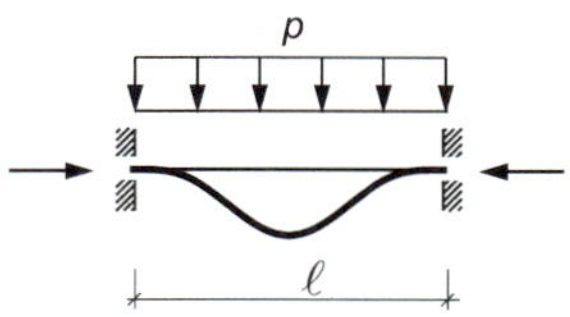 | $M_{ik} = (A' - B') \cdot V' \dfrac{p\ell^2}{24}$<br>$M_{ki} = -(A' - B') \cdot V' \dfrac{p\ell^2}{24}$<br>$\tilde{V}_{ik} = \dfrac{p\ell}{2}$<br>$\tilde{V}_{ki} = -\dfrac{p\ell}{2}$ |
| 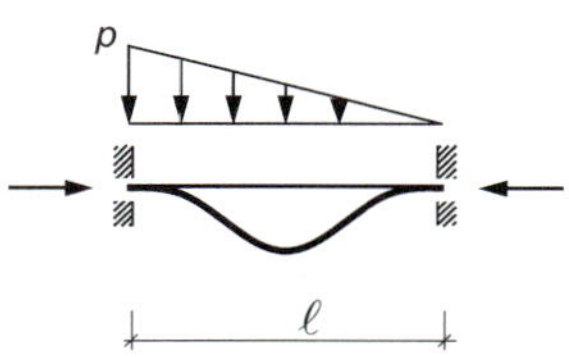 | $M_{ik} = \left[\dfrac{1}{2}(A' - B') \cdot V' + 2\dfrac{6-D'}{\alpha^2}\right]\dfrac{p\ell^2}{24}$<br>$M_{ki} = -\left[\dfrac{1}{2}(A' - B') \cdot V' - 2\dfrac{6-D'}{\alpha^2}\right]\dfrac{p\ell^2}{24}$<br>$\tilde{V}_{ik} = \dfrac{p\ell^2}{6} \cdot \dfrac{6-D'}{\alpha^2} + \dfrac{p\ell}{3}$<br>$\tilde{V}_{ki} = \dfrac{p\ell^2}{6} \cdot \dfrac{6-D'}{\alpha^2} - \dfrac{p\ell}{6}$ |
| 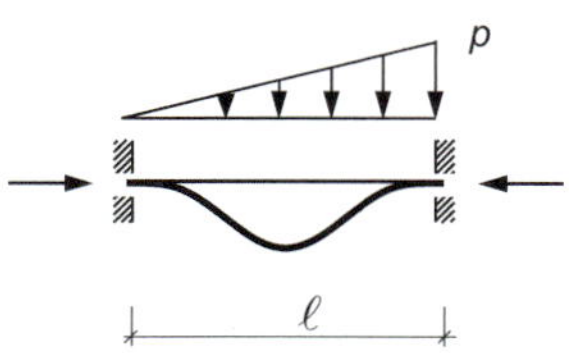 | $M_{ik} = \left[\dfrac{1}{2}(A' - B') \cdot V' - 2\dfrac{6-D'}{\alpha^2}\right]\dfrac{p\ell^2}{24}$<br>$M_{ki} = -\left[\dfrac{1}{2}(A' - B') \cdot V' + 2\dfrac{6-D'}{\alpha^2}\right]\dfrac{p\ell^2}{24}$<br>$\tilde{V}_{ik} = -\dfrac{p\ell^2}{6} \cdot \dfrac{6-D'}{\alpha^2} + \dfrac{p\ell}{6}$<br>$V_{ki} = -\dfrac{p\ell^2}{6} \cdot \dfrac{6-D'}{\alpha^2} - \dfrac{p\ell}{3}$ |

Grundelement 1:

| **Lastfall** | 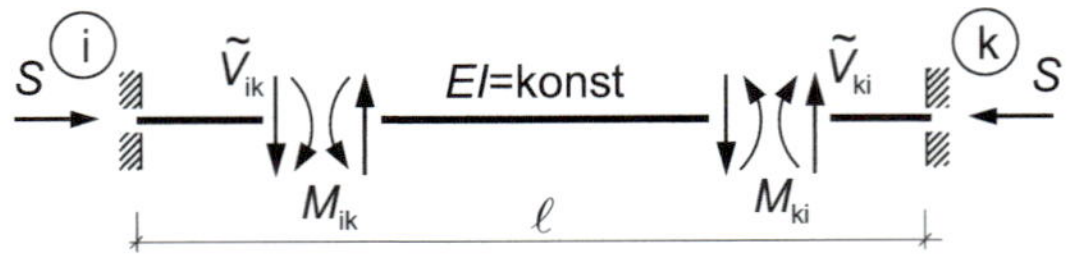 |
|---|---|
| 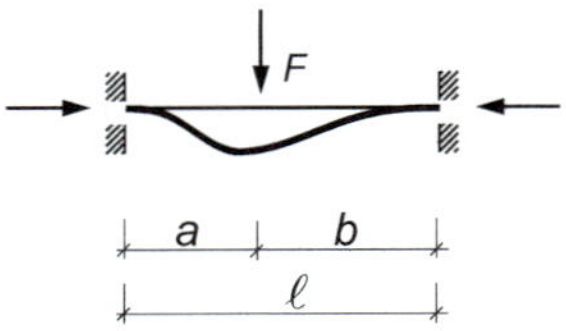 | $M_{ik} = \frac{1}{\alpha^2} \cdot \left[ A' \left( \frac{\sin\left(\alpha \frac{b}{\ell}\right)}{\sin\alpha} - \frac{b}{\ell} \right) - B' \left( \frac{\sin\left(\alpha \frac{a}{\ell}\right)}{\sin\alpha} - \frac{a}{\ell} \right) \right] F\ell$<br>$M_{ki} = -\frac{1}{\alpha^2} \cdot \left[ -B' \left( \frac{\sin\left(\alpha \frac{b}{\ell}\right)}{\sin\alpha} - \frac{b}{\ell} \right) + A' \left( \frac{\sin\left(\alpha \frac{a}{\ell}\right)}{\sin\alpha} - \frac{a}{\ell} \right) \right] F\ell$<br>$\tilde{V}_{ik} = \frac{1}{\alpha^2} \cdot \left[ (A' + B') \left( \frac{\sin\left(\alpha \frac{b}{\ell}\right)}{\sin\alpha} - \frac{b}{\ell} \right) - (B' + A') \left( \frac{\sin\left(\alpha \frac{a}{\ell}\right)}{\sin\alpha} - \frac{a}{\ell} \right) \right] F + F \cdot \frac{b}{\ell}$<br>$\tilde{V}_{ki} = \frac{1}{\alpha^2} \cdot \left[ (A' + B') \left( \frac{\sin\left(\alpha \frac{b}{\ell}\right)}{\sin\alpha} - \frac{b}{\ell} \right) - (B' + A') \left( \frac{\sin\left(\alpha \frac{a}{\ell}\right)}{\sin\alpha} - \frac{a}{\ell} \right) \right] F + F \cdot \frac{b}{\ell} - F$ |
| 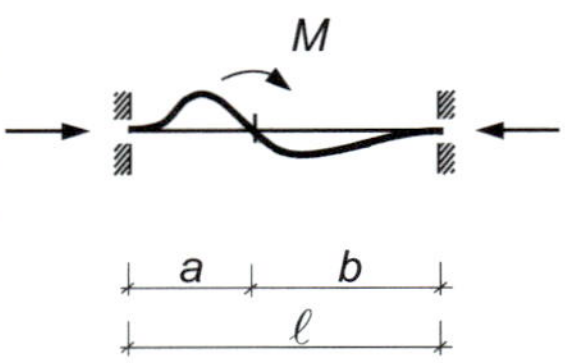 | $M_{ik} = \frac{1}{\alpha^2} \cdot \left[ A' \left( 1 - \alpha \frac{\cos\left(\alpha \frac{b}{\ell}\right)}{\sin\alpha} \right) + B' \left( 1 - \alpha \frac{\cos\left(\alpha \frac{a}{\ell}\right)}{\sin\alpha} \right) \right] M$<br>$M_{ki} = \frac{1}{\alpha^2} \cdot \left[ B' \left( 1 - \alpha \frac{\cos\left(\alpha \frac{b}{\ell}\right)}{\sin\alpha} \right) + A' \left( 1 - \alpha \frac{\cos\left(\alpha \frac{a}{\ell}\right)}{\sin\alpha} \right) \right] M$<br>$\tilde{V}_{ik} = \frac{1}{\alpha^2} \cdot \left[ (A' + B') \left( 1 - \alpha \frac{\cos\left(\alpha \frac{b}{\ell}\right)}{\sin\alpha} \right) + (B' + A') \left( 1 - \alpha \frac{\cos\left(\alpha \frac{a}{\ell}\right)}{\sin\alpha} \right) \right] \frac{M}{\ell} - \frac{M}{\ell}$<br>$\tilde{V}_{ki} = \tilde{V}_{ik}$ |
| $T_s = \frac{T_o + T_u}{2}$<br>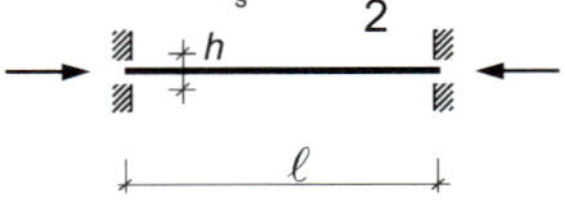<br>$\Delta T = T_u - T_o$ | $M_{ik} = EI \frac{\alpha_T \cdot \Delta T}{h}$<br>$M_{ki} = -EI \frac{\alpha_T \cdot \Delta T}{h}$<br>$\tilde{V}_{ik} = \tilde{V}_{ki} = 0$<br>$N_{ik} = EA \cdot \alpha_T \cdot T_s$<br>$N_{ki} = -EA \cdot \alpha_T \cdot T_s$ |

Grundelement 2a:

| **Lastfall** | 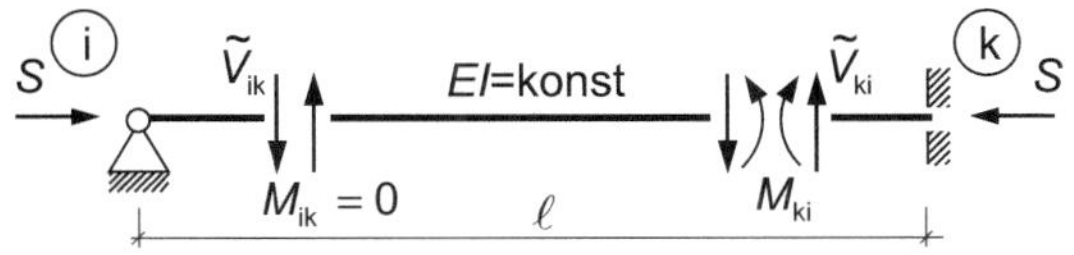 |
|---|---|
| 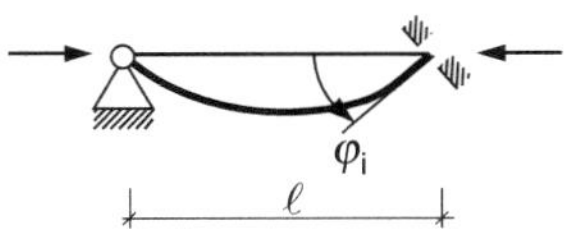 | $M_{ki} = \frac{EI}{\ell}\cdot C'\,\varphi_k$ <br> $\tilde V_{ki} = \tilde V_{ik} = \frac{EI}{\ell^2}\cdot C'\,\varphi_k$ |
| 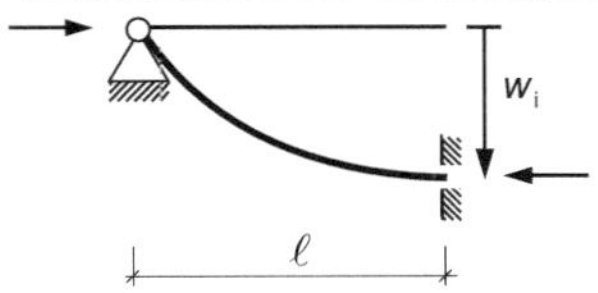 | $M_{ki} = \frac{EI}{\ell^2}\cdot C'\,w_k$ <br> $\tilde V_{ik} = \tilde V_{ki} = \frac{EI}{\ell^3}\cdot C'\,w_k - S\cdot\frac{w_k}{\ell}$ |
| 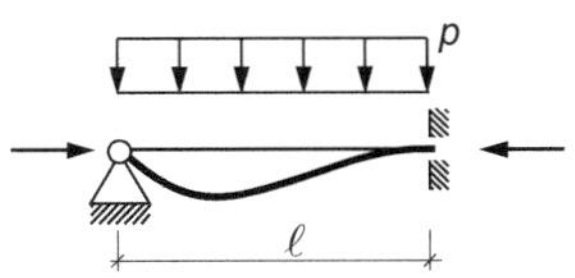 | $M_{ki} = -C'\cdot V'\,\frac{p\ell^2}{24}$ <br> $\tilde V_{ik} = -C'\cdot V'\,\frac{p\ell}{24} + \frac{p\ell}{2}$ <br> $\tilde V_{ik} = -C'\cdot V'\,\frac{p\ell}{24} - \frac{p\ell}{2}$ |
| 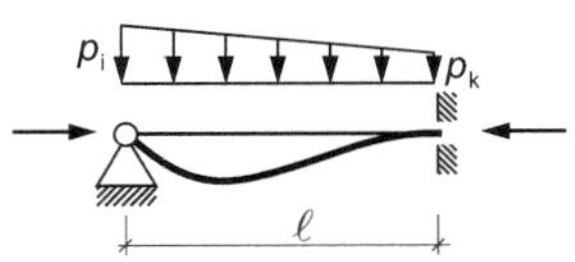 | $M_{ki} = -\left[C'\cdot V'\cdot p_i + 8\frac{3-C'}{\alpha^2}(p_i - p_k)\right]\frac{\ell^2}{24}$ <br> $\tilde V_{ik} = -\left[C'\cdot V'\cdot p_i + 8\frac{3-C'}{\alpha^2}(p_i - p_k)\right]\frac{\ell}{24} + \frac{p_k\ell}{2} + \frac{(p_i - p_k)\cdot\ell}{3}$ <br> $\tilde V_{ki} = -\left[C'\cdot V'\cdot p_i + 8\frac{3-C'}{\alpha^2}(p_i - p_k)\right]\frac{\ell}{24} - \frac{p_k\ell}{2} - \frac{(p_i - p_k)\cdot\ell}{6}$ |
| 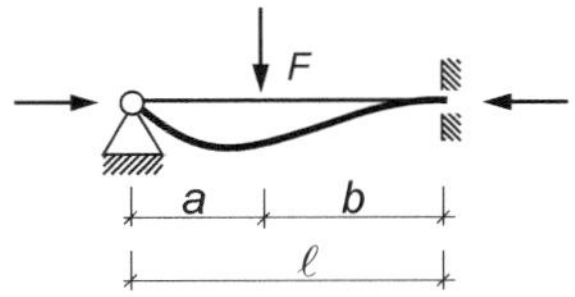 | $M_{ki} = -C'\cdot\frac{1}{\alpha^2}\left[\frac{\sin(\alpha\frac{a}{\ell})}{\sin\alpha} - \frac{a}{\ell}\right]F\ell$ <br> $\tilde V_{ik} = -C'\cdot\frac{1}{\alpha^2}\left[\frac{\sin(\alpha\frac{a}{\ell})}{\sin\alpha} - \frac{a}{\ell}\right]F + F\cdot\frac{b}{\ell}$ <br> $\tilde V_{ki} = -C'\cdot\frac{1}{\alpha^2}\left[\frac{\sin(\alpha\frac{a}{\ell})}{\sin\alpha} - \frac{a}{\ell}\right]F + F\cdot\frac{b}{\ell} - F$ |

Grundelement 2a:

| Lastfall | 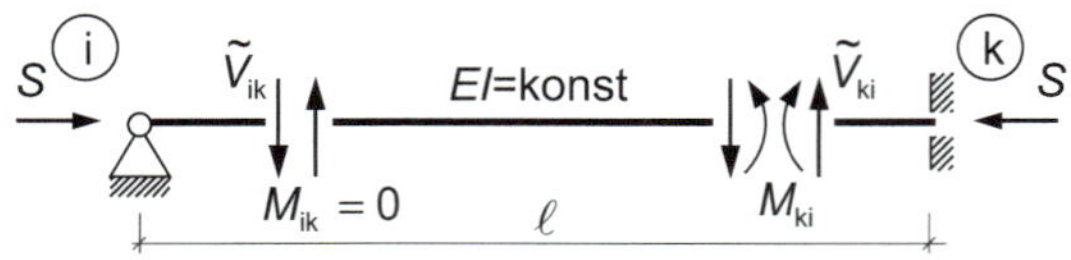 |
|---|---|
| 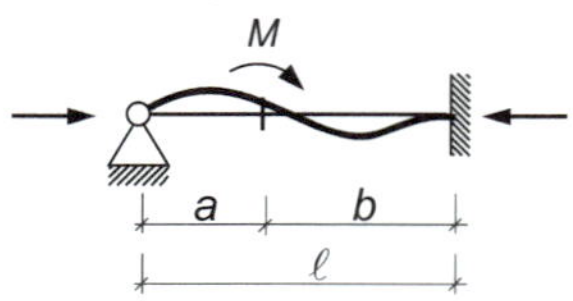 | $M_{ki}=C'\cdot\frac{1}{\alpha}\left[\frac{1}{\alpha}-\frac{\cos\left(\alpha\frac{a}{\ell}\right)}{\sin\alpha}\right]M$ <br> $\tilde{V}_{ik}=\tilde{V}_{ki}=C'\cdot\frac{1}{\alpha}\left[\frac{1}{\alpha}-\frac{\cos\left(\alpha\frac{a}{\ell}\right)}{\sin\alpha}\right]\frac{M}{\ell}-\frac{M}{\ell}$ |
| $T_s=\frac{T_o+T_u}{2}$ 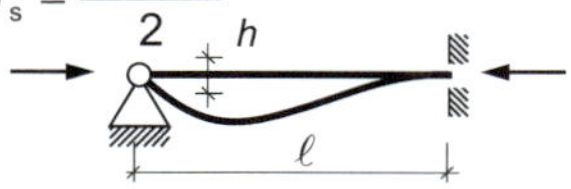 $\Delta T=T_u-T_o$ | $M_{ki}=-C'\cdot\frac{1}{\alpha}\tan\frac{\alpha}{2}\cdot EI\frac{\alpha_T\cdot\Delta T}{h}$ $\quad N_{ik}=EA\cdot\alpha_T\cdot T_s$ <br> $\tilde{V}_{ik}=\tilde{V}_{ki}=-C'\cdot\frac{1}{\alpha}\tan\frac{\alpha}{2}\cdot EI\frac{\alpha_T\cdot\Delta T}{h}\cdot\frac{1}{\ell}$ $\quad N_{ki}=-EA\cdot\alpha_T\cdot T_s$ |

Grundelement 2b:

| **Lastfall** | 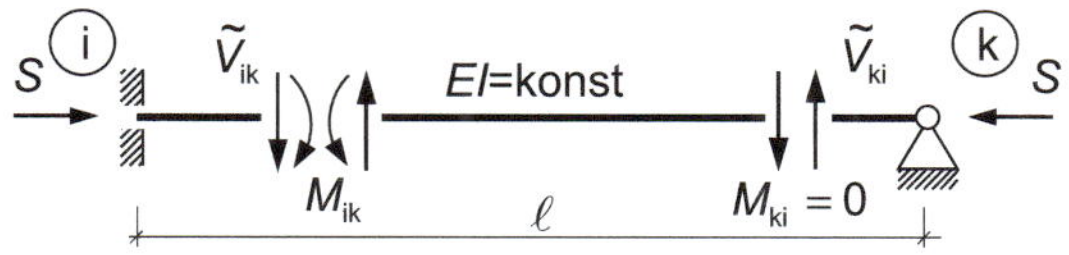 |
|---|---|
| 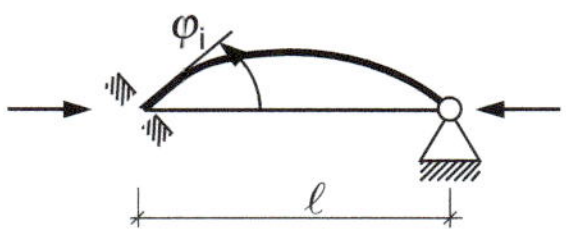 | $M_{ik}=\frac{EI}{\ell}\cdot C'\ \varphi_i$<br>$\tilde{V}_{ki}=\tilde{V}_{ik}=\frac{EI}{\ell^2}\cdot C'\ \varphi_k$ |
| 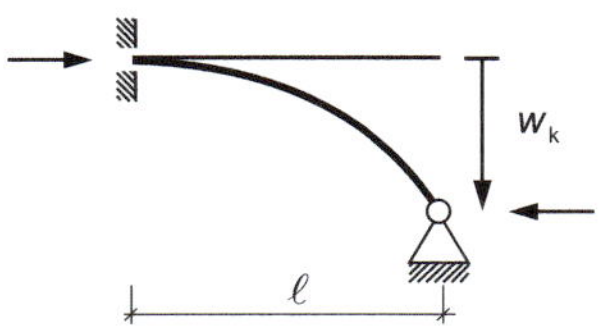 | $M_{ik}=\frac{EI}{\ell^2}\cdot C'\ w_k$<br>$\tilde{V}_{ik}=\tilde{V}_{ki}=\frac{EI}{\ell^3}\cdot C'\ w_k-S\cdot\frac{w_k}{\ell}$ |
| 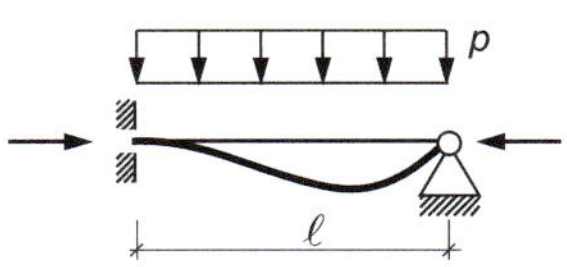 | $M_{ik}=C'\cdot V'\ \frac{p\ell^2}{24}$<br>$\tilde{V}_{ik}=C'\cdot V'\ \frac{p\ell}{24}+\frac{p\ell}{2}$<br>$\tilde{V}_{ki}=C'\cdot V'\ \frac{p\ell}{24}-\frac{p\ell}{2}$ |
| 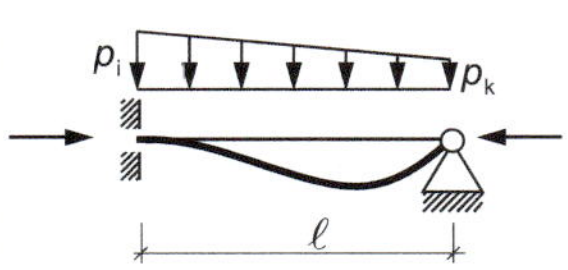 | $M_{ik}=\left[C'\cdot V'\cdot p_k+8\frac{3-C'}{\alpha^2}\left(p_i-p_k\right)\right]\frac{\ell^2}{24}$<br>$\tilde{V}_{ik}=\left[C'\cdot V'\cdot p_i+8\frac{3-C'}{\alpha^2}\left(p_i-p_k\right)\right]\frac{\ell}{24}+\frac{p_k\ell}{2}+\frac{(p_i-p_k)\cdot\ell}{3}$<br>$\tilde{V}_{ki}=\left[C'\cdot V'\cdot p_i+8\frac{3-C'}{\alpha^2}\left(p_i-p_k\right)\right]\frac{\ell}{24}-\frac{p_k\ell}{2}-\frac{(p_i-p_k)\cdot\ell}{6}$ |
| 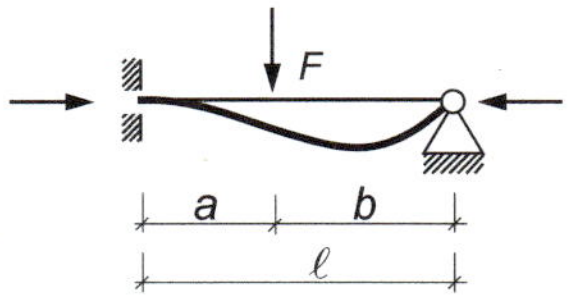 | $M_{ik}=C'\cdot\frac{1}{\alpha^2}\left[\frac{\sin\left(\alpha\frac{b}{\ell}\right)}{\sin\alpha}-\frac{b}{\ell}\right]F\ell$<br>$\tilde{V}_{ik}=C'\cdot\frac{1}{\alpha^2}\left[\frac{\sin\left(\alpha\frac{a}{\ell}\right)}{\sin\alpha}-\frac{a}{\ell}\right]F+F\cdot\frac{b}{\ell}$<br>$\tilde{V}_{ki}=C'\cdot\frac{1}{\alpha^2}\left[\frac{\sin\left(\alpha\frac{a}{\ell}\right)}{\sin\alpha}-\frac{a}{\ell}\right]F+F\cdot\frac{b}{\ell}-F$ |

Grundelement 2b:

| **Lastfall** | 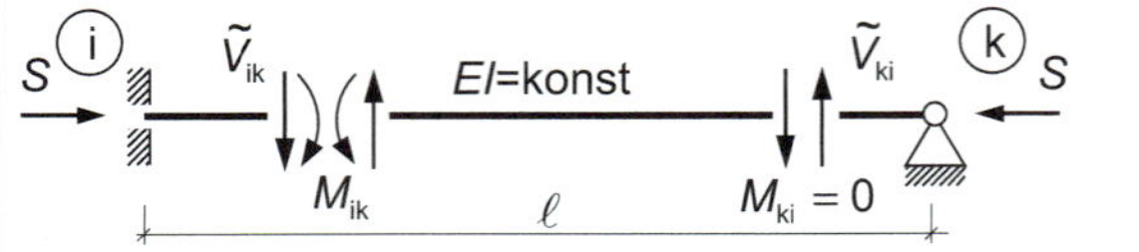  |
|---|---|
| 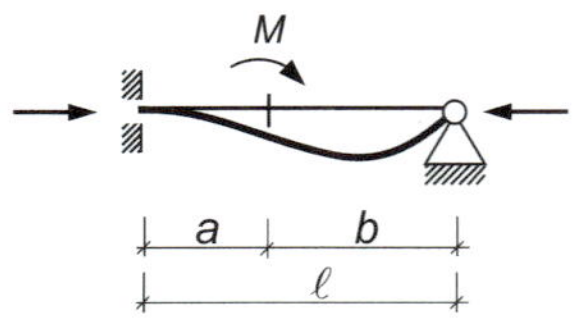  | $M_{ik} = C' \cdot \frac{1}{\alpha}\left[\frac{1}{\alpha} - \frac{\cos\left(\alpha \frac{b}{\ell}\right)}{\sin\alpha}\right] M$ <br> $\tilde{V}_{ik} = \tilde{V}_{ki} = C' \cdot \frac{1}{\alpha}\left[\frac{1}{\alpha} - \frac{\cos\left(\alpha \frac{a}{\ell}\right)}{\sin\alpha}\right] \frac{M}{\ell} - \frac{M}{\ell}$ |
| 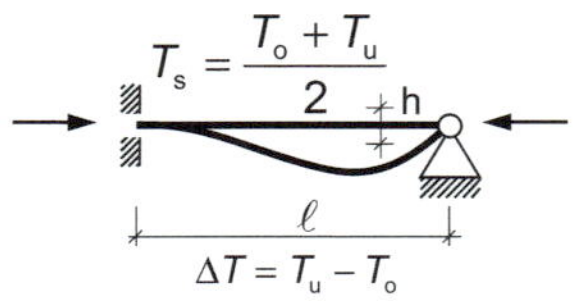  | $M_{ik} = C' \cdot \frac{1}{\alpha} \tan\frac{\alpha}{2} \cdot EI \frac{\alpha_T \cdot \Delta T}{h}$    $N_{ik} = EA \cdot \alpha_T \cdot T_s$ <br> $\tilde{V}_{ik} = \tilde{V}_{ki} = C' \cdot \frac{1}{\alpha} \tan\frac{\alpha}{2} \cdot EI \frac{\alpha_T \cdot \Delta T}{h} \cdot \frac{1}{\ell}$    $N_{ki} = -EA \cdot \alpha_T \cdot T_s$ |

Grundelement 3:

| **Lastfall** | 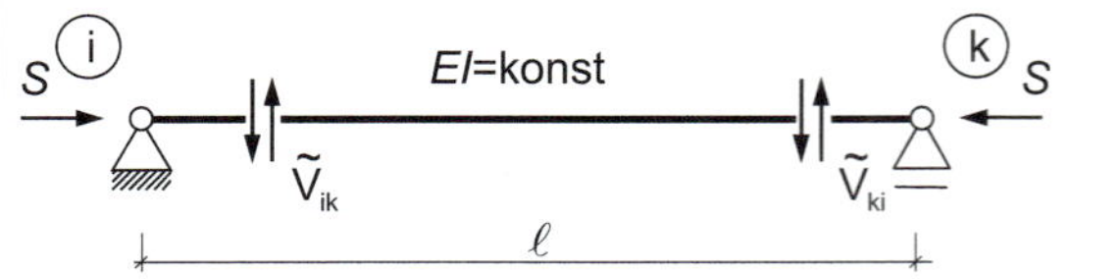  |
|---|---|
| 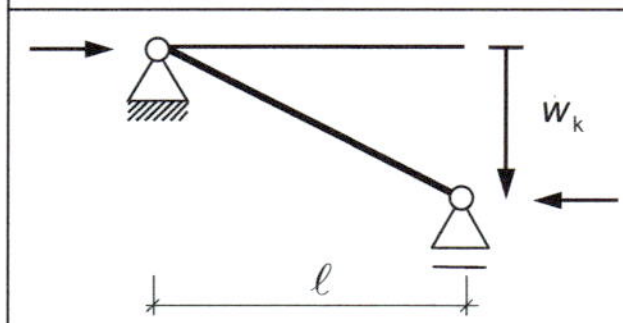  | $\tilde{V}_{ik} = \tilde{V}_{ki} = -S \cdot \frac{w_k}{\ell}$ |

# 14.5 Grundformeln des Verschiebungsgrößenverfahrens (VV) des elastisch gebetteten Balkens nach Theorie I. Ordnung

Bettungszahl $\lambda = \sqrt[4]{\frac{k_B}{4EI}}$

Exakte Lösung:

| **Lastfall** | 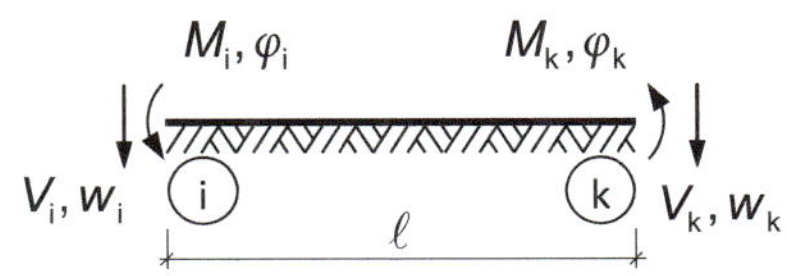 |
|---|---|
| 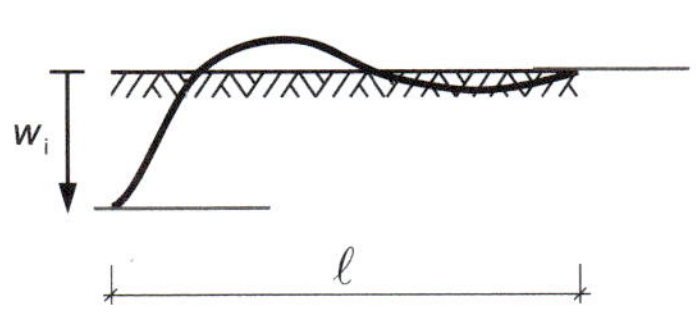 | $V_i = f \cdot k_1 \cdot w_i$<br>$M_i = f \cdot (-k_3) \cdot w_i$<br>$V_k = f \cdot (-k_5) \cdot w_i$<br>$M_k = f \cdot (-k_4) \cdot w_i$ |
| 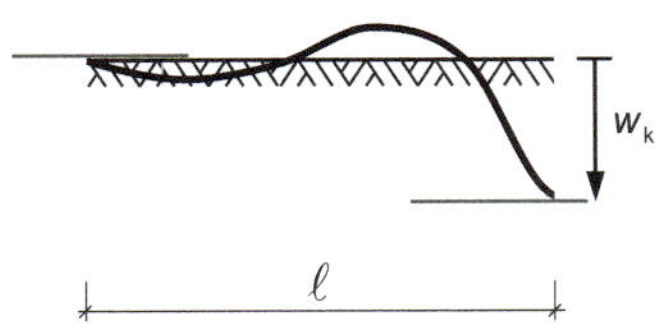 | $V_i = f \cdot (-k_5) \cdot w_k$<br>$M_i = f \cdot k_4 \cdot w_k$<br>$V_k = f \cdot k_1 \cdot w_k$<br>$M_k = f \cdot k_3 \cdot w_k$ |
| 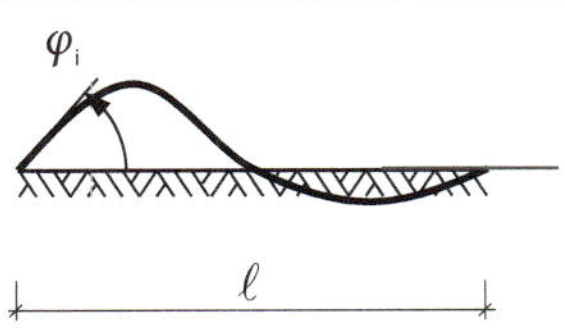 | $V_i = f \cdot (-k_3) \cdot \varphi_i$<br>$M_i = f \cdot k_2 \cdot \varphi_i$<br>$V_k = f \cdot k_4 \cdot \varphi_i$<br>$M_k = f \cdot k_6 \cdot \varphi_i$ |
| 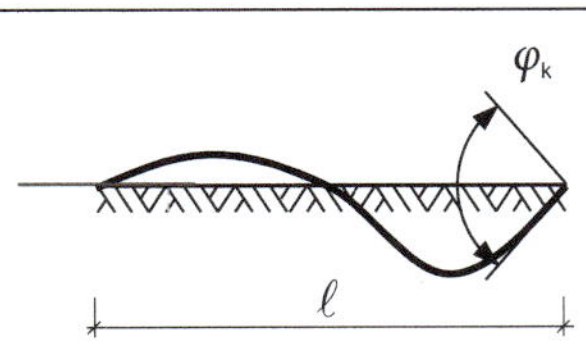 | $V_i = f \cdot (-k_4) \cdot \varphi_k$<br>$M_i = f \cdot k_6 \cdot \varphi_k$<br>$V_k = f \cdot k_3 \cdot \varphi_k$<br>$M_k = f \cdot k_2 \cdot \varphi_k$ |

$$k_1 = 2\lambda^2(SC + sc)$$
$$k_2 = SC - sc$$
$$k_3 = \lambda(S^2 + s^2)$$
$$k_4 = 2\lambda Ss$$
$$k_5 = 2\lambda^2(Cs + Sc)$$
$$k_6 = Cs - Sc$$

$$f = \frac{2EI\lambda}{S^2 - s^2}$$

$$S = \sinh(\lambda\ell) \qquad C = \cosh(\lambda\ell) \qquad s = \sin(\lambda\ell) \qquad c = \cos(\lambda\ell)$$

$$\sinh(x) = \frac{1}{2}\left(e^{x} - e^{-x}\right)$$
$$\cosh(x) = \frac{1}{2}\left(e^{x} + e^{-x}\right)$$

| **Lastfall** | 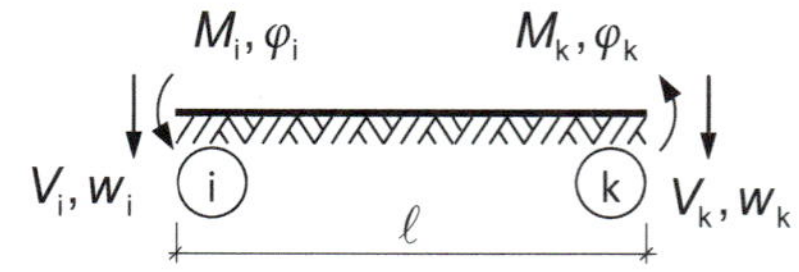 |
|---|---|
| 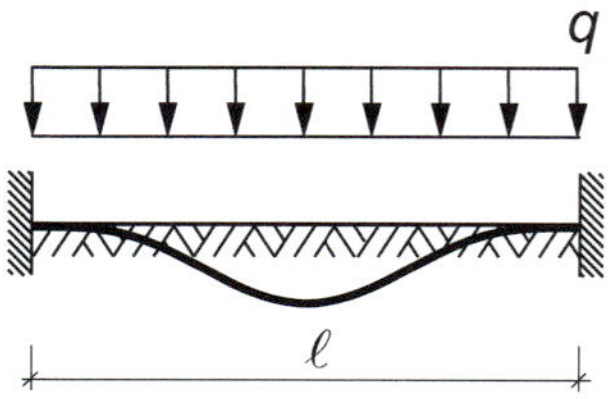 | $V_i = f_0 \cdot \left[-2\lambda(C - c)\right]$<br>$M_i = f_0 \cdot \left(S - s\right)$<br>$V_k = f_0 \cdot \left[-2\lambda(C - c)\right]$<br>$M_k = f_0 \cdot \left(-S + s\right)$ |

$$f_0 = \frac{q}{2\lambda^2(S + s)}$$

Unendlich langer Balken: $\pi \le \lambda \cdot \ell$

| **Lastfall** | 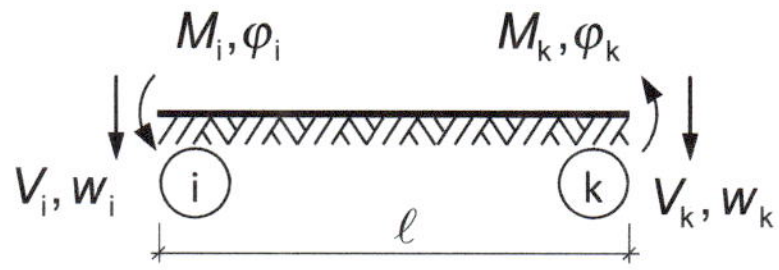 |
|---|---|
| 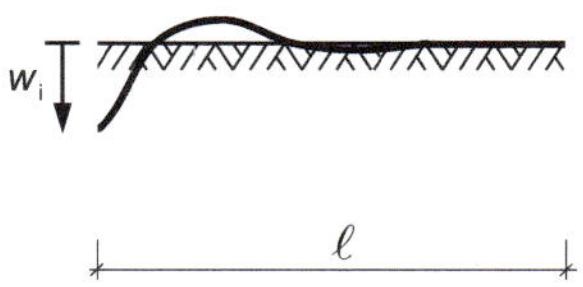 | $V_i = 4 \cdot EI \cdot \lambda^3 \cdot w_i$<br>$M_i = -2 \cdot EI \cdot \lambda^2 \cdot w_i$<br>$V_k = 0$<br>$M_k = 0$ |
| 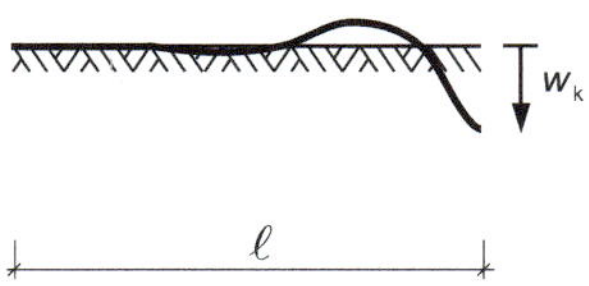 | $V_i = 0$<br>$M_i = 0$<br>$V_k = 4 \cdot EI \cdot \lambda^3 \cdot w_k$<br>$M_k = 2 \cdot EI \cdot \lambda^2 \cdot w_k$ |
| 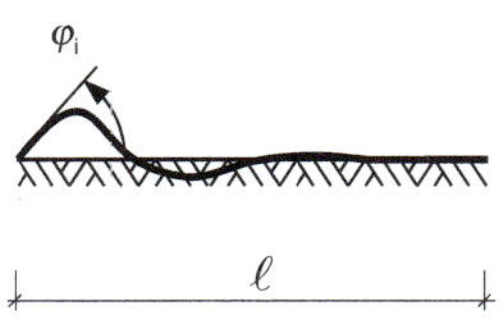 | $V_i = -2 \cdot EI \cdot \lambda^2 \cdot \varphi_i$<br>$M_i = 2 \cdot EI \cdot \lambda \cdot \varphi_i$<br>$V_k = 0$<br>$M_k = 0$ |
| 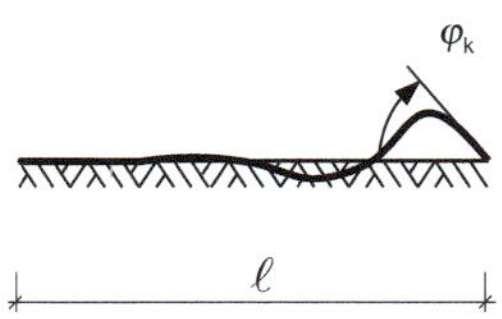 | $V_i = 0$<br>$M_i = 0$<br>$V_k = 2 \cdot EI \cdot \lambda^2 \cdot \varphi_k$<br>$M_k = 2 \cdot EI \cdot \lambda \cdot \varphi_k$ |
| 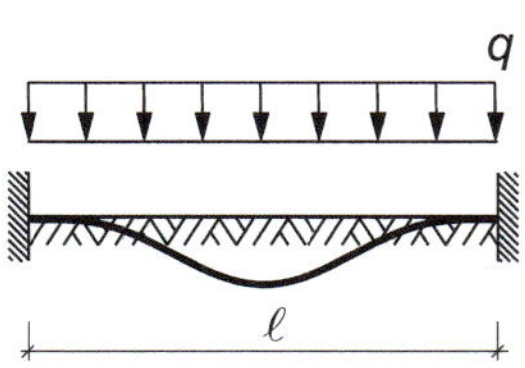 | $V_i = -\frac{q}{\lambda}$<br>$M_i = \frac{q}{2\lambda^2}$<br>$V_k = -\frac{q}{\lambda}$<br>$M_i = -\frac{q}{2\lambda^2}$ |

# Literaturverzeichnis

*Dallmann, R.:* Baustatik 1, 6. Auflage; Carl Hanser Verlag; München; 2020 [Dal 20]

*Dallmann, R.:* Baustatik 2; 4. Auflage, Fachbuchverlag Leipzig im Carl Hanser Verlag; Leipzig; 2015, [Dal 15]

*Dallmann, R.:* Baustatik 3, 2. Auflage; Fachbuchverlag Leipzig im Carl Hanser Verlag; Leipzig; 2015, [Dal 15-2]

*Dinkler, B.:* Grundlagen der Baustatik; 3. Auflage; Springer Vieweg; Berlin Heidelberg New York; 2014, [Din 14]

*Ghali, A.:* Structural Analysis; Routledge Chapman & Hall; London; 2003, [Gha 03]

*Hirschfeld, K.:* Baustatik; 5. unveränderte Auflage; Springer; Berlin Heidelberg New York; 2006, [Hir 98]

*Petersen, C.:* Statik und Stabilität der Baukonstruktionen; 2. durchgesehene Auflage; Vieweg; Braunschweig; 1982, [Pet 82]

*Wagner, W.; Erlhof, G.:* Praktische Baustatik 3; 8. Auflage; Teubner; Stuttgart; 1997, [WE 97]

*Wunderlich, W.; Kiener, G.:* Statik der Stabtragwerke; Teubner, Stuttgart; 2004, [Wk 04]